PASS

측량 및 지형공간정보
산업기사 필기

과년도 문제해설 + CBT 모의고사

 예문사

최근 측량 및 공간정보학은 사진측량, 원격탐측, GNSS측량 및 GSIS 등의 발달로 우주공간의 4차원 동시측량뿐만 아니라 토지, 환경, 자원, 해양 분야 등의 정성적 분야까지 그 활용도가 증가되고 있다. 이러한 최신 측량을 계획하고 실시하는 측량 기술자의 역할은 나날이 증대되고 있으며, 측량기술자의 자격을 심사하는 시험 또한 다양한 변화를 겪고 있다.

이러한 관점에서 본서는 측량 및 지형공간정보산업기사 시험에 대비할 수 있도록 『PASS 측량 및 지형공간정보산업기사 과년도 문제해설』을 신경향에 맞게 추가 편찬한 책이다.

측량 자격시험에 관계되는 서적은 많이 출간되었으나, 측량 및 지형공간정보산업기사에 대한 이론 및 문제풀이 서적은 출간되지 않아 출제 경향분석 및 과년도 문제 유형 파악에 수험생들의 고생은 이루 말할 수 없을 정도였다.

이러한 수험생들의 고충을 다소나마 해소하고자 본서의 저자들은 다년간의 측량 및 지형공간정보산업기사 및 측량 및 지형공간정보기사 강의에서 얻어진 경험을 토대로 『PASS 측량 및 지형공간정보산업기사 과년도 문제해설』을 출간하게 되었다. 또한, 어떤 시험이든지 과년도 기출문제에 대한 확실한 이해 없이 무분별한 수험준비를 하게 된다면 시대에 따른 문제의 변화 및 중요 문제의 유형 파악을 할 수 없으므로 많은 시간과 경비를 소비하게 되는 문제뿐만 아니라 과년도의 기출문제와 유사한 문제가 출제된다 하더라도 응용력이 부족하게 되므로, 측량 및 지형공간정보산업기사 자격시험 입문시 필수적으로 과년도 기출문제를 파악하는 것이 수험생의 필수사항이라고 할 수 있다.

그러므로 본서는 수험자 입장에서 다음과 같은 사항에 역점을 두어 편집하였다.

- 2013~2020년까지 출제경향분석
- 2013~2020년까지 Part별 기출문제 빈도표 제시
- 2013~2020년까지 기출문제 및 해설
- CBT 모의고사 8회분 문제 및 해설

아무쪼록 본서가 독자 여러분에게 측량 및 지형공간정보산업기사 대비에 대한 폭넓은 이해 및 수험에 대한 보탬이 된다면 저자로서 큰 보람이 될 것이며, 이 자리를 빌어 본서를 집필하는 데 참고한 저서들의 저자께 심심한 감사를 드리며, 또한 많은 업무에도 불구하고 출판에 도움을 준 서초수도건축토목학원 직원들과 도서출판 예문사 정용수 사장님 및 편집부 직원 여러분께도 깊은 감사를 드리는 바이다.

저자 일동

 출제기준

1. 필기

시험과목	출제 문제수	주요항목	세부항목
응용측량	20	1. 면적 및 체적측량	1. 면적 및 체적측량 2. 면적분할법
		2. 노선측량	1. 노선측량의 개요 2. 중심선 및 종횡단 측량 3. 단곡선 설치와 계산 및 이용방법 4. 완화곡선의 종류별 설치와 계산 및 이용방법 5. 종곡선 설치와 계산 및 이용방법
		3. 하천측량	1. 하천의 수준기표 및 종횡단 측량 2. 하천의 수위관측 및 이용방법 3. 하천의 유속, 유량의 측정 및 계산방법
		4. 수로측량	1. 연안조사 및 해안선 측량 2. 조석관측 3. 수심측량
		5. 터널측량	1. 터널측량의 방법 및 단면측량
		6. 시설물측량	1. 도로시설물측량 2. 지하시설물측량 3. 기타 시설물측량
지리정보시스템 (GIS) 및 위성측위시스템 (GNSS)	20	1. 지리정보시스템 (GIS)	1. GIS의 개요 2. GIS의 구성 요소 3. 공간정보 구축 4. GIS 데이터베이스 5. GIS 표준화 6. 데이터 처리 및 공간분석 7. GIS 응용
		2. 위성측위시스템 (GNSS)	1. 위성측위 일반사항 2. GNSS(위성측위)의 원리 3. GNSS(위성측위) 측위 4. GNSS(위성측위)의 응용
사진측량 및 원격탐사	20	1. 사진측량	1. 사진측량의 개요 2. 입체시 특성 3. 사진촬영 4. 사진판독 5. 사진기준점 측량 6. 세부도화에 관한 사항 7. 공간영상지도제작
		2. 원격탐사	1. 정의 및 특성 2. 자료처리 및 분석
측량학	20	1. 측량학에 대한 전문적인 지식이 요구되는 사항	1. 지구의 크기와 형상, 운동 2. 좌표계와 위치 결정 3. 측량기기의 종류 및 조정 4. 거리 및 각측량 5. 삼변 및 삼각측량 6. 다각측량(트래버스 측량) 7. 수준측량 8. 지형측량 9. 측량오차론
		2. 공간정보의 구축 및 관리 등에 관한 법령	1. 총칙 2. 측량통칙 3. 기본측량 4. 공공측량 및 일반측량 5. 측량업 및 기술자 6. 지명, 성능검사, 벌칙

2. 실기

시험과목	주요항목	세부항목
측량 및 지형공간정보 실무	1. 공간정보 위치결정	1. 수준 측량하기 2. 토털스테이션(Total Station) 측량하기
	2. 공간현황측량	1. 공간현황 측량하기 2. 측량결과 정리하기
	3. 노선측량	1. 작업 계획하기 2. 중심선 측량하기 3. 종횡단 측량하기 4. 성과 정리하기

측량 및 지형공간정보산업기사 Part별 기출문제 빈도표(2013~2020년)

※ 2020년 마지막 시험부터 CBT로 시행되고 있음을 알려드립니다.

1. 출제경향분석

2013~2020년까지 시행된 측량 및 지형공간정보산업기사는 매년 유사한 경향으로 문제가 출제되고 있다. 세부 과목별 출제경향을 살펴보면 측량학 Part는 거리측량 및 법규, 사진측량 및 원격탐사 Part는 사진측량의 공정 및 원격측, 지리정보시스템 및 위성측위시스템 Part는 GIS의 자료운영 및 분석과 위성측위시스템, GIS의 자료구조 및 생성, 응용측량 Part는 노선측량, 면적·체적측량을 중심으로 먼저 학습한 후 출제빈도순으로 학습하는 것이 최상의 학습방향이라 하겠다.

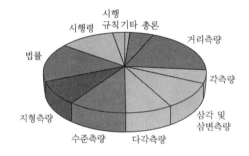

측량학

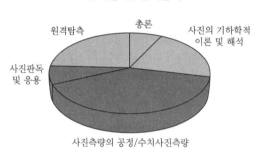

사진측량 및 원격탐사

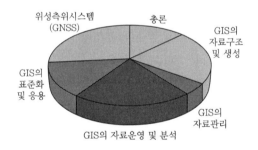

지리정보시스템 및 위성측위시스템

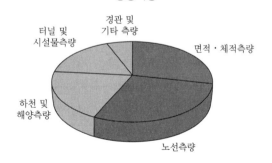

응용측량

2. 기출문제 빈도표

※ 2020년 마지막 시험부터 CBT로 시행되고 있음을 알려드립니다.

세부구분		2013년 산업기사 3월10일	2013년 산업기사 6월2일	2013년 산업기사 9월28일	2014년 산업기사 3월2일	2014년 산업기사 5월25일	2014년 산업기사 9월20일	2015년 산업기사 3월8일	2015년 산업기사 5월31일	2015년 산업기사 9월19일	빈도(합계)	빈도(%)
측량학	총론		1	1	1	1		1	1	1	7	3.9
	거리측량	3	4	2	2	6	4	4	5	5	35	19.4
	각측량	2	1	2	1	1	1		2		10	5.6
	삼각 및 삼변측량	2	2	2	4	1	3	2	1	3	20	11.1
	다각측량	2	2	3	2	2	1	2	1	1	16	8.9
	수준측량	2	2	1	3	1	3	3	2	2	19	10.5
	지형측량	3	2	3	2	3	2	2	2	2	21	11.7
	측량관계법규 법률	2	2	4	4	4		4	3	4	27	15.0
	측량관계법규 시행령	3	3	1		1	5	1	3	2	19	10.5
	측량관계법규 시행규칙	1			1			1			3	1.7
	측량관계법규 기타		1	1			1				3	1.7
총계		20	20	20	20	20	20	20	20	20	180	100
사진측량 및 원격탐사	총론	2		3			1	2	3	1	12	6.7
	사진의 일반성	6	5	3	3	5	7	3	4	4	40	22.2
	사진측량에 의한 지형도제작	7	8	10	11	10	4	7	8	9	74	41.1
	사진판독 및 응용	2	2		2	1	3	3	1	2	16	8.9
	원격탐사	3	5	4	4	4	5	5	4	4	38	21.1
총계		20	20	20	20	20	20	20	20	20	180	100
지리정보시스템 및 위성측위시스템	GIS 총론	3		2	1	1	2	1	2	4	16	8.9
	GIS의 자료구조 및 생성	7	5	3	4	5	6	4	4	6	44	24.4
	GIS의 자료관리		1	1	2	1			1		6	3.3
	GIS의 자료운영 및 분석	2	5	7	6	4	3	4	8	4	43	23.9
	GIS의 표준화 및 응용	4	3	2	3	4	4	7	1	2	30	16.7
	공간위치 결정										0	0
	위성측위시스템 (GNSS)	4	6	5	4	5	5	4	4	4	41	22.8
총계		20	20	20	20	20	20	20	20	20	180	100
응용측량	면적·체적측량	5	5	4	5	4	5	5	4	5	42	23.3
	노선측량	6	6	7	6	7	6	7	8	7	60	33.3
	하천 및 해양측량	4	5	4	4	5	4	4	4	4	38	21.1
	터널 및 시설물측량	3	4	4	4	4	4	3	3	3	32	17.8
	경관 및 기타 측량	2		1	1		1	1	1	1	8	4.5
총계		20	20	20	20	20	20	20	20	20	180	100

세부구분		2016년			2017년			2018년			빈도 (합계)	빈도 (%)
시행연도		산업기사 3월6일	산업기사 5월8일	산업기사 10월1일	산업기사 3월5일	산업기사 5월7일	산업기사 9월23일	산업기사 3월4일	산업기사 4월28일	산업기사 9월15일		
측량학	총론	1	1	1	1	2	2		1	2	11	6.1
	거리측량	2	5	5	3	4	1	4	4	4	32	17.8
	각측량	2	1	1	1	1	2	1	1		10	5.6
	삼각 및 삼변측량	2	3	2	3	2	2	1	2	2	19	10.6
	다각측량	2	1	1		1	2	3	2	2	14	7.8
	수준측량	3	2	2	4	2	3	3	2	2	23	12.8
	지형측량	2	1	2	2	2	2	2	2	2	17	9.4
	측량관계법규 법률	2	3	4	2	2	3	4	3	3	26	14.4
	시행령	2	2	2	3	3	2	1	2	3	20	11.1
	시행규칙	1			1	1	1	1	1		6	3.3
	기타	1	1								2	1.1
총계		20	20	20	20	20	20	20	20	20	180	100
사진측량 및 원격탐사	총론	1	2	2	1	1	2	1	1	1	12	6.7
	사진의 일반성	7	5	4	1	5	1	4	2	4	33	18.3
	사진측량에 의한 지형도제작	7	6	6	12	8	11	9	11	10	80	44.4
	사진판독 및 응용		2		1	2	1	1	2	1	10	5.6
	원격탐사	5	5	8	5	4	5	5	4	4	45	25.0
총계		20	20	20	20	20	20	20	20	20	180	100
지리정보시스템 및 위성측위시스템	GIS 총론	3	3	2	2	3	1	3	1	2	20	11.1
	GIS의 자료구조 및 생성	6	2	4	4	3	4	4	3	4	34	18.9
	GIS의 자료관리	1	2	1	3	1	1	2	1		12	6.7
	GIS의 자료운영 및 분석	3	3	6	5	5	6	5	4	8	45	25.0
	GIS의 표준화 및 응용	3	5	2	1	3	4	3	4		25	13.9
	공간위치 결정										0	0
	위성측위시스템 (GNSS)	4	5	5	5	5	4	5	6	5	44	24.4
총계		20	20	20	20	20	20	20	20	20	180	100
응용측량	면적·체적측량	5	4	5	6	6	6	5	6	6	49	27.2
	노선측량	6	6	7	7	6	6	7	6	6	57	31.7
	하천 및 해양측량	5	4	4	4	3	5	5	5	5	40	22.2
	터널 및 시설물측량	3	4	4	3	4	2	2	2	3	27	15.0
	경관 및 기타 측량	1	2			1	1	1	1		7	3.9
총계		20	20	20	20	20	20	20	20	20	180	100

| 세부구분 | | 2019년 | | | 2020년 | | 빈도 (합계) | 빈도 (%) |
	시행연도	산업기사 3월3일	산업기사 4월27일	산업기사 9월21일	산업기사 6월13일	산업기사 8월23일		
측량학	총론	1		2	1		4	4
	거리측량	4	4	2	3	2	15	15
	각측량	1	1	1	2	2	7	7
	삼각 및 삼변측량	2	3	2	2	3	12	12
	다각측량	2	3	2	2	2	11	11
	수준측량	2	1	3	2	3	11	11
	지형측량	2	2	2	2	2	10	10
	법률	2	4	4	3	3	16	16
	시행령	3	2	1	3	3	12	12
	시행규칙	1		1			2	2
	기타							
총계		20	20	20	20	20	100	100
사진측량 및 원격탐사	총론		1	1	2	2	6	6
	사진의 기하학적 이론 및 해석	6	4	4	3	5	22	22
	사진측량의 공정	7	7	7	9	6	36	36
	수치사진측량	2	2	2	1	1	8	8
	사진판독 및 응용	1	1	1	2	2	7	7
	원격탐사	4	5	5	3	4	21	21
총계		20	20	20	20	20	100	100
지리정보시스템 및 위성측위시스템	총론	4	2	2	2	2	12	12
	GIS의 자료구조 및 생성	6	4	6	4	1	21	21
	GIS의 자료관리		2	3		1	6	6
	GIS의 자료운영 및 분석	2	6	3	5	6	22	22
	GIS의 표준화 및 응용	3	2	2	3	4	14	14
	위성측위시스템(GNSS)	5	4	4	6	6	25	25
총계		20	20	20	20	20	100	100
응용측량	면적·체적측량	6	6	5	5	4	26	26
	노선측량	6	6	6	7	8	33	33
	하천 및 해양측량	4	5	4	4	4	21	21
	터널 및 시설물측량	3	2	3	3	2	13	13
	경관 및 기타 측량	1	1	2	1	2	7	7
총계		20	20	20	20	20	100	100

CBT(Computer Based Testing) 알아보기

Notice CBT(Computer Based Testing)란 컴퓨터를 이용하여 시험 평가하는 것이며, 측량 및 지형공간정보산업기사 필기시험은 2020년 마지막 시험부터 CBT로 시행되고 있다.

1단계 수험자 정보 확인

시험장 감독위원이 컴퓨터에 나온 수험자 정보와 신분증이 일치하는지를 확인한다.

2단계 안내사항

시험에 대한 전반적인 내용을 안내한다.

3단계 유의사항

시험 부정행위에 대한 안내가 진행되며, 꼭 확인하여 불이익을 받지 않도록 한다.

4단계 메뉴설명

글자크기, 화면배치, 안 푼 문제 수 조회, 남은 시간 표시, 계산기 도구, 안 푼 문제 보기, 답안 제출 등 메뉴를 설명한다.

5단계 문제풀이 연습

문제풀이 연습을 통해 실제 시험을 준비한다.

6단계 시험준비완료

시험 감독관의 지시에 따라 시험이 자동으로 시작된다.

☞ 위 내용은 큐넷(www.q-net.or.kr)에서 제공하는 자격검정 CBT 웹 체험 서비스의 내용을 요약 정리한 것이며, 큐넷 사이트에서 연습할 수 있다.

수험대비요령(시험준비 및 공부방법)

1. 마음의 준비

(1) 마음의 자세

처음으로 시험을 준비하는 사람은 공부내용도 많고 또한 마음먹은 대로 잘 되지는 않을 것이다. 그러나 이런 과정은 누구에게나 있는 것이므로 포기하지 말고 끝까지 차분하게 자료를 분석·정리하는 습관을 갖는 것이 중요하다.

(2) 일정표 작성

시험준비를 위한 공부가 시작되면 반드시 일정계획을 세워서 그 일정표에 맞추어 공부하는 습관을 길러야 한다. 이때는 전체를 한번 정리해 보는 것이 무엇보다 중요하다. 이 과정을 거치면 공부에 대한 자신감이 생기고 어느 정도 공부 방향을 정할 수 있으며, 빠른 이해와 시간절약이 가능해진다.

2. 시험준비 자세

(1) 공부 장소는 반드시 독서실을 활용하는 것이 좋다.

(2) 철저한 자기관리(건강관리)와 시간의 절약, 교통수단은 자가용보다는 일반 대중교통(전철 등)을 이용한다.

(3) 토요일과 일요일의 시간활용은 시험합격에 결정적인 요인이 된다.

3. 자료수집 및 정리방법

(1) 수험교재는 최소한으로 선택한다.

(2) 자료의 정리는 전체를 다 하려다 보면 시간이 너무 많이 소요되므로 1차, 2차로 나누어서 정리한다.

(3) 자료는 반드시 목차를 적어 쉽게 찾아볼 수 있도록 정리한다.

(4) 정리는 A4를 3등분하여 Key-word식으로 정리한다.

(5) 교재는 최신 발행된 교재가 유리하다.

4. 문제의 이해 및 암기방법

(1) 문제의 암기는 이해력 중심으로 하되 Key-word식으로 암기해야 한다.

(2) 문제의 정리는 Flow-chart식으로 하여 암기한다.

(3) 각 문제의 이해는 반드시 그림을 그려서 연상하며 암기한다.

제1장 2013년 출제경향분석 및 문제해설

제2장 2014년 출제경향분석 및 문제해설

제3장 2015년 출제경향분석 및 문제해설

CONTENTS

제4장 2016년 출제경향분석 및 문제해설

제5장 2017년 출제경향분석 및 문제해설

제6장 2018년 출제경향분석 및 문제해설

제7장 2019년 출제경향분석 및 문제해설

제8장 2020년 출제경향분석 및 문제해설

※ 산업기사는 2020년 4회 시험부터 CBT(Computer Based Testing)로 시행되고 있음을 알려드립니다.

부록 1 측량관계법규 요약

부록 2 CBT 모의고사 및 해설

01

2013년
출제경향분석 및
문제해설

출제경향분석 및 출제빈도표
2013년 3월 10일 시행
2013년 6월 2일 시행
2013년 9월 28일 시행

••• 측량 및 지형공간정보산업기사 출제경향분석 및 출제빈도표

1. 출제경향분석

2013년 시행된 측량 및 지형공간정보산업기사는 지난해부터 변경된 사진측량 및 지리정보시스템에서 다양한 문제들이 출제되고 있으므로 많은 문제들을 학습하는 것이 필요하다.

또한, 과목별로 세부적인 출제경향을 보면 측량학 Part는 거리측량 및 측량관계법규, 사진측량 및 원격탐사 Part는 사진측량에 의한 지형도제작, 지리정보시스템 및 위성측위시스템 Part는 GIS의 자료운영 및 분석과 위성측위시스템, 응용측량 Part는 노선측량을 중심으로 먼저 학습 후 출제비율에 따라 순차적으로 학습하는 것이 수험대비에 효과적이라 할 수 있다.

2. 측량학 출제빈도표

시행일 \ 빈도 \ 구분		총론	거리측량	각측량	삼각삼변측량	다각측량	수준측량	지형측량	측량관계법규				총계
									법률	시행령	시행규칙	기타	
산업기사 (2013. 3. 10)	빈도(개)		3	2	2	2	2	3	2	3	1		20
	빈도(%)		15	10	10	10	10	15	10	15	5		100
산업기사 (2013. 6. 2)	빈도(개)	1	4	1	2	2	2	2	2	3		1	20
	빈도(%)	5	20	5	10	10	10	10	10	15		5	100
산업기사 (2013. 9. 28)	빈도(개)	1	2	2	2	3	1	3	4	1		1	20
	빈도(%)	5	10	10	10	15	5	15	20	5		5	100
총계	빈도(개)	2	9	5	6	7	5	8	8	7	1	2	60
	빈도(%)	3.3	15	8.3	10	11.7	8.3	13.3	13.3	11.7	1.7	3.3	100

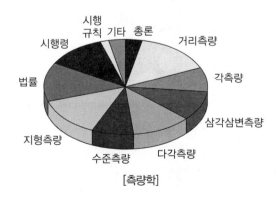

[측량학]

3. 사진측량 및 원격탐사 출제빈도표

시행일	구분 빈도	총론	사진의 일반성	사진측량에 의한 지형도제작	사진판독 및 응용	원격탐사	총계
산업기사 (2013. 3. 10)	빈도(개)	2	6	7	2	3	20
	빈도(%)	10	30	35	10	15	100
산업기사 (2013. 6. 2)	빈도(개)		5	8	2	5	20
	빈도(%)		25	40	10	25	100
산업기사 (2013. 9. 28)	빈도(개)	3	3	10		4	20
	빈도(%)	15	15	50		20	100
총계	빈도(개)	5	14	25	4	12	60
	빈도(%)	8.3	23.3	41.7	6.7	20	100

4. 지리정보시스템(GIS) 및 위성측위시스템(GNSS) 출제빈도표

시행일	구분 빈도	GIS 총론	GIS의 자료 구조 및 생성	GIS의 자료관리	GIS의 자료 운영 및 분석	GIS의 표준화 및 응용	공간위치 결정	위성측위 시스템(GNSS)	총계
산업기사 (2013. 3. 10)	빈도(개)	3	7		2	4		4	20
	빈도(%)	15	35		10	20		20	100
산업기사 (2013. 6. 2)	빈도(개)		5	1	5	3		6	20
	빈도(%)		25	5	25	15		30	100
산업기사 (2013. 9. 28)	빈도(개)	2	3	1	7	2		5	20
	빈도(%)	10	15	5	35	10		25	100
총계	빈도(개)	5	15	2	14	9		15	60
	빈도(%)	8.3	25	3.3	23.3	15		25	100

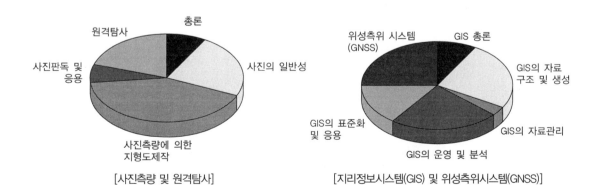

[사진측량 및 원격탐사]

[지리정보시스템(GIS) 및 위성측위시스템(GNSS)]

5. 응용측량 출제빈도표

시행일	구분 / 빈도	면·체적 측량	노선 측량	하천 및 해양측량	터널 및 시설물측량	경관 및 기타측량	총계
산업기사 (2013. 3. 10)	빈도(개)	5	6	4	3	2	20
	빈도(%)	25	30	20	15	10	100
산업기사 (2013. 6. 2)	빈도(개)	5	6	5	4		20
	빈도(%)	25	30	25	20		100
산업기사 (2013. 9. 28)	빈도(개)	4	7	4	4	1	20
	빈도(%)	20	35	20	20	5	100
총계	빈도(개)	14	19	13	11	3	60
	빈도(%)	23.3	31.7	21.7	18.3	5	100

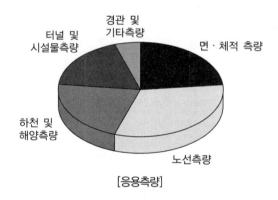

[응용측량]

본 문제의 해설은 출제자의 의도와 일치되지 않을 수 있으며, 문제 및 정답은 일부 오탈자가 있을 수 있으므로 학습시 의문사항이 있으면 예문사 또는 저자에게 문의하여 주시기 바랍니다. 또한, 본 기출문제는 시행 당시의 이론 및 법규에 의하여 해설되었음을 알려드립니다.

Subject 01 응용측량

01 하천측량에서 수심 H인 하천의 깊이에 따른 관측유속이 표와 같을 때, 3점법에 의한 평균 유속은?

관측 수심	유속(m/sec)
0.2H	1.6
0.4H	1.4
0.6H	1.2
0.8H	0.6

① 1.40m/sec ② 1.25m/sec
③ 1.20m/sec ④ 1.15m/sec

Guide
$$V_m = \frac{(V_{0.2} + 2V_{0.6} + V_{0.8})}{4}$$
$$= \frac{1.6 + (2 \times 1.2) + 0.6}{4}$$
$$= 1.15\text{m/sec}$$

02 그림과 같은 삼각형 모양의 지역의 면적은?

① 130.9m²
② 160.0m²
③ 256.3m²
④ 320.0m²

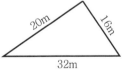

Guide
$$A = \sqrt{S(S-a)(S-b)(S-c)}$$
$$= \sqrt{34 \times (34-20) \times (34-16) \times (34-32)}$$
$$= 130.9\text{m}^2$$
여기서, $S = \frac{1}{2}(a+b+c) = 34\text{m}$

03 단곡선을 설치하기 위한 조건 중 곡선시점 (B.C)의 좌표가 $X_{B.C} = 1000.500\text{m}$, $Y_{B.C} = 200.400\text{m}$이고, 곡선반지름(R)이 300m, 교각(I)이 70°일 때, 곡선시점(B.C)으로부터 교점(I.P)에 이르는 방위각이 123°13′ 12″일 경우 원곡선 종점(E.C)의 좌표는?

① $X_{EC} = 680.921\text{m}$, $Y_{EC} = 328.093\text{m}$
② $X_{EC} = 328.093\text{m}$, $Y_{EC} = 828.093\text{m}$
③ $X_{EC} = 1233.966\text{m}$, $Y_{EC} = 433.766\text{m}$
④ $X_{EC} = 1344.666\text{m}$, $Y_{EC} = 544.546\text{m}$

Guide
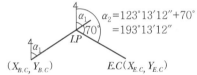

$\alpha_2 = 123°13′12″ + 70°$
$= 193°13′12″$

$(X_{B.C}, Y_{B.C})$ $E.C(X_{E.C}, Y_{E.C})$

- T.L = $R\tan\frac{I}{2} = 300 \times \tan\frac{70°}{2} = 210.06\text{m}$
- $X_{I.P} = X_A + l\cos\alpha_1$
  $= 1,000.5 + 210.06\cos123°13′12″$
  $= 885.42\text{m}$
- $Y_{I.P} = Y_A + l\sin\alpha_1$
  $= 200.4 + 210.06\sin123°13′12″$
  $= 376.13\text{m}$
- ∴ $X_{E.C} = 885.42 + 210.06\cos193°13′12″$
  $\fallingdotseq 680.926\text{m}$
  $Y_{E.C} = 376.13 + 210.06\sin193°13′12″$
  $\fallingdotseq 328.091\text{m}$

04 도로 설계에서 클로소이드곡선의 매개변수 (A)를 2배 늘리면 같은 곡선반지름에서 클로소이드곡선의 길이는 몇 배가 늘어나겠는가?

① 2배 ② 4배
③ 6배 ④ 8배

Guide
$$A^2 = RL \rightarrow L = \frac{A^2}{R} = \frac{(2A)^2}{R} = \frac{4A^2}{R}$$
∴ 곡선길이는 4배가 늘어난다.

05 교점의 위치가 기점으로부터 330.543m, 곡선반지름 R=250m, 교각 I=43° 25′ 30″인 단곡선을 편각법으로 측설하고자 할 때 시단현에 대한 편각은?(단, 중심말뚝의 간격=20m)

① 1° 10′ 26″
② 1° 0′ 52″
③ 1° 1′ 56″
④ 1° 15′ 35″

Guide
• $T.L = R\tan\frac{I}{2} = 250 \times \tan\frac{43° 25′ 30″}{2} = 99.55\text{m}$
• $B.C = 330.543 - 99.55 = 230.99\text{m}$
  $= \text{No.11} + 10.99\text{m}$
• 시단현거리$(l_1) = 20 - 10.99 = 9.01\text{m}$
∴ 시단현편각$(\delta_1) = 1,718.87′\frac{l_1}{R} = 1,718.87′ \times \frac{9.01}{250}$
  $= 1° 01′ 56″$

06 하천측량에 있어 횡단도 작성에 필요한 측량은?

① 유량관측
② 평면측량
③ 유속측량
④ 심천측량

Guide 하천측량에서 횡단도작성에 필요한 측량은 심천측량이다.

07 터널 내의 곡선설치법으로 적당한 것은?

① 편각현장법
② 중앙종거법
③ 현편거법
④ 전방교선법

Guide 터널 내의 곡선설치는 지거법에 의한 곡선설치와 접선편거와 현편거에 의한 방법을 이용하여 설치한다.

08 단곡선 설치에서 교각(I)을 측정하지 못하여 그림과 같이 ∠a, ∠b를 관측하여, ∠a=100°, ∠b=130°이었다면 교각(I)은?

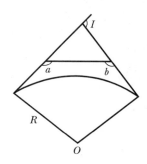

① 50°
② 100°
③ 130°
④ 230°

Guide
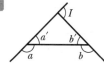
a′=80°
b′=50°
∴ I=a′+b′=130°

09 수로측량에서 선박의 안전통항을 위한 교량 및 가공선의 높이를 결정하기 위한 기준면으로 사용되는 것은?

① 약최고고조면
② 기본수준면
③ 소조의 평균저조면
④ 대조의 평균저조면

Guide 기본수준면(DL)
• 선박의 안전한 운항을 위해 일시라도 해수면 아래 존재하는 것의 기준 : 수심, 간출암
• 조위의 기준
평균해면(MSL)
• 항상 해수면 위에 존재하는 것의 기준 : 노출암, 섬, 등대, 육상의 높이
약최고고조면(AHHW)
• 최고 해수면을 기준으로 하는 시설 : 해안선, 교량, 전력선
• 선박의 통항이 가능한 높이의 기준
※ 문제의 기준면은 약최고고조면에 해당된다.

10 100m² 정방형 토지의 면적을 0.1m²까지 정확하게 구하기 위해 요구되는 한 변의 길이의 관측에 대한 설명으로 옳은 것은?

① 한 변의 길이를 1cm까지 정확하게 읽어야 한다.
② 한 변의 길이를 1mm까지 정확하게 읽어야 한다.

③ 한 변의 길이를 5cm까지 정확하게 읽어야
한다.

④ 한 변의 길이를 5mm까지 정확하게 읽어야
한다.

> **Guide** 면적의 정확도 $\left(\dfrac{dA}{A}\right) = 2 \times \dfrac{dl}{l} \rightarrow$
>
> $$dl = \dfrac{l \cdot dA}{2A} = \dfrac{10 \times 0.1}{2 \times 100} = 0.005\text{m} = 5\text{mm}$$
>
> ∴ 한 변의 길이를 5mm까지 정확하게 읽어야 한다.

11 그림과 같이 단곡선의 첫 번째 측점 P를 측설
하기 위하여 E.C에서 관측할 각도(δ')는?
(단, 교각 I = 60°, 곡선반지름 R = 100m, 중
심말뚝간격 = 20m, 시단현의 거리 = 13.96m)

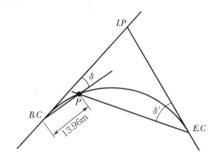

① 24°   ② 25°

③ 26°   ④ 27°

> **Guide** • $C.L = 0.0174533\, RI° = 0.0174533 \times 100 \times 60°$
> $= 104.72\text{m}$
> • $\widehat{P.E.C} = 104.72 - 13.96 = 90.76$
> • 종단현거리(l_n) = 90.76 − 80 = 10.76m
> • 20m에 대한 일반편각(δ) = $1718.87' \dfrac{l}{R} = 5°43'46''$
> • 종단현편각(δ_n) = $1718.87' \dfrac{l_n}{R} = 3°04'57''$
> ∴ $\delta' = 4\delta + \delta_n = 22°55'04'' + 3°04'57'' ≒ 26°00'01''$

12 터널측량 중 현장에서 중심선을 설정하고 터
널 입구의 위치를 결정하는 작업은?

① 답사   ② 지하설치

③ 지표설치   ④ 예측

> **Guide** • 지표설치 : 중심선을 현지의 지표에 정확히 설정하고
> 터널입구의 위치 및 연장(길이)을 정확히 관측하는 작업

• 지하설치 : 터널입구에서 굴착이 진행함에 따라 터널
내의 중심선을 설정하는 작업

13 지중레이더(Ground Penetration Radar :
GPR) 탐사기법은 전자파의 어떤 성질을 이용
하는가?

① 방사   ② 반사

③ 흡수   ④ 산란

> **Guide** 지중레이더(GPR) 탐사기법
> 지상의 안테나에서 지하에 전자파를 방사시켜 대상물에
> 서 반사 또는 주사된 전자파를 수신하여 반사강도에 따
> 라 8가지 컬러로 표시되고, 이를 분석하여 위치와 깊이를
> 측량하는 방법이다.

14 그림과 같이 삼각형의 정점 A에서 직선 $\overline{AP}$,
$\overline{AQ}$로 △ABC의 면적을 1 : 2 : 4로 분할하려
면 $\overline{BP}$, $\overline{BQ}$의 길이를 각각 얼마로 하면 되는가?

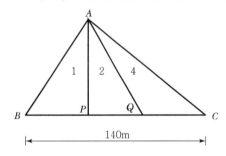

① 10m, 30m   ② 10m, 60m

③ 20m, 40m   ④ 20m, 60m

> **Guide** • $\overline{BP} = \dfrac{1}{1+2+4} \times 140 = 20\text{m}$
> • $\overline{BQ} = \dfrac{3}{1+2+4} \times 140 = 60\text{m}$

15 클로소이드에 관한 설명으로 옳지 않은 것은?

① 클로소이드는 나선의 일종이다.

② 클로소이드는 종단곡선으로 주로 활용된다.

③ 모든 클로소이드는 닮은꼴이다.

④ 클로소이드는 곡률이 곡선의 길이에 비례하
여 증가하는 곡선이다.

> **Guide** 클로소이드는 도로의 완화곡선 설치에 주로 활용된다.

정답 11 ③ 12 ③ 13 ② 14 ④ 15 ②

16 수면으로부터 수심 3/5인 곳에 수중부자를 가라 앉혀서 직접 평균유속을 구할 때 사용되는 부자는?

① 표면부자   ② 이중부자
③ 봉부자   ④ 막대부자

Guide 이중부자

표면에 수중부자를 연결한 것으로 수중부자는 수면에서 6/10(3/5/6할)이 되는 깊이로 가라 앉혀서 직접평균유속을 구할 때 사용하나 아주 정확한 값은 얻을 수 없다.

17 토적곡선(Mass Curve)에 의한 토량계산에 대한 설명으로 옳지 않은 것은?

① 곡선은 누가토량의 변화를 표시하는 것이고, 그 경사가 (−)는 깎기 구간, (+)는 쌓기 구간을 의미한다.
② 측점의 토량은 양단면평균법으로 계산할 수 있다.
③ 곡선의 극소점은 쌓기 구간에서 깎기 구간으로 변하는 점을 의미한다.
④ 토적곡선을 활용하여 토공의 평균운반거리를 계산할 수 있다.

Guide 유토곡선(토적곡선)은 누가토량의 변화를 표시한 것이고, 그 경사가 상향(+)은 절토(깎기) 구간이며, 하향(−)은 성토(쌓기) 구간을 의미한다.

18 그림과 같은 면적을 심프슨의 제1법칙과 사다리꼴 법칙에 의하여 계산하였다. 이때 2개의 법칙에 의하여 구한 면적의 차이는?(단, L = 5m)

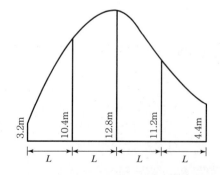

① 12m²   ② 10m²
③ 8m²   ④ 6m²

Guide Simpson 제1법칙

$$A = \frac{5}{3}\{3.2 + 4.4 + 4 \times (10.4 + 11.2) + 2 \times (12.8)\}$$
$$= 199.33\text{m}^2$$

사다리꼴 공식
$$A = \left(\frac{3.2 + 10.4}{2}\right) \times 5 + \left(\frac{10.4 + 12.8}{2}\right) \times 5$$
$$+ \left(\frac{12.8 + 11.2}{2}\right) \times 5 + \left(\frac{11.2 + 4.4}{2}\right) \times 5$$
$$= 191\text{m}^2$$
$$\therefore \Delta A = A_{simpson} - A_{\text{사다리꼴}} = 199.33 - 191$$
$$= 8.33\text{m}^2$$

19 음향측심기를 이용하여 수심을 측정하였다. 수심 측정값으로 옳은 것은?(단, 수중음속 1,510m/s, 음파송신수신시간 0.2초)

① 151m   ② 302m
③ 604m   ④ 7,550m

Guide $H = \frac{1}{2} \cdot V \cdot t = \frac{1}{2} \times (1,510 \times 0.2) = 151\text{m}$

20 급경사가 되어 있는 터널 내의 트래버스측량에 있어서 정밀한 측각을 위해 가장 적절한 방법은?

① 방위각법   ② 배각법
③ 편각법   ④ 단각법

Guide 급경사가 되어 있는 터널 내의 다각측량에 있어서 정밀한 측각을 위해서는 배각법(반복법)을 이용한다.

Subject 02 사진측량 및 원격탐사

21 촬영 방향에 의해 사진을 분류할 경우 수직사진과 경사사진의 일반적 한계는?

① ±3° ② ±8°
③ ±10° ④ ±15°

Guide 수직사진과 경사사진의 일반적인 한계는 ±3°이다.

22 대공표지에 대한 설명으로 옳은 것은?

① 사진의 네 모서리 또는 네 변의 중앙에 있는 표지
② 평균해수면으로부터 높이를 정확히 구해 놓은 고정된 표지나 표식
③ 항공사진에 표정용 기준점의 위치를 정확하게 표시하기 위하여 촬영 전에 지상에 설치한 표지
④ 삼각점, 수준점 등의 기준점의 위치를 표시하기 위하여 돌로 설치된 측량표지

Guide 대공표지는 항공사진에 관측용 기준점의 위치를 정확하게 표시하기 위하여 촬영 전에 지상에 설치한 표지를 말한다.

23 어떤 항공사진상에 실제 길이 150m의 교량이 5mm로 나타났다면 이 사진에 포함되는 실 면적은?(단, 사진 크기 = 23cm × 23cm)

① 15.87km² ② 47.61km²
③ 158.7km² ④ 476.1km²

 축척$\left(\dfrac{1}{m}\right) = \dfrac{l}{L} = \dfrac{5}{150 \times 1,000} = \dfrac{1}{30,000}$

$\therefore A = (ma)^2 = (30,000 \times 0.23)^2 = 47.61 \text{km}^2$

24 디지털 영상에서 사용되는 비트맵 그래픽 형식이 아닌 것은?

① BMP ② DWG
③ JPEG ④ TIFF

Guide 비트맵(Bitmap)이란 작은 점들로서 그림을 이루는 이미지 파일형식으로 GIF, JPEG, PNG, TIFF, BMP, PCT, PCX 등 확장자로 저장되며 보통 폰트나 이미지에 사용된다.
비트맵은 그래픽을 래스터 방식으로 저장하며, 비트맵에 대응되는 메타파일(Meta File)은 벡터방식으로 그래픽을 저장한다. DWG는 오토캐드 포맷방식이다.

25 여러 시기에 걸쳐 수집된 원격탐사 데이터로부터 이상적인 변화탐지 결과를 얻기 위한 가장 중요한 해상도로 옳은 것은?

① 주기 해상도(Temporal Resolution)
② 방사 해상도(Radiometric Resolution)
③ 공간 해상도(Spatial Resolution)
④ 분광 해상도(Spectral Resolution)

Guide 변화탐지란 다중시기에 취득된 데이터를 이용하여 대상물 또는 현상들의 차이를 정량적으로 분석하는 과정으로 이상적인 변화탐지 결과를 얻기 위한 가장 중요한 해상도는 주기 해상도이다.

26 어느 높이에서 촬영한 연직사진(A)과 그 2배의 높이에서 동일 카메라로 촬영한 연직사진(B)의 관계에 대하여 설명한 것으로 옳지 않은 것은?(단, 사진의 중복도는 모두 60 % 이다.)

① 한 장의 사진에 촬영된 면적은 (B)가 (A)의 4배이다.
② 사진상에 동일 위치에 찍힌 동일 높이인 산정(山頂)의 비고에 의한 변위는 (B)가 (A)보다 크다.
③ 평지의 사진축척은 (A)가 (B)의 2배이다.
④ (A)가 (B)보다 비고의 정밀도가 우수하다.

Guide 사진상에서 동일한 위치에 찍힌 동일 높이인 산정의 비고에 의한 변위는 $\Delta r = \dfrac{h}{H} \cdot r$의 관계가 되므로 2배의 높이에서 촬영된 연직사진 (B)가 기복변위가 적다.

27 일반카메라와 비교할 때, 항공사진측량용 카메라의 특징에 대한 설명으로 옳지 않은 것은?

① 렌즈의 왜곡이 극히 적다.
② 해상력과 선명도가 높다.
③ 렌즈의 피사각이 크다.
④ 초점거리가 짧다.

Guide 일반카메라와 비교할 때, 항공사진 측량용 카메라의 초점거리(f)가 길다.

28 수치표고모형(Digital Elevation Model)의 활용분야가 아닌 것은?

① 가시권 분석
② 토공량 산정
③ 소음전파분석
④ 토지피복분류

Guide 토지피복분류는 원격탐사(Remote Sensing)의 활용분야에 해당된다.

29 다음 탐측기(Sensor)의 종류 중 능동적 탐측기(Active Sensor)에 해당되는 것은?

① RBV(Return Beam Vidicon)
② MSS(Multi Spectral Scanner)
③ SAR(Synthetic Aperture Radar)
④ TM(Thematic Mapper)

Guide 능동적 탐측기에는 SAR와 LiDAR 등이 있다.

30 해석적 내부표정에서의 주된 작업내용은?

① 관측된 상 좌표로부터 사진 좌표로 변환하는 작업
② 3차원 가상 좌표를 계산하는 작업
③ 1개의 통일된 블록 좌표계로 변환하는 작업
④ 표고결정 및 경사를 결정하는 작업

Guide ② : 상호표정, ③ : 접합표정, ④ : 절대표정

31 원격탐사(Remote Sensing)에 대한 설명으로 틀린 것은?

① 인공위성에 의한 원격탐사는 짧은 시간 내에 넓은 지역을 동시에 관측할 수 있다.
② 다중 파장대에 의하여 자료를 수집하므로 원하는 목적에 적합한 자료의 취득이 용이하다.
③ 관측자료가 수치적으로 기록되어 판독이 자동적이며, 정성적 분석이 가능하다.
④ 반복 측정은 불가능하나 좁은 지역의 정밀 측정에 적당하다.

Guide 원격탐사는 짧은 시간에 넓은 지역을 동시에 관측할 수 있으며, 반복측정이 가능하고, 손쉽게 비교할 수 있는 특징이 있다.

32 조정집성사진지도(Controlled Mosaic Photo map)에 대한 설명으로 옳은 것은?

① 카메라의 기울어짐에 따른 변위, 지면의 비고에 따른 변위의 두 변위를 일체 수정하지 않고 사진을 이용하여 만든 사진지도
② 편위수정기에 의해 편위를 일부만 수정하여 집성한 사진지도
③ 편위 수정된 항공사진으로 만들어진 집성사진지도
④ 지형의 기복에 따라 생긴 항공사진의 왜곡을 보정하고 일정한 규격으로 집성하여 좌표 및 주기 등을 기입한 사진지도

Guide ① : 약조정집성사진지도, ② : 반조정집성사진지도
③ : 조정집성사진지도

33 공간 상의 임의의 점, 그에 대응하는 사진 상의 점, 사진기의 촬영중심이 동일한 직선 상에 있어야 한다는 조건은?

① 공선조건   ② 공면조건
③ 공액조건   ④ 공점조건

Guide 공선조건은 공간상의 임의의 점(또는 대상물의 점 : X_P, Y_P, Z_P)과 그에 대응하는 사진상의 점(또는 상점 : x, y) 및 사진기의 촬영 중심(X_0, Y_0, Z_0)이 동일 직선상에 있어야 할 조건을 말한다.

정답 27 ④ 28 ④ 29 ③ 30 ① 31 ④ 32 ③ 33 ①

34 해석 도화기로 할 수 없는 작업은?

① 사진좌표 측정
② 정사영상 제작
③ 수치지도 작성
④ 항공삼각측량

> **Guide** 정사영상 제작은 수치 사진측량의 수치 도화기에 의해 주로 제작된다.

35 N 차원의 피처공간에서 분류될 화소로부터 가장 가까운 훈련자료 화소까지의 유클리드 거리를 계산하고 그것을 해당 클래스로 할당하여 영상을 분류하는 방법은?

① 최근린 분류법
　(Nearest－Neighbor Classifier)
② k－최근린 분류법
　(k－Nearest－Neighbor Classifier)
③ 최장거리 분류법
　(Maximum Distance Classifier)
④ 거리가중 k－최근린 분류법
　(k－Nearest－Neighbor Distance－
　Weighted Classifier)

> **Guide** 최근린 분류법은 가장 가까운 거리에 근접한 영양소의 값을 택하는 방법이다.

36 축척 1 : 20,000의 엄밀수직사진에서 지상 사진 주점으로부터 1,000m 떨어진 곳에 있는 높이 50m인 철탑의 사진상 기복변위량은?(단, 사진은 광학사진으로 초점거리는 150mm이다.)

① 0.21mm　　　② 0.42mm
③ 0.83mm　　　④ 1.68mm

> **Guide**
> - $\dfrac{1}{20,000} = \dfrac{r}{1,000} \rightarrow r = 0.05\text{m} = 50\text{mm}$
> - $\dfrac{1}{20,000} = \dfrac{f}{H} \rightarrow H = 3,000\text{m}$
> $\therefore \Delta r = \dfrac{h}{H} \cdot r = \dfrac{50}{3,000} \times 50 = 0.83\text{mm}$

37 축척 1 : 10,000으로 표고 200m의 평탄한 토지를 촬영한 항공사진의 촬영기선길이는? (단, 사진 크기 23cm×23cm, 중복도 65 %)

① 1,400m　　　② 1,150m
③ 920m　　　　④ 805m

> **Guide** $B = ma(1-p) = 10,000 \times 0.23(1-0.65) = 805\text{m}$

38 극초단파(Microwave)의 도플러 효과를 이용해 공간자료를 수집하는 센서는?

① LiDAR　　　② SAR
③ RBV　　　　④ MSS

> **Guide** SAR는 능동적 센서로 극초단파를 이용하며, 극초단파 중 레이더파를 지표면에 주사하여 반사파로부터 2차원 영상을 얻는 센서를 말한다.

39 지상길이 100m의 교량이 있다. 초점거리 150mm의 항공사진 촬영용 카메라로 비행고도 3,000m에서 촬영하였을 때 수직사진 상에 나타난 교량의 길이는?

① 0.2mm　　　② 0.5mm
③ 2.0mm　　　④ 5.0mm

> **Guide**
> $\dfrac{1}{m} = \dfrac{f}{H} = \dfrac{l}{L}$
> $\therefore l = \dfrac{f \cdot L}{H} = \dfrac{0.15 \times 100}{3,000} = 0.005\text{m} = 5\text{mm}$

40 비행고도가 동일할 때 보통각, 광각, 초광각의 세 가지 카메라로 촬영할 경우 사진축척이 가장 작게 결정되는 것은?

① 초광각사진　　② 광각사진
③ 보통각사진　　④ 모두 동일

> **Guide** 축척이 가장 작게 결정되는 카메라는 화각이 120°이고 초점거리가 88mm인 초광각사진기이다.

Subject 03 지리정보시스템(GIS) 및 위성측위시스템(GPS)

41 데이터베이스의 형태에 속하지 않는 것은?

① 관계 구조   ② 입체 구조
③ 계층 구조   ④ 조직망 구조

Guide 데이터베이스 모형
- 계층형 DBMS   • 네트워크형 DBMS
- 관계형 DBMS   • 객체지향형 DBMS
- 객체관계형 DBMS

42 다음 벡터식 자료구조 중 선사상이 아닌 것은?

① 점(Point)   ② 아크(Arc)
③ 체인(Chain)   ④ 스트링(String)

Guide 선(Line)의 종류
- 선분(Line Segment)   • 아크(Arc)
- 스트링(String)   • 체인(Chain)
- 링크(Link)   • 고리(Ring)

43 GPS측량방법 중 이동국 GPS관측점에서 위성신호를 처리한 성과와 기지국 GPS에서 송신된 위치자료를 수신하여 이동지점의 위치좌표를 바로 구할 수 있는 측량방법은?

① 정지식 GPS방법
② 후처리 GPS방법
③ 역정밀 GPS방법
④ 실시간 이동식 GPS방법

Guide DGPS
이미 알고 있는 기지점의 좌표를 이용하여 오차를 최대한 소거시켜 관측점의 위치 정확도를 높이기 위한 위치결정방식이다. 기지점에 기준국용 GPS 수신기를 설치하고 위성을 관측하여 각 위성의 의사거리 보정값을 구하고, 이 보정값을 무선모뎀 등을 사용하여 이동국용 GPS 수신기의 위치결정 오차를 개선하는 위치를 결정하는 방법이다.

44 공간정보를 기반으로 고객의 수요특성 및 가치를 분석하기 위한 방법으로 고객정보에 주거형태, 주변 상권 등 지리적 요소를 포함시켜 고객의 거

주 혹은 활동 지역에 따라 차별화된 서비스를 제공하기 위한 전략으로 금융 및 유통업 분야에서 주로 도입하여 GIS 마케팅 분석 등에 활용되고 있는 공간정보 활용의 한 분야는?

① gCRM(Geographic Customer Relationship Management)
② LBS(Location Based Service)
③ Telematics
④ SDW(Spatial Data Warehouse)

Guide gCRM(geographic Customer Relationship Management)
지리정보시스템(GIS) 기술을 고객관계관리(CRM)에 활용한 것으로 주변 상권, 마케팅과 같은 분야에 지리적인 요소를 제공하는 것을 말한다.

45 항공기에서 레이저 파를 발사한 후 돌아오는 시간을 이용하여 대상지역의 정밀한 수치표고모델(DEM)을 제작할 수 있는 방법을 무엇이라 하는가?

① GPS-INS 측량
② 라이다(LiDAR) 측량
③ 영상 자동매칭 방법
④ 레이더(Radar) 간섭 측량

Guide LiDAR(Light Detection And Ranging)
비행기에 레이저측량장비와 GPS/INS를 장착하여 대상면의 공간좌표(x, y, z) 및 도면화를 할 수 있으며 수치표고모델(DEM)을 제작하기에 용이한 측량시스템이다.

46 그림의 2차원 쿼드트리(Quadtree)의 총 면적은 얼마인가?(단, 최하단에서 하나의 셀의 면적을 1로 가정한다.)

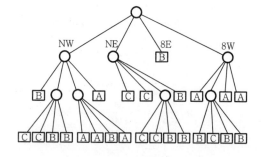

① 16   ② 25

③ 64   ④ 128

> **Guide** 사지수형(Quadtree)은 어느 영역을 단계적으로 4분원으로 분할하여 표시하는 것으로 $2^n \times 2^n$ 배열이다.
> ∴ 최하단의 셀면적은 1이고, n은 3이므로 총면적은 $2^3 \times 2^3 \times 1 = 64$이다.

47 오픈 소스 소프트웨어(Open Source Software)에 대한 설명으로 옳지 않은 것은?

① 일반 사용자에 의해서 소스코드의 수정과 재배포가 가능하다.

② 전문 프로그래머가 아닌 일반 사용자도 개발에 참여할 수 있다.

③ 사용자 인터페이스가 상업용 소프트웨어에 비해 우수한 것이 특징이다.

④ 소스코드가 제공됨으로써 자료처리 과정을 명확하게 이해할 수 있는 장점이 있다.

> **Guide** 오픈 소스 소프트웨어(Open Source Software)
> 무료이면서 소스코드를 개방한 상태로 실행 프로그램을 제공하는 동시에 소스코드를 누구나 자유롭게 개작 및 개작된 소프트웨어를 재배포할 수 있도록 허용된 소프트웨어이다.
> • 누구라도 소스코드를 읽고 사용 가능
> • 누구라도 버그 수정 및 개발 참여 가능
> • 프로그램을 복제하여 배포 가능
> • 소프트웨어의 소스코드 접근 가능
> • 프로그램을 개선할 수 있는 권리를 개발자에게 보장

48 지리정보시스템구축에 필요한 위치정보의 자료취득방법으로 알맞은 것은?

① GIS   ② GPS

③ PC   ④ TIN

> **Guide** ① GIS : 지형공간정보체계
> ② GPS : 범지구 위치결정체계
> ③ PC : 개인형 전산기
> ④ TIN : 불규칙 삼각망

49 지리정보시스템의 필요성과 관계가 없는 것은?

① 자료 중복 조사 및 분산관리를 하기 위한 측면

② 행정환경 변화의 수동적 대응을 하기 위한 측면

③ 통계담당 부서와 각 전문부서 간의 업무의 유기적 관계를 갖기 위함

④ 시간적 · 공간적 자료의 부족, 개념 및 기준의 불일치로 인한 신뢰도 저하를 해소하기 위한 측면

> **Guide** 행정환경변화의 능동적 대응
> • 업무의 신속성
> • 최신정보이용 및 과학적 정책 결정
> • 유관기관 자료 공유 및 유기적 협조체제

50 그림과 같이 도시계획 레이어와 행정구역 레이어를 중첩분석한 결과를 얻었다. 어떤 중첩분석 방법을 적용하여야 하는가?

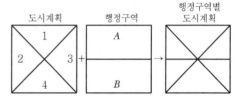

① Union   ② Append

③ Difference   ④ Buffer

> **Guide** Union
> 공간연산방법 중 하나로 두 개 이상의 레이어에 OR 연산자를 적용하여 합병하는 방법이며, 입력 레이어의 모든 정보가 결과 레이어에 포함된다.

51 GIS에서 다루어지는 지리정보의 특성이 아닌 것은?

① 위치정보를 갖는다.

② 위치정보와 함께 관련 속성정보를 갖는다.

③ 공간객체 간에 존재하는 공간적 상호관계를 갖는다.

④ 시간이 흘러도 변하지 않는 영구성을 갖는다.

> **Guide** GIS에서 다루어지는 지리정보는 시간에 따라 가변성을 가지고 있어 지역에 따라 일정주기로 이를 갱신한다.

정답 47 ③ 48 ② 49 ② 50 ① 51 ④

52 모자이크방식(Tessellation) 분할에 대한 설명으로 옳지 않은 것은?

① 빠르고 쉬운 알고리즘을 적용할 수 있다.
② 대상지역을 규칙적인 형태로 분할하는 방식이다.
③ 위치가 정확하게 표현된다.
④ 동일한 형태를 표현할 경우 대부분 자료량이 늘어난다.

Guide 모자이크방식(Tessellation)
　면적을 작은 단위로 나누는 과정으로 공간을 규칙적 혹은 불규칙적인 다각형을 나누는 방식이다.

53 GPS 오차의 종류가 아닌 것은?

① 관성오차
② 위성 시계오차
③ 대기조건에 의한 오차
④ 다중전파경로에 의한 오차

Guide GPS의 측위오차는 크게 구조적 요인에 의한 거리오차, 위성의 배치상황에 따른 오차, SA, Cycle Slip 등으로 구분할 수 있으며 구조적 요인에 의한 거리오차는 다음과 같다.
• 위성시계오차
• 위성궤도오차
• 전리층과 대류권에 의한 전파 지연
• 전파적 잡음, 다중경로오차

54 주어진 연속지적도에서 본인 소유의 필지와 접해 있는 이웃 필지의 소유주를 알고 싶을 때에 필지 간의 위상관계 중에 어느 관계를 이용하는가?

① 포함성　　　　　　② 일치성
③ 인접성　　　　　　④ 연결성

Guide 인접성은 서로 이웃하는 대상물 간의 관계를 말한다.

55 위성에서 송출된 신호가 수신기에 하나 이상의 경로를 통해 수신될 때 발생하는 현상을 무엇이라 하는가?

① 전리층 편의　　　　② 대류권 지연

③ 다중경로　　　　　④ 위성궤도 편의

Guide 다중경로(Multipath)
　일반적으로 GPS신호는 GPS 수신기에 위성으로부터 직접파와 건물 등으로부터 반사되어 오는 반사파가 동시에 도달하는데 이를 다중경로라고 한다.

56 GPS에 대한 설명으로 옳지 않은 것은?

① GPS는 우주부분, 제어부분, 사용자부분으로 구성되어 있다.
② 궤도면은 적도에 대해 65° 기울어져 있으며 지표면으로부터 약 20,200km 상공이다.
③ 위성에서 송출되고 있는 전파는 반송파(Carrier Wave)와 코드(Code)가 있다.
④ 반송파에는 L_1, L_2가 있으며 코드에는 C/A와 P코드가 있다.

Guide GPS는 55° 궤도 경사각, 위도 60°의 6개 궤도로 구성되어 있으며 20,163km 고도와 약 12시간 주기로 운행한다.

57 컴포넌트(Component) GIS의 특징에 대한 설명으로 옳지 않은 것은?

① 확장 가능한 구조이다.
② 분산 환경을 지향한다.
③ 특정 운영환경에 종속되지 않는다.
④ 인터넷의 www(World Wide Web)와 통합된 것을 의미한다.

Guide Component GIS
　부품을 조립하여 물건을 완성하는 것과 같은 방식으로 특정 목적의 지리정보체계를 적절한 컴포넌트의 조합으로 구현하는 지리정보체계이다.
　④는 인터넷 GIS를 말한다.

58 TIN(Triangulated Irregular Networks)의 특징이 아닌 것은?

① 연속적인 표면을 표현하는 방법으로 부정형의 삼각형으로 이루어진 모자이크 식으로 표현한다.
② 벡터 데이터 모델로 추출된 표본 지점들이 x, y, z 값을 가지고 있다.

정답　52 ③　53 ①　54 ③　55 ③　56 ②　57 ④　58 ④

③ 표본점으로부터 삼각형의 네트워크를 생성하는 방법은 대표적으로 델로니(Delaunay) 삼각법이 사용된다.

④ TIN 자료모델에는 각 점과 인접한 삼각형들 간에 위상관계(Topology)가 형성되지 않는다.

Guide TIN의 특징
- 세 점으로 연결된 불규칙 삼각형으로 구성된 삼각망이다.
- 적은 자료로서 복잡한 지형을 효율적으로 나타낼 수 있다.
- 벡터구조로 위상정보를 가지고 있다.
- 델로니 삼각망을 주로 사용한다.

59 메타데이터(Metadata)에 대한 설명으로 옳지 않은 것은?

① 공간데이터와 관련된 일련의 정보를 제공해 준다.

② 자료를 생산, 유지, 관리하는 데 필요한 정보를 제공해 준다.

③ 대용량 공간 데이터를 구축하는 데 드는 엄청난 비용과 시간을 절약해 준다.

④ 공간데이터 제작자와 사용자 모두 표준용어와 정의에 동의하지 않아도 사용할 수 있다.

Guide 메타데이터(Metadata)
데이터의 내용, 품질, 조건 및 특징 등을 저장한 데이터로서 데이터에 관한 데이터의 이력을 말한다.
- 시간과 비용의 낭비를 제거
- 공간정보 유통의 효율성
- 데이터에 대한 유지·관리 갱신의 효율성
- 데이터에 대한 목록화
- 데이터에 대한 적합성 및 장단점 평가
- 데이터를 이용하여 로딩

60 객체 사이의 인접성, 연결성에 대한 정보를 포함하는 개념은?

① 위치정보   ② 속성정보
③ 위상정보   ④ 영상정보

Guide 위상(Topology)
벡터자료의 점, 선, 면에 대해 공간관계를 정의하는 데 사용하는 수학적 방법으로서 선의 방향, 특성들 간의 관계, 연결성, 인접성, 영역 등을 정의한다.

Subject 04 측량학

✔ 측량 관련 법규는 출제 당시 법률을 기준으로 해설되었음을 알려드립니다.

61 삼각측량에서 삼각형의 내각 관측결과 ∠A=55°12′ 20″, ∠B=35°23′ 40″, ∠C=89°24′ 30″이었다면 각각의 최확값으로 옳은 것은?

① ∠A=55° 12′ 10″, ∠B=35° 23′ 40″, ∠C=89° 24′ 10″
② ∠A=55° 12′ 15″, ∠B=35° 23′ 35″, ∠C=89° 24′ 10″
③ ∠A=55° 12′ 15″, ∠B=35° 23′ 20″, ∠C=89° 24′ 25″
④ ∠A=55° 12′ 10″, ∠B=35° 23′ 30″, ∠C=89° 24′ 20″

Guide 삼각형의 내각의 합 = 180°00′30″, $\frac{30″}{3}=10″$를 각각의 관측값에 θ하여 최확값을 산정하면 된다.

62 오차 중에서 최소제곱법의 원리를 이용하여 처리할 수 있는 것은?

① 누적오차   ② 우연오차
③ 정오차   ④ 착오

Guide 오차 중에서 최소제곱법의 원리를 이용하여 처리할 수 있는 오차는 부정오차(우연오차)이다.

63 수평각을 관측할 경우 망원경을 정(正) 및 반(反)위 상태로 관측하여 평균값을 취해도 소거되지 않는 오차는?

① 망원경 편심오차
② 수평축오차
③ 시준축오차
④ 연직축오차

Guide 연직축오차는 망원경을 정·반위 상태로 관측하여 평균값을 취해도 제거되지 않는다.

64 등고선의 성질에 대한 설명으로 옳지 않은 것은?

① 동일 등고선상의 모든 점은 기준면상 같은 높이에 있다.
② 등고선은 하천, 호수, 계곡 등에서는 단절되고, 도상에서는 폐합되지 않는다.
③ 등고선은 최대 경사선에 직각이 되고, 분수선 및 계곡선에 직교한다.
④ 동일 경사 지면에서 서로 이웃한 등고선의 간격은 일정하다.

Guide 등고선은 하천, 호수, 계곡을 횡단할 경우에는 그 한쪽을 따라 올라가서 유선을 가로질러 또다시 내려와 대안에 이른다.

65 두 지점의 경사거리 100m에 대한 경사 보정이 1cm일 경우 두 지점 간의 높이 차는?

① 1.414m   ② 2.414m
③ 14.14m   ④ 24.14m

Guide $C_i = -\dfrac{H^2}{2L}$
$\therefore H = \sqrt{2LC_i} = \sqrt{2 \times 100 \times 0.01} = 1.414\text{m}$

66 지반고 145.25m의 A 지점에 토털스테이션을 1.25m 높이로 세워 사거리 172.30m, B 지점의 타켓 높이 1.85m를 시준하여 연직각 −25°11′을 얻었다. B 지점의 지반고는?

① 71.33m   ② 75.03m
③ 217.97m   ④ 221.67m

Guide $H_B = H_A + I - \Delta H(L\sin\alpha) - l$
$\quad = 145.25 + 1.25 - (172.30 \times \sin 25°11′) - 1.85$
$\quad = 71.33\text{m}$

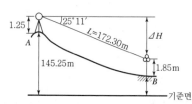

67 1 : 50,000 지형도에서 4% 경사의 노선을 선정하려 한다. 주곡선 사이에 취해야 할 도상 거리는?

① 100mm   ② 50mm
③ 10mm   ④ 5mm

Guide 1 : 50,000 지형도의 주곡선 간격은 20m이므로,
• $i(\%) = \dfrac{H}{D} \times 100(\%) \rightarrow$
$\quad D = \dfrac{H \times 100}{i} = \dfrac{20 \times 100}{4} = 500\text{m}$
• $\dfrac{1}{50,000} = \dfrac{\text{도상거리}}{500}$
$\therefore \text{도상거리} = 0.01\text{m} = 10\text{mm}$

68 다음 설명 중 옳지 않는 것은?

① 삼각측량에서 삼각점은 정삼각형에 가까운 형태로 한다.
② 하천측량을 실시하는 주목적은 각종 설계시공에 필요한 자료를 얻기 위이다.
③ 각측량에서 배각법은 방향각법과 비교하여 읽음오차의 영향을 크게 받는다.
④ 전자유도측량방법은 지하매설물 측량기법의 한 종류이다.

Guide 각측량에서 배각법은 방향각법과 비교하여 읽음오차(β)의 영향을 적게 받는다.

69 등경사선 지형에서 축척 1 : 1,000, 등고선 간격 1m, 제한경사를 5 %로 할 때, 각 등고선 간의 도상거리는?

① 1cm   ② 2cm
③ 5cm   ④ 10cm

Guide • $i(\%) = \dfrac{H}{D} \times 100(\%) \rightarrow$
$\quad D = \dfrac{100 \times H}{i} = \dfrac{100 \times 1}{5} = 20\text{m}$
• $\dfrac{1}{1,000} = \dfrac{\text{도상거리}}{20}$
$\therefore \text{도상거리} = 0.02\text{m} = 2\text{cm}$

정답 64 ② 65 ① 66 ① 67 ③ 68 ③ 69 ②

70 직선 AB를 2개 구간(d_1, d_2)으로 나누어 거리를 측정한 결과가 $d_1 = 50.12m \pm 0.05m$, $d_2 = 45.67 \pm 0.04m$ 이었다면 직선 $\overline{AB}$ 간의 거리는?

① $95.79 \pm 0.01m$ ② $95.79 \pm 0.03m$

③ $95.79 \pm 0.06m$ ④ $95.79 \pm 0.09m$

> **Guide** • $\overline{AB}$거리 $= 50.12 + 45.67 = 95.79m$
> • 부정오차의 합 $= \pm\sqrt{0.05^2 + 0.04^2} = \pm 0.06m$

71 삼각측량에서 그림과 같은 사변형망의 각조건식 수는?

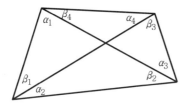

① 1개 ② 2개

③ 3개 ④ 4개

> **Guide** • $\angle\alpha_1 + \alpha_2 + \alpha_3 + \alpha_4 + \beta_1 + \beta_2 + \beta_3 + \beta_4 = 360°$
> • $\angle\alpha_1 + \beta_1 = \angle\alpha_3 + \beta_3$
> • $\angle\alpha_2 + \beta_2 = \angle\alpha_4 + \beta_4$

72 다음 설명 중 옳지 않은 것은?

① 방향각은 도북을 기준으로 한 시계방향의 각으로 표현한다.

② 방위각은 진북을 기준으로 한 시계방향의 각으로 표현한다.

③ 방향각과 방위각은 X좌표축 상에서만 일치한다.

④ 자침편차는 자북방향을 기준으로 진북방향의 편차를 나타낸다.

> **Guide** 자침편차는 진북방향을 기준으로 자북과의 편차를 나타낸다.

73 국가 수준기준면과 수준원점의 관계에 대한 설명으로 옳지 않은 것은?

① 국가 수준기준면과 수준원점은 일치한다.

② 제주도와 같은 섬에서는 독립된 기준면을 사용하기도 한다.

③ 국가 수준기준면으로부터 정확한 표고를 측정하여 수준원점을 설치한다.

④ 평균해면을 관측하여 국가 수준기준면을 만든다.

> **Guide** 국가 수준기준면은 인천만의 평균해수면을 $\pm 0m$로 하며, 수준원점은 인하대 구내에 위치하고 그 높이는 26.6871m이므로 일치하지 않는다.

74 다각측량에서 측량순서로 옳은 것은?

① 답사 – 선점 – 조표 – 관측

② 답사 – 조표 – 선점 – 관측

③ 선점 – 답사 – 조표 – 관측

④ 선점 – 조표 – 답사 – 관측

> **Guide** 다각측량의 일반적 순서는 계획 → 답사 → 선점 → 조표 → 관측 → 조정 → 성과정리순이다.

75 공공측량시행자는 측량을 하기 위하여 작업계획서를 작업을 시행하기 며칠 전까지 제출하여야 하는가?

① 7일 ② 15일

③ 30일 ④ 90일

> **Guide** 측량·수로조사 및 지적에 관한 법률 시행규칙 제21조 (공공측량 작업계획서의 제출)
> 공공측량시행자는 공공측량을 하기 30일 전에 국토지리정보원장이 정한 기준에 따라 공공측량 작업계획서를 작성하여 국토지리정보원장에게 제출하여야 한다. 공공측량 작업계획서를 변경한 경우에도 같다.

76 기본측량의 측량성과 고시에 포함되어야 하는 사항이 아닌 것은?

① 측량의 종류

② 측량성과의 보관 장소

③ 설치한 측량기준점의 수

④ 사용 측량기기의 종류 및 성능

Guide 측량 · 수로조사 및 지적에 관한 법률 시행령 제13조(측량성과의 고시)

기본측량 및 공공측량의 측량성과의 고시에는 다음의 사항이 포함되어야 한다.

1. 측량의 종류
2. 측량의 정확도
3. 설치한 측량기준점의 수
4. 측량의 규모(면적 또는 지도의 장수)
5. 측량실시의 시기 및 지역
6. 측량성과의 보관 장소
7. 그 밖에 필요한 사항

77 해양의 수심 · 지구자기 · 중력 · 지형 · 지질의 측량과 해안선 및 이에 딸린 토지의 측량으로 정의되는 것은?

① 수로측량　　　② 공공측량

③ 수로조사　　　④ 해안측량

Guide 측량 · 수로조사 및 지적에 관한 법률 제2조(정의)

78 지리학적 경위도, 직각좌표, 지구중심 직교좌표, 높이 및 중력 측정의 기준으로 사용하기 위하여 위성기준점, 수준점 및 중력점을 기초로 정한 기준점은?

① 통합기준점　　　② 경위도원점

③ 지자기점　　　④ 삼각점

Guide 측량 · 수로조사 및 지적에 관한 법률 시행령 제8조(측량기준점의 구분)

79 측량기술자에 대한 설명으로 옳지 않은 것은?

① 측량기술자는 다른 사람에게 자기의 성명을 사용하여 측량업무를 수행하게 하여서는 아니 된다.

② 지적, 지도제작, 도화 또는 항공사진 분야의 일정한 학력만을 가진 자는 측량기술자로 볼 수 없다.

③ 측량기술자는 신의와 성실로써 공정하게 측량을 실시해야 하며 정당한 사유 없이 측량을 거부하여서는 아니 된다.

④ 측량기술자는 둘 이상의 측량업체에 소속될 수 없다.

Guide 측량 · 수로조사 및 지적에 관한 법률 제39조(측량기술자)

측량기술자는 다음의 어느 하나에 해당하는 자로서 대통령령으로 정하는 자격기준에 해당하는 자이어야 하며, 대통령령으로 정하는 바에 따라 그 등급을 나눌 수 있다.

1. 「국가기술자격법」에 따른 측량 및 지형공간정보, 지적, 측량, 지도 제작, 도화(圖畵) 또는 항공사진 분야의 기술자격 취득자
2. 측량, 지형공간정보, 지적, 지도 제작, 도화 또는 항공사진 분야의 일정한 학력 또는 경력을 가진 자

80 성능검사를 받아야 하는 측량기기 중 금속관로탐지기의 성능검사 주기로 옳은 것은?

① 1년　　　② 2년

③ 3년　　　④ 5년

Guide 측량 · 수로조사 및 지적에 관한 법률 시행령 제97조(성능검사의 대상 및 주기 등)

성능검사를 받아야 하는 측량기기와 검사주기는 다음과 같다.

1. 트랜싯(데오드라이트) : 3년
2. 레벨 : 3년
3. 거리측정기 : 3년
4. 토털 스테이션 : 3년
5. 지피에스(GPS) 수신기 : 3년
6. 금속관로 탐지기 : 3년

본 문제의 해설은 출제자의 의도와 일치되지 않을 수 있으며, 문제 및 정답은 일부 오탈자가 있을 수 있으므로 학습시 의문사항이 있으면 예문사 또는 저자에게 문의하여 주시기 바랍니다. 또한, 본 기출문제는 시행 당시의 이론 및 법규에 의하여 해설되었음을 알려드립니다.

Subject 01 응용측량

01 저수지 용량을 산정하기 위한 방법으로 가장 적합한 것은?

① 단면법　　　　② 점고법
③ 등고선법　　　④ 유토곡선법

Guide 등고선법에 의한 체적 산정법은 저수지 용적 등 체적을 근사적으로 구하는 경우 대단히 편리한 방법이다.

02 토지분할에서 그림의 삼각형 ABC의 토지를 $\overline{BC}$에 평행한 직선 $\overline{DE}$로써 ADE : BCED =2 : 3의 비로 면적을 분할하는 경우 $\overline{AD}$의 길이는?

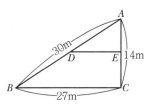

① 18.52m　　　② 18.97m
③ 19.79m　　　④ 23.24m

Guide $\overline{AD} = \overline{AB} \times \sqrt{\dfrac{m}{m+n}} = 30 \times \sqrt{\dfrac{2}{2+3}}$
$= 18.97\text{m}$

03 터널 안의 A점 및 B점의 좌표가 다음과 같을 때 $\overline{AB}$의 수평거리는?

A점 좌표($X_A = 213.560\text{m}$, $Y_A = 234.145\text{m}$)
B점 좌표($X_B = 113.341\text{m}$, $Y_B = 534.111\text{m}$)

① 316.234m　　② 213.872m
③ 213.674m　　④ 316.265m

Guide $\overline{AB}$ 수평거리 $= \sqrt{(X_B - X_A)^2 + (Y_B - Y_A)^2}$
$= \sqrt{\begin{array}{c}(113.341 - 213.560)^2 \\ + (534.111 - 234.145)^2\end{array}}$
$= 316.265\text{m}$

04 하천의 수면 유속측정을 위하여 그림과 같이 표면부표를 수면에 띄우고 A를 출발하여 B를 통과하는 데 소요된 시간을 측정하였더니 1분 10초였다면 수면의 유속은?(단, AB 두 점 간의 거리(L)는 15.3m이다.)

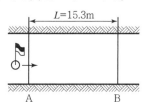

① 0.22m/sec　　② 0.81m/sec
③ 10.22m/sec　　④ 11.81m/sec

Guide 유속(V)=m/sec=15.3/70=0.22m/sec

05 해양지질학적 기초자료를 획득하기 위하여 음파 또는 탄성파탐사장비를 이용하여 해저 퇴적양상 또는 음향상 분포를 조사하는 작업은?

① 지적측량　　　② 해저지층탐사
③ 해상위치측량　④ 조선관측

Guide 해저지층탐사는 해저 지질 및 지층구조를 조사하는 측량으로 주로 탄성파 및 음파방법을 이용한다.

06 교각 $I = 60°$, 곡선반지름 $R = 300m$, 노선의 시작점에서 교점까지 추가거리가 270.5m일 때 시단현의 편각은?(단, 중심말뚝 간격은 20m이다.)

① 13′ 59″ ② 15′ 32″
③ 17′ 30″ ④ 20′ 03″

Guide
- $T.L = R\tan\dfrac{I}{2} = 300 \times \tan\dfrac{60°}{2} = 173.21m$
- $B.C$ = 노선의 시작점에서 교점까지 추가거리 $- T.L$
  = 270.5 - 173.21
  = 97.29m (No.4 + 17.29m)
- 시단현 길이(l_1) = 20 - 17.29 = 2.71m
- $\therefore$ 시단현 편각$(\delta_1) = 1718.87'\dfrac{l_1}{R}$
  $= 1718.87' \times \dfrac{2.71}{300} = 15' 32''$

07 완화곡선에 사용하는 클로소이드에 대한 설명으로 옳지 않은 것은?

① 클로소이드는 곡률이 곡선길이에 비례하여 증가하는 곡선이다.
② 단위 클로소이드의 각 요소는 모두 무차원이다.
③ 클로소이드 종점의 좌표 x, y는 그 점의 접선각(τ)의 함수로 표시할 수 있다.
④ 곡선길이(L)와 파라메타(A)가 일정할 때 이정량(ΔR)을 변화시킴으로써 임의 반지름의 원곡선에 접속시킬 수 있다.

Guide 단위 클로소이드 요소에는 단위가 있는 것과 단위가 없는 것으로 구분된다.

08 그림과 같은 도로 횡단면의 면적은?

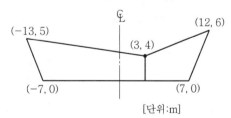

[단위:m]

① 87.0m² ② 94.0m²
③ 97.0m² ④ 103.0m²

Guide

x	y	y_{n+1}	y_{n-1}	$\triangle y$	$x\triangle y$
-7	0	5	0	5	-35
-13	5	4	0	4	-52
3	4	6	5	1	3
12	6	0	4	-4	-48
7	0	0	6	-6	-42
계					-174

$2A = |-174m^2|$

$\therefore A = 87.0m^2$

09 그림과 같은 단곡선에서 $\angle AOB = 36°52'00''$, $\overline{CD} = \overline{BD}$ 이고, $\overline{OA} = \overline{OB} = \overline{OE} = R = 20m$일 때 $\overline{EF}$의 거리는?

① 7.50m
② 7.14m
③ 7.02m
④ 6.41m

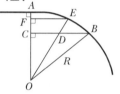

Guide
- sine 법칙을 적용하면,
$$\frac{R}{\sin 90°} = \frac{\overline{CB}}{\sin 36°52'00''} = \frac{\overline{OC}}{\sin 53°08'00''}$$
$$\overline{CB} = \frac{\sin 36°52'00''}{\sin 90°00'00''} \times 20 = 12.0m$$
$$\overline{CD} = \frac{\overline{CB}}{2} = \frac{12.0}{2} = 6.0m$$
$$\overline{OC} = \frac{\sin 53°08'00''}{\sin 90°00'00''} \times 20 = 16.0m$$
- 피타고라스 정리에 의해 $\overline{OD}$를 구하면,
$$\overline{OD} = \sqrt{(\overline{OC})^2 + (\overline{CD})^2}$$
$$= \sqrt{(16.0)^2 + (6.0)^2}$$
$$= 17.1m$$
- 비례식에 의해 $\overline{EF}$거리를 구하면,
$$\overline{OD} : \overline{CD} = \overline{OE} : \overline{EF}$$
$$\therefore \overline{EF} = \frac{\overline{CD} \times \overline{OE}}{\overline{OD}} = \frac{6 \times 20}{17.1} = 7.02m$$

10 광산의 갱도 내 고저차 측량에서 천정에 측점이 설치되어 있을 때, 두 점 A, B 간의 사거리가 60m이고, 기계고가 1.7m, 시준고 1.5m, 연직각이 3°일 때, A점과 B점의 고저차는?

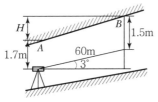

① 1.25m   ② 2.50m

③ 2.94m   ④ 4.25m

Guide $H = I$시준고 $+ \ell \sin \alpha° - I$기계고
$= 1.5 + (60 \times \sin 3°) - 1.7$
$= 2.94m$

11 해도에 나타나는 수심의 기준이 되는 것은?

① 기본수준면   ② 약최고고조면

③ 평균해수면   ④ 특별기준면

Guide 측량 · 수로조사 및 지적에 관한 법률에서 수로조사에서 간출지의 높이와 수심은 기본 수준면(일정기간 조석을 관측하여 분석한 결과 가장 낮은 해수면)을 기준으로 측량한다. 즉, 해도에 나타나는 수심의 기준은 기본수준면이다.

12 그림과 같이 양단면의 면적이 A_1, A_2이고 중앙단면의 면적이 A_m인 지형의 체적을 구하는 각주공식으로 옳은 것은?

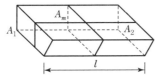

① $V = \dfrac{l}{6}(A_1 + 4A_m + A_2)$

② $V = \dfrac{l}{3}(A_1 + \sqrt{A_1 A_2} + A_2)$

③ $V = \dfrac{l}{8}(A_1 + 4A_2 + 3A_m)$

④ $V = \dfrac{l}{3}(A_1 + A_m + A_2)$

Guide
• 양단면평균법 : $V = \dfrac{A_1 + A_2}{2} \times l$

• 중앙단면법 : $V = A_n \times l$

• 각주공식 : $V = \dfrac{l}{6}(A_1 + 4A_m + A_2)$

13 노선결정에 고려하여야 할 사항에 대한 설명으로 옳지 않은 것은?

① 가능한 경사가 완만할 것

② 절토의 운반거리가 짧을 것

③ 배수가 완전할 것

④ 가능한 곡선으로 할 것

Guide 노선결정 시 가능한 직선으로 할 것

14 지하시설물측량 및 그 대상에 대한 설명으로 틀린 것은?

① 지하시설물측량은 도면작성 및 검수에 초기 비용이 일반 지상측량에 비해 적게 든다.

② 도시의 지하시설물은 주로 상수도, 하수도, 전기선, 전화선, 가스선 등으로 이루어진다.

③ 지하시설물과 연결되어 지상으로 노출된 각종 맨홀 등의 가공선에 대한 자료 조사 및 관측 작업도 포함된다.

④ 지중레이더관측법, 음파관측법 등 다양한 방법이 사용된다.

Guide 지하시설물 측량은 지하시설물의 수평위치와 수직위치를 관측하는 측량을 말하며 지하시설물을 효율적 및 체계적으로 유지관리하기 위하여 지하시설물에 대한 조사, 탐사와 도면제작을 위한 측량으로 초기도면 제작비용이 많이 든다.

15 그림과 같이 단곡선을 설치할 때, 각 점의 명칭과 기호로 옳지 않은 것은?

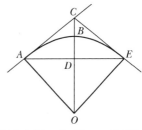

① A : 곡선시점(B.C)   ② B : 곡선중점(8.P)

③ C : 교점(I.P)   ④ D : 교차점(M.P)

Guide ④ D : 현의 중점(m)

16 평균유속을 구하기 위해 수면으로부터 수심 (h)에 대하여 각 깊이별 유속을 측정한 결과 다음과 같았다. 3점법에 의한 평균유속은?

- $V_{0.0} = 3\text{m/sec}$　　　• $V_{0.2} = 4\text{m/sec}$
- $V_{0.4} = 4\text{m/sec}$　　　• $V_{0.6} = 3\text{m/sec}$
- $V_{0.8} = 2\text{m/sec}$　　　• $V_{0.1} = 1\text{m/sec}$

① 2.0m/sec　　　② 2.5m/sec
③ 3.0m/sec　　　④ 3.5m/sec

Guide
$$V_m = \frac{1}{4}(V_{0.2} + 2V_{0.6} + V_{0.8})$$
$$= \frac{1}{4}(4 + 2 \times 3 + 2)$$
$$= 3.0\text{m/sec}$$

17 고속도로의 평면 선형 곡선설치에 있어 주로 사용되는 완화곡선은?

① 원곡선　　　② 3차 포물선
③ 렘니스케이트곡선　　④ 클로소이드곡선

Guide 고속도로 완화곡선 설치에 이용되는 곡선은 클로소이드 이다.

18 하상경사를 알기 위하여 거리표 0m 점에서 최심부 표고가 1.52m, 거리표 1,000m 지점에서 최상부 표고가 5.30m였다면 하상경사는?

① $\dfrac{1}{222}$　　　② $\dfrac{1}{230}$
③ $\dfrac{1}{247}$　　　④ $\dfrac{1}{265}$

Guide 하상경사$(i) = \dfrac{H}{D} = \dfrac{(5.30 - 1.52)}{1,000} = \dfrac{1}{265}$

19 축척 1 : 500인 도면상에서 삼각형 세 변 a, b, c의 길이가 a = 5cm, b = 6cm, c = 7cm였다면 실제면적은?

① 173.2m^2　　　② 240.3m^2
③ 367.4m^2　　　④ 402.8m^2

Guide
- $A = \sqrt{S(S-a)(S-b)(S-c)}$
  $$= \sqrt{9(9-5)(9-6)(9-7)}$$
  $$= 14.7\text{cm}^2$$
  여기서, $S = \dfrac{1}{2}(a+b+c) = \dfrac{1}{2}(5+6+7) = 9$
- $(축척)^2 = \left(\dfrac{1}{m}\right)^2 = \dfrac{도상면적}{실제면적}$
  $\therefore$ 실제면적 $= m^2 \times$ 도상면적 $= 500^2 \times 14.7$
  $$= 3,674,234.6\text{cm}^2 = 367.4\text{m}^2$$

20 직선 터널(Tunnel)을 파기 위하여 트래버스 측량을 수행하여 표와 같은 결과를 얻었다. 직선 $\overline{AB}$ 의 거리와 방향각은?

측선	위거(m)		경거(m)	
	+	−	+	−
A – 1	120.50		39.80	
1 – 2		26.34	119.49	
2 – 3		113.04	18.33	
3 – B		35.80		62.01
계	120.50	175.18	177.62	62.01

① 143.62m, 25°18′46″
② 127.89m, 115°18′46″
③ 143.62m, 115°18′46″
④ 127.89m, 25°18′46″

Guide
- $\overline{AB}$ 거리 $= \sqrt{(175.18 - 120.50)^2 + (177.62 - 62.01)^2}$
  $$= 127.89\text{m}$$
- $\tan\theta = \dfrac{\Delta Y}{\Delta X} \rightarrow$
  $\theta = \tan^{-1}\dfrac{\Delta Y}{\Delta X}$
  $$= \tan^{-1}\dfrac{177.62 - 62.01}{175.18 - 120.50}$$
  $$= 64° 41′ 14″ (2상한)$$
- $\overline{AB}$ 방향각 $= 180° - 64° 41′ 14″ = 115° 18′ 46″$
$\therefore$ $\overline{AB}$ 거리 $= 127.89\text{m}$, $\overline{AB}$ 방향각 $= 115° 18′ 46″$

Subject 02 사진측량 및 원격탐사

21 사진판독에서 과고감에 대한 설명으로 옳은 것은?

① 산지는 실제보다 더 낮게 보인다.
② 기복이 심한 산지에서 더 큰 영향을 보인다.
③ 과고감은 초점거리나 중복도와는 무관하고 촬영고도에만 관련이 있다.
④ 촬영고도가 높을수록 크게 나타난다.

> **Guide** 과고감은 인공입체시를 하는 경우 과장되어 보이는 정도이다.
> ① : 더 높게 보인다.
> ③ : 렌즈의 초점거리, 사진의 중복도에 따라 변한다.
> ④ : 낮게 보인다.

22 지표면의 온도를 모니터링하고자 할 경우 가장 적합한 위성영상 자료는?

① IKONOS 위성의 팬크로매틱(Panchromatic) 영상
② RADARSAT 위성의 SAR 영상
③ KOMPSAT 위성의 팬크로매틱(Panchromatic) 영상
④ LANDSAT 영상의 TM 영상

> **Guide** LANDSAT의 TM영상은 7밴드로, 밴드 6이 열적외선 밴드이며 지표면의 온도를 모니터링하고자 할 경우 이용된다.

23 다음 항공사진의 기선고도비 중에서 과고감이 가장 크게 나타나는 것은?

① 1.0　　　　② 0.8
③ 0.6　　　　④ 0.5

> **Guide** 기선고도비가 클수록 과고감도 크게 나타난다.

24 인공위성에 의한 원격탐사(Remote Sensing)의 특징에 대한 설명으로 옳은 것은?

① 관측자료가 수치적으로 취득되므로 판독이 자동적이며 정량화가 가능하다.

② 관측 시각이 좁으므로 정사투영상에 가까워 탐사자료의 이용이 쉽다.
③ 자료수집의 광역성 및 동시성, 주기성이 좋다.
④ 회전주기가 일정하므로 언제든지 원하는 지점 및 시기에 관측하기 쉽다.

> **Guide** ①, ②, ③ 모두 옳은 설명이다.

25 격자형 수치표고모형(Raster DEM)과 비교할 때, 불규칙 삼각망 수치표고모형(Triangulated Irregular Network DEM)의 특징으로 옳은 것은?

① 표고값만 저장되므로 자료량이 적다.
② 밝기값(Gray Value)으로 표고를 나타낼 수 있다.
③ 불연속선을 삼각형의 한 변으로 나타낼 수 있다.
④ 보간에 의해 만들어진 2차원 자료이다.

> **Guide** 불규칙 삼각망은 수치모형이 갖는 자료의 중복을 줄일 수 있으며, 격자형 자료의 단점인 해상력 저하, 해상력 조절, 중요한 정보의 상실 가능성을 해소할 수 있다.

26 사진측량의 표정점 종류가 아닌 것은?

① 접합점　　　　② 자침점
③ 등각점　　　　④ 자연점

> **Guide** 등각점은 사진의 특수 3점 중 하나이다.

27 카메라의 노출시간이 1/100초인 카메라로 축척 1 : 25000의 항공사진을 촬영할 때 허용 흔들림량을 0.02mm로 하기 위한 비행기의 촬영운항 속도는?

① 180km/h　　　　② 200km/h
③ 220km/h　　　　④ 240km/h

> **Guide** T_l(최장노출시간) $= \dfrac{\Delta sm}{V} \rightarrow V = \dfrac{\Delta sm}{T_l}$
> $= \dfrac{0.00002 \times 25{,}000}{\frac{1}{100}} = 50 \text{m/sec}$
> $= 180 \text{km/h}$

28 원격탐사에서 화상자료 전체 자료량(Byte)를 나타낸 것으로 옳은 것은?

① (라인수)×(화소수)×(채널수)×(비트수/8)
② (라인수)×(화소수)×(채널수)×(바이트수/8)
③ (라인수)×(화소수)×(채널수/2)×(비트수/8)
④ (라인수)×(화소수)×(채널수/2)×(바이트수/8)

> **Guide** 원격탐사에서 영상자료 전체 자료량(Byte)은 (라인수)×(화소수)×(채널수)×(비트수/8)로 표시된다.

29 영상지도제작에 사용되는 가장 적합한 영상은?

① 경사영상   ② 파노라믹영상
③ 정사영상   ④ 지상영상

> **Guide** 영상지도제작에 사용되는 가장 적합한 영상은 지도와 같은 정사영상이다.

30 항공사진에서 건물의 높이가 높을수록 크기가 증가하지 않는 것은?

① 기복변위   ② 폐색지역
③ 렌즈왜곡   ④ 시차차

> **Guide** 렌즈왜곡은 방사왜곡과 접선왜곡으로 나누어지며, 방사왜곡은 대칭형, 접선왜곡은 비대칭이므로 건물의 높이와는 무관하다.

31 초점거리 21cm의 카메라로 촬영한 항공사진의 원형 기포관 눈금이 그림과 같이 0.8g 및 2.2g 사이를 표시할 때 연직점의 위치는 주점으로부터 얼마 떨어진 곳에 있겠는가?(단, 90° = 100g)

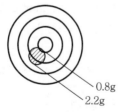

0.8g
2.2g

① 2.64mm   ② 4.95mm
③ 5.50mm   ④ 7.26mm

> **Guide** $\overline{mn} = f\tan i = 4.95\text{mm}$

32 해석식 도화의 공선조건식에 대한 설명으로 틀린 것은?

① 지상점, 영상점, 투영중심이 동일한 직선 상에 존재한다는 조건이다.
② 하나의 사진에서 충분한 지상기준점이 주어진다면, 외부표정요소를 계산할 수 있다.
③ 하나의 사진에서 내부, 상호, 절대표정요소가 주어지면, 지상점이 투영된 사진 상의 좌표를 계산할 수 있다.
④ 내부표정요소 및 절대표정요소를 구할 때 이용할 수 있다.

> **Guide** 내부표정요소와 절대표정요소를 구하여 공선조건식에 의해 지상점의 위치를 산정한다.

33 사진측량용 카메라의 렌즈와 일반 카메라의 렌즈를 비교한 것으로 옳지 않은 것은?

① 사진측량용 카메라 렌즈의 초점거리가 짧다.
② 사진측량용 카메라 렌즈의 수차(收差)가 적다.
③ 사진측량용 카메라 렌즈의 해상력과 선명도가 높다.
④ 사진측량용 카메라 렌즈의 화각이 크다.

> **Guide** 사진측량용 카메라 렌즈의 초점거리가 일반 카메라 렌즈에 비해 초점거리가 길다.

34 지상좌표계로 좌표가 (50m, 50m)인 건물의 모서리가 사진 상의 (11mm, 11mm) 위치에 나타났다. 사진의 주점의 위치는 (1mm, 1mm)이고, 투영중심은 (0m, 0m, 1,530m)이라면 이 사진의 축척은?(단, 사진좌표계와 지상좌표계의 모든 좌표축의 방향은 일치한다.)

① 1 : 1000   ② 1 : 2000
③ 1 : 5000   ④ 1 : 10000

> **Guide** $\text{축척} = \dfrac{1}{m} = \dfrac{\text{도상거리}}{\text{실제거리}} = \dfrac{10}{50 \times 1,000} = \dfrac{1}{5,000}$

35 항공사진의 중복도에 관한 설명으로 옳지 않은 것은?

① 촬영 진행방향의 중복도는 50%를 표준으로 한다.
② 인접 코스 간 중복도는 30%를 표준으로 한다.
③ 필요에 따라 촬영 진행방향으로 80%까지 중복할 수 있다.
④ 선형방식의 디지털카메라에서는 인접코스의 중복만을 적용한다.

Guide 촬영 진행방향의 중복도는 60%를 표준으로 한다.

36 다음 중 우리나라 위성으로 옳은 것은?

① IKONOS ② LANDSAT
③ KOMPSAT ④ IRS

Guide KOMPSAT는 아리랑위성으로 우리나라에서 개발한 다목적 실용위성이다.

37 항공사진측량에서 산악지역에 대한 설명으로 가장 적합한 것은?

① 산정과 협곡에 시차가 균일하게 분포되어 있는 곳
② 산지 모델 상에서 지형의 고저차가 촬영고도의 10 % 이상인 지역
③ 산이 많아 촬영이 곤란한 지역
④ 평탄한 지역 중에서도 특히 시차가 큰 곳

Guide 사진측량에서 산악지역은 한 모델 또는 사진상의 비고차가 10 % 이상인 지역을 말한다.

38 원격탐사에서 영상자료의 기하보정을 필요로 하는 경우가 아닌 것은?

① 다른 파장대의 영상을 중첩하고자 할 때
② 지리적인 위치를 정확히 구하고자 할 때
③ 다른 일시 또는 센서로 취한 같은 장소의 영상을 중첩하고자 할 때
④ 영상의 질을 높이거나 태양입사각 및 시야각에 의한 영향을 보정할 때

Guide 영상의 질을 높이거나 태양입사각 및 시야각에 의한 보정을 실시한 것을 방사량보정이라 한다.

39 편위수정(Rectification)을 거친 사진을 집성한 사진지도로 등고선이 삽입되어 있지 않은 것은?

① 중심투영사진지도
② 약조정집성사진지도
③ 정사사진지도
④ 조정집성사진지도

Guide 조정집성사진지도에 관한 설명이다.

40 대공표지의 크기가 사진상에서 $30 \mu m$ 이상이어야 한다고 할 때, 사진축척이 $1 : 20,000$이라면 대공표지의 크기는 최소 얼마 이상이어야 하는가?

① 50cm 이상 ② 60cm 이상
③ 70cm 이상 ④ 80cm 이상

Guide 대공표지의 크기$(d) = \dfrac{m}{T} = \dfrac{20,000}{30 \times 1,000}$
$\qquad = 0.6m = 60cm$

Subject 03 지리정보시스템(GIS) 및 위성측위시스템(GPS)

41 다음 중 항공사진 측량 시 카메라 투영중심의 위치를 획득(결정)하는 데 가장 효과적인 도구는?

① GPS ② Open GIS
③ 토털스테이션 ④ 레이저고도계

Guide GPS(Global Positioning System)
위성을 이용한 세계위치 결정체계로 정확한 위치를 알고 있는 위성에서 발사한 전파를 수신하여 관측점까지 소요시간을 관측함으로써 관측점의 위치를 구하는 체계이다.

정답 35 ① 36 ③ 37 ② 38 ④ 39 ④ 40 ② 41 ①

42 다음과 같은 DEM에서 사면의 방향은?

① ↘
② ↗
③ ↘
④ ↙

1000	990	978
990	975	967
980	970	950

Guide DEM 내에 존재하는 표고값을 이용하여 셀 주면에 가장 낮은 곳으로 사면의 방향을 결정한다.

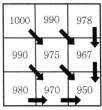

∴ 사면 방향은 ↘ 이다.

43 다음 중 수치표고자료의 유형이 아닌 것은?

① DEM
② DTED
③ DIME
④ TIN

Guide 수치표고자료의 유형
• DEM : 식생과 인공지물을 포함하지 않는 지형만의 표고값을 표현
• DTM : 지표면의 표고값뿐만 아니라 지표의 다른 속성까지 포함하여 지형을 표현
• DSM=DTED : 지표면의 표고값뿐만 아니라 인공지물(건물 등)과 지형지물(식생 등)의 표고값을 표현
• TIN : 지형을 불규칙한 삼각형의 망으로 표현
• 등고선
※ DIME : 미 통계국에서 가로망과 관련된 자료를 기록하기 위해 사용한 수치자료포맷

44 GIS 데이터에서 객체 간의 인접성 및 연결성과 같은 공간상의 위치나 관계성을 좀 더 정량적으로 구현하기 위한 것으로 공간분석에 필요한 것은?

① 위상데이터
② 속성데이터
③ 공간데이터
④ 메타데이터

Guide 위상(Topology)
벡터자료의 점, 선, 면에 대해 공간관계를 정의하는 데 사용하는 수학적 방법으로서 선의 방향, 특성들 간의 관계, 연결성, 인접성, 영역 등을 정의한다.

45 지리정보시스템의 자료특성에 대한 설명으로 옳지 않은 것은?

① 벡터(Vector) 자료는 점(Point), 선(Line), 면(Polygon) 자료구조로 단순화하여 좌표를 통해 실세계의 지형지물을 표현한 자료로 수치지도가 이에 속한다.
② 래스터(Raster) 자료는 균등하게 분할된 격자모델로 최소 단위인 화소(Pixel) 또는 셀(Cell)로 구성된 자료로 항공영상, 위성영상이 대표적이다.
③ 위치정보는 절대위치정보만으로 구성되며 영상이나 지도 위의 점, 선, 면의 형상을 나타내는 자료이다.
④ 속성정보는 지도 상의 특성이나 질, 지형지물의 관계 등을 문자나 숫자형태로 나타낸 자료로 대장, 보고서 등이 이에 속한다.

Guide 위치정보는 상대위치정보와 절대위치정보로 구분된다.

46 지형공간정보체계를 통하여 수행할 수 있는 지도 모형화의 장점이 아닌 것은?

① 문제를 분명히 정의하고, 문제를 해결하는 데에 필요한 자료를 명확하게 결정할 수 있다.
② 여러 가지 연산 또는 시나리오의 결과를 쉽게 비교할 수 있다.
③ 많은 경우에 조건을 변경시키거나 시간의 경과에 따른 모의분석을 할 수 있다.
④ 자료가 명목 혹은 서열의 척도로 구성되어 있을지라도 시스템은 레이어의 정보를 정수로 표현한다.

Guide GIS의 모형화
GIS 데이터모델을 이용하여 필요한 자료를 추출하고 앞으로의 현상을 예측하거나 계획된 행위에 대한 결과를 예측하는 것

정답 42 ③ 43 ③ 44 ① 45 ③ 46 ④

47 다음 중 이중주파수 수신기를 사용하여 보정할 수 있는 GPS 오차는?

① 사이클 슬립   ② 전리층 오차
③ 수신기 시계오차   ④ 다중경로 오차

> **Guide** 2주파 수신기를 사용할 경우 GPS 신호가 전리층을 지나며 발생하는 전파 지연에 따른 오차 보정이 가능함

48 GIS 데이터 중 그리드 데이터에 대한 설명으로 옳지 않은 것은?

① 그리드는 행과 열로 구성된 셀의 모임이다.
② 그리드는 직각 좌표계와 연계되어 저장된다.
③ 일반적으로 좌에서 우로, 아래에서 위로의 순서로 위치를 결정하는 것이 관례이다.
④ 셀의 모양은 정사각형, 직사각형, 육각형, 정삼각형 등을 사용할 수 있다.

> **Guide** 격자자료 구조
> • 정사각형, 정삼각형, 정오각형 등과 같은 모양의 최소단위 격자로 구성된 배열의 집합
> • 각 최소단위는 행과 열에 대응하는 좌표값과 특성 값을 가짐
> • 셀들의 크기에 따라 해상도와 저장크기가 달라짐

49 GIS에서 사용하고 있는 공간데이터를 설명하는 또 다른 부가적인 데이터로서 데이터의 생산자, 생산목적, 좌표계 등의 다양한 정보를 담을 수 있는 것은?

① Metadata   ② Label
③ Annotation   ④ Coverage

> **Guide** 메타데이터(Metadata)
> 실제 데이터는 아니지만 데이터베이스, 레이어, 속성, 공간형상 등과 관련된 데이터의 내용, 품질, 조건 및 특징 등을 저장한 데이터로서 데이터에 관한 데이터의 이력을 말한다.

50 다음 중 벡터파일 형식에 해당하는 것은?

① BMP 파일 포맷   ② JPG 파일 포맷
③ DXF 파일 포맷   ④ GIF 파일 포맷

> **Guide** 벡터파일 형식
> TIGER, DXF, SHP, NGI

51 객체관계형 공간 데이터베이스에서 질의를 위해 주로 사용하는 언어는?

① OQL   ② SQL
③ GML   ④ DML

> **Guide** 객체관계형 공간 데이터베이스에서는 관계형에서 사용되고 있는 표준 질의어인 SQL을 주로 사용한다.

52 GIS에서 표준화가 필요한 이유에 대한 설명으로 거리가 먼 것은?

① 서로 다른 기관 간 데이터의 복제를 방지하고 데이터의 보안을 유지하기 위하여
② 데이터의 제작 시 사용된 하드웨어(H/W)나 소프트웨어(S/W)에 구애받지 않고 손쉽게 데이터를 사용하기 위하여
③ 표준 형식에 맞추어 하나의 기관에서 구축한 데이터를 많은 기관들이 공유하여 사용할 수 있으므로
④ 데이터의 공동 활용을 통하여 데이터의 중복 구축을 방지함으로써 데이터 구축비용을 절약하기 위하여

> **Guide** GIS의 표준화
> 각기 다른 사용목적으로 구축된 다양한 자료에 대한 접근의 용이성을 극대화하기 위해 필요

53 항공사진측량에 의한 수치지도 제작공정이 수치지도 제작순서에 옳게 나열된 것은?

a. 기준점측량	b. 현지조사
c. 항공사진촬영	d. 정위치편집
e. 수치도화	

① c - b - a - d - e
② c - e - a - b - d
③ c - a - b - e - d
④ c - a - e - b - d

촬영계획 – 사진촬영 – 기준점측량 – 수치도화 – 현지조사 – 정위치편집 – 구조화편집 – 수치지도
$$\therefore c-a-e-b-d$$

54 그림과 같이 A지점에서 GPS로 관측한 타원체고 (h)가 25.123m이고 지오이드고(N)는 10.235m를 얻었다. 이때 AB 기선의 길이가 100m이고 A점에서 B점의 방향으로 10m당 높이가 −0.1m씩 낮아지고 있을 때 B점의 표고는?(단, 거리는 타원체면상의 거리이고, A, B점의 지오이드는 동일하다.)

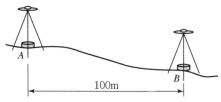

① 13.888m   ② 15.888m
③ 24.358m   ④ 34.358m

Guide 정표고 $H = h - N \rightarrow$
$$H_A = 25.123 - 10.235 = 14.888\text{m}$$
$$\therefore H_B = 14.888 - \frac{100}{10} \times 0.1 = 13.888\text{m}$$

55 GIS의 공간분석에서 선형의 공간객체의 특성을 이용한 관망(Network)분석기법을 통하여 이루어질 수 있는 분석과 가장 거리가 먼 것은?

① 도로나 하천 등 선형의 관거에 걸리는 부하와 예측
② 하나의 지점에서 다른 지점으로 이동 시 최적 경로의 선정
③ 창고나 보급소, 경찰서, 소방서와 같은 주요 시설물의 위치 선정
④ 특정 주거지역의 면적 산정과 인구 파악을 통한 인구밀도의 계산

Guide 특정 주거지역의 면적 산정과 인구 파악을 통한 인구밀도의 계산은 관망분석기법과는 거리가 멀다.

56 GPS 절대측위에서 3차원 위치 계산에 최소 4대의 위성으로부터 취득된 관측데이터가 필요한 이유는?

① 수신기 시계오차의 추정
② 위성 시계오차의 추정
③ 전리층 효과의 추정
④ 다중경로의 추정

Guide 이중차(이중위상차)
일반적으로 최소 4개의 위성을 관측하여 3회의 이중차를 측정함으로써 기선해석을 하며 이때 수신기의 시계오차가 소거된다.

57 다음 중 러시아에서 운용되는 위성항법체계는?

① GPS   ② Galileo
③ GLONASS   ④ JRANS

Guide 글로나스(GLONASS)
러시아가 개발한 인공위성에 의한 위성항법체계이다.

58 GIS 데이터 구조 중에서 객체의 위치를 공간상에서 방향성과 크기로 나타내며 공간 정보의 기본단위인 점, 선, 면을 사용하는 것은?

① 격자구조   ② 계층구조
③ 위상구조   ④ 벡터구조

Guide 벡터자료 구조
• 공간정보를 점, 선, 면으로 저장
• 차원, 길이 등으로 위치를 표현
• 객체의 위치를 공간상에서 방향성과 크기로 나타냄

59 GPS 위성은 지표면으로부터 약 20,200km 고도에서 귀도운동을 하고 있다. GPS 신호를 지표면에서 측정한다고 할 때 신호의 대략적인 절달시간은?(단, 빛의 속도는 약 3×10^8m/s 이다.)

① 0.035초   ② 0.07초
③ 3.5초   ④ 7초

Guide 신호의 전달시간 $= \dfrac{20,200 \times 1,000}{3 \times 10^8} = 0.069$초

60 디지타이징 시 벡터편집에서의 오류 유형이 아닌 것은?

① 언더슈트(Undershoot)
② 오버슈트(Overshoot)
③ 슬리버폴리곤(Sliver Polygon)
④ 필터링(Filtering)

> **Guide** 디지타이징에서 발생하는 오류
> • 오버슈트(Overshoot)
> • 언더슈트(Undershoot)
> • 스파이크(Spike)
> • 슬리버(Sliver)
> • 댕글(Dangle)
> • 점·선 중복

Subject 04 측량학

✔ 측량 관련 법규는 출제 당시 법률을 기준으로 해설되었음을 알려드립니다.

61 A, B, C로부터 수준측량한 결과 P의 표고가
$P_A = 72.547\text{m}$, $P_B = 72.321\text{m}$, $P_C = 72.483\text{m}$
이었다면 P점의 최확값은?

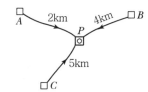

① 72.356m
② 72.450m
③ 72.474m
④ 73.515m

> **Guide** $P_1 : P_2 : P_3 = \dfrac{1}{S_1} : \dfrac{1}{S_2} : \dfrac{1}{S_3} = \dfrac{1}{2} : \dfrac{1}{4} : \dfrac{1}{5}$
> $= 2.5 : 1.25 : 1$
> ∴ P점의 최확값(H_P)
> $= \dfrac{P_1 H_1 + P_2 H_2 + P_3 H_3}{P_1 + P_2 + P_3}$
> $= \dfrac{(2.5 \times 72.547) + (1.25 \times 72.321) + (1 \times 72.483)}{2.5 + 1.25 + 1}$
> $= 72.474\text{m}$

62 우리나라 동경 128°30′ 북위 37°지점의 평면 직각좌표는 어느 좌표 원점을 이용하는가?

① 서부원점
② 중부원점
③ 동부원점
④ 동해원점

> **Guide** 평면직각좌표 원점
>
> | 명칭 | 경도 | 위도 | 적용구역 |
> |---|---|---|---|
> | 서부원점 | 동경 125° 00′ 00″ | 북위 38° | 동경 124~126° |
> | 중부원점 | 동경 127° 00′ 00″ | 북위 38° | 동경 126~128° |
> | 동부원점 | 동경 129° 00′ 00″ | 북위 38° | 동경 128~130° |
> | 동해원점 | 동경 131° 00′ 00″ | 북위 38° | 동경 130~132° |

63 직접법으로 등고선을 측량하기 위하여 B점에 레벨을 세우고 표고가 128.56m인 P점에 세운 표척을 시준하여 1.28m를 관측하였다. 표고 125m인 등고선 위의 A점의 표척의 관측값은?

① 2.28m
② 3.56m
③ 4.48m
④ 4.84m

> **Guide**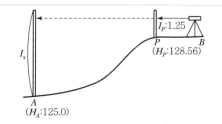
>
> ∴ $I_x = H_P + I_P - H_A = 128.56 + 1.25 - 125.0 = 4.84\text{m}$

64 각과 거리를 측정하여 그 점의 위치를 결정하는 경우 거리측량의 정밀도를 1/10,000라고 하면 각의 허용오차는 약 얼마인가?

① 10″
② 20″
③ 30″
④ 40″

> **Guide** $\dfrac{H}{D} = \dfrac{\theta''}{\rho''} \rightarrow \dfrac{1}{10,000} = \dfrac{\theta''}{206,265''}$
> ∴ $\theta'' = 20''$

65 망원경의 배율에 대한 설명으로 옳은 것은?

① 대물렌즈와 접안렌즈의 초점거리의 비
② 대물렌즈와 접안렌즈의 초점거리의 곱
③ 대물렌즈와 접안렌즈의 초점거리의 합
④ 대물렌즈와 접안렌즈의 초점거리의 차

Guide 망원경 배율 $= \dfrac{대물렌즈}{접안렌즈}$

∴ 대물렌즈와 접안렌즈의 초점거리의 비

66 측량에서 발생되는 오차 중 주로 관측자의 미숙과 부주의로 인하여 발생되는 오차는?

① 착오   ② 정오차
③ 부정오차   ④ 표준오차

Guide 성질에 의한 오차의 분류
• 착오, 과실, 과대오차(Blunders, Histalces) : 관측자의 미숙, 부주의에 의한 오차로서 주의만 하면 방지 가능
• 정오차, 계통오차, 누차(Constant Error, Systematic Error) : 일정 조건하에서 같은 방향과 같은 크기로 발생되는 오차로서 원인과 상태만 알면 제거 가능
• 부정오차, 우연오차, 상차(Random Error, Compensating Error) : 예측할 수 없이 불의로 일어나는 오차이며 오차제거가 어렵다. 통계학으로 추정되고 최소제곱법으로 오차가 보정된다.

67 어떤 한 각을 관측하여 32°30′20″, 32°30′15″, 32°30′17″, 32°30′18″, 32°30′20″의 관측값을 얻었다. 이 각 관측의 평균제곱근오차(표준편차)는?

① ±0.5″   ② ±2.1″
③ ±3.5″   ④ ±4.0″

Guide 최확값 $= (32°30′) + \left(\dfrac{20″ + 15″ + 17″ + 18″ + 20″}{5} \right)$

$= 32°30′18″$

관측값	최확값	V	VV	P	Pvv
20		2	4	1	4
15		−3	9	1	9
17	18	−1	1	1	1
18		0	0	1	0
20		2	4	1	4
계					18

$$\therefore M = \pm \sqrt{\dfrac{[PVV]}{[P](n-1)}} = \pm \sqrt{\dfrac{18}{1 \times (5-1)}} = \pm 2.1″$$

68 축척 1 : 30,000의 지형도를 만들기 위해 축척 1 : 500의 지형도를 이용한다면 1 : 3,000지형도의 1도면에 필요한 1 : 500 지형도는?

① 36매   ② 25매
③ 12매   ④ 6매

Guide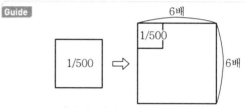

∴ 36매가 필요하다.

69 줄자를 사용하여 경사면을 따라 50m의 거리를 관측한 경우 수평거리를 구하기 위하여 실시한 보정량이 4cm일 때의 양단 고저차는?

① 1.00m   ② 1.40m
③ 1.73m   ④ 2.00m

Guide $h = \sqrt{50^2 - 49.96^2} = 2.0m$

70 트래버스측량의 순서로서 옳은 것은?

① 조표 → 선점 → 관측 → 답사 → 방위각 계산
② 조표 → 선점 → 답사 → 관측 → 방위각 계산
③ 답사 → 선점 → 조표 → 관측 → 방위각 계산
④ 선점 → 답사 → 조표 → 관측 → 방위각 계산

Guide 트래버스측량의 순서
계획 → 조사 → 선점 → 조표 → 거리관측 → 각관측 → 거리와 각관측 정확도의 균형 → 계산

71 삼각측량에서 구과량에 대한 설명 중 옳은 것은?

① 구과량을 구하는 식은 $\varepsilon = \dfrac{bc \sin A}{2R}$이다.
② 사각형에서는 4내각의 합이 360°보다 작다.

③ 평면삼각형의 폐합오차는 구과량과 같다.

④ 구과량이란 구면삼각형의 내각의 합과 180°
와의 차이를 뜻한다.

> **Guide** 구면삼각형 ABC의 세 내각을 A, B, C라 하고 이 내각의
> 합이 180°가 넘으면 구과량(ε'')이라 한다.
> 즉, $\varepsilon'' = (A + B + C) - 180°$

72 우리나라 국가 수준점 간의 등급별 평균거리
로 옳은 것은?

① 1등 4km, 2등 2km

② 1등 2km, 2등 4km

③ 1등 10km, 2등 4km

④ 1등 4km, 2등 10km

> **Guide** 수준점(Bench Mark)
> 기준면에서 표고를 정확하게 측정해서 표시해둔 점을 수
> 준점이라 하며, 우리나라는 국토 및 주요 도로에 1등 수준
> 점이 4km, 2등 수준점이 2km마다 설치되어 있다.

73 삼각점의 선점에 대한 설명으로 옳지 않은 것은?

① 삼각점의 배치는 가능한 한 같은 밀도로 배
치한다.

② 형성된 삼각형은 되도록 정삼각형에 가까운
형태로 하는 것이 좋다.

③ 삼각점은 언제든지 이동할 수 있도록 간편한
형태로 설치하여야 한다.

④ 삼각점은 많은 벌목이나 고측표가 필요한 곳
은 피하는 것이 좋다.

> **Guide** 삼각점은 움직이지 않도록 견고하게 설치하여야 한다.

74 최소제곱법에 대한 설명으로 옳지 않은 것은?

① 같은 정밀도로 측정된 측정값에서는 오차의
제곱의 합이 최소일 때 최확값을 얻을 수 있다.

② 최소제곱법을 이용하여 정오차를 제거할 수
있다.

③ 동일한 거리를 여러 번 관측한 결과를 최소
제곱법에 의해 조정한 값은 평균과 같다.

④ 최소제곱법의 해법에는 관측방정식과 조건
방정식이 있다.

> **Guide** 부정오차는 최소제곱법을 이용하여 오차를 보정한다.

75 1 : 25,000 지형도의 주곡선 간격은?

① 20m   ② 15m

③ 10m   ④ 5m

> **Guide** 1 : 25,000 및 1 : 50,000 지형도 도식적용규정 제34
> 조(주곡선)
> 주곡선은 등고선에 주가 되는 선으로 1 : 25,000 지형도
> 는 10m 간격의 실선으로, 1 : 50,000 지형도는 20m 간
> 격의 실선으로 표시한다.

76 국토교통부장관의 허가 없이 기본측량성과
중 지도나 그 밖에 필요한 간행물(지도 등) 또
는 측량용 사진을 국외로 반출할 수 없는 경
우는?

① 대한민국 정부와 외국 정부 간에 체결된 협
정 또는 합의에 따라 기본측량성과를 상호
교환하는 경우

② 정부를 대표하여 외국 정부와 교섭하거나 국
제회의 또는 국제기구에 참석하는 자가 자료
로 사용하기 위하여 지도나 그 밖에 필요한
간행물 또는 측량용 사진을 반출하는 경우

③ 관광객 유치와 관광시설 홍보를 목적으로 지
도 등 또는 측량용 사진을 제작하여 반출하
는 경우

④ 축척 2만5천분의 1 이상의 지도와 그 밖에
필요한 간행물을 국외로 반출하는 경우

> **Guide** 측량 · 수로조사 및 지적에 관한 법률 시행령 제16조(기
> 본측량성과의 국외 반출)
> "외국 정부와 기본측량성과를 서로 교환하는 등 대통령
> 령으로 정하는 경우"란 다음 각 호의 경우를 말한다.
> 1. 대한민국 정부와 외국 정부 간에 체결된 협정 또는 합
> 의에 따라 기본측량성과를 상호 교환하는 경우
> 2. 정부를 대표하여 외국 정부와 교섭하거나 국제회의 또
> 는 국제기구에 참석하는 자가 자료로 사용하기 위하여
> 지도나 그 밖에 필요한 간행물(이하 "지도등"이라 한
> 다) 또는 측량용 사진을 반출하는 경우
> 3. 관광객 유치와 관광시설 홍보를 목적으로 지도 등 또
> 는 측량용 사진을 제작하여 반출하는 경우
> 4. 축척 5만분의 1 미만인 소축척의 지도(수치지형도는
> 제외한다. 이하 이 항에서 같다)나 그 밖에 필요한 간
> 행물을 국외로 반출하는 경우

정답 72 ① 73 ③ 74 ② 75 ③ 76 ④

5. 축척 2만5천분의 1 또는 5만분의 1 지도로서 「국가공간정보에 관한 법률 시행령」 제24조제3항에 따라 국가정보원장의 지원을 받아 보안성 검토를 거친 경우(등고선, 발전소, 가스관 등 국토교통부장관이 정하여 고시하는 시설 등이 표시되지 아니한 경우로 한정한다)

77 측량의 기준에 대한 설명으로 옳지 않은 것은?

① 세계측지계는 지구를 회전타원체로 상정하며 회전체의 장축이 지구의 자전축과 일치하여야 한다.
② 측량의 원점은 대한민국 경위도원점 및 수준원점으로 한다.
③ 수로조사에서 간출지의 높이와 수심은 기본수준면을 기준으로 측량한다.
④ 해안선은 해수면이 약최고고조면에 이르렀을 때의 육지와 해수면과의 경계로 표시한다.

> **Guide** 측량 · 수로조사 및 지적에 관한 법률 시행령 제7조(세계측지계 등)
> 가. 세계측지계는 지구를 회전타원체로 상정하며 회전체의 단축이 지구의 자전축과 일치하여야 한다.

78 기본측량성과의 고시내용에 포함되지 않는 사항은?

① 측량의 종류와 정확도
② 측량의 절차와 사용원점
③ 측량의 규모 및 설치한 기준점의 수
④ 측량성과의 보관 장소와 측량실시의 시기 및 지역

> **Guide** 측량 · 수로조사 및 지적에 관한 법률 시행령 제13조(측량성과의 고시)
> 측량성과의 고시에는 다음의 사항이 포함되어야 한다.
> 1. 측량의 종류
> 2. 측량의 정확도
> 3. 설치한 측량기준점의 수
> 4. 측량의 규모(면적 또는 지도의 장수)
> 5. 측량실시의 시기 및 지역
> 6. 측량성과의 보관 장소
> 7. 그 밖에 필요한 사항

79 "측량"의 법적 용어 정의와 거리가 먼 것은?

① 공간상에 존재하는 일정한 점들의 위치를 측정하고 그 특성을 조사하여 도면 및 수치로 표현하는 것
② 도면상의 위치를 현지에 재현하는 것
③ 측량용 사진의 촬영, 지도의 제작
④ 각종 건설사업에서 요구되는 도면을 제외한 지도의 작성

> **Guide** 측량 · 수로조사 및 지적에 관한 법률 제2조(정의)
> "측량"이란 공간상에 존재하는 일정한 점들의 위치를 측정하고 그 특성을 조사하여 도면 및 수치로 표현하거나 도면상의 위치를 현지(現地)에 재현하는 것을 말하며, 측량용 사진의 촬영, 지도의 제작 및 각종 건설사업에서 요구하는 도면작성 등을 포함한다.

80 측량기술자로서 1년 이내의 기간을 정하여 측량업무의 수행을 정지시킬 수 있는 경우는?

① 고의로 측량성과를 사실과 다르게 한 경우
② 근무처 및 경력 등의 신고를 거짓으로 한 경우
③ 무단으로 측량성과를 복제한 경우
④ 업무상 알게 된 비밀을 누설한 경우

> **Guide** 측량 · 수로조사 및 지적에 관한 법률 제42조(측량기술자의 업무정지)
> 국토교통부장관 또는 해양수산부장관은 측량기술자가 다음의 어느 하나에 해당하는 경우에는 1년 이내의 기간을 정하여 측량업무의 수행을 정지시킬 수 있다.
> 1. 근무처 및 경력 등의 신고 또는 변경신고를 거짓으로 한 경우
> 2. 다른 사람에게 측량기술경력증을 빌려 주거나 자기의 성명을 사용하여 측량업무를 수행하게 한 경우

본 문제의 해설은 출제자의 의도와 일치되지 않을 수 있으며, 문제 및 정답은 일부 오탈자가 있을 수 있으므로 학습시 의문사항이 있으면 예문사 또는 저자에게 문의하여 주시기 바랍니다. 또한, 본 기출문제는 시행 당시의 이론 및 법규에 의하여 해설되었음을 알려드립니다.

Subject 01 응용측량

01 수애선(水涯線)의 측량에 대한 설명으로 틀린 것은?

① 수면과 하안(河岸)과의 경계선을 수애선이라 한다.
② 수애선은 하천 수위에 따라 변동하는 것으로 저수위에 의하여 정해진다.
③ 수애선의 측량에는 심천측량에 의한 방법과 동시관측에 의한 방법이 있다.
④ 심천측량에 의한 방법을 이용할 때에는 수위의 변화가 적은 시기에 심천측량을 행하여 하천의 횡단면도를 먼저 만든다.

Guide 하천의 경계인 수애선은 평수위로 정해진다.

02 지하시설물 탐사작업의 순서로 옳은 것은?

(1) 자료의 수집 및 편집
(2) 작업계획의 수립
(3) 지표면 상에 노출된 지하시설물에 대한 조사
(4) 관로조사 등 지하매설물에 대한 탐사
(5) 지하시설물 원도 작성
(6) 작업조서의 작성

① (2)−(1)−(3)−(4)−(5)−(6)
② (1)−(5)−(3)−(4)−(2)−(6)
③ (2)−(1)−(4)−(5)−(3)−(6)
④ (1)−(3)−(4)−(2)−(6)−(5)

Guide 지하시설물 탐사작업의 순서
작업계획수립 → 자료의 수집 및 편집 → 지표면 상에 노출된 지하시설물의 조사 → 관로조사 등 지하시설물에 대한 탐사 → 지하시설물 원도의 작성 → 작업조서의 작성

03 3각형의 3변의 길이가 a = 40m, b = 28m, c = 21m일 때 면적은?

① 153.36m²
② 216.89m²
③ 278.65m²
④ 306.72m²

Guide $A = \sqrt{S(S-a)(S-b)(S-c)}$
$= \sqrt{44.5(44.5-40)(44.5-28)(44.5-21)}$
$= 278.65\text{m}^2$

여기서, $S = \dfrac{1}{2}(a+b+c) = \dfrac{1}{2}(40+28+21)$
$= 44.5\text{m}$

04 삼각형 토지의 면적을 구하기 위해 트래버스 측량을 한 결과의 배횡거와 위거가 표와 같을 때, 면적은 얼마인가?

측선	배횡거(m)	위거(m)
$\overline{AB}$	38.82	+ 23.29
$\overline{BC}$	54.35	− 54.34
$\overline{CA}$	15.53	+ 31.05

① 4339.06m²
② 2169.53m²
③ 1084.93m²
④ 783.53m²

Guide

측선	배횡거(m)	위거(m)	배면적
$\overline{AB}$	38.82	+23.29	904.12
$\overline{BC}$	54.35	−54.34	−2,953.38
$\overline{CA}$	15.53	+31.05	482.21
계			1,567.05

∴ 면적$(A) = \dfrac{1}{2} \times$배면적
$= \dfrac{1}{2} \times 1,567.05$
$= 783.53\text{m}^2$

05 그림과 같이 폭 15m의 도로가 어느 지역을 지나가게 될 때 도로에 포함되는 □BCDE의 넓이는?

(단, AC의 방위 = N 23°30′00″ E,
AD의 방위 = S 89°30′00″ E,
AB의 거리 = 20m, ∠ACD = 90°이다.)

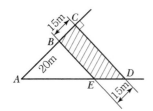

① 971.78m² ② 926.50m²
③ 910.10m² ④ 893.22m²

Guide

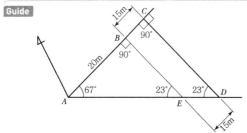

• $\overline{AD}$거리

$$\frac{\overline{AD}}{\sin90°00′00″} = \frac{35.000}{\sin23°00′00″} \rightarrow$$

$$\overline{AD} = \frac{\sin90°00′00″}{\sin23°00′00″} \times 35.000 = 89.576\text{m}$$

• $\overline{AE}$거리

$$\frac{\overline{AE}}{\sin90°00′00″} = \frac{20.000}{\sin23°00′00″} \rightarrow$$

$$\overline{AE} = \frac{\sin90°00′00″}{\sin23°00′00″} \times 20.000 = 51.186\text{m}$$

• △ACD 면적

$$A = \frac{1}{2} \times \overline{AC} \times \overline{AD} \times \sin\angle A$$

$$= \frac{1}{2} \times 35.000 \times 89.576 \times \sin67°00′00″$$

$$= 1,442.96\text{m}^2$$

• △ABE 면적

$$A = \frac{1}{2} \times \overline{AB} \times \overline{AE} \times \sin\angle A$$

$$= \frac{1}{2} \times 20.000 \times 51.186 \times \sin67°00′00″$$

$$= 471.17\text{m}^2$$

∴ □BCDE 면적 = △ACD면적 − △ABE면적

$$= 1,442.96 - 471.17$$

$$= 971.79\text{m}^2$$

06 해양측량에서 해저수심, 간출암 높이 등의 기준은?

① 평균해수면 ② 약최고고조면
③ 약최저저조면 ④ 평수위면

Guide ① 평균해수면 : 육지 표고 기준
② 약최고고조면 : 해안선 기준
③ 약최저저조면 : 해저수심, 해양구조물 높이 기준
④ 평수위면 : 수애선 기준

07 종·횡단 고저측량에 의하여 얻어진 각 측점의 단면적에 의하여 작성되는 유토곡선의 성질에 대한 설명으로 옳지 않은 것은?

① 유토곡선의 하향 구간은 성토구간이고 상향 구간은 절토구간이다.
② 곡선의 저점은 절토에서 성토로, 정점은 성토에서 절토로 바뀌는 점이다.
③ 곡선과 평행선(기선)이 교차하는 점에서는 절토량과 성토량이 거의 같다.
④ 절토와 성토의 평균운반거리는 유토곡선 토량의 $\frac{1}{2}$ 점간의 거리로 한다.

Guide 유토곡선의 극소점은 성토에서 절토로 옮기는 점이고, 극대점은 절토에서 성토로 옮기는 점이다.

08 곡선반지름 R = 500m인 원곡선을 설계속도 100km/h로 설계하려고 할 때, 캔트(Cant)는?(단, 궤간 b는 1,067mm)

① 100mm ② 150mm
③ 168mm ④ 175mm

Guide 캔트$(C) = \dfrac{V^2 \cdot S}{g \cdot R}$

$$= \frac{100^2 \times 1.067}{9.8 \times 500 \times (3.6)^2}$$

$$= 0.168\text{m} = 168\text{mm}$$

09 터널 내에서 차량 등에 의하여 파괴되지 않도록 견고하게 만든 기준점을 무엇이라 하는가?

① 시표(Target) ② 자이로(Gyro)
③ 갱도(坑道)   ④ 도벨(Dowel)

> **Guide** 도벨은 터널측량에서 장기간에 걸쳐 사용하는 갱도의 중심점으로, 중심선 상의 노반을 넓이 30cm, 깊이 30~40cm로 파고 그 속에 콘크리트를 타설하고 중심선이 지나는 지점에 목괴를 묻어 중심점을 표시하는 못을 박은 것이다.

10 클로소이드 매개변수 A = 60m인 곡선에서 곡선길이 L = 30m일 때 곡선반지름(R)은?

① 150m   ② 120m
③ 90m   ④ 60m

> **Guide** $A^2 = R \cdot L$
> $$\therefore R = \frac{A^2}{L} = \frac{60^2}{30} = 120\text{m}$$

11 노선선정을 할 때의 유의사항으로 옳지 않은 것은?

① 노선은 될 수 있는 대로 경사가 완만하게 한다.
② 노선은 운전의 지루함을 덜기 위해 평면곡선과 종단곡선을 많이 사용한다.
③ 절토 및 성토의 운반 거리를 가급적 짧게 한다.
④ 토공량이 적고, 절토와 성토가 균형을 이루게 한다.

> **Guide** 노선선정 시 곡선은 가급적 피하는 것이 좋다.

12 하천 측량에서 유속을 측정하고자 할 때 2점법에 의한 하천의 평균유속(V_m)을 구하는 식으로 옳은 것은?

① $V_m = \dfrac{1}{3} \cdot (2V_{0.2} + V_{0.8})$

② $V_m = \dfrac{1}{2} \cdot (V_{0.2} + V_{0.8})$

③ $V_m = \dfrac{1}{2} \cdot (V_{0.2} + V_{0.6})$

④ $V_m = \dfrac{1}{3} \cdot (V_{0.2} + 2V_{0.6})$

> **Guide** 2점법은 수심 0.2H, 0.8H 되는 곳의 유속을 평균유속으로 한다.
> $$V_m = \frac{1}{2}(V_{0.2} + V_{0.8})$$

13 터널 내 곡선설치 방법으로 가장 거리가 먼 것은?

① 편각법
② 접선편거법
③ 내접다각형법
④ 외접다각형법

> **Guide** 편각법은 철도, 도로 등의 곡선설치에 가장 일반적인 방법이다.

14 하천측량에서 하천 양안에 설치된 거리표, 수위표, 기타 중요 지점들의 높이를 측정하고 유수부의 깊이를 측정하여 종단면도와 횡단면도를 만들기 위한 측량은?

① 평판에 의한 지형측량
② 트래버스측량
③ 삼각측량
④ 수준측량

> **Guide** 하천 양안에 설치된 거리표, 수위표, 기타 중요 지점들의 높이를 측정하고 유수부의 깊이를 측정하여 종단면도와 횡단면도를 작성하기 위한 방법은 수준측량에 의한다.

15 경관을 시각적으로 판단하는 데 있어서 판단의 기준이 되는 인자와 거리가 먼 것은?

① 음영   ② 위치
③ 크기   ④ 형태

> **Guide** 경관의 시각적 요소는 위치, 크기, 색, 색감, 형태, 선, 질감 등이다.

16 △ABC에서 ㉮ : ㉯ : ㉰의 면적의 비를 각각 4 : 2 : 3으로 분할할 때 EC의 길이는?

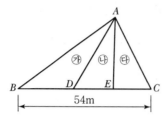

① 10.8m ② 12.0m
③ 16.2m ④ 18.0m

Guide 삼각형의 꼭짓점 분할공식에서,

$$\overline{EC} = \overline{BC} \times \frac{㉰}{㉮+㉯+㉰}$$
$$= 54 \times \frac{3}{4+2+3}$$
$$= 18.0m$$

17 원곡선에서 곡선반지름 R = 200m, 교각 I = 60°, 종단현 편각이 0°57′20″일 경우 종단현의 길이는?

① 2.676m ② 3.287m
③ 6.671m ④ 13.342m

Guide
$$\delta_n = 1,718.87' \times \frac{l_n}{R}$$
$$\therefore l_n = \frac{\delta_n}{1,718.87'} \times R = \frac{0°57'20''}{1,718.87'} \times 200$$
$$= 6.671m$$

18 단곡선 설치에 관한 설명으로 틀린 것은?

① 교각(I)이 일정할 때 접선장(T.L)은 곡선반지름(R)에 비례한다.

② 교각(I)과 곡선반지름(R)이 주어지면 단곡선을 설치할 수 있는 기본적인 요소를 계산할 수 있다.

③ 편각법에 의한 단곡선 설치 시 호길이(l)에 대한 편각(δ)을 구하는 식은 곡선반지름을 R이라 할 때 $\delta = \frac{l}{R}$(radian)이다.

④ 중앙종거법은 단곡선의 두 점을 연결하여 현의 중심으로부터 현에 수직으로 종거를 내려 곡선을 설치하는 방법이다.

Guide 편각법에 의한 단곡선 설치 시 편각(δ)을 구하는 식은 $\delta = 1,718.87' \times \frac{l}{R}$이다.

19 교각 I = 80°, 곡선반지름 R = 200m인 단곡선의 교점 I.P의 추가거리가 1250.50m일 때 곡선시점 B.C의 추가거리는?

① 1,382.68m
② 1,282.68m
③ 1,182.68m
④ 1,082.68m

Guide
$$T.L = R \cdot \tan\frac{I}{2}$$
$$= 200 \times \tan\frac{80°}{2}$$
$$= 167.82m$$
$$\therefore B.C \text{ 추가거리} = I.P\text{까지의 거리} - T.L$$
$$= 1,250.50 - 167.82$$
$$= 1,082.68m$$

20 터널 내 수준측량을 통하여 그림과 같은 관측결과를 얻었다. A점의 지반고가 11m라면 B점의 지반고는?

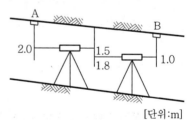

[단위:m]

① 9.7m ② 9.0m
③ 8.7m ④ 8.0m

Guide
$$H_B = H_A - (\Sigma\text{후시} - \Sigma\text{전시})$$
$$= 11.0 - \{(2.0+1.8) - (1.5+1.0)\}$$
$$= 9.7m$$

Subject 02 사진측량 및 원격탐사

21 사진측량의 특징에 대한 설명으로 옳지 않은 것은?

① 지상측량에 비해 외업시간이 짧고 내업시간이 길다.

② 도상 각 부분과 기준점의 정밀도가 비슷하고 개인적인 원인에 의한 오차가 적게 발생한다.

③ 측량구역의 면적이 적을수록 경제적이며 소축척보다는 대축척이 더욱 경제적이다.

④ 지도는 정사투영상이나 사진은 중심투영상이다.

> **Guide** 사진측량은 측량구역의 면적이 클수록 경제적이며 대축척보다는 소축척이 경제적이다.

22 다음과 같은 영상에 3×3 평균필터를 적용하면 영상에서 행렬 (2, 2)의 위치에 생성되는 영상소 값은?

① 32
② 35
③ 36
④ 40

45	120	24
35	32	12
22	16	18

> **Guide**
> $(45+120+24+35+12+22+16+18)/8 ≒ 36$
>
>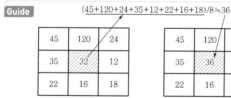

23 원격탐사의 센서에 대한 설명으로 옳지 않은 것은?

① 선주사 방식에는 Vidicon(TV)방식이 있다.

② 화상센서와 비화상센서가 있다.

③ 수동적 센서에는 선주사 방식과 카메라 방식이 있다.

④ 능동적 센서에는 Radar방식과 Laser방식이 있다.

> **Guide** Vidicon(TV)방식은 영상면 주사방식이다.

24 초점거리 153mm인 항공사진기를 이용하여 촬영경사 4°로 평지를 촬영하였다. 사진에서 등각점으로부터 주점까지의 길이는?

① 9.6mm ② 7.4mm
③ 5.3mm ④ 3.2mm

> **Guide** $\overline{mj}= f\tan\dfrac{i}{2}=153×\tan\dfrac{4°}{2}=5.3\text{mm}$

25 소축척 도화용으로 많이 사용되는 카메라는?

① 협각카메라 ② 보통각카메라
③ 광각카메라 ④ 초광각카메라

> **Guide** ① 협각카메라 : 특수한 대축척용
> ② 보통각카메라 : 산림조사용
> ③ 광각카메라 : 일반지형도 제작
> ④ 초광각카메라 : 소축척 도화용

26 C-계수 1,200인 도화기로 축척 1:30,000 항공사진을 도화 작업할 때 신뢰할 수 있는 최소 등고선 간격은?(단, 초점거리는 180mm이다.)

① 4.5m ② 5.0m
③ 5.5m ④ 6.0m

> **Guide** $H= C·\Delta h$
>
> $\therefore$ 최소등고선 간격$(\Delta h) = \dfrac{H}{C} = \dfrac{mf}{C}$
>
> $= \dfrac{30,000×0.18}{1,200} = 4.5\text{m}$

27 편위수정에 대한 설명으로 옳지 않은 것은?

① 사진지도 제작과 밀접한 관계가 있다.

② 경사사진을 엄밀 수직사진으로 고치는 작업이다.

③ 지형의 기복에 의한 변위가 완전히 제거된다.

④ 4점의 평면좌표를 이용하여 편위수정을 할 수 있다.

> **Guide** 지형의 기복에 의한 변위는 기복변위를 계산하여 제거한다.

정답 21 ③ 22 ③ 23 ① 24 ③ 25 ④ 26 ① 27 ③

28 사진의 크기 23×23cm, 초점거리 25cm, 촬영고도 800m일 때 이사진의 포괄면적은?

① 0.22km²
② 0.34km²
③ 0.42km²
④ 0.54km²

Guide
$$A = (ma)^2 = \left(\frac{H}{f}a\right)^2 = \left(\frac{800}{0.25} \times 0.23\right)^2$$
$$= 541,696m^2 ≒ 0.54km^2$$

29 원격탐사 자료처리 중 기하학적 보정인 것은?

① 영상대조비 개선
② 영상의 밝기조절
③ 화소의 노이즈 제거
④ 지표기복에 의한 왜곡제거

Guide 기하보정은 센서의 기하특성에 의한 내부왜곡보정, 탑재기의 자세에 의한 왜곡, 지형 또는 지구의 형상에 의한 외부왜곡, 기복변위에 의한 왜곡보정 등을 보정하는 것을 말한다.

30 과고감에 대한 설명으로 옳은 것은?

① 지형의 높이차가 실제보다 작게 일어나는 현상이다.
② 사진의 촬영고도와 기선길이에 따라 다르다.
③ 항공사진의 경우 과고감은 카메라의 종류에 따라 항상 일정하다.
④ 사진의 중심으로부터 멀어질수록 변위가 커지는 현상이다.

Guide 과고감은 지형이 실제보다 높게 보이는 현상으로 촬영고도(H)와 기선길이(B)에 따라 다르게 나타난다.

31 사진을 조정의 기본단위로 하는 항공삼각측량 방법은?

① 광속(번들)조정법
② 독립입체모형법
③ 다항식법
④ 스트립조정법

Guide
• 광속법 : 사진
• 독립입체모형법 : 모델
• 다항식법 : 스트립

32 상호표정(Relative Orientation)에 대한 설명으로 옳지 않은 것은?

① 상호표정은 X방향의 횡시차를 소거하는 작업이다.
② 상호표정은 Y방향의 종시차를 소거하는 작업이다.
③ 상호표정은 보통 내부표정 후에 이루어지는 작업이다.
④ 상호표정을 하기 위해서는 5개의 표정인자를 사용한다.

Guide 상호표정은 Y방향의 종시차를 소거하는 작업으로 내부표정 후에 이루어진다.

33 항공사진촬영에 대한 설명으로 옳지 않은 것은?

① 횡중복은 인접스트립 간의 접합을 위한 것이다.
② 종중복은 인접사진과의 접합을 위한 것으로 보통 40% 정도를 중복시킨다.
③ 사진이 촬영코스방향으로 연결된 것을 스트립이라 한다.
④ 횡중복도는 보통 30% 정도로 한다.

Guide 종중복은 인접사진과의 접합을 위한 것으로 보통 60% 정도를 중복시킨다.

34 편위수정에 있어서 만족해야 할 3가지 조건으로 옳지 않은 것은?

① 샤임프러그 조건
② 타이포인트 조건
③ 광학적 조건
④ 기하학적 조건

Guide 편위수정에 있어서 만족해야 할 조건은 기하학적 조건, 광학적 조건, 샤임프러그 조건 등이 있다.

35 파도가 없는 해수면을 SAR(Synthetic Aperture Radar)영상으로 촬영하면 무슨 색으로 나타나는가?

① 파란색
② 검은색
③ 흰색
④ 붉은색

정답 28 ④ 29 ④ 30 ② 31 ① 32 ① 33 ② 34 ② 35 ②

Guide SAR 영상은 안테나 방향과 같은 기울기로 찍힌 지역은 밝게 나오고 평지, 도로 등의 지역은 검게 찍힌다. 바다에서도 잔잔한 파도에서는 파가 안테나에 전달되지 않으므로 검게 찍히고, 큰 파도의 경우에는 밝게 찍힌다.

36 비행고도 6,000m로부터 초점거리 15cm의 카메라로 1,500m 간격으로 촬영한 사진에서 비고가 172m일 때 시차차는?

① 1.505mm   ② 1.290mm

③ 1.075mm   ④ 0.788mm

Guide
- $B = mb_0 \rightarrow b_0 = \dfrac{B}{m} = \dfrac{B}{\dfrac{H}{f}} = \dfrac{1,500}{\dfrac{6,000}{0.15}} = 0.0375\text{m}$

- $h = \dfrac{H}{b_0} \Delta p$

$\therefore \Delta p = \dfrac{b_0 h}{H} = \dfrac{0.0375 \times 172}{6,000}$

$= 0.001075\text{m} = 1,075\text{mm}$

37 원격측정의 작업내용 중 화상의 질을 높이거나 태양입사각 등에 의한 영향을 보정해 주는 과정은?

① 자료변환(Data Handing)

② 복사관측(Radiometric) 보정

③ 기하학적(Geometric) 보정

④ 자료압축

Guide 방사량보정(복사관측보정)에는 센서의 감도 특성에 기인하는 주변 감광보정, 태양의 고도각보정, 지형적 반사특성보정 및 대기흡수, 산란 등에 의한 대기보정 등이 있다.

38 사진측량을 촬영 방향에 따라 분류할 때 지평선이 사진에 찍혀 있는 항공사진은?

① 수직사진   ② 수평사진

③ 저경사사진   ④ 고경사사진

Guide 지평선이 사진에 찍혀 있는 항공사진은 고각도 경사사진이다.

39 Pushbroom 방식의 항측용 디지털 카메라는 각 라인마다 기하학적 조건이 조금씩 변하기

때문에 각 라인에 대한 외부표정요소를 구해야 한다. 이를 위해 사용되는 장비는?

① LiDAR   ② Radar

③ GPS/INS   ④ Level

Guide GPS/INS 장비를 이용하여 각 라인에 대한 외부표정요소(X_0, Y_0, Z_0, κ, ψ, ω)를 직접 취득한다.

40 항공사진 측량에서 사진모델에 대한 설명으로 옳은 것은?

① 어느 지역을 대표할 만한 사진이다.

② 중복된 한 장의 사진이다.

③ 편위수정이 완전히 끝난 상태의 사진이다.

④ 중복된 한 쌍의 사진으로 입체시 할 수 있는 부분 사진이다.

Guide 중복된 한 쌍의 사진으로 입체시할 수 있는 부분을 사진모델이라 한다.

Subject 03 지리정보시스템(GIS) 및 위성측위시스템(GPS)

41 수록된 데이터의 내용, 품질, 작성자, 작성일자 등과 같은 유용한 정보를 제공하여 데이터 사용의 편리를 위한 데이터는?

① 위상데이터   ② 공간데이터

③ 속성데이터   ④ 메타데이터

Guide 메타데이터(Metadata)
실제 데이터는 아니지만 데이터베이스, 레이어, 속성, 공간형상 등과 관련된 데이터의 내용, 품질, 조건 및 특징 등을 저장한 데이터로서 데이터에 관한 데이터의 이력을 말한다.

42 GPS의 응용분야로 자동차에 GPS와 관성항법장치(INS), 그리고 CCD카메라를 장착한 것으로 도로를 주행하면서 각종 정보를 수집하는 것을 무엇이라 하는가?

정답   36 ③   37 ②   38 ④   39 ③   40 ④   41 ④   42 ②

① CNS   ② GPS Van

③ Airbone GPS   ④ LiDAR

> **Guide** GPS-VAN
>
> GPS-VAN은 주행차량에 GPS수신기, 관성항법체계, CCD사진기 및 각종 탐측장치를 탑재하여 고속으로 주행하면서 도로와 관련된 각종 시설물의 현황과 속성정보를 자동으로 취득하는 시스템을 말한다.

43 지리정보자료의 구축에 있어서 표준화의 장점이라 볼 수 없는 것은?

① 경제적이고 효율적인 시스템 구축 가능
② 서로 다른 시스템이나 사용자 간의 자료 호환 가능
③ 자료 구축에 대한 중복 투자 방지
④ 불법복제로 인한 저작권 피해의 방지

> **Guide** 표준화의 장점
> • 서로 다른 기관이나 사용자 간에 자료를 공유
> • 자료구축을 위한 비용 감소
> • 사용자 편의 증진
> • 자료구축의 중복성 방지

44 GPS Station과 Rover 사이의 공간적 변이가 $\Delta X = 200m$, $\Delta Y = 300m$, $\Delta Z = 50m$가 발생하였다면 수신기 간의 공간거리는?(단, GPS Station과 Rover의 높이(h)는 같다.)

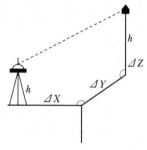

① 234.52m   ② 360.56m

③ 364.01m   ④ 370.12m

> **Guide** 수신기 간의 공간거리 $= \sqrt{(\Delta X^2 + \Delta Y^2 + \Delta Z^2)}$
> $= \sqrt{(200^2 + 300^2 + 50^2)}$
> $= 364.005 = 364.01m$

45 공간분석에 있어서 서로 다른 레이어에 속한 공간 데이터들을 Boolean 논리에 입각하여 주어진 조건에 따라 합성된 공간 객체를 만드는 것을 무엇이라 하는가?

① 인접성 분석   ② 관망 분석

③ 중첩 분석   ④ 버퍼링 분석

> **Guide** 중첩분석
> 도형자료와 속성자료를 활용한 통합분석에서 동일한 좌표계를 갖는 각각의 레이어 정보를 합쳐서 다른 형태의 레이어로 표현되는 분석기능으로 Boolean 논리를 사용하여 각각의 레이어에서 새로운 정보를 합성할 수 있다.

46 수치표고모델(DEM)의 응용분야라고 보기 어려운 것은?

① 아파트 단지별 세입자 비율 조사
② 가시권 분석
③ 수자원 정보체계 구축
④ 절토량 및 성토량 계산

> **Guide** DTM은 지형의 표고값을 이용한 응용분야에 활용되며 아파트 단지별 세입자 비율 조사와는 관련이 없다.

47 도로명(ROAD_NAME)이 봉주로(BONGJURO)인 도로를 STREET 테이블에서 찾고자 한다. 이를 위해 기술해야 될 SQL문으로 옳은 것은?

① SELECT*FROM STREET WHERE "ROAD_NAME"='BONGJURO'
② SELECT STREET FROM ROAD_NAME WHERE "BONGJURO"
③ SELECT BONGJURO FROM STREET WHERE "ROAD_NAME"
④ SELECT*FROM STREET WHERE "BONGJURO"='ROAD_NAME'

> **Guide** SQL 명령어 예
> • SELECT 선택 컬럼 FROM 테이블 WHERE 컬럼에 대한 조건값
> • 테이블 : STREET
> • 조건 : "ROAD`NAME" = 'BONGJURO'
> • 선택 컬럼 : * (모두)
> ∴ SELECT * FROM STREET WHERE "ROAD`NAME" = 'BONGJURO'

48 GPS 단독측위에 필요한 최소 가시위성의 개수는?

① 2개
② 4개
③ 6개
④ 8개

Guide 단독측위는 위성과 수신기 간의 거리를 측정하여 위치를 결정하는 원리로 3차원의 위치(x, y, z), 시간(t) 4개의 미지수 결정에 4개의 위성이 필요하다.

49 GIS의 자료수집방법으로서 래스터 데이터(격자 데이터)를 얻기 위한 방법과 거리가 먼 것은?

① GPS 위성측량
② 항공사진으로부터 수치정사사진의 작성
③ 다중밴드 위성영상으로부터 토지피복 분류
④ 위성영상의 기하보정 및 좌표 등록

Guide 래스터 데이터 유형
인공위성에 의한 이미지, 항고사진에 의한 이미지, 스캐닝을 통해 얻어진 이미지 데이터 등

50 TIN에 대한 설명으로 틀린 것은?

① TIN으로부터 규칙적인 격자형태의 수치표고모델 제작이 가능하다.
② 불규칙하게 분포된 위치에서 표고를 추출하고 삼각형으로 연결하여 지형을 표현한다.
③ 자료의 처리량이 상대적으로 적어서 처리가 신속하다.
④ 격자 방식보다는 정확하고 효과적인 지형의 표현이 가능하다.

Guide TIN은 벡터구조로서 적은 양의 자료를 사용하여 복잡한 지형을 상세히 나타낼 수 있지만 격자구조와 비교할 때 TIN자료 파일을 생성하기 위하여 많은 처리가 필요하다.

51 GIS의 특징에 대한 설명으로 틀린 것은?

① 사용자의 요구에 맞는 주제도 제작이 용이하다.
② GIS데이터는 CAD데이터에 비해 형식이 간단하다.
③ 수치데이터로 구축되어 지도축척의 변경이 쉽다.

④ GIS데이터는 자료의 통계분석이 가능하며 분석결과에 따른 다양한 지도제작이 가능하다.

Guide GIS데이터는 CAD데이터에 비해 형식이 복잡하다.

52 지리정보시스템(GIS) 데이터베이스를 구축할 때 지리데이터와 데이터모델 사이의 규칙과 일치성을 설명하는 것으로 옳은 것은?

① 논리적 일관성
② 위치 정확도
③ 데이터 이력
④ 속성 정확도

Guide 논리적 일관성
자료요소 사이에 논리적 관계가 잘 유지되는 정도를 말하며 지리데이터와 데이터모델 사이의 규칙과 일치성을 설명한다.

53 도로명(새주소)을 이용하여 경위도 또는 X, Y등과 같은 지리적인 좌표를 기록하는 것을 무엇이라 하는가?

① Geocoding
② Metadata
③ Annotation
④ Georeferencing

Guide Geocoding은 주소를 지리적 좌표(경위도 또는 X, Y)로 변환하는 프로세서를 말한다.

54 격자를 벡터 형태로 바꾸는 정보처리기법에서 오류에 의해 발생하는 선 사이의 틈을 말하며, 두 다각형 사이에 작은 공간이 있어서 접촉되지 않는 다각형을 의미하는 것은?

① Margin
② Gap
③ Sliver
④ Over-shoot

Guide 슬리버(Sliver)는 선 사이의 틈을 말하며 구조화 과정에서 가늘고 긴 불필요한 폴리곤을 의미한다.

55 임의 지점 A에서 타원체고(h) 25.614m, 지오이드고(N) 24.329m일 때 A지점의 정표고(H)는?

① -1.285m
② 1.285m
③ 24.329m
④ 49.943m

Guide 정표고(H) = 타원체고(h) − 지오이드고(N)
∴ H = 25.614 − 24.329 = 1.285m

56 보기의 그림 중 토폴로지가 다른 것은?

①   ②

③   ④

Guide 위상(Topology)은 벡터자료의 점, 선, 면에 대해 공간관계를 정의하는 것으로 보기 ①, ②, ③의 그림에서 중심노드는 3개의 링크로 연결되며 보기 ④의 그림에서 중심노드는 4개의 링크로 연결된다. 따라서 보기 ④는 인접성, 연결성 등이 보기 ①, ②, ③과는 다르게 저장된다.

57 GIS 자료의 주요 검수항목이 아닌 것은?

① 기하구조의 적합성
② 자료입력 기술자 등급
③ 위치 정확도
④ 속성 정확도

Guide GIS자료의 검수항목에는 자료의 입력과정 및 생성연혁 관리, 자료 포맷, 논리적 일관성, 속성의 정확성, 위치의 정확성 등이 있다.

58 GPS측량과 수준측량에 의한 높이값의 관계를 나타낸 내용이다. ( ) 안에 가장 적당한 용어로 순서대로 나열된 것은?

GPS측량에 의해 결정되는 높이값은 ( )에 해당되며, 레벨에 의해 직접수준측량으로 구해진 높이값은 ( )를 기준으로 한 ( )가 된다. 따라서 GPS측량과 수준측량을 동일 관측점에서 실시하게 되면 그 지점의 ( )를 알 수 있게 된다.

① 표고 − 타원체 − 지오이드고 − 비고
② 지오이드고 − 타원체 − 비고 − 표고
③ 타원체고 − 타원체 − 지오이드고 − 표고
④ 타원체고 − 지오이드 − 표고 − 지오이드고

Guide • 타원체고 : GPS 측량에 의해 결정되는 표고
• (정)표고 : 수준측량에 의해 결정되는 표고는 지오이드를 기준으로 한 표고
정표고(H) = 타원체고(h) − 지오이드고(N)
∴ 타원체고 − 지오이드 − 표고 − 지오이드고

59 다음 중 래스터 자료구조가 아닌 것은?

① 그리드(Grid)   ② 셀(Cell)
③ 선(Line)   ④ 픽셀(Pixel)

Guide 래스터 자료구조는 그리드(Grid), 셀(Cell) 또는 픽셀(Pixel)로 구성된 배열이다.

60 GIS자료 처리(구축) 절차에 대한 순서로 옳은 것은?

① 수집 − 저장 − 자료관리 − 검색
② 수집 − 자료관리 − 검색 − 저장
③ 자료관리 − 수집 − 저장 − 검색
④ 자료관리 − 저장 − 수집 − 검색

Guide GIS의 자료처리 및 구축 작업과정
자료수집 − 자료입력 − 자료처리 − 자료조작 및 분석 − 출력

Subject 04 측량학

✔ 측량 관련 법규는 출제 당시 법률을 기준으로 해설되었음을 알려드립니다.

61 오차의 종류 중 확률법칙에 따라 최소제곱법으로 처리하여야 하는 오차는?

① 과오   ② 정오차
③ 부정오차   ④ 누적오차

Guide 최소제곱법에 의해 추정되는 오차는 부정오차(우연오차)이다.

62 그림과 같이 직접법으로 등고선을 측량하기 위하여 레벨을 세우고 표고가 40.25m인 A점에 세운 표척을 시준하여 2.65m를 관측했다. 42m인 등고선 위의 점 B에서 시준하여야 할 표척의 높이는?

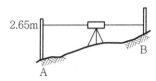

① 0.90m   ② 1.40m
③ 3.90m   ④ 4.40m

Guide

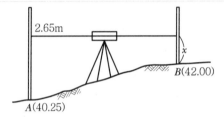

$$H_A + 2.65 = H_B + x$$
$$\therefore\ x = H_A + 2.65 - H_B$$
$$= 40.25 + 2.65 - 42.00$$
$$= 0.90\text{m}$$

63 그림과 같이 편각을 측정하였을 때 $\overline{DE}$의 방위각은?(단, $\overline{AB}$의 방위각 = 60°임)

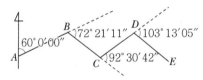

① 235° 34′ 16″   ② 143° 03′ 34″
③ 314° 34′ 25″   ④ 140° 13′ 05″

Guide
• $\overline{AB}$ 방위각 = 60°00′00″
• $\overline{BC}$ 방위각 = 60°00′00″ + 72°21′11″ = 132°21′11″
• $\overline{CD}$ 방위각 = 132°21′11″ − 92°30′42″ = 39°50′29″
∴ $\overline{DE}$ 방위각 = 39°50′29″ + 103°13′05″
　　　　　　　 = 143°03′34″

64 다각측량을 실시하고 조정계산을 한 결과, 표와 같은 결과를 얻었다. 폐합도형의 면적을 배횡거법으로 계산할 때 측선 $\overline{CA}$의 배횡거는?

측선	위거(m)		경거(m)	
	N(+)	S(−)	E(+)	W(−)
$\overline{AB}$		10.0		
$\overline{BC}$	40.0	20.0		
$\overline{CA}$				40.0

① 20.0m   ② 30.0m
③ 40.0m   ④ 50.0m

Guide

측선	위거(m)		경거(m)		배횡거
	N(+)	S(−)	E(+)	W(−)	
$\overline{AB}$		10.0	10.0		10.0
$\overline{BC}$	40.0		20.0		40.0
$\overline{CA}$		20.0		40.0	20.0

• 배횡거 = (전 측선의 배횡거) + (전 측선의 경거)
　　　　　 + (그 측선의 경거)
• 제1측선의 배횡거 = 제1측선의 경거
• $\overline{AB}$ = 10.0m
• $\overline{BC}$ = 10.0 + 10.0 + 20.0 = 40.0m
∴ $\overline{CA}$ = 40.0 + 20.0 + (−40.0) = 20.0m

65 그림과 같이 기선길이 $\overline{AB}$ 및 각 α_1, β_1, α_2, β_2, α_3, β_3, α_4, β_4를 관측하였다고 하면 변 조건식의 수는?

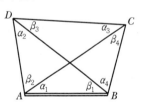

① 1   ② 2
③ 3   ④ 4

Guide 변 조건식의 수 = $l - 2P + B + 2$
　　　　　　　 = $6 - (2 \times 4) + 1 + 2$
　　　　　　　 = 1
여기서, l : 변의 수
　　　　P : 삼각점의 수
　　　　B : 기선의 수

66 UTM 좌표에 관한 설명으로 옳은 것은?

① 각 구역을 경도는 8°, 위도는 6°로 나누어 투영한다.
② 축척계수는 0.9996으로 전 지역에서 일정하다.
③ 북위 85°부터 남위 85°까지 투영범위를 갖는다.
④ 우리나라는 51S~52S 구역에 위치하고 있다.

> **Guide** UTM 좌표계 개요
> • 좌표계의 간격은 경도 6°마다 60 지대로 나누고 각 지대의 중앙자오선에 대하여 횡메르카토르 투영 적용
> • 경도의 원점은 중앙자오선이다.
> • 위도의 원점은 적도상에 있다.
> • 길이의 단위는 m이다.
> • 중앙자오선에서의 축척계수는 0.9996이다.
> • 우리나라는 51지대, 52지대에 속한다.

67 일반적인 등고선의 특징에 대한 설명으로 옳지 않은 것은?

① 동일 등고선 상의 각 점은 모두 같은 높이이다.
② 폐합되는 등고선의 내부는 산정(山頂) 혹은 분지를 나타낸다.
③ 높이가 다른 두 등고선은 절벽이나 동굴의 지형을 제외하고는 교차하거나 만나지 않는다.
④ 등고선의 간격은 급경사지에서는 크고 완경사지에서는 작다.

> **Guide** 등고선은 급경사 지역에서는 간격이 좁고, 완경사지에서는 간격이 넓어진다.

68 기포관 감도의 표시에 대한 설명으로 옳은 것은?

① 기포관의 두 눈금 이동이 경사각의 크기로 표시되는 각
② 기포관의 길이가 경사각의 크기로 표시되는 각
③ 기포 1눈금의 이동에 따른 경사각의 크기로 표시되는 각
④ 기포관의 눈금 양단이 경사각의 크기로 표시되는 각

> **Guide** 기포관 감도는 기포 1눈금(2mm)에 대한 중심각의 변화를 초로 나타낸 것이다.

69 교호수준측량을 하여야 하는 경우에 대한 설명으로 옳은 것은?

① 수로, 하천 등의 토량계산을 할 때
② 수준측량의 노선 가운데에 장애물이 있어 시통이 불가능할 때
③ 철도, 도로, 수로와 같은 노선측량에서 노선 중심선의 표고를 관측할 때
④ 수준측량의 노선 중 강, 호수, 하천 등이 있어 중간에 레벨을 세울 수 없을 때

> **Guide** 교호수준측량은 강, 바다 등 접근 곤란한 2점 간의 고저차를 직접 또는 간접수준측량으로 구하는 것을 말한다.

70 꼭짓점이 A, B, C이고 대응변이 a, b, c인 삼각형에서 $\angle A = 22°00'56''$, $\angle C = 80°21'54''$, b = 310.95m일 때 변 a의 길이는?

① 119.34m ② 310.95m
③ 313.86m ④ 526.09m

> **Guide**
>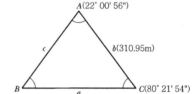
> • $\angle B = 180° - (\angle A + \angle C)$
> $= 180° - (22°00'56'' + 80°21'54'')$
> $= 77°37'10''$
> • a의 길이(sine 법칙 적용)
> $$\frac{a}{\sin\angle A} = \frac{310.95}{\sin\angle B} \rightarrow$$
> $$\frac{a}{\sin 22°00'56''} = \frac{310.95}{\sin 77°37'10''}$$
> $$\therefore a = \frac{\sin 22°00'56''}{\sin 77°37'10''} \times 310.95$$
> $$= 119.34m$$

71 지형도에 표시되는 등고선의 종류가 아닌 것은?

① 주곡선 ② 간곡선
③ 계곡선 ④ 지성선

Guide 등고선의 종류
- 주곡선 : 기본곡선으로 가는 실선으로 표시
- 간곡선 : 완경사지에서 주곡선 사이가 너무 길 때 사용하며 파선으로 표시
- 조곡선 : 점선으로 표시
- 계곡선 : 지형의 상태와 판독을 쉽게 하기 위해서 주곡선 5개마다 굵은 실선으로 표시

72 직사각형 토지의 관측값이 가로변 = 100 ± 0.02cm, 세로변 = 50 ± 0.01cm이었다면 이 토지의 면적에 대한 평균제곱근오차는?

① ± 0.707cm²   ② ± 1.03cm²
③ ± 1.414cm²   ④ ± 2.06cm²

Guide 부정오차전파법칙에 의해,
$$M = \pm \sqrt{(y \cdot m_1)^2 + (x \cdot m_2)^2}$$
$$= \pm \sqrt{(50 \times 0.02)^2 + (100 \times 0.01)^2}$$
$$= \pm 1.414 cm^2$$

73 각 측량의 오차 중 망원경을 정위, 반위로 측정하여 평균값을 취함으로써 처리할 수 없는 것은?

① 시준축과 수평축이 직교하지 않는 경우
② 수평축이 연직축에 직교하지 않는 경우
③ 연직축이 정확히 연직선에 있지 않는 경우
④ 회전축에 대하여 망원경의 위치가 편심되어 있는 경우

Guide 연직축 오차는 연직축이 직교하지 않기 때문에 생기는 오차로 소거는 불가능하다.

74 450m의 기선을 50m 줄자로 분할 관측할 때 줄자의 1회 관측의 평균제곱근오차가 ± 0.01m이면 이 기선관측의 평균제곱근오차는?

① ± 0.01m   ② ± 0.03m
③ ± 0.09m   ④ ± 0.81m

Guide $M = \pm m \sqrt{n} = \pm 0.01 \sqrt{9} = \pm 0.03m$

75 공공측량시행자는 공공측량을 하려면 미리 측량지역, 측량기간, 그 밖에 필요한 사항을 누구에게 통지하여야 하는가?

① 시 · 도지사
② 지방국토관리청장
③ 국토지리정보원장
④ 시장 · 군수

Guide 측량 · 수로조사 및 지적에 관한 법률 제17조(공공측량의 실시 등)
공공측량시행자는 공공측량을 하려면 미리 측량지역, 측량기간, 그 밖에 필요한 사항을 시 · 도지사에게 통지하여야 한다. 그 공공측량을 끝낸 경우에도 또한 같다.

76 측량업을 폐업한 경우에 측량업자는 그 사유가 발생한 날로부터 최대 며칠 이내에 신고하여야 하는가?

① 10일   ② 15일
③ 20일   ④ 30일

Guide 측량 · 수로조사 및 지적에 관한 법률 제48조(측량업의 휴업 · 폐업 등 신고)
다음의 경우에 해당하는 자는 국토교통부령 또는 해양수산부령으로 정하는 바에 따라 국토교통부장관, 해양수산부장관 또는 시 · 도지사에게 해당 각 호의 사실이 발생한 날부터 30일 이내에 그 사실을 신고하여야 한다.
1. 측량업자인 법인이 파산 또는 합병 외의 사유로 해산한 경우 : 해당 법인의 청산인
2. 측량업자가 폐업한 경우 : 폐업한 측량업자
3. 측량업자가 30일을 넘는 기간 동안 휴업하거나, 휴업 후 업무를 재개한 경우 : 해당 측량업자

77 측량기본계획은 누가 수립하는가?

① 지방자치단체의 장
② 국토교통부장관
③ 국토지리정보원장
④ 국무총리

Guide 측량 · 수로조사 및 지적에 관한 법률 제5조(측량기본계획 및 시행계획)
국토교통부장관은 측량기본계획을 5년마다 수립하여야 한다.

정답 72 ③ 73 ③ 74 ② 75 ① 76 ④ 77 ②

78 다음 중 기본측량성과의 고시내용이 아닌 것은?

① 측량의 종류
② 측량의 정확도
③ 측량성과의 보관 장소
④ 측량 작업의 방법

> **Guide** 측량·수로조사 및 지적에 관한 법률 시행령 제13조(측량성과의 고시)
> 측량성과의 고시에는 다음의 사항이 포함되어야 한다.
> 1. 측량의 종류
> 2. 측량의 정확도
> 3. 설치한 측량기준점의 수
> 4. 측량의 규모(면적 또는 지도의 장수)
> 5. 측량실시의 시기 및 지역
> 6. 측량성과의 보관 장소
> 7. 그 밖에 필요한 사항

79 측량·수로조사 및 지적에 관한 법률에서 사용하는 용어의 정의로 옳지 않은 것은?

① 기본측량 : 모든 측량의 기초가 되는 공간정보를 제공하기 위하여 국토교통부장관이 실시하는 측량
② 공공측량 : 토지를 공공의 장부에 등록하거나 복원하기 위하여 좌표와 면적을 정하는 측량
③ 수로측량 : 해양의 수심·지구자기(地球磁氣)·중력·지형·지질의 측량과 해안선 및 이에 딸린 토지의 측량
④ 일반측량 : 기본측량, 공공측량, 지적측량 및 수로측량 외의 측량

> **Guide** 측량·수로조사 및 지적에 관한 법률 제2조(정의)
> "공공측량"이란 다음의 측량을 말한다.
> 가. 국가, 지방자치단체, 그 밖에 대통령령으로 정하는 기관이 관계 법령에 따른 사업 등을 시행하기 위하여 기본측량을 기초로 실시하는 측량
> 나. 가목 외의 자가 시행하는 측량 중 공공의 이해 또는 안전과 밀접한 관련이 있는 측량으로서 대통령령으로 정하는 측량

80 1 : 25,000 지형도의 조곡선(助曲線) 간격으로 옳은 것은?

① 1m
② 1.25m
③ 2.5m
④ 5m

> **Guide** 1 : 25,000 및 1 : 50,000 지형도 도식적용규정 제37조(조곡선)
> 조곡선은 주곡선과 간곡선만으로 세부 형태나 특징을 표현하기 어려운 경우 그 사이에 표시하는 것으로서, 1 : 25,000 지형도는 2.5m 간격으로, 1 : 50,000 지형도는 5.0m 간격으로 하되 반드시 등고선 수치를 표시하여야 한다.

등고선의 종류 및 간격

축척 등고선 종류	1/5,000	1/10,000	1/25,000	1/50,000
주곡선	5	5	10	20
간곡선	2.5	2.5	5	10
조곡선	1.25	1.25	2.5	5
계곡선	25	25	50	100

02

2014년
출제경향분석 및
문제해설

출제경향분석 및 출제빈도표
2014년 3월 2일 시행
2014년 5월 25일 시행
2014년 9월 20일 시행

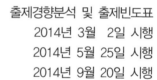

··· 측량 및 지형공간정보산업기사 출제경향분석 및 출제빈도표

1. 출제경향분석

2014년 시행된 측량 및 지형공간정보산업기사의 출제경향을 세부적으로 살펴보면, 측량학 Part는 전 분야 고르게 출제된 가운데 거리측량과 법령을 우선 학습한 후 각 파트별로 고루 수험준비를 해야 하며, 사진측량 및 원격탐사 Part는 전년도와 마찬가지로 사진측량에 의한 지형도제작, 지리정보시스템 및 위성측위시스템 Part는 GIS의 자료구조 및 생성과 위성측위시스템, 응용측량 Part는 노선측량 및 면체적측량을 중심으로 먼저 학습 후 출제비율에 따라 순차적으로 학습하는 것이 수험대비에 효과적이라 할 수 있다.

2. 측량학 출제빈도표

시행일 / 빈도	구분	총론	거리측량	각측량	삼각삼변측량	다각측량	수준측량	지형측량	측량관계법규 법률	측량관계법규 시행령	측량관계법규 시행규칙	측량관계법규 기타	총계
산업기사 (2014. 3. 2)	빈도(개)	1	2	1	4	2	3	2	4		1		20
	빈도(%)	5	10	5	20	10	15	10	20	5			100
산업기사 (2014. 5. 25)	빈도(개)	1	6	1	1	2	1	3	4	1			20
	빈도(%)	5	30	5	5	10	5	15	20	5			100
산업기사 (2014. 9. 20)	빈도(개)		4	1	3	1	3	2		5		1	20
	빈도(%)		20	5	15	5	15	10		25		5	100
총계	빈도(개)	2	12	3	8	5	7	7	8	6	1	1	60
	빈도(%)	3.3	20	5	13.3	8.3	11.7	11.7	13.3	10	1.7	1.7	100

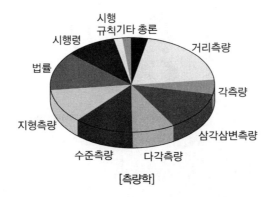

[측량학]

3. 사진측량 및 원격탐사 출제빈도표

시행일	빈도	총론	사진의 일반성	사진측량에 의한 지형도제작	사진판독 및 응용	원격탐사	총계
산업기사 (2014. 3. 2)	빈도(개)		3	11	2	4	20
	빈도(%)		15	55	10	20	100
산업기사 (2014. 5. 25)	빈도(개)		5	10	1	4	20
	빈도(%)		25	50	5	20	100
산업기사 (2014. 9. 20)	빈도(개)	1	7	4	3	5	20
	빈도(%)	5	35	20	15	25	100
총계	빈도(개)	1	15	25	6	13	60
	빈도(%)	1.7	25	41.7	10	21.7	100

4. 지리정보시스템(GIS) 및 위성측위시스템(GNSS) 출제빈도표

시행일	빈도	GIS 총론	GIS의 자료 구조 및 생성	GIS의 자료관리	GIS의 자료 운영 및 분석	GIS의 표준화 및 응용	공간위치 결정	위성측위 시스템(GNSS)	총계
산업기사 (2014. 3. 2)	빈도(개)	1	4	2	6	3		4	20
	빈도(%)	5	20	10	30	15		20	100
산업기사 (2014. 5. 25)	빈도(개)	1	5	1	4	4		5	20
	빈도(%)	5	25	5	20	20		25	100
산업기사 (2014. 9. 20)	빈도(개)	2	6		3	4		5	20
	빈도(%)	10	30		15	20		25	100
총계	빈도(개)	4	15	3	13	11		14	60
	빈도(%)	6.7	25	5	21.7	18.3		23.3	100

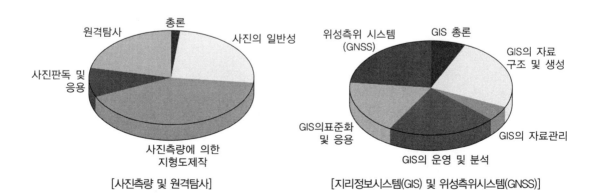

[사진측량 및 원격탐사]

[지리정보시스템(GIS) 및 위성측위시스템(GNSS)]

5. 응용측량 출제빈도표

시행일	구분 빈도	면·체적 측량	노선 측량	하천 및 해양측량	터널 및 시설물측량	경관 및 기타측량	총계
산업기사 (2014. 3. 2)	빈도(개)	5	6	4	4	1	20
	빈도(%)	25	30	20	20	5	100
산업기사 (2014. 5. 25)	빈도(개)	4	7	5	4		20
	빈도(%)	20	35	25	20		100
산업기사 (2014. 9. 20)	빈도(개)	5	6	4	4	1	20
	빈도(%)	25	30	20	20	5	100
총계	빈도(개)	14	19	13	12	2	60
	빈도(%)	23.3	31.7	21.7	20	3.3	100

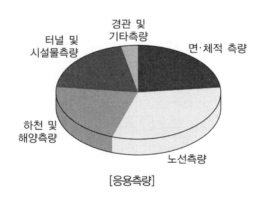

[응용측량]

본 문제의 해설은 출제자의 의도와 일치되지 않을 수 있으며, 문제 및 정답은 일부 오탈자가 있을 수 있으므로 학습시 의문사항이 있으면 예문사 또는 저자에게 문의하여 주시기 바랍니다.
또한, 본 기출문제는 시행 당시의 이론 및 법규에 의하여 해설되었음을 알려드립니다.

Subject 01 응용측량

01 그림과 같은 단위의 면적은?

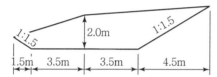

① $6.45m^2$　　　② $13.25m^2$

③ $20.00m^2$　　　④ $26.75m^2$

Guide

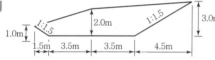

$$\therefore A = \left\{\left(\frac{2+1}{2}\times 5\right)-\left(\frac{1}{2}\times 1.5\times 1\right)\right\}$$
$$+\left\{\left(\frac{2+3}{2}\times 8\right)-\left(\frac{1}{2}\times 4.5\times 3\right)\right\}$$
$$= 20m^2$$

02 하천측량에서 수심 H인 하천의 수면으로부터 0.2H, 0.6H, 0.8H인 지점의 유속을 측정한 결과 각각 0.534m/s, 0.486m/s, 0.398m/s이었다면 2점법(A)과 3점법(B)으로 계산한 값은?

① A=0.466m/s, B=0.473m/s

② A=0.466m/s, B=0.476m/s

③ A=0.510m/s, B=0.473m/s

④ A=0.510m/s, B=0.476m/s

Guide • 2점법 : 수심 0.2H, 0.8H 되는 곳의 평균유속을 구하는 방법

$$\therefore V_m = \frac{1}{2}(V_{0.2}+V_{0.8})$$
$$= \frac{1}{2}(0.534+0.398) = 0.466m/s$$

• 3점법 : 수심 0.2H, 0.6H, 0.8H 되는 곳의 평균유속을 구하는 방법

$$\therefore V_m = \frac{1}{4}(V_{0.2}+2V_{0.6}+V_{0.8})$$
$$= \frac{1}{4}\{0.534+(2\times 0.486)+0.398\}$$
$$= 0.476m/s$$

03 교점의 위치가 기점으로부터 330.264m, 곡선반지름 $R = 300m$, 교각 $I = 45°$인 단곡선을 편각법으로 측설하고자 할 때 시단현에 대한 편각은?(단, 중심말뚝의 간격 = 20m)

① 1° 10′ 26″　　　② 1° 20′ 13″

③ 1° 20′ 56″　　　④ 1° 25′ 35″

Guide • 접선장($T.L$)

$$T.L = R \cdot \tan\frac{I}{2} = 300\times\tan\frac{45°}{2} = 124.264m$$

• 곡선시점($B.C$)
$$B.C = 총연장 - T.L$$
$$= 330.264 - 124.264$$
$$= 206.000m\,(No.10+6.000m)$$

• 시단현 길이(l_1)
$$l_1 = 20 - B.C 추가거리 = 20 - 6.000 = 14.000m$$

$$\therefore 시단현 편각(\delta_1) = 1,718.87'\times\frac{l_1}{R}$$
$$= 1,718.87'\times\frac{14}{300} = 1°20'13''$$

04 하나의 터널을 완성하기 위해서는 계획·설계·시공 등의 작업과정을 거쳐야 한다. 다음 중 터널의 시공과정 중에 주로 이뤄지는 측량은?

① 지형측량　　　② 터널 외 기준점 측량

③ 세부 측량　　　④ 터널 내 측량

Guide 터널측량의 순서
노선선정 → 터널 외 기준점측량 → 터널 내·외 연결 측량 → 터널 내 측량 → 내공단면측량 → 터널변위계측

05 배횡거법으로 다각형의 면적을 계산하고자 할 때 필요하지 않은 것은?

① 전 측선의 배횡거
② 전 측선의 위거
③ 전 측선의 경거
④ 그 측선의 위거

Guide • 임의의 측선의 배횡거 = 전 측선의 배횡거 + 전 측선의 경거 + 그 측선의 경거
  • 배면적 = 배횡거 × 그 측선의 위거

06 지형의 체적계산법 중 단면법에 의한 계산법으로서 비교적 가장 정확한 결과를 얻을 수 있는 것은?

① 점고법
② 중앙단면법
③ 양단면평균법
④ 각주공식에 의한 방법

Guide 단면법에 의해 구해진 토량은 일반적으로 양단면평균법(과다) > 각주공식(정확) > 중앙단면법(과소)을 갖는다.

07 대단위 지역이나 지형의 기복이 심한 지역의 토공량 산정에 적합한 방법은?

① 단면법
② 영선법
③ 등고선법
④ 수치지형모형법(DTM법)

Guide 수치지형모형(DTM)
  적당한 밀도로 분포한 지상점의 위치 및 높이를 이용하여 지형을 수학적으로 근사 표현한 모형으로 대규모 지역의 토공량 산정에 활용된다.

08 곡선반지름 $R = 500$m, 교각 $I = 50°$인 단곡선을 설치하려고 할 때, 접선길이($T.L$)는?

① 218.17m
② 233.15m
③ 422.62m
④ 436.33m

Guide 접선길이($T.L$) $= R \cdot \tan\dfrac{I}{2}$

$$= 500 \times \tan\dfrac{50°}{2} = 233.15\text{m}$$

09 하천측량에서 횡단면도의 작성에 필요한 측량으로 하천의 수면으로부터 하저까지의 깊이를 구하는 측량은?

① 유속측량
② 유량측량
③ 양수표 수위관측
④ 심천측량

Guide 심천측량은 하천의 수심 및 유수부분의 하저상황을 조사하고 횡단면도를 제작하는 측량이다.

10 노선측량에서 중심선측량에 대한 설명 중에서 거리가 먼 것은?

① 현장에서 교점 및 곡선의 접선을 결정한다.
② 접선교각을 실측하고 주요점, 중간점 등을 설치한다.
③ 지형도에 비교노선을 기입하고 평면선형을 검토 결정한다.
④ 지형도에 의해 중심선의 좌표를 계산하여 현장에 설치한다.

Guide 노선측량의 순서는 크게 노선선정, 계획조사측량, 실시설계측량, 공사측량으로 구분되며 20m 간격으로 현지에 직접 설치하는 것은 실시설계측량이며, 비교 노선선정은 계획조사측량으로 그 성격이 다르다.

11 하천측량 시 유제부에서 평면측량의 범위로 가장 적당한 것은?

① 제외지 이내
② 제외지 및 제내지에서 100m 이내
③ 제외지 및 제내지에서 300m 이내
④ 제내지 400m 이내

Guide 유제부의 평면측량 범위
  제외지 전부와 제내지의 300m 이내

정답 05 ② 06 ④ 07 ④ 08 ② 09 ④ 10 ③ 11 ③

12 시설물의 경관을 수직시각(θ_v)에 의하여 평가하는 경우 시설물이 경관의 주제가 되고 쾌적한 경관으로 인식되는 수직시각의 범위로 가장 적합한 것은?

① $0° \leq \theta_v \leq 15°$ ② $15° \leq \theta_v \leq 30°$

③ $30° \leq \theta_v \leq 45°$ ④ $45° \leq \theta_v \leq 60°$

> **Guide** 수직시각(θ_v)
> • $0° \leq \theta_v \leq 15°$: 시설물이 경관의 주제가 되고 쾌적한 경관으로 인식된다.
> • $15° \leq \theta_v$: 압박을 느끼고 쾌적한 경관을 인식할 수 없다.

13 클로소이드 곡선에 대한 설명으로 옳은 것은?

① 클로소이드의 모양은 하나밖에 없지만 매개변수 A를 바꾸면 크기가 다른 무수한 클로소이드를 만들 수 있다.

② 클로소이드는 길이를 연장한 모양이 목걸이 모양으로 연주곡선이라고도 한다.

③ 매개변수 A＝100m의 클로소이드를 1,000분의 1도면에 그리기 위해서는 A＝10m인 클로소이드를 그려 넣으면 된다.

④ 클로소이드 요소에는 길이의 단위를 가진 것과 면적의 단위를 가진 것으로 나눠진다.

> **Guide** 클로소이드의 매개변수는 클로소이드 크기를 결정하는 계수로 클로소이드 설치에 중요한 요소이다.

14 터널 내에서 차량 등에 의하여 파손되지 않도록 콘크리트 등을 이용하여 만든 중심말뚝을 무엇이라 하는가?

① 도갱 ② 자이로(Gyro)

③ 레벨(Level) ④ 도벨(Dowel)

> **Guide** 터널 내에서는 중심말뚝이 차량 등에 의하여 파괴되지 않도록 견고하게 만드는데 이를 도벨이라 한다.

15 어떤 지역의 면적을 구할 때 그림과 같이 경계선이 곡선으로 되어 있었을 때 심프슨 제1법칙에 의하여 면적을 구하는 식으로 옳은 것은?

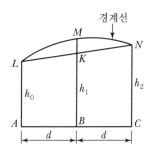

① $\dfrac{d}{3}(h_0 + 4h_1 + h_2)$

② $\dfrac{d}{3}(h_0 + 2h_1 + h_2)$

③ $\dfrac{d}{6}(h_0 + 4h_1 + h_2)$

④ $\dfrac{d}{6}(h_0 + 2h_1 + h_2)$

> **Guide** 심프슨(Simpson) 제1법칙
> $A = [사다리꼴(ALNC) + 포물선(LMN)]$
> $= \dfrac{d}{3}(h_0 + 4h_1 + h_2)$

16 노선측량에서 우리나라의 철도에 주로 이용되는 완화곡선은?

① 렘니스케이트 ② 클로소이드

③ 3차 포물선 ④ 2차 포물선

> **Guide** 완화곡선의 종류
> • 클로소이드 곡선 : 고속도로
> • 렘니스케이트 곡선 : 시가지 철도
> • 3차 포물선 : 철도
> • 반파장 sine 체감곡선 : 고속철도

17 지하시설물의 관측방법 중 지구자장의 변화를 관측하여 자성체의 분포를 알아내는 방법은?

① 전자관측법 ② 자기관측법

③ 전기관측법 ④ 탄성파관측법

> **Guide** 자기탐사법(Magnetic Detection Method)
> 지구 내부 자장의 공간적 변화를 관측하여 지하의 자성체 분포를 탐사하는 기법으로 지층의 전기적 성질의 차이(지표의 전위분포, 전기저항분포)를 관측하여 지층상황을 탐사하는 데 적합한 방법이다.

18 터널측량에 관한 설명으로 옳지 않은 것은?

① 터널측량은 터널 외 측량과 터널 내 측량, 터널 내외 연결측량으로 나눌 수 있다.

② 터널의 길이, 방향은 삼각측량 또는 트래버스측량으로 정한다.

③ 터널 내의 수준측량은 정확도를 위해 레벨과 수준척에 의한 직접수준측량으로만 측정한다.

④ 터널 내 측량에서는 기계의 십자선, 표척눈금 등에 조명이 필요하다.

> **Guide** 터널 내 수준측량 시 완경사일 때는 레벨에 의한 직접수준측량이, 급경사일 때는 트랜싯에 의한 간접수준측량이 이용된다.

19 도로의 중심선을 따라 20m 간격의 종단측량을 실시하여 표와 같은 결과를 얻었다. 측점 1과 측점 3의 지반고를 연결하는 도로 계획선을 설정한다면 이 계획선의 경사는?

측점	지반고(m)
1	153.86
2	152.44
3	150.66

① −1.6% ② −3.2%

③ −4.0% ④ −8.0%

> **Guide**
> $$i(\%) = \frac{H}{D} \times 100$$
> $$= \frac{153.86 - 150.66}{40} \times 100 = 8\%$$
> ∴ 하향경사이므로 −8.0%가 된다.

20 해수면이 약최고고조면(일정기간 조석을 관측하여 분석한 결과 가장 높은 해수면)에 이르렀을 때의 육지와 해수면의 경계를 조사하는 측량은?

① 지형측량 ② 지리조사

③ 수심측량 ④ 해안선조사

> **Guide** 해안선 측량방법
> 해수면이 약최고고조면에 이르렀을 때 육지와 해수면의 경계선은 지상현황측량 또는 항공레이저측량 등의 방법을 이용하여 획정할 수 있다.

21 항공사진의 축척(Scale)에 대한 설명으로 옳은 것은?

① 카메라의 초점거리에 비례, 비행고도에 반비례

② 카메라의 초점거리에 반비례, 비행고도에 비례

③ 카메라의 초점거리와 비행고도에 반비례

④ 카메라의 초점거리와 비행고도에 비례

> **Guide**
> $$M = \frac{1}{m} = \frac{f}{H}$$
> 여기서, M : 축척
> m : 축척 분모수
> H : 비행고도
> f : 초점거리

22 레이저 스캐너와 GPS/INS로 구성되어 수치표고모델(DEM)을 제작하기에 용이한 측량 시스템은?

① LiDAR ② RADAR

③ SAR ④ SLAR

> **Guide** LiDAR(Light Detection and Ranging)
> 비행기에 레이저측량장비와 GPS/INS를 장착하여 대상면의 공간좌표(x, y, z) 및 DEM을 신속하게 구축할 수 있는 측량이다.

23 촬영고도 1,000m에서 촬영된 항공사진에서 기선길이가 90mm, 건물의 시차차가 1.62mm일 때 건물의 높이는?

① 5.5m ② 18.0m

③ 26.0m ④ 100.0m

> **Guide**
> $$h = \frac{H}{b_0} \Delta p = \frac{1,000}{90} \times 1.62 = 18\text{m}$$

24 초점거리 88mm의 항공사진이 5°의 경사각을 가지고 있다. 이 사진 상에서 연직점과 주점 사이의 거리는?(단, 연직점은 사진 중심점으로부터 방사선 상에 있다.)

① 30.8mm ② 15.4mm

③ 7.7mm ④ 3.8mm

> **Guide** $\overline{mn} = f\tan i = 88 \times \tan 5° = 7.69\text{mm}$

25 초점거리가 15cm인 광각카메라로 촬영고도 3,000m에서 190km/h로 촬영할 때 사진노출점 간 최소소요시간은?(단, 사진의 크기는 18cm×18cm, 종중복도 60%)

① 24초 ② 27초

③ 30초 ④ 33초

> **Guide** $m = \dfrac{H}{f} = \dfrac{3,000}{0.15} = 20,000$
>
> $\therefore T_s = \dfrac{B}{V} = \dfrac{ma\left(1 - \dfrac{p}{100}\right)}{V}$
>
> $\quad = \dfrac{20,000 \times 0.18\left(1 - \dfrac{60}{100}\right)}{190 \times \dfrac{1,000}{3,600}} = 27$초

26 회전주기가 일정한 인공위성을 이용하여 영상을 취득하는 경우에 대한 설명으로 옳지 않은 것은?

① 관측이 좁은 시야각으로 행하여지므로 얻어진 영상은 정사투영영상에 가깝다.

② 관측영상이 수치적 자료이므로 판독이 자동적이고 정량화가 가능하다.

③ 회전 주기가 일정하므로 반복적인 관측이 가능하다.

④ 필요한 시점의 영상을 신속하게 수신할 수 있다.

> **Guide** 회전주기가 일정하므로 원하는 지점 및 시기에 영상을 취득하기가 어렵다.

27 다음 중 측량용 항공사진의 내부표정 수행 시 내부표정이 불가능한 경우는?

① 3개의 사진지표(Fiducial Mark)만 식별이 가능한 경우

② 사진기 검증 데이터가 없는 경우

③ 좌표측정기의 좌표축이 정확하게 수직이 아닌 경우

④ 필름이 수축에 의해 변형이 발생한 경우

> **Guide** 내부표정은 상좌표로부터 사진좌표를 구하는 작업으로 내부표정요소인 주점의 위치와 초점거리가 필요하다. 그러므로 사진기 검증 데이터가 없는 경우 내부표정은 불가능하다.

28 정사투영사진지도의 특징으로 틀린 것은?

① 지도와 동일한 투용법으로 생성된다.

② 사진을 수치형상모형에 투영하여 생성한다.

③ 사진을 2차원 좌표변환하여 생성한다.

④ 지표면의 비고에 의한 변위가 제거되었다.

> **Guide** 정사투영사진지도는 사진기의 경사, 지표면의 비고를 수정하였을 뿐만 아니라 등고선이 삽입된 지도로 사진을 수치고도모형에 투영한 다음 공면보간법을 이용하여 영상 재배열 후 생성된다.

29 축척이 1 : 5,000인 항공사진을 1,200dpi로 스캐닝하여 생성된 영상에서 한 픽셀의 실제 크기(공간해상도)는?

① 5.25cm ② 10.58cm

③ 21cm ④ 42cm

> **Guide** • 1점의 크기 $= \dfrac{2.54}{1,200} = 0.0021167\text{cm}$
>
> • $\dfrac{1}{m} = \dfrac{l}{L}$
>
> $\therefore L = 0.0021167 \times 5,000 = 10.58\text{cm}$
>
> ※ dpi : dot per inch, 1inch = 2.54cm

30 표정에 사용되는 각 좌표축별 회전인자 기호가 옳게 짝지어진 것은?

① X축 회전$-\omega$, Y축 회전$-\kappa$, Z축 회전$-\phi$

② X축 회전$-\kappa$, Y축 회전$-\phi$, Z축 회전$-\omega$

③ X축 회전$-\phi$, Y축 회전$-\omega$, Z축 회전$-\kappa$

④ X축 회전$-\omega$, Y축 회전$-\phi$, Z축 회전$-\kappa$

Guide 회전 표정인자
- X축$-\omega$의 작용
- Y축$-\phi$의 작용
- Z축$-\kappa$의 작용

31 수치영상처리 기법 중 특징 추출과 판독에 도움이 되기 위하여 영상의 가시적 판독성을 증강시키기 위한 일련의 처리과정을 무엇이라 하는가?

① 영상분류(Image Classification)

② 정사보정(Ortho Rectification)

③ 자료융합(Data Merging)

④ 영상강조(Image Enhancement)

Guide 영상처리 기법 중 영상의 선명함을 더하여 판독을 쉽게 하기위한 처리과정으로 히스토그램의 균일화, 콘트라스트의 증대 등이 있다.

32 항공사진의 기복변위에 대한 설명으로 옳지 않은 것은?

① 촬영고도에 비례한다.

② 지형지물의 높이에 비례한다.

③ 연직점으로부터 상점까지의 거리에 비례한다.

④ 표고차가 있는 물체에 대한 사진 중심으로부터의 방사상 변위를 말한다.

Guide 기복변위
- 기복변위는 비고(h)에 비례한다.
- 기복변위는 촬영고도(H)에 반비례한다.
- 돌출비고에서는 내측으로, 함몰지에서는 외측으로 조정한다.

33 표정 중 종시차를 소거하여 목표지형물의 상대적 위치를 맞추는 작업은?

① 접합표정 　　② 내부표정

③ 절대표정 　　④ 상호표정

Guide 양 투영기에서 나오는 광속이 촬영 당시 촬영면에 이루어지는 종시차를 소거하여 목표 지형물의 상대위치를 맞추는 작업을 상호표정이라 한다.

34 위성영상을 활용하여 수치표고모델(DEM)을 생성하는 순서로 옳은 것은?

① 입체영상 획득 → 영상정합 → 카메라 모델링 → 높이값 보간 → DEM 생성

② 입체영상 획득 → 높이값 보간 → 카메라 모델링 → 영상정합 → DEM 생성

③ 입체영상 획득 → 카메라 모델링 → 영상정합 → 높이값 보간 → DEM 생성

④ 입체영상 획득 → 카메라 모델링 → 높이값 보간 → 영상정합 → DEM 생성

Guide 위성영상을 이용하여 DEM을 생성할 경우에는 입체영상을 획득하고 내부·외부 표정단계인 카메라 모델링을 거쳐 영상을 정합하고 내삽법에 의해 높이값을 보간하는 수치편위 수정단계를 거쳐 DEM을 생성한다.

35 다음은 어느 지역의 영상과 동일한 지역의 지도이다. 이 자료를 이용하여 "논"의 훈련지역(Training Field)을 선택한 결과로 적당한 것은?

열
	1	2	3	4	5	6	7
1	9	9	9	3	4	5	3
2	8	8	7	7	5	3	4
3	8	7	8	9	7	5	6
행 4	7	8	9	9	7	4	5
5	8	7	9	8	3	4	2
6	7	9	9	4	1	1	0
7	9	9	6	0	1	0	2

(지도: 밭, 논, 호수)

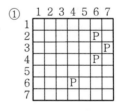

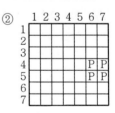

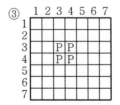

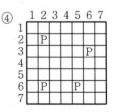

Guide 행열의 위치가 논 지역에 해당하는 것으로 ①의 P점은 논 지역에 해당한다.(②, ③, ④의 P점은 일부 또는 전체가 밭 또는 호수 지역에 해당한다.)

36 사진측량으로 지형도를 제작할 때 필요하지 않은 공정은?

① 사진촬영　　　② 기준점측량
③ 세부도화　　　④ 수정모자이크

> **Guide** 수정모자이크는 사진측량에 의한 사진지도 제작 시 이용되는 공정이다.

37 항공사진의 판독에 대한 설명 중 옳지 않은 것은?

① 사진판독은 사진면으로부터 얻어진 여러 가지 대상물의 정보 중 특성을 목적에 따라 해석하는 기술이다.
② 사진판독의 요소는 모양, 음영, 색조, 형상, 질감 등이 있다.
③ 사진의 정확도는 사진 상의 변형, 색조, 형상 등 제반요소의 영향을 고려해야 한다.
④ 사진판독의 요소로서 위치 상호관계 및 과고감 등은 고려하여서는 안 된다.

> **Guide** 사진판독 요소에는 색조, 모양, 질감, 형상, 크기, 음영이 있으나 필요에 따라 과고감, 상호위치관계도 판독 요소로 사용될 수 있다.

38 어떤 지역을 축척 1 : 30,000로 초점거리 15cm, 사진의 크기 23cm × 23cm, 종중복도 60%, 횡중복도 30%인 항공사진을 촬영하였다. 이 항공사진의 기선고도비는?

① 1.63　　　② 0.82
③ 0.61　　　④ 0.16

> **Guide**
> $$\text{기선고도비}\left(\frac{B}{H}\right) = \frac{ma\left(1-\frac{p}{100}\right)}{H} = \frac{ma\left(1-\frac{p}{100}\right)}{mf}$$
> $$= \frac{23\left(1-\frac{60}{100}\right)}{15} = 0.61$$

39 항공사진에서 초점거리가 의미하는 것은?

① 사진의 음화면과 양화면과의 거리
② 사진면상에서 지표 간의 거리

③ 카메라의 투영 중심에서 화면까지의 수선거리
④ 사진면에서 기준면에 이르는 거리

> **Guide** 카메라의 투영 중심에서 화면까지의 수선의 길이를 초점거리라 한다.

40 원자력발전소의 온배수 영향을 모니터링하고자 할 때 다음 중 가장 적합한 위성영상 자료는?

① SPOT 위성의 HRV 영상
② Landsat 위성의 ETM⁺ 영상
③ IKONOS 위성영상
④ Radarsat 위성의 SAR 영상

> **Guide** ETM⁺[Enhanced – Thematic – Mapper plus] 센서 Landsat 7호에 탑재되어 있으며 밴드 6의 열적외선 밴드를 이용하여 원자력발전소의 온배수 영향을 모니터링할 수 있다.

Subject 03 지리정보시스템(GIS) 및 위성측위시스템(GPS)

41 국가 위성기준점을 활용하여 실시간으로 높은 정확도의 3차원 위치를 결정할 수 있는 측량방법은?

① Static GPS측량　　② DGPS측량
③ VRS측량　　　　　④ VLBI측량

> **Guide** VRS(Virtual Reference Station, 가상기준점 방식) GPS 상시관측소로부터 얻은 위치보정정보를 통합, 보간하여 현 지점을 가상의 기지국으로 하고 그 위치보정신호를 생성하여 3차원 위치를 결정할 수 있는 측량방법이다.

42 "Feature Dissolve"에 대한 설명으로 옳은 것은?

① 공통이 되는 속성값을 기준으로 서로 구분되어 있는 피처를 단순화한 것이다.
② 사상(Feature)을 일정한 규칙이나 기준에 의해 비율화한 것이다.

③ 데이터를 설명하는 또 다른 데이터를 뜻한다.

④ 공간적인 위치관계를 뜻한다.

> **Guide** Dissolve란 동일한 속성값을 가지는 객체들을 하나로 통합하는 과정을 말한다.

43 다양한 방식으로 획득된 고도값을 갖는 다수의 점자료를 입력자료로 활용하여 다수의 점자료로부터 삼각면을 형성하는 과정을 통해 제작되며 페이스(Face), 노드(Node), 에지(Edge)로 구성되는 데이터 모델은?

① TIN   ② DEM

③ TIGER   ④ LiDAR

> **Guide** TIN
> • 세 점으로 연결된 불규칙 삼각형으로 구성된 삼각망이다.
> • 페이스(Face), 노드(Node), 에지(Edge)로 구성되어 있는 벡터구조이다.
> • 위상정보를 가지고 있다.
> • 적은 자료로서 복잡한 지형을 효율적으로 나타낼 수 있다.

44 위성항법시스템(GNSS ; Global Navigation Satellite System)의 종류가 아닌 것은?

① GPS   ② SPS

③ GLONASS   ④ GALILEO

> **Guide** GNSS의 종류에는 GPS, GLONASS, GALILEO 등이 있다.

45 다음 중 메타데이터의 특징과 거리가 먼 것은?

① 원하는 지역에 관한 데이터세트(Data Set)가 존재하는지에 관한 정보 제공

② 원하는 작업을 얼마나 신속하게 완료할 수 있는가에 대한 정보 제공

③ 데이터세트(Data Set)에 대한 목록을 체계적이고 표준화된 방식으로 제공

④ 현재 존재하는 자료의 상태를 문서화하는 데 필요한 정보 제공

> **Guide** 메타데이터
> • 시간과 비용의 낭비를 제거
> • 공간정보 유통의 효율성
> • 데이터에 대한 유지 · 관리 갱신의 효율성

• 데이터에 대한 목록화

• 데이터에 대한 적합성 및 장단점 평가

• 데이터를 이용하여 로딩

46 GPS의 측위 원리로 코드방식에 비해 정확도가 매우 높은 반면 측정시간이 다소 긴 방식은?

① 자외선 해석방식   ② 저주파 해석방식

③ 고주파 해석방식   ④ 반송파 해석방식

> **Guide** 반송파 해석방식은 위성과 수신 기간 반송파의 파장개수(위상차)에 의해 간섭법으로 거리를 결정하는 방법으로 코드방식에 비해 정확도가 높지만 측정시간이 길다.

47 GIS 자료의 저장방식을 파일 저장방식과 DBMS(Data Base Management System) 방식으로 구분할 때 파일 저장방식에 비해 DBMS 방식이 갖는 특징으로 옳지 않은 것은?

① 시스템의 구성이 간단하다.

② 새로운 응용프로그램을 개발하는 데 용이하다.

③ 자료의 신뢰도가 일정 수준으로 유지될 수 있다.

④ 사용자 요구에 맞는 다양한 양식의 자료를 제공할 수 있다.

> **Guide** 시스템이 간단한 것은 파일 저장방식의 특징이다.

48 지리정보시스템의 주요 기능에 대한 설명으로 옳지 않은 것은?

① 자료의 입력은 기존 지도와 현지조사자료, 인공위성 등을 통해 얻은 정보 등을 수치형태로 입력하거나 변환하는 것을 말한다.

② 자료의 출력은 자료를 보여주고 분석결과를 사용자에게 알려주는 것을 말한다.

③ 자료변환은 지형, 지물과 관련된 사항을 현지에서 직접 조사하는 것을 말한다.

④ 데이터베이스 관리에서는 대상물의 위치와 지리적 속성, 그리고 상호 연결성에 대한 정보를 구체화하고 조직화하여야 한다.

> **Guide** 지형, 지물과 관련된 사항을 현지에서 직접 조사하는 것을 현지조사라 한다. 자료변환은 축척, 회전, 평행변환 등을 포함하는 어핀 변환과 비선형 변환을 말한다.

49 래스터(Raster)데이터의 구성요소로 옳은 것은?

① Point   ② Pixel

③ Polygon   ④ Line

> **Guide** 픽셀(Pixel)은 도형 또는 영상을 격자형으로 나타내는 최소단위로 래스터데이터의 격자를 구성한다.

50 벡터구조가 래스터구조에 비해 갖고 있는 장점이 아닌 것은?

① 다양한 공간분석이 가능하다.

② 복잡한 묘사가 가능하다.

③ 자료구조가 단순하다.

④ 데이터 용량이 작다.

> **Guide** 벡터자료구조는 래스터자료구조보다 자료구조가 복잡하다.

51 그림은 다익스트라 알고리즘을 이용한 최단경로 계산의 과정을 설명하고 있다. A에서 각 지점까지의 최소 소요 비용으로 틀린 것은? (단, 그림에서 경로에 부여된 숫자는 경로에 소요되는 비용임)

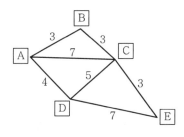

① B-3   ② C-7

③ D-4   ④ E-9

> **Guide** • A−B : 3
> • A−B−C : 6
> • A−D : 4
> • A−B−C−E : 9

52 주어진 Sido 테이블에 대해 아래와 같은 SQL문에 의해 얻어지는 결과는?

```
SQL > SELECT * FROM Sido WHERE POP
      > 2,000,000
```

Table : Sido

Do	Area	Perimeter	POP
강원도	1.61E+10	8.28E+05	1,431,101
경기도	1.06E+10	8.65E+05	8,713,789
충청북도	7.44E+09	7.57E+05	1,407,975
경상북도	1.90E+10	1.10E+06	2,602,203
충청남도	8.50E+09	8.60E+05	1,765,824

①

Do	Area	Perimeter	POP
경기도	1.06E+10	8.65E+05	8,713,789
경상북도	1.90E+10	1.10E+06	2,602,203

②

Do	Area	Perimeter
경기도	1.06E+10	8.65E+05
경상북도	1.90E+10	1.10E+06

③

Do	Area
경기도	1.06E+10
경상북도	1.90E+10

④

Do
경기도
경상북도

> **Guide** SQL 문
> • SELECT * FROM Sido WHERE POP > 2,000,000
> • 테이블 : Sido
> • 조건 : POP > 2,000,000
> • 선택 컬럼 : * (모두)
> ∴ Sido 테이블에서 POP필드가 2,000,000를 초과하는 열을 모두 선택

53 4개 집(A, B, C, D)의 좌표가 아래와 같을 때 4명이 각자의 집에서 걸어서 만나기 적합한 중간지점의 좌표는?

> A(1, 2), B(4, 4), C(5, 6), D(6, 8)

① (5, 5)   ② (4, 4)

③ (4, 5)   ④ (5, 4)

Guide 중간지점의 좌표를 (x, y)라 할 때
- $f(x) = (1-x) + (4-x) + (5-x) + (6-x) = 0$
  $\rightarrow x = 4$
- $f(y) = (2-y) + (4-y) + (6-y) + (8-y) = 0$
  $\rightarrow y = 5$
∴ 중간지점 $(4, 5)$

54 GIS의 응용시스템과 거리가 먼 것은?

① 토지정보시스템
② 환경정보시스템
③ 토양정보시스템
④ 회계정보시스템

Guide 회계정보시스템은 GIS의 응용시스템과는 거리가 멀다.

55 그림과 같은 데이터에 대한 위상구조 테이블에서 ㉠과 ㉡의 내용으로 적합한 것은?

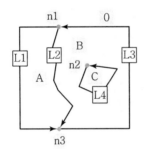

Polygon	Arc 수	List of Arc
A	2	㉠, L2
B	3	−L3, ㉡, L4
C	1	−L4

① ㉠ : L1 　　　㉡ : L2
② ㉠ : L1 　　　㉡ : −L2
③ ㉠ : −L1 　　㉡ : L2
④ ㉠ : −L1 　　㉡ : −L2

Guide ㉠ 폴리곤 A를 구성하는 아크 : −L1, L2
㉡ 폴리곤 B를 구성하는 아크 : −L3, −L2, L4
∴ ㉠ : −L1, ㉡ : −L2

56 디지타이징 시 (가)와 같이 입력되어야 할 선분이 (나)와 같이 입력된 오류를 무엇이라 하는가?

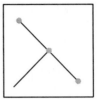 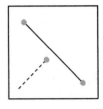

(가) 　　　　　　　　(나)

① Overshoot 　　② Undershoot
③ Spike 　　　　④ Dangle Node

Guide 언더슈트(Undershoot)
다른 선형요소와 완전히 교차되지 않는 선형으로 좌표가 입력되어야 할 곳에 도달하지 못한 경우를 말한다.

57 GIS 데이터의 취득과 입력에 대한 설명으로 틀린 것은?

① GIS 프로젝트에서 데이터 구축에 많은 노력과 비용이 들며, 필요한 데이터의 구축 여부가 GIS의 응용분야에도 많은 영향을 미친다.
② 다양한 출처로부터 획득한 공간데이터는 일반적으로 디지타이저나 스캐너 등의 입력 장비를 사용하여 벡터와 래스터 데이터로 구축할 수 있으며, 최근 원격탐사나 디지털 항공사진의 발전과 함께 자동으로 수치화된 자료를 얻을 수 있다.
③ 표 형식의 자료나 리포트 형태의 자료들은 스캐너나 키보드를 통해 GIS 데이터로 입력되며, 센서스 자료를 디지털 형태로 제공하는 방향으로 변하고 있다.
④ 야외 조사나 전문가가 제시한 아이디어의 경우는 직접적인 GIS 데이터 처리에 사용되지 못하므로 GIS 데이터로서 취급하지 않는다.

Guide 야외조사나 전문가가 제시한 아이디어는 GIS 데이터 처리에 직접적으로 활용된다.

58 다음 중 지도 매시업(Mash – Up)과 관련이 있는 것은?

① 웹서비스 지도와 부동산 정보의 결합
② 내비게이션의 최적 경로 계산
③ 위성영상을 이용한 토지피복 분류
④ 수치표고모형을 이용한 토공량 계산

> **Guide** 매시업(Mash – Up)
> 웹으로 제공하고 있는 정보와 서비스를 융합하여 새로운 소프트웨어나 서비스, 데이터베이스 등을 만드는 것을 말한다.

59 국토지리정보원의 수치지형도가 지닌 정보가 아닌 것은?

① 행정경계, 주요 지명 관련 정보
② 주요 시설물, 건물 등의 분포
③ 도로, 하천의 분포
④ 토지의 지번 정보

> **Guide** 토지의 지번 정보는 지적 또는 임야도가 가지고 있는 정보이다.

60 GPS의 위치 결정원리에 대한 설명으로 옳은 것은?

① 관측점의 위치좌표가 (x, y, z)이므로 2개의 위성에서 전파를 수신하여 관측점의 위치를 구한다.
② 위성궤도에 대해 종방향으로는 정사투영, 횡방향으로는 중심투영에 의해 영상이 취득된 후 3차원 위치해석을 한다.
③ 관측점 좌표(x, y, z)와 시간 t의 좌표 결정방식으로 4개 이상의 위성에서 전파를 수신하여 관측점의 위치를 구한다.
④ 한 위성으로부터 레이저광 펄스를 이용하여 우주공간과의 관계를 감안하여 지상 관측점의 위치(x, y, z)를 구한다.

> **Guide** GPS 수신기는 4개의 위성신호를 수신하면 4차 방정식을 자동 생성하여 미지점에 대한 x, y, z, t값을 결정한다.

Subject 04 측량학

✔ 측량 관련 법규는 출제 당시 법률을 기준으로 해설되었음을 알려드립니다.

61 평탄한 땅을 30m의 줄자로 관측한 결과 71.55m였다. 관측에 사용된 줄자가 30m에 대해 0.05m 늘어나 있었다면 실제의 거리는?

① 71.43m   ② 71.48m
③ 71.55m   ④ 71.67m

> **Guide** 실제거리 $= \dfrac{\text{부정길이} \times \text{관측길이}}{\text{표준길이}}$
> $= \dfrac{30.05 \times 71.55}{30} = 71.67\text{m}$

62 지구를 구체로 보고 지표면상을 따라 40km를 측정했을 때 평면상의 오차 보정량은? (단, 지구평균 곡률반지름은 6,370km이다.)

① 6.57cm   ② 13.14cm
③ 23.10cm   ④ 33.10cm

> **Guide** $\dfrac{d-D}{D} = \dfrac{1}{12}\left(\dfrac{D}{r}\right)^2$
> $\therefore d-D = \dfrac{D^3}{12 \cdot r^2} = \dfrac{40^3}{12 \times 6{,}370^2}$
> $= 0.0001314\text{km} \fallingdotseq 13.14\text{cm}$

63 그림의 측점 C에서 점 Q 및 점 P 방향에 장애물이 있어서 시준이 불가능하여 편심거리 e 만큼 떨어진 B점에서 각 T를 관측했다. 측점 C에서의 측각 T'은?

① $T' = T + x_1 - x_2$
② $T' = T - x_1 - x_2$
③ $T' = T - x_1$
④ $T' = T + x_1$

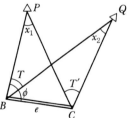

> **Guide** $T + x_1 = T' + x_2$
> $\therefore T' = T + x_1 - x_2$

64 관측값 $l_1 = 50.25$m(경중률 $P_1 = 2$), 관측값 $l_2 = 50.26$m(경중률 $P_2 = 1$), 관측값 $l_3 = 50.27$m(경중률 $P_3 = 3$)일 때 최확값은?

① 50.266m ② 50.264m
③ 50.262m ④ 50.260m

Guide 최확값(L_0)

$$= \frac{P_1 l_1 + P_2 l_2 + P_3 l_3}{P_1 + P_2 + P_3}$$

$$= 50.00 + \frac{(0.25 \times 2) + (0.26 \times 1) + (0.27 \times 3)}{2 + 1 + 3}$$

$$= 50.262\text{m}$$

65 레벨의 조정이 불완전하여 시준선이 기포관축과 평행하지 않을 때 표척눈금의 읽음값에 생긴 오차와 시준거리와의 관계로 옳은 것은?

① 시준거리와 무관하다.
② 시준거리에 비례한다.
③ 시준거리에 반비례한다.
④ 시준거리의 제곱근에 비례한다.

Guide 전시와 후시의 거리를 같게 취함으로써 제거되는 오차이므로 시준거리에 비례한다.

66 간접수준측량 방법에 해당되지 않는 것은?

① 삼각수준측량 ② 항공사진측량
③ 교호수준측량 ④ 기압수준측량

Guide 간접수준측량의 방법
• 삼각수준측량
• 앨리데이드에 의한 수준측량
• 스타디아 측량에 의한 수준측량
• 기압수준측량
• 항공사진측량

67 삼각측량의 목적에 대한 설명으로 가장 적합한 것은?

① 점의 위치를 결정하기 위한 것이다.
② 삼각망의 면적을 구하기 위한 것이다.
③ 변길이를 구하기 위한 것이다.
④ 노선의 중심선을 확정하기 위한 것이다.

Guide 삼각측량은 기지점을 이용하여 미지점의 위치를 삼각법(sine 법칙)으로 결정하는 방법을 말한다.

68 수준측량의 용어 중 후시(Back Sight)에 대한 설명으로 옳은 것은?

① 표고를 알고 있는 점에 세운 표척의 읽음값
② 표고를 알고 있지 않은 점에 세운 표척의 읽음값
③ 기준면으로부터 망원경의 시준선까지의 높이값
④ 측량 진행 방향의 반대쪽을 향해 표척을 세워 읽음값

Guide 직접수준측량 주요 용어
• 기계고(I.H) : 기준면에서 망원경 시준선까지의 높이
• 후시(B.S) : 기지점에 세운 표척의 읽음 값
• 전시(F.S) : 표고를 구하려는 점에 세운 표척의 읽음 값
• 이기점(T.P) : 전시와 후시의 연결점
• 중간점(I.P) : 전시만을 취하는 점으로 표고를 관측할 점

69 삼각측량의 삼각망 구성 중 정확도가 높은 망부터 나열한 것은?

① 유심삼각망 – 사변형삼각망 – 단열삼각망
② 사변형삼각망 – 단열삼각망 – 유심삼각망
③ 유심삼각망 – 단열삼각망 – 사변형삼각망
④ 사변형삼각망 – 유심삼각망 – 단열삼각망

Guide 삼각망의 종류
• 단열삼각망 : 폭이 좁고 거리가 먼 지역에 적합, 조건수가 적어 정도가 낮다.
• 유심삼각망 : 동일 측점 수에 비해 표면적이 넓고, 단열보다는 정도가 높으나 사변형보다는 낮다.
• 사변형삼각망 : 기선삼각망에 이용, 조정이 복잡하고 포함면적이 적으며, 시간과 비용이 많이 든다.
∴ 사변형삼각망 > 유심삼각망 > 단열삼각망

70 그림과 같은 트래버스에서 $\overline{CD}$의 방위각은?

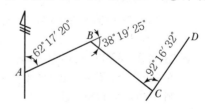

① 8° 20′ 13″ ② 12° 53′ 17″
③ 116° 14′ 27″ ④ 188° 20′ 13″

Guide
- $\overline{AB}$ 방위각 = 62° 17′ 20″
- $\overline{BC}$ 방위각 = 62° 17′ 20″ + 38° 19′ 25″
  = 100° 36′ 45″
- ∴ $\overline{CD}$ 방위각 = 100° 36′ 45″ − 180° + 92° 16′ 32″
  = 12° 53′ 17″

71 그림에서 등고선 AB 간의 수평거리가 80m 일 때 AB의 경사는?

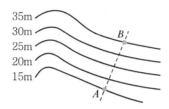

① 10% ② 15%
③ 20% ④ 25%

Guide $i(\%) = \dfrac{H}{D} \times 100$

$= \dfrac{35 - 15}{80} \times 100 = 25\%$

72 트래버스측량에서 수평각 관측방법에 대한 설명으로 옳지 않은 것은?

① 교각법은 어떤 측선이 그 앞의 측선과 이루는 각을 관측하는 방법이다.
② 편각법은 어떤 측선이 그 앞 측선의 연장선과 이루는 각을 측정하는 방법이다.
③ 방위각법은 각 측선이 진북방향과 이루는 각을 반시계 방향으로 관측하는 방법이다.
④ 수평각을 관측하는 방법으로는 교각법이 많이 사용된다.

Guide 방위각법은 각 측선이 진북방향과 이루는 각을 시계방향으로 관측하는 방법이다.

73 각 관측을 위한 장비(데오드라이트)를 조정할 때, 고려해야 할 사항으로 옳지 않은 것은?

① 수평축과 시준선은 직교하여야 한다.
② 수평축과 연직축은 평행이 되어야 한다.
③ 기포관축과 연직축은 직교하여야 한다.

④ 시준선이 수평할 때 망원경 수준기의 기포가 중앙에 위치해야 한다.

Guide 트랜싯의 조정조건
- 기포관축과 연직축은 직교하여야 한다.
- 시준선과 수평축은 직교해야 한다.
- 수평축과 연직축은 직교해야 한다.

74 1 : 50,000 지형도를 보면 도엽번호가 표기되어 있다. 다음 도엽번호에 대한 설명으로 틀린 것은?

NJ 52 - 11 - 18

① 1 : 250,000 도엽을 28등분한 것 중 18번째 도엽번호를 의미한다.
② N은 북반구를 의미한다.
③ J는 적도에서부터 알파벳으로 붙인 위도구역을 의미한다.
④ 52는 국가 고유 코드를 의미한다.

Guide 서경 180°를 기준으로 6° 간격으로 60개 종대로 구분하여 1~60까지 번호를 사용하며 우리나라는 51, 52 종대에 속한다. 그러므로, 52는 국가 고유 코드를 의미하는 것이 아니다.

75 지형도에 표기하는 삼각점 표고 수치는 m 단위로 소수점 이하 몇 자리까지 표시하는가?

① 첫째 자리까지 ② 둘째 자리까지
③ 셋째 자리까지 ④ 넷째 자리까지

Guide 삼각점 표고는 지형도에서 소수점 1자리, 성과표에는 2자리로 표시한다.

76 지도나 그 밖에 필요한 간행물(이하 "지도 등"이라 표현)의 간행심사에 대한 설명으로 옳지 않은 것은?

① 기본측량 성과 등을 활용하여 지도 등을 간행하여 판매하거나 배포하려는 자는 국토교통부장관의 심사를 받아야 한다.
② 지도 등을 간행하려는 자는 사용한 기본측량성과 또는 측량기록을 지도 등에 명시하여야 한다.

③ 측량성과 심사수탁기관은 지도 등의 간행심사를 할 때에는 도곽설정, 축척 및 투영, 지형·지물 및 지명의 표시, 주기 및 기호 표시, 난외표시 등이 적정한지 여부를 심사한다.

④ 간행심사를 받고 간행한 지도 등을 다시 간행할 경우에는 재간행 지도의 사본 제출 등의 절차를 생략할 수 있다.

Guide 측량·수로조사 및 지적에 관한 법률 시행규칙 제17조 (지도 등의 간행심사)
간행심사를 받고 간행한 지도 등을 다시 간행한 경우에는 다시 간행한 지도 등의 사본을 측량성과 심사수탁기관에 제출하여야 한다.

77 공공측량 실시에 관한 설명으로 옳은 것은?

① 기본측량성과나 다른 일반측량성과를 기초로 실시하여야 한다.

② 공공측량시행자가 공공측량을 하려면 국토교통부령으로 정하는 바에 따라 미리 공공측량 작업계획서를 시·도지사에게 제출하여야 한다.

③ 지방국토관리청장은 공공측량의 정확도를 높이거나 측량의 중복을 피하기 위하여 필요하다고 인정하면 공공측량시행자에게 공공측량에 관한 장기계획서 또는 연간계획서의 제출을 요구할 수 있다.

④ 공공측량시행자는 공공측량을 하려면 미리 측량지역, 측량기간, 그 밖에 필요한 사항을 시·도지사에게 통지하여야 한다.

Guide 측량·수로조사 및 지적에 관한 법률 제17조 (공공측량의 실시 등)
① 공공측량은 기본측량성과나 다른 공공측량성과를 기초로 실시하여야 한다.
② 공공측량시행자가 공공측량을 하려면 국토교통부령으로 정하는 바에 따라 미리 공공측량 작업계획서를 국토교통부장관에게 제출하여야 한다.
③ 국토교통부장관은 공공측량의 정확도를 높이거나 측량의 중복을 피하기 위하여 필요하다고 인정하면 공공측량시행자에게 공공측량에 관한 장기계획서 또는 연간계획서의 제출을 요구할 수 있다.

78 기본측량 또는 공공측량의 측량성과 및 측량기록을 무단으로 복제한 자에 대한 벌칙 기준은?

① 3년 이하의 징역 또는 3천만 원 이하의 벌금
② 2년 이하의 징역 또는 2천만 원 이하의 벌금
③ 1년 이하의 징역 또는 1천만 원 이하의 벌금
④ 300만 원 이하의 과태료

Guide 측량·수로조사 및 지적에 관한 법률 제109조(벌칙)

79 측량·수로조사 및 지적에 관한 법률에 따라 아래와 같이 정의되는 것은?

> 해양의 수심·지구자기·중력·지형·지질의 측량과 해안선 및 이에 딸린 토지의 측량을 말한다.

① 해양측량 ② 수로측량
③ 해안측량 ④ 수자원측량

Guide 측량·수로조사 및 지적에 관한 법률 제2조(정의)
수로측량이란 해양의 수심·지구자기·중력·지형·지질의 측량과 해안선 및 이에 딸린 토지의 측량을 말한다.

80 측량기준점에 대한 설명 중 옳지 않은 것은?

① 측량기준점은 국가기준점, 공공기준점, 지적기준점으로 구분하며, 세부 사항은 대통령령으로 정한다.
② 국토교통부장관은 필요하다고 인정하는 경우에는 직접 측량기준점표지의 현황을 조사할 수 있다.
③ 측량기준점표지의 형상, 규격, 관리방법 등에 필요한 사항은 대통령령으로 정한다.
④ 측량기준점을 정한 자는 측량기준점표지를 설치하고 관리하여야 한다.

Guide 측량·수로조사 및 지적에 관한 법률 제8조 (측량기준점표지의 설치 및 관리)
측량기준점표지의 형상, 규격, 관리방법 등에 필요한 사항은 국토교통부령 또는 해양수산부령으로 정한다.

EXERCISES
기출문제

2014년 5월 25일 시행

본 문제의 해설은 출제자의 의도와 일치되지 않을 수 있으며, 문제 및 정답은 일부 오탈자가 있을 수 있으므로 학습시 의문사항이 있으면 예문사 또는 저자에게 문의하여 주시기 바랍니다.
또한, 본 기출문제는 시행 당시의 이론 및 법규에 의하여 해설되었음을 알려드립니다.

Subject 01 응용측량

01 정방형의 토지를 30m의 테이프로 측정하였더니 가로 42m, 세로 32m를 얻었다. 이때 테이프의 오차가 30m에 대하여 +1.5cm로 발생하였다면 면적의 오차는?

① 1.394m²   ② 1.344m²
③ 1.109m²   ④ 0.900m²

Guide • 측정면적 = 42×32 = 1,344m²

• 실제면적 $= \dfrac{(부정길이)^2 \times 관측면적}{(표준길이)^2}$

$= \dfrac{(30.015)^2 \times 1,344}{(30)^2} = 1,345.344m^2$

∴ 면적오차 = 실제면적 − 측정면적 = 1,345.344 − 1,344
$= 1.344m^2$

02 동일 곡선반지름을 갖는 클로소이드 완화곡선에서 완화곡선의 매개변수(A)가 1.5배 증가하면 완화곡선길이는 몇 배가 되는가?

① 2.25   ② 3.00
③ 3.50   ④ 6.90

Guide $A^2 = R \cdot L \rightarrow (1.5)^2 = R \cdot L$
∴ 곡선반지름이 동일하므로 완화곡선길이는 2.25배 증가한다.

03 완화곡선의 성질에 대한 설명으로 틀린 것은?

① 완화곡선의 접선은 시점에서 직선에, 종점에서 원호에 접한다.
② 시점에서의 캔트는 원곡선의 캔트와 같다.
③ 완화곡선에 있는 곡선반지름의 감소율은 캔트의 증가율과 같다.

④ 곡선반지름은 완화곡선의 시점에서 무한대, 종점에서 원곡선 B로 된다.

Guide 완화곡선의 성질
• 완화곡선의 접선은 시점에서 직선에, 종점에서 원호에 접한다.
• 종점에서의 캔트는 원곡선의 캔트와 같다.
• 완화곡선에 연한 곡선반지름의 감소율은 캔트의 증가율과 같다.
• 완화곡선의 반지름은 그 시작점에서 무한대, 종점에서는 원곡선의 반지름과 같다.

04 완화곡선의 캔트(Cant)계산에서 동일한 조건에서 반지름만을 2배로 증가시키면 캔트는?

① 4배로 증가   ② 2배로 증가
③ 1/2로 감소   ④ 1/4로 감소

Guide $C(캔트) = \dfrac{S \cdot V^2}{g \cdot R}$

∴ 반지름을 2배로 증가시키면 캔트는 $\dfrac{1}{2}$로 감소한다.

05 유속측정에 대한 설명으로 옳지 않은 것은?

① 1점법일 경우 수면으로부터 수심의 $\dfrac{6}{10}$인 곳의 유속을 측정하여 평균유속으로 한다.

② 3점법일 경우 수면으로부터 수심의 $\dfrac{2}{10}$, $\dfrac{5}{10}$, $\dfrac{8}{10}$이 되는 곳의 유속을 측정하여 평균유속을 구한다.

③ 표면부자를 사용할 경우는 (0.8~0.9)×표면유속으로 평균유속을 구한다.

④ 무풍일 경우 수면으로부터 수심의 $\dfrac{2}{10}$인 곳에서 최대유속이 된다.

Guide 3점법

수심 0.2H, 0.6H, 0.8H 되는 곳의 유속을 측정하여 평균 유속을 구하는 방법이다.

$$V_m = \frac{1}{4}(V_{0.2} + 2V_{0.6} + V_{0.8})$$

06 직선 터널 양 끝의 좌표가 A(120, 60), B(245, 75)이고 각각의 표고가 80m, 82m일 때 이 터널의 경사거리는?(단, 좌표의 단위는 m이다.)

① 115.12m   ② 120.43m

③ 125.91m   ④ 130.43m

Guide

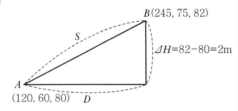

• $\overline{AB}$ 수평거리(D)
$$= \sqrt{(X_B - X_A)^2 + (Y_B - Y_A)^2}$$
$$= \sqrt{(245 - 120)^2 + (75 - 60)^2} = 125.897m$$

• $\overline{AB}$ 고저차(ΔH) = 82 - 80 = 2m

∴ $\overline{AB}$ 경사거리(S)
$$= \sqrt{(\overline{AB}수평거리)^2 + (\overline{AB}고저차)^2}$$
$$= \sqrt{(125.897)^2 + (2)^2} = 125.91m$$

07 지하시설물 측량방법 중 전자기파가 반사되는 성질을 이용하여 지중의 각종 현상을 밝히는 방법은?

① 전자유도 측량법   ② 지중레이더 측량법

③ 음파 측량법   ④ 자기관측법

Guide 지중레이더 탐사법

지하를 단층 촬영하여 시설물 위치를 판독하는 방법으로 전자파가 반사되는 성질을 이용하여 지중의 각종 현상을 파악하는 데 이용된다. 레이더는 원래 고주파의 전자파를 공기 중으로 방사시킨 후 대상물에서 반사되어 온 전자파를 수신하여 대상물의 위치를 알아내는 시스템이다.

08 해상에 있는 수심측량선의 수평위치결정방법으로 가장 적합한 것은?

① 나침반에 의한 방법

② 평판측량에 의한 방법

③ 음향측심기에 의한 방법

④ 인공위성(GNSS) 측위에 의한 방법

Guide 해양에 있는 수심측량선의 수평위치 결정방법은 인공위성(GNSS) 측위에 의한 방법으로 결정하고, 수직위치결정방법은 음향측심기에 의한 방법으로 결정한다.

09 일반철도의 노선측량에서 직선부와 곡선부 사이에 설치되는 완화곡선(緩和曲線)에 적합한 곡선은?

① 3차 포물선

② 복심곡선

③ 클로소이드(Clothoid) 곡선

④ 렘니스케이트(Lamniscate) 곡선

Guide 완화곡선의 종류

• 클로소이드 곡선 : 고속도로
• 렘니스케이트 곡선 : 시가지 철도
• 3차 포물선 : 일반철도
• 반파장 sine 체감곡선 : 고속철도

10 디지털 구적기로 면적을 측정하였다. 축척 1 : 500 도면을 1 : 1,000으로 잘못 세팅하여 측정하였더니 50m²였다면 올바른 면적은?

① 12.5m²   ② 25.0m²

③ 100.0m²   ④ 200.0m²

Guide
$$a_2 = \left(\frac{m_2}{m_1}\right)^2 \cdot a_1 = \left(\frac{500}{1,000}\right) \times 50 = 12.5m^2$$

11 단곡선 설치의 공식으로 틀린 것은?(단, R : 곡선반지름, l : 현의 길이, I : 교각)

① 외할 $E = R\left(\sec\frac{I}{2} - 1\right)$

② 접선길이 $T.L = R\tan\frac{I}{2}$

③ 곡선길이 $C.L = \frac{180°}{\pi} - RI°$

④ 편각 $\delta = \frac{l}{2R}$ (라디안)

정답 06 ③   07 ②   08 ④   09 ①   10 ①   11 ③

Guide 곡선길이 $C.L = \dfrac{\pi}{180} \cdot R \cdot I° $이며,

$C.L = 0.0174533 \cdot R \cdot I°$로 쓸 수도 있다.

12 그림과 같은 지역을 점고법에 의해 구한 토량은?

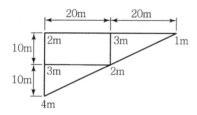

① $1,000m^3$ ② $1,250m^3$
③ $1,500m^3$ ④ $2,000m^3$

Guide • 사분법

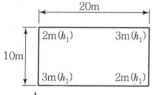

$V_1 = \dfrac{A}{4}(\Sigma h_1 + 2\Sigma h_2 + 3\Sigma h_3 + 4\Sigma h_4)$
$= \dfrac{20 \times 10}{4} \times 10 = 500m^3$

• 삼분법

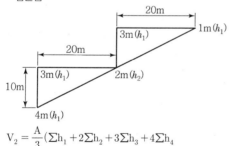

$V_2 = \dfrac{A}{3}(\Sigma h_1 + 2\Sigma h_2 + 3\Sigma h_3 + 4\Sigma h_4$
$\qquad + 5\Sigma h_5 + 6\Sigma h_6 + 7\Sigma h_7 + 8\Sigma h_8)$
$= \dfrac{\frac{1}{2} \times 10 \times 20}{3} \times (11 + 2 \times 2) = 500m^3$

$\therefore V = V_1 + V_2 = 500 + 500 = 1,000m^3$

13 달, 태양 등의 기조력과 기압, 바람 등에 의해서 일어나는 해수면의 주기적 승강현상을 연속 관측하는 것은?

① 수온관측   ② 해류관측
③ 음속관측   ④ 조석관측

Guide 조석관측
해수면의 주기적 승강을 관측하는 것이며, 어느 지점의 조석양상을 제대로 파악하기 위해서는 적어도 1년 이상 연속적으로 관측하여야 한다.

14 도로의 기점으로부터 1,000.00m 지점에 교점(I.P)이 있고 원곡선의 반지름 $R=100m$, 교각 $I=30°$, 20°일 때 시단현 l_1와 종단현 l_0의 길이는?(단, 중심선의 말뚝 간격은 20m로 한다.)

① $l_1 = 7.11m$, $l_0 = 14.17m$
② $l_1 = 7.11m$, $l_0 = 5.83m$
③ $l_1 = 12.89m$, $l_0 = 14.17m$
④ $l_1 = 12.89m$, $l_0 = 5.83m$

Guide

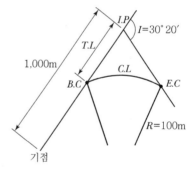

• 접선장$(T.L) = R \cdot \tan\dfrac{I}{2}$
$= 100 \times \tan\dfrac{30°20'}{2} = 27.11m$
• 곡선장$(C.L) = 0.0174533 \cdot R \cdot I°$
$= 0.0174533 \times 100 \times 30°20' = 52.94m$
• 곡선시점$(B.C) = ($기점 ~ I.P까지의 거리$) - T.L$
$= 1,000 - 27.11 = 972.89m(No.48 + 12.89m)$
• 시단현$(l_1) = 20 - 12.89 = 7.11m$
• 곡선종점$(E.C) = B.C + C.L$
$= 972.89 + 52.94 = 1,025.83m(No.51 + 5.83m)$
• 종단현$(l_0) = 5.83m$
$\therefore$ 시단현$(l_1) = 7.11m$, 종단현$(l_0) = 5.83m$

15 터널 중심선측량의 가장 중요한 목적은?

① 도벨의 정확한 위치 결정
② 터널 입구의 정확한 크기 설정
③ 인조점의 올바른 매설
④ 정확한 방향과 거리측정

Guide 터널측량에서 방향의 오차는 영향이 매우 크므로 되도록 직접 구하여 터널을 굴진하기 위한 방향을 구하는 것과 동시에 정확한 거리를 찾아내는 것이 터널중심선 측량의 가장 중요한 목적이다.

16 하천의 수위 중 평수위에 대한 설명으로 옳은 것은?

① 어느 기간 중 연 또는 월의 최저 수위의 평균값
② 어느 기간 중 평균 수위 이하의 수위만을 평균한 수위
③ 어느 기간 중 관측 수위의 합계를 그 관측횟수로 나눈 수위
④ 어느 기간 내에서 관측 수위 중 이것보다 높은 수위와 낮은 수위의 관측횟수가 같은 수위

Guide 평수위
어느 기간의 수위 중 이것보다 높은 수위와 낮은 수위의 관측 수가 똑같은 수위로 일반적으로 평균수위보다 약간 낮은 수위, 즉 1년을 통해 185일은 이보다 저하하지 않는 수위를 말한다.

17 도로를 설계하기 위해 횡단면도를 작도하고 횡단면적을 구한 값이 표와 같다. 측정 No.1 에서 No.2까지의 성토량은?

측점	거리(m)	횡단면적(성토)(m²)
No.1	–	124.4
No.1 + 12	12	86.0
No.2	8	40.8

① 647.0m³   ② 1,262.4m³
③ 1,510.8m³   ④ 1,769.6m³

Guide 양단면평균법을 적용할 경우
• No.1 ~ No.1 + 12
$$V_1 = \frac{124.4 + 86.0}{2} \times 12 = 1,262.4\text{m}^3$$

• No.1 + 12 ~ No.2
$$V_2 = \frac{86.0 + 40.8}{2} \times 8 = 507.2\text{m}^3$$

• $V_1 + V_2 = 1,262.4 + 507.2 = 1,769.6\text{m}^3$

∴ No.1 ~ No.2의 성토량은 1,769.6m³ 이다.

18 하천측량에서 평면측량의 범위에 대한 설명으로 틀린 것은?

① 유제부는 제외지만을 범위로 한다.
② 무제부는 홍수 영향 구역보다 약간 넓게 한다.
③ 홍수방제를 위한 하천공사에서는 하구에서부터 상류의 홍수피해가 미치는 지점까지로 한다.
④ 사방공사의 경우에는 수원지까지 포함한다.

Guide 평면측량의 범위
• 유제부 : 제외지 전부와 제내지의 300m까지 포함한다.
• 무제부 : 홍수가 영향을 주는 구역보다 약간 넓게 한다.(홍수 시에 물이 흐르는 맨 옆에서 100m까지)
• 하천공사의 경우 : 하구에서 상류의 홍수피해가 미치는 지점까지 포함한다.
• 사방공사의 경우 : 수원지까지 포함한다.
• 해운을 위한 하천개수 공사 : 하구까지 포함한다.

19 그림과 같은 토지의 한 변 $\overline{BC} = 52$m 위의 점 D와 $\overline{AC} = 46$m 위의 점 E를 연결하여 △ABC의 면적을 이등분(m : n = 1 : 1)하기 위한 AE의 길이는?

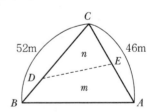

① 18.8m   ② 27.2m
③ 31.5m   ④ 14.5m

Guide
$$\overline{CE} = \frac{\overline{AC} \cdot \overline{BC}}{\overline{CD}} \times \frac{n}{m+n}$$
$$= \frac{46 \times 52}{44} \times \frac{1}{2} ≒ 27.2\text{m}$$
∴ $\overline{AE} = \overline{AC} - \overline{CE} = 46 - 27.2 = 18.8$m

20 그림과 같이 500mm 하수관 공사에서 A점의 관저 계획고가 50.15m이고 B점의 관저 계획고가 50.45m, 하수관의 경사가 1/400일 때 AB 간의 수평거리는?

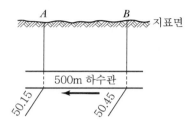

① 60m ② 75m
③ 120m ④ 150m

Guide

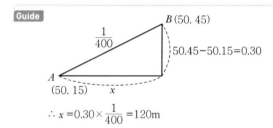

$$\therefore x = 0.30 \times \frac{1}{400} = 120m$$

Subject 02 사진측량 및 원격탐사

21 항공삼각측량에서 해석 및 수치법에 의한 해석법이 아닌 것은?

① 독립모델조정법 ② 광속조정법
③ 도해사선법 ④ 다항식조정법

Guide 도해사선법은 기계적 방법에 있다.

22 야간이나 구름이 많이 긴 기상조건에서 취득이 가장 용이한 영상은?

① 항공 영상 ② 레이더 영상
③ 다중파장 영상 ④ 고해상도 위성 영상

Guide 레이더 영상은 기상조건과 시간적인 조건에 영향을 받지 않는다는 장점을 가지고 있는 능동적 센서이다.

23 공선조건식에 포함되는 변수가 아닌 것은?

① 지상점의 좌표
② 상호표정요소
③ 내부표정요소
④ 외부표정요소

Guide 공선조건식은
$$x = x_0 - f\frac{m_{11}(X-X_0)+m_{12}(Y-Y_0)+m_{13}(Z-Z_0)}{m_{31}(X-X_0)+m_{32}(Y-Y_0)+m_{33}(Z-Z_0)}$$
로 X, Y, Z의 지상점의 좌표, x_0, f의 내부표정요소, m_{11}, m_{12}, ..., X_0, Y_0, Z_0의 외부표정요소가 변수가 된다.

24 수치영상자료는 대개 8비트로 표현된다. Pixel 값의 수치표현 범위로 옳은 것은?

① 0~63 ② 1~64
③ 0~255 ④ 1~256

Guide 수치영상자료는 대개 8비트로 표현되며 Pixel값의 수치 표현범위는 0~255이다.

25 23cm×23cm의 사진을 이용하여 1:20,000의 축척으로 촬영한 항공사진의 입체모형의 유효면적이 8.46km²이다. 종중복도가 50%일 때 횡중복도는?

① 10% ② 20%
③ 30% ④ 40%

Guide A_0(유효면적) = $(ma)^2(1-p)(1-q)$ →
$8.46 \times 10^6 = (20,000 \times 0.23)^2(1-0.5)(1-q)$
∴ 횡중복도(q) = 20%

26 다음 중 분광해상도가 가장 높은 영상은?

① 적외선 영상(Infrared Image)
② 다중분광 영상(Multi-spectral Image)
③ 초미세분광 영상(Hyper-spectral Image)
④ 열적외선 영상(Thermal Infrared Image)

Guide 초미세분광 영상은 수많은, 좁은, 연속적인 밴드를 갖는 높은 분광해상도의 영상을 말한다.

27 항공사진의 촬영에 대한 설명으로 옳지 않은 것은?

① 같은 사진기를 이용하여 촬영할 경우, 촬영고도와 촬영면적은 반비례한다.
② 같은 사진기를 이용하여 촬영할 경우, 촬영고도와 사진축척은 반비례한다.
③ 같은 사진기를 이용하여 촬영할 경우, 촬영고도와 촬영되는 폭은 정비례한다.
④ 같은 사진기를 이용하여 촬영할 경우, 촬영고도를 2배로 하면 사진매수는 1/4로 줄어든다.

Guide 같은 사진기를 이용하여 촬영할 경우, 촬영고도와 촬영면적은 비례한다.

28 입체시에 대한 설명 중 옳지 않은 것은?

① 렌즈의 초점거리가 짧은 경우가 긴 경우보다 더 높게 보인다.
② 입체시 과정에서 본래의 고저가 반대가 되는 현상을 역입체시라 한다.
③ 2매의 사진이 입체감을 나타내기 위해서는 사진축척이 거의 같고 촬영한 사진의 광축이 거의 동일 평면 내에 있어야 한다.
④ 여색입체사진이 오른쪽은 적색, 왼쪽은 청색으로 인쇄되었을 때 오른쪽은 적색, 왼쪽에 청색의 안경으로 보아야 바른 입체시가 된다.

Guide 여색입체사진이 오른쪽은 적색, 왼쪽은 청색으로 인쇄되었을 때 오른쪽은 청색, 왼쪽은 적색의 안경으로 보아야 바른 입체시(정입체시)가 된다.

29 같은 고도에서 보통각 카메라(초점거리 21cm, 사진크기 18cm×18cm, 피사각 60°)로 찍은 사진과 광각 카메라(초점거리 15cm, 사진크기 23cm×23cm, 피사각 90°)로 찍은 사진의 포괄면적 비는 약 얼마인가?

① 1 : 5   ② 1 : 4
③ 1 : 3   ④ 1 : 2

Guide $A_{보통} : A_{광각} = \left(\dfrac{Ha}{f}\right)^2 : \left(\dfrac{Ha}{f}\right)^2$

$= \left(\dfrac{H \times 18}{21}\right)^2 : \left(\dfrac{H \times 23}{15}\right)^2 \fallingdotseq 1 : 3$

30 축척 1 : 5,000인 항공사진을 사진크기 23cm×23cm로 촬영하여 사진을 제작하였다. 촬영 시의 종중복도가 40%라면 촬영기선장은?

① 460m   ② 870m
③ 1,050m   ④ 1,370m

Guide 촬영기선장(B) = ma(1−p)
= 5,000×0.23×0.4 = 460m

31 도화기 상에서 모델의 Y방향 시차를 소거하는 작업은?

① 접합표정   ② 절대표정
③ 내부표정   ④ 상호표정

Guide 상호표정은 도화기 상에서 모델의 y방향 시차를 소거하는 작업을 말한다.

32 종접합점(Pass Point)에 대한 설명으로 옳은 것은?

① 지상측량을 실시하여 좌표를 구한다.
② 블록을 형성하기 위한 점이다.
③ 대공표지를 설치하여야 한다.
④ 상호표정에 사용된다.

Guide ① 지상기준점, ② 횡접합점, ③ 대공표지

33 3차원 좌표를 결정할 수 있는 방법이 아닌 것은?

① SAR interferometry   ② LiDAR
③ GPS   ④ Classification

Guide Classification은 원격탐사의 분류과정으로 영상의 특징을 추출 및 분류하여 원하는 정보를 추출하는 공정이다.

정답 27 ① 28 ④ 29 ③ 30 ① 31 ④ 32 ④ 33 ④

34 항공사진에 의한 지형도 제작의 주요과정이 옳게 나열된 것은?

① 기준점측량 → 세부도화 → 촬영
② 촬영 → 세부도화 → 기준점측량
③ 세부도화 → 촬영 → 기준점측량
④ 촬영 → 기준점측량 → 세부도화

Guide 촬영계획 → 촬영 → 기준점측량 → 항공삼각측량 → 도화 → 지형도 제작

35 다음은 어느 지역의 영상과 동일한 지역의 지도이다. 자료를 이용하여 "밭"의 훈련지역(training field)으로 선택한 결과로 적당한 것은?

① 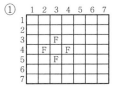   ②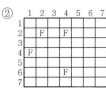

③    ④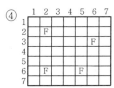

Guide 밭의 훈련지역은 밝기값 8, 9로 ①과 같이 선택하는 것이 가장 타당하다.

36 촬영고도 4,500m이고 초점거리가 150mm일 때 항공사진 축척은?

① 1 : 20,000   ② 1 : 30,000
③ 1 : 40,000   ④ 1 : 50,000

Guide 축척(M) $= \dfrac{1}{m} = \dfrac{f}{H} = \dfrac{0.15}{4,500} = \dfrac{1}{30,000}$

37 항공사진촬영을 통하여 얻어지는 사진의 투영 형태는?

① 중심투영
② 정사투영
③ 경사투영
④ 원통투영

Guide 사진 : 중심투영, 지도 : 정사투영

38 위성영상의 처리단계는 전처리와 후처리로 분류된다. 다음 중 전처리에 해당되는 것은?

① 영상분류
② 기하보정
③ 수치표고모델 생성
④ 3차원 시각화

Guide 위성영상의 전처리는 영상보정 단계로 방사보정과 기하보정을 하는 단계이다.

39 획득된 위성영상의 가로×세로의 픽셀(Pixel) 개수가 3,000×3,000이고, 3밴드(Band)의 8bit 영상일 경우 수집된 위성영상의 파일 용량은?

① 약 2.57MB
② 약 25.7MB
③ 약 257MB
④ 약 2,570MB

Guide 위성영상의 파일용량(byte)
= (라인수)×(화소수)×(채널수)×(비트수 18)
= 3,000×3,000×3×(8/8)≒27MB

40 기계좌표계로부터 사진좌표계로 변환하기 위해 필요한 좌푯값은?

① 사진지표의 좌푯값
② 공액점의 좌푯값
③ 지상기준점의 좌푯값
④ 접합점의 좌푯값

Guide 사진좌표계는 기계좌표계에서 지표좌표계로 변환하고 다시 사진좌표계로 변환된다.

Subject 03 지리정보시스템(GIS) 및 위성측위시스템(GPS)

41 다음의 Chain-code를 가장 정확히 나타낸 것은?
(단, 0-동, 1-북, 2-서, 3-남의 방향을 표시한다.)

$$0, 1, 0^2, 3, 0^2, 3, 0, 3^3, 2, 3, 2^3, 1, 2, 1^3, 2, 1$$

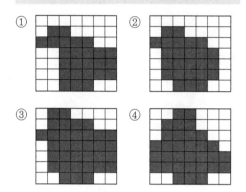

Guide 체인코드(Chain-code) 기법

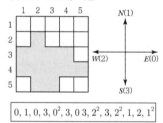

$$0, 1, 0, 3, 0^2, 3, 0, 3, 2^2, 3, 2^2, 1, 2, 1^2$$

- 어느 영역의 경계선을 단위벡터로 표시
- 영역경계선 두 번 저장 → 자료중복 불가피

42 3차원(3D) GIS에 대한 설명으로 틀린 것은?

① 3차원 GIS는 3차원의 공간정보와 이를 이용한 공간분석 작업을 수행하는 기능을 제공한다.
② 3차원 데이터는 지상 표면(Surface)과 지형·지물(Feature) 모델로 구분될 수 있다.
③ 3차원적인 데이터 표현과 분석 작업은 현실 세계에 대한 이해를 증진시킨다.
④ 3차원 GIS는 평면공간(X, Y)에 대한 시간의 변화로 표현되는 공간정보를 의미한다.

Guide 3차원 GIS
지형과 공간 대상물의 3차원 좌표(x, y, z)값에 대한 수치가 데이터베이스로 정리되어 저장된 공간정보체계

43 GNSS(Global Navigation Satellite System) 위성과 관련이 없는 것은?

① GALILEO   ② GPS
③ GLONASS   ④ GMS

Guide GNSS의 종류
GPS, GLONASS, GALILEO 등

44 GPS에 대한 설명으로 틀린 것은?

① GPS는 군사적인 목적으로 미 국방성에 의하여 개발되었다.
② GPS는 Bessel 타원체를 사용한다.
③ GPS로부터 계산되는 높이는 타원체고이다.
④ GPS는 연속적인 시간체계인 GPS시(GPS time)를 사용한다.

Guide GPS는 WGS-84타원체를 사용한다.

45 지리정보시스템(GIS)의 데이터 처리를 위한 데이터베이스관리시스템(DBMS)에 대한 설명으로 틀린 것은?

① 복잡한 조건 검색 기능이 불필요하다.
② 자료의 중복 없이 표준화된 형태로 저장되어 있어야 한다.
③ 데이터베이스의 내용을 표시할 수 있어야 한다.
④ 데이터 보호를 위한 안전관리가 되어 있어야 한다.

Guide DBMS(Database Management System)는 파일처리방식의 단점을 보완하기 위해 도입되었으며 자료의 입력과 검토·저장·조화·검색·조작할 수 있는 도구를 제공한다.

46 위상정보에 관한 설명으로 틀린 것은?

① 공간객체 간의 형태(Shape)에 관한 정보만을 제공하므로 제반 분석을 매우 빠르게 한다.
② 공간상에 존재하는 공간객체의 길이, 면적 등의 계산이 가능하게 한다.
③ 공간상에 존재하는 객체의 형태(Shape), 계급성, 연결성에 관한 정보를 제공한다.
④ 다양한 공간분석을 가능하게 한다.

47 수치지도 제작을 위한 TM 투영법을 투영성질 및 투영면의 형태에 따라 분류하면 어느 것에 해당되는가?

① 등각 횡원통도법　② 등각 원추도법
③ 등적 횡원통도법　④ 등적 원추도법

48 다음 중 서로 다른 종류의 공간자료처리시스템 사이에서 교환포맷으로 사용하기 적당한 것은?

① BMP　② JPG
③ PNG　④ Geo Tiff

49 공간데이터의 각종 정보설명을 문서화한 것으로 공간데이터 자체의 특성과 정보를 유지 관리하고 이를 사용자가 쉽게 접근할 수 있도록 도와주는 자료는?

① 메타데이터　② 원시데이터
③ 측량데이터　④ 벡터데이터

50 P-code를 암호화한 것을 무엇이라 하는가?

① Y-code　② W-code
③ Z-count　④ Antispoofing

51 MMS(Mobile Mapping System)에서 GPS의 신호가 빌딩이나 수목에 단절되는 경우 이를 보완해주며 짧은 시간 내에 모호정수의 결정을 쉽게 해주는 장치는?

① NAV　② CNS
③ ATM　④ INS

52 TIN에 대한 설명으로 옳지 않은 것은?

① 적은 자료로서 복잡한 지형을 효율적으로 나타낼 수 있다.
② 3점으로 연결된 불규칙 삼각형으로 구성된 삼각망이다.
③ TIN모형을 이용하여 경사의 크기(Gradient)나 경사의 방향(Aspect)을 계산할 수 있다.
④ 격자구조로서 연결성이나 위상정보가 존재하지 않는다.

53 GIS 자료구조에 대한 다음 설명 중 옳지 않은 것은?

① 벡터 구조에서는 각 객체의 위치가 공간좌표체계에 의해 표시된다.
② 벡터 구조는 래스터 구조보다 객체의 형상이 현실에 가깝게 표현된다.
③ 래스터 구조에서 수치값은 해당 위치의 객체의 형태나 관련 정보를 표현한다.

④ 래스터 구조에서는 객체의 공간좌표에 대한 정보가 존재하지 않는다.

Guide 래스터 자료구조에서는 대상지역의 좌표계로 맞추기 위한 좌표변환과정을 거쳐 객체의 공간좌표를 표현할 수 있다.

54 지리정보체계 소프트웨어의 일반적인 주요 기능으로 보기 어려운 것은?

① 벡터형 공간자료와 래스터형 공간자료의 통합 기능
② 사진, 동영상, 음성 등 멀티미디어 자료의 편집 기능
③ 공간자료와 속성자료를 이용한 모델링 기능
④ DBMS와 연계한 공간자료 및 속성정보의 관리 기능

Guide GIS 소프트웨어의 기본 기능에는 자료의 입력과 검색, 자료의 저장과 데이터베이스 관리, 자료의 출력과 도식자료의 변환, 사용자 연계 등이 있으며 사진, 동영상, 음성 등 멀티미디어를 편집하는 기능은 GIS 소프트웨어의 기능과 거리가 멀다.

55 지리정보시스템(GIS)의 자료 저장 형식 중 벡터(Vector) 방식에 대한 설명으로 옳은 것은?

① 자료구조가 단순하다.
② 위상구조에 적합하다.
③ 중첩연산을 간단하게 구현할 수 있다.
④ 영상처리에 효율적이다.

Guide 벡터구조의 장단점
• 장점
  – 위상구조로 저장
  – 격자구조보다 압축되어 간결
  – 지형학적 자료를 필요한 망조직 분석에 효과적
  – 지도와 거의 비슷한 도형제작에 적합
• 단점
  – 격자구조보다 훨씬 복잡한 자료구조
  – 중첩기능을 수행하기 어려움
  – 공간적 편의를 나타내는 데 비효과적
  – 조작과정과 영상 질을 향상시키는 데 비효과적

56 GIS 표준과 관련된 국제기구는?

① Open Geospatial Consortium
② Open Source Consortium
③ Open Scene Graph
④ Open GIS Library

Guide OGC(Open Geospatial Consortium)
공간정보 표준 컨소시엄은 1994년에 발족한 국제 GIS 추진기구로 공간정보 콘텐츠의 제공, GIS 자료처리 및 자료공유 등의 발전을 도모하기 위한 각종 기준을 제공한다.

57 지리정보시스템의 자료입력과정에서 종이 지도를 래스터 형태의 데이터로 입력할 수 있는 장비는?

① 스캐너
② 키보드
③ 마우스
④ 디지타이저

Guide 종이지도를 래스터 형태의 데이터로 입력할 수 있는 장비는 스캐너이다.

58 지리정보시스템(GIS)에서 래스터 데이터를 이용한 공간분석 기능 수행 중 A와 B를 이용하여 수행한 결과 C를 만족시키기 위한 질의 조건으로 옳은 것은?

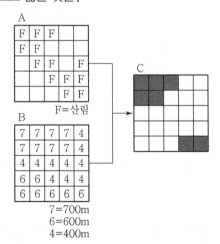

① (A=산림) AND (B<500m)

② (A=산림) AND NOT (B<500m)

③ (A=산림) OR (B<500m)

④ (A=산림) XOR (B<500m)

Guide 결과 C는 A의 F(=산림) 속성을 가진 셀과 B의 6(=600m), 7(=700m) 속성을 가진 셀의 중첩된 결과이다.
∴ (A=산림) AND (B>500m) 또는 (A=산림) AND NOT (B<500m)

59 축척 1 : 5,000 수치지도를 만든 후, 데이터의 정확도 검증을 위해 10개의 지점에 대해 수치지도 상에서 측량 좌표와 현장에서 검증한 좌표 간에 아래와 같은 오차가 발생함을 알았다. 위치정확도의 계산으로 옳은 것은?

> 1.2, 1.5, 1.4, 1.3, 1.4
> 1.4, 1.3, 1.6, 1.4, 1.3   [단위 : m]

① RMSE=1.22m ② RMSE=1.32m

③ RMSE=1.46m ④ RMSE=1.56m

Guide 위치정확도 RMSE

$$= \sqrt{\frac{[vv]}{n-1}}$$

$$= \sqrt{\frac{1.2^2+1.5^2+4\times1.4^2+3\times1.3^2+1.6^2}{10-1}}$$

$$= 1.46m$$

60 네트워크 RTK 위치결정 방식으로 현재 국토지리정보원 운영 중인 시스템 중 하나인 것은?

① TEC(Total Electron Content)

② DGPS(Differential GPS)

③ VRS(Virtual Reference Station)

④ PPP(Precise Point Positioning)

Guide VRS(Virtual Reference Station)
GPS 상시관측소로부터 얻은 위치보정정보를 통합, 보간하여 현 지점을 가상의 기지국으로 하고 그 위치보정신호를 생성하여 3차원 위치를 결정할 수 있는 측량 방법으로 국토지리정보원에서 운용 중인 시스템

Subject 04 측량학

✔ 측량 관련 법규는 출제 당시 법률을 기준으로 해설되었음을 알려드립니다.

61 기포 한 눈금의 길이가 2mm, 감도가 20″일 때 곡률 반지름은?

① 20.63m   ② 23.26m

③ 32.12m   ④ 38.42m

Guide
$$\theta'' = \frac{m}{R} \cdot \rho''$$

$$\therefore R = \frac{m}{\theta''} \cdot \rho'' = \frac{0.002}{20''}\times206,265'' = 20.63m$$

62 A, B 점간의 고저차를 구하기 위해 그림과 같이 (1), (2), (3) 노선을 직접 수준측량을 실시하여 표와 같은 결과를 얻었다면 최확값은?

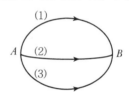

구분	관측결과	노선길이
(1)	32.234m	2km
(2)	32.245m	1km
(3)	32.240m	1km

① 32.256m   ② 32.246m

③ 32.241m   ④ 32.250m

Guide 경중률은 노선거리(S)에 반비례하므로 경중률 비를 취하면,

$$W_1 : W_2 : W_3 = \frac{1}{S_1}:\frac{1}{S_2}:\frac{1}{S_3}$$

$$= \frac{1}{2}:\frac{1}{1}:\frac{1}{1} = 1:2:2$$

∴ 최확값(H_0)

$$= \frac{W_1H_1 + W_2H_2 + W_3H_3}{W_1+W_2+W_3}$$

$$= 32.2 + \frac{(1\times0.034)+(2\times0.045)+(2\times0.040)}{1+2+2}$$

$$= 32.241m$$

63 측량에 있어서 부정오차가 일어날 가능성의 확률적 분포 특성에 대한 설명으로 틀린 것은?

① 큰 오차가 생길 확률은 작은 오차가 생길 확률보다 매우 작다.
② 같은 크기의 양(+)오차와 음(−)오차가 생길 확률은 같다.
③ 매우 큰 오차는 거의 생기지 않는다.
④ 오차의 발생확률은 최소제곱법에 따른다.

Guide 부정오차 가정조건
• 큰 오차가 생기는 확률은 작은 오차가 발생할 확률보다 매우 작다.
• 같은 크기의 정(+)오차와 부(−)오차가 발생할 확률은 거의 같다.
• 매우 큰 오차는 거의 발생하지 않는다.
• 오차들은 확률법칙을 따른다.

64 지구표면에서 반지름 55km까지를 평면으로 간주한다면 거리의 허용정밀도는?(단, 지구 반지름은 6,370km이다.)

① 약 1/40,000   ② 약 1/50,000
③ 약 1/60,000   ④ 약 1/70,000

Guide
$$\frac{d-D}{D} = \frac{1}{12}\left(\frac{D}{r}\right)^2$$
$$= \frac{1}{12}\left(\frac{110}{6,370}\right)^2 \fallingdotseq \frac{1}{40,000}$$

65 축척 1 : 10,000의 지형도에 등고선을 기입할 때, 계곡선의 간격은?

① 10m   ② 25m
③ 50m   ④ 100m

Guide 지형도 축척과 등고선 간격   (단위 : m)

축척 / 등고선 종류	1/10,000	1/25,000	1/50,000
주곡선	5	10	20
간곡선	2.5	5	10
조곡선	1.25	2.5	5
계곡선	25	50	100

66 A, B, C 세 그룹이 기선측량을 한 결과 다음과 같다면 최확값은?

> A : 82.346m±20mm
> B : 82.351m±10mm
> C : 82.360m±40mm

① 82.347m   ② 82.350m
③ 82.353m   ④ 82.356m

Guide 경중률은 오차(m)의 제곱에 반비례하므로 경중률 비를 취하면,
$$W_1 : W_2 : W_3 = \frac{1}{m_1{}^2} : \frac{1}{m_2{}^2} : \frac{1}{m_3{}^2}$$
$$= \frac{1}{20^2} : \frac{1}{10^2} : \frac{1}{40^2} = 4 : 16 : 1$$
∴ 최확값(L_0)
$$= \frac{W_1 L_1 + W_2 L_2 + W_3 L_3}{W_1 + W_2 + W_3}$$
$$= 82.3 + \frac{(4 \times 0.046) + (16 \times 0.051) + (1 \times 0.060)}{4 + 16 + 1}$$
$$= 82.350\text{m}$$

67 50m의 줄자로 거리를 측정할 때 ±3mm의 부정오차가 생긴다면 이 줄자로 150m를 관측할 때 생기는 부정오차는?

① ±3.7mm   ② ±4.2mm
③ ±4.7mm   ④ ±5.2mm

Guide
$$n = \frac{150}{50} = 3회$$
$$\therefore M = \pm m\sqrt{n}$$
$$= \pm 3\sqrt{3}$$
$$= \pm 5.2\text{mm}$$

68 전자기파거리측량기기에 대한 설명 중 옳지 않은 것은?

① 전자기파거리측량기는 광파, 전파를 일정파장의 주파수로 변조하여 변조파의 왕복 위상 변화를 관측하여 거리를 구한다.
② 광파거리측량기는 가시광선 또는 적외선과 같은 비가시광선을 주로 사용하며, 중·단거리의 관측에 많이 사용된다.

③ 전파거리측량기는 마이크로파의 파장대를 주로 사용하며 수십 km 등 장거리의 관측에 사용된다.

④ 광파거리측량기는 안개, 비 등과 같은 기상조건의 영향을 받지 않으며 주국과 종국에서 서로 무선통화가 불가능하다.

Guide 광파거리측량기는 안개, 비, 눈 등 기후의 영향을 많이 받으며, 목표점에 반사경을 설치하여 되돌아오는 반사파의 위상과 발사파의 위상차로부터 거리를 구하는 기계이다.

69 다각측량의 특징으로 옳지 않은 것은?

① 거리와 각을 관측하여 계산에 의해 모든 점의 위치를 결정한다.

② 좁은 지역이나 시가지 또는 산림 지역처럼 주변의 시통이 잘 안 되는 경우에 유용하다.

③ 삼각점이 멀리 배치되어 있어 좁은 지역의 세부측량에 기준이 되는 점을 추가 설치할 경우 적합하다.

④ 삼각측량보다 높은 정확도를 요하는 골조측량에 이용한다.

Guide 다각측량은 일반적으로 높은 정확도를 요하지 않는 골조측량에 이용한다.

70 표준자와 비교하였더니 30m에 대하여 6cm가 늘어난 줄자로 삼각형의 지역을 측정하여 삼사법으로 면적을 측정하였더니 950m²였다. 이 지역의 정확한 면적은?

① 1007.5m²
② 953.8m²
③ 933.1m²
④ 896.9m²

Guide
$$실제면적 = \frac{(부정길이)^2 \times 관측면적}{(표준길이)^2}$$
$$= \frac{(30.06)^2 \times 950}{(30)^2} = 953.8m^2$$

71 지형표시방법 중 점고법에 대한 설명으로 옳은 것은?

① 지표면상 임의 점의 표고를 숫자에 의하여 나타내는 방법

② 지형을 색으로 구분하고 채색하여 높이의 변화를 나타내는 방법

③ 태양광선이 서북쪽에서 경사 45°의 각도로 비친다고 가정하고 채색으로 표시하는 방법

④ 단선상의 선으로 지표의 기복을 나타내는 방법

Guide 점고법
지면상에 있는 점의 표고를 도상에서 숫자에 의해 표시하는 방법으로 하천, 해양 등의 수심표시에 주로 이용된다.

72 강을 사이에 두고 교호수준측량을 실시하였다. A점과 B점에 표척을 세우고 A점에서 5m 거리에 레벨을 세워 표척 A와 B를 읽으니 1.5m와 1.9m였고, B점에서 5m 거리에 레벨을 옮겨 A와 B를 읽으니 1.8m와 2.0m였다면 A와 B의 고저차는?

① 0.1m
② −0.2m
③ −0.3m
④ 0.6m

Guide
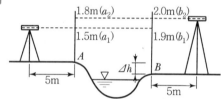

$$\therefore \Delta h = \frac{1}{2}\{(a_1 - b_1) + (a_2 - b_2)\}$$
$$= \frac{1}{2}\{(1.5 - 1.9) + (1.8 - 2.0)\} = -0.3m$$

73 방위각과 방위의 관계를 잘못 설명한 것은?

① 0° < 방위각 < 90° = N (방위각) E
② 90° < 방위각 < 180° = S (180° − 방위각) E
③ 180° < 방위각 < 270° = S (180° − 방위각) W
④ 180° < 방위각 < 360° = N (360° − 방위각) W

Guide
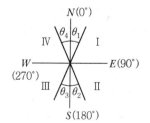

방위각과 방위의 관계

방위각	상한	방위
0°~90°	제1상한	N0°~90°E
90°~180°	제2상한	S0°~90°E
180°~270°	제3상한	S0°~90°W
270°~360°	제4상한	N0°~90°W

① : 제1상한
② : 제2상한
③ : 180°<방위각<270°는 제3상한이므로, S(방위각 −180°) W로 계산된다.
④ : 제4상한

74 삼각망의 종류에서 정확도가 높은 순서로 나열한 것은?

① 사변형망 > 유심다각망 > 단열삼각망
② 사변형망 > 단열삼각망 > 유심다각망
③ 유심다각망 > 사변형망 > 단열삼각망
④ 유심다각망 > 단열삼각망 > 사변형망

Guide 삼각망의 종류

- 단열삼각망 : 폭이 좁고 거리가 먼 지역에 적합하며, 조건수가 적어 정도가 낮다.
- 유심다각망 : 동일 측점 수에 비해 표면적이 넓고, 단열삼각망보다는 정도가 높으나 사변형망보다는 정도가 낮다.
- 사변형망 : 기선삼각망에 이용하며, 조정이 복잡하고 포함면적이 적으며, 시간과 비용이 많이 소요되므로 정도가 가장 높다.

∴ 정확도가 높은 순서대로 나열하면, 사변형망 > 유심다각망 > 단열삼각망이다.

75 지형도의 축척별 주곡선 간격으로 옳지 않은 것은?(단, 축척−등고선 간격)

① 1 : 50,000−20m
② 1 : 25,000−10m
③ 1 : 10,000−5m
④ 1 : 5,000−2.5m

Guide 지형도 축척과 등고선 간격

축척 등고선 종류	1/5,000	1/10,000	1/25,000	1/50,000
주곡선	5	5	10	20
간곡선	2.5	2.5	5	10
조곡선	1.25	1.25	2.5	5
계곡선	25	25	50	100

76 측량·수로조사 및 지적에 관한 법률에 의한 용어의 정의로 옳지 않은 것은?

① 일반측량이란 기본측량, 공공측량, 지적측량 및 수로측량을 말한다.
② 지적측량이란 토지를 지적공부에 등록하거나 지적공부에 등록된 경계점을 지상에 복원하기 위하여 필지의 경계 또는 좌표와 면적을 정하는 측량을 말한다.
③ 수로측량이란 해양의 수심·지구자기·중력·지형·지질의 측량과 해안선 및 이에 딸린 토지의 측량을 말한다.
④ 기본측량이란 모든 측량의 기초가 되는 공간정보를 제공하기 위하여 국토교통부장관이 실시하는 측량을 말한다.

Guide 측량·수로조사 및 지적에 관한 법률 제2조(정의)
일반측량이란 기본측량, 공공측량, 지적측량 및 수로측량 외의 측량을 말한다.

77 측량업의 종류에 해당되지 않는 것은?

① 지적측량업
② 지하시설물측량업
③ 연안조사측량업
④ 특수측량업

Guide 측량·수로조사 및 지적에 관한 법률 시행령 제34조
(측량업의 종류)
측량업 중 대통령령으로 정하는 업종은 다음과 같다.
1. 공공측량업
2. 일반측량업
3. 연안조사측량업
4. 항공촬영업
5. 공간영상도화업
6. 영상처리업
7. 수치지도제작업
8. 지도제작업
9. 지하시설물 측량업

**측량·수로조사 및 지적에 관한 법률 제44조
(측량업의 등록)**
측량업은 측지측량업, 지적 측량업, 그 밖에 항공촬영, 지도제작 등 대통령령으로 정하는 업종으로 구분한다.

정답 74 ① 75 ④ 76 ① 77 ④

78 국토교통부장관이 일반측량을 한 자에게 성과 및 측량기록을 제출하게 하는 경우가 아닌 것은?

① 측량의 중복배제
② 측량의 정확도 확보
③ 측량 수행자의 적격성 판단
④ 측량에 관한 자료의 수집 및 분석

> **Guide** 측량 · 수로조사 및 지적에 관한 법률 제22조 (일반측량의 실시 등)
> 다음 사항의 목적을 위하여 필요하다고 인정되는 경우에는 일반측량을 한 자에게 그 측량성과 및 측량기록 사본을 제출하게 할 수 있다.
> 1. 측량의 정확도 확보
> 2. 측량의 중복배제
> 3. 측량에 관한 자료의 수집, 분석

79 다음 중 일반측량을 실시할 때 기초로 할 수 없는 것은?

① 기본측량성과 　　② 일반측량성과
③ 공공측량성과 　　④ 공공측량기록

> **Guide** 측량 · 수로조사 및 지적에 관한 법률 제22조 (일반측량의 실시 등)
> 일반측량은 기본측량성과 및 그 측량기록, 공공측량성과 및 그 측량기록을 기초로 실시하여야 한다.

80 2년 이하의 징역 또는 2천만 원 이하의 벌금에 해당되지 않는 사항은?

① 측량기준점표지를 이전 또는 파손한 자
② 성능검사를 부정하게 한 성능검사대행자
③ 법을 위반하여 측량성과를 국외로 반출한 자
④ 측량성과 또는 측량기록을 무단으로 복제한 자

> **Guide** 측량 · 수로조사 및 지적에 관한 법률 제108조(벌칙)
> ④ : 1년 이하의 징역 또는 1천만 원 이하의 벌금에 처한다.

EXERCISES
기출문제

2014년 9월 20일 시행

본 문제의 해설은 출제자의 의도와 일치되지 않을 수 있으며, 문제 및 정답은 일부 오탈자가 있을 수 있으므로 학습시 의문사항이 있으면 예문사 또는 저자에게 문의하여 주시기 바랍니다. 또한, 본 기출문제는 시행 당시의 이론 및 법규에 의하여 해설되었음을 알려드립니다.

Subject 01 응용측량

01 경사 30°인 경사터널에서 터널입구와 터널 내부의 두 점 간 고저차를 측정하는 데 가장 신속하고 정확한 방법은?

① 경사계에 의해서 경사를 구하고 사거리를 측정하여 계산으로 구한다.
② 수은 기압계에 의하여 측정한다.
③ 레벨로 직접수준측량을 한다.
④ 토털스테이션을 사용하여 측정한다.

Guide 터널 내 수준측량에서 완경사에는 레벨에 의한 직접수준측량을 실시하고 급경사인 경우에는 토털스테이션(또는 트랜싯)에 의한 간접수준측량을 실시한다.

02 다음 중 노선측량의 중단도면 내에 삽입되는 내용이 아닌 것은?

① 측점 간의 수평거리
② 지반고와 계획고와의 차
③ 절토량 및 성토량
④ 계획선의 경사

Guide 종단면도에 기입할 사항
• 측점 위치
• 측점 간의 수평거리
• 각 측점의 기점에서의 추가거리
• 각 측점의 지반고 및 고저기준점(B.M)의 높이
• 측점에서의 계획고
• 지반고와 계획고의 차(성토, 절토별)
• 계획선의 경사

03 각과 위치에 의한 경관도의 정량화에서 시설물의 한 점을 시준할 때 시준선과 시설물 축선이 이루는 각 α는 크기에 따라 입체감에 변화를 주

는데 다음 중 입체감 있게 계획이 잘 된 경관을 얻을 수 있는 범위로 가장 적합한 것은?

① $10° < \alpha \leq 30°$　② $30° < \alpha \leq 50°$
③ $40° < \alpha \leq 60°$　④ $50° < \alpha \leq 70°$

Guide 시준선과 시설물 축선이 이루는 각(α)
• $0° < \alpha \leq 10°$: 특이한 경관을 얻고 시점이 높게 된다.
• $10° < \alpha \leq 30°$: 입체감이 있는 계획이 잘 된 경관을 얻는다.
• $30° < \alpha \leq 60°$: 입체감이 없는 평면적인 경관이 된다..

04 지하에 매설되어 있는 금속관로 또는 비금속관로의 탐지기의 평면 위치에 대한 정밀도 성능 기준(허용탐사오차)은?

① ± 10mm　　② ± 20cm
③ ± 50cm　　④ ± 1m

Guide 탐사오차의 허용범위(공공측량 작업규정 세부기준)

대상물	탐사오차의 허용범위		비고
	평면위치	깊이	
금속 관로	± 20cm	± 30cm	매설깊이 3.0m
비금속 관로	± 20cm	± 40cm	매설깊이 3.0m 이내로서 관경 100mm 이상

05 저수용량의 산정에 주로 쓰이는 용적산정 방법은?

① 점고법　　② 등고선법
③ 단면법　　④ 절선법

Guide 등고선법은 저수용량을 구하는 경우 대단히 편리한 방법이다.

06 반지름 150m의 단곡선을 설치하기 위하여 교각을 관측하였더니 90°이었다. 곡선의 시점의 추가거리는?(단, 교점의 추가거리는 1,200.50m이다.)

① 950.50m ② 1,050.50m

③ 1,100.50m ④ 1,250.50m

$T.L = R \cdot \tan \dfrac{I}{2} = 150 \times \tan \dfrac{90°}{2} = 150m$

∴ 곡선시점(B.C) = 총 연장 − T.L

$= 1,200.50 - 150 = 1,050.50m$

07 하천의 유속측량에서 평균유속을 구하는 방법 중 1점법의 관측지점으로 옳은 것은?(단, 수면으로부터의 깊이를 기준으로 한다.)

① 수심의 40% 지점 ② 수심의 50% 지점

③ 수심의 60% 지점 ④ 수심의 80% 지점

1점법은 수면으로부터 수심의 60% 깊이의 유속을 평균 유속으로 한다.

08 그림과 같이 2차 포물선에 의하여 종단곡선을 설치하려 한다면 C점의 계획고는?(단, A점의 계획고는 50.00m이다.)

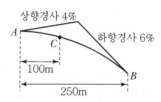

① 40.00m ② 50.00m

③ 51.00m ④ 52.00m

$y = \dfrac{m \pm n}{2L} \cdot x^2 = \dfrac{0.04 + 0.06}{2 \times 250} \times 100^2 = 2.00m$

∴ $H_C = H_A + y = 50.00 + 2.00 = 52.00m$

09 그림과 같이 ABCD토지의 면적을 심프슨 제2법칙에 의하여 구한 결과 45m²였다. $\overline{AD}$ 의 거리는?

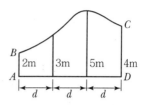

① 3.0m ② 9.0m

③ 12.0m ④ 16.0m

심프슨 제2법칙

• $A = \dfrac{3}{8} \cdot d(y_o + y_n + 3\sum y_{\text{나머지 수}} + 2\sum y_{3\text{의 배수}})$

$45 = \dfrac{3}{8}d\{2 + 4 + 3 \times (3+5)\} \rightarrow d = 4.0m$

∴ $\overline{AD} = d \times n = 4 \times 3 = 12.0m$

10 그림과 같은 사다리꼴 토지를 AB와 나란한 선 $\overline{XY}$ 로 면적을 m : n = 3 : 2로 분할하고자 한다. $\overline{AB} = 40m$, $\overline{AD} = 60m$, $\overline{CD} = 50m$일 때에 AX는?

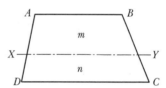

① 46.26m ② 24.00m

③ 36.00m ④ 37.56m

$\overline{XY} = \sqrt{\dfrac{m\overline{CD}^2 + n\overline{AB}^2}{m+n}} = \sqrt{\dfrac{3 \times 50^2 + 2 \times 40^2}{3+2}}$

$= 46.26m$

∴ $\overline{AX} = \dfrac{\overline{AD}(\overline{XY} - \overline{AB})}{\overline{CD} - \overline{AB}} = \dfrac{60(46.26 - 40)}{50 - 40}$

$= 37.56m$

11 자동차가 곡선부를 주행할 경우에 뒷바퀴는 앞바퀴보다도 항상 안쪽으로 지난다. 그러므로 곡선부에서는 그 내측부분을 직선부에 비하여 넓게 할 필요가 있는데, 이때 곡선부의 확폭량(ε)을 나타내는 식은?(단, D : 차폭(레일간격), V : 설계속도, R : 곡선반지름, L : 차량 뒤축에서부터 차량의 앞면까지 거리)

06 ② 07 ③ 08 ④ 09 ③ 10 ④ 11 ④

① $\varepsilon = DV^2/R$ ② $\varepsilon = V^2/DR$

③ $\varepsilon = L^2/R$ ④ $\varepsilon = L^2/2R$

Guide 차량이 곡선 위를 주행할 때 뒷바퀴가 앞바퀴보다 안쪽을 통과하게 되므로 차선너비를 넓혀야 하는데 이를 확폭이라 한다. 확폭량의 일반식은 $\varepsilon = \dfrac{L^2}{2R}$ 이다.

12 터널 내에서 차량 등에 의하여 파손되지 않도록 콘크리트 등을 이용하여 만든 기준점을 무엇이라 하는가?

① 도벨(Dowel)   ② 레벨(Level)
③ 자이로(Gyro)   ④ 도갱(Pilot Tunnel)

Guide 도벨(Dowel)
터널측량에서 장기간에 걸쳐 사용하는 갱도의 중심점 지시 설비, 중심선 상의 노반을 넓이 30cm, 깊이 30~40cm로 파고 그 속에 콘크리트를 타설하고 중심선이 지나는 지점에 목괴를 묻어 중심점을 표시하는 못을 박은 것을 말한다.

13 ( )에 알맞은 내용으로 짝지어진 것은?

> 완화곡선의 접선은 시점에서 (㉠)에, 종점에서 (㉡)에 접한다.

① ㉠ 곡선, ㉡ 원호   ② ㉠ 직선, ㉡ 원호
③ ㉠ 곡선, ㉡ 직선   ④ ㉠ 직선, ㉡ 곡선

Guide 완화곡선의 성질
• 완화곡선의 반지름은 그 시작점에서 무한대이고, 종점에서는 원곡선의 반지름과 같다.
• 완화곡선의 접선은 시점에서는 직선에, 종점에서는 원호에 접한다.
• 완화곡선에 연한 곡선반경의 감소율은 캔트의 증가율과 같다.(단, 부호는 반대)

14 축척 1 : 1,200 지도상의 면적을 측정할 때, 이 축척을 1 : 600으로 잘못 알고 측정하였더니 10,000m²가 나왔다면 실제면적은?

① 40,000m²   ② 20,000m²
③ 10,000m²   ④ 2,500m²

Guide
$$a_2 = \left(\frac{m_2}{m_1}\right)^2 \times a_1 = \left(\frac{1,200}{600}\right)^2 \times 10,000 = 40,000\text{m}^2$$

15 단곡선에 있어서 반지름 R＝150m이고, 교각 I＝60°일 때 중앙종거(M)와 곡선장(C.L)으로 옳은 것은?

① M＝75.00m, C.L＝158.53m
② M＝86.60m, C.L＝173.21m
③ M＝18.09m, C.L＝155.08m
④ M＝20.10m, C.L＝157.08m

Guide
• $M = R\left(1 - \cos\dfrac{I}{2}\right) = 150 \times \left(1 - \cos\dfrac{60°}{2}\right) = 20.10\text{m}$
• $C.L = 0.0174533RI° = 0.0174533 \times 150 \times 60° = 157.08\text{m}$

16 해양에서 수심측량을 할 경우 음파 반사가 양호한 판 또는 바(Bar)를 눈금이 달린 줄의 끝에 매달아서 음향측심기의 기록지상에 이 반사체의 반향신호를 기록하여 보정하는 것은?

① 정사보정   ② 방사보정
③ 시간보정   ④ 음속도보정

Guide 실제 수중의 음속은 염분, 수온, 수압 등에 의하여 미소하게 변화하므로 엄밀한 관측 값을 구하려면 관측 당시의 실제 음속을 구하여 음속도보정을 해주어야 한다.

17 그림과 같은 터널에서 AB 사이의 경사가 1/250이고 BC 사이의 경사는 1/100일 때 측점 A와 C 사이의 지반고 차이는?

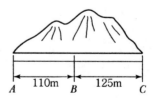

① 1.690m   ② 1.645m
③ 1.600m   ④ 1.590m

정답 12 ①   13 ②   14 ①   15 ④   16 ④   17 ①

Guide $H_{AC} = H_B + H_C = \dfrac{110}{250} + \dfrac{125}{100} = 1.69m$

18 하천측량에서 평면측량의 일반적인 범위는?

① 유제부에서 제외지 및 제내지 300m 이내, 무제부에서는 홍수영향 구역보다 약간 넓게

② 유제부에서 제외지 및 제내지 200m 이내, 무제부에서는 홍수영향 구역보다 약간 좁게

③ 유제부에서 제내지 및 제외지 200m 이내, 무제부에서는 홍수영향 구역보다 약간 넓게

④ 유제부에서 제내지 및 제외지 300m 이내, 무제부에서는 홍수영향 구역보다 약간 좁게

Guide 평면측량 범위
• 무제부 : 홍수가 영향을 주는 구역보다 약간 넓게, 즉 홍수 시에 물이 흐르는 맨 옆에서 100m까지
• 유제부 : 제외지 전부와 제내지의 300m 이내

19 하천측량을 통해 유속(V)과 유적(A)을 관측하여 유량(Q)을 계산하는 공식은?

① $Q = \sqrt{A \cdot V}$

② $Q = A \cdot V$

③ $Q = A^2 \cdot V$

④ $Q = \dfrac{A^2}{V}$

Guide 유량의 산정은 유속계, 부자, 평균유속을 구하는 방법에 의한 유속관측값과 횡단면도를 작성하여 구한 면적을 이용하여 구한다.
kutter 공식 : $Q = A \cdot V$

20 10m 간격의 등고선으로 표시되어 있는 지형을 구적기로 면적을 구하여 $A_0 = 120m^2$, $A_1 = 650m^2$, $A_2 = 1,430m^2$, $A_3 = 4,620m^2$, $A_4 = 9,120m^2$를 얻었다면 전체 토량은?

① 110,600m³

② 120,600m³

③ 220,600m³

④ 222,600m³

Guide $V = \dfrac{h}{3}\{A_0 + A_4 + 4(A_1 + A_3) + 2(A_2)\}$

$= \dfrac{10}{3} \times \{120 + 9,120 + 4(650 + 4,620) + 2(1,430)\}$

$= 110,600m^3$

Subject 02 사진측량 및 원격탐사

21 다음 전자파 중 에너지 크기가 가장 큰 것은?

① 자외선
② 적외선
③ 가시광선
④ 마이크로파

Guide 전자파 중 에너지 크기 X선 → 자외선 → 가시광선 → 적외선 → 극초단파(마이크로파)순이다.

22 1 : 10,000 축척의 항공사진에서 $1cm^2$로 나타난 운동장이 있다. 이 사진의 축척을 2.5배 확대했을 경우 확대사진에서 운동장의 크기는?

① $6.25cm^2$
② $4.00cm^2$
③ $2.50cm^2$
④ $0.40cm^2$

Guide 축척을 2.5배 확대했을 경우 확대사진에서 운동장의 크기는 $2.5 \times 2.5 = 6.25cm^2$이다.

23 일반 항공사진 촬영 시 지표면에 기복이 있을 경우 기복에 따른 변위가 발생하지만, 비고나 경사각에 관계없이 유일하게 기복변위가 발생하지 않는 점은?

① 주점
② 연직점
③ 등각점
④ 자침점

Guide 연직점은 렌즈 중심으로부터 지표면에 내린 수선의 발로 비고나 경사각에 관계없이 기복변위가 발생하지 않는다.

24 수치영상의 재배열(Resampling) 방법 중 하나로 가장 계산이 단순하고 고유의 픽셀 값을 손상시키지 않으나 영상이 다소 거칠게 표현되는 방법은?

① 3차회선 내삽법(Cubic Convolution)
② 공일차 내삽법(Bilinear Interpolation)
③ 공3차회선 내삽법(Bicubic Convolution)
④ 최근린내삽법(Nearest Neighbour Interpolation)

> **Guide** 최근린내삽법은 가장 가까운 거리에 근접한 영상소 값을 택하는 방법으로 원영상의 데이터를 변질시키지 않으나 부드럽지 못한 영상을 획득한다.

25 항공측량 수행 시 지상기준점측량 작업을 줄이기 위해 비행기에 탑재하는 장비는?

① 토털스테이션　　② GPS 수신기
③ 다중분광센서　　④ 레이더 센서

> **Guide** 최근 GPS/INS를 비행기에 탑재하여 항공사진 측량의 지상기준점 측량작업 및 외부표정요소를 직접 취득하는 방법이 실용화되고 있다.

26 항공사진측량에서 AB 두 지점의 시차차 3.25mm, 촬영고도 3,500m, 주점기선 길이 100mm의 상태라면 AB 두 지점의 비고차는?

① 107.7m　　② 113.8m
③ 325m　　④ 350m

> **Guide** $h = \dfrac{H}{b_0}\Delta p = \dfrac{3.25 \times 3,500}{100} = 113.75\text{m}$

27 사진측량에서 말하는 모형(Model)의 의미로 옳은 것은?

① 촬영지역을 대표하는 부분
② 촬영사진 중 수정 모자이크된 부분
③ 한 쌍의 중복된 사진으로 입체시되는 부분
④ 촬영된 각각의 사진 한 장이 포괄하는 부분

> **Guide** 다른 위치로부터 촬영되는 2매 1조의 입체사진을 모델이라 한다.

28 SAR(Synthetic Aperture Radar)의 왜곡 중에서 레이더 방향으로 기울어진 면이 영상에 짧게 나타나게 되는 왜곡현상은?

① 음영(shadow)
② 전도(layover)
③ 단축(foreshortening)
④ 스페클 잡음(speckle noise)

> **Guide** 레이더 방향으로 기울어진 면이 영상면에 짧게 나타나게 되는 왜곡을 단축이라 한다. 단축 현상에 의하여 근지점에 있는 대상체의 경사는 실제보다 심하게 보이게 되며, 원지점에 있는 대상체의 경사는 실제보다 완만한 것처럼 보인다.

29 공간정보를 수집하기 위한 위성 센서 내의 감지기가 일렬로 배열되어 있어 위성플랫폼의 진행방향으로 밀어내듯이 지상을 스캐닝하는 방식을 무엇이라 하는가?

① Whiskbroom Scanner
② Push broom Scanner
③ Step Stair Scanner
④ Synthetic Aperture Scanner

> **Guide** 비행기 라인에 수직한 스캔라인을 가로질러 지형을 스캔하는 회전 거울을 이용하는 방법을 Whiskbroom Scanner라 하고, 위성센서 내의 감지기가 일렬로 배열되어 위성플랫폼의 진행방향으로 밀어내듯이 지상을 스캐닝하는 방식을 Pushbroom Scanner라 한다.

30 사진측량 중 건축물, 교량 등의 변위를 관측하고 문화재 및 건물의 정면도, 입면도 제작에 이용되는 사진측량은?

① 항공사진측량
② 수치지형모형
③ 지상사진측량
④ 원격탐측

> **Guide** 지상사진측량은 지상에서 촬영한 사진을 이용하여 건축물, 시설물의 형태 및 변위 관측을 위한 측량 방법이다.

31 위성영상 센서의 방사해상도에서 8bit로 표현할 수 있는 범위를 설명한 것으로 옳은 것은?

① 0~255 ② 0~256

③ 1~255 ④ 1~256

Guide 위성영상 센서의 방사해상도의 표현범위는 6bit는 0~63, 8bit는 0~255, 11bit는 0~2,047이다.

32 위성영상을 이용한 정규식생지수(NDVI)를 산출하는 공식으로 옳은 것은?

① $\dfrac{근적외밴드 - 적밴드}{근적외밴드 + 적밴드}$

② $\dfrac{근적외밴드 + 적밴드}{근적외밴드 - 적밴드}$

③ $\dfrac{근적외밴드 + 열적외밴드}{근적외밴드 - 열적외밴드}$

④ $\dfrac{근적외밴드 - 열적외밴드}{근적외밴드 + 열적외밴드}$

Guide 정규식생지수(NDVI)

$= \dfrac{근적외밴드(NIR) - 적밴드(RED)}{근적외밴드(NIR) + 적밴드(RED)}$

33 다음은 한 지역의 영상에서 "산람"에 대한 트레이닝을 한 결과 산출된 통계자료이다. 이 통계값과 사변형분류법(Parallelepiped Classification)을 이용하여 아래지역의 영상을 분류한 결과로 옳은 것은?

[통계 : 최솟값 : 3, 최댓값 : 6]

[영상]

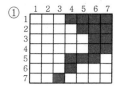 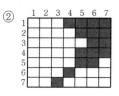

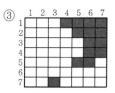 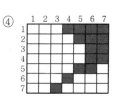

Guide 원격탐사의 분류기법 중 사변형분류법은 영역분할을 위하여 필요한 각 분류 클래스마다의 상한값, 하한값을 되도록 정확하게 설정하여 분류하는 방법이다. 즉, 최솟값과 최댓값 사이의 값을 같은 클래스로 분류하는 방법이다.

34 다음 중 사진의 축척을 결정하는 데 고려할 요소로 가장 거리가 먼 것은?

① 사용목적, 사진기의 성능

② 사용되는 사진기, 소요 정밀도

③ 도화 축척, 등고선 간격

④ 지방적 특색, 기상관계

Guide 사진의 축척을 결정하는 데 지방적 특색과 기상관계는 관계가 멀다.

35 세부도화시한 모델을 이루는 좌우사진에서 나오는 광속이 촬영면상에 이루는 종시차를 소거하여 목표지형지물의 상대위치를 맞추는 작업을 무엇이라 하는가?

① 내부표정 ② 상호표정

③ 절대표정 ④ 도화

Guide 상호표정은 내부표정을 거친 후 상호표정인자에 의하여 종시차를 소거한 입체시를 통하여 3차원 가상좌표인 모델좌표를 구하는 작업이다.

36 절대표정(Absolute Orientation) 작업에 대한 설명으로 옳지 않은 것은?

① 축척을 결정한다.

② 위치를 결정한다.

③ 초점거리 조정과 주점의 표정작업이다.

④ 표고와 경사의 결정작업이다.

37 측량용 사진기의 검정자료(Calibration Data)에 포함되지 않는 것은?

① 주점의 위치　　② 초점거리
③ 렌즈왜곡량　　④ 좌표변환식

> **Guide** 좌표변환식은 측량용 사진기의 검정자료와는 관계가 없다.

38 다음의 수치표고모델(DEM) 중 데이터의 구조가 가장 간단한 것은?

① 불규칙 삼각망(TIN)
② 격자형(Grid)
③ 점진형(Progressive)
④ 복합형(Hybrid)

> **Guide** 격자 DEM은 고도만 저장하므로 자료구조가 간단하다.

39 지상고도 3,000m의 비행기에서 초점거리 150mm의 사진기로 촬영한 수직항공사진에서 길이 50m인 교량의 길이는?

① 2.5mm　　② 3.5mm
③ 4.5mm　　④ 5.5mm

> **Guide**
> $$M = \frac{1}{m} = \frac{f}{H} = \frac{l}{L}$$
> $$\therefore l = \frac{f \times L}{H} = \frac{0.15 \times 50}{3,000} = 0.0025\text{m} = 2.5\text{mm}$$

40 지상기준점과 사진좌표를 이용하여 외부표정요소를 계산하기 위해 필요한 식은?

① 공선조건식　　② Similarity 변환식
③ Affine 변환식　　④ 투영변환식

> **Guide** 하나의 사진에서 충분한 지상기준점이 주어진다면 공선조건식에 의해 외부표정요소(X_0, Y_0, Z_0, κ, ϕ, ω)를 계산할 수 있다.

Subject 03 지리정보시스템(GIS) 및 위성측위시스템(GPS)

41 GIS 데이터베이스에 관한 설명으로 옳지 않은 것은?

① 파일이 모여 필드를 구성한다.
② 레코드가 모여 파일을 구성한다.
③ 파일베이스 방식에서 데이터베이스 방식으로 발전하였다.
④ GIS에서는 일반적으로 동일 길이 레코드 방식보다는 가변길이 레코드 방식을 선호한다.

> **Guide** 필드가 모여 레코드를 구성한다.

42 다음 중 도로를 이용한 네트워크 분석의 기본 레이어가 아닌 것은?

① 위상구조인 도로선형
② 현 위치
③ 교차점
④ 회전 정보

> **Guide** 네트워크 분석의 구조
> 선(Arc), 시작/종료 노드(Node), 버틱스(Vertex)

43 수치지형모델 생성 시 원시자료로 활용할 수 없는 것은?

① 등고선
② GPS로 획득한 지형자료
③ SPOT 입체영상
④ INS 자료

> **Guide** GPS, 항공사진측량, LiDAR, 기존지도, 위성영상 등을 이용하여 3차원 위치좌표를 수집하여 DEM 구축의 원시자료로 활용할 수 있다.
>
> ※ 관성항법장치(INS)
> 출발시각부터 임의의 시각까지의 가속도 출력을 항법방정식에 넣고 적분하여 속도를 얻어내고 이것을 다시 적분하여 비행한 거리를 구할 수 있게 되며 최종적으로 현재의 위치를 알 수 있게 된다.

정답 37 ④　38 ②　39 ①　40 ①　41 ②　42 ②　43 ④

44 GIS자료의 품질향상을 위한 방안과 가장 거리가 먼 것은?

① 철저한 인력 관리
② 철저한 비용 절감
③ 논리적 일관성 확보
④ 위치 및 속성 정확도의 관리

Guide GIS자료의 품질 평가 기준
- 데이터 이력
- 위치 정확성
- 속성 정확성
- 논리적 일관성
- 완결성

45 SQL 언어의 질의 기능에 대한 설명 중 옳지 않은 것은?

① 복잡한 탐색 조건을 구성하기 위하여 단순 탐색 조건들을 AND, OR, NOT으로 결합할 수 있다.
② ORDER BY절은 질의 결과가 한 개 또는 그 이상의 열값을 기준으로 오름차순 또는 내림차순으로 정렬될 수 있도록 기술된다.
③ SELECT절은 질의 결과에 포함될 데이터 행들을 기술하며, 이는 데이터베이스로부터 데이터 행 또는 계산 행이 될 수 있다.
④ FROM절은 질의어에 의해 검색될 데이터들을 포함하는 테이블을 기술한다.

Guide SELECT절은 질의 결과에 포함될 데이터 열들을 기술하며, 이를 데이터베이스로부터 데이터 열 또는 계산 열이 될 수 있다.

46 우리나라에서 지난 2012년 5월에 발사된 태양동기궤도의 다목적실용위성으로 70cm급 해상도의 위성영상을 제공하는 위성은?

① 아리랑 3호
② LANDSAT
③ IKONOS
④ 천리안위성

Guide 아리랑 3호
2012년 5월 18일 일본 규슈 남단의 다네기시마 우주센터에서 발사된 우리나라의 다목적 실용위성으로 흑백 70cm, 컬러 2.8m급 해상도의 영상을 제공한다.

47 메타데이터(Metadata)에 대한 설명으로 옳지 않은 것은?

① 자료의 수집방법, 원자료, 투영법, 축척, 품질, 포맷, 관리자를 포함하는 데이터 파일에서 데이터의 설명이나 데이터에 대한 데이터를 의미한다.
② 메타데이터가 중요한 이유는 공간 데이터에 대한 목록을 체계적으로 표준화된 방식으로 제공함으로써 데이터의 공유화를 촉진시키고, 대용량의 공간 데이터를 구축하는 데 드는 비용과 시간을 절감할 수 있기 때문이다.
③ 현재 메타데이터의 표준으로 사용되고 있는 것은 SDTS(Spatial Data Transfer Standard)와 DIGEST(Digital Geographic Exchange Standard)를 들 수 있다.
④ 메타데이터의 표준을 통해 공간 데이터에 대한 질적 수준을 알 수 있고, 표준화된 정의, 이름, 내용들을 쉽게 이해할 수 있다.

Guide 공간자료의 교환을 위한 공동데이터 교환포맷으로 SDTS, NTF, DIGEST 등이 있다.

48 다음의 도형 정보 중 차원이 다른 것은?

① 도로의 중심선
② 소방차의 출동 경로
③ 절대 표고를 표시한 점
④ 분수선과 계곡선

Guide ①, ②, ④ : 1차원
③ : 0차원

49 GIS의 적용 분야에 대한 설명으로 옳지 않은 것은?

① FM : 시설물 관리
② LIS : 토지 및 지적 관련 정보 관리
③ EIS : 환경 개선을 위한 오염원 정보 관리
④ UIS : 자동지도제작

Guide 도시정보체계(UIS : Urban Information System)

50 다음 중 등치선도 형태의 주제도에 가장 적합한 정보는?

① 기압
② 행정구역
③ 토지이용
④ 주요 관광지

Guide 등치선도
통계적 표면을 지도로 나타낸 것으로 인구밀도·평균소득·경작지면적·평균지가, 기압 등을 표현한다.

51 상대측위 방법(간섭계측위)의 설명 중 옳지 않은 것은?

① 전파의 위상차를 관측하는 방식으로 정밀측량에 주로 사용된다.
② 위상차의 계산은 단순차분법, 이중차분법, 삼중차분법의 기법을 적용할 수 있다.
③ 수신기 1대를 사용하여 모호 정수를 구하여 위치를 측정하게 된다.
④ 위성과 수신기 간 전파의 파장 개수를 측정하여 거리를 계산한다.

Guide 수신기 1대만으로는 반송파의 모호 정수를 구할 수 없고 2대 이상을 사용하여야 한다.

52 동일한 지역에 대한 서로 다른 두 개 또는 다수의 레이어로부터 필요한 도형자료나 속성자료를 추출하기 위하여 많이 이용되는 공간분석 방법은?

① 네트워크 분석
② 버퍼링 분석
③ 3차원 분석
④ 중첩 분석

Guide 중첩 분석
새로운 공간적 경계들을 구성하는 지도를 형성하기 위해 두 개 또는 그 이상의 지도에서 공간적 정보를 통합하는 진행 과정

53 다음 중 GIS의 주요 기능이 아닌 것은?

① 자료 입력
② 자료 관리
③ 자료 압축
④ 자료 분석

Guide GIS의 주요 기능
자료 입력 – 부호화 – 자료 정비 – 조작 처리 – 출력

54 GPS L₁ 주파수가 1,575.42MHz라면 50,000 파장에 해당되는 거리는?(단, 광속 c = 300,000 km/s로 가정한다.)

① 6,875.23m
② 9,521.27m
③ 10,002.89m
④ 15,754.20m

Guide
$$\lambda(\text{파장}) = \frac{c(\text{광속도})}{f(\text{주파수})}$$
$$= \frac{300,000 \times 10^3}{1,575.42 \times 10^6} = 0.19043\text{m}$$
∴ 50,000 파장에 해당하는 거리
$$= 0.19043 \times 50,000$$
$$= 9,521.27\text{m}$$
(여기서, 1MHz = 1,000,000Hz)

55 직각좌표계로 나타낸 측위결과를 측지좌표계로 변환하기 위해 필요한 정보가 아닌 것은?

① 지오이드고
② 지구타원체의 장반경
③ 지구타원체의 편평률
④ 두 좌표계의 원점 위치

Guide 측지좌표계 변환을 위한 정보
• 지구타원체의 장반경
• 지구타원체의 편평률
• 두 좌표계의 원점 위치

56 지리정보체계에 필수적인 자료를 크게 2가지로 구분할 때 옳게 짝지어진 것은?

① 위치자료와 속성자료
② 도형자료와 영상자료
③ 위치자료와 영상자료
④ 속성자료와 인문자료

Guide GIS의 정보에는 크게 위치정보와 특성정보로 구분되며, 위치정보는 절대위치정보·상대위치정보, 특성정보는 도형정보·영상정보·속성정보로 세분화된다.

57 기하학적인 좌표정보를 저장할 수 있는 지리참조 정보를 포함한 래스터 데이터의 저장 방식으로 옳은 것은?

① Jpeg ② Wavelet
③ Png ④ Geo Tiff

58 지리정보시스템(GIS)의 구성요소 중 하드웨어(Hardware) 구성요소가 아닌 것은?

① 입력장치
② 저장장치
③ 데이터분석 및 연산장치
④ 데이터베이스 관리시스템

59 다음 중 GPS를 사용하여 직접적으로 수행할 수 없는 것은?

① 한 대의 수신기를 이용한 절대측위
② 두 지점에 설치한 수신기를 이용한 상대측위
③ 지구상 반대편에 위치한 두 지점의 시각 동기
④ 터널 내 평면 높이 정보를 위한 공사 측량

60 A지점의 표고가 10m, B지점의 표고가 20m이며 A지점과 B지점의 거리는 20m이다. C지점은 A지점과 B지점의 사이에 위치하고 있으며, A지점으로부터 거리가 8m 떨어져 있을 경우 C지점의 표고는?(단, A지점과 B지점은 등경사 구간이다.)

① 12m ② 14m
③ 16m ④ 18m

Subject 04 측량학

✔ 측량 관련 법규는 출제 당시 법률을 기준으로 해설되었음을 알려드립니다.

61 수준기인 기포관의 감도에 대한 설명으로 옳지 않은 것은?

① 기포관의 감도란 기포가 1눈금 움직일 때 기포관 축이 경사되는 각도를 말한다.
② 기포관의 감도가 좋을수록 정밀도는 높다.
③ 기포관의 감도는 기포관의 곡률반지름과 액체의 점성에 가장 큰 영향을 받는다.
④ 기포관의 기포 1눈금이 끼인 중심각이 작으면 정밀도가 떨어진다.

62 삼변측량에 대한 설명 중 옳지 않은 것은?

① 관측값에 비하여 조건식이 많다.
② 변으로부터 각을 구하고, 구한 각과 변에 의하여 수평위치를 결정한다.
③ 변 길이를 관측하고, cosine 제2법칙 및 반각공식을 이용하여 각을 결정한다.
④ 전파거리측정기 등을 이용하여 거리관측의 정확도가 높아져 수평위치결정 정확도가 향상되었다.

63 표준길이보다 36mm가 짧은 30m 줄자로 관측한 거리가 480m일 때 실제거리는?

① 479.424m ② 479.856m

③ 480.144m ④ 480.576m

Guide

$$실제거리 = \frac{부정길이 \times 관측길이}{표준길이}$$

$$= \frac{29.964 \times 480}{30} = 479.424m$$

64 축척 1 : 25,000 지형도 상에서 2점 간의 거리가 11.2cm인 두 측점이 축척이 다른 새 지형도에서는 56cm였다면, 축척이 다른 새 지형도에서 면적이 5cm²인 지역의 실제면적은?

① 1,250m²

② 12,500m²

③ 125,000m²

④ 1,250,000m²

Guide
• 기존 지형도(1/25,000)에서 실제거리

$$축척\left(\frac{1}{m}\right) = \frac{도상거리}{실제거리} \rightarrow \frac{1}{25,000} = \frac{11.2}{실제거리}$$

$$\rightarrow 실제거리 = 25,000 \times 11.2 = 280,000cm$$

• 새 지형도의 축척

$$축척\left(\frac{1}{m}\right) = \frac{도상거리}{실제거리} = \frac{56}{280,000} = \frac{1}{5,000}$$

• 실제면적

$$\left(\frac{1}{m}\right)^2 = \frac{도상면적}{실제면적} \rightarrow \left(\frac{1}{5,000}\right)^2 = \frac{5}{실제면적}$$

$$\therefore 실제면적 = 5 \times 5,000^2 = 125,000,000cm^2 = 12,500m^2$$

65 수준측량을 실시한 결과가 표와 같을 때, P점의 표고는?

측점	표고 (m)	측량 방향	고저차 (m)	거리 (km)
A	20.14	A→P	+ 1.53	2.5
B	24.03	B→P	− 2.33	4.0
C	19.89	C→P	+ 1.88	2.0

① 21.75m ② 21.72m

③ 21.70m ④ 21.68m

Guide 경중률은 노선거리(S)에 반비례하므로 경중률 비를 취하면,

$$W_1 : W_2 : W_3 = \frac{1}{S_1} : \frac{1}{S_2} : \frac{1}{S_3} = \frac{1}{2.5} : \frac{1}{4} : \frac{1}{2} = 8 : 5 : 10$$

$$\therefore P점의 최확값(H_P) = \frac{W_1 H_1 + W_2 H_2 + W_3 H_3}{W_1 + W_2 + W_3}$$

$$= 21.0 + \frac{(8 \times 0.67) + (5 \times 0.70) + (10 \times 0.77)}{8 + 5 + 10}$$

$$= 21.72m$$

66 삼각점을 선점할 때의 고려사항에 대한 설명으로 옳지 않은 것은?

① 삼각형의 내각은 60°에 가깝게 하며, 불가피할 경우에도 90°보다 크지 않아야 한다.

② 상호 간의 시준이 잘 되어 연결 작업이 용이해야 한다.

③ 불규칙한 광선, 아지랑이 등의 영향을 받지 않도록 한다.

④ 지반이 견고하여야 하며 이동, 침하 및 동결지반은 피한다.

Guide 삼각점 선점 시 고려사항
• 가능한 한 측점수가 적고 세부측량에 이용가치가 커야 한다.
• 삼각형은 정삼각형에 가까울수록 좋으나 가능한 한 1개의 내각은 30~120° 이내로 한다.
• 삼각점의 위치는 다른 삼각점과 시준이 잘 되어야 한다.
• 견고한 땅이어야 하고 위치의 이동이 없고 침하하지 않는 곳이 좋다.
• 많은 나무의 벌채를 요하거나 높은 측표를 요하는 지점은 가능한 한 피한다.
• 삼각점은 측량구역 내에서 한쪽에 편중되지 않도록 고른 밀도로 배치한다.
• 미지점은 최소 3개, 최대 5개의 기지점에서 정·반 양방향으로 시통이 되도록 한다.

67 다음과 같은 삼각망에서 각 조건방정식의 수는?

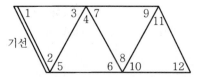

① 1개   ② 3개

③ 4개   ④ 6개

Guide 각 조건식 수 $= \ell - P + 1 = 9 - 6 + 1 = 4$개

68 그림과 같이 관측하는 수평각 측정방법은?

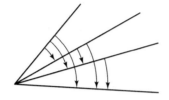

① 배각법   ② 조합각관측법

③ 방향각법   ④ 단측법

Guide 조합각관측법
각관측법이라고도 하며, 수평각 관측법 중 가장 정확한 값을 얻을 수 있는 방법으로 1등 삼각측량에 이용된다.

69 거리 1회 측정 시 발생하는 오차를 ± 0.01m 라 하면 50회 연속 측정했을 때의 오차 계산식은?

① $\pm \sqrt{50}$ m   ② $\pm \dfrac{\sqrt{0.01}}{\sqrt{50}}$ m

③ $\pm \sqrt{0.01 \times 50}$ m   ④ $\pm 0.01 \times \sqrt{50}$ m

Guide $M = \pm m\sqrt{n} = \pm 0.01\sqrt{50}$ m
여기서, m : 1회 관측 시 부정오차
n : 횟수

70 등고선의 성질에 대한 설명으로 옳지 않은 것은?

① 경사가 급할수록 등고선 간격이 좁다.
② 경사가 같으면 등고선 간격이 같고 서로 평행하다.
③ 등고선은 분수선과는 직교하고 계곡선과는 평행하다.
④ 등고선은 서로 만나는 경우도 있다.

Guide 등고선은 분수선 및 계곡선에 직교한다.

71 다음과 같은 교호수준측량 결과 a = 2.995m, b = 3.765m, c = 2.111m, d = 2.883m였다. A점의 표고가 50.345m 이라면 B점의 표고는?

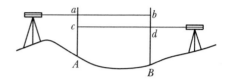

① 49.574m   ② 50.346m

③ 51.116m   ④ 51.228m

Guide
$$\Delta H = \frac{1}{2}[(a-b)+(c-d)]$$
$$= \frac{1}{2}[(2.995-3.765)+(2.111-2.883)]$$
$$= -0.771\text{m}$$
$$\therefore \ H_B = H_A + \Delta H = 50.345 + (-0.771)$$
$$= 49.574\text{m}$$

72 A점에서 트래버스측량을 실시하여 A점에 되돌아 왔더니 위거의 오차 40cm, 경거의 오차는 25cm였다. 이 트래버스측량의 전측선장의 합이 943.5m였다면 트래버스측량의 폐합비는?

① 1/1,000   ② 1/2,000

③ 1/3,000   ④ 1/4,000

Guide 폐합오차 $= \sqrt{(\Delta\ell)^2 + (\Delta d)^2}$
$= \sqrt{(0.40)^2 + (0.25)^2} = 0.47$m
$\therefore$ 폐합비 $= \dfrac{\text{폐합오차}}{\text{전거리}} = \dfrac{0.47}{943.5} ≒ \dfrac{1}{2,000}$

73 지형도의 활용과 가장 거리가 먼 것은?

① 저수지의 담수 면적과 저수량의 계산
② 절토 및 성토 범위의 결정
③ 노선의 도상 선정
④ 지적경계측량

> **Guide** 지형도의 활용
> • 단면도의 제작
> • 등경사선의 관측
> • 유역면적의 측정
> • 성토 및 절토범위의 측정
> • 저수량의 측정
> • 노선의 도상 선정

74 한 기선의 길이를 n회 반복 측정한 경우, 최확값의 평균제곱근오차에 대한 설명으로 옳은 것은?

① 관측횟수에 비례한다.
② 관측횟수의 제곱근에 비례한다.
③ 관측횟수의 제곱근에 반비례한다.
④ 관측횟수의 제곱에 반비례한다.

> **Guide** 최확값의 평균제곱근오차는 관측횟수 n의 제곱근에 반비례하며, 관측횟수는 어느 정도가 좋은지 판단하는 기초가 된다.
>
> $$\sigma = \pm \sqrt{\frac{[vv]}{n(n-1)}}$$

75 지형도 도식적용규정의 목적과 가장 거리가 먼 것은?

① 지형, 지물 등의 표시방법에 관한 기준을 정함
② 각종 기호의 적용방법에 관한 기준을 정함
③ 기호 및 주기의 선택에 관한 기준을 정함
④ 기준점 위치의 측량 방법에 관한 기준을 정함

> **Guide** 지도도식규칙 제1조(목적)
> 측량성과를 이용하여 간행하는 지도의 도식에 관한 기준을 정하여 지형·지물 및 지명 등을 나타내는 기호나 문자 등의 표시방법의 통일을 기함으로써 지도의 정확하고 쉬운 판독에 이바지함을 목적으로 한다.

76 기본측량의 실시 공고에 포함되어야 하는 사항으로 옳은 것은?

① 측량의 정확도
② 측량의 실시지역
③ 측량성과의 보관 장소
④ 설치한 측량기준점의 수

> **Guide** 측량·수로조사 및 지적에 관한 법률 시행령 제12조 (측량의 실시공고)
> 기본측량의 실시공고에는 다음의 사항이 포함되어야 한다.
> 1. 측량의 종류
> 2. 측량의 목적
> 3. 측량의 실시기간
> 4. 측량의 실시 지역
> 5. 그 밖에 측량의 실시에 관한 필요한 사항

77 성능검사를 받아야 하는 측량기기와 검사주기로 옳은 것은?

① 레벨 : 1년
② 토털스테이션 : 2년
③ 지피에스(GPS) 수신기 : 3년
④ 금속관로 탐지기 : 4년

> **Guide** 측량·수로조사 및 지적에 관한 법률 시행령 제97조 (성능검사의 대상 및 주기 등)
> 성능검사를 받아야 하는 측량기기와 검사주기는 다음과 같다.
> 1. 트랜싯(데오도라이트) : 3년
> 2. 레벨 : 3년
> 3. 거리측정기 : 3년
> 4. 토털스테이션 : 3년
> 5. 지피에스(GPS) 수신기 : 3년
> 6. 금속관로 탐지기 : 3년

78 수치주제도의 종류가 아닌 것은?

① 지형도
② 토양도
③ 관광지도
④ 지하시설물도

> **Guide** 측량·수로조사 및 지적에 관한 법률 시행령 제4조 (수치주제도의 종류) 별표 1
> 수치주제도의 종류에는 지하시설물도, 토지이용현황도, 토지적성도, 국토이용계획도, 도시계획도, 도로망도, 수계도, 하천현황도, 지하수맥도, 행정구역도, 산림이용기본도, 임상도, 지질도, 토양도, 식생도, 생태·자연도, 자연공원현황도, 토지피복지도, 관광지도, 풍수해보험관리지도, 재해지도 등이 있다.

79 우리나라 측량기준인 세계측지계에 대한 설명으로 틀린 것은?

① 지구를 편평한 회전타원체로 상정하여 실시하는 위치측정의 기준이다.
② 회전타원체의 중심이 지구의 질량중심과 일치한다.

정답 **74** ③ **75** ④ **76** ② **77** ③ **78** ① **79** ③

③ 회전타원체의 장축이 지구의 자전축과 일치
한다.

④ 회전타원체의 단축이 지구의 자전축과 일치
한다.

> **Guide** 측량 · 수로조사 및 지적에 관한 법률 시행령 제7조
> (세계측지계 등)
> 세계측지계는 지구를 편평한 회전타원체로 상정하여 실
> 시하는 위치측정의 기준으로서 다음의 요건을 갖춘 것을
> 말한다.
> 1. 회전타원체의 장반경 및 편평률은 다음 각 목과
>   같을 것
>   가. 장반경 : 6,378,137미터
>   나. 편평률 : 298.257222101분의 1
> 2. 회전타원체의 중심이 지구의 질량중심과 일치할 것
> 3. 회전타원체의 단축이 지구의 자전축과 일치할 것

80 측량기준점 중 국가기준점에 해당되지 않는 것은?

① 위성기준점 　② 통합기준점

③ 삼각점 　④ 공공수준점

> **Guide** 측량 · 수로조사 및 지적에 관한 법률 시행령 제8조
> (측량기준점의 구분)
> 측량기준점은 다음과 같이 구분한다.
> 1. 국가기준점 : 위성기준점, 수준점, 중력점, 통합기준
>   점, 삼각점, 지자기점, 수로기준점, 영해기준점
> 2. 공공기준점 : 공공삼각점, 공공수준점
> 3. 지적기준점 : 지적삼각점, 지적삼각보조점, 지적도근점

03

2015년
출제경향분석 및
문제해설

출제경향분석 및 출제빈도표
2015년 3월 8일 시행
2015년 5월 31일 시행
2015년 9월 19일 시행

••• 측량 및 지형공간정보산업기사 출제경향분석 및 출제빈도표

1. 출제경향분석

2015년 시행된 측량 및 지형공간정보산업기사의 출제경향을 세부적으로 살펴보면, 측량학 Part는 전 분야 고르게 출제된 가운데 거리측량과 법령을 우선 학습한 후 각 파트별로 고루 수험준비를 해야 하며, 사진측량 및 원격탐사 Part는 전년도와 마찬가지로 사진측량에 의한 지형도제작, 지리정보시스템 및 위성측위시스템 Part는 GIS의 자료운영 및 분석, 자료구조 및 생성과 위성측위시스템, 응용측량 Part는 노선측량 및 면체적측량을 중심으로 먼저 학습 후 출제비율에 따라 순차적으로 학습하는 것이 수험대비에 효과적이라 할 수 있다.

2. 측량학 출제빈도표

시행일 \ 빈도	구분	총론	거리측량	각측량	삼각삼변측량	다각측량	수준측량	지형측량	측량관계법규				총계
									법률	시행령	시행규칙	기타	
산업기사 (2015. 3. 8)	빈도(개)	1	4		2	2	3	2	4	1	1		20
	빈도(%)	5	20		10	10	15	10	20	5	5		100
산업기사 (2015. 5. 31)	빈도(개)	1	5	2	1	1	2	2	3	3			20
	빈도(%)	5	25	10	5	5	10	10	15	15			100
산업기사 (2015. 9. 19)	빈도(개)	1	5		3	1	2	2	4	2			20
	빈도(%)	5	25		15	5	10	10	20	10			100
총계	빈도(개)	3	14	2	6	4	7	6	11	6	1		60
	빈도(%)	5	23.3	3.3	10	6.7	11.7	10	18.3	10	1.7		100

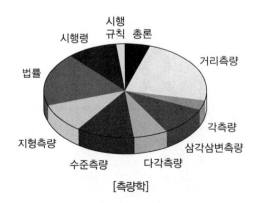

[측량학]

3. 사진측량 및 원격탐사 출제빈도표

시행일 \ 구분 빈도		총론	사진의 일반성	사진측량에 의한 지형도제작	사진판독 및 응용	원격탐사	총계
산업기사 (2015. 3. 8)	빈도(개)	2	3	7	3	5	20
	빈도(%)	10	15	35	15	25	100
산업기사 (2015. 5. 31)	빈도(개)	3	4	8	1	4	20
	빈도(%)	15	20	40	5	20	100
산업기사 (2015. 9. 19)	빈도(개)	1	4	9	2	4	20
	빈도(%)	5	20	45	10	20	100
총계	빈도(개)	6	11	24	6	13	60
	빈도(%)	10	18.3	40	10	21.7	100

4. 지리정보시스템(GIS) 및 위성측위시스템(GNSS) 출제빈도표

시행일 \ 구분 빈도		GIS 총론	GIS의 자료 구조 및 생성	GIS의 자료관리	GIS의 자료 운영 및 분석	GIS의 표준화 및 응용	공간위치 결정	위성측위 시스템(GNSS)	총계
산업기사 (2015. 3. 8)	빈도(개)	1	4		4	7		4	20
	빈도(%)	5	20		20	35		20	100
산업기사 (2015. 5. 31)	빈도(개)	2	4	1	8	1		4	20
	빈도(%)	10	20	5	40	5		20	100
산업기사 (2015. 9. 19)	빈도(개)	4	6		4	2		4	20
	빈도(%)	20	30		20	10		20	100
총계	빈도(개)	7	14	1	16	10		12	60
	빈도(%)	11.7	23.3	1.7	26.7	16.7		20	100

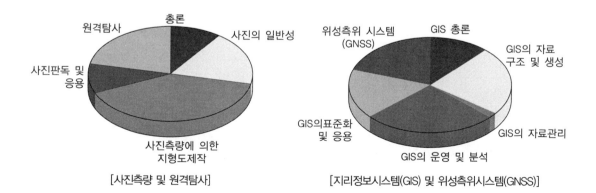

[사진측량 및 원격탐사]

[지리정보시스템(GIS) 및 위성측위시스템(GNSS)]

5. 응용측량 출제빈도표

시행일	구분 빈도	면·체적 측량	노선 측량	하천 및 해양측량	터널 및 시설물측량	경관 및 기타측량	총계
산업기사 (2015. 3. 8)	빈도(개)	5	7	4	3	1	20
	빈도(%)	25	35	20	15	5	100
산업기사 (2015. 5. 31)	빈도(개)	4	8	4	3	1	20
	빈도(%)	20	40	20	15	5	100
산업기사 (2015. 9. 19)	빈도(개)	5	7	4	3	1	20
	빈도(%)	25	35	20	15	5	100
총계	빈도(개)	14	22	12	9	3	60
	빈도(%)	23.3	36.7	20	15	5	100

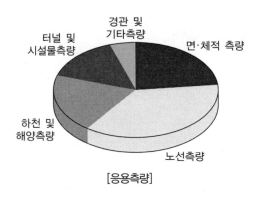

[응용측량]

EXERCISES
기출문제

2015년 3월 8일 시행

본 문제의 해설은 출제자의 의도와 일치되지 않을 수 있으며, 문제 및 정답은 일부 오탈자가 있을 수 있으므로 학습시 의문사항이 있으면 예문사 또는 저자에게 문의하여 주시기 바랍니다. 또한, 본 기출문제는 시행 당시의 이론 및 법규에 의하여 해설되었음을 알려드립니다.

Subject 01 응용측량

01 그림과 같은 단면을 갖는 길이 50m의 도로를 만들기 위한 전체 성토량은?(단, 성토경사는 양쪽이 1 : 1.5로 동일하고, 지면은 평지이다.)

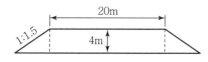

① 104m³ ② 1,040m³
③ 4,200m³ ④ 5,200m³

Guide

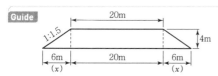

$$x = 1.5 \times 4 = 6\text{m}$$
∴ 사다리꼴 공식을 적용하면
$$V = \left(\frac{20+20+6+6}{2} \times 4\right) \times 50\text{m} = 5,200\text{m}^2$$

02 한 변의 길이가 10m인 정사각형의 토지를 0.1m²까지 정확하게 구하기 위해서는 1변의 길이를 어느 정도까지 정확하게 관측하여야 하는가?

① 1mm ② 3mm
③ 5mm ④ 10mm

Guide
$$\frac{dA}{A} = 2\frac{dl}{l} \rightarrow$$
$$\frac{0.1}{100} = 2 \times \frac{dl}{10}$$
∴ $dl = 0.005\text{m} = 5\text{mm}$

03 그림과 같은 단곡선에서 곡선반지름(R) = 50m, $\overline{AI}$의 방위 = N79° 49′ 32″ E, BI의 방위 = N50° 10′ 28″ W일 때 $\overline{AB}$의 거리는?

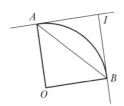

① 34.20m ② 28.36m
③ 42.26m ④ 10.81m

Guide

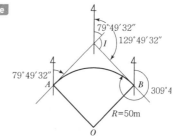

• $\overline{AI}$ 방위각 = 79°49′32″
• $\overline{IB}$ 방위각 = BI 역방위각
  = $\overline{BI}$ 방위각 − 180°
  = 309°49′32″ − 180°
  = 129°49′32″
• $I = \overline{IB}$ 방위각 − $\overline{AI}$ 방위각
  = 129°49′32″ − 79°49′32″
  = 50°00′00″
∴ $\overline{AB}$의 거리 = $2R \cdot \sin\dfrac{I}{2}$
  = $2 \times 50 \times \sin\dfrac{50°}{2} = 42.26\text{m}$

정답 **01** ④ **02** ③ **03** ③

04 다음 중 완화곡선으로 주로 사용되지 않는 것은?

① Clothoid ② 2차 포물선

③ Lemniscate ④ 3차 포물선

> **Guide** 2차 포물선 곡선은 노선의 종단선형에 이용된다.

05 도로에서 곡선 위를 주행할 때 원심력에 의한 차량의 전복이나 미끄러짐을 방지하기 위해 곡선중심으로부터 바깥쪽의 도로를 높이는 것은?

① 확폭(Slack)

② 편경사(Cant)

③ 종거(Ordinate)

④ 편각(Deflection angle)

> **Guide** 편경사(Cant)
> 곡선부를 통과하는 차량이 원심력이 발생하여 접선방향으로 탈선하려는 것을 방지하기 위해 바깥쪽 노면을 안쪽노면보다 높이는 정도를 편경사라고 한다.
> $$C = \frac{V^2 \cdot S}{g \cdot R}$$

06 교점(I.P)이 도로기점으로부터 300m에 위치한 곡선반지름 $R = 200$m, 교각 $I = 90°$인 원곡선을 편각법으로 측설할 때, 종점(E.C)의 위치는?(단, 중심말뚝의 간격은 20m이다.)

① No. 20+14.159m

② No. 21+14.159m

③ No. 22+14.159m

④ No. 23+14.159m

> **Guide** • T.L(접선길이) $= R \cdot \tan\frac{I}{2}$
> $$= 200 \times \tan\frac{90°}{2} = 200\text{m}$$
> • B.C(곡선시점) = 도로기점~I.P까지의 거리 − T.L
> $$= 300 - 200$$
> $$= 100\text{m(No.5}+0.00\text{m)}$$
> • C.L(곡선길이) $= 0.0174533 \cdot R \cdot I°$
> $$= 0.0174533 \times 200 \times 90°$$
> $$= 314.159\text{m}$$
> ∴ E.C(곡선종점) = B.C+C.L
> $$= 100 + 314.159$$
> $$= 414.159\text{m(No.20}+14.159\text{m)}$$

07 노선측량에서 그림과 같은 단곡선을 설치할 때 $\overline{CD}$ 의 거리는?(단, 곡선반지름(R) = 50m, $\alpha = 20°$)

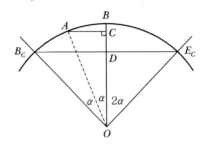

① 17.10m ② 8.68m

③ 8.55m ④ 4.34m

> **Guide** • $\overline{BD} = R\left(1 - \cos\frac{I}{2}\right) = 50 \times \left(1 - \cos\frac{80°}{2}\right) = 11.70$m
> • $\overline{BC} = R\left(1 - \cos\frac{I}{4}\right) = 50 \times \left(1 - \cos\frac{80°}{4}\right) = 3.02$m
> • $I = \alpha + \alpha + 2\alpha = 80°$
> ∴ $\overline{CD} = \overline{BD} - \overline{BC}$
> $$= 11.70 - 3.02 = 8.68\text{m}$$

08 그림과 같이 도로건설의 절취단면을 표시한 것이다. 횡단면적을 계산한 값은?

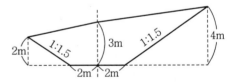

① 25.0m² ② 25.5m²

③ 30.0m² ④ 30.5m²

> **Guide**
>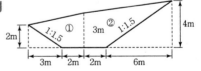
> • $A_1 = \left(\frac{2+3}{2} \times 5\right) - \left(\frac{1}{2} \times 3 \times 2\right) = 9.5$m²
> • $A_2 = \left(\frac{3+4}{2} \times 8\right) - \left(\frac{1}{2} \times 4 \times 6\right) = 16.0$m²
> ∴ $A = A_1 + A_2 = 9.5 + 16.0 = 25.5$m²

09 캔트 C인 노선의 곡선 반지름을 2배로 조정하면 조정된 캔트는?

① $C/2$ ② $C/4$

③ C ④ $2C$

Guide $C = \dfrac{V^2 \cdot S}{g \cdot R}$ 에서 반지름을 2배로 조정하면 캔트는 $\dfrac{C}{2}$ 로 감소한다.

10 수로조사 성과심사의 대상에 해당되는 것은?

① 노선측량 ② 해안선측량

③ 지적측량 ④ 터널측량

Guide 수로측량은 선박의 항행을 위해 바다, 강, 하천, 호소 등의 항로에 대하여 수심, 지질, 상황, 목표 등의 형태를 측정하여 해도를 작성하는 측량으로 해안선측량은 수로조사 성과심사의 대상이 된다.

11 터널측량을 크게 3가지로 분류할 때 이에 포함되지 않는 것은?

① 터널 외 측량 ② 터널 내 측량

③ 터널 내외 연결측량 ④ 터널 관통 측량

Guide 터널측량은 터널 외 측량(지상), 터널 내외 연결측량, 터널 내 측량(지하) 등으로 구분된다.

12 그림과 같이 $\overline{AC}$ 및 $\overline{BD}$ 사이에 반지름 300m의 원곡선을 설치하기 위하여 $\angle ACD = 150°$, $\angle CDB = 90°$, $\overline{CD} = 200m$를 관측하였다면 C점으로부터 곡선시점까지의 거리는?

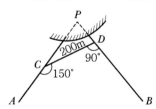

① 209.82m ② 242.62m

③ 288.68m ④ 302.82m

Guide

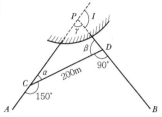

• $\overline{CD} = 200m$, $\angle ACD = 150°$, $\angle CDB = 90°$에서 α, β, γ를 구하여 교각 I를 구한다.

$\alpha = 30°$, $\beta = 90°$, $\gamma = 60°$

$I = 180° - \gamma = 180° - 60° = 120°$

• T.L(접선장) $= R \cdot \tan \dfrac{I}{2}$

$= 300 \times \tan \dfrac{120°}{2} = 519.62m$

• sine 법칙에 의하여 $\overline{CP}$를 구하면

$\dfrac{200}{\sin 60°} = \dfrac{\overline{CP}}{\sin 90°} \rightarrow$

$\overline{CP} = 230.94m$

∴ C점~곡선시점까지의 거리 = T.L − $\overline{CP}$

$= 519.62 - 230.94$

$= 288.68m$

13 경관평가요인 중 일반적으로 시설물의 전체 형상을 인식할 수 있고 경관의 주제로서 적당한 수평시각(θ)의 크기는?

① $0° \leq \theta \leq 10°$

② $10° < \theta \leq 30°$

③ $30° < \theta \leq 60°$

④ $60° \leq \theta < 90°$

Guide 수평시각(θ_H)

• $0° \leq \theta_H \leq 10°$: 시설물은 주위 환경과 일체가 궤도경관의 주제로서 대상에서 벗어난다.

• $10° < \theta_H \leq 30°$: 시설물의 전체형상을 인식할 수 있고 경관의 주제로서 적당하다.

• $30° < \theta_H \leq 60°$: 시설물이 시계중에 차지하는 비율이 크고 강조된 경관을 얻는다.

• $60° < \theta_H$: 시설물에 대한 압박감을 느끼기 시작한다.

14 다음 중 시설물의 변위상태를 3차원적으로 정확하게 규명하기 위한 측량방법으로 적합하지 않은 측량은?

① 사진측량
② GPS측량
③ Total Station측량
④ 평판측량

> **Guide** 사진측량, GPS측량, Total Station측량은 X, Y, Z의 3차원 측량이 가능하며, 평판측량은 2차원 측량이므로 시설물의 변위상태를 3차원적으로 정확하게 규명하기 위한 측량방법으로는 적합하지 않다.

15 측량결과 그림과 같은 결과를 얻었다면 이 지역의 계획고를 3m로 하기 위하여 필요한 토량은?

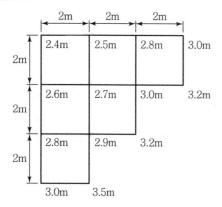

① 1.5m³
② 3.2m³
③ 3.8m³
④ 4.2m³

> **Guide**
> • 현재 상태의 토량
> $$V_1 = \frac{A}{4}\left(\Sigma h_1 + 2\Sigma h_2 + 3\Sigma h_3 + 4\Sigma h_4\right)$$
> $$= \frac{2\times 2}{4} \times \{18.3 + 2(10.7) + 3(5.9) + 4(2.7)\}$$
> $$= 68.2\text{m}^3$$
> • 계획고를 3m로 했을 때의 토량
> $$V_2 = A \cdot h \cdot n = (2\times 2)\times 3\times 6 = 72.0\text{m}^3$$
> ∴ 계획고를 3m로 하기 위하여 필요한 토량
> $$V = V_2 - V_1 = 72.0 - 68.2 = 3.8\text{m}^3$$

16 하천측량에서 심천측량과 가장 관계가 깊은 것은?

① 횡단측량
② 기준점측량
③ 평면측량
④ 유속측량

> **Guide** 심천측량은 하천의 수심 및 유수부분의 하저상황을 조사하고 횡단면도를 제작하는 것으로 횡단측량과 관계가 깊다.

17 하천측량에서 수위관측 시 수위표 설치에 부적절한 장소는?

① 하상이나 하안이 안전하고 세굴이나 퇴적이 일어나지 않는 곳
② 수위가 구조물에 의한 영향을 받지 않는 곳
③ 잔류 및 역류가 충분히 발생되는 곳
④ 하저의 변화가 적은 곳

> **Guide** 수위관측 시 수위표 설치는 잔류, 역류가 없는 곳이 적당하다.

18 터널 내 좌표가(1,265.45m, −468.75m), (2,185.31m, 1,961.60m)이고 높이가 각각 36.30m, 112.40m인 $\overline{AB}$ 점을 연결하는 터널의 사거리는?

① 2,248.03m
② 2,284.30m
③ 2,598.60m
④ 2,599.72m

> **Guide**
>
> (2185.31, 1961.60, 112.40) B
>
> A (1265.45, −468.75, 36.30)
>
> • $\overline{AB}$ 수평거리
> $$= \sqrt{(2,185.31 - 1,265.45)^2 + (1,961.60 - (-468.75))^2}$$
> $$= 2,598.60\text{m}$$
> • $\overline{AB}$ 고저차 = 112.40 − 36.30 = 76.10m
> ∴ $\overline{AB}$ 사거리 $= \sqrt{2,598.60^2 + 76.10^2}$
> $$= 2,599.72\text{m}$$

19 그림과 같은 삼각형 모양의 토지를 면적비가 1 : 3이 되도록 D점을 결정하고자 한다. $\overline{BD}$ 의 거리는?

① 2m
② 3m
③ 4m
④ 5m

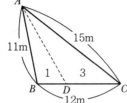

Guide $\overline{BD} = \dfrac{n}{m+n} \cdot \overline{BC}$

$= \dfrac{1}{3+1} \times 12 = 3\text{m}$

20 하천에서 부자를 이용하여 유속을 측정하고자 할 때 유하거리는 보통 얼마 정도로 하는가?

① 100~200m
② 500~1000m
③ 1~2km
④ 하폭의 5배 이상

Guide 부자에 의한 유속관측 시 유하거리는 하천폭의 2~3배가 적당하다.(큰 하천 100~200m, 작은 하천 20~50m)

Subject 02 사진측량 및 원격탐사

21 항공사진의 촬영고도 2,000m, 카메라의 초점거리 210mm이고, 사진의 크기가 21cm×21cm일 때 사진 1장에 포함되는 실제면적은?

① 3.8km²
② 4.0km²
③ 4.2km²
④ 4.4km²

Guide 사진축척$(M) = \dfrac{1}{m} = \dfrac{f}{H} \rightarrow$

$\dfrac{1}{m} = \dfrac{0.21}{2,000} = \dfrac{1}{9,524}$

$\therefore A = (m \cdot a)^2 = (9,524 \times 0.21)^2$

$= 4,000,160\text{m}^2$

$≒ 4.0\text{km}^2$

22 동일한 축척으로 촬영된 공중사진을 일정한 축척으로 편위수정하여 집성사진(Mosaic)을 만들 때 작업하기가 가장 용이한 것은 어느 사진기를 사용할 때인가?(단, 기타 조건은 동일하다.)

① 보통각 사진기
② 광각 사진기
③ 초광각 사진기
④ 사진기의 종류와 무관하다.

Guide 보통각 사진기는 초점길이가 다른 사진기에 비해 길므로 기복변위에 따른 영상변위를 감소시키며 높은 비행고도에도 불구하고 대축척사진을 얻을 수 있어 집성사진을 만들 때 용이한 사진기이다.

23 초점거리가 180mm인 사진기로 비고 230m인 지역을 촬영하여 축척 1 : 25,000의 수직사진을 얻었다면 지표면으로부터 촬영고도는?

① 4,500m
② 4,530m
③ 4,730m
④ 4,900m

Guide 사진축척$(M) = \dfrac{1}{m} = \dfrac{f}{H-h}$

$\therefore H = (m \cdot f) + h$

$= (25,000 \times 0.18) + 230 = 4,730\text{m}$

24 대공표지에 관한 설명으로 틀린 것은?

① 대공표지의 재료로는 합판, 알루미늄, 합성수지, 직물 등으로 내구성이 강하여 후속작업이 완료될 때까지 보존될 수 있어야 한다.
② 대공표지는 항공사진에 표정용 기준점의 위치를 정확하게 표시하기 위하여 촬영 전에 설치한 표지를 말한다.
③ 대공표지의 설치장소는 상공에서 보았을 때 30° 정도의 시계를 확보할 수 있어야 한다.
④ 지상에 적당한 장소가 없을 때에는 수목 또는 지붕 위에 설치할 수도 있다.

Guide 대공표지의 설치장소는 상공에서 보았을 때 45° 이상의 각도를 열어두어야 한다.

25 동일한 조건에서 다음과 같은 차이가 있을 경우 입체시에 대한 설명으로 옳은 것은?

① 촬영기선이 긴 경우에는 짧은 경우보다 낮게 보인다.
② 초점거리가 긴 경우가 짧은 경우보다 높게 보인다.
③ 낮은 촬영고도로 촬영한 경우가 높은 경우보다 높게 보인다.
④ 입체시할 경우 눈의 위치가 높아짐에 따라 낮게 보인다.

Guide 입체상의 변화
• 입체상은 촬영기선이 긴 경우가 촬영기선이 짧은 경우보다 더 높게 보인다.
• 렌즈의 초점거리가 긴 쪽의 사진이 짧은 쪽의 사진보다 더 낮게 보인다.
• 같은 촬영기선에서 촬영하였을 때 낮은 촬영고도로 촬영한 사진이 높은 고도로 촬영한 경우보다 더 높게 보인다.
• 눈의 위치가 약간 높아짐에 따라 입체상은 더 높게 보인다.

26 도화기 또는 좌표측정기에 의하여 항공사진상에서 측정된 구점의 모델좌표 또는 사진좌표를 지상기준점 및 GPS/INS 외부표정 요소를 기준으로 지상좌표로 전환시키는 작업을 무엇이라 하는가?

① 지상기준점측량　② 항공삼각측량
③ 세부도화　　　　④ 가편집

Guide 항공삼각측량
입체도화기 및 정밀좌표관측기에 의하여 사진상에 무수한 점들의 좌표를 관측한 다음, 소수의 지상기준점 성과를 이용하여 측정된 무수한 점들의 좌표를 컴퓨터에 의해 절대좌표 및 측지좌표를 환산해내는 방법이다.

27 사진좌표계를 결정하는 데 필요하지 않은 사항은?

① 사진지표　　　② 좌표변환식
③ 주점의 좌표　　④ 연직점의 좌표

Guide 기계 및 지표좌표는 주점좌표, 사진의 지표, 좌표변환에 의해 사진좌표로 변환된다.

28 원격탐사 시스템의 해상도 중 파장 대역의 전자파 에너지를 측정하는 해상도로 옳은 것은?

① 주기 해상도　　② 방사 해상도
③ 공간 해상도　　④ 분광 해상도

Guide 분광 해상도(Spectral Resolution)
• 전자기 스펙트럼의 특정파장 간격의 크기의 수
• 얼마나 스펙트럼 영역을 좁게 관측할 수 있는가?
• 얼마나 많은 스펙트럼 영역을 관측할 수 있는가?

29 원격탐사에 대한 설명으로 옳지 않은 것은?

① 자료 수집 장비로는 수동적 센서와 능동적 센서가 있으며 Laser 거리관측기는 수동적 센서로 분류된다.
② 원격탐사 자료는 물체의 반사 또는 방사의 스펙트럼 특성에 의존한다.
③ 자료의 양은 대단히 많으며 불필요한 자료가 포함되어 있을 수 있다.
④ 탐측된 자료가 즉시 이용될 수 있으며 재해 및 환경문제 해결에 편리하다.

Guide Laser, Radar 방식은 능동적 센서이다.

30 영상판독의 요소가 아닌 것은?

① 질감　　② 좌표
③ 크기　　④ 모양

Guide 사진판독요소
• 주요소 : 색조, 모양, 질감, 형상, 크기, 음영
• 보조요소 : 과고감, 상호위치관계

31 상호표정 수행시 형성되는 좌표계는?

① 사진좌표계　　② 절대좌표계
③ 모델좌표계　　④ 지도좌표계

Guide 상호표정은 사진좌표로부터 사진기좌표를 구한 다음 모델좌표를 구하는 단계적 방법이다.

32 어느 지역의 영상으로부터 "밭"의 훈련지역 (Training Field)을 선택하여 영상소를 "F"로 표기하였다. 이때 산출되는 통계값으로 옳은 것은?

열

	1	2	3	4	5	6	7
1	9	9	9	3	4	5	3
2	8	8	7	7	5	3	4
3	8	7	8	9	7	5	6
4	7	8	9	9	7	4	5
5	8	7	9	8	3	4	2
6	7	9	9	4	1	1	0
7	9	9	6	0	1	0	2

행

	1	2	3	4	5	6	7
1							
2				F			
3			F				
4		F		F			
5			F				
6							
7							

① 평균 : 8.1, 표준편차 : 0.84
② 평균 : 8.2, 표준편차 : 0.84
③ 평균 : 8.2, 표준편차 : 0.75
④ 평균 : 8.1, 표준편차 : 0.75

Guide
• 평균$(\mu) = \dfrac{7+8+8+9+9}{5} = 8.2$

• 표준편차 $= \pm \sqrt{\dfrac{[vv]}{n-1}} = \pm \sqrt{\dfrac{2.8}{5-1}} = 0.84$

관측값	최확값(평균)	v	vv
7		−1.2	1.44
8		−0.2	0.04
8	8.2	−0.2	0.04
9		0.8	0.64
9		0.8	0.64
계			2.8

33 지형도, 항공사진을 이용하여 대상지의 3차원 좌표를 취득하여 불규칙한 지형을 기하학적으로 재현하고 수치적으로 해석하므로 경관해석, 노선 선정, 택지조성, 환경설계 등에 이용되는 것은?

① 수치지형모델　　② 도시정보체계
③ 수치정사사진　　④ 원격탐사

Guide 수치지형모형(DTM)
적당한 밀도를 분포한 지상점의 위치 및 높이를 이용하여 지형을 수학적으로 근사 표현한 모형

34 한 쌍의 입체모델에서 왼쪽 사진에 찍힌 도로상의 어느 차량이 오른쪽 사진에서는 주점기선과 평행한 방향으로 오른쪽으로 이동한 상태로 촬영되었다. 이 모델을 입체시하면 차량은 어떻게 보이는가?

① 도로에 안착한 상태로 보인다.
② 도로 위에 떠 있는 상태로 보인다.
③ 도로 아래에 가라앉은 상태로 보인다.
④ 입체시가 되지 않는다.

Guide 카메론 효과
도로변 상공의 항공기에서 1대의 주행차를 연속하여 항공사진으로 촬영하여 이것을 입체시시켜 볼 때 차량이 비행방향과 동일한 방향으로 주행하고 있다면 가라앉은 상태로 보이고, 반대방향으로 주행하고 있다면 도로 위에 떠 있는 상태로 보이는 현상을 카메론 효과라 한다.

35 원격탐사 데이터 처리 중 전처리 과정에 해당되는 것은?

① 기하보정　　② 영상분류
③ DEM 생성　　④ 영상지도 제작

Guide 위성영상 처리 순서
• 전처리 : 방사량보정, 기하보정
• 변환처리 : 영상강조, 변환처리
• 분류처리 : 분류, 영상분할/매칭

36 표정점을 선점할 때의 유의사항으로 옳은 것은?

① 측선을 연장한 가상점을 선택하여야 한다.
② 시간적으로 일정하게 변하는 점을 선택하여야 한다.
③ 원판의 가장자리로부터 1cm 이내에 나타나는 점을 선택하여야 한다.
④ 표정점은 X, Y, H가 동시에 정확하게 결정될 수 있는 점을 선택하여야 한다.

Guide 표정점은 지표면에서 기준이 되는 높이의 점으로 사진상의 명료한 점, 시간적인 변화가 없는 점, 상공에서 잘 보이면서 X, Y, H가 동시에 정확하게 결정되는 점이 이상적이다.

37 다음 중 항공사진측량으로부터 얻을 수 없는 정보는?

① 수치지형데이터
② 산악지역의 경사도
③ 댐에 저수된 물의 양
④ 택지 건설 시 토공량

Guide 항공사진측량으로 지형 및 지물의 3차원 좌표를 취득하여 다양한 정량적 해석이 가능하나, 댐에 저수된 물의 양은 직접해석이 불가능하다.

38 항공사진측량에서 촬영비행기가 200km/h의 속도로 촬영할 경우, 사진축척이 1 : 20,000, 사진 상의 허용흔들림량이 0.02mm라면 최장 노출시간은?

① 1/14초   ② 1/49초
③ 1/93초   ④ 1/139초

Guide
$$T_l = \frac{\Delta s \cdot m}{V}$$
$$= \frac{0.02 \times 20,000}{200 \times 1,000,000 \times \frac{1}{3,600}} = \frac{1}{139} \ \text{초}$$

39 엘리뇨 현상을 분석하기 위해 고정 부표를 설치하여 수집한 자료 중 공간보간(Spatial Interpolation)이 필요하지 않은 자료는?

① 해수면 온도   ② 기온
③ 습도   ④ 부표 위치

Guide 엘리뇨 현상은 전 지구적 기상을 파악하기 위한 것으로 고정부표에서 수집된 온도, 기온, 습도는 다양한 데이터가 취득되므로 공간보간이 필요하며, 부표 위치는 고정되어 있으므로 보간이 필요하지 않는다.

40 항공사진측량의 특징에 대한 설명으로 옳지 않은 것은?

① 정성적 측량이 가능하다.
② 성과의 보존이 용이하다.
③ 접근하기 어려운 지역의 조사가 가능하다.
④ 구름, 바람 등 기상에 영향을 받지 않는다.

Guide 항공사진측량은 기상조건 및 태양고도 등에 영향을 받는다.

Subject 03 지리정보시스템(GIS) 및 위성측위시스템(GPS)

41 사용자가 네트워크나 컴퓨터를 의식하지 않고 장소에 상관없이 자유롭게 네트워크에 접속할 수 있는 정보통신 환경 또는 정보기술 패러다임을 의미하는 것으로, 1988년 미국의 마크 와이저에 의해 처음 사용되었으며 지리정보시스템을 포함한 여러 분야에서 이용되고 있는 정보화 환경은?

① 위치기반서비스(LBS)
② 유비쿼터스(Ubiquitous)
③ 텔레매틱스(Telematics)
④ 지능형 교통체계(ITS)

Guide 유비쿼터스(Ubiquitous)
언제 어디서나 존재하고 있는 컴퓨터. 그러나 인지되지 않은 상태로 생활 속에 작동되어 우리의 삶을 편하고, 안전하고, 즐겁게 만들어 주는 기술이다.

42 위상모형을 통하여 얻을 수 있는 기초적 공간분석으로 적절하지 않은 것은?

① 중첩 분석   ② 인접성 분석
③ 위험성 분석   ④ 네트워크 분석

Guide 위상정보는 공간객체 간의 형태(Shape) 뿐만 아니라 계급성, 인접성, 연결성에 관한 정보를 제공하므로 다양한 공간분석이 가능하며 위험성 분석과는 거리가 멀다.

정답 37 ③ 38 ④ 39 ④ 40 ④ 41 ② 42 ③

43 입력된 자료를 정리하여 벡터자료를 구성하는 방법에 대한 설명으로 옳지 않은 것은?

① 속성정보는 반드시 편집이 완료된 뒤에 넣어야 한다.
② 튀어나온 선이나 중복된 선을 삭제하는 작업이 필요하다.
③ 선과 선이 교차하는 곳은 반드시 교차점 (Node)을 생성한다.
④ 입력 오류는 수동으로 편집할 수도 있고, 자동으로 편집할 수도 있다.

> **Guide** 속성정보는 가능하면 편집이 완료된 뒤에 입력하는 것이 효율적이다.

44 지리정보시스템(GIS)에 대한 설명으로 옳지 않은 것은?

① CAD 및 그래픽 전용도구이다.
② 합리적 의사결정 지원 도구이다.
③ 입지분석을 위한 공간분석 기능을 제공한다.
④ 실세계의 공간현상에 대한 공간모델링이 가능하다.

> **Guide** 지리정보시스템(GIS)
> 지구 및 우주공간 등 인간활동공간에 관련된 제반 과학적 현상을 정보화하고 시·공간적 분석을 통하여 그 효용성을 극대화하기 위한 정보체계로 CAD 및 그래픽 프로그램보다 다양하게 운용할 수 있는 정보시스템이다.

45 래스터형 자료의 특징에 대한 설명으로 옳지 않은 것은?

① 자료구조가 간단하다.
② 위상 정보가 제공되지 않는다.
③ 중첩 및 원격탐사자료와 연결이 용이하다.
④ 픽셀의 크기가 클수록 객체의 형상을 보다 정확하게 나타낼 수 있다.

> **Guide** 격자자료 구조
> • 정사각형, 정삼각형, 정오각형 등과 같은 모양의 최소단위 격자로 구성된 배열의 집합이다.
> • 각 최소단위는 행과 열에 대응하는 좌표값과 특성값을 가진다.
> • 셀들의 크기에 따라 해상도와 저장크기가 달라진다.
> • 셀 크기가 작으면 작을수록 객체의 형태를 자세히 나타낼 수 있다.

46 GIS 자료의 정확도에 대한 설명으로 옳은 것은?

① GIS 자료의 분석은 아날로그 자료의 분석보다 정확도가 낮다.
② GIS 자료의 정확도는 아날로그 자료인 원시자료의 정확도에 영향을 받는다.
③ 디지타이징에서 자료의 독취간격이 작을수록 위치정확도가 낮아진다.
④ 벡터 자료와 격자자료 간의 변환과정에서는 오차가 발생되지 않는다.

> **Guide** 공간데이터의 수집 단계에서 발생하는 오차는 다음 단계로 옮겨지면서 누적되므로 GIS 자료의 정확도에 영향을 미친다.

47 영상의 저장형식 중 지리좌표를 가지는 포맷은?

① GeoTIFF   ② TIFF
③ JPG   ④ GIF

> **Guide** GeoTiFF
> GIS 소프트웨어에서 사용하는 비압축 영상 포맷으로 TIFF 포맷에 지리적 위치를 저장할 수 있는 기능을 부여한 영상 포맷이다.

48 음영기복도(Shaded Relief Image)에 대한 설명으로 옳지 않은 것은?

① 동일한 고도를 갖는 여러 지점들을 연결한 지도이다.
② 음영기복도는 DEM과 같은 3차원 데이터를 이용하여 작성한다.
③ 사용자가 정의한 태양 방위값과 고도값에 따라 지형을 표현한 것이다.
④ 태양이 비치는 곳은 밝게 표시되고, 그림자 부분은 어둡게 표시한다.

> **Guide** 음영기복도(Shaded Relief Image)
> 지형의 표고에 따른 음영효과를 이용하여 지표면의 높낮이를 3차원으로 보이도록 만든 영상 및 지도로 태양이 비치는 곳은 밝게, 그림자 부분은 어둡게 표시한다.

49 일반적으로 지리정보시스템을 구현하기 위한 공간자료는 Vector Date Model과 Raster Data Model로 나누어진다. 다음 공간정보 파일 포맷 중 Raster Data Model과 거리가 먼 것은?

① filename.tif
② filename.img
③ filename.bmp
④ filename.dxf

Guide 래스터파일 형식
img, bmp, tiff, jpg, BIL, BSQ, BIP 등

50 우리나라 국가기본도에서 사용되는 평면직각좌표계의 투영법은?

① 람베르트 투영법
② TM 투영법
③ UTM 투영법
④ UPS 투영법

Guide 횡메르카토르도법(Transverse Mercator ; TM)
회전타원체로부터 직접 평면으로 횡축 등각원통도법에 의해 투영하는 방법으로 우리나라의 지형도 제작에 이용되었으며, 우리나라와 같이 남북이 긴 형상의 나라에 적합하다.

51 메타데이터에 대한 설명으로 적당하지 않은 것은?

① 흔히 데이터에 대한 데이터라고 한다.
② 데이터의 내용, 품질 등 데이터의 특성을 설명하는 자료이다.
③ 표준화하여 자료제공을 하기 위한 자료이므로, 내부 관리목적으로는 활용하기 어렵다.
④ 공간자료 정보시장(Spatial Data Clearing house) 구성을 위한 중요한 자료이다.

Guide 메타데이터(Metadata)는 자료에 대한 접근의 용이성을 최대화하기 위해 실제 데이터는 아니지만 데이터의 내용, 품질, 조건 및 특징 등을 저장한 데이터로서 데이터에 관한 데이터의 이력을 말한다.

52 최단경로 탐색에 적합한 GIS 분석기법은?

① 버퍼 분석
② 중첩 분석
③ 지형 분석
④ 네트워크 분석

Guide 네트워크 분석(Network Analysis)
두 지점간의 최단경로, 자원할당 분석 등 선형 객체의 일정 패턴이나 프레임 상의 위치 간 관련성을 고려하는 분석이다.

53 GNSS 중 러시아에서 운용되는 위성항법체계는?

① GPS
② JRANS
③ Galileo
④ GLONASS

Guide GNSS 위성군
GPS(미국), GLONASS(러시아), Galileo(유럽연합)

54 GPS에 대한 설명으로 옳지 않은 것은?

① GPS의 1회 주회주기는 약 11시간 58분이다.
② GPS 궤도는 6개의 궤도면으로 구성되어 있다.
③ GPS 궤도는 약 55°의 경사각을 갖는다.
④ GPS 궤도는 극 궤도이다.

Guide GPS는 원궤도이다.

55 인접한 지도들의 경계에서 지형을 표현할 때 위치나 내용의 불일치를 제거하는 처리방법을 나타내는 용어는?

① 에지 강조(Edge Enhancement)
② 경계선 정합(Edge Matching)
③ 에지 검출(Edge Detection)
④ 편집(Editing)

Guide 경계선 정합(Edge Matching)
경계선 정합은 2장 이상의 지도를 하나의 공간상에 연결된 지도로 작성하기 위해 경계면을 서로 일치시켜주는 기능을 말한다.

56 GIS를 이용하는 주체를 GIS 전문가, GIS 활용가, GIS 일반 사용자로 구분할 때, GIS 전문가의 역할로 거리가 먼 것은?

① 시설물 관리
② 프로젝트 관리
③ 데이터베이스 관리
④ 시스템 분석 및 설계

Guide GIS 전문가의 역할
• 프로젝트 관리
• 데이터베이스 관리
• 시스템 분석 및 설계

57 항공 측량에서 GPS를 이용한 위치 결정 시 GPS의 단점을 보완할 수 있는 장치로서 촬영 비행기의 위치를 구하는 데 많이 활용되고 있는 것은?

① HRV센서
② 레이저 거리측정기
③ 관성항법장치(INS)
④ 모바일맵핑시스템(MMS)

Guide GPS/INS(관성항법장치) 장비가 동시에 장착되어 측정 순간마다의 정확한 비행기의 위치와 자세정보를 얻을 수 있다.

58 벡터 데이터 모델은 기본적인 도형의 요소(Geometric Primitive Type)로 공간 객체를 표현한다. 보기 중 기본적인 도형의 요소로 모두 짝지어진 것은?

㉠ 점	㉡ 선	㉢ 면

① ㉠
② ㉠, ㉡
③ ㉡, ㉢
④ ㉠, ㉡, ㉢

Guide 벡터 자료구조는 크기와 방향성을 가지고 있으며 점, 선, 면을 이용하여 대상물의 위치와 차원을 정의한다.

59 GPS의 기본 원리에 대한 설명 중 틀린 것은?

① GPS의 기본 원리는 위성을 이용한 삼변측량이다.
② 삼변측량을 위하여 GPS 수신기는 전파신호의 전달시간을 이용하여 거리를 측정한다.
③ 전달시간을 측정하기 위하여 사용자 수신기에는 루비듐 원자시계를 탑재하고 있다.
④ 3차원의 정확한 위치를 결정하기 위해서는 수학적으로 4개의 위성으로부터의 거리가 필요하다.

Guide GPS 위성에는 루비듐과 세슘 원자시계가 탑재되어 모든 위성이 동시에 신호를 송신하도록 되어 있다. 위성과 마찬가지로 신호 전달 시간을 측정하기 위하여 수신기에도 같은 정확도의 원자시계를 탑재한다. 하지만 일반적인 수신기에는 크기, 비용 등의 문제로 원자시계를 사용하지 못하고 고정밀도의 수정발진기에 의한 시계를 사용한다.

60 3차원 공간 위에 3점으로 정의한 삼각형의 조합에 의하여 지표면을 표현하는 방식은?

① 격자(Grid)방식
② 불규칙삼각망(TIN)방식
③ 등고선(Contour Line)방식
④ 임의점 추출(Random Point)방식

Guide 불규칙삼각망(Triangular Irregular Network : TIN) 공간을 불규칙한 삼각형으로 분할하여 모자이크 모형 형태로 생성된 일종의 공간자료 구조로서, 페이스(Face), 노드(Node), 에지(Edge)로 구성되어 있는 벡터구조이다.

Subject 04 측량학

✔ 측량 관련 법규는 출제 당시 법률을 기준으로 해설되었음을 알려드립니다.

61 트랜버스의 폐합오차 조정에 대한 설명 중 옳지 않은 것은?

① 트랜싯법칙은 각관측의 정확도가 거리관측의 정확도보다 좋은 경우에 사용된다.
② 컴퍼스법칙은 폐합오차를 전 측선의 길이에 대한 각 측선의 길이에 비례하여 오차를 배분한다.
③ 트랜싯법칙은 폐합오차를 각 측선의 위거ㆍ경거 크기에 반비례하여 오차를 배분한다.
④ 컴퍼스법칙은 각관측과 거리관측의 정밀도가 서로 비슷한 경우에 사용된다.

Guide 트랜싯법칙은 각관측의 정확도가 거리관측의 정확도보다 좋은 경우에 사용되며, 폐합오차를 각 측선의 위거ㆍ경거 크기에 비례하여 오차를 배분한다.

62 지형의 표시방법과 거리가 먼 것은?

① 교회법
② 수치표고모델(DEM)
③ 등고선법
④ 점고법

Guide 지형의 표시방법에는 자연도법인 영선법, 음영법이 있으며, 부호도법인 점고법, 등고선법, 채색법 등이 있다.

63 표준길이보다 3cm가 긴 30m의 줄자로 거리를 관측한 결과, 2점 간의 거리가 300m이었다면 실제거리는?

① 299.3m
② 299.7m
③ 300.3m
④ 300.7m

Guide 실제거리 = $\dfrac{부정길이 \times 관측길이}{표준길이}$
$= \dfrac{30.03 \times 300}{30} = 300.3\text{m}$

64 그림과 같은 지형도의 등고선에서 가장 급한 경사를 나타낸 선은?

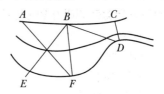

① CD
② BF
③ AF
④ BD

Guide 등고선은 경사가 급한 곳에서는 간격이 좁고, 완만한 경사에서는 간격이 넓다.

65 기포관의 감도가 20″인 레벨로 거리 100m 지점의 표척을 시준할 때 기포관에서 1눈금의 오차가 있었다면 수준 오차는?

① 2.5mm
② 4.8mm
③ 9.7mm
④ 12.3mm

Guide $\alpha'' = \dfrac{\Delta h}{n \cdot D} \cdot \rho''$
$\therefore \Delta h = \dfrac{\alpha'' \cdot n \cdot D}{\rho''} = \dfrac{20'' \times 1 \times 100}{206,265''}$
$= 0.0097\text{m} = 9.7\text{mm}$

66 A점의 좌표 $X_A = 69.3$m, $Y_A = 636.22$m이고, B점의 좌표 $X_B = 153.47$m, $Y_B = 123.56$m 되는 기지점 사이를 측량하여 위거의 총합이 $+84.3$m이고, 경거의 총합이 -512.6m이었다면 폐합오차는?

① 0.09m
② 0.12m
③ 0.14m
④ 0.18m

Guide

측점	X	Y
A	69.30	636.22
B	153.47	123.56

• $X_B - X_A = 153.47 - 69.30 = 84.17$m
• $Y_B - Y_A = 123.56 - 636.22 = -512.66$m
∴ 폐합오차
$= \sqrt{(위거오차)^2 + (경거오차)^2}$
$= \sqrt{(84.3 - 84.17)^2 + (-512.60 - (-512.66)^2)}$
$= 0.14\text{m}$

정답 61 ③ 62 ① 63 ③ 64 ① 65 ③ 66 ③

67 측량에서 사용되는 용어에 대한 설명으로 옳지 않은 것은?

① 경중률은 어느 한 관측값과 이와 연관된 다른 관측값에 대한 상대적인 신뢰성을 표현하는 척도를 말한다.

② 최확값은 일련의 관측값들로부터 얻을 수 있는 참값에 가장 가까운 추정값이다.

③ 경중률은 일반적으로 표준편차의 제곱에 반비례한다.

④ 잔차란 참값과 최확값의 차를 말한다.

> **Guide** 잔차란 관측값과 평균값의 차를 말하며, 참값과 최확값의 차는 편의(Bias)라 한다.

68 수준측량의 선점에서 유의해야 할 사항이 아닌 것은?

① 가능한 한 위성측위에 지장이 없는 위치를 선정하는 것이 좋다.

② 일반인의 접근이 어렵도록 교통량이 많은 도로 상에 선정한다.

③ 습지, 지반연약지 또는 성토지 등 침하가 일어날 우려가 있는 장소와 지하시설물이 있는 장소는 피한다.

④ 매설 및 관측 작업이 편리한 장소를 선정한다.

> **Guide** 수준점의 보전을 위하여 되도록 교통량이 많은 도로 상은 피하고 도로부지 또는 인근 국가기관, 지방자치단체, 학교, 정부투자기관, 공공기관 및 공원 등의 공공용지에 선정하여야 한다.

69 노선 및 하천측량과 같이 폭이 좁고 거리가 먼 지역의 측량에 주로 이용되는 삼각망은?

① 단열삼각망　　② 사변형삼각망
③ 유심삼각망　　④ 단삼각망

> **Guide** 삼각망의 종류에는 단열삼각망, 유심삼각망, 사변형삼각망이 있으며 주로 노선, 하천, 터널측량과 같이 폭이 좁고 거리가 먼 지역의 측량에는 단열삼각망이 이용된다.

70 지구의 반지름 $R = 6,370\text{km}$이고 거리측정 정도를 $1/10^5$까지 허용하면 평면측량의 한계 반지름은?

① 약 22km　　② 약 35km
③ 약 70km　　④ 약 140km

> **Guide**
> $$\frac{d - D}{D} = \frac{1}{12}\left(\frac{D}{\gamma}\right)^2 \rightarrow$$
> $$\frac{1}{100,000} = \frac{1}{12}\left(\frac{D}{6,370}\right)^2 \rightarrow D \fallingdotseq 70\text{km}$$
> $$\therefore \text{반경}(r) = \frac{D}{2} \fallingdotseq 35\text{km}$$

71 그림과 같은 삼각형의 변 길이를 구하기 위하여 $\log$를 취하였을 때 $\overline{AC}$의 거리를 구하는 식으로 옳은 것은?

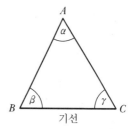

기선

① $\log \overline{AC} = \log \sin \alpha - \log \overline{BC} + \log \sin \beta$
② $\log \overline{AC} = \log \sin \alpha + \log \overline{BC} - \log \sin \beta$
③ $\log \overline{AC} = \log \sin \beta + \log \overline{BC} - \log \sin \alpha$
④ $\log \overline{AC} = \log \sin \beta - \log \overline{BC} - \log \sin \alpha$

> **Guide**
> $$\frac{\overline{BC}}{\sin\alpha} = \frac{\overline{AC}}{\sin\beta} = \frac{\overline{AB}}{\sin\gamma} \rightarrow$$
> $$\overline{AC} = \frac{\sin\beta}{\sin\alpha} \cdot \overline{BC}$$
> $$\therefore \log\overline{AC} = \log\sin\beta + \log\overline{BC} - \log\sin\alpha$$

72 표고 500m인 장소에서 수평거리 1,500m는 평균해면 상에서 몇 m인가?(단, 지구반지름은 6,370km로 가정)

① 1,499.88m　　② 1,499.92m
③ 1,499.94m　　④ 1,500.12m

Guide C_h (표고보정)$= -\dfrac{H \cdot L}{R}$

$$= -\dfrac{500 \times 1,500}{6,370 \times 1,000} = -0.12\text{m}$$

∴ 평균해면 상의 길이 $= 1,500 - 0.12 = 1,499.88\text{m}$

73 수준측량의 용어에 대한 설명으로 틀린 것은?

① 높이를 알고 있는 점에 세운 표척의 눈금을 읽는 것을 후시라 한다.

② 전시만 관측하는 점으로 다른 측점에 영향을 주지 않는 점을 중간점이라 한다.

③ 전후의 측량을 연결하기 위하여 전시와 후시를 함께 취하는 점을 이기점이라 한다.

④ 기계를 수평으로 설치하였을 때 기준면으로부터 기계를 세운 지점의 지반고까지의 높이를 기계고라 한다.

Guide 수준측량에서 기계고란 기계를 수평으로 설치하였을 때 기준면에서 망원경 시준선까지의 높이를 말한다.

74 어떤 측선의 길이를 관측하여 표와 같은 값을 얻었을 때 최확값은?

	측정값(m)	측정횟수
A	150.186	4
B	150.250	3
C	150.224	5

① 150.118m ② 150.218m

③ 150.228m ④ 150.238m

Guide 경중률은 관측횟수(N)에 비례하므로

$W_1 : W_2 : W_3 = N_1 : N_2 : N_3 = 4 : 3 : 5$

∴ 최확값(L_0)

$$= \dfrac{W_1 L_1 + W_2 L_2 + W_3 L_3}{W_1 + W_2 + W_3}$$

$$= 150 + \dfrac{(4 \times 0.186) + (3 \times 0.250) + (5 \times 0.224)}{4 + 3 + 5}$$

$$= 150.218\text{m}$$

75 기본측량성과의 고시에 포함되어야 하는 사항이 아닌 것은?

① 측량의 비용

② 측량의 정확도

③ 측량성과의 보관장소

④ 설치한 측량기준점의 수

Guide 측량·수로조사 및 지적에 관한 법률 시행령 제13조(측량성과의 고시)

측량성과의 고시에는 다음의 사항이 포함되어야 한다.

1. 측량의 종류
2. 측량의 정확도
3. 설치한 측량기준점의 수
4. 측량의 규모(면적 또는 지도의 장수)
5. 측량실시의 시기 및 지역
6. 측량성과의 보관 장소
7. 그 밖에 필요한 사항

76 1 : 5,000 지형도의 도엽의 1구획으로 옳은 것은?

① 경위도차 15′ ② 경위도차 7′ 30″

③ 경위도차 1′ 30″ ④ 경위도차 30″

Guide 1 : 5,000 지형도 도식적용규정 제4조(도엽의 구획) 참고

77 측량기기 중에서 트랜싯(데오드라이트), 레벨, 거리측정기, 토털스테이션, 지피에스(GPS) 수신기, 금속관로 탐지기의 성능검사 주기는?

① 2년 ② 3년

③ 5년 ④ 10년

Guide 측량·수로조사 및 지적에 관한 법률 시행령 제97조(성능검사의 대상 및 주기 등)

성능검사를 받아야 하는 측량기기와 검사주기는 다음과 같다.

1. 트랜싯(데오드라이트) : 3년
2. 레벨 : 3년
3. 거리측정기 : 3년
4. 토털스테이션 : 3년
5. 지피에스(GPS) 수신기 : 3년
6. 금속관로 탐지기 : 3년

78 측량·수로조사 및 지적에 관한 법률에서 정의한 기본측량의 정의로 옳은 것은?

① 국가, 지방자치단체, 그 밖에 대통령령으로 정하는 기관이 관계 법령에 따른 사업 등을 시행하기 위하여 실시하는 측량

② 모든 측량의 기초가 되는 공간정보를 제공하기 위하여 국토교통부장관이 실시하는 측량

③ 공공의 이해에 관계가 있는 측량

④ 모든 소유권에 기본을 두는 측량

Guide 측량·수로조사 및 지적에 관한 법률 제2조(정의)
기본측량이란 모든 측량의 기초가 되는 공간정보를 제공하기 위하여 국토교통부장관이 실시하는 측량을 말한다.

79 측량기준점을 크게 3가지로 구분할 때 이에 속하지 않는 것은?

① 국가기준점　　　② 공공기준점
③ 지적기준점　　　④ 수로기준점

Guide 측량·수로조사 및 지적에 관한 법률 제7조(측량기준점)
측량기준점은 국가기준점, 공공기준점, 지적기준점으로 구분한다.

80 공공측량에 관한 공공측량 작업계획서를 작성하여야 하는 자는?

① 측량협회　　　　② 측량업자
③ 공공측량 시행자　④ 국토지리정보원장

Guide 측량·수로조사 및 지적에 관한 법률 제17조(공공측량의 실시 등)
공공측량의 시행을 하는 자가 공공측량을 하려면 국토교통부령으로 정하는 바에 따라 미리 공공측량 작업계획서를 국토교통부장관에게 제출하여야 한다.

본 문제의 해설은 출제자의 의도와 일치되지 않을 수 있으며, 문제 및 정답은 일부 오탈자가 있을 수 있으므로 학습시 의문사항이 있으면 예문사 또는 저자에게 문의하여 주시기 바랍니다. 또한, 본 기출문제는 시행 당시의 이론 및 법규에 의하여 해설되었음을 알려드립니다.

Subject 01 응용측량

01 그림의 삼각형 토지를 1 : 4의 면적비로 분할하기 위한 $\overline{BP}$의 거리는?(단, $\overline{BC}$의 거리 = 15m)

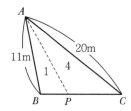

① 1m
② 2m
③ 3m
④ 5m

Guide
$$\frac{\triangle ABP}{\triangle ABC} = \frac{m}{m+n} = \frac{\overline{BP}}{\overline{BC}}$$
$$\therefore \overline{BP} = \frac{m}{m+n} \times \overline{BC} = \frac{1}{1+4} \times 15 = 3m$$

02 철도 곡선부의 캔트양을 계산할 때 필요 없는 요소는?

① 궤간
② 속도
③ 교각
④ 곡선의 반지름

Guide
$$C = \frac{S \cdot V^2}{g \cdot R}$$
여기서, C : 캔트
g : 중력가속도
R : 곡선반지름
S : 궤간
V : 속도

03 터널측량에 대한 설명으로 옳지 않은 것은?

① 터널 내의 곡선 설치는 일반적으로 지상에서와 같이 편각법, 중앙종거법 등을 사용한다.
② 터널의 길이방향은 삼각측량 또는 트래버스측량으로 행한다.
③ 터널 내의 측량에서는 기계의 십자선 또는 표척에 조명이 필요하다.
④ 터널측량은 터널 외 측량, 터널 내 측량, 터널 내외 연결측량으로 나눌 수 있다.

Guide 터널 내의 곡선 설치는 지거법에 의한 곡선 설치, 접선편거와 현편거법에 의한 방법을 이용하여 설치한다.

04 자동차가 곡선부를 통과할 때 원심력의 작용을 받아 접선방향으로 이탈하려고 하므로 이것을 방지하기 위하여 노면에 높이차를 두는 것을 무엇이라 하는가?

① 확폭(Slack)
② 편경사(Cant)
③ 완화구간
④ 시거

Guide 편경사
철도 노선이나 도로의 곡선부를 주행하는 차량은 원심력 때문에 접선방향으로 이탈하려고 한다. 이것을 방지하기 위해 바깥쪽을 안쪽보다 높일 필요가 있다. 이렇게 높여주는 정도를 캔트(Cant), 편경사, 편구배라고 한다.

05 축척 1 : 10,000의 도면상에서 디지털구적기를 사용하여 면적을 관측하였더니 2,800m^{2}이었다. 그런데 이 도면은 종횡 모두 1%씩 수축이 되어 있었다면 실제면적은 약 얼마인가?

① 2,829m^2
② 2,856m^2
③ 2,745m^2
④ 2,773m^2

Guide $\dfrac{dA}{A} = 2\dfrac{dl}{l} = 2 \times \dfrac{1}{100} = \dfrac{1}{50} \rightarrow$

$2,800 \div 50 = 56 \mathrm{m}^2$

$\therefore$ 실제면적 $= 2,800 + 56 = 2,856 \mathrm{m}^2$

06 그림과 같이 하천의 $\overline{\mathrm{BC}}$ 선을 따라 심천측량을 실시하려고 A 점에서 $\overline{\mathrm{CB}}$ 에 직각으로 하여 $\overline{\mathrm{AB}} = 100\mathrm{m}$ 가 되도록 하였다. 배가 P에 있을 때 $\angle \mathrm{APB}$ 를 측정한 결과 30°이었다면 $\overline{\mathrm{BP}}$ 의 거리는?

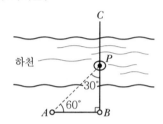

① 50.01m ② 57.74m

③ 86.60m ④ 173.21m

Guide $\tan\theta = \dfrac{\overline{\mathrm{BA}}}{\overline{\mathrm{BP}}}$

$\therefore \overline{\mathrm{BP}} = \dfrac{\overline{\mathrm{BA}}}{\tan\theta} = \dfrac{100}{\tan 30°} = 173.21\mathrm{m}$

07 완화곡선의 종류에서 가장 먼저 곡률반지름이 작아지는 A곡선에 해당되는 것은?

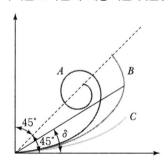

① 클로소이드 ② 렘니스케이트

③ 3차 포물선 ④ 2차 포물선

Guide • A : 클로소이드 곡선
• B : 렘니스케이트 곡선
• C : 3차 포물선

08 70°의 경사를 이루고 있는 30m 경사터널에서 수평각을 관측할 때 3mm 시준오차가 발생하였다면 수평각오차는?

① 25.2″ ② 24.2″

③ 21.6″ ④ 20.6″

Guide $\theta'' = \dfrac{\triangle h}{D} \cdot \rho''$

$= \dfrac{0.003}{30} \times 206,265''$

$= 20.6''$

09 그림과 같이 도로를 계획하여 시공 중 옹벽설치를 추가하였다. 빗금 친 부분과 같은 옹벽바깥쪽의 단위길이당 토량은?

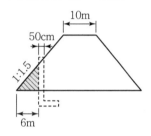

① 10m³ ② 12m³

③ 24m³ ④ 27m³

Guide $1 : 1.5 = x : 6 \rightarrow$

$x = \dfrac{6}{1.5} = 4\mathrm{m}$

$\therefore V = A \times L$

$= \dfrac{1}{2} \times 6 \times 4 \times 1\mathrm{m}$

$= 12\mathrm{m}^3$

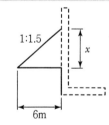

10 클로소이드 곡선의 매개변수(A)를 2배 늘리면 곡선반지름(R)이 일정할 때 완화곡선길이(L)는 몇 배가 되는가?

① $\sqrt{2}$ ② 2

③ 4 ④ 8

Guide $A^2 = R \cdot L \rightarrow (2)^2 = R \cdot L$

$\therefore$ 반경이 동일하므로 완화곡선길이는 4배가 된다.

11 완화곡선의 종류에 해당되지 않는 것은?

① 3차 포물선　　　② 렘니스케이트 곡선

③ 2차 포물선　　　④ 클로소이드 곡선

Guide **완화곡선의 종류**
- 클로소이드 곡선 : 고속도로
- 렘니스케이트 곡선 : 시가지 철도
- 3차 포물선 : 철도
- 반파장 sine 체감곡선 : 고속철도

12 하천의 수면으로부터 수심에 따른 유속을 관측한 결과가 표와 같을 때, 3점법에 의한 평균유속은?

관측지점	유속(m/s)
수면으로부터 수심의 2/10	0.687
수면으로부터 수심의 4/10	0.644
수면으로부터 수심의 6/10	0.528
수면으로부터 수심의 8/10	0.382

① 0.531m/s　　　② 0.560m/s

③ 0.571m/s　　　④ 0.589m/s

Guide
$$V_m = \frac{1}{4}(V_{0.2} + 2V_{0.6} + V_{0.8})$$
$$= \frac{1}{4}\{0.687 + (2 \times 0.528) + 0.382\}$$
$$= 0.531\text{m/s}$$

13 반지름 500m의 원곡선에서 시단현 15m에 대한 편각은?

① 약 54′ 34″　　　② 약 53′ 34″

③ 약 52′ 34″　　　④ 약 51′ 34″

Guide
$$시단현편각(\delta_1) = 1,718.87' \times \frac{l_1}{R}$$
$$= 1,718.87' \times \frac{15}{500}$$
$$= 51'33.97'' \fallingdotseq 51'34''$$

14 하천에서 수심측량 후 측점에 숫자로 표시하여 나타내는 지형표시방법은?

① 점고법　　　② 기호법

③ 우모법　　　④ 등고선법

Guide 점고법은 지면 상에 있는 임의 점의 표고를 도상에서 숫자에 의해 표시하는 방법이며 하천, 해양 등의 수심표시에 주로 이용된다.

15 그림과 같은 흙의 토량은?(단, 계산은 각주공식을 사용함)

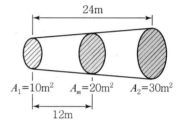

$A_1 = 10\text{m}^2$　$A_m = 20\text{m}^2$　$A_2 = 30\text{m}^2$

① 500m³　　　② 480m³

③ 360m³　　　④ 280m³

Guide
$$V = \frac{h}{3}(A_1 + 4 \cdot A_m + A_2)$$
$$= \frac{12}{3}\{10 + (4 \times 20) + 30\}$$
$$= 480\text{m}^3$$

16 경관구성요소의 구분에 대한 설명으로 옳지 않은 것은?

① 인식의 주체인 시점계

② 인식대상이 되는 대상계

③ 대상을 둘러싸고 있는 경관장계

④ 전경, 중경, 배경의 상대적 효과인 상대성계

Guide **경관의 구성요소**
대상계, 경관장계, 시점계, 상호성계

정답 **11** ③　**12** ①　**13** ④　**14** ①　**15** ②　**16** ④

17 터널측량에 있어서 지상측량의 좌표와 지하 측량의 좌표를 같게 하는 측량은?

① 지표 중심선측량
② 터널 좌표측량
③ 지하 중심선측량
④ 터널 내외 연결측량

> **Guide** 지상좌표와 지하좌표를 같게 하는 측량은 터널 내외 연결측량이다.

18 수심을 관측하기 위하여 음향측심기를 이용한 관측값이 음파 송·수신 시간 0.3초, 수중 음속 1,520m/s이었다면 수심은?

① 151m ② 228m
③ 456m ④ 755m

> **Guide**
> $$D = \frac{1}{2} \cdot V \cdot t$$
> $$= \frac{1}{2} \times 1,520 \times 0.3$$
> $$= 228m$$

19 지상 9km²의 면적을 지도상에서 36cm²으로 표시하기 위한 축척은?

① 1 : 30,000 ② 1 : 40,000
③ 1 : 50,000 ④ 1 : 60,000

> **Guide**
> • $a_{도상} = 36cm^2 = (6cm)^2$
>   → $l_{도상} = 6cm$
> • $A_{지상} = 9km^2 = (3km)^2$
>   → $L_{지상} = 3km = 300,000cm$
> ∴ $\frac{1}{m} = \frac{도상거리}{지상거리} = \frac{6}{300,000} = \frac{1}{50,000}$

20 노선측량에서 곡선을 설치하기 위한 요소 중 가장 중요한 요소는?

① 접선길이와 장현
② 곡선길이와 중앙종거
③ 곡선반지름과 접선길이
④ 교각과 곡선반지름

> **Guide** 곡선을 설치하려면 먼저 교각(I)을 결정한 후 곡선반지름(R)을 결정하고 I와 R의 함수인 접선길이, 곡선길이, 외할, 중앙종거 등을 결정하므로 교각(I)과 곡선반지름(R)이 가장 중요한 요소이다.

Subject 02 사진측량 및 원격탐사

21 원격탐사의 분류기법 중 감독분류기법에 대한 설명으로 옳은 것은?

① 작업자가 분류단계에서 개입이 불필요하다.
② 대상지역에 대한 샘플 자료가 없을 경우에 적당한 분류기법이다.
③ 영상의 스펙트럼 특성만을 가지고 분류하는 기법이다.
④ 수치지도, 현장자료 등 지상검증자료를 샘플로 이용하여 분류한다.

> **Guide** 위성영상을 분류할 때 해석자의 유·무에 따라 감독분류와 무감독분류로 구분된다. 감독분류는 해석자가 분류항목별로 사전에 그 분류기준이 되는 통계적 특징을 규정하고 이를 근거로 직접 분류를 수행하는 것이며, 무감독분류는 분류 항목별 통계 없이 단지 통계적 유사성을 기준으로 분류하는 기법이다.

22 한 장의 사진 내에서 축척의 변화가 없이 균일한 사진은?

① 경사사진 ② 수직사진
③ 수렴사진 ④ 정사사진

> **Guide** 정사사진
> 지표면의 비고에 의하여 발생하는 사진상의 각 점의 왜곡을 보정하여 사진상에서 항상 동일 축척이 되도록 만든 사진이다.

23 지상기준점이 반드시 필요한 표정은?

① 내부표정 ② 상호표정
③ 절대표정 ④ 접합표정

> **Guide** 절대표정은 지상좌표로 환산하는 과정이므로 반드시 소수의 지상기준점이 필요하다.

24 항공사진의 촬영방법에 의한 분류 중 화면에 지평선이 찍혀 있는 사진을 무엇이라 하는가?

① 수직사진　　　② 고각도 경사사진
③ 저각도 경사사진　　④ 수렴사진

Guide 촬영방법에 의한 사진측량의 분류
- 수직사진(Vertical Photography)
  광축이 연직선과 거의 일치하도록 상공에서 촬영한 경사각 3° 이내의 사진
- 경사사진(Oblique Photography)
  – 광축이 연직선 또는 수평선에 경사지도록 촬영한 경사각 3° 이상의 사진
  – 저각도 경사사진 : 지평선이 찍히지 않는 사진
  – 고각도 경사사진 : 지평선이 나타나는 사진
- 수평사진(Horizontal Photography)
  광축이 수평선에 거의 일치하도록 지상에서 촬영한 사진

25 초점거리 150mm, 사진의 크기 23cm × 23cm의 카메라로 찍은 항공사진의 경사각이 15°이면 이 사진의 연직점(Nadir Point)과 주점(Principal Point)과의 사진 상에서의 거리는?(단, 연직점은 사진 중심점으로부터 방사선(Radial Line) 위에 있다.)

① 40.2mm　　　② 50.0mm
③ 75.0mm　　　④ 100.5mm

Guide

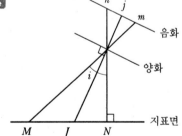

여기서, M : 지상주점
　　　　N : 지상연직점
　　　　J : 지상등각점
　　　　m : 사진상주점
　　　　n : 사진상연직점
　　　　j : 사진상등각점
∴ 사진의 연직점과 주점과의 거리($\overline{mn}$)
　= $f \cdot \tan i$
　= $150 \times \tan 15°$
　= 40.2mm

26 위성영상에서 지도와 같은 특성을 갖도록 기복변위와 카메라 자세에 의한 변위를 제거한 정사보정 영상의 활용 분야와 거리가 먼 것은?

① 실내지도 제작 분야
② 토지피복지도 제작 분야
③ 도로지도 제작 분야
④ 환경오염도 제작 분야

Guide 위성영상을 이용한 지형도 제작은 지표면을 대상으로 하므로 실내지도 제작은 불가능하다.

27 수치지도로부터 수치지형모델(DTM)을 생성하려고 한다. 어떤 레이어가 필요한가?

① 건물 레이어　　　② 하천 레이어
③ 도로 레이어　　　④ 등고선 레이어

Guide 수치지도의 등고선 레이어 표고값을 이용하여 다양한 보간법을 통해 수치지형모델(DTM)을 생성한다.

28 고도 3,000m에서 초점거리 150mm, 사진 크기 23cm × 23cm인 카메라를 이용하여 사진촬영을 하였다. 촬영경로가 3개이고 촬영경로당 9개의 입체모델이 촬영되어 있다면, 사진측량 대상지역의 크기는?(단, 종중복도는 60%, 횡중복도는 30%이다.)

① 16.56km × 9.66km
② 18.40km × 9.66km
③ 16.56km × 13.80km
④ 18.40km × 13.80km

Guide
- 사진축척(M) $= \dfrac{1}{m} = \dfrac{f}{H} = \dfrac{0.15}{3,000} = \dfrac{1}{20,000}$
- 종모델 수 $= \dfrac{S_1}{B} = \dfrac{S_1}{ma(1-P)} \rightarrow$
  $9 = \dfrac{S_1}{20,000 \times 0.23 \times (1-0.6)} \rightarrow$
  $S_1 = 16.56$km
- 횡모델 수 $= \dfrac{S_2}{C_o} = \dfrac{S_2}{ma(1-q)} \rightarrow$
  $3 = \dfrac{S_2}{20,000 \times 0.23 \times (1-0.3)} \rightarrow$
  $S_2 = 9.66$km
∴ 사진측량 대상지역의 크기는 16.56km × 9.66km이다.

29 사진의 중복도에 대한 설명 중 틀린 것은?

① 중복도가 높아지면 모델 수가 증가한다.
② 일반적으로 중복도가 클수록 경제적이다.
③ 일반적으로 중복도가 클수록 폐색영역이 적어진다.
④ 산악이나 고층건물이 많은 시가지는 중복도를 높여서 촬영한다.

Guide 중복도가 클수록 비경제적이다.(사진매수가 많아짐)

30 기복변위는 사진면에서 어느 점을 중심으로 발생하는가?

① 사진지표   ② 기준점
③ 연직점   ④ 표정점

Guide 기복변위(Relief Displacement)
지표면에 기복이 있을 경우 연직으로 촬영하여도 축척은 동일하지 않으며 사진면에서 연직점을 중심으로 방사상의 변위가 생기는데 이를 기복변위라 한다.

31 위성을 이용한 원격탐사(Remote Sensing)에 대한 설명으로 옳지 않은 것은?

① 회전주기가 일정하므로 원하는 지점 및 시기에 관측이 용이하다.
② 탐사된 자료는 다양한 처리과정을 거쳐 재해 및 환경문제 해결에 활용할 수 있다.
③ 관측이 좁은 시야각으로 실시되므로, 얻어진 영상은 정사투영에 가깝다.
④ 짧은 시간 내에 넓은 지역을 동시에 측정할 수 있으며, 반복관측이 가능하다.

Guide 원격탐사의 특징
• 짧은 시간에 넓은 지역을 동시에 관측
• 반복측정이 가능하고 비교가 용이
• 비접근(난접근) 지역의 조사가 가능
• 자료 취득이 경제적이고 동일한 정확도 확보 가능
• 탐사된 자료의 즉각적인 활용
• 각종 주제도, 재해, 환경문제 해결
• 다양한 활용성
※ 위성은 궤도와 주기를 가지고 운행하기 때문에 원하는 시간에 원하는 위치의 자료를 수집하는 것은 불가능하다.

32 사진측량에서 모델이란 무엇을 의미하는가?

① 편위수정된 사진이다.
② 한 장의 사진에 찍힌 면적이다.
③ 어느 지역을 대표하는 사진이다.
④ 중복된 한 쌍의 사진으로 입체시할 수 있는 부분이다.

Guide 모델(Model)
다른 위치로부터 촬영되는 2매 1조의 입체사진으로부터 만들어지는 처리단위를 말한다.

33 그림은 어느 지역의 토지 현황을 나타내고 있는 지도이다. 이 지역을 촬영한 7×7 영상에서 "호수"의 훈련지역(Training Field)을 선택한 결과로 적합한 것은?

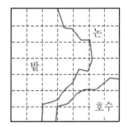

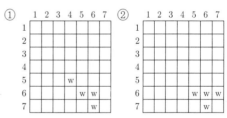

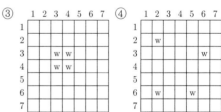

Guide 호수의 훈련지역은 5~7열, 6~7행이므로 ②를 선택하는 것이 타당하다.

34 입체도화기에 의한 표정 작업에서 일반적으로 오차의 파급효과가 가장 큰 것은?

① 절대표정　　　② 접합표정
③ 상호표정　　　④ 내부표정

> **Guide** 상호표정은 도화기 상에서 입체시의 방해를 주는 모델의 y방향 시차를 소거하는 작업을 말하며, 상호표정에 오차가 많이 발생하면 사진측량 전반적 과정에 영향을 크게 준다.

35 항공사진측량의 공정순서를 바르게 나열한 것은?

> ㉠ 기준점측량　　㉡ 대공표지 설치
> ㉢ 편집　　　　　㉣ 항공삼각측량
> ㉤ 계획준비　　　㉥ 도화
> ㉦ 촬영

① ㉤-㉠-㉣-㉦-㉡-㉥-㉢
② ㉤-㉠-㉡-㉣-㉦-㉢-㉥
③ ㉤-㉦-㉠-㉡-㉢-㉣-㉥
④ ㉤-㉡-㉦-㉠-㉣-㉥-㉢

> **Guide** 항공사진측량의 일반적 순서
> 계획 및 준비 → 대공표지 설치 → 항공사진 촬영 → 기준점측량 → 항공삼각측량 → 수치도화 → 편집

36 내부표정에서 투영점을 찾기 위하여 설정하여야 하는 2가지 요소는?

① 카메라의 종류, 촬영고도
② 사진지표, 촬영고도
③ 촬영위치, 촬영고도
④ 주점, 초점거리

> **Guide** 내부표정 시 고려사항
> • 사진주점을 맞춘다.
> • 화면거리(f)의 조정
> • 건판신축, 대기굴절, 지구곡률보정, 렌즈수차보정

37 수치사진측량 기법 중 내부표정의 자동화에 사용되는 것은?

① 좌표등록　　　② 영상정합
③ 3차원 도화　　④ DEM

> **Guide** 영상정합
> 영상 중 한 영상의 한 위치에 해당하는 실제의 객체가 다른 영상의 어느 위치에 형성되는가를 발견하는 작업으로 이 과정은 점차 자동화되어가고 있다.

38 항공사진 촬영에서 종중복도가 70%일 때 촬영기선길이는?(단, 사진의 크기＝23cm×23cm, 축척＝1：15000)

① 1.035km　　　② 2.075km
③ 3.450km　　　④ 9.000km

> **Guide**
> $$B = ma\left(1 - \frac{p}{100}\right)$$
> $$= 15,000 \times 0.23 \times \left(1 - \frac{70}{100}\right)$$
> $$= 1,035m = 1.035km$$

39 8bit grey level(0~255)을 가진 수치영상의 최소 픽셀값이 79, 최대 픽셀값이 156이다. 이 수치영상에 선형 대조비확장(Linear Contrast Stretching)을 실시할 경우 픽셀값 123의 변화된 값은?(단, 계산에서 소수점 이하 값은 무시(버림)한다.)

① 143　　　② 144
③ 145　　　④ 146

> **Guide** 명암대비 확장(Contrast Stretching) 기법
> 영상을 디지털화할 때는 가능한 밝기값을 최대한 넓게 사용해야 좋은 품질의 영상을 얻을 수 있다. 영상 내 픽셀의 최소, 최대값의 비율을 이용하여 고정된 비율로 영상을 낮은 밝기와 높은 밝기로 펼쳐주는 기법을 말한다.
> • $g_2(x,y) = [g_1 \cdot (x,y) + t_1]t_2$
> 　여기서, $g_1(x,y)$: 원 영상의 밝기값
> 　　　　　$g_2(x,y)$: 새로운 영상의 밝기값
> 　　　　　t_1, t_2 : 변환 매개 변수
> • $t_1 = g_2^{min} - g_1^{min}$
> 　$= 0 - 79$
> 　$= -79$
> • $t_2 = \dfrac{g_2^{max} - g_2^{min}}{g_1^{max} - g_1^{min}}$
> 　$= \dfrac{255 - 0}{156 - 79}$
> 　$= 3.31$

• 원 영상의 밝기값 123의 변환 밝기값 산정

$$g_2(x, y) = [g_1 \cdot (x, y) + t_1] t_2$$
$$= [(123 - 79) \times 3.31]$$
$$= 145.64 ≒ 145$$

∴ 원영상의 123의 밝기값은 145 밝기값으로 변환된다.

40 항공사진측량에서 광각사진과 보통각사진의 비교 설명으로서 틀린 것은?

① 축척이 같으면 광각사진의 촬영고도가 보통각사진의 촬영고도보다 낮다.
② 촬영고도가 같으면 광각사진의 축척은 보통각사진의 축척보다 크다.
③ 광각사진의 화각은 보통각사진의 화각보다 크다.
④ 광각사진의 초점거리는 보통각사진의 초점거리보다 짧다.

> **Guide** 항공사진 촬영용 사진기의 성능
>
> | 종류 | 화각 | 초점거리(mm) |
> |---|---|---|
> | 보통각사진기 | 60° | 210 |
> | 광각사진기 | 90° | 150 |
> | 초광각사진기 | 120° | 88 |
>
> ∴ 촬영고도가 같으면 광각사진기의 초점거리가 보통각사진기보다 짧으므로 보통각사진기보다 축척은 작다.

Subject **03** 지리정보시스템(GIS) 및 위성측위시스템(GPS)

41 관계형 데이터베이스에 대한 설명으로 틀린 것은?

① 관계형 데이터베이스에서 가장 작은 데이터 단위를 도메인이라 한다.
② 관계형 데이터의 행을 구성하는 속성값을 튜플이라 한다.
③ 관계형 데이터베이스에서 하나의 릴레이션에서는 튜플의 순서가 존재한다.
④ 관계형 데이터베이스는 테이블의 집합체라고 할 수 있다.

> **Guide** • 도메인(Domain) : 하나의 속성이 취할 수 있는 같은 유형의 모든 원자값의 집합
> • 릴레이션(Relation) : 테이블의 열과 행의 집합
> • 속성(Attribute) : 테이블에서 열
> • 튜플(Tuple) : 테이블에서 행

42 원격탐사를 통한 GIS 데이터를 획득할 때에 Classification(분류) 방법이 자주 사용된다. 감독분류(Supervised Classification) 방법 중 알고자 하는 픽셀이 어느 등급에 속하는지의 확률을 계산하여 두 군집이 겹치는 부분에 속하는 픽셀은 정규분포곡선 그림을 통해 가장 속할 확률이 높은 군집에 할당시키는 방법은?

① 평행육면체 분류(Parallelpiped Classify)
② 최대우도법(Maximum Likelyhood Classify)
③ 최소거리 분류(Minimum Distance to Means Classify)
④ K-mean

> **Guide** 최대우도법(Maximum Likelyhood Classify)
> 클래스 정보가 정규분포를 따른다고 가정했을 때 각 화소의 개개 클래스 분류 확률을 계산 후 가장 높은 확률값의 클래스에 할당하는 방법

43 래스터 데이터(격자 자료) 구조에 대한 설명으로 옳지 않은 것은?

① 셀의 크기에 관계없이 컴퓨터에 저장되는 데이터의 용량은 항상 일정하다.
② 셀의 크기는 해상도에 영향을 미친다.
③ 셀의 크기에 의해 지리정보의 위치 정확성이 결정된다.
④ 연속면에서 위치의 변화에 따라 속성들의 점진적인 현상 변화를 효과적으로 표현할 수 있다.

> **Guide** 래스터 자료구조는 셀의 크기가 작으면 작을수록 해상도가 좋아지는 반면 데이터의 저장용량이 증가한다.

---

44 정밀측위를 위하여 GPS측량을 이용하고자 할 때 가장 부적합한 방법은?

① 반송파 위상관측
② 차분법에 의한 상대측위
③ 코드 측정방식에 의한 절대측위
④ 동시에 4개 이상의 위성신호 수신과 위성의 양호한 기하학적 배치상태를 고려한 관측

Guide 코드 측정방식은 신속하나 정확도는 반송파 방식보다 낮으며 단독측위(절대측위)보다는 상대측위가 정확도가 높다.

45 다음 중 벡터 기반의 디지털 자료 변환 과정의 단계(작업)에 해당하지 않는 것은?

① 세분화   ② 획득
③ 형식화   ④ 편집

46 GPS의 단독측위를 수행하는 데 있어 정확도에 영향을 미치는 요인과 가장 거리가 먼 것은?

① 위성의 궤도정보
② 위성의 배치상태
③ 기선해석에 따른 후처리 과정
④ 수신기에 의한 의사거리 측정오차

Guide 단독측위의 정확도와 관계있는 요소
• 위성의 궤도정보
• 관측하는 위성의 배치
• 전리층, 대류권 영향
• 수신기에 의한 의사거리 측정오차
※ 기선 해석에 따른 후처리 과정은 상대측위와 관계가 있다.

47 다음 데이터 중 표현 형식이 다른 하나는?

① 그리드 형태의 수치표고모형(DEM)
② 불규칙삼각망(TIN)
③ 위성영상
④ 항공사진

Guide • ①, ③, ④ : 래스터 자료구조
• ② : 벡터 자료구조

48 지리정보시스템의 이용효과 중 거리가 먼 것은?

① 자료의 수치화 작업을 용이하게 해 준다.
② 정보의 보안성은 향상되나 투자의 중복이 심화될 수 있다.
③ 수집한 자료는 다른 여러 자료와 유용하게 결합할 수 있다.
④ DB 체계를 통하여 자료를 더욱 간편하게 사용할 수 있고 자료 입수도 용이하다.

Guide 지리정보시스템을 이용함으로써 상호 간의 자료공유를 원활하게 하여 투자 및 조사의 중복을 극소화한다.

49 지형공간자료를 입력하는 단계로 옳게 나열된 것은?

① 공간(위치)정보의 입력 → 비공간 속성자료의 입력 → 공간자료와 비공간자료의 연결
② 비공간 속성자료의 입력 → 공간자료와 비공간자료의 연결 → 공간(위치)정보의 입력
③ 공간자료와 비공간자료의 연결 → 공간(위치)정보의 입력 → 비공간 속성자료의 입력
④ 공간(위치)정보의 입력 → 공간자료와 비공간자료의 연결 → 비공간 속성자료의 입력

Guide 자료입력 순서는 위치정보를 먼저 입력하고 이를 기초로 해당 속성정보를 입력한 후 이들 정보를 결합시키는 방법으로 구조화한다.

50 수치표고모델(DEM)과 TIN의 비교 설명으로 옳은 것은?

① 수치표고모델(DEM)은 불규칙적인 공간 간격으로 표고를 표현한다.
② LiDAR 또는 GPS로 취득한 지형자료를 이용할 경우엔 DEM 방법이 유리하다.
③ TIN 방법은 사진측량에 의한 자동 디지타이징에 의한 지형자료 취득 시에 유리하다.
④ 지역적인 변화가 심한 복잡한 지형을 표현할 때엔 TIN이 유리하다.

Guide • DEM : 일정한 크기의 격자방식으로 지형의 표고를 나타낸다.
• TIN : 공간을 불규칙한 삼각형으로 분할하여 지형의 표고를 나타낸다.

정답 44 ③ 45 ① 46 ③ 47 ② 48 ② 49 ① 50 ④

불규칙하게 분포된 지형자료를 이용하여 지형을 표현할 때는 DEM보다는 TIN이 효과적이다.

51 위성항법체계인 GPS 위성의 궤도경사각은 몇 도이고, 적도면 상 몇 도의 간격으로 배치되어 있는가?

① 궤도경사각 55°, 적도면상 55°간격
② 궤도경사각 55°, 적도면상 60°간격
③ 궤도경사각 60°, 적도면상 55°간격
④ 궤도경사각 60°, 적도면상 60°간격

Guide GPS는 55° 궤도 경사각, 위도 60°의 궤도

52 A점과 B점 사이 임의의 한 점 P의 표고를 선형보간법을 이용하여 구하려고 한다. A점과 B점 사이의 거리를 L, A점과 P점 사이의 거리를 x_p, A점의 표고를 a, B점의 표고를 b, P점의 높이를 h_p라 할 때 옳은 식은?

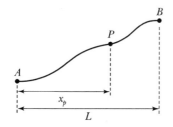

① $h_p = \dfrac{b}{L} x_p$

② $h_p = \dfrac{b}{a} L$

③ $h_p = \dfrac{b-a}{b} x_p + a$

④ $h_p = \dfrac{b-a}{L} x_p + a$

Guide 선형보간법
$x_p : L = h_p - a : b - a$
$\therefore h_p = \dfrac{b-a}{L} x_p + a$

53 수치고도모델(DEM)을 통하여 분석할 수 없는 것은?

① 경사도와 사면방향   ② 지형단면과 굴곡도
③ 토지이용   ④ 가시권

Guide DEM은 경사도, 사면방향도, 단면분석, 절·성토량 산정, 등고선 작성 등 다양한 분야에 활용되고 있다. 토지이용은 DEM과 거리가 멀다.

54 다음 중 어떤 특정한 현상(강우량, 토지이용 현황 등)에 대해 표현할 것을 목적으로 작성된 지도를 일컫는 용어는?

① 주제도   ② 챠트
③ 지형분석도   ④ 시설물도

Guide 주제도
해도, 지질도, 지적도, 토지이용현황도, 인구분포도, 교통도 등과 같이 어떤 특정한 주제를 선정하여 특별히 그 주제를 잘 알 수 있도록 제작한 지도를 말한다.

55 TIN의 구성요소가 아닌 것은?

① 경계(Edges)
② 절점(Vertices)
③ 평면 삼각면(Faces)
④ 브레이크 라인(Break Lines)

Guide 불규칙 삼각망(Triangular Irregular Network : TIN)
공간을 불규칙한 삼각형으로 분할하여 모자이크 모형 형태로 생성한 일종의 공간자료 구조로서, 페이스(Face), 노드(Node), 에지(Edge)로 구성되어 있는 벡터 구조이다.

56 지형공간정보체계의 자료에 대한 설명으로 옳지 않은 것은?

① 위치자료는 도면이나 지도와 같은 도형에서 위치값을 수록하는 정보파일이다.
② 자료는 위치자료(도형자료)와 특성자료(속성자료)로 대별될 수 있다.
③ 위치자료와 특성자료는 서로 연관성을 가지고 있어야 한다.
④ 일반적인 통계자료 또는 영상파일은 특성자료로 사용될 수 없다.

Guide GIS 정보에는 위치정보와 특성정보로 구분되며, 특성정보는 도형정보, 영상정보, 속성정보로 세분화된다.

57 다음 중 자료의 입력과정에서 발생하는 오류와 관계없는 것은?

① 공간정보가 불완전하거나 중복된 경우
② 공간정보의 위치가 부정확한 경우
③ 공간정보가 좌표로 표현된 경우
④ 공간정보가 왜곡된 경우

Guide 공간정보가 좌표로 표현된 경우는 입력과정에서 발생하는 오류와 관계가 없다.

58 오픈 소스 소프트웨어(Open Source Software)에 대한 설명으로 옳지 않은 것은?

① 일반 사용자에 의해서 소스코드의 수정과 재배포가 가능하다.
② 전문 프로그래머가 아닌 일반 사용자도 개발에 참여할 수 있다.
③ 사용자 인터페이스가 상업용 소프트웨어에 비해 우수한 것이 특징이다.
④ 소스코드가 제공됨으로써 자료처리 과정을 명확하게 이해할 수 있는 장점이 있다.

Guide 오픈 소스 소프트웨어(Open Source Software)
무료이면서 소스코드를 개방한 상태로 실행 프로그램을 제공하는 동시에 소스코드를 누구나 자유롭게 개작 및 개작된 소프트웨어를 재배포할 수 있도록 허용된 소프트웨어이다.

59 벡터구조에 비해 격자구조(Grid 또는 Raster)가 갖는 장점으로 틀린 것은?

① 자료구조가 간단하다.
② 중첩에 대한 조작이 용이하다.
③ 다양한 공간적 편의가 격자형 형태로 나타난다.
④ 위상관계를 입력하기 용이하므로 위상관계 정보를 요구하는 분석에 효과적이다.

Guide 격자자료구조는 위상관계를 가지고 있지 않아 다양한 공간분석에 비효율적이다.

60 기하학적 정밀도(GDOP)는 위성의 배치상태에 따라 관측 정확도에 영향을 미친다. 그림에서 위성의 배치상태가 가장 양호한 것은? (단, 그림 내 모든 위성의 Mask of Angle은 15° 이상이다.)

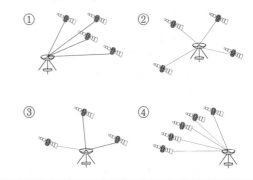

Guide 수신기를 가운데 두고 4개의 위성이 정사면체를 이룰 때, 즉 최대체적일 때 GDOP, PDOP 등이 최소가 된다.

Subject **04** 측량학

✔ 측량 관련 법규는 출제 당시 법률을 기준으로 해설되었음을 알려드립니다.

61 방위각과 방향각에 대한 설명으로 옳은 것은?

① 방위각은 우회전 관측각이며 방향각은 좌회전 관측각이다.
② 방위각은 진북을 기준으로 한 것이며 방향각은 적도를 기준으로 한 것이다.
③ 방위각은 자오선을 기준으로 하며 방향각은 임의의 기준선을 기준으로 한다.
④ 방위각과 방향각은 동일한 것으로 사용지역에 따라 구별된다.

Guide 방위각과 방향각
• 방위각 : 진북자오선을 기준으로 하여 시계방향으로 잰 각
• 방향각 : 도북방향을 기준으로 어느 측선까지 시계방향으로 잰 각

62 수평각 측정방법 중 정도가 가장 높은 관측방법은?

① 단측법 ② 조합각관측법
③ 배각법 ④ 방향각관측법

> **Guide** 수평각 관측방법
> ① 단측법 : 1개의 각을 1회 관측하는 방법으로 수평각 측정법 가운데 가장 간단한 관측방법
> ② 조합각관측법 : 가장 정확한 값을 얻을 수 있는 방법 (1등 삼각측량에 이용)
> ③ 배각법 : 1개의 각을 2회 이상 관측하여 관측횟수로 나누어서 구하는 방법
> ④ 방향각관측법 : 어떤 시준방향을 기준으로 하여 각 시준방향에 이르는 각을 측정하는 방법

63 전파거리측량기는 변조파장으로부터 거리를 구할 수 있다. 이때 변조파장(λ)을 구하는 식으로 옳은 것은?(단, V : 보정된 전파 에너지 속도, f : 변조 주파수)

① f/V ② V^2/f
③ V/f^2 ④ V/f

> **Guide** $\lambda = \dfrac{V}{f}$
> 여기서, λ : 변조파장
> V : 보정된 전파 에너지 속도
> f : 변조 주파수

64 직사각형의 면적을 계산하기 위하여 거리를 측정한 결과 가로의 길이는 $50\text{m}\pm0.01\text{m}$이고, 세로의 길이는 $100\text{m}\pm0.02\text{m}$인 경우에 면적에 대한 오차는?

① $\pm0.0002\text{m}^2$ ② $\pm0.02\text{m}^2$
③ $\pm1.41\text{m}^2$ ④ $\pm2.5\text{m}^2$

> **Guide** 부정오차 전파에 의해
> $M = \pm\sqrt{(ym_1)^2 + (xm_2)^2}$
> $= \pm\sqrt{(100\times0.01)^2 + (50\times0.02)^2}$
> $= \pm1.41\text{m}^2$

65 각 측량의 기계적 오차 중 망원경의 정·반 위치에서 측정값을 평균해도 소거되지 않는 오차는?

① 연직축 오차 ② 시준축 오차
③ 수평축 오차 ④ 편심 오차

> **Guide** 연직축 오차
> 연직축이 정확히 연직선에 있지 않는 연직축 오차는 망원경을 정·반으로 관측하여도 소거되지 않는다.

66 표준척보다 3cm 짧은 50m 테이프로 관측한 거리가 200m이었다면 이 거리의 실제의 거리는?

① 201.20m ② 200.88m
③ 200.12m ④ 199.88m

> **Guide** 실제거리 $= \dfrac{\text{부정길이}\times\text{관측길이}}{\text{표준길이}}$
> $= \dfrac{49.97\times200}{50}$
> $= 199.88\text{m}$

67 수준측량에서 미지점의 표척을 시준한 값을 무엇이라 하는가?

① 후시 ② 전시
③ 중간점 ④ 이기점

> **Guide** 전시(F.S ; Fore Sight)
> 표고를 구하려는 미지점에 세운 표척의 읽음값

68 지형의 표시법 중 하천, 항만, 해양측량 등에서 수심을 표시하는 방법으로 주로 사용되는 것은?

① 우모선법 ② 음영법
③ 점고법 ④ 채색법

> **Guide** 점고법은 지면 상에 있는 임의 점의 표고를 도상에서 숫자에 의해 표시하는 방법이며 하천, 해양 등의 수심 표시에 주로 이용된다.

69 그림과 같은 단삼각망의 관측결과가 $\alpha = 58°43'25''$, $\beta = 45°16'30''$, $\gamma = 75°59'44''$ 라고 할 때 조정에 관한 설명으로 옳은 것은?(단, AB는 기선임)

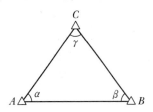

① 폐합오차가 21″이므로 각 보정량 7″를 α, β, γ에 각각 더하여 보정한다.

② 조건식의 총수는 2개이고 그중 1개는 각 조건식, 나머지 1개는 측점조건식이다.

③ 조건식의 총수는 1개이고 측점조건식이다.

④ 폐합오차가 없으므로 관측값 보정이 필요 없다.

Guide $E_\alpha = 180° - (\alpha + \beta + \gamma)$
$= 180° - (58°43'25'' + 45°16'30'' + 75°59'44'')$
$= 21''$
∴ 관측조건이 같다고 가정할 때 삼각형 내각의 합이 179° 59′ 39″로서 180″에 21″가 부족하므로 α, β, γ에 $+7''$씩을 보정한다.

70 수준측량을 실시한 결과가 그림과 같을 때, B점의 표고는?(단, 단위 : m)

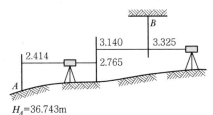

$H_A = 36.743m$

① 36.207m
② 38.029m
③ 42.857m
④ 43.559m

Guide

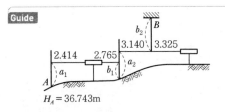

$H_A = 36.743m$

∴ $H_B = H_A + \{(a_1 - b_1) + (a_2 + b_2)\}$
$= 36.743 + \{(2.414 - 2.765) + (3.140 + 3.325)\}$
$= 42.857m$

71 지구의 적도반지름이 6,370km이고 편평률이 1/299이라고 하면 적도반지름과 극반지름의 차이는?

① 21.3km
② 31.0km
③ 40.0km
④ 42.6km

Guide $P(편평률) = \dfrac{a-b}{a} = \dfrac{1}{299} = \dfrac{6,370-b}{6,370}$
$\rightarrow b = 6,348.7km$
∴ 적도의 반지름과 극반지름의 차
$= a - b = 6,370 - 6,348.7 = 21.3km$

72 등고선의 성질에 대한 설명으로 옳지 않은 것은?

① 등고선은 분수선과 직교한다.

② 등고선은 경사가 다른 곳에서 간격이 일정하다.

③ 등고선은 절벽이나 동굴 등의 특수한 지형 외는 합치거나 교차하지 않는다.

④ 등고선 간의 최단 거리의 방향은 그 지표면의 최대 경사의 방향을 가리키며, 최대 경사의 방향은 등고선에 수직인 방향이다.

Guide 등고선은 경사가 급한 곳에서는 간격이 좁고, 완만한 경사에서는 넓다.

73 토털스테이션으로 1회 각 관측을 할 때 생기는 우연오차가 ±0.01m라 하면 16회 연속 각 관측을 했을 때의 전체 오차는?

① ±0.32m
② ±0.16m
③ ±0.08m
④ ±0.04m

Guide $M = \pm m \sqrt{n} = \pm 0.01 \sqrt{16} = \pm 0.04m$

74 표고 112.24m 지점에서 관측한 기선장이 3,321.25m이면 평균해수면 상의 거리로 보정된 기선장은?(단, 지구는 곡선반지름이 6,370km인 구로 가정한다.)

① 3,321.1915m   ② 3,321.2162m

③ 3,321.2204m   ④ 3,321.2329m

> **Guide**
> $$C_h = -\frac{HL}{R} = -\frac{112.24 \times 3,321.25}{6,370 \times 1,000} = -0.0585m$$
> ∴ 평균해수면 상의 거리 = 3,321.25 - 0.0585
> = 3,321.1915m

75 측량기준점을 크게 3가지로 구분할 때 이에 속하지 않는 것은?

① 국가기준점   ② 수로기준점

③ 공공기준점   ④ 지적기준점

> **Guide** 측량 · 수로조사 및 지적에 관한 법률 제7조(측량기준점)
> 측량기준점은 국가기준점, 공공기준점, 지적기준점으로 구분한다.

76 무단으로 측량성과 또는 측량기록을 복제한 자에 대한 벌칙 기준으로 옳은 것은?

① 3년 이하의 징역 또는 3천만 원 이하의 벌금

② 2년 이하의 징역 또는 2천만 원 이하의 벌금

③ 1년 이하의 징역 또는 1천만 원 이하의 벌금

④ 300만 원 이하의 과태료

> **Guide** 측량 · 수로조사 및 지적에 관한 법률 제109조(벌칙)
> 무단으로 측량성과 또는 측량기록을 복제한 자는 1년 이하의 징역 또는 1천만 원 이하의 벌금에 처한다.

77 공공측량의 실시공고에 포함되어야 할 사항이 아닌 것은?

① 측량의 규모   ② 측량의 종류

③ 측량의 목적   ④ 측량의 실시기간

> **Guide** 측량 · 수로조사 및 지적에 관한 법률 시행령 제12조(측량의 실시공고)
> 공공측량의 실시공고에는 다음의 사항이 포함되어야 한다.
> 1. 측량의 종류
> 2. 측량의 목적
> 3. 측량의 실시기간
> 4. 측량의 실시지역
> 5. 그 밖에 측량의 실시에 관하여 필요한 사항

78 측량기기 중 토털스테이션의 성능검사 주기로 옳은 것은?

① 1년   ② 2년

③ 3년   ④ 5년

> **Guide** 측량 · 수로조사 및 지적에 관한 법률 시행령 제97조(성능검사의 대상 및 주기 등)
> 1. 트랜싯(데오도라이트) : 3년
> 2. 레벨 : 3년
> 3. 거리측정기 : 3년
> 4. 토털스테이션 : 3년
> 5. 지피에스(GPS) 수신기 : 3년
> 6. 금속관로 탐지기 : 3년

79 공공측량의 실시에 대한 설명으로 옳은 것은?

① 기본측량성과만을 기초로 실시한다.

② 기본측량성과나 다른 공공측량성과를 기초로 실시한다.

③ 기본측량성과나 일반측량성과를 기초로 실시한다.

④ 다른 공공측량성과나 일반측량성과를 기초로 실시한다.

> **Guide** 측량 · 수로조사 및 지적에 관한 법률 제17조(공공측량의 실시 등)
> 공공측량은 기본측량성과나 다른 공공측량성과를 기초로 실시하여야 한다.

80 측량의 기준에 관한 설명으로 틀린 것은?

① 위치는 세계측지계로 표시한다.

② 측량의 원점은 대한민국 경위도 원점 및 수준원점으로 한다.

③ 지도 제작을 위하여 필요한 경우에는 직각좌표와 높이로 표시할 수 있다.

④ 해안선은 해수면이 최저조면에 이르렀을 때의 육지와 해수면과의 경계로 표시한다.

> **Guide** 측량 · 수로조사 및 지적에 관한 법률 제6조(측량기준)
> 해안선은 해수면이 약최고고조면(약최고고조면 : 일정 기간 조석을 관측하여 분석한 결과 가장 높은 해수면)에 이르렀을 때의 육지와 해수면과의 경계로 표시한다.

E X E R C I S E S
기출문제

2015년 9월 19일 시행

본 문제의 해설은 출제자의 의도와 일치되지 않을 수 있으며, 문제 및 정답은 일부 오탈자가 있을 수 있으므로 학습시 의문사항이 있으면 예문사 또는 저자에게 문의하여 주시기 바랍니다. 또한, 본 기출문제는 시행 당시의 이론 및 법규에 의하여 해설되었음을 알려드립니다.

Subject 01 **응용측량**

01 그림과 같은 삼각형 ABC 토지의 한 변 $\overline{AC}$ 상의 점 D와 $\overline{BC}$ 상의 점 E를 연결하고 직선 $\overline{DE}$ 에 의해 삼각형 ABC의 면적을 2등분하고자 할 때 $\overline{CE}$ 의 길이는?(단, $\overline{AB}=40m$, $\overline{AC}=80m$, $\overline{BC}=70m$, $\overline{AD}=13m$)

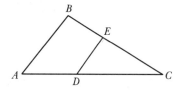

① 39.18m ② 41.79m
③ 43.15m ④ 45.18m

> **Guide**
> $$\frac{\triangle CDE}{\triangle ABC}=\frac{m}{m+n}\left(\frac{\overline{CD}\cdot\overline{CE}}{\overline{AC}\cdot\overline{BC}}\right)$$
> $$\therefore \overline{CE}=\frac{m}{m+n}\times\left(\frac{\overline{AC}\cdot\overline{BC}}{\overline{CD}}\right)$$
> $$=\frac{1}{1+1}\times\left(\frac{80\times70}{80-13}\right)$$
> $$=41.79m$$

02 터널측량에서 지상 측점과 터널 내부의 측점이 일치하도록 하는 측량은?

① 터널 내 수준측량
② 터널 내외 연결측량
③ 터널 내 측량
④ 터널 외 측량

> **Guide** 터널 내외 연결측량은 지상측점과 터널 내부의 측점을 같게 하는 측량이다.

03 노선측량의 기점에서 곡선의 시점(B.C)까지의 거리가 1,312.5m, 접선길이(T.L)가 176.4m, 곡선길이(C.L)가 320m라면 기점에서 곡선의 종점(E.C)까지의 거리는?

① 1,488.9m ② 1,560.7m
② 1,591.5m ④ 1,632.5m

> **Guide** E.C(곡선종점)＝B.C(곡선시점)＋C.L(곡선 길이)
> ＝1,312.5＋320
> ＝1,632.5m

04 하천의 유속측량에서 횡단면의 연직선 내의 평균 유속을 구할 때 사용되는 일점법에 이용되는 유속의 관측 수심은?

① 수면에서 3/10의 깊이
② 수면에서 4/10의 깊이
③ 수면에서 5/10의 깊이
④ 수면에서 6/10의 깊이

> **Guide** 1점법은 수면에서 0.6H 수심의 유속으로 $V_{0.6}$에 의해 평균유속을 구하는 방법이다.

05 교점이 기점에서 450m의 위치에 있고 교각이 30°, 중심말뚝 간격이 20m일 때, 외할(E)이 5m라면 시단현의 길이는?

① 2.8m ② 4.9m
③ 8.0m ④ 9.8m

> **Guide**
> • $E=R\left(\sec\frac{I}{2}-1\right)\rightarrow$
> $$R=\frac{E}{\sec\frac{I}{2}-1}=\frac{5}{\sec\frac{30°}{2}-1}=142m$$
> • T.L(접선길이)＝$R\cdot\tan\frac{I}{2}=142\times\tan\frac{30°}{2}=38m$

정답 **01** ② **02** ② **03** ④ **04** ④ **05** ③

• B.C(곡선시점) = 총 연장 - T.L
$$= 450 - 38 = 412m(\text{No}.20 + 12m)$$
∴ l(시단현 길이) = 20m - B.C 추가거리
$$= 20 - 12$$
$$= 8m$$

06 주택지 조성을 목적으로 수준측량을 실시하여 시공기면을 결정한 결과가 그림과 같을 때 총 토량은?(단, 각 구역의 크기는 동일하다.)

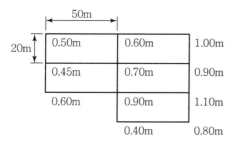

① $322.5m^3$　　② $372.5m^3$

③ $3,225m^3$　　④ $3,725m^3$

Guide $V = \dfrac{A}{4}(\sum h_1 + 2\sum h_2 + 3\sum h_3 + 4\sum_4)$

$\quad = \dfrac{50 \times 20}{4} \times \{(3.3 + (2 \times 3.05) + (3 \times 0.9) + (4 \times 0.7)\}$

$\quad = 3,725m^3$

여기서, $\sum h_1 = 0.5 + 1.0 + 0.8 + 0.4 + 0.6 = 3.3m$

$\qquad\quad \sum h_2 = 0.6 + 0.9 + 1.1 + 0.45 = 3.05m$

$\qquad\quad \sum h_3 = 0.9m$

$\qquad\quad \sum h_4 = 0.7m$

07 댐 건설을 위한 조사측량에서 댐 사이트의 평면도 작성방법으로 가장 적합한 것은?

① 항공사진측량
② 평판측량과 시거측량의 병용
③ 스타디아측량
④ 평판측량

Guide 댐 건설을 위한 평면도 작성은 대규모 지역이므로 항공사진측량에 의한 방법이 타당하다.

08 심프슨 제2법칙을 이용하여 계산할 경우, 그림과 같은 도형의 면적은?(단, 각 구간의 거리(d)는 동일하다.)

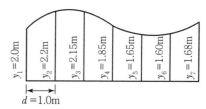

① $11.24m^2$　　② $11.29m^2$

③ $11.32m^2$　　④ $11.47m^2$

Guide $A = \dfrac{3}{8}d\{y_1 + y_7 + 3(y_2 + y_3 + y_5 + y_6) + 2(y_4)\}$

$\quad = \dfrac{3}{8} \times 1.0 \times \{2.0 + 1.68 + 3(2.2 + 2.15 + 1.65 + 1.6)$

$\qquad + 2(1.85)\}$

$\quad = 11.32m^2$

09 수위관측장치의 설치장소에 대한 요건으로 옳지 않은 것은?

① 하상과 하안이 안전하고 세굴이 없는 장소일 것
② 상·하류 약 100m 정도는 직선인 장소일 것
③ 교각이나 기타 구조물에 의하여 수위의 영향을 받지 않는 장소일 것
④ 지천의 합류점, 분류점으로 수위의 변화를 관측할 수 있는 장소일 것

Guide 수위관측소의 위치는 합류점이나 분류점에서 수위의 변화가 생기지 않는 장소가 적당하다.

10 20m 간격으로 등고선이 표시되어 있는 구릉지에서 구적기로 면적을 구한 값이 $A_5 = 200m^2$, $A_4 = 250m^2$, $A_3 = 600m^2$, $A_2 = 800m^2$, $A_1 = 1,600m^2$일 때의 토량은?(단, 각주공식을 이용할 것)

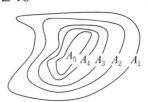

① $45,000\text{m}^3$ ② $46,000\text{m}^3$

③ $47,000\text{m}^3$ ④ $48,000\text{m}^3$

Guide
$$V=\frac{h}{3}\{A_1+A_5+4(A_2+A_4)+2(A_3)\}$$
$$=\frac{20}{3}\times\{1600+200+4(800+250)+2(600)\}$$
$$=48,000\text{m}^3$$

11 하천의 유속 분포가 그림과 같을 때 3점법으로 구한 평균유속은?(단, 하천의 표면유속은 1.0m/s이다.)

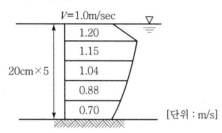

① 0.98m/s   ② 1.04m/s

③ 1.095m/s   ④ 1.13m/s

Guide 3점법
$$V_m=\frac{1}{4}\{V_{0.2}+2V_{0.6}+V_{0.8}\}$$
$$=\frac{1}{4}\times\{1.20+(2\times1.04)+0.88\}$$
$$=1.04\text{m/s}$$

12 수로기준점표지에 해당되지 않는 것은?

① 해안선기준점   ② 수로측량기준점

③ 해양중력점   ④ 기본수준점

Guide 수로기준점은 기본수준면을 기초로 정한 기준점으로서 수로측량기준점, 기본수준점, 해안선기준점으로 구분된다.

13 단곡선 설치에서 교각=60°, 접선장=210m일 때, 곡선의 반지름은?

① 121.24m   ② 202.07m

③ 282.15m   ④ 363.73m

Guide
$$\text{T.L}=R\cdot\tan\frac{I}{2}$$
$$\therefore R=\frac{\text{T.L}}{\tan\frac{I}{2}}=\frac{210}{\tan\frac{60°}{2}}=363.73\text{m}$$

14 캔트의 크기가 C인 원곡선에서 곡선 반지름을 2배로 개선하기 위한 새로운 캔트의 크기는?

① $\dfrac{C}{4}$ ② $\dfrac{C}{2}$

③ $2C$ ④ $4C$

Guide $C=\dfrac{S\cdot V^2}{g\cdot R}$ 에서, 곡선 반지름을 2배로 증가시키면 새로운 캔트는 $\dfrac{C}{2}$로 감소한다.

15 노선의 곡선 중에서 반지름이 각기 다른 2개의 원곡선으로 구성되고, 이 두 곡선의 연속점에서 공통접선을 가지며 곡선 중심이 공통접선에 대하여 같은 방향에 있는 곡선을 무엇이라고 하는가?

① 복심곡선   ② 단곡선

③ 반향곡선   ④ 완화곡선

Guide 복심곡선(복곡선)
반경이 다른 2개의 원곡선이 1개의 공통접선을 갖고 접선의 같은 쪽에서 연결하는 곡선을 말한다.

16 터널공사에서 터널 외 기준점측량에 사용되지 않는 방법은?

① 평판측량   ② 삼각측량

③ 트래버스 측량   ④ 수준측량

Guide 평판측량은 터널 외 기준점 측량과는 무관하다.

17 그림과 같은 단면을 갖는 길이 80m, 폭 10m의 도로를 건설하기 위한 성토량은?(단, 성토경사＝1：1.5로 한다.)

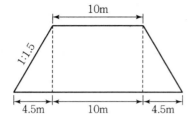

① 1,740m³　　② 3,480m³
③ 3,915m³　　④ 7,830m³

Guide • 높이값이 주어지지 않았으므로 비례식을 이용하여 높이(H)를 구하면,

1：1.5＝H：4.5 → H=3.0m

• $A = \dfrac{밑변+윗변}{2} \times 높이$

$= \dfrac{19+10}{2} \times 3$

$= 43.5\text{m}^2$

∴ $V = A \times L = 43.5 \times 80 = 3,480\text{m}^3$

18 터널작업에서 터널 외 기준점측량에 대한 설명으로 틀린 것은?

① 기준점을 서로 연결시키기 위해 필요한 경우 보조 삼각점을 기준점이 시통되는 곳에 설치한다.
② 고저측량용 기준점은 터널 입구 부근과 떨어진 곳에 2개소 이상 설치하는 것이 좋다.
③ 측량의 정확도를 높이기 위하여 가능한 후시를 짧게 한다.
④ 터널 입구 부근에 인조점을 설치한다.

Guide 터널 외 기준점측량 시 측량의 정확도를 높이기 위해서는 가능한 후시를 길게 잡고 고저측량용 기준점은 터널 입구 부근과 떨어진 곳에 2개소 이상 설치하는 것이 좋다.

19 교각이 49°30′, 반지름이 150m인 원곡선 설치 시 중심말뚝 간격 20m에 대한 편각은?

① 6°36′18″　　② 4°20′15″
③ 3°49′11″　　④ 1°46′32″

Guide $\delta_{20} = 1,718.87' \times \dfrac{20}{R}$

$= 1,718.87' \times \dfrac{20}{150}$

$= 3°49'11''$

20 도로의 기울기 계산을 위한 수준측량 결과가 그림과 같을 때 A, B점 간의 기울기는?(단, A, B점 간의 경사거리는 42m이다.)

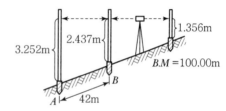

① 1.94%　　② 2.02%
③ 7.76%　　④ 10.38%

Guide A, B 두 점 간의 수평거리를 구하면

$D = L - \dfrac{H^2}{2 \cdot L}$

$= 42 - \dfrac{(3.252-2.437)^2}{2 \times 42} = 41.992\text{m}$

∴ 경사(i) $= \dfrac{H}{D} \times 100(\%)$

$= \dfrac{0.815}{41.992} \times 100\%$

$= 1.94\%$

Subject 02 사진측량 및 원격탐사

21 광각카메라를 사용하여 축척 1：20,000 사진을 만들었을 때 등고선 간격이 2m이었다면 C-계수는?(단, 초점거리는 150mm이다.)

① 1,000　　② 2,000
③ 1,500　　④ 2,500

Guide
- $M = \dfrac{1}{m} = \dfrac{f}{H} \rightarrow \dfrac{1}{20,000} = \dfrac{0.15}{H}$
  $\rightarrow H = 3,000\text{m}$
- $H = C \cdot \Delta h$
  여기서, H : 촬영고도
  $\quad\quad\quad C$: 도화기에 따른 상수
  $\quad\quad\quad \Delta h$: 등고선 간격
$\therefore C = \dfrac{H}{\Delta h} = \dfrac{3,000}{2} = 1,500$

22 Push – broom 스캐너의 특징이 아닌 것은?

① 한번에 한 라인 전체를 기록한다.
② 경사관측을 통한 입체영상 취득이 용이하다.
③ 각각의 라인이 중심투영인 항공사진의 기하와 유사하다.
④ 순간시야각의 개념이 적용되어 넓은 지역의 관측에 용이하다.

Guide 넓은 지역의 관측에 용이한 스캐너는 Whisk – broom Scanner이다.

23 종중복도가 70%이고 촬영종기선길이와 촬영횡기선길이의 비가 3 : 8일 때 횡중복도는 몇 %인가?

① 10%   ② 20%
③ 30%   ④ 40%

Guide $\text{B} : \text{C}_o = ma\left(1 - \dfrac{p}{100}\right) : ma\left(1 - \dfrac{q}{100}\right) = 3 : 8$
$\therefore \text{q} = 20\%$

24 다음 중 제작과정에서 수치표고모형(DEM)이 필요한 사진지도는?

① 정사투영사진지도
② 약조정집성사진지도
③ 반조정집성사진지도
④ 조정집성사진지도

Guide 정사투영사진지도는 영상정합 과정을 통해 DEM을 생성하며, 생성된 DEM 자료를 토대로 수치편위수정에 의해 정사투영영상을 생성하게 된다.

25 초점거리 15cm인 카메라로 고도 1,800m에서 촬영한 연직사진 상에 도로 교차점과 표고 300m인 산정이 찍혀 있다. 교차점은 사진 주점과 일치하고, 교차점과 산정의 거리는 사진상에서 55mm이었다면 이 사진으로부터 작성된 축척 1 : 5,000 지형도 상에서 교차점과 산정의 거리는?

① 110mm   ② 130mm
③ 150mm   ④ 170mm

Guide
- $M = \dfrac{1}{m} = \dfrac{f}{H - h} = \dfrac{0.15}{1,800 - 300} = \dfrac{1}{10,000}$
- 교차점과 산정의 사진상 실제거리(L)
  $M = \dfrac{1}{m} = \dfrac{l}{L} \rightarrow \dfrac{1}{10,000} = \dfrac{55}{L}$
  $\rightarrow L = 550\text{m}$
- 1/5,000 지형도 상에서 교차점과 산정의 도상거리(l)
  $M = \dfrac{1}{m} = \dfrac{l}{L} \rightarrow \dfrac{1}{5,000} = \dfrac{l}{550}$
  $\therefore l = 110\text{mm}$

26 표고가 500m인 지형을 촬영하여 축척 1 : 18,000의 사진을 얻었다면 촬영고도는?(단, 카메라의 초점거리 = 150mm)

① 2,700m   ② 3,000m
③ 3,200m   ④ 3,500m

Guide $M = \dfrac{1}{m} = \dfrac{f}{H - h}$
$\therefore H = (m \cdot f) + h$
$\quad\quad = (18,000 \times 0.15) + 500$
$\quad\quad = 3,200\text{m}$

27 수치영상에서 표정을 자동화하기 위하여 필요한 방법은?

① 영상정합   ② 영상융합
③ 영상분류   ④ 영상압축

Guide 수치영상에서 표정을 자동화하기 위해서는 영상정합이 중요한 요소가 된다.

28 초점거리 150mm인 카메라로 평지에서 축척 1 : 20,000의 사진을 촬영하였다. 사진에서 주점거리가 33mm일 때, 비고가 400m인 지점의 시차차는?

① 3.0mm ② 3.3mm

③ 4.0mm ④ 4.4mm

> **Guide**
> $M = \dfrac{1}{m} = \dfrac{f}{H} \rightarrow$
> $H = m \cdot f = 20,000 \times 0.15 = 3,000\text{m}$
> $\therefore \Delta p = \dfrac{b_0}{H} \cdot h = \dfrac{0.033}{3,000} \times 400 = 0.0044\text{m}$
> $\qquad = 4.4\text{mm}$

29 서로 다른 공간해상도를 가진 영상을 하나의 영상으로 병합하거나 흑백의 고해상도 영상과 저해상도인 컬러 영상을 제작하는 기법으로 옳은 것은?

① 영상 부분집합(Image Subset)

② 영상 모자이크(Image Mosaic)

③ 영상 융합(Image Fusion)

④ 영상 필터링(Image Filtering)

> **Guide** 영상융합은 해상도를 향상시키기 위해 하나 또는 두 개 이상의 위성영상을 이용 또는 융합하여 새로운 정보를 얻어내는 기법을 말한다.

30 다음 중 넓은 지역에 대한 수치표고모델(DEM)을 가장 신속하게 얻을 수 있는 장비는?

① GPS

② LiDAR

③ 토털스테이션

④ 항공 아날로그 사진기

> **Guide** LiDAR(Light Detection And Ranging)
> 비행기에 레이저 측량장비와 GPS/INS를 장착하여 넓은 지역에 대한 대상면의 공간좌표(x, y, z) 및 수치표고모델(DEM)을 신속하게 구축할 수 있는 측량이다.

31 항공사진측량에서 촬영기선 방향으로 중복하여 촬영하는 주된 이유로 옳은 것은?

① 주점을 구하기 위하여

② 물체 판독을 쉽게 하기 위하여

③ 촬영된 사진에 누락되는 부분이 없도록 하기 위하여

④ 사진의 주점이 인접사진에도 찍히도록 하여 입체시하기 위하여

> **Guide** 종중복(Over Lap)
> 촬영진행 방향에 따라 중복시키는 것을 말하며, 일반적으로 보통 60%를 중복시키고 최소한 50% 이상은 중복시켜야 한다. 이는 사진의 주점이 인접사진에도 찍히도록 하여 입체시하기 위함이다.

32 위성이나 항공기 등에서 취득하는 원격탐사 자료는 여러 가지 원인에 따른 기하학적 오차를 내포하고 있다. 이 중 위성이나 항공기 자체의 기계적인 오차도 포함되는데 이러한 기계적인 오차를 유발하는 원인이 아닌 것은?

① 광학시스템상의 오차

② 비선형 스캐닝 매커니즘에 의한 오차

③ 불균일 촬영속도에 의한 오차

④ 지구 자전속도에 따른 오차

> **Guide** ①, ②, ③은 센서의 기하 특성에 의한 내부왜곡보정이며, 지형 또는 지구의 형상에 의한 기하학적 오차는 외부적인 요소에 의한 왜곡이다.

33 N 차원의 피처공간에서 분류될 화소로부터 가장 가까운 훈련자료 화소까지의 유클리드 거리를 계산하고 그것을 해당 클래스로 할당하여 영상을 분류하는 방법은?

① 최근린 분류법(Nearest-neighbor Classifier)

② K-최근린 분류법(K-Nearest-neighbor Classifier)

③ 최장거리 분류법(Maximum Distance Classifier)

④ 거리가중 K-최근린 분류법(K-Nearest-neighbor Distance-weighted Classifier)

Guide 최근린분류법(Nearest Neighbor Classifier)
가장 가까운 거리에 근접한 영상소의 값을 택하는 방법이며, 원 영상의 데이터를 변질시키지 않으나 부드럽지 못한 영상을 획득하는 단점이 있다.

34 사진측량의 특징으로 옳지 않은 것은?

① 정량적이고 정성적인 관측이 가능하다.
② 대상지역의 면적과 관계없이 경제적이다.
③ 정확도의 균일성이 있다.
④ 축척변경이 용이하다.

Guide 사진측량은 대상지역의 면적이 넓을수록 경제적이다.

35 복수의 입체모델에 대해 입체모델 각각에 상호표정을 행한 뒤에 접합점 및 기준점을 이용하여 각 입체모델의 절대표정을 수행하는 항공삼각측량의 블록 조정방법은?

① 독립모델법　　② 광속조정법
③ 다항식조정법　④ 에어로 폴리건법

Guide 독립모델법은 각 모델을 단위로 하여 접합점과 기준점을 이용하여 여러 모델의 좌표들을 절대좌표로 환산하는 방법이다.

36 다음 중 사진기 검증자료(Camera Calibration Data)로 직접 얻을 수 없는 정보는?

① 정확한 초점거리　② 등각점
③ 사진상의 투영중심　④ 사진지표의 좌푯값

Guide 등각점은 사진의 특수 3점의 하나로 사진의 성질을 설명하는 데 중요한 점이다.

37 디지털 영상에서 사용되는 비트맵 그래픽 형식이 아닌 것은?

① BMP　　② JPEG
③ TIFF　　④ DWG

Guide 비트맵은 작은 점들로서 그림을 이루는 이미지 파일 형식으로 GIF, JPEG, PNG, TIFF, BMP, PCT, PCX 등의 확장자로 저장된다.

38 항공사진측량용 디지털 카메라 중 선형배열 카메라(Linear Array Camera)에 대한 설명으로 틀린 것은?

① 선형의 CCD 소자를 이용하여 지면을 스캐닝하는 방식이다.
② 각각의 라인별로 중심투영의 특성을 가진다.
③ 각각의 라인별로 서로 다른 외부표정요소를 가진다.
④ 촬영방식은 기존의 아날로그 카메라와 동일하게 대상지역을 격자형태로 촬영한다.

Guide 촬영방식이 기존의 아날로그 카메라와 동일하게 대상지역을 격자형태로 촬영한 카메라를 면형(Frame Array) 카메라라 한다.

39 다음 중 상호표정인자가 아닌 것은?

① b_x　　② b_y
③ b_z　　④ ω

Guide 상호표정은 양 투영기에서 나오는 광속이 촬영 당시 촬영면에 이루어지는 종시차를 소거하여 목표 지형물에 상대위치를 맞추는 작업으로 k, ψ, w, b_x, b_z의 5개 인자를 사용한다.

40 센서를 크게 수동방식과 능동방식의 센서로 분류할 때 능동방식 센서에 속하는 것은?

① TV 카메라　　② 광학스캐너
③ 레이더　　　④ 마이크로파 복사계

Guide 센서
• 능동적 센서(Active Sensor) : 대상물에 전자기파를 발사한 후 반사되는 전자기파 수집
　예 Laser, Radar
• 수동적 센서(Passive Sensor) : 대상물에서 방사되는 전자기파 수집
　예 광학사진기

정답 34 ② 35 ① 36 ② 37 ④ 38 ④ 39 ① 40 ③

Subject 03 지리정보시스템(GIS) 및 위성측위시스템(GPS)

41 지형공간정보시스템(Geo-Spatial Information System)의 응용 및 활용분야와 가장 거리가 먼 것은?

① 도면자동화－시설물관리 시스템(Automate Mapping－Facilities Management System)
② 토지정보 시스템(Land Information System)
③ 도시정보 시스템(Urban Information System)
④ 범지구위치결정 시스템(Global Positioning System)

Guide GPS(Global Positioning System)
위성을 이용한 3차원 위치결정체계

42 지리정보시스템의 정보유형 중 하나인 속성정보와 가장 거리가 먼 것은?

① 설악산 국립공원 내 야생동식물 분포 수량
② 신행정수도 주변의 대규모 위락단지 개발후보지 위치도
③ 강원도의 천연 지하자원별 매장량
④ 서울특별시의 연도별 지하철 이용자 수

Guide 도형정보는 지도를 수치화한 것으로서, 개발후보지 위치도는 도형정보이다.

43 GPS를 이용한 위치결정에 영향을 주는 오차와 관계가 없는 것은?

① 시준오차   ② 다중경로오차
③ 위성궤도오차   ④ 수신기 시계오차

Guide GPS의 측위오차는 크게 구조적 요인에 의한 거리오차, 위성의 배치상황에 따른 오차, SA, Cycle Slip 등으로 구분할 수 있으며 구조적 요인에 의한 거리오차는 다음과 같다.
• 위성시계오차
• 위성궤도오차
• 전리층, 대류권에 의한 전파 지연
• 전파적 잡음, 다중경로오차

44 GIS 데이터 취득에 대한 일반적인 설명으로 옳지 않은 것은?

① 스캐닝이 디지타이징에 비하여 작업속도가 빠르다.
② 디지타이징은 전반적으로 자동화된 작업과정이므로 숙련도에 크게 좌우되지 않는다.
③ 스캐닝에 의한 수치지도 제작을 위해서는 래스터를 벡터로 변환하는 과정이 필요하다.
④ 디지타이징은 지도와 항공사진 등 아날로그 형식의 자료를 전산기에 의해서 직접 판독할 수 있는 수치 형식으로 변환하는 자료획득 방법이다.

Guide 디지타이징
디지타이저라는 기기를 이용하여 필요한 주제의 형태를 컴퓨터에 입력시키는 방법으로 디지타이징의 효율성은 작업자의 숙련도에 따라 좌우된다.

45 GPS 위성으로부터 전송되는 L2 신호의 주파수가 1,227.6MHz이고, 광속이 299,792,458 m/s라고 할 때 L2 신호 10000 파장에 대한 거리는?

① 2,442.102m   ② 3,442.102m
③ 4,442.102m   ④ 5,442.102m

Guide • $f = \dfrac{1}{T} = 1,227.6\text{MHz} = 1,227.6 \times 10^6 \text{Hz}$
• $V = 299,792,458\text{m/s}$
∴ 10,000 파장에 대한 거리(S)
  $= V \cdot T = 299,792,458 \times \dfrac{10,000}{1,227.6 \times 10^6}$
  $= 2,442.102\text{m}$

46 GIS에서 이용되는 보간법(Interpolation)의 종류가 아닌 것은?

① Inverse Distance Weight
② Kriging
③ Vertex
④ Spline

Guide 보간(Interpolation)
주변부의 이미 관측된 값으로부터 관측되지 않은 점에 대한 속성값을 예측하거나 표본 추출 영역 내의 특정 지점값을 추정하는 기법으로 보간기법으로는 알려진 점들을 이용하여 만들어진 선형식(Linear Function), 다항식의 회귀분석이나 퓨리에(Fourier), 급수, 운형(Spline), 이동평균(Moving Average), 크리깅(Kriging) 등이 있다.

47 임의 지점에서 GPS 관측을 수행하여 타원체고(h) 75.234m를 획득하였다. 이 지점의 지구 중력장 모델로부터 산정한 지오이드고(N)가 52.578m라 한다면 정표고(H)는?

① −22.656m ② 22.656m
③ 63.906m ④ 127.812m

Guide 정표고(H)
= 타원체고(h) − 지오이드고(N)
= 75.234 − 522.578 = 22.656m

48 다음 중 공간분석의 하나인 중첩분석에 해당되지 않는 것은?

① 식생도와 도시계획도를 합하는 과정
② 수치지형도와 하천도를 합하는 과정
③ 도형정보와 속성정보를 합하는 과정
④ 토양 비옥토 상에 토지 이용도를 합하는 과정

Guide 도형정보와 속성정보를 합하는 과정은 자료입력 과정이다.

49 GIS를 사용함에 따른 특징이 아닌 것은?

① 정보가 수치데이터로 구축되어 지도 축척의 손쉬운 변환이 가능하다.
② 기존의 수작업으로 하던 작업을 컴퓨터를 이용하여 손쉽게 할 수 있다.
③ GIS와 CAD, CAM의 공통점은 지리적 위치 관계를 갖고 있는 공간자료와 속성자료를 서로 연관시켜 부가가치 높은 정보를 창출하는 것이다.
④ 다양한 공간적 분석이 가능하여 도시계획, 환경, 생태 등의 여러 분야에서 의사결정에 활용될 수 있다.

Guide CAD, CAM은 그래픽 형태의 공간자료로 속성자료가 결여되어 있어 공간자료와 속성자료를 연결하여 새로운 정보를 창출하는 것이 어렵다.

50 벡터데이터의 위상구조(Topology)에 관한 설명으로 옳지 않은 것은?

① 점, 선, 면으로 나타난 객체들 간의 공간관계를 파악할 수 있다.
② 다양한 공간현상들 간의 공간관계 정보를 크게 인접성(Adjacency), 연결성(Connectivity), 포함성(Containment)으로 구성한다.
③ 위상구조가 구축되면 데이터가 갱신될 때마다 새로운 위상구조가 구축되어 속성 테이블과 새로운 노드가 추가되거나 변경된다.
④ 위상구조를 완벽하게 갖춘 벡터 데이터로 가장 대표적인 것은 GeoTIFF이다.

Guide GeoTiFF
GIS 소프트웨어에서 사용하는 비압축 영상 포맷으로, TIFF 포맷에 지리적 위치를 저장할 수 있는 기능을 부여한 영상 포맷으로 래스터 자료구조이다.

51 래스터식 자료구조에 대한 설명 중 옳지 않은 것은?

① 점은 하나의 셀로 표현된다.
② 각 셀은 행과 열의 값으로 참조된다.
③ 셀의 크기는 길이와 면적의 계산에 영향을 미치지 않는다.
④ 선은 한 방향으로 배열되어 인접하고 있는 셀들에 의해 표현된다.

Guide 래스터 자료구조는 셀의 크기가 작으면 작을수록 해상도가 좋아지는 반면 데이터의 저장용량이 증가한다.

52 다음 중 GPS 활용 분야와 가장 거리가 먼 것은?

① 건물 실내측량
② 기준점측량
③ 구조물 변위 모니터링
④ 지형공간정보의 획득 및 시설물의 유지 · 관리

Guide GPS측량은 실내, 수중, 지하에서는 측량이 곤란하다.

정답 47 ② 48 ③ 49 ③ 50 ④ 51 ③ 52 ①

53 GIS와 관련된 용어의 설명으로 옳지 않은 것은?

① 위치정보는 지물 및 대상물의 위치에 대한 정보로서 위치는 절대위치(실제 공간)와 상대위치(모형 공간)가 있다.

② 도형정보는 지형·지물 또는 대상물의 위치에 관한 자료로서, 지도 또는 그림으로 표현되는 경우가 많다.

③ 영상정보는 항공사진, 인공위성영상, 비디오 및 각종 영상의 수치 처리에 의해 취득된 정보이다.

④ 속성정보는 대상물의 자연, 인문, 사회, 행정, 경제, 환경적 특성을 도형으로 나타내는 지도정보로서 지형 공간적 분석이 불가능한 단점이 있다.

Guide 속성정보는 형상의 자연, 인문, 사회, 행정, 경제, 환경적 특성을 나타내는 정보이다.

54 지리정보시스템의 자료취득방법과 가장 거리가 먼 것은?

① 투영법에 의한 자료취득방법
② 항공사진측량에 의한 방법
③ 일반측량에 의한 방법
④ 원격탐사에 의한 방법

Guide 지리정보시스템의 자료취득방법
• 기존 지도를 이용하여 생성하는 방법
• 지상측량에 의하여 생성하는 방법
• 항공사진측량에 의하여 생성하는 방법
• 위성측량에 의하여 생성하는 방법
• 일반측량에 의하여 생성하는 방법
• 원격탐사에 의하여 생성하는 방법

55 래스터 데이터의 압축방법에 해당되지 않는 것은?

① Quadtree   ② Spaghetti 모형
③ Chain Codes   ④ Run-length Codes

Guide 격자형 자료구조의 압축방법
• 런렝스코드(Run Length Code) 기법
• 체인코드(Chain Code) 기법
• 블록코드(Block Code) 기법
• 사지수형(Quadtree) 기법

56 DEM(Digital Elevation Model)과 TIN(Triangulated Irregular Network)의 주요 활용 분야가 아닌 것은?

① 도로망 분석   ② 경사도 분석
③ 가시권 분석   ④ 토공량 산정

Guide DEM과 TIN은 경사도, 사면방향도, 단면분석, 절·성토량 산정, 등고선 작성 등 다양한 분야에 활용되고 있으며 도로망 분석은 주요 활용분야와 거리가 멀다.

57 다음 용어에 대한 설명 중 옳지 않은 것은?

① Clip : 원래의 레이어에서 필요한 지역만을 추출해내는 것이다.

② Erase : 레이어가 나타내는 지역 중 임의지역을 삭제하는 과정이다.

③ Split : 하나의 레이어를 여러 개의 레이어로 분할하는 과정이다.

④ Difference : 두 개의 레이어가 교차하는 부분에 대한 지오메트리를 얻는다.

Guide Symmetrical Difference
중첩되는 부분만 제외하고 나머지 지역만을 생성해 주는 기능

58 GIS에서 표준화가 필요한 이유로 가장 거리가 먼 것은?

① 데이터의 공동 활용을 통하여 데이터의 중복구축을 방지함으로써 데이터 구축비용을 절약한다.

② 표준 형식에 맞추어 하나의 기관에서 구축한 데이터를 많은 기관들이 공유하여 사용할 수 있다.

③ 서로 다른 기관 간에 데이터 유출의 방지 및 데이터의 보안을 유지하기 위하여 필요하다.

④ 데이터 제작 시 사용된 하드웨어나 소프트웨어에 구애받지 않고 손쉽게 데이터를 사용할 수 있다.

Guide GIS 표준화의 필요성
• 기본 자료로 사용하기 위한 기반 확보
• 각종 응용시스템과의 연계활용을 위한 일관성 및 완전성 있는 데이터 구축
• 데이터의 중복 구축 방지 및 비용 감소
• 효율적인 관리 및 활용

59 레이저를 이용하여 대상물의 3차원 좌표를 실시간으로 획득할 수 있는 측량방법으로 삼림이나 수목지대에서도 투과율이 좋으며 자료 취득 및 처리과정이 완전히 수치 방식으로 이뤄질 수 있어 최근 고정밀 수치표고모델과 3차원 지리정보 제작에 많이 활용되고 있는 측량방법은?

① SAR(Synthetic Aperture Radar)
② RAR(Real Aperture Radar)
③ EDM(Electro-Magnetic Distance Meter)
④ LiDAR(Light Detection And Ranging)

Guide LiDAR(Light Detection And Ranging)
비행기에 레이저측량장비와 GPS/INS를 장착하여 대상체면상 관측점의 지형공간정보를 취득하는 관측방법으로서, 3차원 공간좌표(x, y, z)를 각각의 점자료로 기록한다. 최근에는 수치표고모델과 3차원 지리정보 제작에 많이 활용되고 있다.

60 GIS의 3대 기본 구성 요소로 거리가 먼 것은?

① 인터넷　　　② 하드웨어
③ 소프트웨어　　④ 데이터베이스

Guide GIS의 구성요소
　• 하드웨어　　　　• 소프트웨어
　• 데이터베이스　　• 조직 및 인력

Subject 04 측량학

✔ 측량 관련 법규는 출제 당시 법률을 기준으로 해설되었음을 알려드립니다.

61 최소제곱법에 대한 설명으로 옳은 것은?

① 같은 정밀도로 측정된 측정값에서는 오차의 제곱의 합이 최대일 때 최확값을 얻을 수 있다.
② 최소제곱법을 이용하여 정오차를 제거할 수 있다.
③ 동일한 거리를 여러 번 관측한 결과를 최소제곱법에 의해 조정한 값은 평균과 같다.
④ 관측방정식에 의한 결과와 조건방정식에 의한 결과는 일치하지 않을 수 있다.

Guide ① : 최소, ② : 부정오차, ④ : 일치한다.

62 평탄한 지역에서 15km 떨어진 지점을 관측할 때 발생되는 곡률오차의 크기는?(단, 지구의 반지름 = 6,370km)

① 17.66m　　　② 68.28m
③ 71.34m　　　④ 100.54m

Guide
$$\text{구차}(E_c) = +\frac{S^2}{2R} = +\frac{15^2}{2 \times 6{,}370} = 0.01766\text{km}$$
$$= 17.66\text{m}$$

63 지구를 장반경이 6,370km, 단반경이 6,350km인 타원형이라 할 때 편평률은?

① 약 1/320　　　② 약 1/430
③ 약 1/500　　　④ 약 1/630

Guide
$$\text{편평률}(f) = \frac{a-b}{a} = \frac{6{,}370 - 6{,}350}{6{,}370} \fallingdotseq \frac{1}{320}$$

64 트래버스측량에서 거리와 각 관측의 정밀도가 균형을 이룰 때 거리관측의 허용오차를 1/5,000로 한다면 각 관측에 허용되는 오차는?

① 25″　　　② 30″
③ 38″　　　④ 41″

Guide
$$\frac{\theta''}{\rho''} = \frac{\Delta h}{D}$$
$$\therefore \theta'' = \frac{\Delta h}{D} \cdot \rho'' = \frac{1}{5{,}000} \times 206{,}265'' = 41''$$

65 전자기파거리측량기에 의한 거리측량에서 거리의 크기에 비례하여 영향을 주는 오차는?

① 기계 상수의 오차　② 위상차 관측의 오차
③ 공기 굴절률의 오차　④ 반사경 상수의 오차

Guide 전자기파거리측량기 오차
　• 거리에 비례하는 오차 : 광속도의 오차, 광변조 주파수의 오차, 공기 굴절률의 오차
　• 거리에 비례하지 않는 오차 : 위상차 관측오차, 기계정수 및 반사경 정수의 오차

---

66 두 지점의 경사거리 100m에 대한 경사 보정이 2cm일 경우 두 지점 간의 높이 차는?

① 1.414m   ② 2.0m
③ 2.828m   ④ 3.0m

Guide $C_i = -\dfrac{h^2}{2L} \rightarrow$

$0.02 = -\dfrac{h^2}{2 \times 100}$

$\therefore h = \sqrt{2 \times 100 \times 0.02} = 2\text{m}$

67 측량 시 발생하는 오차의 종류로 수학적 · 물리적인 법칙에 따라 일정하게 발생되는 오차는?

① 정오차   ② 참오차
③ 과대오차   ④ 우연오차

Guide 측량 시 발생하는 오차의 종류
- 과실(Mistake) : 잘못과 부주위로 측량작업에 과오를 초래하는 것
- 정오차(Systematic Error) : 일정한 크기와 일정한 방향으로 나타나는 오차
- 부정오차(Random Error) : 예측할 수 없이 불의로 일어나는 오차

68 1,595m 산 정상과 1,390m 산기슭 사이에 주곡선 간격의 등고선 개수는?(단, 축척은 1 : 50,000이다.)

① 9개   ② 10개
③ 19개   ④ 20개

Guide

1,595m

1,390m

주곡선 11개

그러므로, 1,390m를 제외하면 10개가 된다.
(단, 계곡선은 주곡선으로 간주한다.)

69 기지수준점 A, B, C에서 신설점 P의 수준측량 결과가 표와 같을 때 P점의 최확값은?

기지점의 표고(m)	노선	거리(km)	관측표고차 (m)
A : 132.495	A → P	2	− 29.144
B : 90.512	B → P	1	+ 12.812
C : 200.007	C → P	3	− 96.666

① 103.324m   ② 103.334m
③ 103.339m   ④ 103.342m

Guide • 경중률은 노선거리(S)에 반비례하므로 경중률 비를 취하면,

$W_1 : W_2 : W_3 = \dfrac{1}{S_1} : \dfrac{1}{S_2} : \dfrac{1}{S_3}$

$= \dfrac{1}{2} : \dfrac{1}{1} : \dfrac{1}{3} = 3 : 6 : 2$

• 표고계산
- A → P : 132.495 − 29.144 = 103.351m
- B → P : 90.512 + 12.812 = 103.324m
- C → P : 200.007 − 96.666 = 103.341m

• 최확값 계산

$\therefore H_p = \dfrac{W_1 H_1 + W_2 H_2 + W_3 H_3}{W_1 + W_2 + W_3}$

$= 103.000 + \dfrac{(3 \times 0.351) + (6 \times 0.324) + (2 \times 0.341)}{3 + 6 + 2}$

$= 103.334\text{m}$

70 삼각측량에서 삼각형의 내각 관측결과 55° 12′10″, 35°23′30″, 89°24′20″이었다면 각각의 최확값으로 옳은 것은?

① 55°12′10″, 35°23′30″, 89°24′20″
② 55°12′15″, 35°23′35″, 89°24′10″
③ 55°12′30″, 35°23′20″, 89°24′10″
④ 55°12′20″, 35°23′25″, 89°24′15″

Guide 삼각형 내각의 합은 180° 조건에서,
55°12′40″ + 35°23′30″ + 89°24′20″ = 180°00′30″이므로 각의 조정은 조건이 같다고 가정하여 각 각의 조정량은 − 10″씩 등배분한다.
∴ 55°12′30″, 35°23′20″, 89°24′10″

71 단열삼각망의 조정순서로 옳은 것은?

① 각조정 → 변조정 → 좌표조정 → 방향각조정
② 변조정 → 방향각조정 → 각조정 → 좌표조정
③ 각조정 → 좌표조정 → 방향각조정 → 변조정
④ 각조정 → 방향각조정 → 변조정 → 좌표조정

> **Guide** 단열삼각망의 조정계산 순서
> 각조정(제1조정) → 방향각 조정(제2조정) → 변조정(제3조정) → 좌표조정(제4조정)

72 등고선 간격이 5m일 때 경사제한을 최대 5% 까지의 지형으로 개발한다면, 각 등고선 간의 최소 수평거리는?

① 400m　　　② 300m
③ 200m　　　④ 100m

> **Guide**
>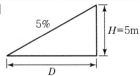
> $$i(\%) = \frac{H}{D} \rightarrow \frac{5}{100} = \frac{5}{D}$$
> $$\therefore D = \frac{5}{5} \times 100 = 100m$$

73 수준측량의 용어에 대한 설명으로 옳지 않은 것은?

① 기준면(Datum Plane)은 지평면이라고도 하며 연직선에 직교하는 평면을 말한다.
② 기준면(Datum Plane)은 수년 동안 관측하여 얻은 평균해수면을 사용한다.
③ 수평면(Horizontal Plane)은 연직선에 직교하는 평면을 말한다.
④ 수준면(Level Surface)은 연직선에 직교하는 모든 점을 잇는 곡면을 말한다.

> **Guide** 기준면(Datum Plane)은 높이의 기준이 되는 수평면이다.

74 정확도가 $\pm(3mm + 3ppm \times L)$로 표현되는 광파거리 측량기로 거리 500m를 측량하였을 때 예상되는 오차의 크기는?

① $\pm 2.0mm$ 이하　　② $\pm 2.5mm$ 이하
③ $\pm 4.0mm$ 이하　　④ $\pm 4.5mm$ 이하

> **Guide** 예상되는 오차 $= 3 + (0.003 \times 500) = \pm 4.5mm$

75 기본측량에서 측량성과의 고시에 포함되어야 할 사항이 아닌 것은?

① 측량의 정확도
② 측량시행자 및 측량경비
③ 설치한 측량기준점의 수
④ 측량성과의 보관 장소

> **Guide** 공간정보의 구축 및 관리 등에 관한 법률 시행령 제13조 (측량성과의 고시)
> 측량성과의 고시에는 다음의 사항이 포함되어야 한다.
> 1. 측량의 종류
> 2. 측량의 정확도
> 3. 설치한 측량기준점의 수
> 4. 측량의 규모(면적 또는 지도의 장수)
> 5. 측량실시의 시기 및 지역
> 6. 측량성과의 보관 장소
> 7. 그 밖에 필요한 사항

76 지리학적 경위도, 직각좌표, 지구중심 직교 좌표, 높이 및 중력 측정의 기준으로 사용하기 위하여 위성기준점, 수준점 및 중력점을 기초로 정한 기준점은?

① 삼각점　　　② 경위도원점
③ 통합기준점　　④ 지자기점

> **Guide** 공간정보의 구축 및 관리 등에 관한 법률 시행령 제8조 (측량기준점의 구분)
> 통합기준점은 지리학적 경위도, 직각좌표, 지구중심 직교 좌표, 높이 및 중력 측정의 기준으로 사용하기 위하여 위성기준점, 수준점 및 중력점을 기초로 정한 기준점이다.

77 공간정보의 구축 및 관리 등에 관한 법률의 벌칙 중 3년 이하의 징역 또는 3천만 원 이하의 벌금에 처하는 경우는?

① 속임수, 위력 등으로 측량업 또는 수로사업과 관련된 입찰의 공정성을 해친 자
② 입찰 행위를 방해한 자
③ 측량기준점표지를 이전 또는 훼손하거나 그 효용을 해치는 행위를 한 자
④ 고의로 측량성과 또는 수로조사 성과를 사실과 다르게 한 자

> **Guide** 공간정보의 구축 및 관리 등에 관한 법률 제107조(벌칙)
> 측량업자나 수로사업자로서 속임수, 위력, 그 밖의 방법으로 측량업 또는 수로사업과 관련된 입찰의 공정성을 해친 자는 3년 이하의 징역 또는 3천만 원 이하의 벌금에 처한다.

78 세계측지계라 함은 지구를 편평한 회전타원체로 상정하여 실시하는 위치측정의 기준이다. 다음 중 회전타원체의 요건에 대한 설명으로 잘못된 것은?

① 회전타원체의 장반경은 6,378,137미터이다.
② 회전타원체의 중심이 지구의 질량중심과 일치하여야 한다.
③ 회전타원체의 편평률은 298.257222101분의 1이다.
④ 회전타원체의 장축이 지구의 자전축과 일치하여야 한다.

> **Guide** 공간정보의 구축 및 관리 등에 관한 법률 시행령 제7조 (세계측지계 등)
> 회전타원체의 단축이 지구의 자전축과 일치하여야 한다.

79 토털스테이션에 대한 성능검사의 주기로 옳은 것은?

① 3년에 2회 ② 2년
③ 5년에 2회 ④ 3년

> **Guide** 공간정보의 구축 및 관리 등에 관한 법률 시행령 제97조 (성능검사의 대상 및 주기 등)
> 성능검사를 받아야 하는 측량기기와 검사주기는 다음 각 호와 같다.
> 1. 트랜싯(데오도라이트) : 3년
> 2. 레벨 : 3년
> 3. 거리측정기 : 3년
> 4. 토털스테이션 : 3년
> 5. 지피에스(GPS) 수신기 : 3년
> 6. 금속관로 탐지기 : 3년

80 공공측량의 기준에 대한 설명으로 옳은 것은?

① 기본측량 성과나 다른 공공측량 성과를 기초로 실시하여야 한다.
② 일반측량의 성과를 기초로 실시하여야 한다.
③ 일반측량 성과나 기본측량 성과를 기초로 실시하여야 한다.
④ 일반측량 성과나 공공측량 성과를 기초로 실시하여야 한다.

> **Guide** 공간정보의 구축 및 관리 등에 관한 법률 제17조(공공측량의 실시 등)
> 공공측량은 기본측량성과나 다른 공공측량성과를 기초로 실시하여야 한다.

04

2016년
출제경향분석 및
문제해설

출제경향분석 및 출제빈도표
2016년 3월 6일 시행
2016년 5월 8일 시행
2016년 10월 1일 시행

••• 측량 및 지형공간정보산업기사 출제경향분석 및 출제빈도표

1. 출제경향분석

2016년 시행된 측량 및 지형공간정보산업기사의 과목별 출제경향을 살펴보면, 측량학 Part는 매년 비슷한 비율로 전 분야 고르게 출제되고 있다. 다만, 거리측량, 측량관계법규, 수준측량의 비중이 타 분야에 비해 조금 더 높게 출제되므로 조금 더 신경써서 수험준비를 하는 것이 효과적이다.

사진측량 및 원격탐사 Part는 매년 비슷한 출제경향을 보이고 있으나, 최근 들어 사진의 일반성 분야의 비율이 높아지고 있으므로 사진측량에 의한 지형도 제작, 사진의 일반성, 원격탐측을 중심으로 학습하는 것이 효과적이다.

나머지 과목은 매년 출제되는 분야의 비율이 비슷한 양상을 보이고 있으므로 지리정보시스템 및 위성측위시스템(GPS) Part는 위성측위시스템 및 GIS의 자료운영 및 분석과 자료구조 및 생성, 응용측량 Part는 노선측량, 면체적측량, 하천 및 해양측량을 중심으로 먼저 학습 후 출제비율에 따라 순차적으로 학습하는 것이 수험대비에 효과적이라 할 수 있다.

2. 측량학 출제빈도표

시행일	구분 / 빈도	총론	거리측량	각측량	삼각삼변측량	다각측량	수준측량	지형측량	측량관계법규 법률	측량관계법규 시행령	측량관계법규 시행규칙	측량관계법규 기타	총계
산업기사 (2016. 3. 6)	빈도(개)	1	2	2	2	2	3	2	2	2	1	1	20
	빈도(%)	5	10	10	10	10	15	10	10	10	5	5	100
산업기사 (2016. 5. 8)	빈도(개)	1	5	1	3	1	2	1	3	2		1	20
	빈도(%)	5	25	5	15	5	10	5	15	10		5	100
산업기사 (2016. 10. 1)	빈도(개)	1	5	1	2	1	2	2	4	2			20
	빈도(%)	5	25	5	10	5	10	10	20	10			100
총계	빈도(개)	3	12	4	7	4	7	5	9	6	1	2	60
	빈도(%)	5	20	6.7	11.7	6.7	11.7	8.3	15	10	1.7	3.3	100

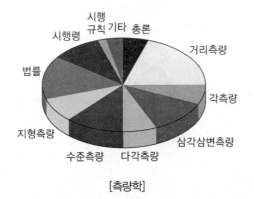

[측량학]

3. 사진측량 및 원격탐사 출제빈도표

시행일	구분 빈도	총론	사진의 일반성	사진측량에 의한 지형도제작	사진판독 및 응용	원격탐사	총계
산업기사 (2016. 3. 6)	빈도(개)	1	7	7		5	20
	빈도(%)	5	35	35		25	100
산업기사 (2016. 5. 8)	빈도(개)	2	5	6	2	5	20
	빈도(%)	10	25	30	10	25	100
산업기사 (2016. 10. 1)	빈도(개)	2	4	6		8	20
	빈도(%)	10	20	30		40	100
총계	빈도(개)	5	16	19	2	18	60
	빈도(%)	8.3	26.7	31.7	3.3	30	100

4. 지리정보시스템(GIS) 및 위성측위시스템(GNSS) 출제빈도표

시행일	구분 빈도	GIS 총론	GIS의 자료 구조 및 생성	GIS의 자료관리	GIS의 자료 운영 및 분석	GIS의 표준화 및 응용	공간위치 결정	위성측위 시스템(GNSS)	총계
산업기사 (2016. 3. 6)	빈도(개)	3	6	1	3	3		4	20
	빈도(%)	15	30	5	15	15		20	100
산업기사 (2016. 5. 8)	빈도(개)	3	2	2	3	5		5	20
	빈도(%)	15	10	10	15	25		25	100
산업기사 (2016. 10. 1)	빈도(개)	2	4	1	6	2		5	20
	빈도(%)	10	20	5	30	10		25	100
총계	빈도(개)	8	12	4	12	10		14	60
	빈도(%)	13.3	20	6.7	20	16.7		23.3	100

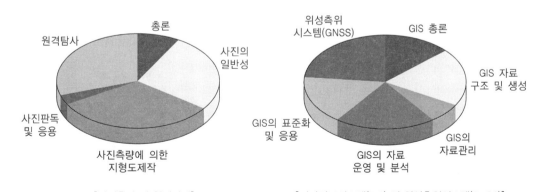

[사진측량 및 원격탐사]   [지리정보시스템(GIS) 및 위성측위시스템(GNSS)]

5. 응용측량 출제빈도표

시행일	구분 / 빈도	면·체적 측량	노선 측량	하천 및 해양측량	터널 및 시설물측량	경관 및 기타측량	총계
산업기사 (2016. 3. 6)	빈도(개)	5	6	5	3	1	20
	빈도(%)	25	30	25	15	5	100
산업기사 (2016. 5. 8)	빈도(개)	4	6	4	4	2	20
	빈도(%)	20	30	20	20	10	100
산업기사 (2016. 10. 1)	빈도(개)	5	7	4	4		20
	빈도(%)	25	35	20	20		100
총계	빈도(개)	14	19	13	11	3	60
	빈도(%)	23.3	31.7	21.7	18.3	5	100

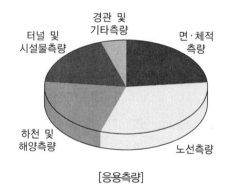

[응용측량]

EXERCISES
기출문제

2016년 3월 6일 시행

본 문제의 해설은 출제자의 의도와 일치되지 않을 수 있으며, 문제 및 정답은 일부 오탈자가 있을 수 있으므로 학습시 의문사항이 있으면 예문사 또는 저자에게 문의하여 주시기 바랍니다. 또한, 본 기출문제는 시행 당시의 이론 및 법규에 의하여 해설되었음을 알려드립니다.

Subject 01 응용측량

01 터널의 갱내외 연결측량에서 측량방법이 아닌 것은?

① 정렬식에 의한 연결법
② 2개의 수직터널에 의한 연결법
③ 삼각법에 의한 연결법
④ 외접 다각형법에 의한 연결법

Guide 외접 다각형법에 의한 방법은 터널 내 곡선설치 시 이용되는 방법이다.

02 반지름 286.45m, 교각 76°24′28″인 단곡선의 곡선길이($C.L$)는?

① 379.00m   ② 380.00m
③ 381.00m   ④ 382.00m

Guide
$$C.L(곡선길이) = 0.0174533 \cdot R \cdot I°$$
$$= 0.0174533 \times 286.45 \times 76°24′28″$$
$$= 382.00\,\mathrm{m}$$

03 400m² 정사각형 토지의 면적을 0.4m²까지 정확하게 구하기 위해 요구되는 한 변의 길이는 최대 얼마까지 정확하게 관측하여야 하는가?

① 1mm   ② 5mm
③ 1cm   ④ 5cm

Guide
$$\frac{dA}{A} = 2 \cdot \frac{dl}{l} \rightarrow$$
$$\frac{0.4}{400} = 2 \times \frac{dl}{20}$$
$$\therefore\ dl = 0.01\,\mathrm{m} = 1.0\,\mathrm{cm}$$

04 노선에 단곡선을 설치할 때, 교점 부근에 하천이 있어 그림과 같이 A′, B′를 선정하여 $\alpha = 36°14′20″$, $\beta = 42°26′40″$를 얻었다면 접선길이(T.L)는?(단, 곡선의 반지름은 224m이다.)

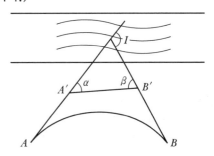

① 183.614m   ② 307.615m
③ 327.865m   ④ 559.663m

Guide
$$교각(I) = \alpha + \beta$$
$$= 36°14′20″ + 42°26′40″$$
$$= 78°41′00″$$

$$\therefore\ T.L(접선길이) = R \cdot \tan\frac{I}{2}$$
$$= 224 \times \tan\frac{78°41′00″}{2}$$
$$= 183.614\,\mathrm{m}$$

05 완화곡선에 해당되는 것은?

① 복심곡선   ② 반향곡선
③ 배향곡선   ④ 3차 포물선

Guide 완화곡선의 종류
- Clothoid 곡선
- Lemniscate 곡선
- 3차 포물선
- 반파장 sine 체감곡선

06 터널 내 수준측량을 통하여 그림과 같은 관측 결과를 얻었다. A점의 지반고가 11m였다면 B점의 지반고는?

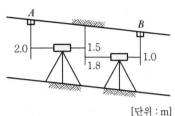

[단위 : m]

① 8.0m ② 8.7m

③ 9.7m ④ 12.3m

Guide $H_B = 11.0 - 2.0 + 1.5 - 1.8 + 1.0$
$= 9.7\text{m}$

07 그림과 같은 삼각형의 면적을 구하기 위하여 기준점으로부터 측량을 실시하여 좌표를 구한 결과가 표와 같다. 이 삼각형 ABC의 면적은?(단, C'는 C의 편심점으로 측선 C' C의 거리는 100m, 방위각은 180°이다.)

측점	N(m)	E(m)
A	10.5	10.5
B	12.8	180.3
C'	270.5	100.8

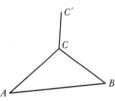

① 13,480.16m² ② 13,490.16m²

③ 26,960.31m² ④ 26,980.32m²

 Guide

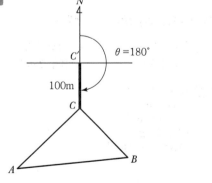

• $X_C = X_C' + (\ell \cdot \cos \theta)$
$= 270.5 + (100 \times \cos 180°)$
$= 170.5\text{m}$

• $Y_C = Y_C' + (\ell \cdot \sin \theta)$
$= 100.8 + (100 \times \sin 180°)$
$= 100.8\text{m}$

좌표법에 의하여 계산하면

측점	x	y	y_{n+1}	y_{n-1}	Δy	$x \cdot \Delta y$
A	10.5	10.5	180.3	100.8	79.5	834.75
B	12.8	180.3	100.8	10.5	90.3	1,155.84
C	170.5	100.8	10.5	180.3	−169.8	−28,950.90
계						26,960.31

배면적$(2A) = 26,960.31\text{m}^2$

∴ $A = \dfrac{1}{2} \times$ 배면적

$= \dfrac{1}{2} \times 26,960.31$

$= 13,480.16\text{m}^2$

08 해양지질학적 기초자료를 획득하기 위하여 음파 또는 탄성파 탐사장비를 이용하여 해저지층 또는 음향상 분포를 조사하는 작업은?

① 수로측량
② 해저지층탐사
③ 해상위치측량
④ 수심측량

Guide **해저지층탐사**
해상용 지층탐사기를 이용하여 해저면 하부의 지층 등에 대한 정보를 획득하는 조사 작업을 말한다.

09 곡선반지름 $R = 190\text{m}$, 교각 $I = 50°$일 때 중앙종거법에 의해 원곡선을 설치하려 한다. 8등분점(M_3)의 중앙종거는?

① 1.13m ② 1.82m

③ 2.27m ④ 2.68m

Guide
$M_3 = R \cdot \left(1 - \cos \dfrac{I}{8}\right)$
$= 190 \times \left(1 - \cos \dfrac{50°}{8}\right)$
$= 1.13\text{m}$

정답 06 ③ 07 ① 08 ② 09 ①

10 조수의 간만 현상이 일어나는 원인에 해당하는 것은?

① 응력   ② 기조력
③ 부력   ④ 추진력

Guide 기조력
달과 태양이 지구에 작용하는 인력에 의해서 조석이나 조류운동을 일으키는 힘을 말한다.

11 그림과 같은 하천의 횡단면도에서 수심(H)일 때의 유량이 140m³/s, 단면적(a) 및 (b)의 평균유속이 각각 $v_a = 2.0$m/s, $v_b = 1.0$m/s 라면 이때의 수심(H)는?(단, 유량(Q)은 단면적 (a), (b)의 유량(Q_a, Q_b)의 합과 같고, 하상은 수평이다.)

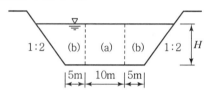

① 8.24m   ② 5.64m
③ 3.74m   ④ 1.84m

Guide $Q = A \cdot V_m \rightarrow$

$$140 = (10 \times H \times 2.0) + \left\{ \frac{5 + (5 + H \times 2)}{2} \times H \times 1.0 \right\} \times 2$$

$$\therefore H = 3.74 \text{m}$$

12 편각법으로 반지름 312.5m인 단곡선을 설치할 경우에 중심말뚝 간격 10m에 대한 편각은?

① 54′   ② 55′
③ 56′   ④ 57′

Guide 10m에 대한 편각(δ_{10})

$$\delta_{10} = 1,718.87' \times \frac{\ell}{R}$$

$$= 1,718.87' \times \frac{10}{312.5}$$

$$= 0°55'$$

13 비행장의 입지 선정을 위해 고려하여야 할 주요 요소로 가장 거리가 먼 것은?

① 주변지역의 개발 형태
② 항공기 이용에 따른 접근성
③ 지표면 활용상태
④ 비행장 운영에 필요한 지원시설

Guide 비행장의 입지 선정 요소
주변지역 개발 형태, 기후, 접근성, 장애물, 지원시설 기타 주변 여건

14 그림과 같이 계곡에 댐을 만들어 저수하고자 한다. 댐의 저수위를 170m로 할 때의 저수량은?(단, 바닥은 편평한 것으로 가정한다.)

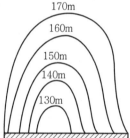

구분	면적
130m	500m²
140m	600m²
150m	700m²
160m	900m²
170m	1,100m²

① 20,600m³   ② 30,000m³
③ 30,600m³   ④ 35,500m³

Guide $V = \frac{h}{3} \cdot \{A_0 + A_4 + 4(A_1 + A_2) + 2(A_2)\}$

$$= \frac{10}{3} \times \{500 + 1,100 + 4(600 + 900) + 2(700)\}$$

$$= 30,000 \text{m}^3$$

15 하천측량에서 2점법으로 평균유속을 구하려고 한다. 수심을 H라 할 때 수면으로부터의 관측 위치로 옳은 것은?

① 0.2H와 0.4H ② 0.2H와 0.6H
③ 0.2H와 0.8H ④ 0.4H와 0.8H

Guide 2점법
수심 0.2H, 0.8H 되는 곳의 유속을 이용하여 평균유속을 구하는 방법이다.

16 하천측량에 있어 횡단도 작성에 필요한 측량으로 수면으로부터 하저까지의 깊이를 구하는 것은?

① 심천측량
② 유량관측
③ 평면측량
④ 유속측량

Guide 심천측량은 하천의 수심 및 유수부분의 하저상황을 조사하고 횡단면도를 제작하는 측량이다.

17 터널 내 기준점측량에서 기준점을 보통 천정에 설치하는 이유로 가장 거리가 먼 것은?

① 운반이나 기타 작업에 방해가 되지 않도록 하기 위하여
② 발견하기 쉽게 하기 위하여
③ 파손될 염려가 적기 때문에
④ 설치가 쉽기 때문에

Guide 차량운반에 의하여 기준점이 파손되는 것을 방지하고, 기타 작업에 방해가 되지 않도록 하기 위해 보통 천정에 설치하는데, 설치가 쉬운 것은 아니다.

18 노선측량의 작업단계에 해당되지 않는 것은?

① 시거측량
② 세부측량
③ 용지측량
④ 공사측량

Guide 노선측량의 순서
노선선정 → 지형측량 → 중심선측량 → 종단측량 → 횡단측량 → 용지측량 → 공사측량

19 그림과 같이 삼각형 격자의 교점에 대한 절토고를 얻었을 때 절토량은?(단, 각 구간의 면적은 같고, 단위는 m이다.)

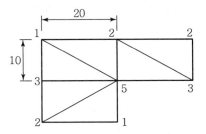

① $1,352.6\text{m}^3$
② 862.7m^3
③ $1,733.3\text{m}^3$
④ 753.1m^3

Guide
- $\sum h_1 = 2+1 = 3\text{m}$
- $\sum h_2 = 1+3+2+3 = 9\text{m}$
- $\sum h_3 = 2\text{m}$
- $\sum h_5 = 5\text{m}$

$\therefore V = \dfrac{A}{3} \cdot (\sum h_1 + 2\sum h_2 + 3\sum h_3 + 4\sum h_4 + 5\sum h_5 + 6\sum h_6 + 7\sum h_7 + 8\sum h_8)$

$= \dfrac{\frac{1}{2} \times 10 \times 20}{3} \times \{3 + 2(9) + 3(2) + 5(5)\}$

$= 1,733.3\text{m}^3$

20 유토곡선(Mass Curve)에 의한 토량계산의 설명으로 옳지 않은 것은?

① 곡선은 누가토량의 변화를 표시하는 것이고, 그 경사가 (−)는 깎기 구간, (+)는 쌓기 구간을 의미한다.
② 측점의 토량은 양단면평균법으로 계산할 수 있다.
③ 곡선에서 경사의 부호가 바뀌는 지점은 쌓기 구간에서 깎기 구간 또는 깎기 구간에서 쌓기 구간으로 변하는 점을 의미한다.
④ 토적곡선을 활용하여 토공의 평균운반거리를 계산할 수 있다.

Guide 유토곡선에서 하향(−)구간은 쌓기 구간, 상향(+)구간은 깎기 구간을 의미한다.

Subject 02 사진측량 및 원격탐사

21 항공사진에서 발생하는 현상이 아닌 것은?

① 기복변위
② 과고감
③ Image motion
④ 주파수 단절

Guide 주파단절은 GPS측량 시 발생하는 현상이다.

22 사진의 크기가 23×23cm, 초점거리 150mm, 촬영고도가 5,250m일 때 이 사진의 포괄면적은?

① 34.8km^2
② 44.8km^2
③ 54.8km^2
④ 64.8km^2

Guide
$$A = (ma)^2 = \left(\frac{H}{f}a\right)^2 = \left(\frac{5,250}{0.15} \times 0.23\right)^2$$
$$= 64,802,500 \, \text{m}^2$$
$$\fallingdotseq 64.8 \, \text{km}^2$$

23 다음 중 동일 촬영고도에서 한 번의 촬영으로 가장 넓은 지역을 촬영할 수 있는 카메라는?

① 초광각카메라
② 광각카메라
③ 보통각카메라
④ 협각사진

Guide 초광각카메라는 화각이 120°이므로 동일 촬영고도에서 한 번 촬영으로 가장 넓은 지역을 촬영할 수 있다.

24 정밀도화기나 정밀좌표관측기로 대공표지의 위치를 측량할 때, 촬영축척 1 : 20,000에서 정사각형 대공표지의 최소크기는?(단, 촬영축척에 대한 상수(T)는 40,000이다.)

① 0.25m
② 0.5m
③ 1m
④ 1.5m

Guide 대공표지의 최소크기(d) $= \dfrac{m}{T} = \dfrac{20,000}{40,000} = 0.5 \, \text{m}$

25 항공사진측량용 사진기로 촬영한 항공사진에 직접 표시되어 있는 정보가 아닌 것은?

① 사진지표
② 주점
③ 촬영고도
④ 촬영경사

Guide 항공사진에 직접 표시되어 있는 정보로는 초점거리, 촬영고도, 고도차, 사진번호, 수준기(촬영경사), 촬영시간, 지표 등이 있다.

26 사진측량의 결과분석을 위한 현지점검에 관한 설명으로 옳지 않은 것은?

① 항공사진측량으로 제작된 지도의 정확도를 검사하기 위한 측량은 충분한 편의(偏倚)가 발생하도록 지도의 일부분에만 실시한다.
② 현지측량은 지도에 나타난 면적에 산재해 있는 충분히 많은 검사점들을 포함해야 한다.
③ 현장에서 조사된 항목은 되도록 조건에 모두 만족하는 것을 원칙으로 한다.
④ 그림자가 많고, 표면의 빛의 반사로 인해 영상의 명암이 제한된 지역의 경우는 편집과정에서 오차가 생기기 쉬우므로, 오차가 의심되는 지역을 조사한다.

Guide 항공사진측량으로 제작된 지도의 정확도를 검사하기 위한 측량은 편의가 발생하지 않도록 주의해야 한다.

27 항공사진에 의한 지형도 작성에 필수적인 자료가 아닌 것은?

① 지상기준점 좌표
② 지적도
③ 항공삼각측량 성과
④ 도화 데이터

Guide 지적도는 항공사진에 의한 지형도 작성에 필수적인 자료는 아니다.

28 촬영고도 1,000m에서 촬영한 사진 상에 건물의 윗부분이 연직점으로부터 60mm 떨어져 나타나 있으며, 굴뚝의 변위가 6mm일 때 굴뚝의 높이는?

① 100m
② 50m
③ 30m
④ 10m

정답 21 ④　22 ④　23 ①　24 ②　25 ②　26 ①　27 ②　28 ①

Guide
$$\Delta r = \frac{h}{H} \cdot r$$
$$\therefore h = \frac{\Delta r \cdot H}{r} = \frac{0.006 \times 1,000}{0.06} = 100\,\text{m}$$

29 상호표정에서 x축, y축, z축을 따라 회전하는 인자의 운동을 각각 ω, ϕ, κ라 하고 x축, y축, z축을 따라 움직이는 직선인자의 운동을 각각 b_x, b_y, b_z라 할 때 이들 인자의 운동이 올바르게 조합된 것은?

① $\kappa_1 + \kappa_2 = b_z$ ② $\kappa_1 + \kappa_2 = b_y$

③ $\phi_1 + \phi_2 = b_x$ ④ $\phi_1 + \phi_2 = \omega$

Guide $\kappa_1 + \kappa_2 = b_y$, $\phi_1 + \phi_2 = b_z$

30 편위수정에 대한 설명으로 옳은 것은?

① 경사와 축척의 수정   ② 초점거리의 수정

③ 비고의 수정   ④ 시차의 수정

Guide 편위수정이란 사진의 경사와 축척을 바로 수정하여 축척을 통일시키고 변위가 없는 연직사진으로 수정하는 작업이다.

31 사진크기 23×23cm인 항공사진에서 주점기선 장이 10.5cm라면 인접사진과의 종중복도는?

① 46%   ② 50%

③ 54%   ④ 60%

Guide $b_0 = a\left(1 - \dfrac{p}{100}\right)$ $\therefore p = 54\%$

32 항공사진의 특수 3점으로 옳게 짝지어진 것은?

① 주점, 등각점, 표정점
② 부점, 등각점, 표정점
③ 부점, 연직점, 등각점
④ 주점, 등각점, 연직점

Guide 항공사진의 특수 3점은 주점, 연직점, 등각점이다.

33 초분광(Hyperspectral) 영상에 대한 설명으로 옳은 것은?

① 영상의 밴드 폭이 1μm 이하인 영상
② 분광파장범위를 극세분화시켜 수백 개까지의 밴드를 수집할 수 있는 영상
③ 영상의 공간 해상도가 1m보다 좋은 영상
④ 영상의 기록 bit 수가 10bit 이상인 영상

Guide 초분광영상은 수많은, 좁은, 연속적인 밴드를 갖는 높은 분광해상도의 영상을 말하며 다른 영상에 비하여 각 물체가 갖는 분광정보를 가장 세밀하게 표현할 수 있는 영상이다.

34 항공사진측량에서 항공기에 GPS(위성측위시스템) 수신기를 탑재하여 촬영할 경우에 GPS로부터 얻을 수 있는 정보는?

① 내부표정요소   ② 상호표정요소
③ 절대표정요소   ④ 외부표정요소

Guide GPS 수신기에 의해 비행기의 위치(X_0, Y_0, Z_0)를 얻을 수 있으므로 INS와 함께 탑재하면 외부표정요소를 취득할 수 있다.

35 원격탐사에서 디지털 값으로 표현된 화상 자료를 영상으로 바꾸어 주는 화상표시장치의 구성 장비가 아닌 것은?

① Generator   ② D/A 변환기
③ Frame buffer   ④ Look up table(LUT)

Guide Generator는 전기에너지를 발생하는 기구이다.

36 지구자원탐사 목적의 LANDSAT(1 – 7호) 위성에 탑재되었던 원격탐사 센서가 아닌 것은?

① LANDSAT TM(Thematic Mapper)
② LANDSAT MSS(Multi Spectral Scanner)
③ LANDSAT HRV(High Resolution Visible)
④ LANDSAT ETM$^+$(Enhanced Thematic Mapper plus)

Guide HRV센서는 프랑스 지구자원탐사 위성인 SPOT에 탑재되어 있다.

37 어느 지역 영상의 화솟값 분포를 알아보기 위해 아래와 같은 도수분포표를 작성하였다. 이 그림으로 추정할 수 있는 해당 지역의 토지피복의 수로 적당한 것은?

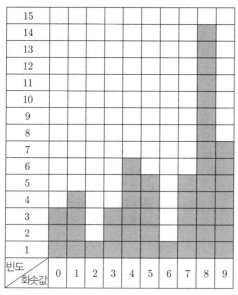

① 1   ② 2
③ 3   ④ 4

Guide 토지피복 수 $= \dfrac{49}{14} = 3.5$ 이므로 빈도 3과 4의 값을 찾으면 해당 지역의 토지 피복의 수로 3개가 추정된다.

38 원격탐사(Remote sensing)에 대한 설명으로 틀린 것은?

① 인공위성에 의한 원격탐사는 짧은 시간 내에 넓은 지역을 동시에 관측할 수 있다.
② 다중 파장대에 의하여 자료를 수집하므로 원하는 목적에 적합한 자료의 취득이 용이하다.
③ 일반적인 원격탐사 관측 자료는 수치적으로 기록되어 판독이 자동적이며, 정성적 분석이 가능하다.
④ 반복 측정은 불가능하나 좁은 지역의 정밀 측정에 적당하다.

Guide 원격탐사는 짧은 시간에 넓은 지역을 동시에 측정할 수 있으며 반복 측정이 가능하다.

39 반사식 입체경으로 항공사진 입체모델이 정입체시가 되도록 설치하였다. 이후 반사식 입체경의 정중앙을 중심으로 90° 회전시킨 후 다시 입체모델을 관측하였을 때에 대한 설명으로 옳은 것은?

① 정입체시로 보인다.
② 편광입체시로 보인다.
③ 역입체시로 보인다.
④ 입체시가 되지 않는다.

Guide 정중앙을 중심으로 90° 회전시키면 입체시가 되지 않는다.

40 항공사진측량용 디지털카메라의 특징에 대한 설명으로 옳지 않은 것은?

① 필름으로부터 영상을 획득하기 위한 스캐닝 과정이 필요 없다.
② 비행촬영계획부터 자동화된 과정을 거치므로 영상의 품질관리가 용이하다.
③ 가격이 저렴하고, 자료처리에 요구되는 메모리가 줄어든다.
④ 신속한 결과물의 이용이 가능하다.

Guide 디지털 항공사진측량 사진기는 가격이 고가이고, 기존의 항공사진을 대체하기 위해서는 많은 저장공간이 요구된다.

Subject 03 지리정보시스템(GIS) 및 위성측위시스템(GPS)

41 컴포넌트(Component) GIS의 특징에 대한 설명으로 옳지 않은 것은?

① 확장 가능한 구조이다.
② 분산 환경을 지향한다.
③ 특정 운영환경에 종속되지 않는다.
④ 인터넷의 www(world wide web)와 통합된 것을 의미한다.

Guide Component GIS
부품을 조립하여 물건을 완성하는 것과 같은 방식으로 특정 목적의 지리정보체계를 적절한 컴포넌트의 조합으로 구현하는 지리정보체계이다.

42 GIS에 대한 일반적인 설명으로 틀린 것은?

① 도형자료와 속성자료를 연결하여 처리하는 정보시스템이다.
② 하드웨어, 소프트웨어, 지리자료, 인적자원의 통합적 시스템이다.
③ 인공위성을 이용한 위치결정시스템이다.
④ 지리자료와 공간문제의 해결을 위한 자료의 활용에 중점을 둔다.

> **Guide** GPS(Global Positioning System)
> 위성에서 발사한 전파를 수신하여 관측점까지 소요시간을 관측함으로써 관측점의 위치를 결정하는 체계이다.

43 다음의 공간정보 파일 포맷 중 래스터(Raster) 자료가 아닌 것은?

① filename.dwg　　② filename.img
③ filename.tif　　④ filename.bmp

> **Guide** Dwg 파일은 오토캐드용 자료파일로 벡터형식의 파일이다.

44 GIS에 대한 설명으로 옳지 않은 것은?

① 위치정보를 가진 도형정보와 문자로 된 속성 정보를 갖는다.
② 컴퓨터 하드웨어(H/W)와 소프트웨어(S/W)를 필요로 한다.
③ CAD에서도 GIS처럼 위상정보의 중첩기능을 제공한다.
④ 일반적인 도면 형식과 지도 형식을 가진 도형 정보를 다룬다.

> **Guide** CAD는 그래픽형태의 벡터파일 형식으로 위상구조를 저장하지 않는다.

45 도형자료와 속성자료를 활용한 통합분석에서 동일한 좌표계를 갖는 각각의 레이어 정보를 합쳐서 다른 형태의 레이어로 표현되는 분석기능은?

① 공간추정　　② 회귀분석
③ 중첩　　④ 내삽과 외삽

> **Guide** 중첩
> 동일한 지역에 대한 서로 다른 두 개 또는 다수의 레이어로부터 필요한 도형자료나 속성자료를 추출하기 위한 공간분석 기법이다.

46 주어진 연속지적도에서 본인 소유의 필지와 접해 있는 이웃 필지의 소유주를 알고 싶을 때에 필지 간의 위상관계 중에 어느 관계를 이용하는가?

① 포함성　　② 일치성
③ 인접성　　④ 연결성

> **Guide** 인접성은 서로 이웃하는 대상물 간의 관계를 말한다.

47 GIS 하드웨어 중 기능이 다른 하나는?

① 플로터　　② 키보드
③ 스캐너　　④ 디지타이저

> **Guide** ① : 출력장치
> ②, ③, ④ : 입력장치

48 A수신기의 좌푯값은 (100, 100, 100)이고 B 수신기 좌표에서 A수신기 좌푯값을 뺀 값(기선벡터)이 (10, 10, 10)일 때, B수신기의 좌푯값은?(단, 좌표의 단위는 m이다.)

① (90, 90, 90)　　② (100, 100, 100)
③ (110, 110, 110)　　④ (120, 120, 120)

> **Guide** $X_B = X_A + $ 기선벡터$_X$
> • $X_B = 100 + 10 = 110$
> • $Y_B = 100 + 10 = 110$
> • $Z_B = 100 + 10 = 110$

49 한 화소에 대한 8bit를 할당하면 몇 가지를 서로 다른 값을 표현할 수 있는가?

① 2　　② 8
③ 64　　④ 256

> **Guide** GIS 자료의 영상에서 각 픽셀의 밝기값을 256단계로 표현할 경우에는 8비트의 데이터양이 필요하다.

정답　42 ③　43 ①　44 ③　45 ③　46 ③　47 ①　48 ③　49 ④

50 기하학적 지리좌표정보를 담을 수 있는 영상 자료의 저장방식은?

① pcx　　　　　② geotiff
③ jpg　　　　　④ bmp

> **Guide** GeoTiff
> 파일헤더에 위치참조 정보를 저장하는 래스터파일형식이다.

51 메타데이터(Metadata)에 대한 설명으로 옳지 않은 것은?

① 공간데이터와 관련된 일련의 정보를 제공해 준다.
② 자료의 생산, 유지, 관리에 필요한 정보를 제공해 준다.
③ 대용량 공간 데이터를 구축하는 데 드는 엄청난 비용과 시간을 절약해 준다.
④ 공간데이터 제작자와 사용자 모두의 표준용어와 정의에 대한 동의 없이도 사용할 수 있다.

> **Guide** 메타데이터(Metadata)
> 데이터의 내용, 품질, 조건 및 특징 등을 저장한 데이터로서 데이터에 관한 데이터의 이력을 말한다.
> • 시간과 비용의 낭비를 제거
> • 공간정보 유통의 효율성
> • 데이터에 대한 유지 · 관리 갱신의 효율성
> • 데이터에 대한 목록화
> • 데이터에 대한 적합성 및 장단점 평가
> • 데이터를 이용하여 로딩

52 공간통계에서 사용되는 보간(내삽)법이 아닌 것은?

① Inverse Distance Weighting
② Root Mean Square Error
③ Kriging
④ Spline

> **Guide** 보간(Interpolation)
> 주변부의 이미 관측된 값으로부터 관측되지 않은 점에 대한 속성값을 예측하거나 표본 추출 영역 내의 특정 지점 값을 추정하는 기법으로 보간기법으로는 알려진 점들을 이용하여 만들어진 선형식(Linear Function), 다항식의 회귀분석이나 퓨리에(Fourier), 급수, 운형(Spline), 이동 평균(Moving Average), 크리깅(Kriging) 등이 있다.
>
> ② : 평균제곱근오차(Root Mean Square Error : RMSE)

53 사용자나 응용 프로그래머가 각 개인의 입장에서 필요로 하는 데이터베이스의 논리적 구조를 정의한 것은?

① 외부 스키마　　　② 내부 스키마
③ 개념 스키마　　　④ 논리 스키마

> **Guide** 외부 스키마
> 사용자나 응용 프로그래머가 각 개인의 입장에서 필요로 하는 데이터베이스의 논리적 구조를 정의하는 것으로 하나의 스키마는 여러 개의 서브스키마로 나누어질 수 있다.

54 벡터 자료구조의 특징에 대한 설명으로 옳은 것은?

① 데이터 구조가 단순하다.
② 해상력이 낮게 나타난다.
③ 인공위성 영상 자료와 연계가 용이하다.
④ 위상관계를 나타낼 수 있다.

> **Guide** 벡터의 장단점
> • 장점
>   – 격자자료방식보다 압축되어 간결
>   – 지형학적 자료가 필요한 망조직 분석에 효과적
>   – 지도와 거의 비슷한 도형제작 적합
>
> • 단점
>   – 격자자료구조보다 훨씬 복잡한 자료구조
>   – 중첩 기능을 수행하기 어려움
>   – 공간적 편의를 나타내는 데 비효과적
>   – 조작과정과 영상질을 향상시키는 데 비효과적

55 동일한 위성에서 보낸 신호를 지상의 2대의 수신기에서 받아서 위치를 결정하는 GPS 자료처리 기법을 일컫는 명칭은?

① 단일차분　　　　② 이중차분
③ 삼중차분　　　　④ 사중차분

> **Guide** 단일차분(Single Difference)
> 한 위성을 두 대의 수신기가 추적하여 위성의 시계오차를 제거하는 것을 단일차분이라 한다.

정답 50 ② 51 ④ 52 ② 53 ① 54 ④ 55 ①

56 GIS 데이터베이스를 구성하는 정보(Infor-mation)와 자료(Data)에 대한 설명으로 옳은 것은?

① 자료는 의사 결정의 수단으로 활용할 수 있는 가공된 것이다.
② 모든 정보는 자료를 처리하여 의미있는 가치를 부여한 것이다.
③ 지리자료는 지리정보를 처리하여 얻을 수 있는 결과물이다.
④ 정보와 자료는 같은 의미로 사용되는 개념으로 구분이 무의미하다.

> **Guide** ① : 정보는 의사 결정의 수단으로 활용할 수 있는 가공된 것이다.
> ③ : 지리정보는 지리자료를 처리하여 얻을 수 있는 결과물이다.
> ④ : 자료는 가공되지 않은 것, 정보는 가공된 것의 의미로 사용된다.

57 GPS의 오차와 거리가 먼 것은?

① GPS 위성의 궤도오차
② 전리층 영향에 따른 오차
③ 안테나 및 기계의 구심오차
④ 날씨의 영향에 따른 오차

> **Guide** GPS 체계는 날씨, 관측점 간의 시통 등에 관계없이 측량할 수 있는 전천후 체계이다.

58 DEM을 통해 얻을 수 있는 정보와 거리가 먼 것은?

① 식생   ② 토공량
③ 유역 면적   ④ 사면의 방향

> **Guide** DEM의 활용
> • 토공량 산정
> • 지형의 경사와 곡률, 사면방향 결정
> • 등고선도와 3차원 투시도 작성
> • 노선의 자동설계
> • 유역면적 산정
> • 지질학, 삼림, 기상 및 의학 등

59 공간정보를 기반으로 고객의 수요특성 및 가치를 분석하기 위한 방법으로 고객정보에 주거형태, 주변상권 등 지리적 요소를 포함시켜 고객의 거주 혹은 활동 지역에 따라 차별화된 서비스를 제공하기 위한 전략으로 금융 및 유통업 분야에서 주로 도입하여 GIS 마케팅 분석 등에 활용되고 있는 공간정보 활용의 한 분야는?

① gCRM(Geographic Customer Relationship Management)
② LBS(Location Based Service)
③ Telematics
④ SDW(Spatial Data Warehouse)

> **Guide** gCRM
> (Geographic Customer Relationship Management)
> 지리정보시스템 기술을 고객관계관리(CRM)에 활용한 것으로 주변상권, 마케팅과 같은 분야에 지리적인 요소를 제공하는 것을 말한다.

60 북극이나 남극지역에서 천정방향으로 지나가는 GPS 위성이 관측되지 않는 이유로 옳은 것은?

① 지구가 자전하기 때문이다.
② 지구 자전축이 기울어져 있기 때문이다.
③ 위성의 공전주기가 대략 12시간으로 24시간보다 짧기 때문이다.
④ 궤도경사각이 55°이기 때문이다.

> **Guide** 북극이나 남극지역에서 천정방향으로 지나가는 GPS 위성이 관측되지 않는 이유는 GPS 궤도경사각이 55°이기 때문이다.

✔ 측량 관련 법규는 출제 당시 법률을 기준으로 해설되었음을 알려드립니다.

61 지성선 중 등고선과 직각으로 만나는 선이 아닌 것은?

① 최대경사선   ② 경사변환선
③ 계곡선   ④ 분수선

> **Guide** 경사변환선은 동일 방향의 경사면에 있어서 경사각이 다른 2개의 면이 만나는 선을 말한다.

62 1눈금이 2mm이고 감도가 30″인 레벨로서 거리 100m 지점의 표척을 읽었더니 1.633m 이었다. 그런데 표척을 읽을 때 기포가 2눈금 뒤로 가 있었다면 올바른 표척의 읽음값은? (단, 표척은 연직으로 세웠음)

① 1.633m   ② 1.662m
③ 1.923m   ④ 1.544m

> **Guide**
> $$\alpha'' = \frac{(h_2 - h_1)}{n \cdot D} \cdot \rho''$$
> $$\therefore h_2 = \frac{(\alpha'' \cdot n \cdot D) + (h_1 \cdot \rho'')}{\rho''}$$
> $$= \frac{(30'' \times 2 \times 100) + (1.633 \times 206,265'')}{206,265''}$$
> $$= 1.662m$$

63 100m²인 정사각형의 토지를 0.2m²까지 정확히 구하기 위하여 요구되는 1변의 길이는 최대 어느 정도까지 정확하게 관측하여야 하는가?

① 4mm   ② 5mm
③ 10mm   ④ 12mm

> **Guide**
> $$\frac{dA}{A} = 2 \cdot \frac{dl}{l} \rightarrow$$
> $$\frac{0.2}{100} = 2 \times \frac{dl}{10}$$
> $$\therefore dl = 0.01\,m = 1\,cm = 10\,mm$$

64 UTM 좌표에 관한 설명으로 옳은 것은?

① 각 구역을 경도는 8°, 위도는 6°로 나누어 투영한다.
② 축척계수는 0.9996으로 전 지역에서 일정하다.
③ 북위 85°부터 남위 85°까지 투영범위를 갖는다.
④ 우리나라는 51S~52S 구역에 위치하고 있다.

> **Guide** UTM 좌표계의 개요
> • 좌표계의 간격은 경도 6°마다 60지대로 나누고 각 지대의 중앙자오선에 대하여 횡메르카토르 투영을 적용한다.
> • 경도의 원점은 중앙자오선이다.
> • 위도의 원점은 적도상에 있다.
> • 길이의 단위는 m이다.
> • 중앙자오선에서의 축척계수는 0.9996이다.
> • 종대에서 위도는 남, 북위 80°까지만 포함시키며 다시 8° 간격으로 20구역으로 나눈다.
> • 우리나라는 51, 52 종대 및 S, T 횡대에 속한다.

65 그림과 같은 개방 트래버스에서 $\overline{DE}$의 방위는?

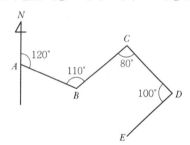

① N52°E   ② S50°W
③ N34°W   ④ S30°E

> **Guide**
> • $\overline{AB}$ 방위각=120°
> • $\overline{DE}$ 방위각=$\overline{CD}$ 방위각+180° - 그 측선의 사잇각
>   =150°+180°-100°=230°
>
>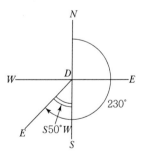
>
> $\overline{DE}$ 방위각은 3상한에 위치해 있으므로
> ∴ $\overline{DE}$ 방위=230°-180°=50°(S 50° W)

66 삼변측량에 관한 설명으로 옳지 않은 것은?

① 삼변측량은 삼각측량에 비하여 관측할 거리의 크기와 필요로 하는 정밀도에 관계없이 경제적인 측량법이다.

② 변의 길이만을 관측하여 삼각망(삼변측량)을 구성할 수 있다.

③ 수평각을 대신하여 삼각형의 변의 길이를 직접 관측하여 삼각점의 위치를 결정하는 측량이다.

④ 관측요소가 변의 길이뿐이므로 수학적 계산으로 변으로부터 각을 구하고 이 각과 변에 의해 수평위치를 구한다.

> **Guide** 삼변측량은 관측값에 비하여 조건식이 적은 것이 단점이나 일점에 대하여 복수변 길이를 연속 관측하여 조건수식의 수를 늘리고 기상보정을 하여 정확도를 높이고 있으나 삼각측량에 비하여 경제적인 방법이라 할 수는 없다.

67 직접수준측량의 오차와 거리의 관계로 옳은 것은?

① 거리에 비례한다.

② 거리에 반비례한다.

③ 거리의 제곱에 반비례한다.

④ 거리의 제곱근에 비례한다.

> **Guide** $E = K\sqrt{S}$ 이므로 거리의 제곱근에 비례한다.

68 어떤 한 각에 대한 관측값이 아래와 같을 때 이 각 관측의 평균제곱근오차(표준편차)는?

32°30′20″,	32°30′15″,
32°30′17″,	32°30′18″,
32°30′20″	

① ±2.1″

② ±2.5″

③ ±3.5″

④ ±4.0″

> **Guide** 어떤 한 각을 동일 경중률로 관측하였으므로 이때,
> 최확값$(\alpha_0) = \dfrac{[\alpha]}{n} = \dfrac{162°31′30″}{5} = 32°30′18″$

관측값	최확값	ν	$\nu\nu$
32°30′20″		2″	4″
32°30′15″		−3″	9″
32°30′17″	32°30′18″	−1″	1″
32°30′18″		0″	0″
32°30′20″		2″	4″

$$[\nu\nu] = 18″$$

$$\therefore \sigma = \pm\sqrt{\frac{[\nu\nu]}{n-1}} = \pm\sqrt{\frac{18″}{5-1}} = \pm2.1″$$

69 그림과 같이 A, B, C 3개 수준점에서 직접수준측량에 의해 P점을 관측한 결과가 다음과 같을 때, P점의 최확값은?

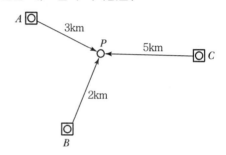

- A → P : 54.25m
- B → P : 54.08m
- C → P : 54.18m

① 54.15m

② 54.14m

③ 54.13m

④ 54.12m

> **Guide** $W_1 : W_2 : W_3 = \dfrac{1}{S_1} : \dfrac{1}{S_2} : \dfrac{1}{S_3}$
> $\qquad = \dfrac{1}{3} : \dfrac{1}{2} : \dfrac{1}{5}$
> $\qquad = 3.33 : 5 : 2$
>
> $\therefore$ 최확값(H_P)
> $\quad = \dfrac{W_1 h_1 + W_2 h_2 + W_3 h_3}{W_1 + W_2 + W_3}$
> $\quad = 54 + \dfrac{(3.33 \times 0.25) + (5 \times 0.08) + (2 \times 0.18)}{3.33 + 5 + 2}$
> $\quad = 54.15\,m$

70 각 측량의 오차 중 망원경을 정위, 반위로 측정하여 평균값을 취함으로써 처리할 수 없는 것은?

① 시준축과 수평축이 직교하지 않는 경우
② 수평축이 연직축에 직교하지 않는 경우
③ 연직축이 정확히 연직선에 있지 않는 경우
④ 회전축에 대하여 망원경의 위치가 편심되어 있는 경우

Guide 연직축이 정확히 연직선에 있지 않기 때문에 생기는 연직축오차는 망원경을 정·반위로 관측하여도 소거가 불가능하다.

71 축척 1 : 5,000 지형도의 주곡선 간격은?

① 1m ② 2m
③ 5m ④ 10m

Guide 등고선의 종류 및 간격

등고선 종류 \ 축척	1/5,000	1/10,000	1/25,000	1/50,000
주곡선	5	5	10	20
간곡선	2.5	2.5	5	10
조곡선	1.25	1.25	2.5	5
계곡선	25	25	50	100

72 기설치된 삼각점을 이용하여 삼각측량을 할 경우 작업순서로 가장 적합한 것은?

㉮ 계획/준비	㉯ 조표
㉰ 답사/선점	㉱ 정리
㉲ 계산	㉳ 관측

① ㉮ → ㉰ → ㉯ → ㉳ → ㉲ → ㉱
② ㉮ → ㉯ → ㉰ → ㉲ → ㉳ → ㉱
③ ㉮ → ㉰ → ㉳ → ㉲ → ㉯ → ㉱
④ ㉮ → ㉰ → ㉯ → ㉲ → ㉳ → ㉱

Guide 삼각측량의 순서
계획 및 준비 → 답사 → 선점 → 조표 → 관측 → 계산 → 정리

73 1회 관측에서 $\pm 3mm$의 우연오차가 발생하였을 때 20회 관측 시의 우연오차는?

① $\pm 1.34mm$ ② $\pm 13.4mm$
③ $\pm 47.3mm$ ④ $\pm 134mm$

Guide $M = \pm m\sqrt{n} = \pm 3mm\sqrt{20} = \pm 13.4mm$

74 그림과 같은 트래버스에서 $\overline{AL}$의 방위각이 $19°48'26''$, $\overline{BM}$의 방위각이 $310°36'43''$, 내각의 총합이 $1,190°47'22''$일 때 측각오차는?

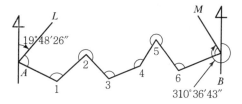

① $+25''$ ② $-55''$
③ $+45''$ ④ $-25''$

Guide $E_\alpha = w_a - w_b + [\alpha] - 180°(n-3)$
$= 19°48'26'' - 310°36'43'' + 1,190°47'22''$
$\quad - 180°(8-3)$
$= -55''$

75 공공측량시행자는 공공측량을 하기 며칠 전까지 공공측량 작업계획서를 작성하여 제출하여야 하는가?

① 20일 ② 30일
③ 40일 ④ 60일

Guide 공간정보의 구축 및 관리 등에 관한 법률 시행규칙 제21조 (공공측량 작업계획서의 제출)
공공측량시행자는 공공측량을 하기 3일 전에 국토지리정보원장이 정한 기준에 따라 공공측량 작업계획서를 작성하여 국토지리정보원장에게 제출하여야 한다.
※ 보기에 정답이 없음

76 국토교통부장관은 측량기본계획을 몇 년마다 수립하여야 하는가?

① 3년 ② 5년
③ 7년 ④ 10년

Guide **공간정보의 구축 및 관리 등에 관한 법률 제5조(측량기본계획 및 시행계획)**
국토교통부장관은 측량기본계획을 5년마다 수립하여야 한다.

77 측량기기의 성능검사 주기로 옳은 것은?

① 레벨 : 4년

② 트랜싯 : 2년

③ 거리측정기 : 2년

④ 토털스테이션 : 3년

Guide **공간정보의 구축 및 관리 등에 관한 법률 시행령 제97조 (성능검사의 대상 및 주기 등)**
성능검사를 받아야 하는 측량기기와 검사주기는 다음과 같다.
1. 트랜싯(데오드라이트) : 3년
2. 레벨 : 3년
3. 거리측정기 : 3년
4. 토털 스테이션 : 3년
5. 지피에스(GPS)수신기 : 3년
6. 금속관로 탐지기 : 3년

78 공간정보의 구축 및 관리 등에 관한 법률에 따른 용어에 대한 설명으로 옳지 않은 것은?

① 모든 측량의 기초가 되는 공간정보를 제공하기 위하여 국토교통부장관이 실시하는 측량을 기본측량이라 한다.

② 국가, 지방자치단체, 그 밖에 대통령령으로 정하는 기관이 관계 법령에 따른 사업 등을 시행하기 위하여, 기본측량을 기초로 실시하는 측량은 공공측량이라 한다.

③ 공공의 이해 또는 안전과 밀접한 관련이 있는 측량은 기본측량으로 지정할 수 있다.

④ 일반측량은 기본측량, 공공측량, 지적측량, 수로측량 외의 측량을 말한다.

Guide **공간정보의 구축 및 관리 등에 관한 법률 제2조(정의)**
공공측량은 다음의 측량을 말한다.
1. 국가, 지방자치단체, 그 밖에 대통령령으로 정하는 기관이 관계 법령에 따른 사업 등을 시행하기 위하여 기본측량을 기초로 실시하는 측량
2. 측량 중 공공의 이해 또는 안전과 밀접한 관련이 있는 측량으로서 대통령령으로 정하는 측량

79 기본측량의 실시공고를 해당 특별시·광역시·도 또는 특별자치도의 게시판 및 인터넷 홈페이지에 게시하는 방법으로 할 경우 며칠 이상 게시하여야 하는가?

① 7일   ② 15일

③ 30일   ④ 60일

Guide **공간정보의 구축 및 관리 등에 관한 법률 시행령 제12조 (측량의 실시공고)**
기본측량의 실시공고와 공공측량의 실시공고는 전국을 보급지역으로 하는 일간신문에 1회 이상 게재하거나 해당 특별시·광역시·도 또는 특별자치도의 게시판 및 인터넷 홈페이지에 7일 이상 게시하는 방법으로 해야 한다.

80 지도도식규칙에서 사용하는 용어 중 도곽의 정의로 옳은 것은?

① 지도의 내용을 둘러싸고 있는 2중의 구획선을 말한다.

② 각종 지형공간정보를 일정한 축척에 의하여 기호나 문자로 표시한 도면을 말한다.

③ 지물의 실제현상 또는 상징물을 표현하는 선 또는 기호를 말한다.

④ 지도에 표기하는 지형·지물 및 지명 등을 나타내는 상징적인 기호나 문자 등의 크기, 색상 및 배열방식을 말한다.

Guide **지도도식규칙 제3조(정의)**
도곽이라 함은 지도의 내용을 둘러싸고 있는 2중의 구획선을 말한다.

EXERCISES
기출문제

2016년 5월 8일 시행

본 문제의 해설은 출제자의 의도와 일치되지 않을 수 있으며, 문제 및 정답은 일부 오탈자가 있을 수 있으므로 학습시 의문사항이 있으면 예문사 또는 저자에게 문의하여 주시기 바랍니다.
또한, 본 기출문제는 시행 당시의 이론 및 법규에 의하여 해설되었음을 알려드립니다.

Subject 01 응용측량

01 지하시설물측량에 관한 설명으로 옳지 않은 것은?

① 지하시설물측량이란 시설물을 조사, 탐사하고 위치를 측량하여 도면 및 수치로 표현하고 데이터베이스로 구축하는 것을 의미한다.
② 지하시설물에 대한 탐사간격은 20m 이하로 하는 것을 원칙으로 한다.
③ 지하시설물의 위치, 깊이, 서로 떨어진 거리 등을 측량한다.
④ 지표면상에 노출된 지하시설물은 측량하지 않는다.

Guide 지하시설물 탐사작업의 순서
• 작업계획 수립
• 자료의 수집 및 편집
• 지표면 상에 노출된 지하시설물의 조사
• 관로조사 등 지하시설물에 대한 탐사
• 지하시설물 원도의 작성
• 작업조서의 작성

02 그림의 체적(V)을 구하는 공식으로 옳은 것은?

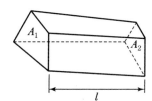

① $V = \dfrac{A_1 + A_2}{3} \times l$

② $V = \dfrac{A_1 + A_2}{2} \times l$

③ $V = \dfrac{A_1 + A_2 + l}{3} \times l$

④ $V = \dfrac{A_1 + A_2 + l}{2} \times l$

Guide 양단면평균법
$$V = \frac{\text{전 측점 단면적} + \text{그 측점 단면적}}{2} \times \text{측점 간 거리}$$
$$= \frac{A_1 + A_2}{2} \times l$$

03 노선측량에서 공사측량과 거리가 먼 것은?

① 기준점 확인
② 중심선 검측
③ 인조점 확인 및 복원
④ 용지도 작성

Guide 공사측량
• 시공관리측량 : 기준점, 중심선, 인조점 확인 및 복원
• 시공측량 : 규준틀 설치 측량 및 구조물 측설
• 준공측량

04 원곡선으로 곡선을 설치할 때 교각 50°, 반지름 100m, 곡선시점의 위치 No.10 + 12.5m일 때 도로기점으로부터 곡선종점까지의 거리는?(단, 중심말뚝 간의 거리는 20m이다.)

① 299.77m
② 399.77m
③ 421.91m
④ 521.91m

Guide • B.C(곡선시점) = No.10 + 12.5m = 212.5m
• C.L(곡선길이) = 0.0174533 · R · I °
　　　　　　 = 0.0174533×100×50°
　　　　　　 = 87.27m
∴ E.C(곡선종점) = B.C + C.L
　　　　　　　 = 212.5 + 87.27
　　　　　　　 = 299.77m(No.14 + 19.77m)

05 하천측량에 관한 내용 중 옳은 것은?

① 하천의 제방, 호안 등은 상류를 기점으로 하여 하류 방향으로 측점번호를 정한다.

② 횡단면도는 하류에서 상류를 바라본 것으로 작도하여 도면 좌측이 좌안, 우측이 우안이 된다.

③ 수위표의 0점 위치는 최저 수위보다 낮게 하여 정한다.

④ 종단면도는 상류 측이 도면의 좌측에 위치하고, 하류 측이 우측에 위치하도록 작성한다.

> **Guide** 수위표(양수표)의 영위는 최저수위보다 하위에 있어야 하며, 수위표(양수표) 눈금의 최고위는 최대홍수위보다는 높게 하여야 한다.

06 그림과 같은 하천단면에 평균유속 2.0m/s로 물이 흐를 때 유량(m^3/s)은?

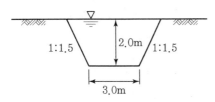

① 10m^3/s ② 20m^3/s
③ 24m^3/s ④ 40m^3/s

> **Guide**
>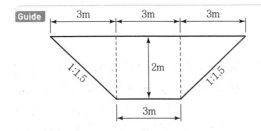
> $$A = \left(\frac{3+3+3+3}{2}\right) \times 2 = 12m^2$$
> $$\therefore Q = A \cdot V_m = 12 \times 2 = 24m^3/sec$$

07 그림과 같이 구곡선의 교점(D_0)을 접선방향으로 20m 움직여서 신곡선의 교점(D_N)으로 이동하였다. 시점(B.C)의 위치를 이동하지 않고 신곡선을 설치할 경우, 신곡선의 곡선반지름은?(단, 구곡선의 곡선반지름(R_0) = 150m, 구곡선의 교각(I) = 100°)

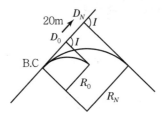

① 133.2m ② 146.5m
③ 153.5m ④ 166.8m

> **Guide**
> • 구곡선 접선길이(T.L$_O$) $= R \cdot \tan\frac{I}{2}$
> $$= 150 \times \tan\frac{100°}{2}$$
> $$= 178.8m$$
> • 신곡선 접선길이(T.L$_N$) $= R' \cdot \tan\frac{I}{2} \rightarrow$
> $$178.8 + 20 = R' \cdot \tan\frac{100°}{2}$$
> $$\therefore R' = 166.8m$$

08 트래버스 측량을 통한 면적 계산에서 배횡거에 대한 설명으로 옳은 것은?

① 하나 앞 측선의 배횡거에 그 변의 위거를 더한 값이다.

② 하나 앞 측선의 배횡거에 그 변의 경거를 더한 값이다.

③ 하나 앞 측선의 배횡거에 그 변과 하나 앞 측선의 경거를 더한 값이다.

④ 하나 앞 측선의 배횡거에 그 변의 위거와 경거를 더한 값이다.

> **Guide** • 제1측선의 배횡거=그 측선의 경거
> • 임의 측선의 배횡거=하나 앞 측선의 배횡거+ 하나 앞 측선의 경거+ 그 측선의 경거

정답 05 ③ 06 ③ 07 ④ 08 ③

09 급경사가 되어 있는 터널 내의 트래버스측량에 있어서 정밀한 측각을 위해 가장 적절한 방법은?

① 방위각법　　　② 배각법
③ 편각법　　　　④ 단각법

> **Guide** 정밀한 측각을 위해서는 협각법을 이용해서 배각법으로 하는 것이 가장 적당한 방법이다.

10 터널작업에서 터널 외 기준점측량에 대한 설명으로 옳지 않은 것은?

① 터널 입구 부근에 인조점(引照點)을 설치한다.
② 측량의 정확도를 높이기 위해 가능한 후시를 짧게 잡는다.
③ 고저측량용 기준점은 터널 입구 부근과 떨어진 곳에 2개소 이상 설치하는 것이 좋다.
④ 기준점을 서로 관련시키기 위해 기준점이 시통되는 곳에 보조삼각점을 설치한다.

> **Guide** 기준점을 기초로 하여 터널작업을 진행해 가므로 측량의 정확도를 높이기 위해서는 후시를 될 수 있는 한 길게 잡고 고저측량용 기준점은 터널 입구 부근과 떨어진 곳에 2개소 이상 설치하는 것이 좋다.

11 터널측량에서 터널 내 고저측량에 대한 설명으로 옳지 않은 것은?

① 터널의 굴착이 진행됨에 따라 터널 입구 부근에 이미 설치된 고저기준점(B.M)으로부터 터널 내의 B.M에 연결하여 터널 내의 고저를 관측한다.
② 터널 내의 B.M은 터널 내 작업에 의하여 파손되지 않는 곳에 설치가 쉽고 측량이 편리한 장소를 선택한다.
③ 터널 내의 고저측량에는 터널 외와 달리 레벨을 사용하지 않는다.
④ 터널 내의 표척은 작업에 지장이 없도록 알맞은 길이를 사용하고 조명을 할 수 있도록 해야 한다.

> **Guide** 터널 내 고저측량에서 완경사에는 레벨을, 급경사인 경우에는 트랜싯에 의한 간접수준측량을 실시한다.

12 그림과 같은 운동장의 둘레 거리는?

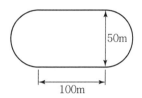

① 514m　　　② 475m
③ 357m　　　④ 227m

> **Guide** 운동장 둘레 거리 $= (2 \cdot \pi \cdot r) + $ 직선거리
> $= (2 \times \pi \times 25) + 200$
> $= 357m$

13 반지름이 1,200m인 원곡선에 의한 종단곡선을 설치할 때 접선시점으로부터 횡거 20m 지점의 종거는?

① 0.17m　　　② 1.45m
③ 2.56m　　　④ 3.14m

> **Guide**
>
>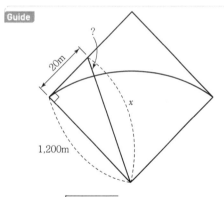
>
> $x = \sqrt{20^2 + 1,200^2} = 1,200.17m$
> ∴ 종거 $= 1,200.17 - 1,200 = 0.17m$

14 토공량과 같은 체적 산정을 위한 기본공식이 아닌 것은?

① 각주공식　　　② 양단면평균법
③ 중앙단면법　　④ 심프슨의 제2법칙

> **Guide** 각주공식, 양단면평균법, 중앙단면법은 단면법에 의한 체적 계산 방법이며, 심프슨 제2법칙은 사다리꼴 3개를 1조로 하여 3차 포물선으로 생각하여 면적을 계산하는 방법이다.

15 토량과 같은 체적 계산방법이 아닌 것은?

① 삼사법　　　　② 등고선법
③ 점고법　　　　④ 양단면 평균법

> **Guide** 토공량 산정방법
> • 단면법 : 각주공식, 양단면평균법, 중앙단면법
> • 점고법 : 사분법, 삼분법
> • 등고선법 : 저수용량 산정법

16 곡선 설치에서 반지름이 500m일 때 중심말뚝 간격 20m에 대한 편각은?

① 0°01′09″　　　　② 0°02′18″
③ 1°08′45″　　　　④ 2°17′31″

> **Guide**
> $$\delta_{20} = 1,718.87' \times \frac{20}{R} = 1,718.87' \times \frac{20}{500}$$
> $$= 1°08'45''$$

17 다음 중 교량의 경관계획에서 결정할 사항이 아닌 것은?

① 교량의 형식 및 규모
② 교량의 형태 및 색채
③ 교량과 수면의 조화
④ 교량의 성능 관리

> **Guide** 교량의 성능 관리는 경관계획과는 무관한 사항이다.

18 수로도서지 변경을 위한 수로조사 대상인 것은?

① 항로준설공사
② 터널공사
③ 임도건설공사
④ 저수지 둑 보강공사

> **Guide** 수로조사 대상
> • 항만공사(어항공사 포함) 또는 항로준설공사
> • 해저에서 흙, 모래, 광물 등의 채취
> • 바다에서 흙, 모래, 준설토 등을 버리는 행위
> • 매립, 방파제, 인공안벽 등의 설치나 철거 등으로 기존 해안선이 변경되는 공사
> • 해양에서 인공어초 등의 구조물 설치 또는 투입
> • 항로상의 교량 및 공중전선 등의 설치 또는 변경

19 수심이 h인 하천의 유속측정을 한 결과가 표와 같다. 1점법, 2점법, 3점법으로 구한 평균유속의 크기를 각각 V_1, V_2, V_3라 할 때 이들을 비교한 것으로 옳은 것은?

수심	유속(m/s)
0.2h	0.52
0.4h	0.58
0.6h	0.50
0.8h	0.48

① $V_1 = V_2 = V_3$　　② $V_1 > V_2 > V_3$
③ $V_3 > V_2 = V_1$　　④ $V_2 = V_1 > V_3$

> **Guide** • 1점법(V_1) $= V_{0.6} = 0.50$m/sec
> • 2점법(V_2) $= \frac{1}{2}(V_{0.2} + V_{0.8})$
> $$= \frac{1}{2}(0.52 + 0.48)$$
> $$= 0.50\text{m/sec}$$
> • 3점법(V_3) $= \frac{1}{4}(V_{0.2} + 2V_{0.6} + V_{0.8})$
> $$= \frac{1}{4}\{0.52 + (2 \times 0.5) + 0.48\}$$
> $$= 0.50\text{m/sec}$$
> $$\therefore V_1 = V_2 = V_3$$

20 노선측량의 곡선에 대한 설명으로 옳지 않은 것은?

① 클로소이드 곡선은 완화곡선의 일종이다.
② 철도의 종단곡선은 주로 원곡선이 사용된다.
③ 클로소이드 곡선은 고속도로에 적합하다.
④ 클로소이드 곡선은 곡률이 곡선의 길이에 반비례한다.

> **Guide** 클로소이드 곡선은 곡률$\left(\frac{1}{R}\right)$이 곡선장에 비례하는 곡선이다.

Subject 02 사진측량 및 원격탐사

21 수치영상의 정합기법 중 하나인 영역기준정합의 특징이 아닌 것은?

① 불연속 표면에 대한 처리가 어렵다.
② 계산량이 많아서 시간이 많이 소요된다.
③ 선형 경계를 따라서 중복된 정합점들이 발견될 수 있다.
④ 주변 픽셀들의 밝기값 차이가 뚜렷한 경우 영상정합이 어렵다.

> **Guide** 영역기준정합은 주변 픽셀들의 밝기값 차이가 뚜렷한 경우 영상정합이 용이하다.

22 항공사진측량 촬영용 항공기에 요구되는 조건으로 옳지 않은 것은?

① 안정성이 좋을 것
② 상승 속도가 클 것
③ 이착륙 거리가 길 것
④ 적재량이 많고 공간이 넓을 것

> **Guide** 항공사진측량 측량용 항공기는 이착륙 거리가 짧아야 한다.

23 다음과 같은 종류의 항공사진 중 벼농사의 작황을 조사하기 위하여 가장 적합한 사진은?

① 팬크로매틱 사진   ② 적외선 사진
③ 여색입체 사진   ④ 레이더 사진

> **Guide** 적외선 사진은 지질, 토양, 농업, 수자원, 산림조사 판독에 사용된다.

24 어느 지역의 영상으로부터 "논"의 훈련지역(Training Field)을 선택하여 해당 영상소를 "P"로 표기하였다. 이때 산출되는 통계값과 사변형 분류법(Parallelepiped Classification)을 이용하여 "논"을 분류한 결과로 적당한 것은?

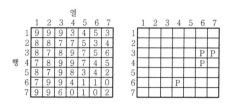

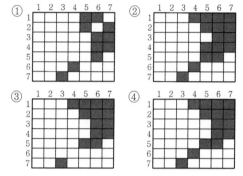

> **Guide** 논의 트레이닝 필드지역 통계값을 분석하면 4~6이므로 영상에서 4~6 사이의 값을 선택하면 된다.

25 우리나라 다목적실용위성5호(KOMPSAT-5)에 탑재된 센서인 SAR의 특징으로 옳은 것은?

① 구름 낀 날씨뿐만 아니라 야간에도 촬영이 가능하다.
② 주로 광학대역에서 반사된 태양광을 측정하는 센서이다.
③ 주로 기상과 해수 온도 측정을 위한 역할을 수행한다.
④ 센서의 에너지 소모가 수동형 센서보다 적다.

> **Guide** 다목적 실용위성 5호(아리랑 5호)는 국내 최초 SAR를 탑재한 전천후 지구관측위성이다.

26 주점의 위치와 사진의 초점거리를 정확하게 맞추는 작업은?

① 상호표정   ② 절대(대지)표정
③ 내부표정   ④ 접합표정

> **Guide** 사진의 주점을 도화기의 촬영 중심에 일치시키고 초점거리를 도화기 눈금에 맞추는 작업을 기계적 내부표정이라 한다.

27 사진측량의 특징에 대한 설명으로 옳지 않은 것은?

① 움직이는 물체를 측정하여 순간 위치를 결정할 수 있다.
② 좁은 지역에 대한 측량에 경제적이다.
③ 정확도를 균일하게 얻을 수 있다.
④ 접근이 어려운 대상물의 측정이 가능하다.

> **Guide** 항공사진측량은 대규모 지역의 측량에 경제적이다.

28 2쌍의 영상을 입체시하는 방법 중 서로 직교하는 두 개의 편광 광선이 한 개의 편광면을 통과할 때 그 편광면의 진동방향과 일치하는 광선만 통과하고, 직교하는 광선을 통과 못하는 성질을 이용하는 입체시의 방법은?

① 여색입체방법   ② 편광입체방법
③ 입체경에 의한 방법 ④ 순동입체방법

> **Guide** 편광입체방법이 수치도화기(디지털도화기)에 가장 적합한 입체시 방법이다.

29 평지를 촬영고도 1,500m에서 촬영한 연직사진이 있다. 이 밀착사진 상에 있는 건물 상단과 하단, 두 점 간의 시차차를 관측한 결과 1mm이었다면 이 건물의 높이는?(단, 사진기의 초점거리는 15cm, 사진면의 크기는 23×23cm, 종중복도 60%이다.)

① 10m   ② 12.3m
③ 15m   ④ 16.3m

> **Guide** $b_o = a(1-p) = 0.092\text{m}$
> $\therefore h = \dfrac{H}{b_o} \cdot \Delta p = \dfrac{1,500}{0.092} \times 0.001 = 16.3\text{m}$

30 다음 중 항공사진의 판독요소와 거리가 먼 것은?

① 색조(Tone)   ② 형태(Pattern)
③ 시간(Time)   ④ 질감(Texture)

> **Guide** 사진 판독요소
> 색조, 모양, 질감, 형상, 크기, 음영, 상호위치관계, 과고감

31 고도 2,500m에서 초점거리 150mm의 사진기로 촬영한 수직항공사진에서 길이 50m인 교량의 길이는?

① 2mm   ② 3mm
③ 4mm   ④ 5mm

> **Guide** $\dfrac{1}{m} = \dfrac{f}{H} = \dfrac{l}{L}$
> $\therefore l = \dfrac{f}{H} \cdot L = \dfrac{0.15}{2,500} \times 50 = 0.003\text{m} = 3\text{mm}$

32 대공표지에 대한 설명으로 옳은 것은?

① 사진의 네 모서리 또는 네 변의 중앙에 있는 표식
② 평균해수면으로부터 높이를 정확히 구해 놓은 고정된 표지나 표식
③ 항공사진에 표정용 기준점의 위치를 정확하게 표시하기 위하여 촬영 전에 지상에 설치한 표지
④ 삼각점, 수준점 등의 기준점의 위치를 표시하기 위하여 돌로 설치된 측량표지

> **Guide** 대공표지는 지상의 표정 기준점으로 사진에 그 위치가 명료하게 나타나도록 사진 촬영 전에 지상에 설치하는 표지를 말한다.

33 종중복 60%, 횡중복 20%일 경우 촬영종기선 길이(B)와 촬영횡기선 길이(C)의 비(B : C)는?

① 1 : 2   ② 2 : 1
③ 4 : 7   ④ 7 : 4

> **Guide** $ma(1-0.6) : ma(1-0.2) = 0.4 : 0.8 = 1 : 2$

34 기복변위에 대한 설명으로 옳은 것은?

① 사진면에서 등각점을 중심으로 방사상의 변위
② 사진면에서 연직점을 중심으로 X방향의 변위
③ 사진면에서 등각점을 중심으로 Y방향의 변위
④ 사진면에서 연직점을 중심으로 방사상의 변위

Guide 지표면에 기복이 있을 경우 연직으로 촬영하여도 축척은 동일하지 않으며 사진면에서 연직점을 중심으로 방사상의 변위가 생기는데 이를 기복변위라 한다.

35 동서 20km, 남북 20km의 지역을 축척 1 : 20,000의 항공사진으로 종중복도 60%, 횡중복도 30%로 촬영할 경우 필요한 사진매수는?(단, 사진의 크기는 23 × 23cm이고, 안전율은 30%이다.)

① 58매   ② 68매
③ 78매   ④ 88매

Guide 사진매수 $= \dfrac{F}{A_o}(1+\text{안전율})$

$$= \dfrac{S_1 \times S_2}{(ma)^2(1-p)(1-q)}(1+\text{안전율})$$

$$= \dfrac{20 \times 20 \times 10^6}{(20,000 \times 0.23)^2(1-0.6)(1-0.3)}(1+0.3)$$

$$= 87.77 ≒ 88매$$

36 사진측량으로 지형도를 제작할 때 필요하지 않은 공정은?

① 사진촬영   ② 기준점측량
③ 세부도화   ④ 수정모자이크

Guide 수정모자이크는 사진지도 제작 시에 필요한 공정이다.

37 항공사진에서 건물의 높이가 높을수록 크기가 증가하는 것이 아닌 것은?

① 기복변위   ② 폐색지역
③ 렌즈왜곡   ④ 시차차

Guide 렌즈왜곡은 사진검정 자료로 건물의 높이와는 무관하다.

38 편위수정에 있어서 만족해야 할 3가지 조건으로 옳지 않은 것은?

① 샤임플러그 조건   ② 타이 포인트 조건
③ 광학적 조건   ④ 기하학적 조건

Guide 편위수정 조건
기하학적 조건, 광학적 조건, 샤임플러그 조건

39 인공위성에 의한 원격탐사(Remote Sensing)의 특징에 대한 설명으로 옳지 않은 것은?

① 관측자료가 수치적으로 취득되므로 판독이 자동적이며 정량화가 가능하다.
② 관측시각이 좋으므로 정사투영상에 가까워 탐사자료의 이용이 쉽다.
③ 자료수집의 광역성 및 동시성, 주기성이 좋다.
④ 회전주기가 일정하므로 언제든지 원하는 지점 및 시기에 관측하기 쉽다.

Guide 원격탐사는 회전주기가 일정하므로 원하는 지점 및 시기에 관측하기가 어렵다.

40 DEM의 해상도를 향상시키기 위해 사용되는 방법은?

① 모자이크   ② 보간법
③ 영상정합   ④ 좌표변환

Guide DEM의 해상도 및 지형을 근사화시키기 위해 보간법이 사용된다.

Subject 03 지리정보시스템(GIS) 및 위성측위시스템(GPS)

41 사이클 슬립(Cycle Slip)의 발생 원인이 아닌 것은?

① 장애물에 의해 위성신호의 수신이 방해를 받은 경우
② 전리층 상태의 불량으로 낮은 신호−잡음비가 발생하는 경우
③ 단일주파수 수신기를 사용하는 경우
④ 수신기에 급격한 이동이 있는 경우

정답 34 ④   35 ④   36 ④   37 ③   38 ②   39 ④   40 ②   41 ③

> **Guide** Cycle Slip은 GPS 안테나 주위의 지형·지물에 의한 신호단절, 높은 신호잡음, 낮은 신호강도, 낮은 위성의 고도각 등에 의하여 발생한다.

> **Guide** 수치지형도 제작과정
> 촬영계획 → 항공사진 촬영 → 정사영상 제작 → 항공삼각측량 → 수치도화 → 지리조사 → 정위치편집 → 구조화편집 → 수치지형도

42 공간상에서 주어진 지점과 주변의 객체들이 얼마나 가까운지를 파악하는 데 활용되는 근접(근린) 분석에 대한 설명으로 옳지 않은 것은?

① 근접 분석 기능을 수행하기 위해서는 목표지점의 설정, 목표 지점의 근접 지역, 근접 지역 내에서 수행되어야 할 작업, 총 3가지 조건이 명시되어야 한다.

② 근접 분석에서 거리는 통행에 소요되는 시간 또는 비용으로도 측정될 수 있다.

③ 일반적으로 근접 분석은 관심대상 지점으로부터 연속거리를 측정하여 분석되므로, 벡터 데이터를 기반으로 한다.

④ 근접 분석은 분석 목표에 따라서 검색 기능과 확산 기능, 공간적 집적 기능 그리고 경사도 분석 등으로 구분된다.

> **Guide** 근접 분석은 관심대상 지점으로부터 연속적인 거리를 측정하여 분석되므로 래스터 데이터를 기반으로 한다.

43 지리정보시스템(GIS) 데이터 구축에 있어서 항공사진측량에 의한 수치지형도의 제작과정으로 옳은 것은?

① 항공사진 촬영 → 정사영상 제작 → 정위치편집 → 수치도화 → 지리조사 → 구조화편집 → 항공삼각측량

② 항공사진 촬영 → 정사영상 제작 → 구조화편집 → 수치도화 → 정위치편집 → 지리조사 → 항공삼각측량

③ 항공사진 촬영 → 정사영상 제작 → 항공삼각측량 → 구조화편집 → 지리조사 → 수치도화 → 정위치편집

④ 항공사진 촬영 → 정사영상 제작 → 항공삼각측량 → 수치도화 → 지리조사 → 정위치편집 → 구조화편집

44 자원정보체계(RIS ; Resources Information System)에 대한 설명으로 옳은 것은?

① 수치지형모형, 전산도형해석기법과 조경, 경관요소 및 계획대안을 고려한 다양한 모의관측을 통하여 최적 경관계획안을 수립하기 위한 정보체계

② 대기오염 정보, 수질오염 정보, 고형폐기물 처리정보, 유해폐기물 등의 위치 및 특성과 관련된 전산정보체계

③ 농산자원, 삼림자원, 수자원, 지하자원 등의 위치, 크기, 양 및 특성과 관련된 정보체계

④ 수계특성, 유출특성 추출 및 강우빈도와 강우량을 고려한 홍수방재체제 수립, 지진 방재체제 수립, 민방공체제 구축, 산불방재대책 등의 수립에 필요한 정보체계

> **Guide** ① 조경 및 경관정보시스템 : 수치지형모형, 전산도형해석기법과 조경, 경관요소 및 계획대안을 고려한 다양한 모의관측을 통하여 최적경관계획안을 수립하는 정보체계
> ② 환경정보시스템 : 대기오염정보, 수질오염정보, 고형폐기물처리정보, 유해폐기물 등의 위치 및 특성과 관련된 전산정보체계
> ③ 자원정보시스템 : 농산자원, 삼림자원, 수자원, 지하자원 등의 위치, 크기, 양 및 특성과 관련된 정보체계
> ④ 재해정보시스템 : 수계특성, 유출특성 추출 및 강우빈도와 강우량을 고려한 홍수방재체제 수립, 지진방재체제 수립, 민방공체제 구축, 산불방재 대책 등의 수립에 필요한 정보체계

45 일련의 자료들을 기술하거나 이들 자료를 대표하기 위하여 사용되는 자료로서 데이터베이스, 레이어, 속성 공간 현상과 관련된 정보, 즉 자료에 대한 자료를 의미하는 것은?

① 헤더(Header) 데이터

② 메타(Meta) 데이터

③ 참조(Reference) 데이터

④ 속성(Attribute) 데이터

정답 42 ③ 43 ④ 44 ③ 45 ②

Guide 메타데이터(Metadata)

자료에 대한 자료이다. 일련의 자료들에 관해 설명을 하거나 이들 자료를 대표하기 위하여 사용되는 자료이다. 메타자료는 실제 자료는 아니지만 자료에 따라 유용한 정보를 목록화하여 제공함으로써 사용자가 자료의 획득 및 사용에 도움을 주기 위하여 수록된 자료의 내용, 논리적인 관계와 특징, 기초자료의 정확도, 경계 등을 포함한 자료의 특성을 설명하는 자료로서 한마디로 정보의 이력서이다.

46 지리정보자료의 구축에 있어서 표준화의 장점이라 볼 수 없는 것은?

① 경제적이고 효율적인 시스템 구축 가능

② 서로 다른 시스템이나 사용자 간의 자료 호환 가능

③ 자료 구축을 위한 중복 투자 방지

④ 불법복제로 인한 저작권 피해의 방지

Guide 표준화의 장점

• 서로 다른 기관이나 사용자 간에 자료를 공유
• 자료 구축을 위한 비용 감소
• 사용자 편의 증진
• 자료 구축의 중복성 방지

47 위성의 배치에 따른 정확도의 영향을 DOP라는 수치로 나타낸다. DOP의 종류에 대한 설명으로 옳지 않은 것은?

① GDOP : 중력 정확도 저하율

② VDOP : 수직 정확도 저하율

③ HDOP : 수평 정확도 저하율

④ TDOP : 시각 정확도 저하율

Guide • GDOP : 기하학적 정밀도 저하율
• PDOP : 위치 정밀도 저하율
• HDOP : 수평 정밀도 저하율
• VDOP : 수직 정밀도 저하율
• RDOP : 상대 정밀도 저하율
• TDOP : 시간 정밀도 저하율

48 일반 CAD 시스템과 비교할 때, GIS만의 특징에 대한 설명으로 옳은 것은?

① 위상구조를 이용하여 공간분석을 할 수 있다.

② 다양한 축척으로 자료를 활용할 수 있다.

③ 수치지도 중 필요한 레이어만 추출할 수 있다.

④ 점, 선, 면의 공간데이터를 다룬다.

Guide 지리정보시스템은 지구상의 지점에 관련된 형상과 관계된 정보를 컴퓨터에 입력하여 종합적·연계적으로 처리하여 그 효율성을 극대화하는 공간정보체계로 CAD와 비교하여 구조가 복잡하며 위상을 가지고 있어 공간분석이 가능하다.

49 수치항공사진, 원격탐사, 격자형 수치표고모델 등과 같이 픽셀 단위로 정보를 저장할 수 있는 자료 구조는?

① Vector   ② Raster

③ Attribute   ④ Network

Guide 래스터 자료구조는 그리드(Grid), 셀(Cell) 또는 픽셀(Pixel)로 구성된 배열이며 어떤 위치의 격자 값을 저장하고 연산하여 표현하는 방식이다.

50 수치지도 제작과정에서 항공사진을 기초로 제작된 지형도에 표기되는 지형과 지물 및 이와 관련된 제반 사항을 조사하는 과정은?

① 도화   ② 지상 기준점측량

③ 현지 지리조사   ④ 지도 제작·편집

Guide 현지 지리조사

정위치 편집을 하기 위하여 항공사진을 기초로 도면상에 나타내어야 할 지형·지물과 이에 관련되는 사항을 현지에서 직접 조사하는 것을 말한다.

51 수치표고모형(DEM) 또는 불규칙삼각망(TIN)을 이용하여 추출할 수 있는 정보가 아닌 것은?

① 경사 방향   ② 등고선

③ 가시도 분석   ④ 지표 피복 활용

Guide 토지피복은 지표면에 존재하는 물질 및 그 분포 상황을 가리키는 것으로 나지(裸地), 초지(草地), 수목, 수면 등의 자연적인 것과 포장, 가옥 등의 인공적인 것이 있다. 따라서 DEM 또는 TIN은 지형만을 표현한 것으로 토지의 피복 상태는 추출할 수 없다.

---

52 데이터베이스 관리시스템의 형태(종류)와 거리가 먼 것은?

① 관계형 ② 입체형
③ 계층형 ④ 망형

Guide Database 모형 구조
• 객체지향형 DB
• 관계형 DB
• 객체관계형 DB
• 계층형 DB
• 관망형 DB

53 단위지역이 갖고 있는 속성값을 등급에 따라 분류하고 등급별로 음영이나 색채로 표시하는 주제도 표현방법으로 GIS에서 널리 사용되는 것은?

① 단계구분도 ② 등치선도
③ 음영기복도 ④ 도형표현도

Guide 단계구분도
기본 공간 객체를 면으로 하여 집계된 자료를 여러 개의 계급으로 나누어 각각의 계급을 알맞은 음영이나 색채로 표현한 주제도

54 GNSS측량으로 측점의 타원체고(h) 15m를 관측하였다. 동일 지점의 지오이드고(N)가 5m일 때, (정)표고는?

① 10m ② 15m
③ 20m ④ 75m

Guide 정표고(H)=타원체고(h) – 지오이드고(N)
=15 – 5
=10(m)

55 도로명(ROAD_NAME)이 봉주로(BONGJURO)인 도로를 STREET 테이블에서 찾고자 한다. 이를 위해 작성해야 될 SQL문으로 옳은 것은?

① SELECT * FROM STREET WHERE ROAD_NAME=BONGJURO
② SELECT STREET FROM ROAD_NAME WHERE BONGJURO

③ SELECT BONGJURO FROM STREET WHERE ROAD_NAME
④ SELECT * FROM STREET WHERE BONGJURO=ROAD_NAME

Guide SQL 명령어의 예
• SELECT 선택 컬럼 FROM 테이블 WHERE 컬럼에 대한 조건 값
• 테이블 : STREET
• 조건 : ROAD_NAME=BONGJURO
• 선택 컬럼 : * (모두)
∴ SELECT * FROM STREET WHERE ROAD_NAME=BONGJURO

56 일반적인 GIS의 구성요소 중 도형자료와 속성자료를 합친 모든 정보를 입력하여 보관하는 정보의 저장소로 GIS 구축과정에서 많은 시간과 비용을 차지하는 것은?

① 하드웨어
② 소프트웨어
③ 데이터베이스
④ 인력

Guide 데이터베이스(Database)
공통의 요소나 목적에 관련되는 정보를 통합하는 것을 말하며 GIS 구축과정에서 많은 시간과 비용을 차지한다.

57 기종이 서로 다른 GPS 수신기를 혼용하여 기준망 측량을 실시하였을 때, 획득한 GPS 관측 데이터의 기선 해석을 용이하도록 만든 GPS 데이터의 표준자료형식은?

① DXF
② RTCM
③ NMEA
④ RINEX

Guide RINEX 파일
기종이 서로 다른 GPS 수신기를 혼합하여 관측하였을 경우 어떤 종류의 후처리 소프트웨어를 사용하더라도 수집된 GPS 데이터의 기선 해석이 용이하도록 고안된 세계표준의 GPS data 포맷

정답 52 ② 53 ① 54 ① 55 ① 56 ③ 57 ④

58 $\overline{AB}$의 길이가 20km일 때 이 직선으로부터 1km의 버퍼링 분석을 실시하고자 할 때 생성되는 폴리곤의 면적(km²)은?

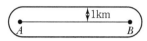

① 20
② $20+\pi$
③ 40
④ $40+\pi$

> **Guide** 버퍼(Buffer)
> GIS 연산에 의해 점·선 또는 면에서 일정거리 안의 지역을 둘러싸는 폴리곤 구역을 생성해 주는 공간분석기법이다.
> • $\overline{AB}$의 거리 : 20km
> • 버퍼의 거리 : 1km
>
> ∴ 버퍼의 면적 : $(20\times1)+(20\times1)+(\pi\times1^2)=40+\pi$ [km²]

59 GPS측량에서 C/A 코드에 인위적으로 궤도오차 및 시계오차를 추가하여 민간사용의 정확도를 저하시켰던 정책은?

① DoD
② SA
③ DSCS
④ MCS

> **Guide** 에스에이(SA ; Selective Availability)
> 허가되지 않은 사람이 양질의 GPS 신호를 사용하는 것을 막기 위하여 위성의 시계나 궤도 정보 등을 조작하여 신호의 질을 떨어뜨리는 체제를 말하는 것으로 위성의 시계정보를 조작하는 것을 델타 프로세스, 위성 궤도 정보를 조작하는 것을 입실론 프로세스라 한다.

60 위상정보(Topology Information)에 대한 설명으로 옳은 것은?

① 공간상에 존재하는 공간객체의 길이, 면적, 연결성, 계급성 등을 의미한다.
② 지리정보에 포함된 CAD 데이터 정보를 의미한다.
③ 지리정보와 지적정보를 합한 것이다.
④ 위상정보는 GIS에서 획득한 원시자료를 의미한다.

> **Guide** 위상정보는 공간객체의 길이, 면적 등의 계산을 가능하게 하며 계급성, 연결성에 관한 정보를 제공하므로 다양한 공간분석을 가능하게 한다.

Subject **04** 측량학

✔ 측량 관련 법규는 출제 당시 법률을 기준으로 해설되었음을 알려드립니다.

61 A, B 삼각점의 평면직각좌표가 A(−350.139, 201.326), B(310.485, −110.875)일 때 측선 $\overline{BA}$의 방위각은?(단, 단위는 m이다.)

① 25°17′41″
② 154°42′19″
③ 208°17′41″
④ 334°42′19″

> **Guide**
> $$\tan\theta=\frac{Y_A-Y_B}{X_A-X_B}\to$$
> $$\theta=\tan^{-1}\frac{Y_A-Y_B}{X_A-X_B}$$
> $$=\tan^{-1}\frac{201.326-(-110.875)}{-350.139-310.485}$$
> $$=25°17′41″ \text{ (2상한)}$$
> ∴ $\overline{BA}$ 방위각$=180°-25°17′41″=154°42′19″$

62 그림에서 측선 $\overline{CD}$의 거리는?

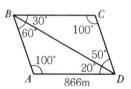

① 500m
② 550m
③ 600m
④ 650m

> **Guide**
> • $$\frac{\overline{BD}}{\sin100°}=\frac{866}{\sin100°}\to$$
> $$\overline{BD}=\frac{\sin100°}{\sin60°}\times866=985m$$
> • $$\frac{\overline{CD}}{\sin30°}=\frac{985}{\sin100°}$$
> ∴ $$\overline{CD}=\frac{\sin30°}{\sin100°}\times985=500m$$

63 수준측량의 주의사항에 대한 설명 중 옳지 않은 것은?

① 레벨은 가능한 두 점 사이의 중간에 거리가 같도록 세운다.
② 표척을 전후로 기울여 관측할 때에는 최소 읽음값을 취하여야 한다.
③ 수준점측량을 위한 관측은 왕복관측한다.
④ 수준점 간의 편도관측의 측점 수는 홀수로 한다.

Guide 수준점 간 편도관측의 측점 수는 짝수로 해야 표척 불량에 의한 오차가 소거 가능하다.

64 그림에서 A점의 좌표가 (100, 100)일 때, B점의 좌표는?(단, 좌표의 단위는 m이다.)

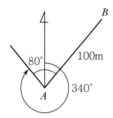

① (50, 13.4)
② (150, 186.6)
③ (186.6, 150)
④ (13.4, 50)

Guide
• $\overline{AB}$ 방위각 $= (340° + 80°) - 360° = 60°$
• $X_B = X_A + (\overline{AB}\ 거리 × \cos\overline{AB}\ 방위각)$
  $= 100 + (100 × \cos 60°)$
  $= 150\text{m}$
• $Y_B = Y_A + (\overline{AB}\ 거리 × \sin\overline{AB}\ 방위각)$
  $= 100 + (100 × \sin 60°)$
  $= 186.6\text{m}$
∴ B점의 좌표는 (150,186.6)

65 수준측량의 오차를 오차의 원인(기계, 개인, 자연오차 등)에 따라 분류할 때, 자연오차에 속하지 않는 것은?

① 태양의 직사광선에 의한 오차
② 지구의 곡률에 의한 오차
③ 시차에 의한 오차
④ 대기굴절에 의한 오차

Guide 시차에 의한 오차는 기계오차이다.

66 오차의 방향과 크기를 산출하여 소거할 수 있는 오차는?

① 착오
② 정오차
③ 우연오차
④ 개인오차

Guide 정오차(Constant Error)
일정한 조건하에서 항상 같은 방향에서 같은 크기로 생기며, 원인을 발견하면 제거할 수 있는 계통적 오차이며, 누차라고도 한다.

67 다음의 축척에 대한 도상거리 중 실거리가 가장 짧은 것은?

① 축척 1 : 500일 때의 도상거리 3cm
② 축척 1 : 200일 때의 도상거리 8cm
③ 축척 1 : 1,000일 때의 도상거리 2cm
④ 축척 1 : 300일 때의 도상거리 4cm

Guide $\dfrac{1}{m} = \dfrac{도상거리}{실제거리}$ → 실제거리 $= m \cdot 도상거리$

①: $500 × 0.03 = 15\text{m}$
②: $200 × 0.08 = 16\text{m}$
③: $1,000 × 0.02 = 20\text{m}$
④: $300 × 0.04 = 12\text{m}$

∴ ④의 실거리가 가장 짧다.

68 우리나라 동경 128°30′, 북위 37° 지점의 평면직각좌표는 어느 좌표 원점을 이용하는가?

① 서부원점
② 중부원점
③ 동부원점
④ 동해원점

Guide 평면직각좌표 원점

명칭	경도	위도	적용구역
서부원점	동경 125°	북위 38°	동경 124°~126°
중부원점	동경 127°	북위 38°	동경 126°~128°
동부원점	동경 129°	북위 38°	동경 128°~130°
동해원점	동경 131°	북위 38°	동경 130°~132°

69 어떤 각을 4명이 관측하여 다음과 같은 결과를 얻었다면 최확값은?

관측자	관측각	관측횟수
A	42°28′47″	3
B	42°28′42″	2
C	42°28′36″	4
D	42°28′55″	6

① 42°28′47″ ② 42°28′44″
③ 42°28′41″ ④ 42°28′36″

Guide 경중률은 관측횟수(N)에 비례하므로 경중률 비를 취하면,

$$W_1 : W_2 : W_3 : W_4 = N_1 : N_2 : N_3 : N_4$$
$$= 3 : 2 : 4 : 6$$

∴ 최확값(α_0)

$$= \frac{W_1\alpha_1 + W_2\alpha_2 + W_3\alpha_3 + W_4\alpha_4}{W_1 + W_2 + W_3 + W_4}$$

$$= 42°28′ + \frac{(3\times47″) + (2\times42″)}{+ (4\times36″) + (6\times55″)}{3+2+4+6}$$

$$= 42°28′47″$$

70 축척 1 : 10,000 지형도 상에서 균일 경사면 상에 40m와 50m 등고선 사이의 P점에서 40m와 50m 등고선까지의 최단거리가 각각 도상에서 5mm, 15mm일 때, P점의 표고는?

① 42.5m ② 43.5m
③ 45.5m ④ 47.5m

Guide

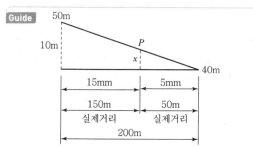

200 : 10 = 50 : x → x = 2.5m
∴ $H_P = 40 + 2.5 = 42.5$m

71 전자기파거리측량기에 의한 거리관측오차 중 거리에 비례하는 오차가 아닌 것은?

① 굴절률 오차 ② 광속도의 오차
③ 반사경상수의 오차 ④ 광변조주파수의 오차

Guide 전자기파거리측량기 오차
• 거리에 비례하는 오차 : 광속도의 오차, 광변조주파수의 오차, 굴절률의 오차
• 거리에 비례하지 않는 오차 : 위상차 관측오차, 기계정수 및 반사경 정수의 오차

72 50m 줄자로 250m를 관측할 경우 줄자에 의한 거리관측오차를 50m마다 ±1cm로 가정하면 전체길이의 거리 측량에서 발생하는 오차는?

① ±2.2cm ② ±3.8cm
③ ±4.8cm ④ ±5.0cm

Guide $n = \dfrac{250}{50} = 5$회

∴ $M = \pm m\sqrt{n} = \pm 1\sqrt{5} = \pm 2.2$cm

73 기지삼각점 A와 B로부터 C와 D의 평면좌표를 구하기 위하여 그림과 같이 사변형망을 구성하고 8개의 내각을 측정하는 삼각측량을 실시하였다. 조정하여야 할 방정식만으로 짝지어진 것은?

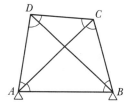

① 각방정식, 변방정식
② 변방정식, 측점방정식
③ 각방정식, 변방정식, 측점방정식
④ 각방정식, 변방정식, 측점방정식, 좌표방정식

Guide 사변형삼각망의 조정계산방법은 각조건에 의한 조정, 변조건에 의한 조정으로 한다.

74 표고 300m인 평탄지에서의 거리 1,500m를 평균해수면상의 값으로 고치기 위한 보정량은?(단, 지구의 반지름은 6,370km라 한다.)

① −0.058m
② −0.062m
③ −0.066m
④ −0.071m

Guide

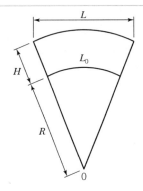

$$C_h (표고보정량) = -\frac{H}{R} \cdot L$$
$$= -\frac{300}{6,370,000} \times 1,500$$
$$= -0.071m$$

75 아래와 같이 정의되는 측량은?

> 모든 측량의 기초가 되는 공간정보를 제공하기 위하여 국토교통부장관이 실시하는 측량을 말한다.

① 지적측량
② 공공측량
③ 기본측량
④ 수로측량

Guide 공간정보의 구축 및 관리 등에 관한 법률 제2조(정의)
기본측량이란 모든 측량의 기초가 되는 공간정보를 제공하기 위하여 국토교통부장관이 실시하는 측량을 말한다.

76 직각좌표 기준 중 서부좌표계의 적용 범위로 옳은 것은?

① 동경 122°~124°
② 동경 124°~126°
③ 동경 126°~128°
④ 동경 128°~130°

Guide 공간정보의 구축 및 관리 등에 관한 법률 시행령 제7조(세계측지계 등) 제3항 관련 별표 2

직각좌표계 원점

명칭	원점의 경위도	투영원점의 가산수치	원점 축척계수	적용 구역
서부 좌표계	경도 : 동경 125°00′ 위도 : 북위 38°00′	X(N) 600,000m Y(E) 200,000m	1.0000	동경 124°~126°
중부 좌표계	경도 : 동경 127°00′ 위도 : 북위 38°00′	X(N) 600,000m Y(E) 200,000m	1.0000	동경 126°~128°
동부 좌표계	경도 : 동경 129°00′ 위도 : 북위 38°00′	X(N) 600,000m Y(E) 200,000m	1.0000	동경 128°~130°
동해 좌표계	경도 : 동경 131°00′ 위도 : 북위 38°00′	X(N) 600,000m Y(E) 200,000m	1.0000	동경 130°~132°

77 지도도식규칙을 적용하지 않아도 되는 경우는?

① 군사용의 지도와 그 간행물
② 기본측량 및 공공측량의 성과로서 지도를 간행하는 경우
③ 기본측량의 성과를 이용하여 지도에 관한 간행물을 발간하는 경우
④ 공공측량의 성과를 이용하여 지도에 관한 간행물을 발간하는 경우

Guide 지도도식규칙 제2조(적용범위)
이 규칙은 다음 각 호의 1에 해당하는 경우에 이를 적용한다. 다만, 군사용의 지도와 그 간행물에 대하여는 적용하지 아니할 수 있다.
1. 기본측량 및 공공측량의 성과로서 지도를 간행하는 경우
2. 기본측량 및 공공측량의 성과를 직접 또는 간접으로 이용하여 지도에 관한 간행물을 발간하는 경우

78 공공측량시행자는 공공측량을 하려면 미리 측량지역, 측량기간, 그 밖에 필요한 사항을 누구에게 통지하여야 하는가?

① 시 · 도지사
② 지방국토관리청장
③ 국토지리정보원장
④ 시장 · 군수

Guide 공간정보의 구축 및 관리 등에 관한 법률 제17조(공공측량의 실시 등)
공공측량시행자는 공공측량을 하려면 미리 측량지역, 측량기간, 그 밖에 필요한 사항을 시 · 도지사에게 통지하여야 한다. 그 공공측량을 끝낸 경우에도 또한 같다.

79 기본측량의 실시공고에 포함하여야 할 사항이 아닌 것은?

① 측량의 종류
② 측량의 목적
③ 측량의 실시지역
④ 측량의 성과 보관 장소

Guide 공간정보의 구축 및 관리 등에 관한 법률 시행령 제12조 (측량의 실시공고)
기본측량의 공고에는 다음의 사항이 포함되어야 한다.
1. 측량의 종류
2. 측량의 목적
3. 측량의 실시기간
4. 측량의 실시지역
5. 그 밖에 측량의 실시에 관하여 필요한 사항

80 "성능검사를 부정하게 한 성능검사대행자"에 대한 벌칙 기준은?

① 1년 이하의 징역 또는 1천만 원 이하의 벌금
② 2년 이하의 징역 또는 2천만 원 이하의 벌금
③ 3년 이하의 징역 또는 3천만 원 이하의 벌금
④ 5년 이하의 징역 또는 5천만 원 이하의 벌금

Guide 공간정보의 구축 및 관리 등에 관한 법률 제108조(벌칙)
다음 각 호의 어느 하나에 해당하는 자는 2년 이하의 징역 또는 2천만 원 이하의 벌금에 처한다.
1. 측량기준점표지를 이전 또는 파손하거나 그 효용을 해치는 행위를 한 자
2. 고의로 측량성과 또는 수로조사성과를 사실과 다르게 한 자
3. 측량성과를 국외로 반출한 자
4. 측량업의 등록을 하지 아니하거나 거짓이나 그 밖의 부정한 방법으로 측량업의 등록을 하고 측량업을 한 자
5. 수로사업의 등록을 하지 아니하거나 거짓이나 그 밖의 부정한 방법으로 수로사업의 등록을 하고 수로사업을 한 자
6. 성능검사를 부정하게 한 성능검사대행자
7. 성능검사대행자의 등록을 하지 아니하거나 거짓이나 그 밖의 부정한 방법으로 성능검사대행자의 등록을 하고 성능검사업무를 한 자

EXERCISES
기출문제

2016년 10월 1일 시행

본 문제의 해설은 출제자의 의도와 일치되지 않을 수 있으며, 문제 및 정답은 일부 오탈자가 있을 수 있으므로 학습시 의문사항이 있으면 예문사 또는 저자에게 문의하여 주시기 바랍니다. 또한, 본 기출문제는 시행 당시의 이론 및 법규에 의하여 해설되었음을 알려드립니다.

Subject 01 응용측량

01 완화곡선의 성질에 대한 설명으로 틀린 것은?

① 완화곡선 반지름은 종점에서 원곡선의 캔트와 같다.

② 완화곡선 반지름은 시점에서 무한대이다.

③ 완화곡선에 연한 곡선반지름의 감소율은 캔트의 증가율과 같다.

④ 완화곡선의 접선은 시점에서 직선에 접하고 종점에서는 원호에 접한다.

Guide 완화곡선의 성질

• 완화곡선의 반지름은 그 시작점에서 무한대이고, 종점에서는 원곡선의 반지름과 같다.

• 완화곡선의 접선은 시점에서는 직선에, 종점에서는 원호에 접한다.

• 완화곡선에 연한 곡선반경의 감소율은 캔트의 증가율과 같다.

02 노선측량의 곡선설치법에서 단곡선의 요소에 대한 식으로 옳지 않은 것은?(단, R은 곡선반지름, I는 교각이다.)

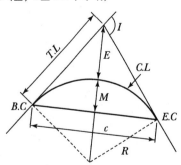

① 곡선길이 $= C.L = R \cdot I$(I는 라디안)

② 장현 $= C = 2R \cdot \sin\dfrac{I}{2}$

③ 접선길이 $= T.L = R \cdot \tan\dfrac{I}{2}$

④ 중앙종거 $= M = R\left(\sec\dfrac{I}{2} - 1\right)$

Guide 중앙종거$(M) = R\left(1 - \cos\dfrac{I}{2}\right)$

03 단곡선을 설치하기 위하여 곡선시점의 좌표가 $(1{,}000.500\text{m},\ 200.400\text{m})$, 곡선반지름이 300m, 교각이 60°일 때, 곡선시점으로부터 교점의 방위각이 120°일 경우, 원곡선 종점의 좌표는?

① $(680.921\text{m},\ 328.093\text{m})$

② $(740.692\text{m},\ 350.400\text{m})$

③ $(1{,}233.966\text{m},\ 433.766\text{m})$

④ $(1{,}344.666\text{m},\ 544.546\text{m})$

Guide

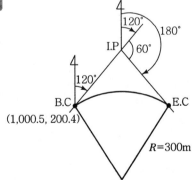

• $T.L$(접선장) $= R \cdot \tan\dfrac{I}{2} = 300 \times \tan\dfrac{60°}{2}$
$= 173.205\,\text{m}$

• $I.P$ 좌표
$X_{I.P} = X_{B.C} + (T.L \cdot \cos\alpha_1)$
$= 1{,}000.500 + (173.205 \times \cos 120°)$
$= 913.897\,\text{m}$

$$Y_{I.P} = Y_{B.C} + (T.L \cdot \sin \alpha_1)$$
$$= 200.400 + (173.205 \times \sin 120°)$$
$$= 350.400 \, m$$

• $E.C$ 좌표
$$X_{E.C} = X_{I.P} + (T.L \cdot \cos \alpha_2)$$
$$= 913.897 + (173.205 \times \cos 180°)$$
$$= 740.692 \, m$$
$$Y_{E.C} = Y_{I.P} + (T.L \cdot \sin \alpha_2)$$
$$= 350.400 + (173.205 \times \sin 180°)$$
$$= 350.400 \, m$$

∴ 원곡선 종점의 좌표$(X, \ Y)$
$$= (740.692 m, \ 350.400 m)$$

---

04 단곡선 설치방법 중 접선과 현이 이루는 각을 이용하는 방법으로 정확도가 비교적 높은 것은?

① 편각 설치법
② 지거 설치법
③ 접선에 의한 지거법
④ 장현에서의 종거에 의한 설치법

Guide 단곡선 설치방법
• 편각법 : 가장널리 이용, 정확하다.
• 중앙종거법 : 반경이 작은 도심지 곡선 설치 및 기설곡선 검정에 이용한다.
• 지거법 : 터널 및 산림지역의 벌채량을 줄일 경우 적당하다.
• 접선편거 및 현편거법 : 정도가 낮다. 폴과 줄자만으로 곡선 설치, 지방도 곡선 설치에 이용한다.

---

05 터널 내에서 차량 등에 의하여 파손되지 않도록 콘크리트 등을 이용하여 만든 중심말뚝을 무엇이라 하는가?

① 도갱
② 자이로(Gyro)
③ 레벨(Level)
④ 다보(Dowel)

Guide 도벨(Dowel, 다보)
터널측량에서 장기간에 걸쳐 사용되는 중심점 지시설비로서 중심선 상의 노반을 넓이 30cm, 깊이 30~40cm로 파고 그 속에 콘크리트를 타설한 후 중심선이 지나는 지점에 목괴를 묻어 중심점을 표시하는 못을 박은 것

---

06 다음 표에서 성토부분의 총 토량으로 옳은 것은?(단, 양단면평균법 공식 적용)

측점	거리(m)	성토단면적(m²)
1	–	30.0
2	20.0	45.0
3	20.0	20.0
4	15.0	43.0

① 1,873m³
② 1,982m³
③ 2,103m³
④ 2,310m³

Guide 양단면평균법 적용
$$V = \left(\frac{30+45}{2} \times 20 \right) + \left(\frac{45+20}{2} \times 20 \right) + \left(\frac{20+43}{2} \times 15 \right)$$
$$= 1,873 \, m^3$$

---

07 10m 간격의 등고선이 표시되어 있는 구릉지에서 구적기로 면적을 구한 값이 $A_0 = 100 m^2$, $A_1 = 150 m^2$, $A_2 = 300 m^2$, $A_3 = 450 m^2$, $A_4 = 800 m^2$일 때 각주공식에 의한 체적은? (단, 정상(A_0)부분은 평탄한 것으로 가정)

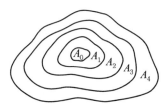

① 11,000m³
② 12,000m³
③ 13,000m³
④ 14,000m³

Guide
$$V = \frac{h}{3} \{ A_0 + A_4 + 4(A_1 + A_3) + 2(A_2) \}$$
$$= \frac{10}{3} \{ 100 + 800 + 4(150 + 450) + 2(300) \}$$
$$= 13,000 \, m^3$$

정답 04 ① 05 ④ 06 ① 07 ③

08 평균유속을 2점법으로 결정하고자 할 때, 수면으로부터의 관측수심 위치는?(단, h : 수심)

① 0.2h, 0.6h
② 0.4h, 0.6h
③ 0.2h, 0.8h
④ 0.4h, 0.8h

> **Guide** 2점법
>
> 수면에서 수심의 $\frac{1}{5}$, $\frac{4}{5}$, 2점의 유속 $V_{0.2}$, $V_{0.8}$을 구하여 이것들의 평균값을 평균유속으로 결정하는 방법이다.

09 수로측량의 기준에 대한 설명으로 옳은 것은?

① 간출암은 평균해수면으로부터의 높이로 표시한다.
② 노출암은 기본수준면으로부터의 높이로 표시한다.
③ 수심은 기본수준면으로부터의 깊이로 표시한다.
④ 해안선은 관측 당시의 육지와 해면의 경계로 표시한다.

> **Guide** 수로측량 업무규정 제5조(수로측량의 기준)
>
> • 좌표계는 세계측지계에 의함을 원칙으로 한다. 다만, 필요한 경우에는 베셀(Bessel) 지구타원체에 의한 좌표를 병기할 수 있다.
> • 위치는 지리학적 경도 및 위도로 표시한다. 다만, 필요한 경우에는 직각좌표 또는 극좌표로 표시할 수 있다.
> • 측량의 원점은 대한민국 경위도원점으로 한다. 다만, 도서나 해양측량, 기타 필요한 사유가 있는 경우 원장의 승인을 얻은 때에는 그러하지 아니하다.
> • 노출암, 표고 및 지형은 평균해면으로부터의 높이로 표시한다.
> • 수심은 기본수준면으로부터의 깊이로 표시한다.
> • 간출암 및 간출퇴 등은 기본수준면으로부터의 높이로 표시한다.
> • 해안선은 해면이 약최고고조면에 달하였을 때의 육지와 해면과의 경계로 표시한다.
> • 교량 및 기종선의 높이는 약최고고조면으로부터의 높이로 표시한다.
> • 투영법은 특별한 경우를 제외하고 국제횡메르카토르도법(UTM)을 원칙으로 한다.

10 그림에서 △ABC의 토지를 $\overline{BC}$에 평행한 선분 $\overline{DE}$로 △ADE : ▱BCED = 2 : 3으로 분할하려고 할 때 $\overline{AD}$의 길이는?(단, $\overline{AB}$의 길이＝50m)

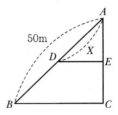

① 30.32m
② 31.62m
③ 33.62m
④ 35.32m

> **Guide** $\overline{AD} = \overline{AB}\sqrt{\dfrac{m}{m+n}} = 50\sqrt{\dfrac{2}{3+2}} = 31.62\,\text{m}$

11 수애선(水涯線)과 수애선측량에 대한 설명으로 틀린 것은?

① 수면과 하안(河岸)과의 경계선을 수애선이라 한다.
② 수애선은 하천 수위에 따라 변동하는 것으로 저수위에 의하여 정해진다.
③ 수애선 측량에는 심천측량에 의한 방법과 동시관측에 의한 방법이 있다.
④ 심천측량에 의한 방법을 이용할 때에는 수위의 변화가 적은 시기에 심천측량을 행하여 하천의 횡단면도를 먼저 만든다.

> **Guide** 수면과 하안의 경계선인 수애선은 평수위로 나타낸다.

12 지중레이더(GPR ; Ground Penetration Radar) 탐사기법은 전자파의 어떤 성질을 이용하는가?

① 방사
② 반사
③ 흡수
④ 산란

> **Guide** 지중레이더 탐사기법은 전자파의 반사성질을 이용하여 지중의 각종 현상을 밝히는 것으로 레이더의 특성과 같다.

13 하천의 수면기울기를 결정하기 위해 200m 간격으로 동시수위를 측정하여 표와 같은 결과를 얻었다. 이 결과에서 구간 1~5의 평균 수면 기울기(하향)는?

측점	수위(m)
1	73.63
2	73.45
3	73.23
4	73.02
5	72.83

① 1/900   ② 1/1,000
③ 1/1,250   ④ 1/2,000

> **Guide** $i = \dfrac{H}{D} \times 100(\%) = \dfrac{0.8}{800} \times 100(\%) = \dfrac{1}{1,000}$

14 그림과 같이 터널 내의 천정에 측점을 정하여 관측하였을 때, $\overline{AB}$ 두 점의 고저 차가 40.25m이고 $a = 1.25$m, $b = 1.85$m이며, 경사거리 S = 100.50m이었다면 연직각(α)은?

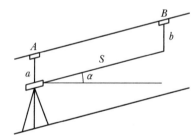

① 15°25′34″   ② 23°14′11″
③ 34°28′42″   ④ 45°30′28″

> **Guide** $\Delta H = b + (s \cdot \sin\alpha) - a \rightarrow$
> $\sin\alpha = \dfrac{\Delta H - b + a}{s}$
> $\therefore \alpha = \sin^{-1}\dfrac{\Delta H - b + a}{s}$
> $= \sin^{-1}\dfrac{40.25 - 1.85 + 1.25}{100.5}$
> $= 23°14′11″$

15 터널측량에 관한 설명으로 옳지 않은 것은?

① 터널측량은 터널 외 측량과 터널 내 측량, 터널 내외 연결측량으로 구분할 수 있다.
② 터널 내의 곡선 설치는 현편거법 또는 트래버스측량을 활용할 수 있다.
③ 터널 내 측량에서는 기계의 십자선, 표척눈금 등에 조명이 필요하다.
④ 터널 내의 수준측량은 정확도를 위해 레벨과 수준척에 의한 직접수준측량으로만 측정한다.

> **Guide** 터널 내의 수준측량에서 완경사에는 레벨을, 급경사인 경우에는 트랜싯에 의한 간접수준측량을 실시한다.

16 원곡선 설치에 관한 설명으로 틀린 것은?

① 원곡선 설치를 위해서는 기본적으로 도로기점으로부터 교점의 추가거리, 교각, 원곡선의 곡선반지름을 알아야 한다.
② 중앙종거를 이용하여 원곡선을 설치하는 방법을 중앙종거법이라 하며 4분의 1법이라고도 한다.
③ 교점의 위치는 항상 시준 가능해야 하므로 교점의 위치가 산, 하천 등의 장애물이 있는 경우에는 원곡선 설치가 불가능하다.
④ 각측량 장비가 없는 경우에는 지거를 활용하여 복수의 줄자만 가지고도 원곡선 설치가 가능하다.

> **Guide** 교점의 위치에 장애물이 있어서 시준이 불가능할 경우에는 적정한 위치에 시통선 및 트래버스를 설치하면 원곡선 설치가 가능하다.

17 어느 도면 상에서 면적을 측정하였더니 400m² 이었다. 이 도면이 가로, 세로 1%씩 축소되어 있었다면 이때 발생되는 면적오차는?

① 4m²   ② 6m²
③ 8m²   ④ 12m²

> **Guide** $\dfrac{dA}{A} = 2\dfrac{dl}{l} \rightarrow$
> $\dfrac{dA}{A} = 2\dfrac{1}{100} = \dfrac{1}{50}$
> $\therefore$ 면적오차 $= 400 \div 50 = 8\,\text{m}^2$

18 세 변의 길이가 각각 20m, 30m, 40m인 삼각형의 면적은 약 얼마인가?

① 90m²　　　　② 180m²
③ 240m²　　　　④ 290m²

> **Guide** $A = \sqrt{S(S-a)(S-b)(S-c)}$
> $= \sqrt{45(45-20)(45-30)(45-40)}$
> $= 290\,\mathrm{m}^2$
> 여기서, $S = \frac{1}{2}(a+b+c) = \frac{1}{2}(20+30+40) = 45\,\mathrm{m}$

19 클로소이드 곡선의 성질에 대한 설명으로 옳지 않은 것은?(단, R : 곡선의 반지름, L : 곡선 길이, A : 매개변수)

① 클로소이드 요소는 모두 길이 단위를 갖는다.
② $R \cdot L = A^2$ 은 클로소이드의 기본식이다.
③ 클로소이드는 나선의 일종이다.
④ 모든 클로소이드는 닮은꼴이다.

> **Guide** 클로소이드는 단위가 있는 것도 있고 없는 것도 있다.

20 다음 중 주로 종단곡선으로 사용되는 것은?

① 렘니스케이트　　② 2차 포물선
③ 3차 나선　　　　④ 클로소이드

> **Guide** • 종단곡선은 원곡선과 2차 포물선이 있다.
> • 도로에서 종단곡선은 주로 2차 포물선을 이용한다.

[Subject] **02 사진측량 및 원격탐사**

21 영상지도 제작에 사용되는 가장 적합한 영상은?

① 경사 영상　　　② 파노라믹 영상
③ 정사 영상　　　④ 지상 영상

> **Guide** 영상지도는 정사영상에 색조 보정을 실시하여 지형·지물 및 지명, 각종 경계선 등을 표시한 지도를 말한다.

22 레이더 위성영상의 특성에 대한 설명으로 옳은 것은?

① 깜깜한 밤이나 구름이 낀 경우에도 영상을 얻을 수 있다.
② 가시 영역뿐만 아니라 적외선 영역의 영상을 얻을 수 있다.
③ 분광대를 연속적으로 세분하여 수십 개의 분광영상을 얻을 수 있다.
④ 기복변위가 나타나지 않아 정밀위치결정이 가능하다.

> **Guide** 레이더 시스템은 기상조건이나 시각적 조건에 영향을 받지 않는다는 장점을 가지고 있는 능동적 센서이므로, 야간이나 구름이 많이 낀 기상조건에서도 영상을 얻을 수 있다.

23 항공사진의 촬영사진기 중 보통각 사진기의 시야각은?

① 30°　　　　② 60°
③ 80°　　　　④ 120°

> **Guide** 항공사진 촬영용 사진기의 성능
>
> | 종류 | 화각 | 초점거리(mm) |
> |---|---|---|
> | 보통각 사진기 | 60° | 210 |
> | 광각 사진기 | 90° | 150 |
> | 초광각 사진기 | 120° | 88 |

24 사진 표정작업 중 절대표정에 해당되지 않는 것은?

① 지구곡률 결정
② 축척 결정
③ 수준면의 결정
④ 위치 결정

> **Guide** 절대표정은 축척의 결정, 수준면의 결정, 위치의 결정을 한다.

---

25 항공사진측량의 촬영계획을 위한 고려사항으로 옳은 것은?

① 촬영시간은 태양 고도가 높은 오전 10시부터 오후 2시를 피하는 것이 좋다.
② 종중복도는 최소 50% 이상으로 하고, 도심지에서는 작업 효율을 위해 10% 정도 감소시킨다.
③ 동일 촬영고도의 경우 보통각 카메라가 광각 카메라보다 축척이 크므로 경제적이다.
④ 계획촬영 코스로부터 수평 이탈은 계획고도의 15% 이내로 한다.

> **Guide** ① : 촬영시간은 구름이 없는 쾌청일의 오전 10시부터 오후 2시경까지의 태양각이 45° 이상인 경우에 최적이다.
> ② : 종중복도는 보통 60%를 중복시키고 최소한 50% 이상은 중복시켜야 하며, 도심지에서는 10% 이상 중복도를 높여 촬영한다.
> ③ : 동일 고도에서 보통각 사진기의 초점거리가 길기 때문에 광각 사진기보다 축척은 크고 화각이 적으므로 포괄면적이 작아 비경제적이다.

26 항공사진이나 위성영상의 한 화소(Pixel)에 해당하는 지상거리 X, Y를 무엇이라 하는가?

① 지상표본거리 ② 평면거리
③ 곡면거리 ④ 화면거리

> **Guide** 지상표본거리(GSD ; Ground Sample Distance)
> 각 화소(Pixel)가 나타내는 X, Y 지상거리를 말한다.

27 인공위성 센서의 지상자료 취득방식 중 푸시브룸(Push-broom) 방식에 대한 설명으로 옳은 것은?

① SAR와 같은 마이크로파를 이용한 원격탐사 분야에 주로 사용된다.
② 회전이나 진동하는 거울을 통해 탑재체의 이동방향에 수직으로 스캐닝한다.
③ 위성의 비행 방향에 따라 관측하고자 하는 관측 폭만큼 스캐닝한다.
④ 한쪽 방향으로 기운 형태의 기복 변위 영상이 생성된다.

> **Guide** 푸쉬브룸(Push-broom) 방식은 선형으로 배열된 전하결합소자(CCDs)를 이용하여 한번에 한 라인 전체를 기록하는 스캐너이다.

28 단사진에서 기복변위 공식의 적용에 대한 설명으로 틀린 것은?

① 연직사진에 대해서만 적용할 수 있다
② 서로 다른 위치의 표고 차를 측정할 수 있다.
③ 건물에 대해 적용하면 건물의 높이를 추산할 수 있다.
④ 지표가 튀어나온 돌출지역에서는 사진 중심의 안쪽으로 보정하여야 한다.

> **Guide** 기복변위는 표고차가 있는 물체에 대한 사진의 중점으로부터의 방사상의 변위를 말하므로, 서로 다른 위치의 표고차를 측정할 수 없다.

29 초점거리가 150mm이고 촬영고도가 1,500m인 수직 항공사진에서 탑(Tower)의 높이를 계산하려고 한다. 주점으로부터 탑의 밑 부분까지의 거리가 4cm, 탑의 꼭대기까지의 거리가 5cm라면 이 탑의 실제높이는?

① 50m ② 150m
③ 300m ④ 500m

> **Guide**
> $$h = \frac{H}{P_a + \Delta p} \cdot \Delta p$$
> $$= \frac{1,500}{0.4 + 0.1} \times 0.1$$
> $$= 300m$$

30 원격탐사 자료처리 중 기하학적 보정에 해당되는 것은?

① 영상대조비 개선
② 영상의 밝기 조절
③ 화소의 노이즈 제거
④ 지표기복에 의한 왜곡 제거

> **Guide** 기하학적 보정
> • 지표의 기복에 의한 오차 제거
> • 센서의 기하학적 특성에 의한 오차 제거
> • 플랫폼의 자세에 의한 오차 제거

정답 25 ④ 26 ① 27 ③ 28 ② 29 ③ 30 ④

31 영상처리 방법 중 토지피복도와 같은 주제도 제작에 주로 사용되는 기법은?

① 영상강조(Image Enhancement)
② 영상분류(Image Classification)
③ 영상융합(Image Fusion)
④ 영상정합(Image Matching)

Guide 영상분류(Image Classification)
• 감독분류 : 해석자가 분류항목별로 사전에 그 분류 기준이 될 만한 통계적 특성들을 규정짓고 이를 근거로 분류하는 기법
• 무감독분류 : 분류 항목별 통계적 특성의 규정 없이 단지 통계적 유사성을 기준으로 분류하는 기법

32 내부표정에 대한 설명으로 옳은 것은?

① 모델과 모델이나 스트립과 스트립을 접합시키는 작업
② 사진기의 조점거리와 사진의 주점을 결정하는 작업
③ 종시 차를 소거하여 모델 좌표를 얻게 하는 작업
④ 측지좌표로 축척과 경사를 바로잡는 작업

Guide 내부표정(Interior Orientation)
촬영 당시 광속의 기하상태를 재현하는 작업으로 기준점 위치, 렌즈의 왜곡, 사진기의 초점거리와 사진의 주점을 결정하여 부가적으로 사진의 오차를 보정함으로써 사진좌표의 정확도를 향상시키는 것을 말한다.

33 항공삼각측량 방법 중 상좌표를 사진좌표로 변환시킨 다음 사진좌표로부터 절대좌표를 구하는 방법으로 가장 정확도가 높은 것은?

① 도해법
② 독립모델법(IMT)
③ 스트립 조정법(Strip Adjustment)
④ 번들 조정법(Bundle Adjustment)

Guide 광속법(Bundle Adjustment)
• 광속법은 상좌표를 사진좌표로 변환시킨 다음 사진좌표로부터 직접 절대좌표를 구하는 것으로 종·횡접합모형(Block) 내의 각 사진상에 관측된 기준점과 접합점의 사진좌표를 이용하여 최소제곱법으로 각 사진의 외부표정 요소 및 접합점의 최확값을 결정하는 방법이다.

• 각 점의 사진좌표가 관측값으로 이용되므로 다항식법이나 독립모형법에 비해 정확도가 가장 양호하며 조정능력이 높은 방법이다.
• 수동적인 작업은 최소이나 계산과정이 매우 복잡한 방법이다.

34 촬영고도 6,000m에서 찍은 연직사진의 중복도가 종중복도 50%, 횡중복도 30%라고 하면 촬영종기선장(B)과 촬영횡기선장(C)의 비 (B : C)는?

① 3 : 5   ② 5 : 7
③ 5 : 3   ④ 7 : 5

Guide $ma(1-p) : ma(1-q) = 0.5 : 0.7 = 5 : 7$

35 다음 중 과고감이 가장 크게 나타나는 사진기는?

① 광각 사진기
② 보통각 사진기
③ 초광각 사진기
④ 사진기의 종류와는 무관하다.

Guide 초광각 사진기의 기선–고도비(B/H)가 가장 크므로 과고감이 가장 크게 나타난다.

36 초점거리가 f이고, 사진의 크기가 $a \times a$인 항공사진이 촬영 시 경사도가 α이었다면 사진에서 주점으로부터 연직점까지의 거리는?

① $a \cdot \tan\alpha$ ② $a \cdot \tan\dfrac{\alpha}{2}$
③ $f \cdot \tan\alpha$ ④ $f \cdot \tan\dfrac{\alpha}{2}$

Guide 연직점(Nadir Point)
렌즈 중심으로부터 지표면에 내린 수선의 발, 주점에서 연직점까지 거리는 $\overline{(mn)} = f \cdot \tan\alpha$이다.

37 상호표정의 인자로만 짝지어진 것은?

① $\kappa,\ bx$ ② $\lambda,\ by$
③ $\Omega,\ Sx$ ④ $\omega,\ bz$

Guide 상호표정인자는 $\kappa,\ \phi,\ \omega,\ by,\ bz$이다.

38 원격탐사의 탐측기에 의해 수집되는 전자기파 0.7~3.0μm 정도 범위의 파장대를 가지고 있으며 식생의 종류 및 상태조사에 유용한 것은?

① 가시광선 　　　② 자외선
③ 근적외선 　　　④ 극초단파

> **Guide** 근적외선 파장대는 지질, 토양, 수자원 등의 판독에 사용되며, 0.7~3.0μm 범위의 파장대를 가지고 있다.

39 초점거리 150mm의 카메라로 촬영고도 3,000m에서 찍은 연직사진의 축척은?

① $\dfrac{1}{15,000}$ 　　　② $\dfrac{1}{20,000}$

③ $\dfrac{1}{25,000}$ 　　　④ $\dfrac{1}{30,000}$

> **Guide** 사진축척$(M) = \dfrac{1}{m} = \dfrac{f}{H} = \dfrac{0.15}{3,000} = \dfrac{1}{20,000}$

40 다음과 같이 어느 지역의 영상으로부터 '논'의 훈련지역(Training Field)을 선택하여 해당 영상소를 'P'로 표기하였다. 이때 산출되는 통계값으로 옳은 것은?

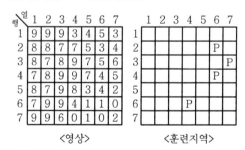

① 최댓값 : 6 　　　② 최솟값 : 0
③ 평균 : 4.00 　　　④ RMSE : ±1.58

> **Guide** '논'의 훈련지역 해당 영상소(p)=3, 6, 4, 4
> ① : 최댓값=6
> ② : 최솟값=3
> ③ : 평균값= $\dfrac{3+6+4+4}{4}$ =4.25

④ : RMSE=$\pm\sqrt{\dfrac{\sum v^2}{n-1}}$

$= \pm\sqrt{\dfrac{(3-4.25)^2 + (6-4.25)^2 + (4-4.25)^2 + (4-4.25)^2}{4-1}} = \pm1.26$

Subject 03 지리정보시스템(GIS) 및 위성측위시스템(GPS)

41 지리정보시스템(GIS) 자료를 출력하기 위한 장비가 아닌 것은?

① 모니터 　　　② 프린터
③ 플로터 　　　④ 디지타이저

> **Guide** GIS 출력장치
> 모니터, 프린터, 플로터, 필름제조
> ※ 디지타이저는 GIS의 입력장치이다.

42 GPS에서 채택하고 있는 타원체는?

① GRS 80 　　　② WGS 84
③ Bessel 1841 　　　④ 지오이드

> **Guide** GPS의 기준계는 WGS 84로 세계좌표계이다.

43 지리정보시스템(GIS)에서 표준화가 필요한 이유에 대한 설명으로 거리가 먼 것은?

① 서로 다른 기관 간 데이터의 복제를 방지하고 데이터의 보안을 유지하기 위하여
② 데이터의 제작 시 사용된 하드웨어(H/W)나 소프트웨어(S/W)에 구애받지 않고 손쉽게 데이터를 사용하기 위하여
③ 표준 형식에 맞추어 하나의 기관에서 구축한 데이터를 많은 기관들이 공유하여 사용할 수 있으므로
④ 데이터의 공동 활용을 통하여 데이터의 중복 구축을 방지함으로써 데이터 구축비용을 절약하기 위하여

> **Guide** GIS의 표준화
> 각기 다른 사용목적으로 구축된 다양한 자료에 대한 접근의 용이성을 극대화하기 위해 필요

44 도시계획 및 관리 분야에서의 지리정보시스템(GIS) 활용 사례와 거리가 먼 것은?

① 개발가능지 분석
② 토지이용변화 분석
③ 지역기반 마케팅 분석
④ 경관 분석 및 경관계획

> **Guide** 도시정보체계(UIS ; Urban Information System)
> 도시계획 및 도시화 현상에서 발생하는 인구, 자원 및 교통관리, 건물면적, 지명, 환경변화 등에 관한 도시의 정보를 수집하고 관리하는 정보체계

45 부영상소 보간방법 중 출력영상의 각 격자점(x, y)에 해당하는 밝기를 입력영상좌표계의 대응점(x′, y′) 주변의 4개 점 간 거리에 따라 영상소의 경중률을 고려하여 보간하며 영상에 존재하는 영상값을 계산하거나 표고값을 계산하는 데 주로 사용되는 보간 방법은?

① Nearest-neighbor Interpolation
② Bilinear Interpolation
③ Bicubic Convolution Interpolation
④ Kriging Interpolation

> **Guide** Bilinear Interpolation(공1차 내삽법)
> • 인접한 4개 영상소까지의 거리에 대한 가중평균값을 택하는 방법
> • 장점 : 여러 영상소로 구성되는 출력으로 부드러운 영상 획득
> • 단점 : 새로운 영상소를 제작하므로 Data가 변질

46 벡터 데이터와 래스터 데이터를 비교 설명한 것으로 옳지 않은 것은?

① 래스터 데이터의 구조가 비교적 단순하다.
② 래스터 데이터가 환경 분석에 더 용이하다.
③ 벡터 데이터는 객체의 정확한 경계선 표현이 용이하다.
④ 래스터 데이터도 벡터 데이터와 같이 위상을 가질 수 있다.

> **Guide** 격자자료구조는 위상관계를 가지고 있지 않다.

47 지리정보시스템(GIS)의 정확도 향상 방안과 직접적인 관계가 없는 것은?

① 자료의 검증 확대
② 신뢰도 높은 자료의 활용
③ 작업 단계별 정확도 검증
④ 개방형 GIS의 도입

> **Guide** 개방형 GIS의 도입은 서로 다른 지리자료와 지리정보자원을 통신망 환경에서 쉽게 공유할 수 있도록 해준다.

48 다음 중 래스터 데이터 구조의 자료를 압축 저장하는 방법이 아닌 것은?

① Run-length Code 기법
② Chain Code 기법
③ Quad-tree 기법
④ Polynomial 기법

> **Guide** 격자형 자료구조의 압축방법
> • 런렝스 코드(Run Length Code) 기법
> • 체인 코드(Chain Code) 기법
> • 블록 코드(Block Code) 기법
> • 사지수형(Quadtree) 기법

49 우리나라 측지측량 좌표 결정에 사용되고 있는 기준타원체는?

① Airy 타원체   ② GRS80 타원체
③ Hayford 타원체   ④ WGS84 타원체

> **Guide** 우리나라 측지측량 좌표 결정에 사용되고 있는 기준타원체는 GRS80 타원체이다.

50 지리정보시스템에 이용되는 GIS 소프트웨어의 모듈 기능이 아닌 것은?

① 자료의 출력
② 자료의 입력과 확인
③ 자료의 저장과 데이터베이스 관리
④ 자료를 전송하기 위한 전화선으로 구성된 네트워크 시스템

> **Guide** GIS 소프트웨어의 구성
> 자료의 입력과 검색, 자료의 저장과 데이터베이스 관리, 자료의 출력과 도식자료의 변환, 사용자 연계

정답 **44** ③ **45** ② **46** ④ **47** ④ **48** ④ **49** ② **50** ④

51 수치표고모델(DEM ; Digital Elevation Model)의 응용분야에 대한 설명으로 거리가 먼 것은?

① 도시의 성장을 분석하기 위한 시계열 정보
② 도로의 부지 및 댐의 위치 선정
③ 수치지형도 작성에 필요한 고도 정보
④ 3D를 통한 광산, 채석장, 저수지 등의 설계

> **Guide** DEM의 활용
> • 토공량 산정(절 · 성토량 추정)
> • 지형의 경사와 곡률, 사면방향 결정
> • 등고선도와 3차원 투시도
> • 노선의 자동설계
> • 유역면적 산정
> • 지질학, 삼림, 기상 및 의학 등

52 지리정보시스템(GIS)의 소프트웨어가 갖는 CAD와의 가장 큰 차이점은?

① 대용량의 그래픽 정보를 다룬다.
② 위상구조를 바탕으로 공간분석 능력을 갖추었다.
③ 특정 정보만을 선택하여 추출할 수 있다.
④ 다양한 축척으로 자료를 출력할 수 있다.

> **Guide** 지리정보시스템은 지구상의 지점에 관련된 형상과 관계된 정보를 컴퓨터에 입력하여 종합적 · 연계적 처리한 후 그 효율성을 극대화하는 공간정보체계로, CAD와 비교하여 구조가 복잡하며 위상을 가지고 있어 공간분석이 가능하다.

53 GPS 신호는 두 개의 주파수를 가진 반송파에 의해 전송된다. 두 개의 주파수를 사용하는 이유는?

① 수신기 시계오차 소거
② 대류권 지연오차 소거
③ 전리층 지연오차 소거
④ 다중 경로오차 소거

> **Guide** GPS측량에서는 L_1, L_2 파의 선형 조합을 통해 전리층 지연오차 등을 산정하여 보정할 수 있다.

54 다음의 래스터 데이터에 최댓값 윈도우(Max Kernel)를 3×3 크기로 적용한 결과로 옳은 것은?

8	3	5	7	1
7	5	5	1	7
5	4	2	5	9
9	2	3	8	3
0	7	1	4	7

①

7	3	5
7	5	5
5	4	2

②

9	9	9
9	9	9
9	9	9

③

7	7	9
9	8	9
9	8	9

④

8	7	9
9	8	9
9	8	9

> **Guide** 최댓값 필터법(Maximum Filter)
> 영상에서 한 화소의 주변들에 윈도를 씌워서 이웃 화소들 중에서 최댓값을 출력 영상에 출력하는 필터링 방법이다.
>
>
>
> $$\therefore \begin{array}{|c|c|c|} \hline 8 & 7 & 9 \\ \hline 9 & 8 & 9 \\ \hline 9 & 8 & 9 \\ \hline \end{array}$$

55 GNSS측량의 직접적인 활용분야로 거리가 먼 것은?

① 육상 및 영해 기준점측량
② 지각 변동 감시
③ 실내 인테리어
④ 지오이드 모델 개발

Guide 실내 인테리어 분야는 GNSS 측위체계 활용과는 무관하다.

56 계층형 데이터베이스 모형에 대한 설명으로 옳지 않은 것은?

① 계층형 데이터베이스 모형은 트리 구조를 가진다.
② 계층구조 내의 자료들은 논리적으로 관련이 있는 영역으로 나누어진다.
③ 동일한 계층에서의 검색은 부모 레코드를 거치지 않고는 불가능하다.
④ 하나의 객체는 여러 개의 부모 레코드와 자식 레코드를 가질 수 있다.

Guide 계층형 데이터베이스
데이터베이스를 구성하는 각 레코드가 트리 구조를 이루는 것으로, 기록의 추가와 삭제가 용이하며 모든 레코드는 일 대 일(1 : 1) 혹은 일 대 다수(1 : n)의 관계를 갖는다.
※ 하나의 객체는 한 개의 부모 레코드를 갖는다.

57 다음의 공간정보자료 파일 형식 중 벡터 데이터가 아닌 것은?

① filename.dwg
② filename.tif
③ filename.shp
④ filename.dxf

Guide ② : 래스터 자료구조
①, ③, ④ : 벡터 자료구조

58 새주소(도로명) 사업 등 GIS 업무에 있어서 경위도 또는 X, Y 등과 같은 지리적인 좌표를 기록하는 작업을 무엇이라 하는가?

① Geocoding
② Metadata
③ Annotation
④ Georeferencing

Guide Geocoding
주소를 지리적 좌표(경위도 또는 X, Y)로 변환하는 과정

59 다음과 같은 데이터를 등간격(Equal Interval) 방법을 이용하여 4개의 그룹으로 분류(Classify)한 결과로 옳은 것은?

> {2, 10, 11, 12, 16, 16, 17, 22, 25, 26, 31, 34, 36, 37, 39, 40}

① {2, 10}, {11, 12, 16, 16, 17},
 {22, 25, 26}, {31, 34, 36, 37, 39, 40}
② {2, 10}, {11, 12}, {16, 16},
 {17, 22, 25, 26, 31, 34, 36, 37, 39, 40}
③ {2, 10, 11, 12}, {16, 16, 17, 22},
 {25, 26, 31, 34}, {36, 37, 39, 40}
④ {2, 10}, {11, 12, 16}, {16, 17, 22, 25},
 {26, 31, 34, 36, 37, 39, 40}

Guide 등간격(Equal Interval) 방법
자료의 값을 크기 순으로 나열한 후 각 그룹의 간격이 동일하도록 자료를 분류하는 방법

$$등간격 = \frac{V_{\max} - V_{\min}}{n}$$

여기서, $V_{\max}$: 파라미터의 최댓값
  $V_{\min}$: 파라미터의 최솟값

$$등간격 = \frac{V_{\max} - V_{\min}}{n} = \frac{40 - 2}{4} 9.5 ≒ 10$$

∴ {1~10}, {21~20}, {31~30}, {31~40} 그룹으로 분류한다.

60 GPS를 이용한 반송파 위상관측법에서 위성에서 보낸 파장과 지상에서 수신된 파장의 위상차만 관측하므로 전체 파장의 숫자는 정확히 알려져 있지 않은데 이를 무엇이라 하는가?

① Cycle Slip
② Selective Availability
③ Ambiguity
④ Pseudo Random Noise

Guide 모호정수(Ambiguity)

수신기에 마지막으로 수신되는 파장의 소수 부분의 위상은 정확히 알 수 있으나 정수 부분의 위상은 정확히 알 수 없는 것으로 모호정수(Ambiguity) 또는 정수값의 편의(Bias)라고도 한다.

Subject 04 측량학

✔ 측량 관련 법규는 출제 당시 법률을 기준으로 해설되었음을 알려드립니다.

61 그림과 같은 교호수준측량의 결과가 다음과 같을 때 B점의 표고는?(단, A점의 표고는 100m이다.)

- a₁ = 1.8m
- a₂ = 1.2m
- b₁ = 1.0m
- b₂ = 0.4m

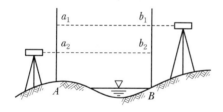

① 100.4m   ② 100.8m
③ 101.2m   ④ 101.6m

Guide
$$\Delta H = \frac{1}{2}\{(a_1-b_1)+(a_2-b_2)\}$$
$$= \frac{1}{2}\{(1.8-1.0)+(1.2-0.4)\}$$
$$= 0.8\,\mathrm{m}$$
$$\therefore H_B = H_A + \Delta H$$
$$= 100.00 + 0.80 = 100.80\,\mathrm{m}$$

62 A점은 20m의 등고선 상에 있고, B점은 30m 등고선 상에 있다. 이때 $\overline{AB}$의 경사가 20%이면 $\overline{AB}$의 수평거리는?

① 25m   ② 35m
③ 50m   ④ 65m

Guide

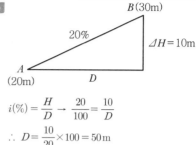

$$i(\%) = \frac{H}{D} \rightarrow \frac{20}{100} = \frac{10}{D}$$
$$\therefore D = \frac{10}{20} \times 100 = 50\,\mathrm{m}$$

63 수평각관측법 중 조합각관측법으로 한 점에서 관측할 방향 수가 N일 때 총 각관측 수는?

① $(N-1)(N-2)/2$ ② $N(N-1)/2$
③ $(N+1)(N-1)/2$ ④ $N(N+1)/2$

Guide 관측각 총수 = $\frac{1}{2}N(N-1)$

64 등고선의 종류에 대한 설명 중 옳은 것은?

① 등고선의 간격은 계곡선 → 주곡선 → 조곡선 → 간곡선 순으로 좁아진다.
② 간곡선은 일점쇄선으로 표시한다.
③ 계곡선은 조곡선 5개마다 1개씩 표시한다.
④ 일반적으로 등고선의 간격이란 주곡선의 간격을 의미한다.

Guide 주곡선은 등고선의 기본곡선이므로 등고선의 간격은 주곡선의 간격을 의미한다.

65 타원체의 적도반지름(장축)이 약 6,378.137 km이고, 편평률은 약 1/298.2570이라면 극반지름(단축)과 적도반지름의 차이는?

① 11.38km   ② 21.38km
③ 84km   ④ 298.257km

Guide 편평률 = $\frac{1}{298.257} = \frac{a-b}{a} = \frac{6,378.137-b}{6,378.137}$ →
$b = 6,356.757\,\mathrm{km}$
∴ 적도의 반지름과 극반지름의 차
$= a - b = 6,378.137 - 6,356.757 = 21.38\,\mathrm{km}$

정답 61 ② 62 ③ 63 ② 64 ④ 65 ②

66 표준길이보다 7.5mm가 긴 30m 줄자를 사용하여 420m를 관측하였다면 실제거리는?

① 419.895m   ② 419.915m
③ 420.085m   ④ 420.105m

> **Guide** 실제거리 $= \dfrac{부정길이 \times 관측길이}{표준길이} = \dfrac{30.0075 \times 420}{30}$
> $= 420.105\,\mathrm{m}$

67 삼각측량에 대한 작업순서로 옳은 것은?

① 선점 → 조표 → 기선측량 → 각측량 → 방위각계산 → 삼각망도 작성
② 선점 → 조표 → 기선측량 → 방위각계산 → 각측량 → 삼각망도 작성
③ 조표 → 선점 → 기선측량 → 각측량 → 방위각계산 → 삼각망도 작성
④ 조표 → 선점 → 기선측량 → 방위각계산 → 각측량 → 삼각망도 작성

> **Guide** 삼각측량의 작업순서
> 계획 및 준비 → 답사 → 선점 → 조표 → 관측(거리/각) → 계산 → 정리

68 최소제곱법의 관측방정식이 $AX = L + V$와 같은 행렬식의 형태로 표시될 때, 이 행렬식을 풀기 위한 정규방정식이 $A^{T}AX = A^{T}L$일 경우 미지수 행렬 X로 옳은 것은?

① $X = A^{-1}L$
② $X = (A^{T})^{-1}L$
③ $X = (AA^{T})^{-1}A^{T}L$
④ $X = (A^{T}A)^{-1}A^{T}L$

> **Guide** 최소제곱법은 많은 계산과정을 요하므로 컴퓨터를 사용하면 가장 효과적으로 수행할 수 있다. 따라서 이 과정을 행렬식에 적용하여 보다 용이하게 정규방정식을 해결할 수 있다. n개의 미지값을 갖는 동일한 경중률의 개개의 직선방정식을 관측방정식에 의한 행렬식으로 표현하면 다음과 같다.
> • $mA_{n}nX_{1} = mL_{1} + mV_{1}$ (관측방정식의 행렬식 형태)
> • $A^{T}AX = A^{T}L$ (정규방정식)
> • $X = (A^{T}A)^{-1}(A^{T}L)$ (미지수 행렬)

69 측량의 오차와 연관된 경중률에 대한 설명으로 틀린 것은?

① 관측횟수에 비례한다.
② 관측값의 신뢰도를 의미한다.
③ 평균제곱근오차의 제곱에 비례한다.
④ 직접수준측량에서는 관측거리에 반비례한다.

> **Guide** 경중률은 평균제곱근오차의 제곱에 반비례한다.

70 그림과 같이 직접법으로 등고선을 측량하기 위하여 레벨을 세우고 표고가 40.25m인 A점에 세운 표척을 시준하여 2.65m를 관측했다. 42m 등고선 위의 점 B에서 시준하여야 할 표척의 높이는?

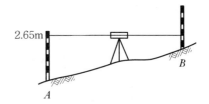

① 0.90m   ② 1.40m
③ 3.90m   ④ 4.40m

> **Guide** $H_{A} + a = H_{B} + b$
> $\therefore b = H_{A} + a - H_{B}$
> $= 40.25 + 2.65 - 42.00$
> $= 0.90\,\mathrm{m}$

71 강철줄자에 의한 거리측량에 있어서 강철줄자의 장력에 대한 보정량 계산을 위한 요소가 아닌 것은?

① 줄자의 탄성계수   ② 줄자의 단면적
③ 줄자의 단위중량   ④ 관측 시의 장력

> **Guide** 장력 보정량$(C_{p}) = \dfrac{L}{AE}(P - P_{0})$
> 여기서, C_{p} : 장력 보정량
> P_{0} : 표준장력(kg)
> P : 관측 시 장력(kg)
> A : 줄자의 단면적(cm²)
> E : 탄성계수(kg/cm²)

72 트래버스측량에서 전 측선의 길이가 1,100m 이고, 위거오차가 +0.23m, 경거오차가 −0.35m일 때 폐합비는?

① 약 1/4,200   ② 약 1/3,200
③ 약 1/2,600   ④ 약 1/1,400

> **Guide** 폐합오차 $= \sqrt{(위거오차)^2 + (경거오차)^2}$
> $$= \sqrt{0.23^2 + (-0.35)^2}$$
> $$= 0.42\,\text{m}$$
> $\therefore$ 폐합비 $= \dfrac{폐합오차}{전거리} = \dfrac{0.42}{1,100} \fallingdotseq \dfrac{1}{2,600}$

73 줄자를 사용하여 경사면을 따라 50m의 거리를 관측한 경우 수평거리를 구하기 위하여 실시한 보정량이 4cm일 때의 양단의 고저차는?

① 1.00m   ② 1.40m
③ 1.73m   ④ 2.00m

> **Guide** $C_i = -\dfrac{h^2}{2L} \rightarrow$
> $$0.04 = -\dfrac{h^2}{2 \times 50}$$
> $\therefore h = 2.00\,\text{m}$

74 삼각망 조정을 위하여 만족되어야 하는 3가지 조건이 아닌 것은?

① 하나의 관측점 주위에 있는 모든 각의 합은 360°가 되어야 한다.
② 삼각망을 구성하는 각각의 변은 서로 교차하지 않아야 한다.
③ 삼각망 중 각각의 삼각형 내각의 합은 180°가 되어야 한다.
④ 삼각망 중에서 임의 한 변의 길이는 계산의 순서에 관계없이 일정하여야 한다.

> **Guide** 각관측 3조건
> • 각조건 : 삼각망 중 각각의 삼각형 내각의 합은 180°가 되어야 한다.
> • 점조건 : 한 측점 주위에 있는 모든 각의 총합은 360°가 되어야 한다.
> • 변조건 : 삼각망 중에서 임의 한 변의 길이는 계산순서에 관계없이 동일하여야 한다.

75 측량업의 등록취소 등의 관련 사항 중 1년 이내의 기간을 정하여 영업정지를 명할 수 있는 경우가 아닌 것은?

① 과실로 인하여 측량을 부정확하게 한 경우
② 정당한 사유 없이 1년 이상 휴업한 경우
③ 측량업 등록사항의 변경신고를 하지 아니한 경우
④ 거짓이나 그 밖의 부정한 방법으로 측량업의 등록을 한 경우

> **Guide** 공간정보의 구축 및 관리 등에 관한 법률 제52조(측량업의 등록취소 등)
> 1. 측량업의 영업정지사항
>   • 고의 또는 과실로 측량을 부정확하게 한 경우
>   • 정당한 사유 없이 측량업의 등록을 한 날로부터 1년 이내에 영업을 시작하지 아니하거나 계속하여 1년 이상 휴업한 경우
>   • 측량업 등록사항의 변경신고를 하지 아니한 경우
>   • 지적측량업자가 업무 범위를 위반하여 지적측량을 한 경우
>   • 지적측량업자가 제50조를 위반한 경우
>   • 제51조를 위반하여 보험가입 등 필요한 조치를 하지 아니한 경우
>   • 지적측량업자가 제106조 제2항에 따른 지적측량 수수료를 같은 조 제3항에 따라 고시한 금액보다 과다 또는 과소하게 받은 경우
>   • 다른 행정기관이 관계 법령에 따라 영업정지를 요구한 경우
> 2. 측량업의 등록취소사항
>   • 거짓이나 그 밖의 부정한 방법으로 측량업의 등록을 한 경우
>   • 측량업의 등록기준에 미달하게 된 경우. 다만, 일시적으로 등록기준에 미달되는 등 대통령령으로 정하는 경우는 제외한다.
>   • 측량업등록의 결격사유가 있는 경우
>   • 다른 사람에게 자기의 측량업등록증 또는 측량업등록수첩을 빌려주거나 자기의 성명 또는 상호를 사용하여 측량업무를 하게 한 경우
>   • 영업정지기간 중에 계속하여 영업을 한 경우
>   • 다른 행정기관이 관계법령에 따라 등록 취소를 요구한 경우

76 측량기준점에서 국가기준점에 해당되지 않는 것은?

① 지적기준점   ② 수로기준점
③ 통합기준점   ④ 지자기점

정답   72 ③   73 ④   74 ②   75 ④   76 ①

Guide 공간정보의 구축 및 관리 등에 관한 법률 시행령 제8조
(측량기준점의 구분)
측량기준점은 다음과 같이 구분한다.
1. 국가기준점 : 위성기준점, 통합기준점, 삼각점, 수준점, 수로기준점, 영해기준점, 지자기준점, 중력점
2. 공공기준점 : 공공삼각점, 공공수준점
3. 지적기준점 : 지적삼각점, 지적삼각보조점, 지적도근점

77 기본측량과 공공측량의 실시공고에 필수적 사항이 아닌 것은?

① 측량의 성과 보관 장소
② 측량의 실시기간
③ 측량의 목적
④ 측량의 종류

Guide 공간정보의 구축 및 관리 등에 관한 법률 시행령 제12조
(측량의 실시공고)
기본측량의 실시공고에는 다음의 사항이 포함되어야 한다.
1. 측량의 종류
2. 측량의 목적
3. 측량의 실시기간
4. 측량의 실시지역
5. 그 밖에 측량의 실시에 관하여 필요한 사항

78 공간정보의 구축 및 관리 등에 관한 법률에 따른 용어에 대한 정의로 옳지 않은 것은?

① 수로조사 : 해상교통안전, 해양의 보전·이용·개발, 해양관할권의 확보 및 해양재해 예방을 목적으로 하는 수로측량·해양관측·항로조사 및 해양지명조사를 말한다.
② 측량기록 : 측량성과를 얻을 때까지의 측량에 관한 작업의 기록을 말한다.
③ 토지의 표시 : 지적공부에 토지의 소재·지번·지목·면적·경계 또는 좌표를 등록한 것을 말한다.
④ 지도 : 측량 결과에 따라 공간상의 위치와 지형 및 지명 등 여러 공간정보를 일정한 축척에 따라 기호나 문자 등으로 표시한 것으로 수치지형도와 수치주제도는 제외된다.

Guide 공간정보의 구축 및 관리 등에 관한 법률 제2조(정의)
지도란 측량 결과에 따라 공간상의 위치와 지형 및 지명 등 여러 공간정보를 일정한 축척에 따라 기호나 문자 등으로 표시한 것을 말하며, 정보처리시스템을 이용하여 분석, 편집 및 입력·출력할 수 있도록 제작된 수치지형도[항공기나 인공위성 등을 통하여 얻은 영상정보를 이용하여 제작하는 정사영상지도를 포함한다]와 이를 이용하여 특정한 주제에 관하여 제작된 지하시설물도·토지이용현황도 등 대통령령으로 정하는 수치주제도를 포함한다.

79 심사를 받지 않고 지도 등을 간행하여 판매하거나 배포한 자에 대한 벌칙기준으로 옳은 것은?

① 3년 이하의 징역 또는 3천만 원 이하의 벌금
② 2년 이하의 징역 또는 2천만 원 이하의 벌금
③ 1년 이하의 징역 또는 1천만 원 이하의 벌금
④ 300만 원 이하의 과태료

Guide 공간정보의 구축 및 관리 등에 관한 법률 제109조(벌칙)
다음 각 호의 어느 하나에 해당하는 자는 1년 이하의 징역 또는 1천만 원 이하의 벌금에 처한다.
1. 무단으로 측량성과 또는 측량기록을 복제한 자
2. 심사를 받지 아니하고 지도 등을 간행하여 판매하거나 배포한 자
3. 해양수산부장관의 승인을 받지 아니하고 수로도서지를 복제하거나 이를 변형하여 수로도서지와 비슷한 제작물을 발행한 자
4. 측량기술자가 아님에도 불구하고 측량을 한 자
5. 업무상 알게 된 비밀을 누설한 측량기술자 또는 수로기술자
6. 둘 이상의 측량업자에게 소속된 측량기술자 또는 수로기술자
7. 다른 사람에게 측량업등록증 또는 측량업등록수첩을 빌려주거나 자기의 성명 또는 상호를 사용하여 측량업무를 하게 한 자
8. 다른 사람의 측량업등록증 또는 측량업등록수첩을 빌려서 사용하거나 다른 사람의 성명 또는 상호를 사용하여 측량업무를 한 자
9. 지적측량수수료 외의 대가를 받은 지적측량기술자
10. 다른 사람에게 자기의 성능검사대행자 등록증을 빌려 주거나 자기의 성명 또는 상호를 사용하여 성능검사대행업무를 수행하게 한 자
11. 다른 사람의 성능검사대행자 등록증을 빌려서 사용하거나 다른 사람의 성명 또는 상호를 사용하여 성능검사대행업무를 수행한 자

80 공공측량의 실시에 대한 설명으로 옳은 것은?

① 다른 공공측량성과나 일반측량성과를 기초로 실시한다.

② 기본측량성과나 다른 공공측량성과를 기초로 실시한다.

③ 기본측량성과나 일반측량성과를 기초로 실시한다.

④ 기본측량성과만을 기초로 실시한다.

Guide 공간정보의 구축 및 관리 등에 관한 법률 제17조(공공측량의 실시 등)

공공측량은 기본측량성과나 다른 공공측량성과를 기초로 실시하여야 한다.

05

2017년
출제경향분석 및
문제해설

출제경향분석 및 출제빈도표
2017년 3월 5일 시행
2017년 5월 7일 시행
2017년 9월 23일 시행

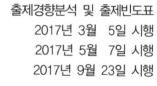

▪▪▪ 측량 및 지형공간정보산업기사 출제경향분석 및 출제빈도표

1. 출제경향분석

2017년 시행된 측량 및 지형공간정보산업기사의 과목별 출제경향을 살펴보면, 측량학 Part는 전 분야 고르게 출제된 가운데 거리측량·수준측량과 측량관계법규를 우선 학습한 후 각 파트별로 고루 수험준비를 해야 하며, 사진측량 및 원격탐사 Part는 예년에 비해 사진측량에 의한 지형도 제작에서 많이 출제되어 이 분야를 중심으로 학습한 후 원격탐측, 사진의 일반성 순으로 학습하는 것이 효과적이다.

나머지 과목은 매년 출제되는 분야의 비율이 비슷한 양상을 보이고 있으므로 지리정보시스템(GIS) 및 위성측위시스템(GNSS) Part는 GIS의 자료운영 및 분석과 위성측위시스템, GIS의 자료구조 및 생성, 응용측량 Part는 노선측량, 면체적측량, 하천 및 해양측량을 중심으로 먼저 학습 후 출제비율에 따라 순차적으로 학습하는 것이 수험대비에 효과적이라 할 수 있다.

2. 측량학 출제빈도표

시행일	구분 / 빈도	총론	거리측량	각측량	삼각삼변측량	다각측량	수준측량	지형측량	측량관계법규 법률	측량관계법규 시행령	측량관계법규 시행규칙	측량관계법규 기타	총계
산업기사 (2017. 3. 5)	빈도(개)	1	3	1	3		4	2	2	3	1		20
	빈도(%)	5	15	5	15		20	10	10	15	5		100
산업기사 (2017. 5. 7)	빈도(개)	2	4	1	2	1	2	2	2	3	1		20
	빈도(%)	10	20	5	10	5	10	10	10	15	5		100
산업기사 (2017. 9. 23)	빈도(개)	2	1	2	2	2	3	2	3	2	1		20
	빈도(%)	10	5	10	10	10	15	10	15	10	5		100
총계	빈도(개)	5	8	4	7	3	9	6	7	8	3		60
	빈도(%)	8.3	13.3	6.7	11.7	5	15	10	11.7	13.3	5		100

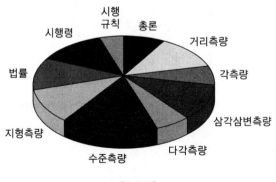

[측량학]

3. 사진측량 및 원격탐사 출제빈도표

시행일 \ 구분 \ 빈도	빈도	총론	사진의 일반성	사진측량에 의한 지형도제작	사진판독 및 응용	원격탐사	총계
산업기사 (2017. 3. 5)	빈도(개)	1	1	12	1	5	20
	빈도(%)	5	5	60	5	25	100
산업기사 (2017. 5. 7)	빈도(개)	1	5	8	2	4	20
	빈도(%)	5	25	40	10	20	100
산업기사 (2017. 9. 23)	빈도(개)	2	1	11	1	5	20
	빈도(%)	10	5	55	5	25	100
총계	빈도(개)	4	7	31	4	14	60
	빈도(%)	6.7	11.7	51.7	6.7	23.3	100

4. 지리정보시스템(GIS) 및 위성측위시스템(GNSS) 출제빈도표

시행일 \ 구분 \ 빈도	빈도	GIS 총론	GIS의 자료 구조 및 생성	GIS의 자료관리	GIS의 자료 운영 및 분석	GIS의 표준화 및 응용	공간위치 결정	위성측위 시스템(GNSS)	총계
산업기사 (2017. 3. 5)	빈도(개)	2	4	3	5	1		5	20
	빈도(%)	10	20	15	25	5		25	100
산업기사 (2017. 5. 7)	빈도(개)	3	3	1	5	3		5	20
	빈도(%)	15	15	5	25	15		25	100
산업기사 (2017. 9. 23)	빈도(개)	1	4	1	6	4		4	20
	빈도(%)	5	20	5	30	20		20	100
총계	빈도(개)	6	11	5	16	8		14	60
	빈도(%)	10	18.3	8.3	26.7	13.3		23.3	100

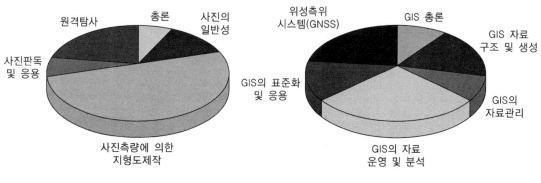

[사진측량 및 원격탐사] [지리정보시스템(GIS) 및 위성측위시스템(GNSS)]

5. 응용측량 출제빈도표

시행일	구분 빈도	면·체적 측량	노선 측량	하천 및 해양측량	터널 및 시설물측량	경관 및 기타측량	총계
산업기사 (2017. 3. 5)	빈도(개)	6	7	4	3		20
	빈도(%)	30	35	20	15		100
산업기사 (2017. 5. 7)	빈도(개)	6	6	3	4	1	20
	빈도(%)	30	30	15	20	5	100
산업기사 (2017. 9. 23)	빈도(개)	6	6	5	2	1	20
	빈도(%)	30	30	25	10	5	100
총계	빈도(개)	18	19	12	9	2	60
	빈도(%)	30	31.7	20	15	3.3	100

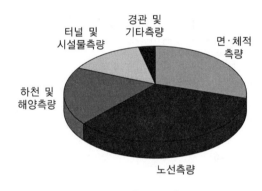

[응용측량]

본 문제의 해설은 출제자의 의도와 일치되지 않을 수 있으며, 문제 및 정답은 일부 오탈자가 있을 수 있으므로 학습시 의문사항이 있으면 예문사 또는 저자에게 문의하여 주시기 바랍니다. 또한, 본 기출문제는 시행 당시의 이론 및 법규에 의하여 해설되었음을 알려드립니다.

Subject 01 응용측량

01 하천측량에서 유속 관측장소 선정의 조건으로 옳지 않은 것은?

① 하상의 요철이 적으며 하상경사가 일정한 곳
② 곡류부로서 유량의 변동이 급격한 곳
③ 하천 횡단면 형상이 급변하지 않는 곳
④ 관측이 편리한 곳

> **Guide** 유속 관측장소 선정
> • 직선부로서 흐름이 일정하고 하상의 요철이 적으며 하상경사가 일정한 곳이어야 한다.
> • 수위의 변화에 의해 하천 횡단면 형상이 급변하지 않고 지질이 양호한 곳이어야 한다.
> • 관측장소의 상하류의 수로는 일정한 단면을 갖고 있으며 관측이 편리한 곳이어야 한다.

02 하천의 수애선을 결정하는 수위는?

① 최저수위　　　② 최고수위
③ 갈수위　　　　④ 평수위

> **Guide** 수애선은 수면과 하안과의 경계선으로 평수위를 기준으로 한다.

03 유토곡선(Mass Curve)을 작성하는 목적과 거리가 먼 것은?

① 노선의 횡단 결정
② 토공기계의 선정
③ 토량의 배분
④ 토량의 운반거리 산출

> **Guide** 유토곡선을 작성하는 목적
> • 토량 이동에 따른 공사방법 및 순서 결정
> • 평균 운반거리 산출
> • 운반거리에 의한 토공기계 선정
> • 토량의 배분

04 터널측량에 관한 설명으로 틀린 것은?

① 터널측량은 크게 터널 외 측량, 터널 내 측량, 터널 내외 연결측량으로 구분할 수 있다.
② 광의의 터널에는 수직터널과 경사터널 또는 지하발전소나 지하저유소와 같은 인공적 공동(空洞)도 포함된다.
③ 터널측량은 터널 내 측량, 터널 외 측량, 터널 내외 연결측량의 순서로 행한다.
④ 터널 내의 측량 시에는 기계의 십자선과 표척 등에 조명이 필요하다.

> **Guide** 터널측량은 터널 외 측량, 터널 내 측량, 터널 내외 연결측량의 순서로 진행한다.

05 노선측량에서 중심선측량에 대한 설명으로 거리가 먼 것은?

① 현장에서 교점 및 곡선의 접선을 결정한다.
② 교각을 실측하고 주요점, 중간점 등을 설치한다.
③ 지형도에 비교노선을 기입하고 평면선형을 검토하여 결정한다.
④ 지형도에 의해 중심선의 좌표를 계산하여 현장에 설치한다.

> **Guide** 중심선측량은 주요점 및 중심점을 현지에 설치하고 선형 지형도를 작성하는 작업이다.

06 토지의 면적분할에서 $\triangle ABC$의 토지를 $\overline{BC}$에 평행한 직선 $\overline{DE}$로 $\triangle ADE : \square BCED$ = 2 : 3의 비가 되도록 면적을 분할하는 경우 $\overline{AD}$의 길이는?

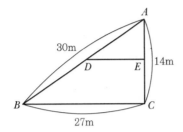

① 18.52m
② 18.97m
③ 19.79m
④ 23.24m

Guide
$$\overline{AD} = \overline{AB}\sqrt{\frac{m}{m+n}}$$
$$= 30\sqrt{\frac{2}{5}}$$
$$= 18.97m$$

07 노선 결정 시 고려하여야 할 사항에 대한 설명으로 옳지 않은 것은?

① 가능한 한 경사가 완만할 것
② 절토의 운반거리가 짧을 것
③ 배수가 완전할 것
④ 가능한 한 곡선으로 할 것

Guide 노선 선정 시 고려사항
• 가능한 한 직선으로 할 것
• 가능한 한 경사가 완만할 것
• 토공량이 적게 되며, 절토량과 성토량이 같을 것
• 절토의 운반거리가 짧을 것
• 배수가 완전할 것

08 교점 P에 접근할 수 없는 그림과 같은 곡선설치에서 C점으로부터 B.C까지의 거리 x는?
(단, $\alpha = 50°$, $\beta = 90°$, $\gamma = 40°$, $\overline{CD} = 200m$, $R = 300m$)

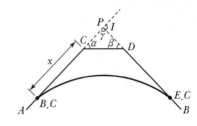

① 824.2m
② 513.1m
③ 311.1m
④ 288.7m

Guide

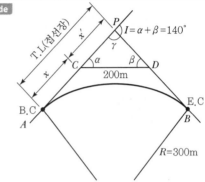

• T.L(접선장)
$$= R \cdot \tan\frac{I}{2} = 300 \times \tan\frac{140°}{2} = 824.2m$$

• x'는 sine 법칙에 의하여 구한다.
$$\frac{\overline{CD}}{\sin\gamma} = \frac{x'}{\sin\beta} \rightarrow$$
$$x' = \frac{\sin\beta}{\sin\gamma} \times \overline{CD} = \frac{\sin90°}{\sin40°} \times 200 = 311.1m$$
$$\therefore x = T.L - x' = 824.2 - 311.1 = 513.1m$$

09 클로소이드(Clothoid)의 성질에 대한 설명으로 옳은 것은?

① 모든 클로소이드는 닮은꼴이다.
② 클로소이드는 타원의 일종이다.
③ 클로소이드의 모든 요소는 길이의 단위를 갖는다.
④ 클로소이드의 형태는 다양하지만 크기는 일정하게 유지된다.

Guide 클로소이드의 일반적 성질
• 클로소이드는 나선의 일종이다.
• 모든 클로소이드는 닮은꼴이다.
• 단위가 있는 것도 있고 없는 것도 있다.
• 접선각(τ)은 30°가 적당하다.

10 노선 기점에서 400m 위치에 있는 교점의 교각이 80°인 단곡선에서 곡선반지름이 100m인 경우, 시단현에 대한 편각은?

① 0°5′44″   ② 1°7′12″

③ 4°36′34″   ④ 5°43′46″

Guide
- T.L(접선장) $= R \cdot \tan \dfrac{I}{2}$

  $= 100 \times \tan \dfrac{80°}{2} = 83.91\text{m}$

- B.C(곡선시점) $=$ I.P $-$ T.L

  $= 400 - 83.91$

  $= 316.09\text{m}(\text{No.15}+16.09\text{m})$

- l_1(시단현 길이) $= 20\text{m} -$ B.C추가거리

  $= 20 - 16.09$

  $= 3.91\text{m}$

$\therefore \delta_1$(시단현 편각) $= 1,718.87' \times \dfrac{l_1}{R}$

$= 1,718.87' \times \dfrac{3.91}{100}$

$= 1°07'12''$

---

11 아래 지역의 토량 계산 결과가 940m³이었다면 절토량과 성토량이 같게 되는 기준면으로부터의 높이는?

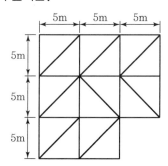

① 3.70m   ② 4.70m

③ 6.70m   ④ 9.70m

Guide $V = n \cdot A \cdot h$

$\therefore h = \dfrac{V}{n \cdot A}$

$= \dfrac{940}{16 \times \left(\dfrac{1}{2} \times 5 \times 5\right)} = 4.70\text{m}$

---

12 그림과 같은 토지의 면적을 심프슨 제1공식을 적용하여 구한 값이 44m²라면 거리 D는?

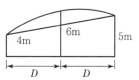

① 4.0m   ② 4.4m

③ 8.0m   ④ 8.8m

Guide $A = \dfrac{d}{3}\{y_0 + y_n + 4\sum y_{\text{홀수}} + 2\sum y_{\text{짝수}}\} \rightarrow$

$44 = \dfrac{D}{3}\{4 + 5 + (4 \times 6)\}$

$\therefore D = 4.0\text{m}$

---

13 축척 1 : 500의 지형도에서 세 변의 길이가 각각 20.5cm, 32.4cm, 28.5cm이었다면 실제면적은?

① 288.5cm²   ② 866.6m²

③ 1,443.5cm²   ④ 7,213.3m²

Guide 1 : 500의 지형도의 세 변의 길이를 실제 길이로 바꾸면

$\left(\dfrac{1}{m} = \dfrac{\text{도상길이}}{\text{실제길이}} = \dfrac{1}{500}\right)$

- $\dfrac{1}{500} = \dfrac{20.5}{a} \rightarrow a = 10,250\text{cm} = 102.5\text{m}$

- $\dfrac{1}{500} = \dfrac{32.4}{b} \rightarrow b = 16,200\text{cm} = 162.0\text{m}$

- $\dfrac{1}{500} = \dfrac{28.5}{c} \rightarrow c = 14,250\text{cm} = 142.5\text{m}$

$\therefore$ 실제면적(A)

$= \sqrt{S(S-a)(S-b)(S-c)}$

$= \sqrt{203.5(203.5-102.5)(203.5-162)(203.5-142.5)}$

$= 7,213.3\text{m}^2$

여기서, $S = \dfrac{1}{2}(a+b+c)$

$= \dfrac{1}{2}(102.5 + 162.0 + 142.5)$

$= 203.5\text{m}$

---

14 해수면이 약최고고조면(일정기간 조석을 관측하여 분석한 결과 가장 높은 해수면)에 이르렀을 때의 육지와 해수면의 경계를 조사하는 것은?

① 지형측량　　② 지리조사
③ 수심측량　　④ 해안선조사

Guide 해안선은 바다와 육지 사이의 접선으로 약최고고조면을 기준으로 하며, 이를 조사하는 것을 해안선조사라 한다.

15 터널 내 측량 시 중심선의 이동과 관련하여 점검해야 할 사항으로 가장 거리가 먼 것은?

① 터널 입구 부근에 설치한 터널 외 기준점의 이동 여부
② 터널 내에 설치된 다보(Dowel)의 이동 여부
③ 측량기계의 상태 여부
④ 터널 내부의 환기 상태

Guide 터널 내 측량 시 터널 내부의 환기 상태는 중심선의 이동과 관련하여 점검할 사항과는 거리가 멀다.

16 하천측량에서 일반적으로 유속을 측정하는 방법과 그 측정 위치에 관한 설명으로 옳지 않은 것은?

① 수심이 깊고 유속이 빠른 곳에서는 수면에서 측정하여 그 값을 평균유속으로 한다.
② 보통 1점만을 측정하여 평균유속으로 결정할 때에는 수면으로부터 수심의 6/10인 곳에서 측정한다.
③ 2점을 측정할 때에는 수면으로부터 수심의 2/10, 8/10인 곳을 측정하여 산술평균하여 평균유속으로 한다.
④ 3점을 측정할 때에는 수면으로부터 수심의 2/10, 6/10, 8/10인 곳에서 유속을 측정하고, $\frac{1}{4}(V_{0.2}+2V_{0.6}+V_{0.8})$로 평균유속을 구한다.

Guide 수심이 깊고 유속이 빠른 곳에서 측정한 값은 실제 유속이 된다.

17 그림과 같은 단면을 갖는 흙의 토량은?(단, 각주공식을 사용하고, 주어진 면적은 양 단면적과 중앙단면적이다.)

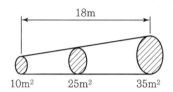

① 405m³　　② 420m³
③ 435m³　　④ 450m³

Guide
$$V=\frac{h}{3}\{A_1+(4\cdot A_m)+A_2\}$$
$$=\frac{9}{3}\{10+(4\times25)+35\}$$
$$=435m^2$$

18 노선의 단곡선에서 교각이 45°, 곡선반지름이 100m, 곡선시점까지의 추가거리가 120.85m일 때 곡선종점의 추가거리는?

① 225.38m　　② 199.39m
③ 124.54m　　④ 78.54m

Guide
• B.C(곡선시점)=120.85m(No.6+0.85m)
• C.L(곡선장)=0.0174533·R·I°
　　=0.0174533×100×45°
　　=78.54m
∴ E.C(곡선종점)=B.C+C.L
　　=120.85+78.54
　　=199.39m(No.9+19.39m)

19 터널 내 수준측량에서 천장에 측점이 설치되어 있을 때, 두 점 A, B 간의 경사거리가 60m이고, 기계고가 1.7m, 시준고가 1.5m, 연직각이 3°일 때, A점과 B점의 고저 차는?

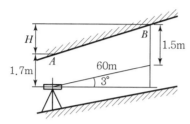

① 2.94m ② 3.34m
③ 59.7m ④ 60.12m

> **Guide** $H = (l \cdot \sin\alpha) + h_1 - H_i$
> $= (60 \times \sin 3°) + 1.50 - 1.70$
> $= 2.94\text{m}$

20 곡선반지름 $R = 500$m인 원곡선을 설계속도 100km/h로 설계하려고 할 때, 캔트(Cant)는?(단, 궤간 b는 1,067mm)

① 100mm ② 150mm
③ 168mm ④ 175mm

> **Guide** 캔트$(C) = \dfrac{V^2 \cdot b}{g \cdot R}$
> $= \dfrac{\left(100 \times \frac{1}{3.6}\right)^2 \times 1,067}{9.8 \times 500}$
> $= 168\text{mm}$

Subject 02 사진측량 및 원격탐사

21 항공사진측량에 의해 제작된 지형도(지도)의 상으로 옳은 것은?

① 투시투영(Perspective Projection)
② 중심투영(Central Projection)
③ 정사투영(Orthogonal Projection)
④ 외심투영(External Projection)

> **Guide** 항공사진은 중심투영이고, 지도는 정사투영이다.

22 상호표정(Relative Orientation)에 대한 설명으로 옳은 것은?

① z축 방향의 시차를 소거하는 것이다.
② y축 방향의 시차(종시차)를 소거하는 것이다.
③ x축 방향의 시차(횡시차)를 소거하는 것이다.
④ x−z축 방향의 시차를 소거하는 것이다.

> **Guide** 상호표정은 양 투영기에서 나오는 광속이 촬영 당시 촬영면에 이루어지는 종시차(y 방향)를 소거하여 목표 지형물의 상대위치를 맞추는 작업이다.

23 우리나라에서 개발한 지구관측용 다목적 실용위성은?

① 무궁화 위성 ② 우리별 위성
③ 아리랑 위성 ④ 퀵버드 위성

> **Guide** 우리나라 인공위성인 다목적 실용위성(아리랑 위성)은 국토 모니터링, 국가지리정보시스템 구축, 환경감시, 자원탐사, 해양 관측, 지도 제작 등 다양한 분야에 활용된다.

24 항공사진의 특수 3점에 해당되지 않는 것은?

① 주점 ② 연직점
③ 등각점 ④ 수평점

> **Guide** 항공사진의 특수 3점
> • 주점 : 사진의 중심점으로서 렌즈 중심으로부터 화면에 내린 수선의 발
> • 연직점 : 렌즈 중심으로부터 지표면에 내린 수선의 발
> • 등각점 : 주점과 연직점이 이루는 각을 2등분한 선

25 초점거리 11cm, 사진크기 18cm×18cm의 카메라를 이용하여 축척 1 : 20,000으로 촬영한 항공사진의 주점기선장이 72mm일 때 비고 50m에 대한 시차차는?

① 0.83mm ② 1.26mm
③ 1.33mm ④ 1.64mm

> **Guide** • $H = m \cdot f = 20,000 \times 0.11 = 2,200\text{m}$
> • $h = \dfrac{H}{b_0} \cdot \Delta p$
> ∴ $\Delta p = \dfrac{h \cdot b_0}{H} = \dfrac{50 \times 0.072}{2,200} = 0.00164\text{m} = 1.64\text{mm}$

26 촬영고도 5,000m를 유지하면서 초점거리 150mm인 카메라로 촬영한 연직사진에서 실제길이 800m인 교량의 길이는?

① 15mm 　　　　② 20mm
③ 24mm 　　　　④ 34mm

> **Guide**
> $$M = \frac{1}{m} = \frac{f}{H} = \frac{l}{L}$$
> $$\therefore \ l = \frac{f}{H} \times L = \frac{150}{5,000} \times 800 = 24\text{mm}$$

27 인공위성 궤도의 종류 중 태양광 입사각이 거의 일정하여 센서의 관측 조건을 일정하게 유지할 수 있는 것으로 옳은 것은?

① 정지 궤도
② 태양 동기식 궤도
③ 고타원 궤도
④ Molniya 궤도

> **Guide** 태양 동기식 궤도는 태양의 위치를 따라 계속해서 지구 주위를 회전하면서 지구 전역에 대해 위성 영상 데이터를 취득하는 방식이다. 이 궤도면은 태양에 대하여 항상 일정한 각도이므로 센서의 관측조건을 일정하게 유지할 수 있는 장점을 갖고 있다.

28 일반적으로 오른쪽 안경 렌즈에는 적색, 왼쪽 안경 렌즈에는 청색을 착색한 안경을 쓰고 특수하게 인쇄된 대상을 보면서 입체시를 구성하는 것은?

① 순동입체시 　　　② 편광입체시
③ 여색입체시 　　　④ 정입체시

> **Guide** 여색입체시는 한 쌍의 입체사진의 오른쪽은 적색으로, 왼쪽은 청색으로 현상하여 이 사진의 왼쪽은 적색, 오른쪽은 청색 안경으로 보면 정입체시를 얻는 방법이다.

29 SAR(Synthetic Aperture Radar) 영상의 특징이 아닌 것은?

① 태양광에 의존하지 않아 밤에도 영상의 촬영이 가능하다.
② 구름이 대기 중에 존재하더라도 영상을 취득할 수 있다.
③ 마이크로웨이브를 이용하여 영상을 취득한다.
④ 중심투영으로 영상을 취득하기 때문에 영상에서 발생하는 왜곡이 광학영상과 비슷하다.

> **Guide** 원격탐사에 이용되는 위성은 관측이 좁은 시야각으로 얻어진 영상이므로 정사투영에 가깝다. 또한 SAR 영상은 광학적 탐측기에 의해 취득된 영상에 비해 영상의 기하학적 구성이 복잡할 뿐만 아니라, 영상의 시각적 효과도 양호하지 못하다.

30 항공사진측량에서 산악지역에 대한 설명으로 옳은 것은?

① 산이 많은 지역
② 평탄지역에 비하여 경사 조정이 편리한 곳
③ 표정 시 산정과 협곡에 시차 분포가 균일한 곳
④ 산지모델상에서 지형의 고저차가 촬영고도의 10% 이상인 지역

> **Guide** 항공사진측량에서 산악지역은 한 모델 또는 사진상의 비고차가 10% 이상인 지역을 말한다.

31 영상재배열(Image Resampling)에 대한 설명으로 옳은 것은?

① 노이즈 제거를 목적으로 한다.
② 주로 영상의 기하보정 과정에 적용된다.
③ 토지피복 분류 시 무감독 분류에 주로 활용된다.
④ 영상의 분광적 차를 강조하여 식별을 용이하게 해준다.

> **Guide** 영상재배열은 디지털 영상이 기하학적 변환을 위해 수행되고 원래의 디지털 영상과 변환된 디지털 영상관계에 있어 영상소의 중심이 정확히 일치하지 않으므로 영상소를 일대일 대응 관계로 재배열할 경우 영상의 왜곡이 발생한다. 일반적으로 원영상에 현존하는 밝기값을 할당하거나 인접영상의 밝기값을 이용하여 보간하는 것을 말한다.

정답 26 ③　27 ②　28 ③　29 ④　30 ④　31 ②

32 어느 지역의 영상과 동일한 지역의 지도이다. 이 자료를 이용하여 "밭"의 훈련지역(Training Field)을 선택한 결과로 적합한 것은?

 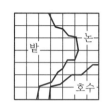

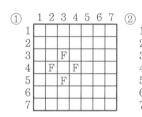 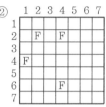

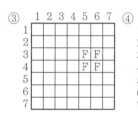 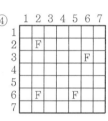

Guide 밭의 훈련지역은 밝기값 8, 9로 ①과 같이 선택하는 것이 가장 타당하다.

33 수치영상의 재배열(Resampling) 방법 중 하나로 가장 계산이 단순하고 고유의 픽셀값을 손상시키지 않으나 영상이 다소 거칠게 표현되는 방법은?

① 3차 회선 내삽법(Cubic Convolution)
② 공일차 내삽법(Bilinear Interpolation)
③ 공3차 회선 내삽법(Bicubic Convolution)
④ 최근린 내삽법(Nearest Neighbour Interpolation)

Guide 최근린 내삽법은 가장 가까운 거리에 근접한 영상소의 값을 택하는 방법이며, 원영상의 데이터를 변질시키지 않지만 부드럽지 못한 영상을 획득하는 단점이 있다.

34 초점거리 15cm, 사진크기 23cm×23cm의 카메라로 축척 1 : 20,000인 항공사진을 촬영하였다. 촬영기준면(표고 0m)에서 종중복(Over Lap)이 60%였을 때 표고 200m인 평탄지의 종중복도는?

① 36% ② 43%
③ 56% ④ 60%

Guide 표고 0m일 때 촬영고도(H)를 구하면,
$$M = \frac{1}{m} = \frac{f}{H} = \frac{1}{20,000} = \frac{0.15}{H} \rightarrow$$
$H = 20,000 \times 0.15 = 3,000m$
촬영고도(H) 3,000m일 때 종중복도가 60%이므로, 표고 200m인 평탄지의 종중복도를 구하면,
$3,000 : 60 = 2,800 : x$
$\therefore x = 56\%$

35 동서 30km, 남북 20km인 지역에서 축척 1 : 5,000의 항공사진 한 장의 스테레오 모델에 촬영된 면적이 16.3km²이다. 이 지역을 촬영하는 데 필요한 사진 매수는?(단, 안전율은 30%이다.)

① 48장 ② 55장
③ 63장 ④ 68장

Guide
사진매수(N) $= \frac{F}{A_0} \times (1+안전율)$
$$= \frac{30 \times 20}{16.3} \times (1+0.3) = 47.85 ≒ 48장$$

36 사진측량의 분류 중 촬영방향에 의한 분류에 속하는 것은?

① 경사사진 ② 항공사진
③ 수중사진 ④ 지상사진

Guide **촬영방향에 의한 사진측량의 분류**
• 수직사진(Vertical Photography)
  광축이 연직선과 거의 일치하도록 상공에서 촬영한 경사각 3° 이내의 사진
• 경사사진(Oblique Photography)
  – 광축이 연직선 또는 수평선에 경사지도록 촬영한 경사각 3° 이상의 사진
  – 저각도 경사사진 : 지평선이 찍히지 않는 사진

정답 **32** ① **33** ④ **34** ③ **35** ① **36** ①

– 고각도 경사사진 : 지평선이 나타나는 사진
• 수평사진(Horizontal Photography) : 광축이 수평선에 거의 일치하도록 지상에서 촬영한 사진

37 도화기의 발달과정 경로를 옳게 나열한 것은?

① 기계식도화기 – 해석식도화기 – 수치도화기
② 수치도화기 – 해석식도화기 – 기계식도화기
③ 기계식도화기 – 수치도화기 – 해석식도화기
④ 수치도화기 – 기계식도화기 – 해석식도화기

Guide 기계식도화기(1900~1950) → 해석식도화기(1960~) → 수치도화기(1980~)

38 다음 중 한 장의 사진으로 할 수 있는 작업은?

① 대상물의 정확한 3차원 좌표 취득
② 사진판독
③ 수치표고모델(DEM) 생성
④ 수치지도 작성

Guide 한 장의 사진으로는 입체시가 되지 않으므로 판독만이 가능하다.

39 해석적표정에 있어서 관측된 상좌표로부터 사진좌표로 변환하는 작업은?

① 상호표정   ② 내부표정
③ 절대표정   ④ 접합표정

Guide 해석적표정에서 관측된 기계좌표(상좌표)로부터 사진좌표로 변환하는 작업을 내부표정이라 한다.

40 기복이 심한 지형을 경사로 촬영한 사진에 대하여 경사와 비고에 의한 편위를 수정한 정밀사진지도를 만들기 위하여 필요한 작업은?

① 시차 측정에 의한 사진 제작
② 정사투영기에 의한 사진 제작
③ 편위수정기에 의한 사진 제작
④ 세부도화

Guide 항공사진을 편위수정한 후, 부분적으로 표고를 조정하면서 높이에 의한 왜곡을 보정하여 정사사진지도를 만드는 기계를 정사투영기라 한다.

Subject 03 지리정보시스템(GIS) 및 위성측위시스템(GNSS)

41 지리정보시스템(GIS)에서 공간데이터베이스의 유지 · 보안과 관련이 없는 것은?

① 전체 데이터베이스의 주기적 백업(Backup)
② 암호 등 제반 안전장치를 통해 인가받은 사람만이 사용할 수 있도록 제한
③ 지속적인 데이터의 검색
④ 전력 손실에 대비한 UPS(Uninterruptible Power Supply) 등의 설치

Guide GIS database의 유지 · 보안
• 데이터의 주기적인 백업
• 암호 등 제반 안전장치의 확보
• UPS 등 전력공급 중단에 대비한 안정적인 자료의 보존
• 유사시를 대비한 분산형 DB 관리 등

42 GPS 기준국과 이동국 사이의 기선벡터가 각각 $\Delta X = 200\text{m}$, $\Delta Y = 300\text{m}$, $\Delta Z = 50\text{m}$일 때 기준국과 이동국 사이의 공간거리는?

① 234.52m   ② 360.56m
③ 364.01m   ④ 370.12m

Guide 공간거리 $= \sqrt{(\Delta X^2 + \Delta Y^2 + \Delta Z^2)}$
$= \sqrt{(200^2 + 300^2 + 50^2)} = 364.01\text{m}$

43 지리정보시스템(GIS)에서 다루어지는 지리정보의 특성이 아닌 것은?

① 위치정보를 갖는다.
② 위치정보와 함께 관련 속성정보를 갖는다.
③ 공간객체 간에 존재하는 공간적 상호관계를 갖는다.
④ 시간이 흘러도 변하지 않는 영구성을 갖는다.

Guide 지리정보의 특성
• 위치정보
• 속성정보
• 공간적 상호관계(위상)

정답 37 ① 38 ② 39 ② 40 ② 41 ③ 42 ③ 43 ④

44 다각형의 경계가 인접지역의 두 점들로부터 같은 거리에 놓이게 하는 방법으로 구성되는 것은?

① 불규칙 삼각망(TIN)
② 티센(Thiessen) 다각형
③ 폴리곤(Polygon)
④ 타일(Tile)

Guide 티센 폴리곤 분석(Thiessen Polygon Analysis)
다각형은 두 개의 점 개체 간에 서로 거리가 같은 선 사상을 찾음으로써 공간을 구분하는 기법이다.

45 GNSS 관측을 통해 직접 결정할 수 있는 높이는?

① 지오이드고   ② 정표고
③ 역표고   ④ 타원체고

Guide GNSS측량에 의해 결정되는 좌표는 지구의 중심을 원점으로 하는 3차원 직교좌표이며, 이 좌표의 높이값은 타원체고에 해당된다.

46 지리정보시스템(GIS)의 자료입력방법이 아닌 것은?

① 수동방식(디지타이저)에 의한 방법
② 자동방식(스캐너)에 의한 방법
③ 항공사진에 의한 해석도화 방법
④ 잉크젯 프린터에 의한 도면 제작방법

Guide 잉크젯 프린터에 의한 도면 제작은 출력방법의 하나이다.

47 다음 중 GPS 위성궤도에 대한 설명으로 옳지 않은 것은?

① 8개의 궤도면으로 이루어져 있다.
② 경사각은 55°이다.
③ 타원궤도이다.
④ 고도는 약 20,200km이다.

Guide GPS 위성은 위성궤도의 경사각이 55°이고 6개의 궤도면에 배치되어 운용되고 있다.

48 수치표고모형(Digital Elevation Model)의 활용 내용과 거리가 먼 것은?

① 노선 설계 및 댐의 위치 선정
② 수치지형도의 구조화 편집
③ 지형의 분석
④ 건물의 3차원 모델링

Guide DEM은 경사도, 사면방향도, 단면 분석, 절·성토량 산정, 등고선 작성 등 다양한 분야에 활용되고 있으며 수치지형도의 구조화편집은 DEM의 활용분야와는 거리가 멀다.

49 위상(Topology) 관계에 대한 설명으로 옳지 않은 것은?

① 공간자료의 상호 관계를 정의한다.
② 인접한 점, 선, 면 사이의 공간적 대응 관계를 나타낸다.
③ 연결성, 인접성 등과 같은 관계성을 통하여 지형지물의 공간 관계를 인식한다.
④ 래스터 데이터는 위상을 갖고 있으므로 공간 분석의 효율성이 높다.

Guide 격자구조는 동일한 크기의 격자로 이루어진 셀들의 집합으로 위상에 관한 정보가 제공되지 않으며 공간분석의 효율성이 낮다.

50 관계형 데이터베이스(RDBMS ; Relational DBMS)의 특징으로 틀린 것은?

① 테이블의 구성이 자유롭다.
② 모형 구성이 단순하고, 이해가 빠르다.
③ 필드는 여러 개의 데이터 항목을 소유할 수 있다.
④ 정보 추출을 위한 질의 형태에 제한이 없다.

Guide 관계형 데이터베이스(Related Database Management System)
• 2차원 표의 형태를 가지고 있는 구조로 가장 많이 사용되는 구조이다.
• 관계(Relation)라는 수학적 개념을 도입하였다.
• 상이한 정보 간 검색, 결합, 비교, 자료가감 등이 용이하다.
• 질의 형태에 제한이 없는 SQL을 사용한다.
※ 레코드는 필드의 집합으로 하나 이상의 항목들의 모임

정답 44 ② 45 ④ 46 ④ 47 ① 48 ② 49 ④ 50 ③

51 래스터(또는 그리드) 저장기법 중 셀 값을 개별적으로 저장하는 대신 각각의 변 진행에 대하여 속성값, 위치, 길이를 한 번씩만 저장하는 방법은?

① 사지수형 기법
② 블록 코드 기법
③ 체인 코드 기법
④ Run-Length 코드 기법

Guide Run-Length 코드 기법
격자방식의 자료기반에 자료를 저장하여 간단하게 자료를 압축하는 방법으로서 연속해서 동일 속성값이 반복해서 나타나는 경우 속성값과 반복된 횟수를 저장한다.

52 지리정보시스템(GIS) 자료의 저장방식을 파일 저장방식과 DBMS(Data Base Manage-ment System) 방식으로 구분할 때 파일 저장방식에 비해 DBMS 방식이 갖는 특징으로 옳지 않은 것은?

① 시스템의 구성이 간단하다.
② 새로운 응용프로그램을 개발하는 데 용이하다.
③ 자료의 신뢰도가 일정 수준으로 유지될 수 있다.
④ 사용자 요구에 맞는 다양한 양식의 자료를 제공할 수 있다.

Guide DBMS(Database Management System)
파일 처리방식의 단점을 보완하기 위해 도입되었으며 자료의 입력과 검토·저장·조회·검색·조작할 수 있는 도구를 제공한다.
※ 시스템 구성이 간단하고 경제적인 것은 파일처리방식의 특징으로 GIS 자료 추출을 위해 많은 양의 중복작업이 발생한다.

53 화재나 응급 시 소방차나 구급차의 운전경로 또는 항공기의 운항경로 등의 최적경로를 결정하는 데 가장 적합한 분석방법은?

① 관망 분석   ② 중첩 분석
③ 버퍼링 분석   ④ 근접성 분석

Guide 관망 분석(Network Analysis)
두 지점 간의 최단경로를 찾는 등의 공간적인 분석으로 도로 네트워크를 통한 최적경로 계산에 적합하다.

54 지리정보시스템(GIS)의 주요 기능으로 거리가 먼 것은?

① 출력(Output)
② 자료 입력(Input)
③ 검수(Quality Check)
④ 자료 처리 및 분석(Analysis)

Guide GIS의 주요 기능
• 자료 입력
• 자료 처리 및 분석
• 자료 출력

55 GNSS(Global Navigational Satellite System) 위성과 관련없는 것은?

① GPS   ② GLONASS
③ GALILEO   ④ GEOEYE

Guide GNSS 위성군
GPS(미국), GLONASS(러시아), Galileo(유럽연합) 등

56 다음 중 벡터파일 형식에 해당되는 것은?

① BMP 파일 포맷   ② DXF 파일 포맷
③ JPG 파일 포맷   ④ GIF 파일 포맷

Guide 벡터파일 형식
TIGER, DXF, SHP, NGI 등

57 지리정보시스템(GIS)에서 사용하고 있는 공간데이터를 설명하는 기능을 가지며 데이터의 생산자, 좌표계 등 다양한 정보를 포함하고 있는 것은?

① Metadata
② Data Dictionary
③ eXtensible Markup Language
④ Geospatial Data Abstraction Library

Guide 메타데이터(Metadata)
데이터의 내용, 품질, 조건 및 특징 등을 저장한 데이터로서 데이터에 관한 데이터의 이력을 말한다.

정답 ▶ 51 ④ 52 ① 53 ① 54 ③ 55 ④ 56 ② 57 ①

58 GNSS측량을 우주부분에 활용할 때 적당하지 않은 것은?

① 정지위성의 위치 결정
② 로켓의 궤도 추적
③ 저고도 관측위성의 위치 결정
④ 미사일 정밀 유도

Guide 정지위성은 지구를 관측하는 인공위성으로 GNSS측량을 우주부분에 활용할 때는 적당하지 않다.
※ 정지위성(Geostationary Satellite)은 적도 상공 약 36,000km에서 지구 자전주기와 같은 주기로 공전하면서 지구를 관측하는 인공위성으로, 지구의 자전속도와 같은 각속도로 지구를 돌기 때문에 인공위성과 지상의 물체가 상대적으로 정지해 있어서 지구상의 고정된 영역을 연속적으로 관측할 수 있다.

59 래스터 데이터의 특징이 아닌 것은?

① 벡터 데이터보다 데이터 구조가 단순하다.
② 데이터 양이 해상도의 제곱에 비례한다.
③ 벡터 데이터보다 시뮬레이션을 위한 처리가 복잡하다.
④ 벡터 데이터보다 빠른 데이터 초기 입력이 가능하다.

Guide 래스터(격자) 자료의 장점
• 간단한 자료구조
• 중첩에 대한 조작이 용이
• 다양한 공간적 편의가 격자형 형태로 나타남
• 자료의 조작과정에 효과적
• 3차원 지형 시뮬레이션 등이 용이함

60 지리정보시스템(GIS)의 주요 활용 분야와 가장 거리가 먼 적은?

① 도시정보시스템(UIS)
② 경영정보시스템(MIS)
③ 토지정보시스템(LIS)
④ 환경정보시스템(EIS)

Guide 지리정보시스템(GIS)의 활용분야
• 토지정보체계(LIS ; Land Information System)
• 도시정보체계(UIS ; Urban Information System)
• 지리정보체계(GIS ; Geographic Information System)
• 도면자동화 및 시설물관리(AM/FM ; Automated Mapping and Facilities Management)

• 교통정보체계(TIS ; Transportation Information System)
• 환경정보체계(EIS ; Environmental Information System)
• 해양정보체계(MIS ; Marine Information System)
• 자원정보체계(RIS ; Resource Information System)

Subject **04** 측량학

✔ 측량 관련 법규는 출제 당시 법률을 기준으로 해설되었음을 알려드립니다.

61 레벨의 조정이 불완전하여 시준선이 기포관축과 평행하지 않을 때 표척눈금의 읽음값에 생긴 오차와 시준거리와의 관계로 옳은 것은?

① 시준거리와 무관하다.
② 시준거리에 비례한다.
③ 시준거리에 반비례한다.
④ 시준거리의 제곱근에 비례한다.

Guide 수준측량은 거리를 기본으로 하는 측량이므로 시준선이 기포관축과 평행하지 않을 때 표척눈금의 읽음값에 생긴 오차는 시준거리에 비례하여 발생한다.

62 각과 거리관측에 대한 설명으로 옳은 것은?

① 기선측량의 정밀도가 1/100,000이라는 것은 관측거리 1km에 대한 1cm의 오차를 의미한다.
② 천정각은 수평각 관측을 의미하며, 고저각은 높낮이에 대한 관측각이다.
③ 각관측에서 배각관측이란 정위관측과 반위관측을 의미한다.
④ 각관측에서 관측방향이 15″ 틀어진 경우 2km 앞에 발생하는 위치오차는 1.5m이다.

Guide $1 : 100,000 = x : 1,000 \rightarrow$
$x = 0.01\text{m} = 1\text{cm}$
∴ $\dfrac{1}{100,000}$ 의 정밀도인 경우 1km에 대한 1cm의 오차를 의미한다.

63 그림과 같이 4개의 삼각망으로 둘러싸여 있는 유심삼각망에서 $\gamma_1 + \gamma_2 + \gamma_3 + \gamma_4 = 360°00'08''$에 대한 삼각망 조정 결과로 옳은 것은?

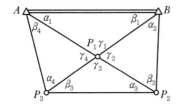

① α_1에는 $-1''$, β_1에는 $-1''$, γ_1에는 $+2''$씩을 조정한다.

② α_1에는 $-1''$, β_1에는 $-1''$, γ_1에는 $-2''$씩을 조정한다.

③ α_1에는 $+1''$, β_1에는 $+1''$, γ_1에는 $-2''$씩을 조정한다.

④ α_1에는 $+1''$, β_1에는 $+1''$, γ_1에는 $+2''$씩을 조정한다.

> **Guide** 관측조건이 같다고 가정할 때 한 측점 주위에 있는 모든 각의 총합은 360°가 되어야 하므로 γ_1, γ_2, γ_3, γ_4에는 $-2''$씩을 α, β에는 $+1''$씩을 조정한다.

64 폭이 좁고 거리가 먼 지역에 적합하여 하천측량, 노선측량, 터널측량 등에 이용되는 삼각망은?

① 방산식삼각망　　② 단열삼각망
③ 복열식삼각망　　④ 직교삼각망

> **Guide** 단열삼각망
> • 폭이 좁고 거리가 먼 지역에 적합하다.
> • 노선, 하천, 터널측량 등에 이용한다.
> • 거리에 비해 관측 수가 적으므로 측량이 신속하고 경비가 적게 드나 조건식이 적어 정도가 낮다.

65 수준측량에 관한 설명으로 옳지 않은 것은?

① 전시와 후시의 거리를 같게 하면 시준선 오차를 소거할 수 있다.
② 출발점에 세운 표척을 도착점에도 세우게 되면 눈금오차를 소거할 수 있다.
③ 주의 깊게 측량하여 왕복관측을 하지 않는 것을 원칙으로 한다.
④ 기계의 정치 수는 짝수 회로 하는 것이 좋다.

> **Guide** 수준측량은 왕복관측을 원칙으로 한다.

66 강철줄자로 실측한 길이가 246.241m이었다. 이때의 온도가 10℃라면 온도에 의한 보정량은?(단, 강철줄자의 온도 15℃를 기준으로 한 팽창계수는 0.0000117/℃이다.)

① -10.4mm　　② 10.4mm
③ 14.4mm　　④ -14.4mm

> **Guide** 온도 보정량(C_g) $= \alpha \cdot L(t - t_0)$
> $= 0.0000117 \times 246.241(10 - 15)$
> $= -0.0144\text{m} = -14.4\text{mm}$

67 삼각점을 선점할 때의 고려사항에 대한 설명으로 옳지 않은 것은?

① 삼각형의 내각은 60°에 가깝게 하며, 불가피할 경우에도 90°보다 크지 않아야 한다.
② 상호 간의 시준이 잘 되어 연결 작업이 용이해야 한다.
③ 불규칙한 광선, 아지랑이 등의 영향이 적은 곳이 좋다.
④ 지반이 견고하여야 하며 이동, 침하 및 동결 지반은 피한다.

> **Guide** 삼각형의 내각은 60°에 가깝게 하는 것이 좋으나 불가피할 경우에는 내각을 30 ~ 120° 이내로 한다.

68 망원경의 배율에 대한 설명으로 옳은 것은?

① 대물렌즈와 접안렌즈의 초점거리의 비
② 대물렌즈와 접안렌즈의 초점거리의 곱
③ 대물렌즈와 접안렌즈의 초점거리의 합
④ 대물렌즈와 접안렌즈의 초점거리의 차

Guide 망원경의 배율은 대물렌즈와 접안렌즈의 초점거리의 비로 한다.
$$\left(\text{배율} = \frac{\text{대물렌즈}}{\text{접안렌즈}}\right)$$

69 수준측량에서 5km 왕복측정에서 허용오차가 ±10mm라면 2km 왕복측정에 대한 허용오차는?

① ±9.5mm
② ±8.4mm
③ ±7.2mm
④ ±6.3mm

Guide $\sqrt{5} : 10 = \sqrt{2} : x$
$\therefore x = \pm 6.3mm$

70 우리나라 수치지형도의 표기방법 중 7자리 숫자의 도엽번호는 축척이 얼마인가?

① 1 : 50,000
② 1 : 25,000
③ 1 : 10,000
④ 1 : 5,000

Guide 도엽번호는 수치지도의 검색 및 관리 등을 위하여 각 축척별로 일정한 크기에 따라 분할된 지도에 부여하는 일련번호를 말한다. 예를 들면, 37705 17 69은 37705라는 1/50,000 도엽에서 1°를 15′×15′ 분할한 16개 구획 중에서 05번째를 1/10,000으로 분획한 것 중 17번째 도엽을 다시 1/1,000으로 분획한 것 중 69번째 도엽을 뜻한다. 그러므로, 7자리(37705 17) 숫자의 도엽번호 축척은 1/10,000이 된다.

71 오차 중에서 최소제곱법의 원리를 이용하여 처리할 수 있는 것은?

① 누적오차
② 우연오차
③ 정오차
④ 착오

Guide 우연오차는 원인이 불명확한 오차로서 서로 상쇄되기도 하므로 상차라고도 하며 최소제곱법에 의한 확률법칙에 의해 추정 가능한 오차이다.

72 한 기선의 길이를 n회 반복 측정한 경우, 최확값의 평균제곱근오차에 대한 설명으로 옳은 것은?

① 관측횟수에 비례한다.
② 관측횟수의 제곱근에 비례한다.
③ 관측횟수의 제곱에 반비례한다.
④ 관측횟수의 제곱근에 반비례한다.

Guide 기선길이를 n회 반복 측정한 경우 최확값의 평균제곱근오차는 관측횟수(N)의 제곱근에 반비례한다.

73 축척 1 : 50,000의 지형도에서 A점의 표고는 308m, B점의 표고는 346m일 때, A점으로부터 $\overline{AB}$ 상에 있는 표고 332m 지점까지의 거리는?(단, $\overline{AB}$는 등경사이며, 도상거리는 12.8mm이다.)

① 384m
② 394m
③ 404m
④ 414m

Guide 도상거리를 실제거리로 환산하면,
$$\frac{1}{\text{축척}} = \frac{\text{도상거리}}{\text{실제거리}} \rightarrow$$
$$\frac{1}{50,000} = \frac{12.8}{\text{실제거리}} \rightarrow$$
실제거리$= 50,000 \times 12.8 = 640,000mm = 640m$

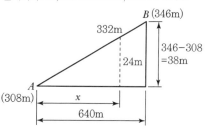

$640 : 38 = x : 24$
$\therefore x = 404m$

74 지구 표면에서 반지름 55km까지를 평면으로 간주한다면 거리의 허용정밀도는?(단, 지구 반지름은 6,370km이다.)

① 약 1/40,000
② 약 1/50,000
③ 약 1/60,000
④ 약 1/70,000

Guide
$$\frac{d-D}{D} = \frac{1}{12}\left(\frac{D}{r}\right)^2$$
$$= \frac{110^2}{12 \times 6,370^2}$$
$$\fallingdotseq \frac{1}{40,000}$$

75 기본측량성과의 검증을 위해 검증을 의뢰받은 기본측량성과 검증기관은 며칠 이내에 검증 결과를 제출하여야 하는가?

① 10일   ② 20일
③ 30일   ④ 60일

Guide 공간정보의 구축 및 관리 등에 관한 법률 시행규칙 제11조(기본측량성과의 검증)
검증을 의뢰받은 기본측량성과 검증기관은 30일 이내에 검증 결과를 국토지리정보원장에게 제출하여야 한다.

76 "측량기록"의 용어 정의로 옳은 것은?

① 측량성과를 얻을 때까지의 측량에 관한 작업의 기록
② 측량기본계획 수립의 작업 기록
③ 측량을 통하여 얻은 최종 결과
④ 측량 외업에서의 작업 기록

Guide 공간정보의 구축 및 관리 등에 관한 법률 제2조(정의)
측량기록이란 측량성과를 얻을 때까지의 측량에 관한 작업의 기록을 말한다.

77 측량기기인 토털스테이션(Total Station)과 지피에스(GPS) 수신기의 성능검사 주기는?

① 1년   ② 2년
③ 3년   ④ 5년

Guide 공간정보의 구축 및 관리 등에 관한 법률 시행령 제97조(성능검사의 대상 및 주기 등)
성능검사를 받아야 하는 측량기기와 검사주기는 다음과 같다.
1. 트랜싯(데오드라이트) : 3년
2. 레벨 : 3년
3. 거리측정기 : 3년
4. 토털스테이션 : 3년
5. 지피에스(GPS) 수신기 : 3년
6. 금속관로 탐지기 : 3년

78 정당한 사유 없이 측량을 방해한 자에 대한 벌칙 기준은?

① 3년 이하의 징역 또는 3천만 원 이하의 벌금
② 2년 이하의 징역 또는 2천만 원 이하의 벌금
③ 1년 이하의 징역 또는 1천만 원 이하의 벌금
④ 300만 원 이하의 과태료

Guide 공간정보의 구축 및 관리 등에 관한 법률 제111조(과태료)
정당한 사유 없이 측량을 방해한 자는 300만 원 이하의 과태료에 처한다.

79 공공측량의 실시공고에 포함되어야 할 사항이 아닌 것은?

① 측량의 종류   ② 측량의 규모
③ 측량의 목적   ④ 측량의 실시기간

Guide 공간정보의 구축 및 관리 등에 관한 법률 시행령 제12조(측량의 실시공고)
공공측량의 실시공고에는 측량의 종류, 측량의 목적, 측량의 실시기간, 측량의 실시지역, 그 밖에 측량의 실시에 관하여 필요한 사항이 포함되어야 한다.

80 측량기준점에서 국가기준점에 해당되지 않는 것은?

① 삼각점   ② 중력점
③ 지자기점   ④ 지적도근점

Guide 공간정보의 구축 및 관리 등에 관한 법률 시행령 제8조(측량기준점의 구분)
측량기준점은 다음과 같이 구분한다.
1. 국가기준점 : 우주측지기준점, 위성기준점, 수준점, 중력점, 통합기준점, 삼각점, 지자기점, 수로기준점, 영해기준점
2. 공공기준점 : 공공삼각점, 공공수준점
3. 지적기준점 : 지적삼각점, 지적삼각보조점, 지적도근점

정답 **75** ③ **76** ① **77** ③ **78** ④ **79** ② **80** ④

본 문제의 해설은 출제자의 의도와 일치되지 않을 수 있으며, 문제 및 정답은 일부 오탈자가 있을 수 있으므로 학습시 의문사항이 있으면 예문사 또는 저자에게 문의하여 주시기 바랍니다. 또한, 본 기출문제는 시행 당시의 이론 및 법규에 의하여 해설되었음을 알려드립니다.

Subject 01 응용측량

01 캔트(Cant)의 계산에서 속도 및 반지름을 모두 2배로 할 때 캔트의 크기 변화는?

① 1/4로 감소 ② 1/2로 감소
③ 2배로 증가 ④ 4배로 증가

Guide
$$\text{캔트}(C) = \frac{S \cdot V^2}{g \cdot R} = \frac{S \times (2V)^2}{g \times (2R)}$$
$$= \frac{4S \cdot V^2}{2g \cdot R} = 2 \cdot \frac{SV^2}{gR} = 2C$$
∴ 2배로 증가된다.

02 유량 및 유속 측정의 관측장소 선정을 위한 고려사항으로 틀린 것은?

① 직류부로 흐름이 일정하고 하상의 요철이 적으며 하상 경사가 일정한 곳
② 수위의 변화에 의해 하천 횡단면 형상이 급변하고 와류(渦流)가 일어나는 곳
③ 관측장소 상·하류의 유로가 일정한 단면을 갖는 곳
④ 관측이 편리한 곳

Guide 유속관측장소 선정
• 직선부로서 흐름이 일정하고 하상의 요철이 적으며 하상경사가 일정한 곳이어야 한다.
• 수위의 변화에 의해 하천 횡단면 형상이 급변하지 않고 지질이 양호한 곳이어야 한다.
• 관측장소의 상·하류의 수로는 일정한 단면을 갖고 있으며 관측이 편리한 곳이어야 한다.

03 원곡선에서 곡선반지름 $R = 200$m, 교각 $I = 60°$, 종단현 편각이 $0°57'20''$일 경우 종단현의 길이는?

① 2.676m ② 3.287m
③ 6.671m ④ 13.342m

Guide
$$\delta_n = 1,718.87' \times \frac{l_n}{R} \rightarrow$$
$$0°57'20'' = 1,718.87' \times \frac{l_n}{200}$$
$$\therefore l_n = \frac{0°57'20'' \times 200}{1,718.87'} = 6.671\text{m}$$

04 삼각형법에 의한 면적계산 방법이 아닌 것은?

① 삼변법
② 좌표법
③ 두 변과 협각에 의한 방법
④ 삼사법

Guide 좌표법은 각 경계점의 좌표(X, Y)를 트래버스측량으로 취득하여 면적을 산정하는 방법이다.

05 삼각형 세 변의 길이 a, b, c를 알 때 면적 A를 구하는 식으로 옳은 것은?
(단, $S = \frac{a+b+c}{2}$ 이다.)

① $A = \sqrt{S(S-a)(S-b)(S+c)}$
② $A = \sqrt{S(a+b)(b+c)(a+c)}$
③ $A = \sqrt{S(S-a)(S-b)(S-c)}$
④ $A = \sqrt{S(S+a)(S+b)(S+c)}$

Guide 삼변법
삼각형의 세 변을 관측한 경우 적용
$$A = \sqrt{S(S-a)(S-b)(S-c)}$$
단, $S = \frac{1}{2}(a+b+c)$

정답 01 ③ 02 ② 03 ③ 04 ② 05 ③

06 다음 중 댐 건설을 위한 조사측량에서 댐사이트의 평면도 작성에 가장 적합한 측량방법은?

① 평판측량
② 시거측량
③ 간접수준측량
④ 지상사진측량 또는 항공사진측량

> **Guide** 댐 건설을 위한 평면도 작성은 대규모 지역이므로 사진측량에 의한 방법이 측량의 효율성 및 경제성 측면에서 적합한 측량방법이다.

07 클로소이드 매개변수 $A = 60\text{m}$인 곡선에서 곡선길이 $L = 30\text{m}$일 때 곡선반지름(R)은?

① 60m
② 90m
③ 120m
④ 150m

> **Guide** $A^2 = R \cdot L$
> $$\therefore R = \frac{A^2}{L} = \frac{60^2}{30} = 120\text{m}$$

08 심프슨 법칙에 대한 설명으로 옳지 않은 것은?

① 심프슨의 제1법칙은 경계선을 2차 포물선으로 보고, 지거의 두 구간을 한 조로 하여 면적을 계산한다.
② 심프슨의 제2법칙은 지거의 두 구간을 한 조로 하여 경계선을 3차 포물선으로 보고 면적을 계산한다.
③ 심프슨의 제1법칙은 구간의 개수가 홀수인 경우 마지막 구간을 사다리꼴 공식으로 계산하여 더해 준다.
④ 심프슨 법칙을 이용하는 경우, 지거 간격은 균등하게 하여야 한다.

> **Guide** 심프슨의 제2법칙은 지거의 세 구간을 한 조로 하여 경계선을 3차 포물선으로 보고 면적을 계산한다.

09 그림과 같이 곡선반지름 $R = 200\text{m}$인 단곡선의 첫 번째 측점 P를 측설하기 위하여 E.C에서 관측할 각도(δ')는?(단, 교각 $I = 120°$, 중심말뚝간격 = 20m, 시단현의 거리 = 13.96m)

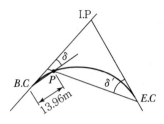

① 약 50°
② 약 54°
③ 약 58°
④ 약 62°

> **Guide**
> • 곡선장(C.L) $= 0.0174533 \cdot R \cdot I°$
> $\qquad = 0.0174533 \times 200 \times 120°$
> $\qquad = 418.88\text{m}$
>
> • $\overset{\frown}{P \sim E.C} = 418.88 - 13.96 = 404.92\text{m}$
> $\qquad\qquad\qquad\qquad (\text{No.}20+4.92\text{m})$
>
> • 종단현 거리(l_n) = E.C 추가거리 = 4.92m
> • 20m에 대한 일반편각(δ_{20})
> $$\delta_{20} = 1,718.87' \times \frac{l_{20}}{R} = 1,718.87' \times \frac{20}{200}$$
> $\qquad = 2°51'53''$
>
> • 종단현 편각(δ_n)
> $$\delta_n = 1,718.87' \times \frac{l_n}{R} = 1,718.87' \times \frac{4.92}{200}$$
> $\qquad = 0°42'17''$
>
> $\therefore \delta' = 20\delta_{20} + \delta_n = (20 \times 2°51'53'') + 0°42'17''$
> $\qquad = 57°59'57''$
> $\qquad \fallingdotseq 58°$

10 종단곡선을 곡선반지름이 1,000m인 원곡선으로 설치할 경우, 시점으로부터 30m 지점의 종거는?

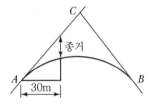

① 1.65m
② 1.12m
③ 0.90m
④ 0.45m

Guide

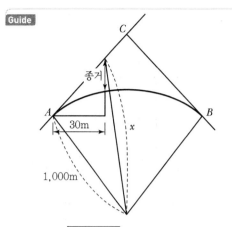

$x = \sqrt{30^2 + 1,000^2} = 1,000.45\text{m}$

∴ 종거 $= 1,000.45 - 1,000 = 0.45\text{m}$

11 하천측량에서 평면측량의 범위에 대한 설명으로 틀린 것은?

① 유제부는 제외지만을 범위로 한다.
② 무제부는 홍수 영향 구역보다 약간 넓게 한다.
③ 홍수방제를 위한 하천공사에서는 하구에서부터 상류의 홍수피해가 미치는 지점까지로 한다.
④ 사방공사의 경우에는 수원지까지 포함한다.

Guide 평면측량 범위
• 무제부 : 홍수가 영향을 주는 구역보다 약간 넓게, 즉 홍수 시에 물이 흐르는 맨 옆에서 100m까지
• 유제부 : 제외지 전부와 제내지의 300m 이내

12 도로시점으로부터 교점(I.P)까지의 거리가 850m이고 접선장(T.L)이 185m인 원곡선의 시단현 길이는?(단, 중심말뚝의 간격 = 20m)

① 20m
② 15m
③ 10m
④ 5m

Guide • T.L(접선장) $= 185\text{m}$
• B.C(곡선시점) $=$ 도로시점 ∼ 교점까지의 거리 $-$ T.L
  $= 850 - 185$
  $= 665\text{m}(\text{No}.33 + 5\text{m})$
∴ l_1(시단현 거리) $= 20\text{m} -$ B.C 추가거리
  $= 20 - 5$
  $= 15\text{m}$

13 지하시설물측량 및 그 대상에 대한 설명으로 틀린 것은?

① 지하시설물측량은 도면 작성 및 검수 시 초기 비용이 일반 지상측량에 비해 적게 든다.
② 도시의 지하시설물은 주로 상수도, 하수도, 전기선, 전화선, 가스선 등으로 이루어진다.
③ 지하시설물과 연결되어 지상으로 노출된 각종 맨홀 등의 가공선에 대한 자료 조사 및 관측 작업도 포함된다.
④ 지중레이더관측법, 음파관측법 등 다양한 방법이 사용된다.

Guide 지하시설물 측량(Underground Facility Surveying)
지하시설물의 수평위치와 수직위치를 관측하는 측량을 말하며, 지하시설물을 효율적 및 체계적으로 유지·관리하기 위하여 지하시설물에 대한 조사, 탐사와 도면 제작을 위한 측량으로 초기 도면 제작비용이 많이 든다.

14 누가토량을 곡선으로 표시한 것을 유토곡선(Mass Curve)이라고 한다. "유토곡선에서 하향 구간은 (A) 구간이고 상향구간은 (B) 구간을 나타낸다."에서 (A), (B)가 알맞게 짝지어진 것은?

① A : 성토, B : 절토
② A : 절토, B : 성토
③ A : 성토와 절토의 균형, B : 절토
④ A : 성토와 절토의 교차, B : 성토

Guide 누가토량을 곡선으로 표시한 것을 유토곡선이라 하며, 유토곡선에서 하향구간은 성토(A) 구간이고, 상향구간은 절토(B) 구간을 나타낸다.

15 터널측량의 작업 순서로 옳은 것은?

① 답사 – 예측 – 지표 설치 – 지하 설치
② 예측 – 지표 설치 – 답사 – 지하 설치
③ 답사 – 지하 설치 – 예측 – 지표 설치
④ 예측 – 답사 – 지하 설치 – 지표 설치

Guide 터널측량의 작업 순서
• 답사 : 터널 외 기준점 설치 및 대축척 지형도 작성
• 예측 : 터널 중심선의 지상 설치
• 지표 설치 : 터널 중심선의 지하 설치
• 지하 설치 : 터널 내외 연결측량

정답 11 ① 12 ② 13 ① 14 ① 15 ①

16 하나의 터널을 완성하기 위해서는 계획·설계·시공 등의 작업과정을 거쳐야 한다. 다음 중 터널의 시공과정 중에 주로 이루어지는 측량은?

① 지형측량　　　　② 세부측량
③ 터널 외 기준점 측량　④ 터널 내 측량

> **Guide** 터널 내 측량은 터널의 시공과정 중에 주로 이루어지는 측량이다.

17 달, 태양 등의 기조력과 기압, 바람 등에 의해서 일어나는 해수면의 주기적 승강현상을 연속 관측하는 것은?

① 수온관측　　　　② 해류관측
③ 음속관측　　　　④ 조석관측

> **Guide** 조석관측
> 해수면의 주기적 승강을 관측하는 것이며, 어느 지점의 조석양상을 제대로 파악하기 위해서는 적어도 1년 이상 연속적으로 관측하여야 한다.

18 디지털 구적기로 면적을 측정하였다. 축척 1 : 500 도면을 1 : 1,000으로 잘못 세팅하여 측정하였더니 50m²이었다면 실제면적은?

① 12.5m²　　　　② 25.0m²
③ 100.0m²　　　　④ 200.0m²

> **Guide**
> $$a_2 = \left(\frac{m_2}{m_1}\right)^2 \times a_1 = \left(\frac{500}{1,000}\right)^2 \times 50 = 12.5\text{m}^2$$

19 지하시설물 측량방법 중 전자기파가 반사되는 성질을 이용하여 지중의 각종 현상을 밝히는 방법은?

① 전자유도 측량법　② 지중레이더 측량법
③ 음파 측량법　　　④ 자기관측법

> **Guide** 지중레이더 탐사법(Ground Penetration Radar Method)
> 지하를 단층 촬영하여 시설물 위치를 판독하는 방법으로 전자파가 반사되는 성질을 이용하여 지중의 각종 현상을 밝히는 것으로 레이더는 원래 고주파의 전자파를 공기 중으로 방사시킨 후 대상물에서 반사되어 온 전자파를 수신하여 대상물의 위치를 알아내는 시스템이다.

20 그림과 같은 지역의 토공량은?(단, 분할된 격자의 가로×세로 크기는 모두 같다.)

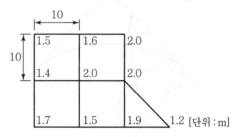

① 787.5m³　　　　② 880.5m³
③ 970.5m³　　　　④ 952.5m³

> **Guide** • 사분법에 의해 V_1을 구하면
> $$V_1 = \frac{A}{4}(\Sigma h_1 + 2\Sigma h_2 + 3\Sigma h_3 + 4\Sigma h_4)$$
> $$= \frac{10 \times 10}{4}\{(1.5 + 1.7 + 1.9 + 2.0)$$
> $$+ 2 \times (1.4 + 1.5 + 2.0 + 1.6) + 4 \times (2.0)\}$$
> $$= 702.5\text{m}^3$$
> • 삼분법에 의해 V_2를 구하면
> $$V_2 = \frac{A}{3}(\Sigma h_1 + 2\Sigma h_2 + 3\Sigma h_3 + \cdots + 8\Sigma h_8)$$
> $$= \frac{\frac{1}{2}(10 \times 10)}{3}(2.0 + 1.9 + 1.2)$$
> $$= 85\text{m}^3$$
> $$\therefore V = V_1 + V_2 = 702.5 + 85 = 787.5\text{m}^3$$

Subject 02 사진측량 및 원격탐사

21 비행고도가 일정할 경우 보통각, 광각, 초광각의 세 가지 카메라로서 사진을 찍을 때에 사진축척이 가장 작은 것은?

① 보통각 사진　　　② 광각 사진
③ 초광각 사진　　　④ 축척은 모두 같다.

> **Guide** 축척이 가장 작게 결정되는 카메라는 화각이 120°, 초점거리(f)가 88mm인 초광각 사진기이다.

---

22 탐측기(Sensor)의 종류 중 능동적 탐측기(Active Sensor)에 해당되는 것은?

① RBV(Return Beam Vidicon)
② MSS(Multi Spectral Scanner)
③ SAR(Synthetic Aperture Radar)
④ TM(Thematic Mapper)

Guide • 수동적 센서(Passive Sensor)
대상물에서 방사되는 전자기파를 수집하는 방식
예 MSS, TM, HRV
• 능동적 센서(Active Sensor)
전자기파를 발사하여 대상물에서 반사되는 전자기파를 수집하는 방식
예 SAR(SLAR), LiDAR

23 다음 중 우리나라 위성으로 옳은 것은?

① IKONOS   ② LANDSAT
③ KOMPSAT   ④ IRS

Guide KOMPSAT는 아리랑 위성으로 우리나라에서 개발한 다목적 실용위성이다.

24 카메라의 초점거리가 160mm이고, 사진 크기가 18cm×18cm인 연직사진측량을 하였을 때 기선고도비는?(단, 종중복 60%, 사진축척은 1:20,000이다.)

① 0.45   ② 0.55
③ 0.65   ④ 0.75

Guide • $M = \dfrac{1}{m} = \dfrac{f}{H} \rightarrow \dfrac{1}{20,000} = \dfrac{0.16}{H}$
$\rightarrow H = 3,200\text{m}$
• $B = ma(1-p) = 20,000 \times 0.18(1-0.6) = 1,440\text{m}$
∴ 기선고도비$\left(\dfrac{B}{H}\right) = \dfrac{1,440}{3,200} = 0.45$

25 사진을 조정의 기본단위로 하는 항공삼각측량 방법은?

① 광속(번들)조정법   ② 독립입체모형법
③ 다항식법   ④ 스트립조정법

Guide 광속조정법은 상좌표를 사진좌표로 변환시킨 다음 사진좌표로부터 직접 절대좌표를 구하는 방법이다.

26 항공사진측량에 관한 설명으로 옳은 것은?

① 항공사진측량은 주로 지형도 제작을 목적으로 수행된다.
② 항공사진측량은 좁은 지역에서도 능률적이며 경제적이다.
③ 항공사진측량은 기상 조건의 제약을 거의 받지 않는다.
④ 항공사진측량은 지상 기준점 측량이 필요 없다.

Guide 항공사진측량은 지형도 작성 및 판독에 주로 이용된다.

27 격자의 수치표고모형(Raster DEM)과 비교할 때, 불규칙 삼각망 수치표고모형(Triangulated Irregular Network DEM)의 특징으로 옳은 것은?

① 표고값만 저장되므로 자료량이 적다.
② 밝기값(Gray Value)으로 표고를 나타낼 수 있다.
③ 불연속선을 삼각형의 한 변으로 나타낼 수 있다.
④ 보간에 의해 만들어진 2차원 자료이다.

Guide 불규칙 삼각망은 수치모형이 갖는 자료의 중복을 줄일 수 있으며, 격자형 자료의 단점인 해상력 저하, 해상력 조절, 중요한 정보의 상실 가능성을 해소할 수 있다.

28 촬영고도 800m, 초점거리 153mm이고 중복도 65%로 연직촬영된 사진의 크기가 23cm×23cm인 한 쌍의 항공사진이 있다. 철탑의 하단부 시차가 14.8mm, 상단부 시차가 15.3mm이었다면 철탑의 실제 높이는?

① 5m   ② 10m
③ 15m   ④ 20m

Guide $b_0 = a(1-p) = 0.23(1-0.65) = 0.08\text{m}$
∴ $h = \dfrac{H}{b_0} \cdot \Delta p = \dfrac{800}{0.08} \times 0.0005 = 5\text{m}$

정답 22 ③ 23 ③ 24 ① 25 ① 26 ① 27 ③ 28 ①

29 일반카메라와 비교할 때, 항공사진측량용 카메라의 특징에 대한 설명으로 옳지 않은 것은?

① 렌즈의 왜곡이 적다.
② 해상력과 선명도가 높다.
③ 렌즈의 피사각이 크다.
④ 초점거리가 짧다.

> **Guide** 일반카메라와 비교할 때, 항공사진측량용 카메라의 초점거리(f)가 길다.

30 사진측량의 표정점 종류가 아닌 것은?

① 접합점 ② 자침점
③ 등각점 ④ 자연점

> **Guide** 표정점의 종류에는 자연점, 지상기준점, 대공표지, 보조기준점(종접합점), 횡접합점, 자침점이 있다.

31 회전주기가 일정한 인공위성을 이용하여 영상을 취득하는 경우에 대한 설명으로 옳지 않은 것은?

① 관측이 좁은 시야각으로 행하여지므로 얻어진 영상은 정사투영영상에 가깝다.
② 관측영상이 수치적 자료이므로 판독이 자동적이고 정량화가 가능하다.
③ 회전주기가 일정하므로 반복적인 관측이 가능하다.
④ 필요한 시점의 영상을 신속하게 수신할 수 있다.

> **Guide** 회전주기가 일정하므로 원하는 지점 및 시기에 관측하기가 어렵다.

32 어느 지역의 영상으로부터 "논"의 훈련지역(Training Field)을 선택하여 해당 영상소를 "P"로 표기하였다. 이때 산출되는 통계값과 사변형 분류법(Parallelepiped Classification)을 이용하여 "논"을 분류한 결과로 적당한 것은?

<영상>

<훈련지역>

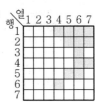

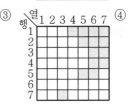

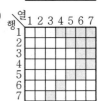

> **Guide** 논의 트레이닝 필드지역 통계값을 분석하면 3~5이므로 영상에서 3~5 사이의 값을 선택하면 된다.

33 원격탐사에서 영상자료의 기하보정이 필요한 경우가 아닌 것은?

① 다른 파장대의 영상을 중첩하고자 할 때
② 지리적인 위치를 정확히 구하고자 할 때
③ 다른 일시 또는 센서로 취한 같은 장소의 영상을 중첩하고자 할 때
④ 영상의 질을 높이거나 태양입사각 및 시야각에 의해 영향을 보정할 때

> **Guide** 기하학적 보정이 필요한 경우
> • 지리적인 위치를 정확히 구하고자 할 때
> • 다른 파장대의 영상을 중첩하고자 할 때
> • 다른 일시 또는 센서로 취한 같은 장소의 영상을 중첩하고자 할 때
> ※ ④는 라디오메트릭 보정(방사량보정)을 말한다.

34 항측용 디지털 카메라에 의한 영상을 이용하여 직접 수치지도를 제작하는 과정에 필요한 과정이 아닌 것은?

① 정위치편집　　② 일반화편집
③ 구조화편집　　④ 현지보완측량

> **Guide** 영상을 이용하여 직접 수치지도를 제작하는 과정에는 자료취득(기존지형도, 항공사진측량, LiDAR 등)과 지형공간정보의 표현(정위치편집, 구조화편집) 및 현지보완측량이 필요하며, 수치영상을 취득하였을 경우 영상처리 및 영상정합 방법이 추가된다.

35 표정 중 종시차를 소거하여 목표지형물의 상대적 위치를 맞추는 작업은?

① 접합표정　　② 내부표정
③ 절대표정　　④ 상호표정

> **Guide** 상호표정은 양 투영기에서 나오는 광속이 촬영 당시 촬영면 상에 이루어지는 종시차를 소거하여 목표물의 상대적 위치를 맞추는 작업이다.

36 사진의 크기 24cm×18cm, 초점거리 25cm, 촬영고도 5,400m일 때 이 사진의 포괄 면적은?

① 25.4km^2　　② 20.2km^2
③ 18.8km^2　　④ 10.8km^2

> **Guide**
> $$M = \frac{1}{m} = \frac{f}{H} = \frac{0.25}{5,400} = \frac{1}{21,600}$$
> $$\therefore A = (ma) \cdot (mb)$$
> $$= (21,600 \times 0.24) \times (21,600 \times 0.18)$$
> $$= 20,155,392 \text{m}^2$$
> $$\fallingdotseq 20.2 \text{km}^2$$

37 정합의 대상기준에 따른 영상정합의 분류에 해당되지 않는 것은?

① 영역 기준 정합　　② 객체형 정합
③ 형상 기준 정합　　④ 관계형 정합

> **Guide** 영상정합의 분류
> • 영역 기준 정합
> • 형상 기준 정합
> • 관계형 정합

38 사진측량의 촬영방향에 의한 분류에 대한 설명으로 옳지 않은 것은?

① 수직사진 – 광축이 연직선과 일치하도록 공중에서 촬영한 사진
② 수렴사진 – 광축이 서로 평행하게 촬영한 사진
③ 수평사진 – 광축이 수평선과 거의 일치하도록 지상에서 촬영한 사진
④ 경사사진 – 광축이 연직선과 경사지도록 공중에서 촬영한 사진

> **Guide** 수렴사진은 사진기의 광축을 서로 교차시켜 촬영하는 방법이다.

39 비행속도 190km/h인 항공기에서 초점거리 153mm인 카메라로 어느 시가지를 촬영한 항공사진이 있다. 허용 흔들림 양이 사진상에서 0.01mm, 최장 노출시간이 1/250초, 사진 크기가 23cm×23cm일 때 이 사진상에서 연직점으로부터 7cm 떨어진 위치에 있는 실제 높이가 120m인 건물의 기복변위는?

① 2.4mm　　② 2.6mm
③ 2.8mm　　④ 3.0mm

> **Guide**
> $$T_l = \frac{\Delta s \cdot m}{V} \rightarrow$$
> $$\frac{1}{250} = \frac{0.00001 \times \dfrac{H}{0.153}}{\dfrac{190 \times 1,000}{3,600}} \rightarrow H = 3,230 \text{m}$$
> $$\therefore \Delta r = \frac{h}{H} \cdot r$$
> $$= \frac{120}{3,230} \times 0.07$$
> $$= 0.0026 \text{m} = 2.6 \text{mm}$$

40 항공사진의 촬영 시 사진축척과 관련된 내용으로 옳은 것은?

① 초점거리에 비례한다.
② 비행고도와 비례한다.
③ 촬영속도에 비례한다.
④ 초점거리의 제곱에 비례한다.

정답 34 ②　35 ④　36 ②　37 ②　38 ②　39 ②　40 ①

Guide
$$사진축척(M) = \frac{1}{m} = \frac{f}{H}$$

∴ 사진축척은 초점거리(f)에 비례하고, 촬영고도(H)와는 반비례한다.

Subject 03 지리정보시스템(GIS) 및 위성측위시스템(GNSS)

41 메타데이터(Metadata)에 대한 설명으로 거리가 먼 것은?

① 일련의 자료에 대한 정보로서 자료를 사용하는 데 필요하다.
② 자료를 생산·유지·관리하는 데 필요한 정보를 담고 있다.
③ 자료에 대한 내용, 품질, 사용조건 등을 알 수 있다.
④ 정확한 정보를 유지하기 위해 수정 및 갱신이 불가능하다.

Guide 메타데이터는 데이터베이스, 레이어, 속성, 공간형상과 관련된 정보로서 데이터에 대한 데이터로서 정확한 정보를 유지하기 위해 일정주기로 수정 및 갱신을 하여야 한다.

42 그림의 2차원 쿼드트리(Quadtree)의 총 면적은?(단, 최하단에서 하나의 셀의 면적을 2로 가정)

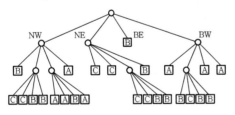

① 16
② 25
③ 64
④ 128

Guide 최하단의 하나의 셀 면적 : 2
2차원 n분할 쿼드트리의 총 면적 : $2^n \times 2^n$
∴ 셀 면적이 2인 2차원 3분할 쿼드트리의 총 면적
= $2^3 \times 2^3 \times 2 = 128$

43 GPS의 위성신호 중 주파수가 1,575.42MHz인 L_1의 50,000파장에 해당되는 거리는?(단, 광속 = 300,000km/s로 가정한다.)

① 6,875.23m
② 9,521.27m
③ 10,002.89m
④ 15,754.20m

Guide $\lambda = \frac{c}{f}$ (λ : 파장, c : 광속, f : 주파수)에서
MHz를 Hz 단위로 환산하여 계산하면,
$$\lambda = \frac{300,000}{1,575.42 \times 10^6} = 1.904 \times 10^{-4} km$$
∴ L_1 신호 50,000파장 거리 = $50,000 \times 1.904 \times 10^{-4}$
= 9.52127km
= 9,521.27m

44 항공사진측량에 의한 작업 공정에 따른 수치지도 제작순서로 옳게 나열된 것은?

a. 기준점측량   b. 현지조사
c. 항공사진촬영   d. 정위치편집
e. 수치도화

① c-a-b-e-d
② c-a-e-b-d
③ c-b-a-d-e
④ c-e-a-b-d

Guide 항공사진측량에 의한 수치지도 제작
촬영계획 – 사진촬영 – 기준점측량 – 수치도화 – 현지조사 – 정위치편집 – 구조화편집 – 수치지도
∴ c-a-e-b-d

45 불규칙삼각망(TIN)에 대한 설명으로 옳지 않은 것은?

① 주로 Delaunay 삼각법에 의해 만들어진다.
② 고도값의 내삽에는 사용될 수 없다.
③ 경사도, 사면방향, 체적 등을 계산할 수 있다.
④ DEM 제작에 사용된다.

Guide TIN의 특징
• 세 점으로 연결된 불규칙 삼각형으로 구성된 삼각망이다.
• 적은 자료로서 복잡한 지형을 효율적으로 나타낼 수 있다.
• 벡터 구조로 위상정보를 가지고 있다.
• 델로니 삼각망을 주로 사용한다.
• 불규칙 표고 자료로부터 등고선을 제작하는 데 사용된다.

※ 불규칙 표고 자료를 이용하여 고도값의 내삽에 사용된다.

정답 41 ④ 42 ④ 43 ② 44 ② 45 ②

46 벡터 데이터 취득방법이 아닌 것은?

① 매뉴얼 디지타이징(Manual Digitizing)
② 헤드업 디지타이징(Head-up Digitizing)
③ COGO 데이터 입력(COGO input)
④ 래스터라이제이션(Rasterization)

> **Guide** 격자화(Rasterization)
> 벡터에서 격자구조로 변환하는 것으로 벡터 구조를 일정한 크기로 나눈 다음, 동일한 폴리곤에 속하는 모든 격자들은 해당 폴리곤의 속성값으로 격자에 저장한다.

47 수치지형모델 중의 한 유형인 수치표고모델(DEM)의 활용과 거리가 가장 먼 것은?

① 토지피복도(Land Cover Map)
② 3차원 조망도(Perspective View)
③ 음영기복도(Shaded Relief Map)
④ 경사도(Slope Map)

> **Guide** DEM은 경사도, 사면방향도, 단면 분석, 절·성토량 산정, 등고선 작성 등 다양한 분야에 활용되고 있다.
> ※ 토지피복도는 삼림지, 목초지, 농경지 등 실제 토지 표면의 유형을 보여주는 지도이다.

48 벡터 구조의 특징으로 옳지 않은 것은?

① 그래픽의 정확도가 높다.
② 복잡한 현실세계의 구체적 묘사가 가능하다.
③ 자료구조가 단순하다.
④ 데이터 용량의 축소가 용이하다.

> **Guide** 벡터구조는 격자구조에 비해 자료구조가 복잡하다.

49 지리정보시스템(GIS)의 공간분석에서 선형 공간객체의 특성을 이용한 관망(Network)분석 기법으로 가능한 분석과 거리가 가장 먼 것은?

① 댐 상류의 유량 추정 및 오염 발생이 하류에 미치는 영향 분석
② 하나의 지점에서 다른 지점으로 이동 시 최적 경로 선정
③ 특정 주거지역의 면적 산정과 인구 파악을 통한 인구밀도의 계산

④ 창고나 보급소, 경찰서, 소방서와 같은 주요 시설물의 위치 선정

> **Guide** 특정 주거지역의 면적 산정, 인구밀도의 계산은 관망분석과는 거리가 멀다.

50 지리정보시스템(GIS)의 특징에 대한 설명으로 틀린 것은?

① 사용자의 요구에 맞는 주제도 제작이 용이하다.
② GIS 데이터는 CAD 데이터에 비해 형식이 간단하다.
③ 수치데이터로 구축되어 지도축척의 변경이 용이하다.
④ GIS 데이터는 자료의 통계분석과 분석결과에 따라 다양한 지도 제작이 가능하다.

> **Guide** 지리정보시스템(GIS)
> 지구 및 우주공간 등 인간활동 공간에 관련된 제반 과학적 현상을 정보화하고 시·공간적 분석을 통하여 그 효용성을 극대화하기 위한 정보체계로 CAD 및 그래픽 기능보다 다양하게 운용할 수 있는 정보시스템이다.
> ※ GIS 데이터는 CAD 데이터에 비해 형식이 복잡하다.

51 공간분석 위상관계에 대한 설명으로 옳지 않은 것은?

① 위상관계란 공간자료의 상호관계를 정의한다.
② 위상관계란 인접한 점, 선, 면 사이의 공간적 관계를 나타낸다.
③ 위상관계란 공간객체와 속성정보의 연결을 의미한다.
④ 위상관계에서 한 노드(Node)를 공유하는 모든 아크(Arc)는 상호 연결성의 존재가 반드시 필요하다.

> **Guide** 위상관계(Topology)
> 공간관계를 정의하는 데 쓰이는 수학적 방법으로서 입력된 자료의 위치를 좌푯값으로 인식하고 각각의 자료 간의 정보를 상대적 위치로 저장하며, 선의 방향, 특성들 간의 관계, 연결성, 인접성, 영역 등을 정의함으로써 공간분석을 가능하게 한다.

52 지리정보시스템(GIS) 구축에 대한 용어 설명으로 옳지 않은 것은?

① 변환 – 구축된 자료 중에서 필요한 자료를 쉽게 찾아낸다.

② 분석 – 자료를 특성별로 분류하여 자료가 내포하는 의미를 찾아낸다.

③ 저장 – 수집된 자료를 전산자료로 저장한다.

④ 수집 – 필요한 자료를 획득한다.

Guide 자료변환은 인쇄된 기록들을 GIS 프로그램들에 적합한 형식으로 변환하는 것을 말한다.

53 지리정보시스템(GIS)의 기능과 거리가 먼 것은?

① 데이터 획득 및 저장

② 데이터 관리 및 검색

③ 데이터 유통 및 가격 결정

④ 데이터 분석 및 표현

Guide GIS의 주요 기능
• 자료 입력
• 자료 처리 및 분석
• 자료 출력

※ GIS의 구축을 위한 작업과정
자료입력 – 부호화 – 자료정비 – 조작처리 – 출력

54 GNSS측량과 수준측량에 의한 높이값의 관계를 나타낸 내용이다. ( ) 안에 가장 적합한 용어가 순서대로 나열된 것은?

> GNSS 측량에 의해 결정되는 높이값은 ( )에 해당되며, 레벨에 의해 직접수준측량으로 구해진 높이값은 ( )를 기준으로 한 ( )가 된다. 따라서 GNSS 측량과 수준측량을 동일 관측점에서 실시하게 되면 그 지점의 ( )를 알 수 있게 된다.

① 표고 – 타원체 – 지오이드고 – 비고

② 지오이드고 – 타원체 – 비고 – 표고

③ 타원체고 – 타원체 – 지오이드고 – 표고

④ 타원체고 – 지오이드 – 표고 – 지오이드고

Guide • 타원체고 : 타원체면에서 지표면까지 높이
• 정표고 : 지오이드면에서 지표면까지 높이
• 지오이드고 : 타원체고와 정표고의 차

55 GNSS 수신데이터에 대한 공통데이터 포맷은?

① RINEX   ② DGPS

③ NGIS   ④ RTCM

Guide 라이넥스(RINEX)
GNSS측량에서 수신기의 기종이 다르고 기록형식이나 자료의 내용이 다르기 때문에 기종을 혼용하면 기선 해석에 어려움이 있다. 이를 통일시킨 자료형식으로 다른 기종 간에 기선 해석이 가능하도록 한 것으로 1996년부터 GNSS의 공동포맷으로 사용하고 있다. 여기서 만들어지는 공통적인 자료로는 의사거리, 위상자료, 도플러 자료 등이 있다.

56 과학기술용 위성 등 저궤도 위성에 탑재된 GNSS 수신기를 이용한 정밀위성궤도 결정과 가장 유사한 지상측량의 방법은?

① 위상데이터를 이용한 이동측위

② 위상데이터를 이용한 정지측위

③ 코드데이터를 이용한 이동측위

④ 코드데이터를 이용한 정지측위

Guide 저궤도 위성의 궤도 결정
GNSS 관측 데이터에 포함된 GNSS 위성 및 수신기의 시계 오차를 제거하기 위하여, 저궤도 위성에 탑재된 GNSS 수신기로부터 획득된 데이터와 IGS 지상국들로부터 측정된 GNSS 데이터를 결합하여 이중 차분을 수행하는 DGNSS 기법을 적용한다(위상데이터를 이용한 이동측위).

※ 저궤도 위성 : 지구 상공 500~1,500km 궤도에서 운용되며, 주로 원격 탐사와 기상 관측에 이용된다.

57 지리정보시스템(GIS) 표준과 관련된 국제기구는?

① Open Geosatial Consortium

② Open Source Consortium

③ Open Scene Graph

④ Open GIS Library

Guide OGC(Open Geospatial Consortium)
공간정보 표준 컨소시엄은 1994년에 발족한 국제 GIS 추진기구로 공간정보 콘텐츠의 제공, GIS 자료처리 및 자료 공유 등의 발전을 도모하기 위한 각종 기준을 제공한다.

58 지리정보시스템(GIS)의 데이터 처리를 위한 데이터베이스 관리시스템(DBMS)에 대한 설명으로 거리가 가장 먼 것은?

① 복잡한 조건 검색 기능이 불필요하여 구조가 간단하다.
② 자료의 중복 없이 표준화된 형태로 저장되어 있어야 한다.
③ 데이터베이스의 내용을 표시할 수 있어야 한다.
④ 데이터 보호를 위한 안전관리가 되어 있어야 한다.

Guide DBMS(Database Management System)는 파일처리 방식의 단점을 보완하기 위해 도입되었으며, 자료의 입력과 검토 · 저장 · 조회 · 검색 · 조작할 수 있는 도구를 제공한다.
• 파일처리방식에 비하여 시스템 구성이 복잡하다.
• 중앙제어가 가능하나 집중화된 통제에 따른 위험이 있다.
• 데이터의 보호를 위한 안전관리가 되어 있어야 한다.
• 데이터의 중복을 최소화한다.

59 GNSS를 이용한 측량 분야의 활용으로 거리가 가장 먼 것은?

① 해양 작업선의 위치 결정
② 택배 운송차량의 위치 정보 확인
③ 터널 내의 선형 및 단면 측량
④ 댐, 교량 등의 변위 측정

Guide GNSS는 위치나 시간정보를 필요로 하는 모든 분야에 이용될 수 있기 때문에 매우 광범위하게 응용되고 있으나 위성의 수신이 되지 않는 터널 내의 측량은 불가능하다.

60 지리정보시스템(GIS)의 하드웨어 구성 중 자료 출력장비가 아닌 것은?

① 플로터   ② 프린터
③ 자동 제도기   ④ 해석 도화기

Guide GIS 출력장비
• 모니터   • 필름제조
• 프린터   • 제도기
• 플로터
※ 해석 도화기는 사진측량에서 이용되는 장비이다.

Subject **04** 측량학

✔ 측량 관련 법규는 출제 당시 법률을 기준으로 해설되었음을 알려드립니다.

61 삼변측량에서 $\cos \angle A$를 구하는 식으로 옳은 것은?

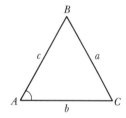

① $\dfrac{a^2 + c^2 - b^2}{2ac}$ ② $\dfrac{b^2 + c^2 - a^2}{2bc}$

③ $\dfrac{a^2 + b^2 - c^2}{2bc}$ ④ $\dfrac{a^2 - c^2 + b^2}{2ac}$

Guide cosine 제2법칙

• $\cos \angle A = \dfrac{b^2 + c^2 - a^2}{2bc}$

• $\cos \angle B = \dfrac{a^2 + c^2 - b^2}{2ac}$

• $\cos \angle C = \dfrac{a^2 + b^2 - c^2}{2ab}$

62 측량에서 발생되는 오차 중 주로 관측자의 미숙과 부주의로 인하여 발생되는 오차는?

① 착오   ② 정오차
③ 부정오차   ④ 표준오차

Guide 관측자의 미숙, 부주의에 의해 발생되는 오차를 착오, 과실, 과대오차라고 한다.

---

63 우리나라의 평면직각좌표계에 대한 설명 중 틀린 것은?

① 축척계수는 0.9996이다.
② 원점의 위도는 모두 북위 38°이다.
③ 투영원점의 가산수치는 $X(N)$에 대하여 600,000m이다.
④ 투영원점의 가산수치는 $Y(E)$에 대하여 200,000m이다.

Guide 우리나라의 평면직각좌표에서 원점의 축척계수는 1.0000 이다.

64 A, B점 간의 고저차를 구하기 위해 그림과 같이 (1), (2), (3) 노선에 대한 직접수준측량을 실시하여 표와 같은 결과를 얻었다면 최확값은?

구분	관측결과	노선길이
(1)	32.234m	2km
(2)	32.245m	1km
(3)	32.240m	1km

① 32.238m
② 32.239m
③ 32.241m
④ 32.246m

Guide 경중률은 노선거리에 반비례하므로 경중률 비를 취하면,

$$W_1 : W_2 : W_3 = \frac{1}{S_1} : \frac{1}{S_2} : \frac{1}{S_3}$$
$$= \frac{1}{2} : \frac{1}{1} : \frac{1}{1}$$
$$= 1 : 2 : 2$$

∴ 최확값(H)
$$= \frac{W_1 H_1 + W_2 H_2 + W_3 H_3}{W_1 + W_2 + W_3}$$
$$= 32.200 + \frac{(1 \times 0.034) + (2 \times 0.045) + (2 \times 0.040)}{1 + 2 + 2}$$
$$= 32.241\text{m}$$

65 등고선의 성질에 대한 설명으로 옳지 않은 것은?

① 낭떠러지와 동굴에서는 교차한다.
② 등고선 간 최단거리의 방향은 그 지표면의 최대 경사 방향을 가리킨다.

③ 등고선은 도면 안 또는 밖에서 반드시 폐합하며 도중에 소실되지 않는다.
④ 등고선은 경사가 급한 곳에서는 간격이 넓고, 경사가 완만한 곳에서는 간격이 좁다.

Guide 등고선은 경사가 급한 곳에서는 간격이 좁고, 경사가 완만한 곳에서는 간격이 넓다.

66 측량장비 중 두 점 간의 각과 거리를 동시에 관측할 수 있는 장비는?

① 토털스테이션(Total Station)
② 세오돌라이트(Theodolite)
③ GPS(Global Positioning System) 수신기
④ EDM(Electro-optical Distance Measuring)

Guide 토털스테이션 장비는 거리뿐만 아니라 수평 및 연직각을 관측할 수 있는 장비이며, 관측된 데이터를 직접 저장하고 처리할 수 있으므로 3차원 지형정보 획득으로부터 데이터베이스의 구축 및 지형도 제작까지 일괄적으로 처리할 수 있다.

67 그림과 같이 편각을 측정하였다면 $\overline{DE}$의 방위각은?(단, $\overline{AB}$의 방위각은 60°이다.)

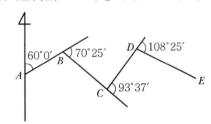

① 145°13′
② 147°13′
③ 149°32′
④ 151°13′

Guide • $\overline{AB}$ 방위각 = 60°
• $\overline{BC}$ 방위각 = 60° + 70°25′ = 130°25′
• $\overline{CD}$ 방위각 = 130°25′ - 93°37′ = 36°48′
∴ $\overline{DE}$ 방위각 = 36°48′ + 108°25′ = 145°13′

68 삼각망의 조정계산에서 만족시켜야 할 기하학적 조건이 아닌 것은?

① 삼각형의 내각의 합은 180°이다.
② 삼각형의 편각의 합은 560°이어야 한다.
③ 어느 한 측점 주위에 형성된 모든 각의 합은 반드시 360°이어야 한다.
④ 삼각형의 한 변의 길이는 그 계산 경로에 관계없이 항상 일정하여야 한다.

Guide 각관측 3조건
• 각조건 : 삼각망 중 각각 삼각형 내각의 합은 180°가 되어야 한다.
• 점조건 : 한 측점 주위에 있는 모든 각의 총합은 360°가 되어야 한다.
• 변조건 : 삼각망 중에서 임의 한 변의 길이는 계산순서에 관계없이 동일하여야 한다.

69 기지점의 지반고 86.37m, 기지점에서의 후시 3.95m, 미지점에서의 전시 2.04m일 때 미지점의 지반고는?

① 80.38m ② 84.46m
③ 88.28m ④ 92.36m

Guide $H_{미지점} = H_{기지점} + 후시 - 전시$
$= 86.37 + 3.95 - 2.04$
$= 88.28m$

70 삼각망 내 어떤 삼각형의 구과량이 10″일 때, 그 구면삼각형의 면적은?(단, 지구의 반지름은 6,370km이다.)

① 1,047km² ② 1,574km²
③ 1,967km² ④ 2,532km²

Guide
$\varepsilon'' = \dfrac{A}{r^2} \cdot \rho'' \rightarrow$

$10'' = \dfrac{A}{6,370^2} \times 206,265''$

$\therefore A = 1,967km^2$

71 직사각형의 면적을 구하기 위하여 거리를 관측한 결과, 가로=50.00±0.01m, 세로=100.00±0.02m이었다면 면적에 대한 오차는?

① ±0.01m² ② ±0.02m²
③ ±0.98m² ④ ±1.41m²

Guide
$M = \pm \sqrt{(L_2 \cdot m_1)^2 + (L_1 \cdot m_2)^2}$
$= \pm \sqrt{(100 \times 0.01)^2 + (50 \times 0.02)^2}$
$= \pm 1.41m^2$

72 각측량에서 기계오차의 소거방법 중 망원경을 정·반위로 관측하여도 제거되지 않는 오차는?

① 시준선과 수평축이 직교하지 않아 생기는 오차
② 수평 기포관축이 연직축과 직교하지 않아 생기는 오차
③ 수평축이 연직축에 직교하지 않아 생기는 오차
④ 회전축에 대하여 망원경의 위치가 편심되어 생기는 오차

Guide 기포관축과 연직축은 직교해야 하는데 직교하지 않아 생기는 오차를 연직축오차라 한다. 이는 망원경을 정위와 반위로 관측하여도 소거는 불가능하다.

73 경중률에 대한 설명으로 옳은 것은?

① 경중률은 동일 조건으로 관측했을 때 관측횟수에 반비례한다.
② 경중률은 평균의 크기에 비례한다.
③ 경중률은 관측거리에 반비례한다.
④ 경중률은 표준편차의 제곱에 비례한다.

Guide 경중률은 관측값의 신뢰도를 나타내며 다음과 같은 성질을 가진다.
• 경중률은 관측횟수(N)에 비례한다.
$W_1 : W_2 : W_3 = N_1 : N_2 : N_3$
• 경중률은 노선거리(S)에 반비례한다.
$W_1 : W_2 : W_3 = \dfrac{1}{S_1} : \dfrac{1}{S_2} : \dfrac{1}{S_3}$
• 경중률은 평균제곱근오차(m)의 제곱에 반비례한다.
$W_1 : W_2 : W_3 = \dfrac{1}{m_1^{\,2}} : \dfrac{1}{m_2^{\,2}} : \dfrac{1}{m_3^{\,2}}$

74 어느 정사각형 형태의 지역에 대한 실제 면적이 A, 지형도상의 면적이 B일 때 이 지형도의 축척으로 옳은 것은?

① $B : A$
② $\sqrt{B} : A$
③ $B : \sqrt{A}$
④ $\sqrt{B} : \sqrt{A}$

Guide
$$(축척)^2 = \left(\frac{1}{m}\right)^2 = \frac{지형도상\ 면적(B)}{실제\ 면적(A)}$$
$$\therefore 축척 = \sqrt{B} : \sqrt{A}$$

75 측량업자로서 속임수, 위력, 그 밖의 방법으로 측량업과 관련된 입찰의 공정성을 해친 자에 대한 벌칙 기준은?

① 3년 이하의 징역 또는 3천만 원 이하의 벌금
② 2년 이하의 징역 또는 2천만 원 이하의 벌금
③ 1년 이하의 징역 또는 1천만 원 이하의 벌금
④ 300만 원 이하의 과태료

Guide 공간정보의 구축 및 관리 등에 관한 법률 제107조(벌칙)
측량업자나 수로사업자로서 속임수, 위력, 그 밖의 방법으로 측량업 또는 수로사업과 관련된 입찰의 공정성을 해친 자는 3년 이하의 징역 또는 3천만 원 이하의 벌금에 처한다.

76 성능검사를 받아야 하는 측량기기와 검사주기로 옳은 것은?

① 레벨 : 1년
② 토털스테이션 : 2년
③ 지피에스(GPS) 수신기 : 3년
④ 금속관로 탐지기 : 4년

Guide 공간정보의 구축 및 관리 등에 관한 법률 시행령 제97조(성능검사의 대상 및 주기 등)
성능검사를 받아야 하는 측량기기와 검사주기는 다음과 같다.
1. 트랜싯(데오드라이트) : 3년
2. 레벨 : 3년
3. 거리측정기 : 3년
4. 토털스테이션 : 3년
5. 지피에스(GPS) 수신기 : 3년
6. 금속관로 탐지기 : 3년

77 다음 중 기본측량성과의 고시내용이 아닌 것은?

① 측량의 종류
② 측량의 정확도
③ 측량성과의 보관 장소
④ 측량 작업의 방법

Guide 공간정보의 구축 및 관리 등에 관한 법률 시행령 제13조(측량성과의 고시)
측량성과의 고시에는 다음의 사항이 포함되어야 한다.
1. 측량의 종류
2. 측량의 정확도
3. 설치한 측량기준점의 수
4. 측량의 규모(면적 또는 지도의 장 수)
5. 측량실시의 시기 및 지역
6. 측량성과의 보관 장소
7. 그 밖에 필요한 사항

78 공간정보의 구축 및 관리 등에 관한 법률의 제정목적에 대한 설명으로 가장 적합한 것은?

① 국토의 효율적 관리와 해상교통의 안전 및 국민의 소유권 보호에 기여함
② 국토개발의 중복 배제와 경비 절감에 기여함
③ 공간정보 구축의 기준 및 절차를 규정함
④ 측량과 지적측량에 관한 규칙을 정함

Guide 공간정보의 구축 및 관리 등에 관한 법률 제1조(목적)
이 법은 측량 및 수로조사의 기준 및 절차와 지적공부·부동산 종합공부의 작성 및 관리 등에 관한 사항을 규정함으로써 국토의 효율적 관리와 해상교통의 안전 및 국민의 소유권 보호에 기여함을 목적으로 한다.

79 측량기준점 중 국가기준점에 해당되지 않는 것은?

① 위성기준점
② 통합기준점
③ 삼각점
④ 공공수준점

Guide 공간정보의 구축 및 관리 등에 관한 법률 시행령 제8조(측량기준점의 구분)
측량기준점은 다음과 같이 구분한다.
1. 국가기준점 : 우주측지기준점, 위성기준점, 수준점, 중력점, 통합기준점, 삼각점, 지자기점, 수로기준점, 영해기준점
2. 공공기준점 : 공공삼각점, 공공수준점
3. 지적기준점 : 지적삼각점, 지적삼각보조점, 지적도근점

80 공공측량 작업계획서에 포함되어야 할 사항이 아닌 것은?

① 공공측량의 사업명
② 공공측량 성과의 보관 장소
③ 공공측량의 위치 및 사업량
④ 공공측량의 목적 및 활용 범위

Guide 공간정보의 구축 및 관리 등에 관한 법률 시행규칙 제21조(공공측량 작업계획서의 제출)
공공측량 작업계획서에 포함되어야 할 사항은 다음과 같다.
1. 공공측량의 사업명
2. 공공측량의 목적 및 활용 범위
3. 공공측량의 위치 및 사업량
4. 공공측량의 작업기간
5. 공공측량의 작업방법
6. 사용할 측량기기의 종류 및 성능
7. 사용할 측량성과의 명칭, 종류 및 내용
8. 그 밖에 작업에 필요한 사항

EXERCISES
기출문제

2017년 9월 23일 시행

본 문제의 해설은 출제자의 의도와 일치되지 않을 수 있으며, 문제 및 정답은 일부 오탈자가 있을 수 있으므로 학습시 의문사항이 있으면 예문사 또는 저자에게 문의하여 주시기 바랍니다. 또한, 본 기출문제는 시행 당시의 이론 및 법규에 의하여 해설되었음을 알려드립니다.

Subject 01 응용측량

01 댐 외부의 수평변위에 대한 측정방법으로 가장 부적합한 것은?

① 삼각측량　　② GNSS측량
③ 삼변측량　　④ 시거측량

> **Guide** 시거측량은 1/500 ~ 1/1,000의 정확도밖에 얻을 수 없어 변위계측에는 부적합하다.

02 노선측량의 주요 대상이 아닌 것은?

① 해안선　　② 운하
③ 도로　　④ 철도

> **Guide** 해안선측량은 해안선 및 부근의 지형과 지물을 실측하는 측량이므로 노선측량의 대상과는 거리가 멀다.

03 하천측량에서 평면측량의 일반적인 범위는?

① 유제부에서 제외지 및 제내지 300m 이내, 무제부에서는 홍수영향 구역보다 약간 넓게
② 유제부에서 제외지 및 제내지 200m 이내, 무제부에서는 홍수영향 구역보다 약간 좁게
③ 유제부에서 제내지 및 제외지 200m 이내, 무제부에서는 홍수영향 구역보다 약간 넓게
④ 유제부에서 제내지 및 제외지 300m 이내, 무제부에서는 홍수영향 구역보다 약간 좁게

> **Guide** 평면측량 범위
> • 무제부 : 홍수가 영향을 주는 구역보다 약간 넓게, 즉 홍수 시에 물이 흐르는 맨 옆에서 100m까지
> • 유제부 : 제외지 전부와 제내지의 300m 이내

04 댐의 저수용량 계산에 주로 사용되는 체적 계산방법은?

① 점고법　　② 등고선법
③ 단면법　　④ 절선법

> **Guide** 등고선법에 의한 체적 계산은 저수용량(댐수량)을 산정할 경우 편리한 방법이다.

05 수로측량에서 수심, 안벽측심, 해안선 등 원도 작성에 필요한 일체의 자료를 일정한 도식에 따라 작성한 도면을 무엇이라고 하는가?

① 해양측도　　② 측량원도
③ 측심도　　④ 해류도

> **Guide** 원도 작성에 필요한 일체의 자료를 일정한 도식에 따라 작성한 도면을 측량원도라 한다.

06 수로측량의 수심을 결정하기 위한 기준면으로 사용되는 것은?

① 대조의 평균고조면　　② 약최고고조면
③ 평균저조면　　④ 기본수준면

> **Guide** 수로측량의 수심은 기본수준면으로부터의 깊이로 표시한다.

07 원곡선 설치에 있어서 접선장(T.L)을 구하는 공식은?(단, R은 곡선반지름, I는 교각)

① $T.L = R\sin\dfrac{I}{2}$

② $T.L = R\cos\dfrac{I}{2}$

③ $T.L = R\tan\dfrac{I}{2}$

④ $T.L = R\left(1 - \cos\dfrac{I}{2}\right)$

정답 01 ④　02 ①　03 ①　04 ②　05 ②　06 ④　07 ③

> **Guide** 접선장(T.L) $= R \cdot \tan\dfrac{I}{2}$

08 클로소이드 곡선에 대한 설명으로 옳은 것은?

① 클로소이드의 모양은 하나밖에 없지만 매개변수 A를 바꾸면 크기가 다른 무수한 클로소이드를 만들 수 있다.

② 클로소이드는 길이를 연장한 모양이 목걸이 모양으로 연주곡선이라고도 한다.

③ 매개변수 A＝100m인 클로소이드를 축척 1：1,000 도면에 그리기 위해서는 A＝100cm인 클로소이드를 그려 넣으면 된다.

④ 클로소이드 요소에는 길이의 단위를 가진 것과 면적의 단위를 가진 것으로 나눠진다.

> **Guide** 클로소이드는 나선의 일종이며 모든 클로소이드는 닮은꼴이므로 매개변수 A를 바꾸면 크기가 다른 닮은 클로소이드를 만들 수 있다.

09 자동차가 곡선구간을 주행할 때에는 뒷바퀴가 앞바퀴보다 곡선의 내측에 치우쳐서 통과하므로 차선폭을 증가시켜 주는 확폭의 크기(Slack)는?(단, R : 차량 중심의 회전반지름, L : 전후 차륜거리)

① $\dfrac{L}{2R}$ 　　② $\dfrac{L^2}{2R}$

③ $\dfrac{L}{3R}$ 　　④ $\dfrac{L^2}{3R}$

> **Guide** 차량이 곡선 위를 주행할 때 뒷바퀴가 앞바퀴보다 안쪽을 통과하게 되므로 차선 너비를 넓혀야 하는데 이를 확폭(Slack)이라 한다.
> 확폭량 $(\varepsilon) = \dfrac{L^2}{2R}$

10 직사각형 형태의 토지를 30m의 테이프로 측정하였더니 가로 42m, 세로 32m를 얻었다. 이때 테이프가 30m에 대하여 1.5cm 늘어나 있었다면 면적의 오차는?

① 0.900m² 　　② 1.109m²

③ 1.344m² 　　④ 1.394m²

> **Guide** • 측정면적＝42×32＝1,344m²
> • 실제면적＝$\dfrac{(부정길이)^2 \times 관측면적}{(표준길이)^2}$
> $= \dfrac{30.015^2 \times 1,344}{30^2}$
> $= 1,345.344\text{m}^2$
> ∴ 면적오차＝1,345.344 － 1,344 ＝ 1.344m²

11 하천측량에서 횡단면도의 작성에 필요한 측량으로 하천의 수면으로부터 하저까지의 깊이를 구하는 측량은?

① 유속측량 　　② 유량측량

③ 양수표 수위관측 　　④ 심천측량

> **Guide** 심천측량은 하천의 수심 및 유수부분의 하저상황을 조사하고 횡단면도를 제작하는 측량이다.

12 교각이 60°인 단곡선 설치에서 외할(E)이 20m일 때 곡선반지름(R)은?

① 112.28m 　　② 129.28m

③ 132.56m 　　④ 168.35m

> **Guide** 외할$(E) = R\left(\sec\dfrac{I}{2} - 1\right) \rightarrow$
> $20 = R\left(\sec\dfrac{60°}{2} - 1\right)$
> ∴ $R = 129.28\text{m}$

13 수심이 h인 하천에서 수면으로부터 0.2h, 0.6h, 0.8h 깊이의 유속이 각각 0.76m/s, 0.64m/s, 0.45m/s일 때 2점법으로 계산한 평균유속은?

① 0.545m/s 　　② 0.605m/s

③ 0.700m/s 　　④ 0.830m/s

> **Guide** $V_m = \dfrac{1}{2}(V_{0.2} + V_{0.8})$
> $= \dfrac{1}{2}(0.76 + 0.45) = 0.605\text{m/s}$

14 그림과 같은 단곡선에서 다음과 같은 측량 결과를 얻었다. 곡선반지름(R) = 50m, α = 41°40′00″, $\angle$ADB = $\angle$DAO = 90°일 때 $\overline{AD}$의 거리는?

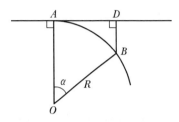

① 33.24m ② 35.43m
③ 37.35m ④ 44.50m

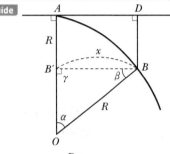

$$\frac{x}{\sin\alpha} = \frac{R}{\sin\gamma} \rightarrow$$

$$x = \frac{\sin 41°40'}{\sin 90°} \times 50 = 33.24\text{m}$$

$\overline{AD} \parallel \overline{B'B}$

$\therefore \overline{AD}$의 거리 = 33.24m

15 축척 1 : 500인 도면상에서 삼각형 세 변 a, b, c의 길이가 a = 5cm, b = 6cm, c = 7cm 이었다면 실제 면적은?

① 173.2m² ② 240.3m²
③ 367.4m² ④ 402.8m²

Guide $\frac{1}{m} = \frac{\text{도상길이}}{\text{실제길이}}$ 에서, 삼각형 세 변 a, b, c의 도상길이를 실제길이로 바꾸면,

- $a = 500 \times 0.05 = 25\text{m}$
- $b = 500 \times 0.06 = 30\text{m}$
- $c = 500 \times 0.07 = 35\text{m}$

$\bullet$ $S = \frac{1}{2}(a+b+c) = \frac{1}{2}(25+30+35) = 45\text{m}$

$\therefore A = \sqrt{S(S-a)(S-b)(S-c)}$
$= \sqrt{45(45-25)(45-30)(45-35)}$
$= 367.4\text{m}^2$

16 그림과 같이 두 변의 길이가 각각 45.4m, 38.6m이고, $\angle$ABC가 118°30′인 삼각형의 면적은?

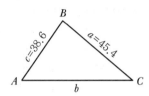

① 245.35m² ② 248.13m²
③ 770.04m² ④ 780.94m²

Guide $A = \frac{1}{2} \cdot a \cdot c \cdot \sin\angle ABC$

$= \frac{1}{2} \times 45.4 \times 38.6 \times \sin 118°30'$

$= 770.04\text{m}^2$

17 표고가 425.880m인 BM으로부터 터널 내 P점의 표고를 측정한 결과가 그림과 같다면 P점의 표고는?

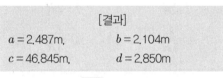

[결과]	
a = 2.487m,	b = 2.104m
c = 46.845m,	d = 2.850m

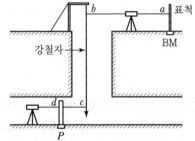

① 376.568m ② 380.776m
③ 383.989m ④ 386.476m

Guide $H_P = H_{BM} + 후시 - 전시$
$$= 425.88 + 2.487 - (44.741 + 2.850)$$
$$= 380.776m$$

18 터널 내에서 차량 등에 의하여 파괴되지 않도록 견고하게 만든 기준점을 무엇이라 하는가?

① 시표(Target)　　② 자이로(Gyro)
③ 갱도(坑道)　　　④ 다보(Dowel)

Guide 도벨(Dowel, 다보)
터널측량에서 장기간에 걸쳐 사용하는 터널의 중심점, 지시설비, 중심선 상의 노반을 넓이 30cm, 깊이 30~40cm로 파고 그 속에 콘크리트를 타설하고 중심선이 지나는 지점에 목괴를 묻어 중심점을 표시하는 못을 박은 것을 말한다.

19 어느 지역의 토공량을 구하기 위해 사각형 격자의 교점에 대하여 수준측량을 하여 얻은 절토고(단위 : m)가 그림과 같을 때 절토량은?(단, 모든 격자의 크기는 가로 5m, 세로 4m이다.)

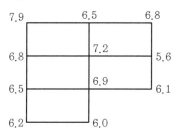

① 298.5m³　　　② 333.3m³
③ 666.5m³　　　④ 675.5m³

Guide $V = \dfrac{A}{4}(\sum h_1 + 2\sum h_2 + 3\sum h_3 + 4\sum h_4)$
$$= \frac{5 \times 4}{4}\{33.0 + (2 \times 25.4) + (3 \times 6.9) + (4 \times 7.2)\}$$
$$= 666.5m^3$$

20 면적측량에 대한 설명으로 틀린 것은?

① 삼사법에서는 삼각형의 밑변과 높이를 되도록 같게 하는 것이 이상적이다.
② 삼변법은 정삼각형에 가깝게 나누는 것이 이상적이다.
③ 구적기는 불규칙한 형의 면적측정에 널리 이용된다.
④ 심프슨 제2법칙은 사다리꼴 2개를 1조로 생각하여 면적을 계산한다.

Guide 심프슨 제2법칙은 사다리꼴 3개를 1조로 하여 3차 포물선으로 생각하여 면적을 계산한다.

Subject 02 사진측량 및 원격탐사

21 다음 중 항공삼각측량 결과로 얻을 수 없는 정보는?

① 건물의 높이
② 지형의 경사도
③ 댐에 저장된 물의 양
④ 어떤 지점의 3차원 위치

Guide 항공사진측량으로 지형 및 지물의 3차원 좌표 취득 및 지형도 제작은 가능하나 댐에 저장된 물의 양을 정확하게 관측하는 것은 불가능하다.

22 표정작업에서 발생한 불완전 입체모형에 대한 설명으로 옳지 않은 것은?

① 원인은 구름, 수면 등일 경우가 많다.
② 표정점의 기준은 일반적으로 6점이다.
③ 표정점의 배치와 관련이 있다.
④ 일반적으로 절대표정에 관련된다.

Guide 표정작업에서 발생한 불완전 입체모형에 대한 것은 일반적으로 상호표정에 관련된다.

23 사진의 외부표정요소는?

① 사진의 초점거리와 필름의 크기
② 사진촬영 간격과 항공기의 속도
③ 사진의 촬영위치와 촬영방향
④ 사진의 축척과 중복도

Guide 사진측량의 외부표정요소
촬영위치(X_0, Y_0, Z_0)와 촬영방향(κ, ϕ, ω)

24 편위수정에 대한 설명으로 옳지 않은 것은?

① 사진지도 제작과 밀접한 관계가 있다.
② 경사사진을 엄밀수직사진으로 고치는 작업이다.
③ 지형의 기복에 의한 변위가 완전히 제거된다.
④ 4점의 평면좌표를 이용하여 편위수정을 할 수 있다.

Guide 편위수정
사진의 경사와 축척을 바로 수정하여 축척을 통일시키고 변위가 없는 연직사진으로 수정하는 작업이며, 일반적으로 4개의 표정점이 필요하다.

25 위성영상의 처리단계는 전처리와 후처리로 분류된다. 다음 중 전처리에 해당되는 것은?

① 영상분류
② 기하보정
③ 3차원 시각화
④ 수치표고모델 생성

Guide 위성영상 처리에서 방사량 왜곡 및 기하학적 왜곡을 보정하는 공정을 전처리라고 한다.

26 비행고도가 동일할 때 보통각, 광각, 초광각의 세 가지 카메라로 촬영할 경우 사진축척이 가장 작게 결정되는 것은?

① 초광각사진
② 광각사진
③ 보통각사진
④ 모두 동일

Guide 비행고도가 동일할 때 초광각사진기가 가장 포괄면적이 넓고, 초점거리가 짧으므로 축척이 가장 작다.

27 수치영상자료가 8bit로 표현된다고 할 때, 영상 픽셀값의 수치표현 범위로 옳은 것은?

① 0~63
② 1~64
③ 0~255
④ 1~256

Guide Digital Number는 수치영상의 하나의 픽셀수치로 대상물의 상대적인 반사나 발산을 표현하는 양이며, 정수 8bit 영상에서 DN 값의 범위는 0 ~ 255이다.

28 적외선 영상, 레이더 영상, 천연색 영상 등을 이용하여 대상체와 직접적인 물리적 접촉 없이 정보를 획득하는 측량방법은?

① GPS측량
② 전자평판측량
③ 원격탐사
④ 수준측량

Guide 원격탐사는 탐사 개체에 직접적인 접촉 없이 대상물의 정보를 측정하거나 수집하는 기법이다.

29 사진크기가 24cm×18cm인 항공사진의 축척이 1 : 20,000일 때 사진상에 촬영되는 면적은?

① 16.84km²
② 17.28km²
③ 18.32km²
④ 19.25km²

Guide $A = (m \cdot a) \times (m \cdot b)$
$= (20,000 \times 0.24) \times (20,000 \times 0.18)$
$= 17,280,000\text{m}^2 = 17.28\text{km}^2$

30 넓이가 20km×40km인 지역에서 항공사진을 촬영한 결과, 유효면적이 15.09km²라 하면 이 지역에 필요한 사진매수는?(단, 안전율은 30%이다.)

① 55매
② 61매
③ 65매
④ 69매

Guide 사진매수(N) $= \dfrac{F}{A_0}(1+안전율)$

$= \dfrac{20 \times 40}{15.09} \times (1+0.3)$

$= 68.92 ≒ 69매$

31 영상좌표를 사진좌표로 바꾸는 과정을 무엇이라고 하는가?

① 영상정합   ② 내부표정
③ 상호표정   ④ 기복변위 보정

Guide 영상좌표(Image Coordinate)로부터 사진좌표(Photo Coordinate)를 구하는 작업을 내부표정이라 한다.

32 다음의 조건을 가진 사진들 중에서 입체시가 가능한 것은?

① 50% 이상 중복 촬영된 사진 2매
② 광각 사진기에 의하여 촬영된 사진 1매
③ 한 지점에서 반복 촬영된 사진 2매
④ 대상 지역 파노라마 사진 1매

Guide 사진측량에 있어서 입체시할 때는 같은 비행코스의 연속된 2장의 사진이 필요하며, 최소 50% 이상 중복이 되어야 한다.

33 사진측량의 특징에 대한 설명으로 옳지 않은 것은?

① 지상측량에 비해 외업 시간이 짧다.
② 사진측량의 영상은 중심투영상이다.
③ 개인적인 원인에 의한 관측오차가 적게 발생한다.
④ 측량의 축척이 소축척보다는 대축척일 때 경제적이다.

Guide 사진측량은 소축척일 때 경제적이다.

34 다음은 어느 지역의 영상과 동일한 지역의 지도이다. 이 자료를 이용하여 "논"의 훈련지역(Training field)을 선택한 결과로 적당한 것은?

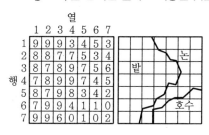

35 일반적으로 디지털 원격탐사 자료에 사용되는 컬러 좌표시스템은?

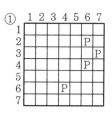 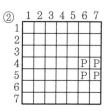

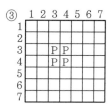 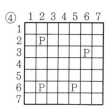

Guide 행렬의 위치가 논 지역에 해당하는 것으로 ①의 P점은 논 지역에 해당한다.(②, ③, ④의 P점은 일부 또는 전체가 밭 또는 호수지역에 해당한다.)

35 일반적으로 디지털 원격탐사 자료에 사용되는 컬러 좌표시스템은?

① 청색(B) – 백색(W) – 황색(Y)
② 백색(W) – 황색(Y) – 적색(R)
③ 적색(R) – 녹색(G) – 청색(B)
④ 녹색(G) – 청색(B) – 백색(W)

Guide 디지털 원격탐사 자료에 사용되는 컬러 좌표시스템에는 RGB(Red, Green, Blue), IHS(Intensity, Hue, Saturation), CMY(Cyan, Magenta, Yellow) 등이 있다.

36 표고 200m의 평탄한 토지를 축척 1 : 10,000으로 촬영한 항공사진의 촬영기선길이는? (단, 사진크기 23cm × 23cm, 종중복도 65%)

① 1,400m   ② 1,150m
③ 920m   ④ 805m

Guide 촬영 기선길이$(B) = ma(1-p)$
$= 10,000 \times 0.23 \times (1-0.65)$
$= 805m$

37 상호표정(Relative Orientation)에 대한 설명으로 옳지 않은 것은?

① 상호표정은 X방향의 횡시차를 소거하는 작업이다.

② 상호표정은 Y방향의 종시차를 소거하는 작업이다.

③ 상호표정은 보통 내부표정 후에 이루어지는 작업이다.

④ 상호표정을 하기 위해서는 5개의 표정인자를 사용한다.

> **Guide** 상호표정
> • 내부표정에서 얻어진 사진좌표를 이용하여 모델좌표를 얻기 위한 과정이다.
> • 양 투영기에서 나오는 광속이 촬영 당시 촬영면에 이루어지는 종시차(y방향)를 소거하여 목표 지형물의 상대위치를 맞추는 작업이다.
> • 상호표정 인자 : κ, ϕ, ω, b_y, b_z
> • 종시차는 종접합점을 기준으로 제거한다.

38 야간이나 구름이 많이 낀 기상조건에서 취득이 가장 용이한 영상은?

① 항공 영상
② 레이더 영상
③ 다중파장 영상
④ 고해상도 위성 영상

> **Guide** 레이더 영상은 기상조건과 시간적인 조건에 영향을 받지 않는다는 장점을 가지고 있는 능동적 센서이다.

39 사진의 크기가 20cm×20cm인 수직항공사진에서 주점기선길이가 90mm이었다면 이 사진의 종중복도는?

① 45% ② 55%
③ 60% ④ 65%

> **Guide** $b_0 = a\left(1 - \dfrac{p}{100}\right) \rightarrow$
> $9 = 20 \times \left(1 - \dfrac{p}{100}\right)$
> $\therefore p = \left(1 - \dfrac{9}{20}\right) \times 100 = 55\%$

40 항공사진에 나타나는 사진지표를 서로 마주보는 것끼리 연결한 직선의 교점은?

① 주점 ② 연직점
③ 등각점 ④ 중력점

> **Guide**
>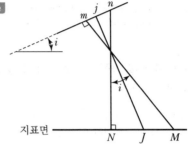
> 사진의 특수 3점
> • 주점(m) : 사진의 중심점으로서 렌즈 중심으로부터 화면에 내린 수선의 발
> • 연직점(n) : 렌즈 중심으로부터 지표면에 내린 수선의 발
> • 등각점(j) : 주점과 연직점이 이루는 각을 2등분한 선

Subject **03** 지리정보시스템(GIS) 및 위성측위시스템(GNSS)

41 다음 중 등치선도 형태의 주제도에 가장 적합한 정보는?

① 기압 ② 행정구역
③ 토지이용 ④ 주요 관광지

> **Guide** 등치선도
> 통계적 표면을 지도로 나타낸 것으로 인구밀도, 평균소득, 경작지 면적, 평균지가, 기압 등을 표현한 것이다.

42 객체관계형 공간 데이터베이스에서 질의를 위해 주로 사용하는 언어는?

① DML ② GML
③ OQL ④ SQL

> **Guide** 객체관계형 공간 데이터베이스에서는 관계형에서 사용되고 있는 표준 질의어인 SQL을 주로 사용한다.

정답 37 ① 38 ② 39 ② 40 ① 41 ① 42 ④

43 지리정보시스템(GIS) 분석방법 중 차량 경로 탐색이나 최단 거리 탐색, 최적 경로 분석, 자원 할당 분석 등에 주로 사용되는 것은?

① 면사상 중첩 분석
② 버퍼 분석
③ 선사상 중첩 분석
④ 네트워크 분석

Guide 네트워크(Network) 분석
상호 연결된 선형의 객체가 형성하는 일정 패턴이나 프레임 상의 위치 간 관련성을 고려하는 분석으로 최적 경로계산, 자원 할당 분석 등이 있다.

44 지리정보시스템(GIS)의 이용목적에 따른 용어 설명이 옳지 않은 것은?

① UIS – 환경정보체계
② LIS – 토지정보체계
③ FM – 시설물 관리시스템
④ AM – 도면자동화시스템

Guide 도시정보체계(UIS ; Urban Information System)

45 지리정보시스템의 자료입력과정에서 종이지도를 래스터 데이터의 형태로 입력할 수 있는 장비는?

① 스캐너
② 키보드
③ 마우스
④ 디지타이저

Guide 스캐너(Scanner)
위성이나 항공기에서 자료를 직접 기록하거나 지도 및 영상을 수치로 변화시키는 장치로, 스캐너로 입력한 자료는 래스터 자료이다.

46 DOP에 대한 설명으로 틀린 것은?

① DOP는 위성이 기하학적인 배치에 따라 결정된다.
② DOP 값이 클수록 위치가 정확하게 결정된다.
③ PDOP는 3차원 위치에 대한 추정 정밀도와 관계된다.
④ 상대측위에서는 상대적 위치의 정밀도를 나타내는 RDOP를 사용한다.

Guide DOP 수치가 클 때는 정밀측량을 피하는 것이 좋다.

47 사용자가 직접 응용프로그램과 서비스를 개발할 수 있도록 공개된 라이브러리로 지도 서비스와 같이 누구나 접근하여 사용할 수 있는 인터페이스를 의미하는 것은?

① Mash – up
② Ontology
③ Open API
④ Web 1.0

Guide 오픈 애플리케이션 프로그램 인터페이스(Open API)
누구나 사용할 수 있도록 공개된(Open) '응용 프로그램 개발환경(API ; Application Programming Interface)'. 임의의 응용 프로그램을 쉽게 만들 수 있도록 준비된 프로토콜 도구 같은 집합으로 소프트웨어나 프로그램의 기능을 다른 프로그램에서도 활용할 수 있도록 표준화된 인터페이스를 공개하는 것을 말한다.

48 GPS에서 사용하고 있는 신호가 아닌 것은?

① C/A
② L_1
③ L_2
④ E5

Guide GPS 신호체계
• 반송파(Carrier)
  – L_1 : 1,575.42MHz(154×10.23MHz),
      C/A – code와 P – code 변조 가능
  – L_2 : 1,227.60MHz(120×10.23MHz),
      P – code만 변조 가능
• 코드(Code)
  – P 코드
  – C/A 코드

49 수록된 데이터의 내용, 품질, 작성자, 작성일자 등과 같은 유용한 정보를 제공하여 데이터 사용을 편리하게 하기 위한 것은?

① 위상데이터
② 공간데이터
③ 메타데이터
④ 속성데이터

Guide 메타데이터(Metadata)
실제 데이터는 아니지만 데이터베이스, 레이어, 속성, 공간형상 등과 관련된 데이터의 내용, 품질, 조건 및 특징 등을 저장한 데이터로서 데이터에 관한 데이터의 이력을 말한다.

50 지리정보시스템(GIS) 자료의 종류 중 가계수입의 '저소득', '중간소득', '고소득'과 같이 어떤 자연적인 순서는 표현할 수 있지만 계산이 불가능한 자료값을 의미하는 것은?

① 명목 자료값(Nominal Data Value)
② 순서 자료값(Ordinal Data Value)
③ 간격 자료값(Interval Data Value)
④ 비율 자료값(Ratio Data Value)

> **Guide** 서열 척도
> 서열 척도는 자료의 상대적인 값을 서열 또는 순위별로 나타내는 것이다.
> ※ 순서 자료값 = 자료의 척도 중 서열 척도

51 지리정보시스템(GIS) 자료의 품질 향상을 위한 방안과 가장 거리가 먼 것은?

① 철저한 인력 관리
② 철저한 비용 절감
③ 논리적 일관성 확보
④ 위치 및 속성 정확도의 관리

> **Guide** GIS 자료의 품질 평가 기준
> • 데이터 이력   • 위치 정확성
> • 속성 정확성   • 논리적 일관성
> • 완결성

52 GNSS(Global Navigational Satellite System)와 같은 위성측위시스템과 거리가 먼 것은?

① GPS   ② GLONASS
③ IKONOS   ④ GALILEO

> **Guide** GNSS 위성군
> GPS(미국), GLONASS(러시아), Galileo(유럽연합)
> ※ IKONOS 위성은 1998년에 발사된 미국의 상업용 위성으로서 해상력이 1m×1m인 고해상도 위성이다.

53 GPS에 이용되는 좌표계는?

① WGS72   ② IUGG74
③ GRS80   ④ WGS84

> **Guide** GPS 위성측량에서 이용되는 좌표계는 WGS84 좌표계이다.

54 특용작물 재배 적합지를 물색하기 위해 그림과 같이 주제도를 만들었다. 해발 500m 이상이며 사질토인 밭에 작물이 잘 자란다고 한다면 적합지로 옳은 것은?

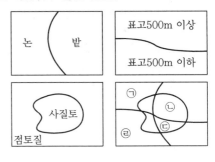

① ㉠   ② ㉡
③ ㉢   ④ ㉣

> **Guide** 특용작물 재배 적합지(조건)
> = 해발 500m 이상 and 사질토 and 밭
>
>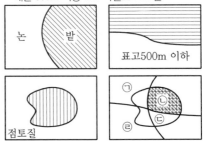

55 벡터 데이터의 특성에 대한 설명으로 옳지 않은 것은?

① 자료 구조가 래스터보다 복잡하다.
② 레이어의 중첩분석이 래스터보다 용이하다.
③ 위상 관계를 이용한 공간분석이 가능하다.
④ 객체의 형상이 점, 선, 면으로 표현된다.

> **Guide** 레이어의 중첩분석이 래스터보다 용이하지 않다.

정답 50 ② 51 ② 52 ③ 53 ④ 54 ② 55 ②

56 지리정보분야에 대한 표준화를 위해 지리적 위치와 직·간접으로 관련이 되는 사물이나 현상에 대한 정보표준규격을 수립하는 국제 표준화기구는?

① KSO/TC211 ② IT389
③ LBS ④ ISO/TC211

Guide ISO/TC211(국제표준화기구 지리정보전문위원회)
지리정보 분야의 국제표준화 기구로서 수치로 된 지리정보 분야에 대한 표준화를 다루는 기술위원회로 구성되어 지리적 위치와 직·간접으로 관련이 되는 사물이나 현상에 대한 정보표준규격을 수립한다.

57 아래와 같은 100m 해상도의 DEM에서 최대 경사방향에 해당하는 경사도는?

200	225	250
225	250	275
250	275	300

① 20% ② 25%
③ 30% ④ 35%

Guide
최대 경사방향 = 높이차/수평거리

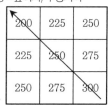

$$\frac{(300-200)}{\sqrt{200^2+200^2}} \times 100 = 35.35\%$$

58 래스터(Raster) 데이터의 구성요소로 옳은 것은?

① Line ② Point
③ Pixel ④ Polygon

Guide 래스터 자료구조는 그리드(Grid), 셀(Cell) 또는 픽셀(Pixel)로 구성된 배열이며, 어떤 위치의 격자값을 저장하고 연산하여 표현하는 방식이다.

59 아래의 래스터 데이터에 중앙값 윈도우(Median Kernel)를 3×3 크기로 적용한 결과로 옳은 것은?

7	3	5	7	1
7	5	5	1	7
5	4	2	5	9
9	2	3	8	3
0	7	1	4	7

①
5	5	5
5	4	5
3	4	4

②
5	5	1
4	2	5
2	3	8

③
7	7	9
9	8	9
9	8	9

④
2	1	1
2	1	1
0	1	1

Guide 중앙값 방법(Median Method)
영상결함을 제거하는 기법으로 가장 많이 사용하는 방법으로 어떤 영상소의 주변 값을 작은 값부터 재배열한 후 가장 중앙의 값을 새로운 값으로 설정 후 치환하는 방법이다.

7	3	5
7	5	5	→ 2 3 4 5 ⑤ 5 5 7 7
5	4	2

3	5	7
5	5	1	→ 1 2 3 4 ⑤ 5 5 5 7
4	2	5

5	7	1
5	1	7	→ 1 1 2 5 ⑤ 5 7 9
2	5	9

7	5	5
5	4	2	→ 2 2 3 4 ⑤ 5 5 7 9
9	2	3

5	5	1
4	2	5	→ 1 2 2 3 ④ 5 5 5 8
2	3	8

5	1	7
2	5	9	→ 1 2 3 3 ⑤ 5 7 8 9
3	8	3

5	4	2
9	2	3	→ 0 1 2 2 ③ 4 5 7 9
0	7	1

4	2	5
2	3	8
7	1	4

→ 1 2 2 3 ④ 4 5 7 8

2	5	9
3	8	3
1	4	7

→ 1 2 3 3 ④ 5 7 8 9

∴

5	5	5
5	4	5
3	4	4

60 TIN(Triangulated Irregular Network)의 특징이 아닌 것은?

① 연속적인 표면을 표현하는 방법으로 부정형의 삼각형으로 이루어진 모자이크 식으로 표현한다.

② 벡터데이터 모델로 추출된 표본 지점들이 x, y, z 값을 가지고 있다.

③ 표본점으로부터 삼각형의 네트워크를 생성하는 방법은 대표적으로 델로니(Delaunay) 삼각법이 사용된다.

④ TIN 자료모델에는 각 점과 인접한 삼각형들 간에 위상관계(Topology)가 형성되지 않는다.

> **Guide** TIN(Triangular Irregular Network)
> • 공간을 불규칙한 삼각형으로 분할하여 지형의 표고를 나타낸다.
> • 적은 양의 자료를 사용하여 복잡한 지형을 상세히 나타낼 수 있다.
> • 벡터 자료구조로 위상을 가지고 있다.
> • 불규칙하게 분포된 지형자료를 이용하여 지형을 표현할 때 효과적이다.
> • 델로니(Delaunay) 삼각망을 주로 사용한다.

Subject 04 측량학

✔ 측량 관련 법규는 출제 당시 법률을 기준으로 해설되었음을 알려드립니다.

61 수평각 관측법에 대한 설명 중 틀린 것은?

① 단각법은 1개의 각을 1회 관측하는 방법이다.

② 배각법은 1개의 각을 2회 이상 반복 관측하여 평균하는 방법이다.

③ 방향각법은 한 점 주위에 있는 각을 연속해서 관측할 때 사용하는 방법이다.

④ 조합각관측법은 수평각 관측법 중 정확도가 가장 낮은 관측방법이다.

> **Guide** 수평각 관측방법
> • 단각법 : 1개의 각을 1회 관측하는 방법으로 수평각 관측방법 중 가장 간단한 방법이다.
> • 배각법 : 1개의 각을 2회 이상 관측하여 관측횟수로 나누어서 구하는 관측방법이다.
> • 방향각법 : 어떤 시준방향을 기준으로 하여 각 시준방향에 이르는 각을 관측하는 방법이다.
> • 조합각관측법 : 수평각 관측방법 중 가장 정확한 값을 얻을 수 있는 방법이며, 1등 삼각측량에 이용된다.

62 기포 한 눈금의 길이가 2mm, 감도가 20″일 때 기포관의 곡률반지름은?

① 20.63m   ② 23.26m

③ 32.12m   ④ 38.42m

> **Guide**
> $$\theta'' = \frac{m}{R} \cdot \rho''$$
> $$\therefore R = \frac{m}{\theta''} \cdot \rho''$$
> $$= \frac{2}{20''} \times 206,265'' = 20,626.5\text{mm} = 20.63\text{m}$$

63 다각측량의 폐합오차 조정방법 중에서 컴퍼스 법칙(Compass Rule)을 주로 사용하는 경우는?

① 각 관측과 거리 관측의 정밀도가 동일할 때

② 각 관측과 거리 관측에 큰 오차를 포함하고 있을 때

③ 각 관측의 정밀도가 거리 관측의 정밀도보다 높을 때

④ 각 관측의 정밀도가 거리 관측의 정밀도보다 낮을 때

> **Guide** 폐합오차 조정방법
> • 컴퍼스법칙 : 각 관측의 정도와 거리 관측의 정도가 동일할 때 실시하는 방법으로 각 측선의 길이에 비례하여 오차를 배분한다.
> • 트랜싯법칙 : 각 관측의 정도가 거리관측의 정도보다 높을 때 이용되며 위거, 경거의 오차를 각 측선의 위거 및 경거에 비례하여 배분한다.

64 지구의 장반경을 a, 단반경을 b라고 할 때 편평률을 나타내는 식은?

① $\dfrac{a}{a-b}$　　② $\dfrac{b}{a-b}$

③ $\dfrac{a-b}{a}$　　④ $\dfrac{a-b}{b}$

Guide

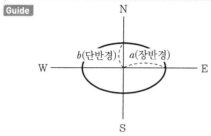

$$\therefore 편평률(P) = \dfrac{a-b}{a}$$

65 그림의 측점 C에서 점 Q 및 점 P 방향에 장애물이 있어서 시준이 불가능하여 편심거리 e만큼 떨어진 B점에서 각 T를 관측했다. 측점 C에서의 측각 T'은?

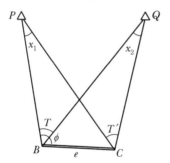

① $T' = T + x_1 - x_2$

② $T' = T - x_1 - x_2$

③ $T' = T - x_1$

④ $T' = T + x_1$

Guide $T + x_1 = T' + x_2$
$\therefore T' = T + x_1 - x_2$

66 다음 중 삼각망의 정확도가 가장 높은 것은?

① 단일삼각망　　② 유심삼각망
③ 단열삼각망　　④ 사변형삼각망

Guide 사변형삼각망
기선 삼각망에 이용하며, 조건식의 수가 가장 많아 정밀도가 높다. 조정이 복잡하고 포함 면적이 작으며 시간과 비용이 많이 소요된다.

67 어느 측선을 20m 줄자로 4회에 나누어 80m를 관측하였다. 1회 관측에 5mm의 누적오차와 ±5mm의 우연오차가 있었다면 정확한 거리는?

① 80.02 ± 0.02m　　② 80.02 ± 0.01m
③ 80.01 ± 0.02m　　④ 80.01 ± 0.01m

Guide • 누적오차 $= n \cdot \Delta l = 4 \times 5 = +20\text{mm} = +0.02\text{m}$
• 부정오차$(M) = \pm m \sqrt{n} = \pm 5\text{mm} \sqrt{4} = \pm 0.01\text{m}$
$\therefore$ 정확한 거리$= (80+0.02) \pm 0.01$
$\qquad\qquad = 80.02 \pm 0.01\text{m}$

68 교호수준측량에 관한 설명으로 옳지 않은 것은?

① 교호수준측량은 하천, 계곡 등이 있어 중간 지점에 레벨을 세울 수 없을 경우 실시한다.
② 교호수준측량에 사용되는 기계는 레벨과 수준척(표척)이다.
③ 교호수준측량은 기압차를 이용한 간접수준측량 관측방법에 속한다.
④ 교호수준측량은 표척의 시준거리를 같게 설치한다.

Guide 교호수준측량(Reciprocal Leveling)
하천이나 계곡에 있어서 레벨을 중간에 세울 수 없을 경우에 실시하는 수준측량으로, 양안에 관측점으로부터 같은 거리에 떨어진 위치에 각각 레벨을 세워 측량하고 각각의 고저차를 얻어 이를 평균함으로써 양 측점 간의 고저차를 얻는 방법이므로 기압차를 이용한 간접수준측량과는 관련이 없다.

69 다각측량 결과가 그림과 같고 측점 B의 좌표가 (100, 100), $\overline{BC}$의 길이가 100m일 때, C점의 좌표(x, y)는?(단, 좌표의 단위는 m이다.)

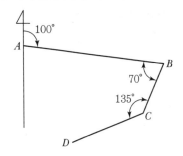

① (13.4, 50)
② (50, 12.5)
③ (70, 13.4)
④ (50, 70)

> **Guide** • $\overline{AB}$ 방위각 = 100°
> • $\overline{BC}$ 방위각 = $\overline{AB}$ 방위각 + 180° − ∠B
> $= 100° + 180° − 70°$
> $= 210°$
> • $x_C = x_B + (\overline{BC}$ 거리 × cos $\overline{BC}$ 방위각)
> $= 100 + (100 × \cos 210°)$
> $= 13.4\text{m}$
> • $y_C = y_B + (\overline{BC}$ 거리 × sin $\overline{BC}$ 방위각)
> $= 100 + (100 × \sin 210°)$
> $= 50.0\text{m}$
> ∴ C점의 좌표(x, y) = (13.4, 50.0)

70 지구를 구체로 보고 지표면상을 따라 40km 를 측정했을 때 평면상의 오차 보정량은?(단, 지구평균 곡률 반지름은 6370km이다.)

① 6.57cm
② 13.14cm
③ 23.10cm
④ 33.10cm

> **Guide** $\dfrac{d-D}{D} = \dfrac{1}{12}\left(\dfrac{D}{r}\right)^2$
> ∴ $d − D = \dfrac{D^3}{12 × r^2}$
> $= \dfrac{40^3}{12 × 6,370^2}$
> $= 0.0001314\text{km}$
> $= 13.14\text{cm}$

71 수준측량의 오차 중에서 성질이 다른 오차는?

① 표척의 0점 오차
② 시차에 의한 오차
③ 표척눈금이 표준길이와 달라 생기는 오차
④ 시준선과 기포관축이 평행하지 않아 생기는 오차

> **Guide** 직접수준측량의 오차
> • 정오차 : 시준축오차, 표척의 영 눈금오차, 표척의 눈금 부정에 의한 오차, 지구곡률오차, 광선의 굴절오차
> • 부정오차(우연오차) : 시차에 의한 오차, 기상변화에 의한 오차, 기포관의 둔감, 진동/지진에 의한 오차
> • 과실(착오) : 눈금의 오독, 야장의 오기

72 등고선의 성질에 대한 설명으로 옳지 않은 것은?

① 등고선은 분수선(능선)과 직각으로 만난다.
② 높이가 다른 등고선은 절벽이나 동굴의 지형을 제외하고는 교차하거나 만나지 않는다.
③ 등고선은 지표의 최대경사선의 방향과 직교한다.
④ 급경사는 완경사에 비해 등고선 간격이 넓다.

> **Guide** 등고선은 경사가 급한 곳에서는 간격이 좁고, 완만한 경사에서는 간격이 넓다.

73 축척 1 : 10,000 지형도에서 경사가 5%인 등경사선의 인접 주곡선 간 수평거리는?

① 40m
② 50m
③ 100m
④ 200m

> **Guide** 1/10,000 지도에서 주곡선 간격(h)은 5m이므로,
> $i = \dfrac{h}{D} × 100(\%)$
> ∴ $D = \dfrac{h}{i} × 100(\%) = \dfrac{5}{5} × 100 = 100\text{m}$

ersonas.

74 그림과 같이 a_1, a_2, a_3를 같은 경중률로 관측한 결과 $a_1 - a_2 - a_3 = 24''$일 때 조정량으로 옳은 것은?

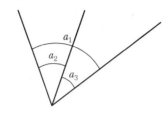

① $a_1 = +8''$, $a_2 = +8''$, $a_3 = +8''$
② $a_1 = -8''$, $a_2 = +8''$, $a_3 = +8''$
③ $a_1 = -8''$, $a_2 = -8''$, $a_3 = -8''$
④ $a_1 = +8''$, $a_2 = -8''$, $a_3 = -8''$

> **Guide** 조정량$= \dfrac{오차}{관측각 수} = \dfrac{24''}{3} = 8''$
> 큰 각 ⊖ 조정, 작은 각 ⊕ 조정
> ∴ $a_1 = -8''$, $a_2 = +8''$, $a_3 = +8''$

75 측량기준점의 구분에 있어서 국가기준점에 해당하지 않는 것은?

① 위성기준점　② 수준점
③ 중력점　　　④ 지적도근점

> **Guide** 공간정보의 구축 및 관리 등에 관한 법률 시행령 제8조 (측량기준점의 구분)
> 측량기준점은 다음과 같이 구분한다.
> 1. 국가기준점 : 우주측지기준점, 위성기준점, 수준점, 통합기준점, 삼각점, 지자기점, 수로기준점, 영해기준점
> 2. 공공기준점 : 공공삼각점, 공공수준점
> 3. 지적기준점 : 지적삼각점, 지적삼각보조점, 지적도근점

76 2년 이하의 징역 또는 2천만 원 이하의 벌금에 해당하는 경우는?

① 성능검사를 부정하게 한 성능검사대행자
② 무단으로 측량성과 또는 측량기록을 복제한 자
③ 심사를 받지 아니하고 지도 등을 간행하여 판매하거나 배포한 자
④ 측량기술자가 아님에도 불구하고 측량을 한 자

> **Guide** 공간정보의 구축 및 관리 등에 관한 법률 제108조(벌칙)
> 다음 각 호의 어느 하나에 해당하는 자는 2년 이하의 징역 또는 2천만 원 이하의 벌금에 처한다.
> 1. 측량기준점 표지를 이전 또는 파손하거나 그 효용을 해치는 행위를 한 자
> 2. 고의로 측량성과 또는 수로조사성과를 사실과 다르게 한 자
> 3. 측량성과를 국외로 반출한 자
> 4. 측량업의 등록을 하지 아니하거나 거짓이나 그 밖의 부정한 방법으로 측량업의 등록을 하고 측량업을 한 자
> 5. 수로사업의 등록을 하지 아니하거나 거짓이나 그 밖의 부정한 방법으로 수로사업의 등록을 하고 수로사업을 한 자
> 6. 성능검사를 부정하게 한 성능검사대행자
> 7. 성능검사 대행자의 등록을 하지 아니하거나 거짓이나 그 밖의 부정한 방법으로 성능검사대행자의 등록을 하고 성능검사업무를 한 자

77 기본측량의 실시공고에 포함하여야 할 사항이 아닌 것은?

① 측량의 종류　　② 측량의 목적
③ 측량의 실시지역　④ 측량의 성과 보관 장소

> **Guide** 공간정보의 구축 및 관리 등에 관한 법률 시행령 제12조 (측량의 실시공고)
> 기본측량의 실시공고에는 다음의 사항이 포함되어야 한다.
> 1. 측량의 종류
> 2. 측량의 목적
> 3. 측량의 실시기간
> 4. 측량의 실시지역
> 5. 그 밖에 측량의 실시에 관하여 필요한 사항

78 공공측량성과 심사 시 측량성과 심사수탁기관이 심사결과의 통지기간을 10일의 범위에서 연장할 수 있는 경우로 옳지 않은 것은?

① 지상현황측량, 수치지도 및 수치표고자료 등의 성과심사량이 면적 10제곱킬로미터 이상일 때
② 성과심사 대상지역의 기상악화 및 천재지변 등으로 심사가 곤란할 때
③ 성과심사 대상지역의 측량성과가 오차가 많을 때
④ 지하시설물도 및 수심측량의 심사량이 200킬로미터 이상일 때

Guide 공간정보의 구축 및 관리 등에 관한 법률 시행규칙 제22조(공공측량성과의 심사)
측량성과 심사수탁기관은 성과심사나 신청을 받은 때에는 접수일로부터 20일 이내에 심사를 하고 서식의 공공측량성과 심사결과서를 작성하여 국토지리정보원장 및 심사신청인에 통지하여야 한다. 다만, 다음의 경우 심사결과의 통지기간을 10일의 범위에서 연장할 수 있다.
1. 성과심사 대상지역의 기상악화 및 천재지변 등으로 심사가 곤란할 때
2. 지상현황측량, 수치지도 및 수치표고자료 등의 성과심사량이 면적 10제곱킬로미터 이상 또는 노선길이 600킬로미터 이상일 때
3. 지하시설물도 및 수심측량의 심사량이 200킬로미터 이상일 때

79 공간정보의 구축 및 관리 등에 관한 법률상 용어의 정의로 옳지 않은 것은?

① 지적측량이란 토지를 지적공부에 등록하거나 지적공부에 등록된 경계점을 지상에 복원하기 위하여 필지의 경계 또는 좌표와 면적을 정하는 측량을 말한다.
② 지번이란 작성된 지적도의 등록번호를 말한다.
③ 일반측량이란 기본측량, 공공측량, 지적측량 및 수로측량 외의 측량을 말한다.
④ 수로측량이란 해양의 수심·지구자기·중력·지형·지질의 측량과 해안선 및 이에 딸린 토지의 측량을 말한다.

Guide 공간정보의 구축 및 관리 등에 관한 법률 제2조(정의)
"지번"이란 필지에 부여하여 지적공부에 등록한 번호를 말한다.

80 측량기술자의 의무 사항에 해당되지 않는 것은?

① 측량기술자는 신의와 성실로써 공정하게 측량을 하여야 하며, 정당한 사유 없이 측량을 거부하여서는 아니 된다.
② 측량에 관한 자료의 수집 및 분석을 하여야 한다.
③ 측량기술자는 둘 이상의 측량업자에게 소속될 수 없다.
④ 측량기술자는 다른 사람에게 측량기술경력증을 빌려주거나 자기의 성명을 사용하여 측량업무를 수행하게 하여서는 아니 된다.

Guide 공간정보의 구축 및 관리 등에 관한 법률 제41조(측량기술자의 의무)
1. 측량기술자는 신의와 성실로써 공정하게 측량을 하여야 하며, 정당한 사유 없이 측량을 거부하여서는 아니 된다.
2. 측량기술자는 정당한 사유 없이 그 업무상 알게 된 비밀을 누설하여서는 아니 된다.
3. 측량기술자는 둘 이상의 측량업자에게 소속될 수 없다.
4. 측량기술자는 다른 사람에게 측량기술경력증을 빌려주거나 자기의 성명을 사용하여 측량업무를 수행하게 하여서는 아니 된다.

정답 79 ② 80 ②

06

2018년
출제경향분석 및
문제해설

출제경향분석 및 출제빈도표
2018년 3월 4일 시행
2018년 4월 28일 시행
2018년 9월 15일 시행

••• 측량 및 지형공간정보산업기사 출제경향분석 및 출제빈도표

1. 출제경향분석

2018년 시행된 측량 및 지형공간정보산업기사의 과목별 출제경향을 살펴보면, 측량학 Part는 전 분야 고르게 출제된 가운데 거리측량과 측량관계법규를 우선 학습한 후 각 파트별로 고루 수험준비를 해야 하며, 사진측량 및 원격탐사 Part는 작년과 비슷하게 출제되었으며, 사진측량에 의한 지형도 제작을 중심으로 학습한 후 원격탐측, 사진의 일반성 순으로 학습하는 것이 효과적이다.
나머지 과목은 매년 출제되는 분야의 비율이 비슷한 양상을 보이고 있으므로 지리정보시스템(GIS) 및 위성측위시스템(GNSS) Part는 GIS의 자료운영 및 분석과 위성측위시스템, GIS의 자료구조 및 생성, 응용측량 Part는 노선측량, 면체적측량, 하천 및 해양측량을 중심으로 먼저 학습 후 출제비율에 따라 순차적으로 학습하는 것이 수험대비에 효과적이라 할 수 있다.

2. 측량학 출제빈도표

시행일 \ 구분 빈도		총론	거리측량	각측량	삼각삼변측량	다각측량	수준측량	지형측량	측량관계법규				총계
									법률	시행령	시행규칙	기타	
산업기사 (2018. 3. 4)	빈도(개)		4	1	1	3	3	2	4	1	1		20
	빈도(%)		20	5	5	15	15	10	20	5	5		100
산업기사 (2018. 4. 28)	빈도(개)	1	4	1	2	2	2	2	3	2	1		20
	빈도(%)	5	20	5	10	10	10	10	15	10	5		100
산업기사 (2018. 9. 15)	빈도(개)	2	4		2	2	2	2	3	3			20
	빈도(%)	10	20		10	10	10	10	15	15			100
총계	빈도(개)	3	12	2	5	7	7	6	10	6	2		60
	빈도(%)	5	20	3.3	8.3	11.7	11.7	10	16.7	10	3.3		100

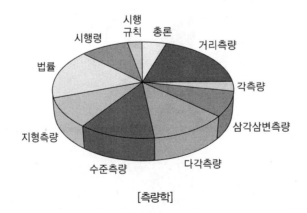

[측량학]

3. 사진측량 및 원격탐사 출제빈도표

시행일	구분 / 빈도	총론	사진의 일반성	사진측량에 의한 지형도제작	사진판독 및 응용	원격탐사	총계
산업기사 (2018. 3. 4)	빈도(개)	1	4	9	1	5	20
	빈도(%)	5	20	45	5	25	100
산업기사 (2018. 4. 28)	빈도(개)	1	2	11	2	4	20
	빈도(%)	5	10	55	10	20	100
산업기사 (2018. 9. 15)	빈도(개)	1	4	10	1	4	20
	빈도(%)	5	20	50	5	20	100
총계	빈도(개)	3	10	30	4	13	60
	빈도(%)	5	16.7	50	6.7	21.7	100

4. 지리정보시스템(GIS) 및 위성측위시스템(GNSS) 출제빈도표

시행일	구분 / 빈도	GIS 총론	GIS의 자료 구조 및 생성	GIS의 자료관리	GIS의 자료 운영 및 분석	GIS의 표준화 및 응용	공간위치 결정	위성측위 시스템(GNSS)	총계
산업기사 (2018. 3. 4)	빈도(개)	3	4		5	3		5	20
	빈도(%)	15	20		25	15		25	100
산업기사 (2018. 4. 28)	빈도(개)	1	3	2	4	4		6	20
	빈도(%)	5	15	10	20	20		30	100
산업기사 (2018. 9. 15)	빈도(개)	2	4	1	8			5	20
	빈도(%)	10	20	5	40			25	100
총계	빈도(개)	6	11	3	17	7		16	60
	빈도(%)	10	18.3	5	28.3	11.7		26.7	100

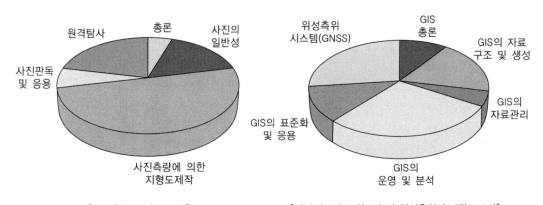

[사진측량 및 원격탐사]

[지리정보시스템(GIS) 및 위성측위시스템(GNSS)]

5. 응용측량 출제빈도표

시행일	구분 빈도	면·체적 측량	노선 측량	하천 및 해양측량	터널 및 시설물측량	경관 및 기타측량	총계
산업기사 (2018. 3. 4)	빈도(개)	5	7	5	2	1	20
	빈도(%)	25	35	25	10	5	100
산업기사 (2018. 4. 28)	빈도(개)	6	6	5	2	1	20
	빈도(%)	30	30	25	10	5	100
산업기사 (2018. 9. 15)	빈도(개)	6	6	5	3		20
	빈도(%)	30	30	25	15		100
총계	빈도(개)	17	19	15	7	2	60
	빈도(%)	28.3	31.7	25	11.7	3.3	100

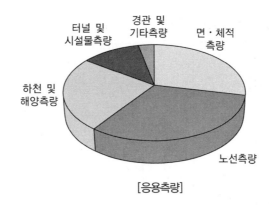

[응용측량]

본 문제의 해설은 출제자의 의도와 일치되지 않을 수 있으며, 문제 및 정답은 일부 오탈자가 있을 수 있으므로 학습시 의문사항이 있으면 예문사 또는 저자에게 문의하여 주시기 바랍니다. 또한, 본 기출문제는 시행 당시의 이론 및 법규에 의하여 해설되었음을 알려드립니다.

Subject 01 응용측량

01 선박의 안전통항을 위해 교량 및 가공선의 높이를 결정하고자 할 때 기준면으로 사용되는 것은?

① 기본수준면
② 약최고고조면
③ 대조의 평균저조면
④ 소조의 평균저조면

Guide 선박의 안전통항을 위한 교량 및 가공선의 높이를 결정하기 위해서는 해안선의 기준인 약최고고조면을 기준으로 한다.

02 터널측량을 실시할 때 작업순서로 옳은 것은?

 a. 터널 내 기준점 설치를 위한 측량을 한다.
 b. 다각측량으로 터널중심선을 설치한다.
 c. 터널의 굴착 단면을 확인하기 위해서 횡단면을 측정한다.
 d. 항공사진측량에 의해 계획지역의 지형도를 작성한다.

① b → d → a → c
② b → a → d → c
③ d → a → c → b
④ d → b → a → c

Guide 터널측량 순서
지형측량 → 중심선측량 → 터널 내외 연결측량 → 터널 내측량

03 하천에서 수위관측소를 설치하고자 할 때 고려하여야 할 사항 중 옳지 않은 것은?

① 상하류의 길이가 약 100m 정도의 직선인 곳

② 합류점이나 분류점으로 수위의 변화가 생기지 않는 곳
③ 홍수 시에 관측지점의 유실, 이동 및 파손의 우려가 없는 곳
④ 교각이나 기타 구조물에 의해 주변에 비해 수위 변화가 뚜렷이 나타나는 곳

Guide 하천에서 수위관측소 설치 시에는 수위가 교각이나 기타 구조물에 의해 영향을 받지 않는 장소이어야 한다.

04 노선측량의 반향곡선에 대한 설명으로 옳은 것은?

① 원호가 공통접선의 한쪽에 있는 곡선이다.
② 원호의 곡률이 곡선길이에 대하여 일정한 비율로 증가하는 곡선이다.
③ 2개의 원호가 공통접선의 양측에 있는 곡선이다.
④ 원곡선에 대하여 외측 방향의 높이를 증가시키는 양을 결정하는 곡선이다.

Guide 반향곡선은 곡선 방향이 반대 방향으로 변한 곡선을 두 원호가 이어져 있어서 어느 한 점에서 공통의 접선을 가지며, 두 원의 중심이 접선에 관하여 서로 반대쪽에 있는 곡선이다.

05 삼각형($\triangle ABC$) 토지의 면적을 구하기 위해 트래버스측량을 한 결과 배횡거와 위거가 표와 같을 때, 면적은?

측선	배횡거(m)	위거(m)
$\overline{AB}$	+ 38.82	+ 23.29
$\overline{BC}$	+ 54.35	− 54.34
$\overline{CA}$	+ 15.53	+ 31.05

① 4,339.06m²
② 2,169.53m²
③ 1,084.93m²
④ 783.53m²

Guide 배면적 = 배횡거×위거

- $\overline{AB}$ 배면적 = $38.82 \times 23.29 = 904.12 \text{m}^2$
- $\overline{BC}$ 배면적 = $54.35 \times (-54.34) = -2,953.38 \text{m}^2$
- $\overline{CA}$ 배면적 = $15.53 \times 31.05 = 482.21 \text{m}^2$
- 합계 = $1,567.05 \text{m}^2$

$$\therefore \text{면적}(A) = \frac{1}{2} \times \text{배면적}$$
$$= \frac{1}{2} \times 1,567.05$$
$$= 783.53 \text{m}^2$$

06 단곡선 설치에서 곡선반지름 $R = 200\text{m}$, 교각 $I = 60°$일 때의 외할(E)과 중앙종거(M)는?

① $E = 30.94\text{m}$, $M = 26.79\text{m}$
② $E = 26.79\text{m}$, $M = 30.94\text{m}$
③ $E = 30.94\text{m}$, $M = 24.78\text{m}$
④ $E = 24.78\text{m}$, $M = 26.79\text{m}$

Guide
- 외할(E) = $R\left(\sec\dfrac{I}{2} - 1\right)$
$$= 200\left(\sec\dfrac{60°}{2} - 1\right)$$
$$= 30.94\text{m}$$
- 중앙종거(M) = $R\left(1 - \cos\dfrac{I}{2}\right)$
$$= 200\left(1 - \cos\dfrac{60°}{2}\right)$$
$$= 26.79\text{m}$$
$\therefore$ 외할(E) = 30.94m, 중앙종거(M) = 26.79m

07 교각 $I = 80°$, 곡선반지름 $R = 200\text{m}$인 단곡선의 교점 $I.P$의 추가거리가 $1,250.50\text{m}$일 때 곡선시점 $B.C$의 추가거리는?

① $1,382.68\text{m}$
② $1,282.68\text{m}$
③ $1,182.68\text{m}$
④ $1,082.68\text{m}$

Guide
- 곡선시점($B.C$) = 총연장 − 접선장($T.L$)
- 접선장($T.L$) = $R \cdot \tan\dfrac{I}{2}$
$$= 200 \times \tan\dfrac{80°}{2}$$
$$= 167.82\text{m}$$
$\therefore$ 곡선시점($B.C$) = $1,250.50 - 167.82$
$$= 1,082.68\text{m}$$

08 그림과 같은 성토단면을 갖는 도로 50m를 건설하기 위한 성토량은?(단, 성토면의 높이 $(h) = 5\text{m}$)

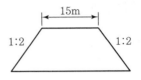

① $5,000\text{m}^3$
② $5,625\text{m}^3$
③ $6,250\text{m}^3$
④ $7,500\text{m}^3$

Guide

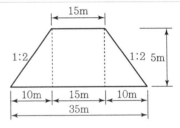

$$\therefore \text{성토량}(V) = \left(\frac{\text{밑변} + \text{윗변}}{2} \times \text{높이}\right) \times \text{연장}$$
$$= \left(\frac{35 + 15}{2} \times 5\right) \times 50$$
$$= 6,250\text{m}^3$$

09 해상에 있는 수심측량선의 수평위치 결정방법으로 가장 적합한 것은?

① 나침반에 의한 방법
② 평판측량에 의한 방법
③ 음향측심기에 의한 방법
④ 인공위성(GNSS) 측위에 의한 방법

Guide 해상에 있는 수심측량선의 수평위치 결정방법은 인공위성(GNSS) 측위에 의한 방법으로 결정하고, 수직위치 결정방법은 음향측심기에 의한 방법으로 결정한다.

10 수위에 관한 설명으로 틀린 것은?

① 저수위는 1년 중 300일은 이보다 저하하지 않는 수위이다.
② 최대수위는 일정 기간 중 제일 많이 발생한 수위이다.
③ 평균수위는 어떤 기간의 관측수위의 총합을 관측횟수로 나누어 평균값을 구하는 수위이다.

정답 06 ① 07 ④ 08 ③ 09 ④ 10 ①

④ 평수위는 어떤 기간에 있어서의 수위 중 이것 보다 높은 수위와 낮은 수위의 관측횟수가 같은 수위를 의미한다.

Guide 저수위
1년 중 275일은 이보다 저하하지 않는 수위

11 측량원도의 축척이 1 : 1,000인 도상에서 부지의 면적이 20.0cm²이었다. 그런데 신축으로 인하여 도면이 가로, 세로 길이가 2%씩 늘어나 있었다면 실면적은 약 얼마인가?

① 1,920m²　　　② 1,940m²
③ 1,960m²　　　④ 1,980m²

Guide • $(축척)^2 = \left(\dfrac{1}{m}\right)^2 = \dfrac{도상면적}{실제면적}$ →

$\left(\dfrac{1}{1,000}\right)^2 = \dfrac{20}{실제면적(A')}$ →

실제면적$(A') = 2,000$m²

• $\dfrac{dA}{A} = 2\dfrac{dl}{l}$ → $\dfrac{dA}{A} = 2 \times \dfrac{2}{100} = \dfrac{1}{25}$

• 잘못된 면적 차이량 $= 2,000 \div 25 = 80$m²

∴ 실제면적$(A) = 2,000 - 80 = 1,920$m²

12 그림과 같은 터널에서 AB 사이의 경사가 1/250이고 BC 사이의 경사는 1/100일 때 측점 A와 C 사이의 표고차는?

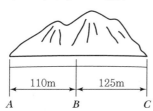

① 1.690m　　　② 1.645m
③ 1.600m　　　④ 1.590m

Guide $H_{AC} = H_B + H_C$

$= \dfrac{110}{250} + \dfrac{125}{100}$

$= 1.690$m

13 1,000m³의 체적을 정확하게 계산하려고 한다. 수평 및 수직 거리를 동일한 정확도로 관측하여 체적 계산 오차를 0.5m³ 이하로 하기 위한 거리관측의 허용정확도는?

① 1/4,000　　　② 1/5,000
③ 1/6,000　　　④ 1/7,000

Guide $\dfrac{dV}{V} = 3\dfrac{dl}{l}$ →

$\dfrac{0.5}{1,000} = 3\dfrac{dl}{l}$ →

∴ $\dfrac{dl}{l} = \dfrac{1}{6,000}$

14 반지름 $R = 500$m인 단곡선에서 현길이가 $l = 15$m에 대한 편각은?

① $0°35'34''$　　　② $0°51'34''$
③ $1°02'34''$　　　④ $1°04'34''$

Guide 편각$(\delta) = 1,718.87' \times \dfrac{l}{R} = 1,718.87' \times \dfrac{15}{500}$

$= 0°51'34''$

15 완화곡선의 캔트(Cant) 계산 시 동일한 조건에서 반지름만을 2배로 증가시키면 캔트는?

① 4배로 증가　　　② 2배로 증가
③ 1/2로 감소　　　④ 1/4로 감소

Guide 캔트$(C) = \dfrac{S \cdot V^2}{g \cdot R}$에서 반경$(R)$을 2배로 증가시키면 캔트$(C)$는 $\dfrac{1}{2}$배로 감소한다.

16 지형의 체적계산법 중 단면법에 의한 계산법으로 비교적 가장 정확한 결과를 얻을 수 있는 것은?

① 점고법　　　② 중앙단면법
③ 양단면평균법　　　④ 각주공식에 의한 방법

Guide 단면법으로 구한 체적(토량)은 일반적으로 양단면평균법(과다), 각주공식(정확), 중앙단면법(과소)을 갖는다.

정답 **11** ① **12** ① **13** ③ **14** ② **15** ③ **16** ④

17 하천측량에서 수애선 측량에 대한 설명으로 옳지 않은 것은?

① 수애선은 평수위에 따른 경계선이다.
② 수애선은 교호수준측량에 의해 결정된다.
③ 수애선은 수면과 하안의 경계선을 말한다.
④ 수애선은 동시관측에 의한 방법과 심천측량에 의한 방법이 있다.

Guide 수애선은 수면과 하안의 경계선으로 평수위에 의해 결정되며, 교호수준측량에 의해 결정되지 않는다.

18 그림과 같이 폭 15m의 도로가 어느 지역을 지나가게 될 때 도로에 포함되는 □BCDE의 넓이는?(단, $\overline{AC}$의 방위＝N23°30′00″E, $\overline{AD}$의 방위＝S89°30′00″E, $\overline{AB}$의 거리 ＝20m, ∠ACD＝90°이다.)

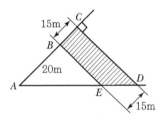

① 971.79m² ② 926.50m²
③ 910.12m² ④ 893.22m²

Guide

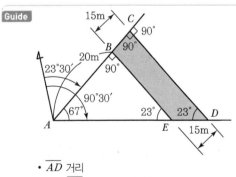

• $\overline{AD}$ 거리

$$\frac{\overline{AD}}{\sin90°00′00″}=\frac{35.000}{\sin23°00′00″} \rightarrow$$

$$\overline{AD}=\frac{\sin90°00′00″}{\sin23°00′00″}\times35.000=89.576\text{m}$$

• $\overline{AE}$ 거리

$$\frac{\overline{AE}}{\sin90°00′00″}=\frac{20.000}{\sin23°00′00″} \rightarrow$$

$$\overline{AE}=\frac{\sin90°00′00″}{\sin23°00′00″}\times20.000=51.186\text{m}$$

• $\triangle ACD$ 면적

$$A=\frac{1}{2}\times\overline{AC}\times\overline{AD}\times\sin\angle A$$

$$=\frac{1}{2}\times35.000\times89.576\times\sin67°00′00″$$

$$=1,442.96\text{m}^2$$

• $\triangle ABE$ 면적

$$A=\frac{1}{2}\times\overline{AB}\times\overline{AE}\times\sin\angle A$$

$$=\frac{1}{2}\times20.000\times51.186\times\sin67°00′00″$$

$$=471.17\text{m}^2$$

∴ □BCDE 면적(A)
＝$\triangle ACD$ 면적－$\triangle ABE$ 면적
＝1,442.96－471.17
＝971.79m²

19 상향기울기가 25/1,000, 하향기울기가 －50/1,000일 때 곡선반지름이 800m이면 원곡선에 의한 종단곡선의 길이는?

① 85m ② 75m
③ 60m ④ 55m

Guide

$$L=R\left(\frac{m}{1,000}-\frac{n}{1,000}\right)$$

$$=800\times\left(\frac{25}{1,000}-\frac{-50}{1,000}\right)$$

$$=800\times\frac{75}{1,000}$$

$$=60\text{m}$$

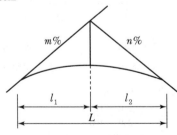

여기서, L : 종곡선장
m, n : 경사

20 지형과 적절히 조화되는 경관을 창출하기 위한 경관측량의 중요도가 적은 공사는?

① 도로공사
② 상하수도공사
③ 대단위 위락시설
④ 교량공사

Guide 상·하수도공사는 주로 지하에서 이루어지는 시설물 공사이므로 경관 창출과는 거리가 멀다.

Subject 02 사진측량 및 원격탐사

21 여러 시기에 걸쳐 수집된 원격탐사 데이터로부터 이상적인 변화탐지 결과를 얻기 위한 가장 중요한 해상도로 옳은 것은?

① 주기 해상도(temporal resolution)
② 방사 해상도(radiometric resolution)
③ 공간 해상도(spatial resolution)
④ 분광 해상도(spectral resolution)

Guide 주기 해상도(Temporal Resolution)
• 지구상의 특정지역을 어느 정도 자주 촬영 가능한지 표현
• 위성체의 하드웨어적 성능에 좌우
• 주기 해상도가 짧을수록 지형변이 양상을 주기적이고도 빠르게 파악
• 데이터베이스 축적을 통해 향후의 예측을 위한 좋은 모델링 자료 제공

22 편위수정(Rectification)을 거친 사진을 집성한 사진지도로 등고선이 삽입되어 있는 것은?

① 중심투영 사진지도
② 약조정 집성 사진지도
③ 정사 사진지도
④ 조정 집성 사진지도

Guide 정사투영사진지도는 사진기의 경사, 지표면의 비고를 수정하였을 뿐만 아니라 등고선이 삽입된 사진지도이다.

23 완전수직 항공사진의 특수 3점에서의 사진축척을 비교한 것으로 옳은 것은?

① 주점에서 가장 크다.
② 연직점에서 가장 크다.
③ 등각점에서 가장 크다.
④ 3점에서 모두 같다.

Guide 엄밀수직사진에서 주점, 연직점, 등각점은 일치한다.

24 사진측량은 4차원 측량이 가능한데 다음 중 4차원 측량에 해당하지 않는 것은?

① 거푸집에 대하여 주기적인 촬영으로 변형량을 관측한다.
② 동적인 물체에 대한 시간별 움직임을 체크한다.
③ 4가지의 각각 다른 구조물을 동시에 측량한다.
④ 용광로의 열변형을 주기적으로 측정한다.

Guide 4차원 측량은 시간별로 촬영이 가능하다는 의미이므로 4가지의 각각 다른 구조물을 동시에 측량하는 것과는 관계가 멀다.

25 어느 지역의 영상으로부터 "논"의 훈련지역(Training Field)을 선택하여 해당 영상소를 "P"로 표기하였다. 이때 산출되는 통계값과 사변형 분류법(Parallelepiped Classification)을 이용하여 "논"을 분류한 결과로 옳은 것은?

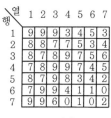

<영상>

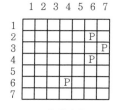

<훈련지역>

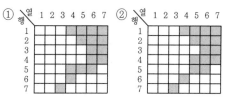

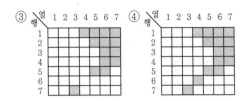

Guide 논의 트레이닝 필드지역 통계값을 분석하면 3~6이므로 영상에서 3~6 사이의 값을 선택하면 된다.

26 다음 중 사진의 축척을 결정하는 데 고려할 요소로 거리가 가장 먼 것은?

① 사용목적, 사진기의 성능
② 사용되는 사진기, 소요 정밀도
③ 도화 축척, 등고선 간격
④ 지방적 특색, 기상관계

Guide 사진의 축척을 결정하는 데 지방적 특색과 기상관계는 무관하다.

27 지형도와 항공사진으로 대상지의 3차원 좌표를 취득하여 불규칙한 지형을 기하학적으로 재현하고 수치적으로 해석함으로써 경관해석, 노선선정, 택지조성, 환경설계 등에 이용되는 것은?

① 수치지형모델
② 도시정보체계
③ 수치정사사진
④ 원격탐사

Guide 수치지형모델(Digital Terrain Model)
지표면상에서 규칙 및 불규칙적으로 관측된 3차원 좌푯값을 보간법 등의 자료처리 과정을 통하여 불규칙한 지형을 기하학적으로 재현하고 수치적으로 해석하는 기법이며, 경관해석, 노선선정, 택지조성, 환경설계 등에 이용된다.

28 항공사진측량용 디지털 카메라를 이용한 영상취득에 대한 설명으로 옳지 않은 것은?

① 아날로그 방식보다 필름비용과 처리, 스캐닝 비용 등의 경비가 절감된다.
② 기존 카메라보다 훨씬 넓은 피사각으로 대축척 지도제작이 용이하다.

③ 높은 방사해상력으로 영상의 질이 우수하다.
④ 컬러영상과 다중채널영상의 동시 취득이 가능하다.

Guide 기존 카메라보다 훨씬 넓은 피사각으로 소축척 지도제작이 용이하다.

29 측량용 사진기의 검정자료(Calibration Data)에 포함되지 않는 것은?

① 주점의 위치
② 초점거리
③ 렌즈왜곡량
④ 좌표 변환식

Guide 측량용 사진기의 검정자료에는 주점의 위치, 초점거리, 렌즈왜곡량 등이 포함된다.

30 촬영 당시 광속의 기하상태를 재현하는 작업으로 렌즈의 왜곡, 사진의 초점거리 등을 결정하는 작업은?

① 도화
② 지상기준점측량
③ 내부표정
④ 외부표정

Guide 내부표정(Interior Orientation)
촬영 당시의 광속의 기하상태를 재현하는 작업으로 기준점위치, 렌즈의 왜곡, 사진기의 초점거리와 사진의 주점을 결정하여 부가적으로 사진의 오차(Optic Distortion)를 보정하여 사진좌표의 정확도를 향상시키는 것을 말한다.

31 대공표지의 크기가 사진상에서 $30\mu m$ 이상이어야 할 때, 사진축척이 1 : 20,000이라면 대공표지의 크기는 최소 얼마 이상이어야 하는가?

① 50cm 이상
② 60cm 이상
③ 70cm 이상
④ 80cm 이상

Guide 대공표지의 크기$(d) = \dfrac{m}{T} = \dfrac{20,000}{30 \times 1,000}$
$= 0.6m = 60cm$

32 미국의 항공우주국에서 개발하여 1972년에 지구자원탐사를 목적으로 쏘아 올린 위성으로 적조의 조기발견, 대기오염의 확산 및 식물의 발육상태 등을 조사할 수 있는 것은?

① MOSS   ② SPOT

③ IKONOS   ④ LANDSAT

> **Guide** LANDSAT(Land Satellite)
> 미국의 항공우주국에서 1972년에 발사한 지구자원탐사
> 위성으로 적조의 조기발견, 화산의 분화 이에 따른 강회
> 의 감시, 유빙 등의 관찰, 식물의 발육상태, 토지의 이용
> 상황, 대기오염의 확산 등 지구의 현상을 조사할 수 있는
> 위성이다.

33 다음 중 원격탐사용 인공위성 플랫폼이 아닌 것은?

① 아리랑위성(KOMPSAT)

② 무궁화위성(KOREASAT)

③ Worldview

④ GeoEye

> **Guide** 무궁화위성(KOREASAT)은 우리나라 최초의 정지궤
> 도 방송통신위성이다.

34 항공사진촬영을 재촬영해야 하는 경우가 아닌 것은?

① 구름, 적설 및 홍수로 인해 지형을 구분할 수 없을 경우

② 촬영코스의 수평이탈이 계획촬영 고도의 10% 이내일 경우

③ 촬영 진행 방향의 중복도가 53% 미만이거나 68~77%가 되는 모델이 전 코스의 사진매수 의 1/4 이상일 경우

④ 인접코스 간의 중복도가 표고의 최고점에서 5% 미만일 경우

> **Guide** ② : 촬영코스의 수평이탈이 계획촬영 고도의 15% 이상
> 인 경우

35 동서 26km, 남북 8km인 지역을 사진크기 23cm×23cm인 카메라로 종중복도 60%, 횡 중복도 30%, 축척 1 : 30,000인 항공사진으 로 촬영할 때, 입체모델 수는?(단, 엄밀법으 로 계산하고 촬영은 동서 방향으로 한다.)

① 16   ② 18

③ 20   ④ 22

> **Guide**
> • 종모델수$(D) = \dfrac{S_1}{B} = \dfrac{S_1}{ma(1-p)}$
> $= \dfrac{26 \times 1,000}{30,000 \times 0.23 \times (1-0.60)}$
> $= 9.4 모델 ≒ 10 모델$
>
> • 횡모델수$(D') = \dfrac{S_2}{C_0} = \dfrac{S_2}{ma(1-q)}$
> $= \dfrac{8 \times 1,000}{30,000 \times 0.23 \times (1-0.30)}$
> $= 1.7 코스 ≒ 2 코스$
>
> ∴ 총모델수=종모델수(D)×횡모델수(D')
> $= 10 \times 2 = 20 모델$

36 항공사진측량을 초점거리 160mm인 카메라 로 비행고도 3,000m에서 촬영기준면의 표고 가 500m인 평지를 촬영할 때의 사진축척은?

① 1 : 15,625   ② 1 : 16,130

③ 1 : 18,750   ④ 1 : 19,355

> **Guide** 사진축척$(M) = \dfrac{1}{m} = \dfrac{f}{H-h} = \dfrac{0.16}{3,000-500}$
> $= \dfrac{1}{15,625}$

37 축척 1 : 20,000인 항공사진을 180km/hr의 속도로 촬영하는 경우 허용흔들림의 범위를 0.01mm로 한다면, 최장노출시간은?

① $\dfrac{1}{90}$ 초   ② $\dfrac{1}{125}$ 초

③ $\dfrac{1}{180}$ 초   ④ $\dfrac{1}{250}$ 초

> **Guide** $T_l = \dfrac{\Delta s \cdot m}{V} = \dfrac{0.01 \times 20,000}{180 \times 1,000,000 \times \dfrac{1}{3,600}}$
> $= \dfrac{200}{50,000} = \dfrac{1}{250}$ 초

정답   33 ②   34 ②   35 ③   36 ①   37 ④

38 절대표정에 필요한 지상기준점의 구성으로 틀린 것은?

① 수평기준점(X, Y) 4개

② 지상기준점(X, Y, Z) 3개

③ 수평기준점(X, Y) 2개와 수직기준점(Z) 3개

④ 지상기준점(X, Y, Z) 2개와 수직기준점(Z) 2개

Guide 절대표정에 필요한 최소 지상기준점
• 삼각점(X, Y) 2점
• 수준점(Z) 3점

39 다음은 어느 지역 영상에 대해 영상의 화솟값 분포를 알아보기 위해 도수분포표를 작성한 것으로 옳은 것은?

행\열	1	2	3	4	5	6	7
1	9	9	9	3	4	5	3
2	8	8	7	8	5	4	4
3	8	8	8	9	7	5	5
4	7	8	9	8	7	4	5
5	8	8	8	8	3	4	1
6	7	9	9	4	1	1	0
7	8	8	6	0	1	0	2

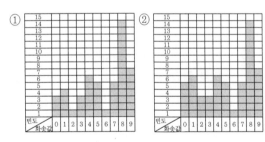

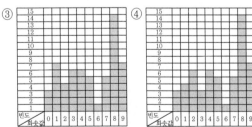

Guide 도수분포표는 주어진 자료를 몇 개의 구간으로 나누고 각 계급에 속하는 도수를 조사하여 나타낸 표이다. 영상의 화솟값에 따라 도수를 조사하여 작성하면 ①의 표와 같이 나타낼 수 있다.

40 항공사진의 기복변위에 대한 설명으로 옳지 않은 것은?

① 촬영고도에 비례한다.

② 지형지물의 높이에 비례한다.

③ 연직점으로부터 상점까지의 거리에 비례한다.

④ 표고차가 있는 물체에 대한 연직점을 중심으로 한 방사상 변위를 의미한다.

Guide 기복변위의 특징
• 기복변위는 비고(h)에 비례한다.
• 기복변위는 촬영고도(H)에 반비례한다.
• 연직점으로부터 상점까지의 거리에 비례한다.
• 표고차가 있는 물체에 대한 사진의 중점으로부터의 방사상 변위를 말한다.
• 돌출(凸)비고에서는 내측으로, 함몰지(凹)는 외측으로 조정한다.
• 정사투영에서는 기복변위가 발생하지 않는다.
• 지표면이 평탄하면 기복변위가 발생하지 않는다.

Subject 03 지리정보시스템(GIS) 및 위성측위시스템(GNSS)

41 수치지형모형(DTM)으로부터 추출할 수 있는 정보로 거리가 먼 것은?

① 경사분석도   ② 가시권 분석도

③ 사면방향도   ④ 토지이용도

Guide DTM은 경사도, 사면방향도, 단면분석, 절·성토량 산정, 등고선 작성 등 다양한 분야에 활용되고 있으며 토지이용도는 DTM의 활용분야와는 거리가 멀다.

42 래스터자료에 대한 설명으로 틀린 것은?

① 자료구조가 간단하다.

② 모델링이나 중첩분석이 용이하다.

③ 원격탐사 자료와 연결시키기가 쉽다.

④ 그래픽 자료의 양이 적다.

Guide 래스터자료는 동일한 크기의 격자로 이루어지며, 격자의 크기가 작을수록 해상도가 좋아지는 반면 저장용량이 증가한다.
※ 래스터자료의 양은 벡터자료의 양보다 많다.

정답 ▶ 38 ① 39 ① 40 ① 41 ④ 42 ④

43 공간정보 관련 영어 약어에 대한 설명으로 틀린 것은?

① NGIS – 국가지리정보체계
② RIS – 자원정보체계
③ UIS – 도시정보체계
④ LIS – 교통정보체계

Guide **토지정보시스템(LIS)**
토지에 대한 물리적, 정량적, 법적인 내용을 다룬 토지정보체계로 가장 일반적인 형태는 토지소유자, 토지가액, 세액평가 그리고 토지경계 등의 정보를 관리한다.
※ 교통정보체계는 TIS(Transportation Information System)이다.

44 지리정보시스템(GIS) 소프트웨어의 일반적인 주요 기능으로 거리가 먼 것은?

① 벡터형 공간자료와 래스터형 공간자료의 통합 기능
② 사진, 동영상, 음성 등 멀티미디어 자료의 편집 기능
③ 공간자료와 속성자료를 이용한 모델링 기능
④ DBMS와 연계한 공간자료 및 속성정보의 관리 기능

Guide GIS 소프트웨어는 격자나 벡터구조의 도형정보를 조작하는 부분과 속성정보의 관리를 위한 부분으로 나누어지며 입력, 편집, 검색, 추출, 분석 등을 위한 컴퓨터 프로그램의 집합체이다.
사진, 동영상, 음성 등 멀티미디어를 편집하는 기능은 지리정보를 조작 · 관리하는 GIS 소프트웨어의 기능과는 거리가 멀다.

45 GPS 위성신호 L_1 및 L_2의 주파수를 각각 $f_1 = 1575.42\text{MHz}$, $f_2 = 1,227.60\text{MHz}$, 광속(c)을 약 300,000km/s라고 가정할 때, Wide–Lane($L_w = L_1 - L_2$) 인공주파수의 파장은?

① 0.19m
② 0.24m
③ 0.56m
④ 0.86m

Guide $\lambda = \dfrac{c}{f}$ (λ : 파장, c : 광속, f : 주파수)에서
MHz를 Hz 단위로 환산하여 계산하면,

$$\lambda = \frac{300,000}{(1,575.42 - 1,227.60) \times 10^6}$$
$$= 8.62 \times 10^{-4}\,\text{km}$$
$$= 0.86\text{m}$$
∴ 확장 파장(Wide Lane)은 0.86m이다.

46 다음 중 지리정보분야의 국제표준화기구는?

① ISO/IT190
② ISO/TC211
③ ISO/TC152
④ ISO/IT224

Guide **ISO/TC211(국제표준화기구 지리정보전문위원회)**
• 1994년 국제표준화기구(ISO)에서 구성
• 공식명칭은 Geographic Information Geomatics
• TC211은 디지털 지리정보 분야의 표준화를 위한 기술위원회

47 네트워크 RTK 위치결정 방식으로 현재 국토지리정보원에서 운영 중인 시스템 중 하나인 것은?

① TEC(Total Electron Content)
② DGPS(Differential GPS)
③ VRS(Virtual Reference Station)
④ PPP(Precise Point Positioning)

Guide **VRS(Virtual Reference Station)**
VRS 방식은 가상기준점방식의 새로운 실시간 GPS 측량법으로서 기지국 GPS를 설치하지 않고 이동국 GPS만을 이용하여 VRS 서비스센터에서 제공하는 위치보정데이터를 휴대전화로 수신함으로써 RTK 또는 DGPS 측량을 수행할 수 있는 첨단기법이다.

48 벡터데이터모델에 해당하는 것은?

① DWG
② JPG
③ shape
④ Geotiff

Guide **DXF(Drawing eXchange Format)**
오토캐드용 자료파일이 다른 그래픽 체계로 사용될 수 있도록 제작한 그래픽 자료파일 형식으로 벡터자료 유형이다.

정답 43 ④ 44 ② 45 ④ 46 ② 47 ③ 48 ①

49 객체 사이의 인접성, 연결성에 대한 정보를 포함하는 개념은?

① 위치정보 ② 속성정보
③ 위상정보 ④ 영상정보

> **Guide** 위상관계(Topology)
> 공간관계를 정의하는 데 쓰는 수학적 방법으로서 입력된 자료의 위치를 좌푯값으로 인식하고 각각의 자료 간의 정보를 상대적 위치로 저장하며, 선의 방향, 특성들 간의 관계, 연결성, 인접성, 영역 등을 정의함으로써 공간분석을 가능하게 한다.

50 지리정보시스템(GIS)의 주요 기능에 대한 설명으로 옳지 않은 것은?

① 자료의 입력은 기존 지도와 현지조사자료, 인공위성 등을 통해 얻은 정보 등을 수치형태로 입력하거나 변환하는 것을 말한다.
② 자료의 출력은 자료를 보여주고 분석결과를 사용자에게 알려주는 것을 말한다.
③ 자료변환은 지형, 지물과 관련된 사항을 현지에서 직접 조사하는 것을 말한다.
④ 데이터베이스 관리에서는 대상물의 위치와 지리적 속성, 그리고 상호 연결성에 대한 정보를 구체화하고 조직화하여야 한다.

> **Guide** 현지 지리조사
> 정위치 편집을 하기 위하여 항공사진을 기초로 도면상에 나타내어야 할 지형·지물과 이에 관련되는 사항을 현지에서 직접 조사하는 것을 말한다.

51 공간 데이터 입력 시 발생할 수 있는 오류가 아닌 것은?

① 스파이크(Spike)
② 오버슈트(Overshoot)
③ 언더슈트(Undershoot)
④ 톨러런스(Tolerance)

> **Guide** 스파이크(Spike), 오버슈트(Overshoot), 언더슈트(Undershoot) 등은 수동방식(Digitaizer)에 의한 입력 시 오차이다.
> ※ 톨러런스(Tolerance) : 허용오차(거리)

52 지리정보시스템(GIS)에서 사용하고 있는 공간데이터를 설명하는 또 다른 부가적인 데이터로서 데이터의 생산자, 생산목적, 좌표계 등의 다양한 정보를 담을 수 있는 것은?

① Metadata ② Label
③ Annotation ④ Coverage

> **Guide** 메타데이터(Metadata)
> 데이터의 내용, 품질, 조건 및 특징 등을 저장한 데이터로서 데이터에 관한 데이터의 이력을 말한다.

53 근접성 분석을 위하여 지정된 요소들 주위에 일정한 폴리곤 구역을 생성해 주는 것은?

① 중첩 ② 버퍼링
③ 지도 연산 ④ 네트워크 분석

> **Guide** 버퍼 분석
> GIS 연산에 의해 점·선 또는 면에서 일정 거리 안의 지역을 둘러싸는 폴리곤 구역을 생성하는 기법

54 다음 중 항공사진측량 시 카메라 투영중심의 위치를 획득(결정)하는 데 가장 효과적인 것은?

① GNSS ② Open GIS
③ 토털스테이션 ④ 레이저고도계

> **Guide** GNSS/INS 기법을 항공사진측량에 이용하면 실시간으로 비행기 위치(카메라 투영중심 위치)를 결정할 수 있으므로 외부표정 시 필요한 기준점 수를 크게 줄일 수 있어 비용을 절감할 수 있다.
> ※ GNSS(Global Navigation Satellite System)
> GPS(미국), GLONASS(러시아), GALILEO(유럽연합) 등 지구상의 위치를 결정하기 위한 위성과 이를 보강하기 위한 시스템 및 지역 보정시스템

55 상대측위(DGPS) 기법 중 하나의 기지점에 수신기를 세워 고정국으로 이용하고 다른 수신기는 측점을 순차적으로 이동하면서 데이터 취득과 동시에 위치결정을 하는 방식은?

① Static Surveying
② Real Time Kinematic
③ Fast Static Surveying
④ Point Positioning Surveying

Guide RTK(Real Time Kinematic)

기준국용 GPS 수신기를 설치하고 위성을 관측하여 각 위성의 의사거리 보정값을 구하고 이 보정값을 이용하여 이동국용 GPS 수신기의 위치를 결정하는 것으로 GPS 반송파를 사용한 실시간 이동 위치관측이다.

56 GNSS 측량에서 HDOP와 VDOP가 2.5와 3.2이고 예상되는 관측데이터의 정확도(σ)가 2.7m일 때 예상할 수 있는 수평위치 정확도(σ_H)와 수직위치 정확도(σ_V)는?

① $\sigma_H = 0.93$m, $\sigma_V = 1.19$m

② $\sigma_H = 1.08$m, $\sigma_V = 0.84$m

③ $\sigma_H = 5.20$m, $\sigma_V = 5.90$m

④ $\sigma_H = 6.75$m, $\sigma_V = 8.64$m

Guide • 수평위치 정확도(σ_H)=2.5×2.7=6.75m
• 수직위치 정확도(σ_V)=3.2×2.7=8.64m

57 수치지도의 축척에 관한 설명 중 옳지 않은 것은?

① 축척에 따라 자료의 위치정확도가 다르다.

② 축척에 따라 표현되는 정보의 양이 다르다.

③ 소축척을 대축척으로 일반화(Generalization) 시킬 수 있다.

④ 축척 1 : 5,000 종이지도로 축척 1 : 1,000 수치지도 정확도 구현이 불가능하다.

Guide 일반화(Generalization)

공간데이터를 처리할 때 세밀한 항목을 줄이는 과정으로 큰 공간에서 다시 추출하거나 선에서 점을 줄이는 것을 말한다.

※ 지도의 일반화는 대축척에서 소축척으로만 가능하다.

58 지리정보시스템(GIS)의 자료처리 공간분석 방법을 점자료 분석 방법, 선자료 분석 방법, 면자료 분석 방법으로 구분할 때, 선자료 공간분석 방법에 해당되지 않는 것은?

① 최근린 분석 ② 네트워크 분석

③ 최적경로 분석 ④ 최단경로 분석

Guide 선자료 공간분석 방법
네트워크분석, 최적경로 분석, 최단경로 분석

59 첫 번째 입력 커버리지 A의 모든 형상들은 그대로 유지하고 커버리지 B의 형상은 커버리지 A 안에 있는 형상들만 나타내는 중첩 연산 기능은?

① Union

② Intersection

③ Identity

④ Clip

Guide Identity
입력레이어 범위에서 중첩되는 레이어의 특징이 결과 레이어에 포함되는 연산 기능

60 지리적 객체(Geographic Object)에 해당되지 않는 것은?

① 온도 ② 지적필지

③ 건물 ④ 도로

Guide 지리적 객체
• 일반적으로 점, 선, 면 등으로 구분된다.
• 지리적 현상 중에서 명확한 경계가 존재하는 것을 말한다.
• 위치와 형태, 크기, 방향 등이 존재한다.

Subject 04 측량학

✔ 측량 관련 법규는 출제 당시 법률을 기준으로 해설되었음을 알려드립니다.

61 1 : 50,000 지형도에 표기된 아래와 같은 도엽번호에 대한 설명으로 틀린 것은?

> NJ 52 – 11 – 18

① 1 : 250,000 도엽을 28등분한 것 중 18번째 도엽번호를 의미한다.

② N은 북반구를 의미한다.

③ J는 적도에서부터 알파벳을 붙인 위도구역을 의미한다.

④ 52는 국가고유코드를 의미한다.

Guide 서경 180°를 기준으로 6° 간격으로 60개 종대로 구분하여 1~60까지 번호를 사용하며 우리나라는 51, 52종대에 속한다. 그러므로 52는 국가고유코드를 의미하는 것이 아니다.

62 다각측량에서 측점 A의 직각좌표(x, y)가 (400m, 400m)이고, $\overline{AB}$측선의 길이가 200m일 때, B점의 좌표는?(단, $\overline{AB}$측선의 방위각은 225°이다.)

① (300.000m, 300.000m)

② (226.795m, 300.000m)

③ (541.421m, 541.421m)

④ (258.579m, 258.579m)

Guide
• $X_B = X_A + (\overline{AB}\ 거리 \times \cos \overline{AB}\ 방위각)$
  $= 400.000 + (200.000 \times \cos 225°00'00'')$
  $= 258.579$m
• $Y_B = Y_A + (\overline{AB}\ 거리 \times \sin \overline{AB}\ 방위각)$
  $= 400.000 + (200.000 \times \sin 225°00'00'')$
  $= 258.579$m
∴ $X_B = 258.579$m, $Y_B = 258.579$m

63 표준길이보다 36mm가 짧은 30m 줄자로 관측한 거리가 480m일 때 실제거리는?

① 479.424m

② 479.856m

③ 480.144m

④ 480.576m

Guide
$$실제거리 = \frac{부정길이 \times 관측길이}{표준길이}$$
$$= \frac{29.964 \times 480.000}{30.000}$$
$$= 479.424m$$

64 삼각형을 이루는 각 점에서 동일한 정밀도로 각 관측을 하였을 때 발생한 폐합오차의 조정 방법은?

① 3등분하여 조정한다.

② 각의 크기에 비례해서 조정한다.

③ 변의 길이에 비례해서 조정한다.

④ 각의 크기에 반비례해서 조정한다.

Guide 동일한 정밀도로 각을 관측하였을 때 발생한 폐합오차의 조정식은 $\dfrac{폐합오차}{각수}$ 이므로 3등분하여 조정한다.

65 수평직교좌표원점의 동쪽에 있는 A점에서 B점 방향의 자북방위각을 관측한 결과 88°10′40″이었다. A점에서 자오선수차가 2′20″, 자침 편차가 4°W일 때 방향각은?

① 84°08′20″　　② 84°13′00″

③ 92°08′20″　　④ 92°13′00″

Guide
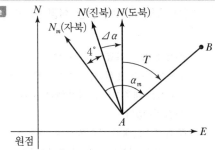

∴ 방향각(T)
= 자북방위각(α_m) - 자침편차 - 자오선수차$(\Delta\alpha)$
= 88°10′40″ - 4° - 2′20″
= 84°08′20″

66 측량에 있어서 부정오차가 일어날 가능성의 확률적 분포 특성에 대한 설명으로 틀린 것은?

① 매우 큰 오차는 거의 생기지 않는다.

② 오차의 발생확률은 최소제곱법에 따른다.

③ 큰 오차가 생길 확률은 작은 오차가 생길 확률보다 매우 작다.

④ 같은 크기의 양(+)오차와 음(−)오차가 생길 확률은 거의 같다.

* 큰 오차가 생길 확률은 작은 오차가 발생할 확률보다 매우 작다.
* 같은 크기의 정(+)오차와 부(-)오차가 발생할 확률은 거의 같다.
* 매우 큰 오차는 거의 발생하지 않는다.
* 오차들은 확률법칙을 따른다.

67 A점 및 B점의 좌표가 표와 같고 A점에서 B점까지 결합 다각측량을 하여 계산해 본 결과 합위거가 84.30m, 합경거가 512.62m이었다면 이 측량의 폐합오차는?

구분	X좌표	Y좌표
A점	69.30m	123.56m
B점	153.47m	636.23m

① 0.18m ② 0.14m
③ 0.10m ④ 0.08m

Guide
* 위거오차$(\varepsilon_l) = (X_B - X_A)$
  $= (153.47 - 69.30)$
  $= 84.17m$
* 경거오차$(\varepsilon_d) = (Y_B - Y_A)$
  $= (636.23 - 123.56)$
  $= 512.67m$
∴ 폐합오차$= \sqrt{(84.30 - 84.17)^2 + (512.62 - 512.67)^2}$
  $= 0.14m$

68 토털스테이션의 일반적인 기능이 아닌 것은?

① EDM이 가지고 있는 거리 측정 기능
② 각과 거리 측정에 의한 좌표계산 기능
③ 3차원 형상을 스캔하여 체적을 구하는 기능
④ 디지털 데오드라이트가 갖고 있는 측각 기능

Guide 토털스테이션(Total Station)
각도와 거리를 동시에 관측할 수 있는 기능이 함께 갖추어져 있는 측량기이다. 즉, 전자식 데오드라이트와 광파거리 측량기를 조합한 측량기이다. 마이크로프로세서에서 자료를 짧은 시간에 처리하거나 표시하고, 결과를 출력하는 전자식거리 및 각 측정기기이다.

69 수준측량 시 중간점이 많을 경우 가장 적합한 야장기입법은?

① 고차식 ② 승강식
③ 기고식 ④ 교호식

Guide 수준측량 야장기입법
* 고차식 야장법 : 전시의 합과 후시의 합의 차로 고저차를 구하는 방법이다.
* 기고식 야장법 : 현재 가장 많이 사용하는 방법이다. 중간점이 많을 때 이용되며, 종·횡단측량에 널리 이용되지만 중간점에 대한 완전검산이 어렵다.
* 승강식 야장법 : 후시값과 전시값의 차가 ⊕이면 승란에 기입하고, ⊖이면 강란에 기입하는 방법이다. 완전검산이 가능하지만 계산이 복잡하고, 중간점이 많을 때는 불편하며 시간 및 비용이 많이 소요되는 단점이 있다.

70 수준측량의 이기점에 대한 설명으로 옳은 것은?

① 표척을 세워서 전시만 읽는 점
② 표고를 알고 있는 점에 표척을 세워 눈금을 읽는 점
③ 표척을 세워서 후시와 전시를 읽는 점
④ 장애물로 인하여 기계를 옮기는 점

Guide 이기점(T.P. : Turning Point)
표척을 세워서 전시와 후시를 동시에 읽는 점을 말하며, 이점이라고도 한다.

71 국토지리정보원에서 발급하는 삼각점에 대한 성과표의 내용이 아닌 것은?

① 경위도 ② 점번호
③ 직각좌표 ④ 거리의 대수

Guide 기준점 성과표 내용
* 구분(삼각점/수준점…)
* 점번호
* 도엽명칭(1/50,000)
* 경·위도(위도/경도)
* 직각좌표$(X(N)/Y(E)/$원점)
* 표고
* 지오이드고
* 타원체고
* 매설연월

72 어떤 측량장비의 망원경에 부착된 수준기 기포관의 감도를 결정하기 위해서 $D=50$m 떨어진 곳에 표척을 수직으로 세우고 수준기의 기포를 중앙에 맞춘 후 읽은 표척 눈금값이 1.00m이고, 망원경을 약간 기울여 기포관상의 눈금 $n=6$개 이동된 상태에서 측정한 표척의 눈금이 1.04m이었다면 이 기포관의 감도는?

① 약 13″ ② 약 18″
③ 약 23″ ④ 약 28″

> **Guide** $\alpha'' = \dfrac{\Delta h}{n \cdot D} \cdot \rho'' = \dfrac{1.04 - 1.00}{6 \times 50} \times 206,265''$
> $\qquad \fallingdotseq 28''$

73 최소제곱법에 대한 설명으로 옳지 않은 것은?

① 같은 정밀도로 측정된 측정값에서는 오차의 제곱의 합이 최소일 때 최확값을 얻을 수 있다.
② 최소제곱법을 이용하여 정오차를 제거할 수 있다.
③ 동일한 거리를 여러 번 관측한 결과를 최소제곱법에 의해 조정한 값은 평균과 같다.
④ 최소제곱법의 해법에는 관측방정식과 조건방정식이 있다.

> **Guide** 최소제곱법에 의해 추정되는 오차는 부정오차(우연오차)이다.

74 우리나라 1 : 25,000 수치지도에 사용되는 주곡선 간격은?

① 10m ② 20m
③ 30m ④ 40m

> **Guide** 지형도 축척과 등고선 간격 (단위 : m)
>
> | 축척
등고선 종류 | 1/5,000 | 1/10,000 | 1/25,000 | 1/50,000 |
> | --- | --- | --- | --- | --- |
> | 주곡선 | 5 | 5 | 10 | 20 |
> | 간곡선 | 2.5 | 2.5 | 5 | 10 |
> | 조곡선 | 1.25 | 1.25 | 2.5 | 5 |
> | 계곡선 | 25 | 25 | 50 | 100 |

75 측량기준점을 크게 3가지로 구분할 때, 그 분류로 옳은 것은?

① 삼각점, 수준점, 지적점
② 위성기준점, 수준점, 삼각점
③ 국가기준점, 공공기준점, 지적기준점
④ 국가기준점, 공공기준점, 일반기준점

> **Guide** 공간정보의 구축 및 관리 등에 관한 법률 제7조(측량기준점)
> 측량기준점은 국가기준점, 공공기준점, 지적기준점으로 구분한다.

76 공공측량의 정의에 대한 설명 중 아래의 "각 호의 측량"에 대한 기준으로 옳지 않은 것은?

> 「대통령령으로 정하는 측량」이란 다음 각 호의 측량 중 국토교통부장관이 지정하여 고시하는 측량을 말한다.

① 측량실시지역의 면적이 1제곱킬로미터 이상인 기준점측량, 지형측량 및 평면측량
② 촬영지역의 면적이 10제곱킬로미터 이상인 측량용 사진의 촬영
③ 국토교통부장관이 발행하는 지도의 축척과 같은 축척의 지도 제작
④ 인공위성 등에서 취득한 영상정보에 좌표를 부여하기 위한 2차원 또는 3차원의 좌표측량

> **Guide** 공간정보의 구축 및 관리 등에 관한 법률 시행령 제3조 (공공측량)
> 국토교통부장관이 지정하여 고시하는 공공측량은 다음과 같다.
> 1. 측량실시지역의 면적이 1제곱킬로미터 이상인 기준점측량, 지형측량 및 평면측량
> 2. 측량노선의 길이가 10킬로미터 이상인 기준점측량
> 3. 국토교통부장관이 발행하는 지도의 축척과 같은 축척의 지도 제작
> 4. 촬영지역의 면적이 1제곱킬로미터 이상인 측량용 사진의 촬영
> 5. 지하시설물 측량
> 6. 인공위성 등에서 취득한 영상정보에 좌표를 부여하기 위한 2차원 또는 3차원의 좌표측량
> 7. 그 밖에 공공의 이해에 특히 관계가 있다고 인정되는 사설철도 부설, 간척 및 매립사업 등에 수반되는 측량

77 측량업을 폐업한 경우에 측량업자는 그 사유가 발생한 날로부터 최대 며칠 이내에 신고하여야 하는가?

① 10일   ② 15일
③ 20일   ④ 30일

Guide 공간정보의 구축 및 관리 등에 관한 법률 제48조(측량업의 휴업 · 폐업 등 신고)
다음 각 호의 어느 하나에 해당하는 자는 국토교통부령 또는 해양수산부령으로 정하는 바에 따라 국토교통부장관, 해양수산부장관 또는 시 · 도지사에게 해당 각 호의 사실이 발생한 날부터 30일 이내에 그 사실을 신고하여야 한다.
1. 측량업인 법인이 파산 또는 합병 외의 사유로 해산한 경우 : 해당 법인의 청산인
2. 측량업자가 폐업한 경우 : 폐업한 측량업자
3. 측량업자가 30일을 넘는 기간 동안 휴업하거나, 휴업 후 업무를 재개한 경우 : 해당 측량업자

78 측량기술자가 아님에도 불구하고 공간정보의 구축 및 관리 등에 관한 법률에서 정하는 측량(수로측량 제외)을 한 자에 대한 벌칙기준으로 옳은 것은?

① 3년 이하의 징역 또는 3천만 원 이하의 벌금
② 2년 이하의 징역 또는 2천만 원 이하의 벌금
③ 1년 이하의 징역 또는 1천만 원 이하의 벌금
④ 300만 원 이하의 과태료

Guide 공간정보의 구축 및 관리 등에 관한 법률 제109조(벌칙)
다음 각 호의 어느 하나에 해당하는 자는 1년 이하의 징역 또는 1천만 원 이하의 벌금에 처한다.
1. 무단으로 측량성과 또는 측량기록을 복제한 자
2. 심사를 받지 아니하고 지도 등을 간행하여 판매하거나 배포한 자
3. 해양수산부장관의 승인을 받지 아니하고 수로도서지를 복제하거나 이를 변형하여 수로도서지와 비슷한 제작물을 발행한 자
4. 측량기술자가 아님에도 불구하고 측량을 한 자
5. 업무상 알게 된 비밀을 누설한 측량기술자 또는 수로기술자
6. 둘 이상의 측량업자에게 소속된 측량기술자 또는 수로기술자
7. 다른 사람에게 측량업등록증 또는 측량업등록수첩을 빌려주거나 자기의 성명 또는 상호를 사용하여 측량업무를 하게 한 자
8. 다른 사람의 측량업등록증 또는 측량업등록수첩을 빌려서 사용하거나 다른 사람의 성명 또는 상호를 사용

하여 측량업무를 한 자
9. 지적측량수수료 외의 대가를 받은 지적측량기술자
10. 거짓으로 다음 각 목의 신청을 한 자
　　가. 신규등록 신청
　　나. 등록전환 신청
　　다. 분할 신청
　　라. 합병 신청
　　마. 지목변경 신청
　　바. 바다로 된 토지의 등록말소 신청
　　사. 축척변경 신청
　　아. 등록사항의 정정 신청
　　자. 도시개발사업 등 시행지역의 토지이동 신청
11. 다른 사람에게 자기의 성능검사대행자 등록증을 빌려 주거나 자기의 성명 또는 상호를 사용하여 성능검사대행업무를 수행하게 한 자
12. 다른 사람의 성능검사대행자 등록증을 빌려서 사용하거나 다른 사람의 성명 또는 상호를 사용하여 성능검사대행업무를 수행한 자

79 국토지리정보원장이 간행하는 지도의 축척이 아닌 것은?

① 1/1,000   ② 1/1,200
③ 1/50,000   ④ 1/250,000

Guide 공간정보의 구축 및 관리 등에 관한 법률 시행규칙 제13조(지도 등 간행물의 종류)
국토지리정보원장이 간행하는 지도나 그 밖에 필요한 간행물(이하 "지도등"이라 한다)의 종류는 다음 각 호와 같다.
1. 축척 1/500, 1/1,000, 1/2,500, 1/5,000, 1/10,000, 1/25,000, 1/50,000, 1/100,000, 1/250,000, 1/500,000 및 1/1,000,000의 지도
2. 철도, 도로, 하천, 해안선, 건물, 수치표고 모형, 공간정보 입체모형(3차원 공간정보), 실내공간정보, 정사영상 등에 관한 기본 공간정보
3. 연속수치지형도 및 축척 1/25,000 영문판 수치지형도
4. 국가인터넷지도, 점자지도, 대한민국전도, 대한민국주변도 및 세계지도
5. 국가격자좌표정보 및 국가관심지점정보

80 일반측량실시의 기초가 될 수 없는 것은?

① 일반측량성과   ② 공공측량성과
③ 기본측량성과   ④ 기본측량기록

Guide 공간정보의 구축 및 관리 등에 관한 법률 제22조(일반측량의 실시 등)
일반측량은 기본측량성과 및 그 측량기록, 공공측량성과 및 그 측량기록을 기초로 실시하여야 한다.

본 문제의 해설은 출제자의 의도와 일치되지 않을 수 있으며, 문제 및 정답은 일부 오탈자가 있을 수 있으므로 학습시 의문사항이 있으면 예문사 또는 저자에게 문의하여 주시기 바랍니다. 또한, 본 기출문제는 시행 당시의 이론 및 법규에 의하여 해설되었음을 알려드립니다.

Subject 01 응용측량

01 그림과 같은 지역의 전체 토량은?(단, 각 구역의 크기는 동일하다.)

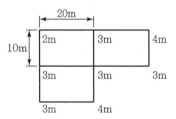

① 1,850m³
② 1,950m³
③ 2,050m³
④ 2,150m³

Guide

$$V = \frac{A}{4}(\sum h_1 + 2\sum h_2 + 3\sum h_3 + 4\sum h_4)$$

$$= \frac{20 \times 10}{4}\{16 + (2 \times 6) + (3 \times 3)\}$$

$$= 1,850\text{m}^3$$

02 경관측량에 대한 설명으로 옳지 않은 것은?

① 경관은 인간의 시각적 인식에 의한 공간구성으로 대상군을 전체로 보는 인간의 심적 현상에 의해 판단된다.

② 경관측량의 목적은 인간의 쾌적한 생활공간을 창조하는 데 필요한 조사와 설계에 기여하는 것이다.

③ 경관구성요소를 인식의 주체인 경관장계, 인식의 대상이 되는 시점계, 이를 둘러싼 대상계로 나눌 수 있다.

④ 경관의 정량화를 해석하기 위해서는 시각적 측면과 시각현상에 잠재되어 있는 의미적 측면을 동시에 고려하여야 한다.

Guide 경관구성요소는 인식대상이 되는 대상계, 이를 둘러싸고 있는 경관장계, 인식주체인 시점계로 나눌 수 있다.

03 그림은 축척 1 : 500으로 측량하여 얻은 결과이다. 실제 면적은?

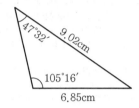

① 70.6m²
② 176.5m²
③ 353.03m²
④ 402.02m²

Guide

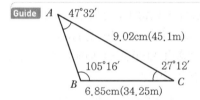

실제거리 = 축척분모수×도상거리

• $\overline{AC}$ = 500×0.0902 = 45.1m
• $\overline{BC}$ = 500×0.0685 = 34.25m

∴ 실제면적(A) $= \frac{1}{2} \times \overline{AC} \times \overline{BC} \times \sin\theta$

$$= \frac{1}{2} \times 45.1 \times 34.25 \times \sin 27°12'$$

$$= 353.03\text{m}^2$$

04 지표에 설치된 중심선을 기준으로 터널 입구에서 굴착을 시작하고 굴착이 진행됨에 따라 터널 내의 중심선을 설정하는 작업은?

① 다보(Dowel)설치
② 터널 내 곡선설치
③ 지표설치
④ 지하설치

Guide 지하설치는 지표에 설치된 중심선을 기준으로 하고 터널 입구에서 굴착이 진행됨에 따라 터널 내의 중심선을 설정하는 작업이다.

정답 01 ① 02 ③ 03 ③ 04 ④

05 원곡선 설치에서 곡선반지름이 250m, 교각이 65°, 곡선시점의 위치가 No.245+09.450m일 때, 곡선종점의 위치는?(단, 중심말뚝 간격은 20m이다.)

① No.245+13.066m
② No.251+13.066m
③ No.259+06.034m
④ No.259+13.066m

> **Guide** • $C.L$(곡선길이) $= 0.0174533 \cdot R \cdot I°$
> $= 0.0174533 \times 250 \times 65°$
> $= 283.616m$
> • $B.C$(곡선시점) $= No.245+9.450m$
> ∴ $E.C$(곡선종점) $= B.C + C.L$
> $= 4,909.450 + 283.616$
> $= 5,193.066m$
> (No.259+13.066m)

06 단곡선 설치과정에서 접선길이, 곡선길이 및 외할을 구하기 위해 우선적으로 결정해야 할 사항으로 옳게 짝지어진 것은?

① 시점, 종점
② 시점, 반지름
③ 반지름, 교각
④ 중점, 교각

> **Guide** 단곡선을 설치하려면 먼저 교각(I)을 결정한 후 반지름(R)을 결정하고 교각(I)과 반지름(R)의 함수인 접선길이($T.L$), 곡선길이($C.L$), 외할(E) 등을 결정한다.

07 자동차가 곡선부를 통과할 때 원심력의 작용을 받아 접선 방향으로 이탈하려고 하므로 이것을 방지하기 위하여 노면에 높이차를 두는 것을 무엇이라 하는가?

① 확폭(Slack)
② 편경사(Cant)
③ 완화구간
④ 시거

> **Guide** 곡선부를 통과하는 차량이 원심력의 작용을 받아 접선방향으로 탈선하려는 것을 방지하기 위해 바깥쪽 노면을 안쪽 노면보다 높이는 정도를 캔트(Cant) 또는 편경사, 편구배라고 한다.

08 하천의 수면으로부터 수면에 따른 유속을 관측한 결과가 아래와 같을 때 3점법에 의한 평균유속은?

관측지점	유속(m/s)
수면으로부터 수심의 2/10	0.687
수면으로부터 수심의 4/10	0.644
수면으로부터 수심의 6/10	0.528
수면으로부터 수심의 8/10	0.382

① 0.531m/s
② 0.571m/s
③ 0.589m/s
④ 0.625m/s

> **Guide** 3점법
> $V_m = \dfrac{1}{4}\left(V_{0.2} + 2V_{0.6} + V_{0.8}\right)$
> $= \dfrac{1}{4}\{0.687 + (2 \times 0.528) + 0.382\}$
> $= 0.531m/s$

09 노선측량의 순서로 가장 적합한 것은?

① 노선선정 → 계획조사측량 → 실시설계측량 → 세부측량 → 용지측량 → 공사측량
② 노선선정 → 실시설계측량 → 세부측량 → 용지측량 → 공사측량 → 계획조사측량
③ 노선선정 → 공사측량 → 실시설계측량 → 세부측량 → 용지측량 → 계획조사측량
④ 노선선정 → 계획조사측량 → 실시설계측량 → 공사측량 → 세부측량 → 용지측량

> **Guide** 노선측량의 순서는 크게 노선선정 → 계획조사측량 → 실시설계측량 → 공사측량 등으로 구분되며, 세부측량 및 용지측량은 실시설계측량에 속한다.

10 하천의 유속측정에 있어서 표면유속, 최소유속, 평균유속, 최대유속의 4가지 유속이 하천의 표면에서부터 하저에 이르기까지 나타나는 일반적인 순서로 옳은 것은?

① 표면유속 → 최대유속 → 최소유속 → 평균유속
② 표면유속 → 평균유속 → 최대유속 → 최소유속
③ 표면유속 → 최대유속 → 평균유속 → 최소유속
④ 표면유속 → 최소유속 → 평균유속 → 최대유속

Guide 유속분포(무풍의 경우)
표면유속 → 최대유속 → 평균유속 → 최소유속
무풍의 경우

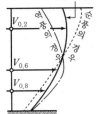

11 삼각형 3변의 길이가 아래와 같을 때 면적은?

> a = 35.65m, b = 73.50m, c = 42.75m

① 269.76m² ② 389.67m²
③ 398.96m² ④ 498.96m²

Guide
$$S = \frac{1}{2}(a+b+c) = \frac{1}{2}(35.65+73.50+42.75)$$
$$= 75.95m$$
$$\therefore A = \sqrt{S(S-a)(S-b)(S-c)}$$
$$= \sqrt{75.95(75.95-35.65)(75.95-73.50)(75.95-42.75)}$$
$$= 498.96m^2$$

12 축척 1 : 1,200 지도상의 면적을 측정할 때, 이 축척을 1 : 600으로 잘못 알고 측정하였더니 10,000m²가 나왔다면 실제면적은?

① 40,000m² ② 20,000m²
③ 10,000m² ④ 2,500m²

Guide
$$a_2 = \left(\frac{m_2}{m_1}\right)^2 \cdot a_1$$
$$= \left(\frac{1,200}{600}\right)^2 \times 10,000 = 40,000m^2$$

13 노선측량에서 곡선반지름 60m, 클로소이드 매개변수가 40m일 때 곡선길이는?

① 1.5m ② 26.7m
③ 49.0m ④ 90.0m

Guide
$$A^2 = R \cdot L$$
$$\therefore L = \frac{A^2}{R} = \frac{40^2}{60} = 26.7m$$

14 교각이 49°30′, 반지름이 150m인 원곡선 설치 시 중심말뚝 간격 20m에 대한 편각은?

① 6°36′18″ ② 4°20′15″
③ 3°49′11″ ④ 1°46′32″

Guide
$$일반편각(\delta_{20}) = 1,718.87' \times \frac{20}{R}$$
$$= 1,718.87' \times \frac{20}{150}$$
$$= 3°49'11''$$

15 부자에 의한 유속관측을 하고 있다. 부자를 띄운 뒤 2분 후에 하류 120m 지점에서 관측되었다면 이때의 표면유속은?

① 1m/s ② 2m/s
③ 3m/s ④ 4m/s

Guide 표면유속(V) = m/sec = 120/120 = 1m/s

16 배면적을 구하는 방법으로 옳은 것은?

① |Σ(각 측선의 조정경거×각 측선의 횡거)|
② |Σ(각 측선의 조정위거×각 측선의 배횡거)|
③ |Σ(각 측선의 조정경거×각 측선의 배횡거)|
④ |Σ(각 측선의 조정위거×각 측선의 조정경거)|

Guide • 배면적= 각 측선의 배횡거×각 측선의 조정위거
• 임의 측선의 배횡거
  = 전 측선의 배횡거+ 전 측선의 경거+ 그 측선의 경거

17 20m 간격으로 등고선이 표시되어 있는 구릉지에서 구적기로 면적을 구한 값이 A₅ = 200m², A₄ = 250m², A₃ = 600m², A₂ = 800m², A₁ = 1,600m²일 때의 토량은?(단, 각주공식을 이용하고 정상부는 평평한 것으로 가정한다.)

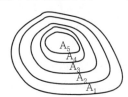

① 45,000m³   ② 46,000m³
③ 47,000m³   ④ 48,000m³

> **Guide** 토량(V) $= \frac{h}{3}\{A_1 + A_5 + 4(A_2 + A_4) + 2(A_3)\}$
> $= \frac{20}{3}\{1,600 + 200 + 4(800 + 250) + 2(600)\}$
> $= 48,000\text{m}^3$

18 국제수로기구(IHO)에서 안전항해를 위해 제작된 기준 중 해도제작에 사용되는 자료를 수집하기 위한 수심측량 등급분류 기준에 해당하지 않는 것은?

① 1a등급   ② 등급외 측량
③ 특등급   ④ 2등급

> **Guide** 수심측량 등급분류(Classification of Surveys) 기준
> • 특등급(Special Order) 수심측량
> • 1a등급(Order 1a) 수심측량
> • 1b등급(Order 1b) 측량
> • 2등급(Order 2) 측량

19 해양에서 수심측량을 할 경우 음향측심 장비로부터 취득한 수심에 필요한 보정이 아닌 것은?

① 정사보정   ② 조석보정
③ 흘수보정   ④ 음속보정

> **Guide** 해양에서 수심측량을 할 경우 음향측심장비로부터 취득된 수심은 흘수보정, 조석보정, 음속보정이 되어야 정확한 수심으로 계산될 수 있다.
> • 흘수보정(Draft Correction)
>   배가 물 위에 떠 있을 때 물 아래 잠긴 부분의 깊이를 말하며 일반적으로 수면에서 배의 최하부까지의 수직거리이며, 이 거리에 의한 영향을 제거하는 작업이다.
> • 조석보정(Tidal Correction)
>   조석에 의한 해수면 변화의 영향을 제거하는 작업이다.
> • 음속보정(Sound Velocity Correction)
>   해수의 수온, 염분에 따른 밀도차로 인해 발생하는 음속의 영향을 제거하는 작업이다. 음속이 실제보다 빠를 경우 수심이 얕게, 음속이 실제보다 느릴 경우 수심이 깊게 나오게 된다.

20 그림과 같은 경사터널에서 A, B 두 측점간의 고저차는?(단, A의 기계고 $IH = 1\text{m}$, B의 $HP = 1.5\text{m}$, 사거리 $S = 20\text{m}$, 경사각 $\theta = 20°$)

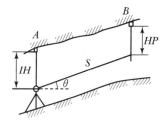

① 4.34m   ② 6.34m
③ 7.34m   ④ 9.34m

> **Guide** $\Delta H = HP + (S \cdot \sin\theta) - IH$
> $= 1.5 + (20 \times \sin 20°) - 1.0$
> $= 7.34\text{m}$

Subject 02 사진측량 및 원격탐사

21 다음 중 3차원 지도제작에 이용되는 위성은?

① SPOT 위성
② LANDSAT 5호 위성
③ MOS 1호 위성
④ NOAA 위성

> **Guide** SPOT 위성에는 HRV 2대가 탑재되어 같은 지역을 다른 방향(경사관측)에서 촬영함으로써 입체시할 수 있어 영상획득과 지형도 제작이 가능하다.

22 TIN에 대한 설명으로 옳지 않은 것은?

① 벡터 구조이다.
② 위상 구조를 갖는다.
③ 불규칙 삼각망이다.
④ 2차원 공간 모델이다.

> **Guide** 불규칙 삼각망(TIN ; Triangulated Irregular Network)은 불규칙하게 위치해 있는 데이터의 상호 기하학적 관계를 고려하여 지형의 3차원적인 표현을 가능하도록 만든 데이터 구조이다.

23 물체의 분광반사특성에 대한 설명으로 옳은 것은?

① 같은 물체라도 시간과 공간에 따라 반사율이 다르게 나타난다.
② 토양은 식물이나 물에 비하여 파장에 따른 반사율의 변화가 크다.
③ 식물은 근적외선 영역에서 가시광선 영역보다 반사율이 높다.
④ 물은 식물이나 토양에 비해 반사도가 높다.

> **Guide** 식물은 근적외선 영역에서 반사율이 높고, 가시광선 영역에서는 광합성작용으로 인해 적색광과 청색광은 식물에 흡수되어 반사율이 낮다.

24 사진측량에서 말하는 모형(Model)의 의미로 옳은 것은?

① 촬영지역을 대표하는 부분
② 촬영사진 중 수정 모자이크된 부분
③ 한 쌍의 중복된 사진으로 입체시되는 부분
④ 촬영된 각각의 사진 한 장이 포괄하는 부분

> **Guide** 모델(Model)이란 다른 위치로부터 촬영되는 2매 1조의 입체사진으로부터 만들어지는 처리단위를 말한다.

25 다음 중 가장 최근에 개발된 사진측량시스템은?

① 편위 수정기   ② 기계식 도화기
③ 해석식 도화기   ④ 수치 도화기

> **Guide** 수치 도화기는 수치영상을 이용하여 컴퓨터상에서 대상물을 해석하고 수치지도를 제작하는 최신 도화기이다.

26 초점거리 150mm, 사진크기 23cm×23cm인 카메라로 촬영고도 1,800m, 촬영기선길이 960m가 되도록 항공사진촬영을 하였다면 이 사진의 종중복도는?

① 60.0%   ② 63.4%
③ 65.2%   ④ 68.8%

> **Guide**
> • 사진축척$(M) = \dfrac{1}{m} = \dfrac{f}{H} = \dfrac{0.15}{1,800} = \dfrac{1}{12,000}$
> • 촬영종기선 길이$(B) = m \cdot a(1-p) \rightarrow$

$960 = 12,000 \times 0.23(1-p)$
$\therefore p = 65.2\%$

27 전정색 영상의 공간해상도가 1m, 밴드 수가 1개이고, 다중분광영상의 공간해상도가 4m, 밴드 수가 4개라고 할 때, 전정색 영상과 다중분광영상의 해상도 비교에 대한 설명으로 옳은 것은?

① 전정색 영상이 다중분광영상보다 공간해상도와 분광해상도가 높다.
② 전정색 영상이 다중분광영상보다 공간해상도가 높고 분광해상도는 낮다.
③ 전정색 영상이 다중분광영상보다 공간해상도와 분광해상도도 낮다.
④ 전정색 영상이 다중분광영상보다 공간해상도가 낮고 분광해상도는 높다.

> **Guide** 공간해상도 숫자가 적을수록 공간해상도가 높고, 밴드 수가 많을수록 분광해상도가 높다.

28 촬영고도 2,000m에서 평지를 촬영한 연직사진이 있다. 이 밀착사진상에 있는 2점 간의 시차를 측정한 결과 1.5mm이었다. 2점 간의 높이차는?(단, 카메라의 초점거리는 15cm, 종중복도는 60%, 사진크기는 23cm×23cm이다.)

① 26.3m   ② 32.6m
③ 63.2m   ④ 92.0m

> **Guide**
> $h = \dfrac{H}{b_0} \cdot \Delta p = \dfrac{2,000}{0.092} \times 0.0015 = 32.6$m
> 여기서, $b_0 = a(1-p) = 0.23(1-0.60) = 0.092$m

29 아래 그림에서 과잉수정계수(Over Correction Factor)를 구하는 식으로 옳은 것은?

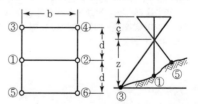

① $\dfrac{1}{2}\left(\dfrac{z^2}{d^2}+1\right)$ ② $\dfrac{1}{2}\left(\dfrac{z^2}{d^2}-1\right)$

③ $\dfrac{1}{2}\left(\dfrac{z^2}{b^2}+1\right)$ ④ $\dfrac{1}{2}\left(\dfrac{z^2}{b^2}-1\right)$

Guide 과잉수정계수는 입체사진의 상호표정에서 ω(오메가)로, 종시차를 없애기 위해 사용하는 수정계수이며 다음 식으로 나타낼 수 있다.

$$K=\dfrac{1}{2}\left(\dfrac{z^2}{d^2}-1\right)$$

30 항공사진의 주점에 대한 설명에 해당하는 것은?

① 렌즈의 중심을 통한 수선 및 연직선을 2등분하는 직선의 화면과의 교점
② 렌즈의 중심을 통한 연직선과 화면과의 교점
③ 렌즈의 중심으로부터 화면에 내린 수선의 교점
④ 사진면에서 연직면을 중심으로 방사상의 변위가 생기는 점

Guide 항공사진의 특수 3점
• 주점 : 사진의 중심점으로서 렌즈 중심으로부터 화면에 내린 수선의 발
• 연직점 : 렌즈 중심으로부터 지표면에 내린 수선의 발
• 등각점 : 주점과 연직점이 이루는 각을 2등분한 선

31 항공사진측량의 일반적인 특성에 관한 설명으로 옳지 않은 것은?

① 축척의 변경이 용이하다.
② 분업화에 의해 능률이 높다.
③ 접근하기 어려운 대상물을 측량할 수 있다.
④ 소규모 구역에서의 경제적인 측량에 적합하다.

Guide 항공사진측량은 대규모 지역에서 경제적인 측량이다.

32 항공사진 촬영 시 유의사항으로 옳은 것은?

① 촬영고도는 계획고도에 대해서 10% 이상의 차가 있어야 한다.
② 종중복도는 40%, 횡중복도는 10% 정도로 한다.
③ 촬영지역 전체가 완전히 입체시되도록 촬영한다.

④ 비행 방향에 대하여 κ는 5°, Ψ나 ω는 10°를 넘어서는 안 된다.

Guide 항공사진 촬영 시 종중복도 60%, 횡중복도 30%를 적용하여 촬영지역 전체가 입체시되도록 촬영하여야 한다.

33 세부도화를 하기 위한 표정 작업의 종류가 아닌 것은?

① 수시표정   ② 내부표정
③ 상호표정   ④ 절대표정

Guide 표정의 종류
• 내부표정
• 외부표정 : 상호표정, 접합표정, 절대표정

34 항공삼각측량에서 스트립(Strip)을 형성하기 위해 사용되는 점은?

① 횡접합점   ② 종접합점
③ 자침점   ④ 자연점

Guide 종접합점은 항공삼각측량 과정에서 스트립을 형성하기 위하여 사용되는 점으로 보조기준점(Pass Point)이라고도 한다.

35 다음 중 상호표정인자가 아닌 것은?

① ω ② b_x
③ b_y ④ b_z

Guide 상호표정은 양 투영기에서 나오는 광속이 촬영 당시 촬영면에 이루어지는 종시차를 소거하여 목표 지형물에 상대위치를 맞추는 작업으로 κ, ϕ, ω, b_y, b_z의 5개 인자를 사용한다.

36 사진상 사진 주점을 지나는 직선상의 A, B 두 점 간의 길이가 15cm이고, 축척 1 : 1,000 지형도에서는 18cm이었다면 사진의 축척은?

① 1 : 1,200   ② 1 : 1,250
③ 1 : 1,300   ④ 1 : 12,000

정답 30 ③ 31 ④ 32 ③ 33 ① 34 ② 35 ② 36 ①

Guide $\dfrac{1}{m}=\dfrac{도상거리}{실제거리}$ →

$\dfrac{1}{1,000}=\dfrac{0.18}{실제거리}$ →

실제거리 $=1,000\times0.18=180$m

∴ 사진축척$\left(\dfrac{1}{m}\right)=\dfrac{도상거리}{실제거리}=\dfrac{0.15}{180}=\dfrac{1}{1,200}$

37 N차원의 피처공간에서 분류될 화소로부터 가장 가까운 훈련자료 화소까지의 유클리드 거리를 계산하고 그것을 해당 클래스로 할당하여 영상을 분류하는 방법은?

① 최근린 분류법(Nearest−Neighbor Classifier)
② K−최근린 분류법(K−Nearest−Neighbor Classifier)
③ 최장거리 분류법(Maximum Distance Classifier)
④ 거리가중 K−최근린 분류법(K−Nearest−Neighbor Distance−Weighted Classifier)

Guide 최근린 분류법(Nearest Neighbor Classifier)
가장 가까운 거리에 근접한 영상소의 값을 택하는 방법이며, 원 영상의 데이터를 변질시키지 않으나 부드럽지 못한 영상을 획득하는 단점이 있다.

38 카메라의 초점거리 15cm, 촬영고도 1,800m인 연직사진에서 도로 교차점과 표고 300m의 산정이 찍혀 있다. 도로 교차점은 사진 주점과 일치하고, 교차점과 산정의 거리는 밀착사진상에서 55mm이었다면 이 사진으로부터 작성된 축척 1 : 5,000 지형도상에서 두점의 거리는?

① 110mm ② 130mm
③ 150mm ④ 170mm

Guide • 비행고도$(H)=1,800-300=1,500$m

• 사진축척$(M)=\dfrac{1}{m}=\dfrac{f}{H}=\dfrac{l}{L}$ →

$L=\dfrac{H}{f}\times l=\dfrac{1,500}{0.15}\times0.055=550$m

• $\dfrac{1}{m}=\dfrac{l}{L}$ → $\dfrac{1}{5,000}=\dfrac{l}{550}$

$\therefore l=\dfrac{550}{5,000}=0.11$m $=110$mm

39 사진지표의 용도가 아닌 것은?

① 사진의 신축 측정 ② 주점의 위치 결정
③ 해석적 내부표정 ④ 지구의 곡률 보정

Guide 사진지표(Fiducial Marks)
사진의 네 모서리 또는 네 변의 중앙에 있는 표지, 필름이 사진기 내에서 노출된 순간에 필름의 위치를 정하기 위한 점을 말한다.

40 원격탐사에서 화상자료 전체 자료량(Byte)을 나타낸 것으로 옳은 것은?

① (라인수)×(화소수)×(채널수)×(비트수/8)
② (라인수)×(화소수)×(채널수)×(바이트수/8)
③ (라인수)×(화소수)×(채널수/2)×(비트수/8)
④ (라인수)×(화소수)×(채널수/2)×(바이트수/8)

Guide 원격탐사에서 영상자료 전체 자료량(Byte)은 (라인수)×(화소수)×(채널수)×(비트수/8)로 표시된다.

Subject 03 지리정보시스템(GIS) 및 위성측위시스템(GNSS)

41 지리정보시스템(GIS)의 데이터 취득에 대한 일반적인 설명으로 옳지 않은 것은?

① 스캐닝이 디지타이징에 비하여 작업속도가 빠르다.
② 디지타이징은 전반적으로 자동화된 작업과정이므로 숙련도에 크게 좌우되지 않는다.
③ 스캐닝에 의한 수치지도 제작을 위해서는 래스터를 벡터로 변환하는 과정이 필요하다.
④ 디지타이징은 지도와 항공사진 등 아날로그 형식의 자료를 전산기에 의해서 직접 판독할 수 있는 수치 형식으로 변환하는 자료획득방법이다.

Guide 디지타이징은 전반적으로 수동화된 작업이므로 작업자의 숙련도가 크게 요구된다.

정답 37 ① 38 ① 39 ④ 40 ① 41 ②

42 GNSS 측량에 대한 설명으로 옳은 것은?

① GNSS 측량은 후처리방식과 실시간처리방식으로 구분되며 실시간처리방식에는 정지측량, 신속정지측량, 이동측량이 포함된다.
② RINEX는 GNSS 수신기의 기종에 관계없이 데이터의 호환이 가능하도록 하는 공용포맷의 일종이다.
③ 다중경로(Multipath)는 GNSS 수신기에 다양한 신호를 유도하여 위치정확도를 향상시킨다.
④ GNSS 정지측량은 고정점의 수신기에서 라디오 모뎀에 의해 데이터와 보정자료를 이동점 수신기로 전송하여 현장에서 직접 측량성과를 획득하는 측량방법이다.

Guide ① 실시간처리방식 : 이동측량
③ 다중경로는 위치정확도를 감소시킴
④ DGNSS 또는 RTK방식의 설명

43 지리정보시스템(GIS)의 자료에 대한 설명으로 옳지 않은 것은?

① 자료는 위치자료(도형자료)와 특성자료(속성자료)로 대별할 수 있다.
② 위치자료와 특성자료는 서로 연관성을 가지고 있어야 한다.
③ 일반적인 통계자료 또는 영상파일은 특성자료로 사용될 수 없다.
④ 위치자료는 도면이나 지도와 같은 도형에서 위치값을 수록하는 정보파일이다.

Guide GIS 정보는 위치정보와 특성정보로 구분되며, 특성정보는 도형정보, 영상정보, 속성정보로 세분화된다.

44 지리정보시스템(GIS)에서 표면분석과 중첩분석의 가장 큰 차이점은?

① 자료분석의 범위
② 자료분석의 지형형태
③ 자료에 사용되는 입력방식
④ 자료에 사용되는 자료층의 수

Guide 표면분석은 한 자료층의 분석이고, 중첩분석은 한 개 이상의 자료층의 분석이다.

45 사용자가 네트워크나 컴퓨터를 의식하지 않고 장소에 상관없이 자유롭게 네트워크에 접속할 수 있는 정보통신 환경 또는 정보기술패러다임을 의미하는 것으로 1988년 미국의 마크 와이저에 의하여 처음 사용되었으며 지리정보시스템을 포함한 여러 분야에서 이용되고 있는 정보화 환경은?

① 위치기반서비스(LBS)
② 유비쿼터스(Ubiquitous)
③ 텔레메틱스(Telematics)
④ 지능형교통체계(ITS)

Guide 유비쿼터스(Ubiquitous)
언제 어디서나 존재하고 있는 컴퓨터. 인지되지 않은 상태로 생활 속에 작동되어 우리의 삶을 편하고, 안전하고, 즐겁게 만들어 주는 기술이다.

46 지리정보시스템(GIS)에서 표준화가 필요한 이유로 가장 거리가 먼 것은?

① 데이터의 공동 활용을 통하여 데이터의 중복 구축을 방지함으로써 데이터 구축비용을 절약한다.
② 표준 형식에 맞추어 하나의 기관에서 구축한 데이터를 많은 기관들이 공유하여 사용할 수 있다.
③ 서로 다른 기관 간에 데이터의 유출 방지 및 데이터의 보안을 유지하기 위해 필요하다.
④ 데이터 제작 시 사용된 하드웨어나 소프트웨어에 구애받지 않고 손쉽게 데이터를 사용할 수 있다.

Guide GIS의 표준화
각기 다른 사용목적으로 구축된 다양한 자료에 대한 접근의 용이성을 극대화하기 위해 필요

47 국토지리정보원에서 발행하는 국가기본도에 적용되는 좌표계는?

① 경위도 좌표계
② 카텍(KATECH) 좌표계
③ UTM(Universal Transverse Mercator) 좌표계
④ 평면직각 좌표계(TM 좌표계 : Transverse Mercator)

Guide 국가기본도에 적용되는 좌표계는 평면직각 좌표(TM 좌표계)이다.

48 래스터형 GIS 데이터에 대한 설명으로 옳지 않은 것은?

① 원격탐사 자료와의 연계처리가 용이하다.
② 좌표변환과 같은 데이터 변환에 있어 많은 시간이 소요된다.
③ 여러 레이어의 중첩이나 분석에 용이하다.
④ 위상에 관한 정보가 제공되어 관망분석(Network Analysis)과 같은 공간분석이 가능하다.

Guide 격자구조는 동일한 크기의 격자로 이루어져 있으며 위상이 구축되지 않아 네트워크 분석과 같은 공간분석이 가능하지 않다.

49 Boolean 대수를 사용한 면의 중첩에서 그림과 같은 논리연산을 바르게 나타낸 것은?

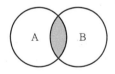

① A AND B   ② A OR B
③ A NOT B   ④ A XOR B

Guide A AND B

50 지리정보시스템(GIS)의 직접적인 활용범위로 거리가 먼 것은?

① 토지정보체계(Land Information System)
② 도시정보체계(Urban Information System)
③ 경영정보체계(Management Information System)
④ 지리정보체계(Geographic Information System)

Guide 경영정보체계는 GIS의 직접적인 활용과 거리가 멀다

51 지리정보시스템(GIS)에서 데이터 모델링의 일반적인 절차로 옳은 것은?

① 실세계 → 개념모델 → 논리모델 → 물리모델
② 실세계 → 논리모델 → 개념모델 → 물리모델
③ 실세계 → 논리모델 → 물리모델 → 개념모델
④ 실세계 → 물리모델 → 논리모델 → 개념모델

Guide 데이터의 모델링
개념모델 → 논리모델 → 물리모델

52 다음 중 GNSS 측량을 직접 적용할 수 있는 분야는?

① 해안선 위치 결정
② 고층 건물이 밀접한 시가지역의 지적 경계 결정
③ 터널 내부의 수평 위치 결정
④ 실내 측량 기준점 성과 결정

Guide GNSS는 현재 실내, 지하 등 위성의 수신이 안 되는 지역에서는 관측이 어려우며 지적경계 결정을 위해서는 경위의측량, 측판측량방법을 이용한다. 따라서, GNSS 측량을 직접 적용할 수 있는 분야는 해안선 위치 결정이다.

53 GPS 위성으로부터 송신된 신호를 수신기에서 획득 및 추적할 수 없도록 GPS 신호와 동일한 주파수 대역의 신호를 고의로 송신하는 전파간섭을 의미하는 용어는?

① 스니핑(Sniffing)
② 재밍(Jamming)
③ 지오코딩(Geocoding)
④ 트래킹(Tracking)

Guide GPS 재밍(Jamming)
GPS의 전파교란을 뜻하는 것으로 GPS 신호와 동일한 주파수의 강력한 전파를 발사하여 신호세기가 상대적으로 미약한 GPS 신호를 교란함으로써 해당 지역에서의 GPS 측위를 무력화하는 용도의 GPS 측위 간섭 기술이다.

54 지리정보시스템(GIS)을 통하여 수행할 수 있는 지도 모형화의 장점이 아닌 것은?

① 문제를 분명히 정의하고 문제를 해결하는 데 필요한 자료를 명확하게 결정할 수 있다.
② 여러 가지 연산 또는 시나리오의 결과를 쉽게 비교할 수 있다.
③ 많은 경우에 조건을 변경하거나 시간의 경과에 따른 모의분석을 할 수 있다.
④ 자료가 명목 혹은 서열의 척도로 구성되어 있을지라도 시스템은 레이어의 정보를 정수로 표현한다.

Guide GIS의 모형화(Modeling)
GIS 데이터모델을 이용하여 필요한 자료를 추출하고 앞으로의 현상을 예측하거나 계획된 행위에 대한 결과를 예측하는 것으로 자료가 서열척도로 구성되어 있다면 서열 또는 순위별로 나타내는 자료로 표현한다.

55 다음 중 실세계의 현상들을 보다 정확히 묘사할 수 있으며 자료의 갱신이 용이한 자료관리체계(DBMS)는?

① 관계지향형 DBMS
② 종속지향형 DBMS
③ 객체지향형 DBMS
④ 관망지향형 DBMS

Guide 객체지향형 DBMS
객체로서의 모델링과 데이터 생성을 지원하는 DBMS로 실세계의 현상들을 보다 정확히 묘사할 수 있다. 또한, 자료와 자료의 구성을 위한 방법론인 메소드까지 저장하며 자료의 갱신에 용이하다.

56 GNSS 측량의 활용분야가 아닌 것은?

① 변위추정
② 영상복원
③ 절대좌표해석
④ 상대좌표해석

Guide GNSS는 위치나 시간정보가 필요한 모든 분야에 이용될 수 있기 때문에 매우 광범위하게 응용되고 있으며 영상 취득, 처리, 복원 등의 분야와는 거리가 멀다.

57 다음 중 서로 다른 종류의 공간자료처리시스템 사이에서 교환포맷으로 사용하기에 가장 적합한 것은?

① GeoTiff
② BMP
③ JPG
④ PNG

Guide GeoTiff
GIS 소프트웨어에서 사용하는 비압축 영상 포맷으로 TIFF 포맷에 지리적 위치를 저장할 수 있는 기능을 부여한 영상 포맷

58 GNSS 정지측위 방식에 의해 기준점 측량을 실시하였다. GNSS 관측 전후에 측정한 측점에서 ARP(Antenna Reference Point)까지의 경사거리는 각각 145.2cm와 145.4cm이었다. 안테나 반경이 13cm이고, ARP를 기준으로 한 APC(Antenna Phase Center) 오프셋(Offset)이 높이 방향으로 2.5cm일 때 보정해야 할 안테나고(Antenna Height)는?

① 142.217cm
② 147.217cm
③ 147.800cm
④ 142.800cm

Guide
$$H = H' + h_0 = \sqrt{h^2 - R_0^2} + h_0$$
$$= \sqrt{145.3^2 - 13^2} + 2.5 = 147.217\,\text{cm}$$

여기서, H : 안테나고
H' : 보정 전 높이
h : 측점에서 ARP까지의 경사거리
$\left(= \dfrac{145.2 + 145.4}{2} \right)$
R_0 : 안테나 반경
h_0 : APC 오프셋(Offset)

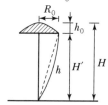

59 아래의 래스터 데이터에 최솟값 윈도우(Min kernel)를 3×3 크기로 적용한 결과로 옳은 것은?

7	3	5	7	1
7	5	5	1	7
5	4	2	5	9
9	2	3	8	3
0	7	1	4	7

①
5	5	5
5	4	5
3	4	4

②
5	5	1
4	2	5
2	3	8

③
7	7	9
9	8	9
9	8	9

④
2	1	1
2	1	1
0	1	1

Guide 최솟값 필터
영상에서 한 화소의 주변 화소들에 윈도우를 씌워서 이웃 화소들 중에서 최솟값을 출력 영상에 출력하는 필터링

7	3	5
7	5	5	→ 2
5	4	2

3	5	7
5	5	1	→ 1
4	2	5

5	7	1
5	1	7	→ 1
2	5	9

7	5	5
5	4	2	→ 2
9	2	3

5	5	1
4	2	5	→ 1
2	3	8

5	1	7
2	5	9	→ 1
3	8	3

5	4	2
9	2	3	→ 0
0	7	1

4	2	5
2	3	8	→ 1
7	1	4

2	5	9
3	8	3	→ 1
1	4	7

∴
2	1	1
2	1	1
0	1	1

60 각각의 GPS 위성이 가지고 있는 위성 고유의 식별자라고 할 수 있는 코드는?

① PRN ② DOP
③ DGPS ④ RTK

Guide PRN(Pseudo Random Noise) Code
GPS 위성에서는 C/A코드와 P코드로 PRN을 전송하며, GPS 수신기는 PRN 위성을 식별하여 거리계산체계에 사용한다.

✔ 측량 관련 법규는 출제 당시 법률을 기준으로 해설되었음을 알려드립니다.

61 삼각측량의 삼각망 조정에서 만족을 요하는 조건이 아닌 것은?

① 공선조건 ② 측점조건
③ 각조건 ④ 변조건

Guide 각관측 3조건
• 각조건 : 삼각망 중 각 삼각형 내각의 합은 180°가 될 것
• 점조건 : 한 측점 주위에 있는 모든 각의 총합은 360°가 될 것
• 변조건 : 삼각망 중에서 임의의 한 변의 길이는 계산순서에 관계없이 동일할 것

62 트래버스의 폐합오차 조정에 대한 설명 중 옳지 않은 것은?

① 트랜싯법칙은 각관측의 정확도가 거리관측의 정확도보다 좋은 경우에 사용된다.
② 컴퍼스법칙은 폐합오차를 전측선의 길이에 대한 각 측선의 길이에 비례하여 오차를 배분한다.
③ 트랜싯법칙은 폐합오차를 각 측선의 위거, 경거 크기에 반비례하여 오차를 배분한다.
④ 컴퍼스법칙은 각관측과 거리관측의 정밀도가 서로 비슷한 경우에 사용된다.

Guide 트랜싯법칙은 각 측량의 정밀도가 거리의 정밀도보다 높을 때 이용되며 위거, 경거의 오차를 각 측선의 위거 및 경거에 비례하여 배분한다.

63 표준자와 비교하였더니 30m에 대하여 6cm가 늘어난 줄자로 삼각형의 지역을 측정하여 삼사법으로 면적을 측정하였더니 950m²였다. 이 지역의 실제면적은?

① 953.8m² ② 951.9m²
③ 946.2m² ④ 933.1m²

Guide
$$실제면적= \frac{(부정길이)^2 \times 관측면적}{(표준길이)^2}$$
$$= \frac{(30.06)^2 \times 950}{(30)^2}$$
$$= 953.8 m^2$$

64 관측값의 신뢰도를 나타내는 경중률의 성질로 틀린 것은?

① 경중률은 관측횟수에 비례한다.
② 경중률은 우연오차의 제곱에 반비례한다.
③ 경중률은 정도의 제곱에 비례한다.
④ 직접수준측량 시 경중률은 노선길이에 비례한다.

Guide 경중률은 관측값의 신뢰도를 나타내며 다음과 같은 성질을 가진다.
• 경중률은 관측횟수에 비례한다.
• 경중률은 노선거리에 반비례한다.
• 경중률은 평균제곱근오차의 제곱에 반비례한다.

65 각 측정기의 기본요소에 속하지 않는 것은?

① 연직축   ② 삼각축
③ 수평축   ④ 시준축

Guide 각 측정기의 기본요소
연직축, 시준축, 수평축

66 다음 측량기기 중 거리관측과 각관측을 동시에 할 수 있는 장비는?

① Theodolite   ② EDM
③ Total Station   ④ Level

Guide 토털스테이션(Total Station)
각도와 거리를 동시에 관측할 수 있는 기능이 갖추어져 있는 측량기이다. 즉, 전자식 데오드라이트와 광파거리측량기를 조합한 측량기이다. 마이크로프로세서에서 자료를 짧은 시간에 처리하거나 표시하고, 결과를 출력하는 전자식 거리 및 각 측정기기이다.

67 수준측량을 실시한 결과가 아래와 같을 때 P 점의 표고는?

측점	표고 (m)	측량 방향	고저차 (m)	거리 (km)
A	20.14	$A \to P$	+ 1.53	2.5
B	24.03	$B \to P$	− 2.33	4.0
C	19.89	$C \to P$	+ 1.88	2.0

① 21.75m   ② 21.72m
③ 21.70m   ④ 21.68m

Guide 경중률은 노선거리에 반비례하므로 경중률 비를 취하면,
$$W_1 : W_2 : W_3 = \frac{1}{S_1} : \frac{1}{S_2} : \frac{1}{S_3}$$
$$= \frac{1}{2.5} : \frac{1}{4.0} : \frac{1}{2.0}$$
$$= 8 : 5 : 10$$
$$\therefore P점표고(H_P) = \frac{W_1 H_1 + W_2 H_2 + W_3 H_3}{W_1 + W_2 + W_3}$$
$$= \frac{(8 \times 21.67) + (5 \times 21.70) + (10 \times 21.77)}{8 + 5 + 10}$$
$$= 21.72 m$$

68 트래버스 계산 결과에서 측점 3의 합위거는? (단, 단위 : m)

측선	조정위거	조정경거	측점	합위거	합경거
$\overline{1-2}$	− 22.076	+ 40.929	1	0	0
$\overline{2-3}$	− 36.317	− 6.548	2		
$\overline{3-4}$	− 0.396	− 35.793	3	?	
$\overline{4-5}$	+ 34.684	− 12.047	4		
$\overline{5-1}$	+ 24.105	+ 13.459	5		

① − 58.393m   ② − 28.624m
③ 58.393m   ④ 64.941m

Guide
• 측점 1 합위거 = 0.000m
• 측점 2 합위거 = 측점 1 합위거 + 측선 $\overline{1-2}$ 조정위거
  $= 0.000 + (− 22.076)$
  $= − 22.076$m
∴ 측점 3 합위거 = 측점 2 합위거 + 측선 $\overline{2-3}$ 조정위거
  $= − 22.076 + (− 36.317)$
  $= − 58.393$m

69 구과량(e)에 대한 설명으로 옳은 것은?

① 평면과 구면과의 경계점

② 구면 삼각형의 내각의 합이 180°보다 큰 양

③ 구면 삼각형에서 삼각형의 변장을 계산한 값

④ $e = F/R$로 표시되는 양(F : 구면삼각형의 면적, R : 지구의 곡선반지름)

> **Guide** 구면 삼각형의 내각의 합은 180°가 넘으며, 이 값과 180°와의 차이를 구과량이라 한다.

70 오차의 종류 중 확률 법칙에 따라 최소제곱법으로 처리하는 오차는?

① 과오   ② 정오차

③ 부정오차   ④ 누적오차

> **Guide** 확률 법칙에 따라 최소제곱법으로 처리하는 오차는 부정오차(우연오차)이다.

71 다음 중 지성선의 종류에 속하지 않는 것은?

① 계곡선   ② 능선

③ 경사변환선   ④ 산능대지선

> **Guide** 지성선에는 능선, 합수선, 경사변환선, 최대경사선 등이 있다.

72 축척 1 : 50,000 지형도의 산정에서 계곡까지의 거리가 42mm이고 산정의 표고가 780m, 계곡의 표고가 80m이었다면 이 사면의 경사는?

① 1/5   ② 1/4

③ 1/3   ④ 1/2

> **Guide** 수평거리를 실제거리로 환산하면
> $$\frac{1}{50,000} = \frac{42}{\text{실제거리}} \rightarrow$$
> 실제거리 $= 50,000 \times 42 = 2,100,000\text{mm} = 2,100\text{m}$
> $$\therefore \text{경사}(i) = \frac{h}{D} = \frac{700}{2,100} = \frac{1}{3}$$

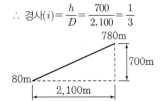

73 삼각점 A에 기계를 세우고 삼각점 C가 시준되지 않아 P를 관측하여 $T' = 110°$를 얻었다면 보정한 각 T는?(단, $S = 1$km, $e = 20$cm, $k = 298°45'$)

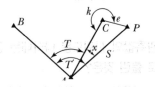

① 108°58'24"   ② 108°59'24"

③ 109°58'24"   ④ 109°59'24"

> **Guide**
> $$x'' = \frac{e \cdot \sin(360° - k)}{S} \cdot \rho''$$
> $$= \frac{0.20 \times \sin(360° - 298°45')}{1,000} \times 206,265''$$
> $$= 0°0'36''$$
> $$\therefore T = T' - x'' = 110° - 0°0'36'' = 109°59'24''$$

74 그림에서 $B.M$의 지반고가 89.81m라면 C점의 지반고는?(단, 단위 : m)

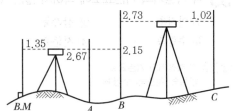

① 87.45m   ② 88.90m

③ 90.20m   ④ 90.72m

> **Guide**
> $$H_B = H_{B.M} + B.S - F.S$$
> $$= 89.81 + 1.35 - 2.15$$
> $$= 89.01\text{m}$$
> $$\therefore H_C = H_B + B.S - F.S$$
> $$= 89.01 + 2.73 - 1.02$$
> $$= 90.72\text{m}$$

75 공공측량 작업계획서를 제출할 때 포함되지 않아도 되는 사항은?(단, 그 밖에 작업에 필요한 사항은 제외한다.)

정답   69 ②   70 ③   71 ④   72 ③   73 ④   74 ④   75 ③

① 공공측량의 목적 및 활용 범위
② 공공측량의 위치 및 사업량
③ 공공측량의 시행자의 규모
④ 사용할 측량기기의 종류 및 성능

> **Guide** 공간정보의 구축 및 관리 등에 관한 법률 시행규칙
> 제21조(공공측량 작업계획서의 제출)
> 공공측량 작업계획서에 포함되어야 할 사항은 다음과 같다.
> 1. 공공측량의 사업명
> 2. 공공측량의 목적 및 활용 범위
> 3. 공공측량의 위치 및 사업량
> 4. 공공측량의 작업기간
> 5. 공공측량의 작업방법
> 6. 사용할 측량기기의 종류 및 성능
> 7. 사용할 측량성과의 명칭, 종류 및 내용
> 8. 그 밖에 작업에 필요한 사항

76 성능검사를 받아야 하는 측량기기 중 금속관로탐지기의 성능검사 주기로 옳은 것은?

① 1년　　　　② 2년
③ 3년　　　　④ 5년

> **Guide** 공간정보의 구축 및 관리 등에 관한 법률 시행령 제97조
> (성능검사의 대상 및 주기 등)
> 성능검사를 받아야 하는 측량기기와 검사주기는 다음과 같다.
> 1. 트랜싯(데오드라이트) : 3년
> 2. 레벨 : 3년
> 3. 거리측정기 : 3년
> 4. 토털 스테이션 : 3년
> 5. 지피에스(GPS) 수신기 : 3년
> 6. 금속관로탐지기 : 3년

77 벌칙규정에 대한 설명으로 옳지 않는 것은?

① 심사를 받지 아니하고 지도 등을 간행하여 판매하거나 배포한 자는 1년 이하의 징역 또는 2천만 원 이하의 벌금에 처한다.
② 다른 사람에게 측량업등록증 또는 측량업등록수첩을 빌려주거나 자기의 성명 또는 상호를 사용하여 측량업무를 하게 한 자는 1년 이하의 징역 또는 1천만 원 이하의 벌금에 처한다.
③ 측량업자로서 속임수, 위력(威力) 그 밖의 방법으로 측량업과 관련된 입찰의 공정성을 해친 자는 3년 이하의 징역 또는 3천만 원 이

하의 벌금에 처한다.
④ 성능검사를 부정하게 한 성능검사대행자는 2년 이하의 징역 또는 2천만 원 이하의 벌금에 처한다.

> **Guide** 공간정보의 구축 및 관리 등에 관한 법률 제109조(벌칙)
> 심사를 받지 아니하고 지도 등을 간행하여 판매하거나 배포한 자는 1년 이하의 징역 또는 1천만 원 이하의 벌금에 처한다.

78 측량기준에 대한 설명으로 옳지 않은 것은?

① 측량의 원점은 대한민국 경위도원점 및 수준원점으로 한다.
② 수로조사에서 간출지의 높이와 수심은 약최고고조면을 기준으로 측량한다.
③ 해안선은 해수면의 약최고고조면에 이르렀을 때의 육지와 해수면과의 경계로 표시한다.
④ 위치는 세계측지계에 따라 측정한 지리학적 경위도와 높이(평균해수면으로부터의 높이를 말한다.)로 표시한다

> **Guide** 공간정보의 구축 및 관리 등에 관한 법률 제6조(측량기준)
> 수로조사에서 간출지의 높이와 수심은 기본수준면(일정 기간 조석을 관측하여 분석한 결과 가장 낮은 해수면)을 기준으로 측량한다.

79 기본측량 측량성과의 고시사항에 포함되지 않는 것은?(단, 그 밖에 필요한 사항은 제외한다.)

① 측량실시의 시기 및 지역
② 설치한 측량기준점의 수
③ 측량의 정확도
④ 측량 수행자

> **Guide** 공간정보의 구축 및 관리 등에 관한 법률 시행령 제13조
> (측량성과의 고시)
> 측량성과의 고시에는 다음의 사항이 포함되어야 한다.
> 1. 측량의 종류
> 2. 측량의 정확도
> 3. 설치한 측량기준점의 수
> 4. 측량의 규모(면적 또는 지도의 장수)
> 5. 측량실시의 시기 및 지역
> 6. 측량성과의 보관 장소
> 7. 그 밖에 필요한 사항

80 공간정보의 구축 및 관리 등에 관한 법률에서 규정하는 수치주제도에 속하지 않는 것은?

① 지하시설물도
② 토지피복지도
③ 행정구역도
④ 수치지적도

> **Guide** 공간정보의 구축 및 관리 등에 관한 법률 제2조(정의)
> 지도란 측량 결과에 따라 공간상의 위치와 지형 및 지명 등 여러 공간정보를 일정한 축척에 따라 기호나 문자 등으로 표시한 것을 말하며, 정보처리시스템을 이용하여 분석, 편집 및 입력 · 출력할 수 있도록 제작된 수치지형도[항공기나 인공위성 등을 통하여 얻은 영상정보를 이용하여 제작하는 정사영상지도를 포함한다]와 이를 이용하여 특정한 주제에 관하여 제작된 지하시설물도 · 토지이용현황도 등 대통령령으로 정하는 수치주제도를 포함한다.

본 문제의 해설은 출제자의 의도와 일치되지 않을 수 있으며, 문제 및 정답은 일부 오탈자가 있을 수 있으므로 학습시 의문사항이 있으면 예문사 또는 저자에게 문의하여 주시기 바랍니다. 또한, 본 기출문제는 시행 당시의 이론 및 법규에 의하여 해설되었음을 알려드립니다.

Subject 01 응용측량

01 단곡선 설치에서 곡선반지름이 100m일 때 곡선길이를 87.267m로 하기 위한 교각의 크기는?

① 80°
② 52°
③ 50°
④ 48°

Guide 곡선길이$(CL) = 0.0174533 \cdot R \cdot I° \rightarrow$
$87.267 = 0.0174533 \times 100 \times I°$
$\therefore I° = \dfrac{87.267}{0.0174533 \times 100} = 50°$

02 그림과 같이 삼각형의 정점 A에서 직선 $\overline{AP}$, $\overline{AQ}$로 △ABC의 면적을 1 : 2 : 3으로 분할하기 위한 $\overline{BP}$, $\overline{PQ}$의 길이는?

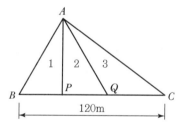

① $\overline{BP} = 10m$, $\overline{PQ} = 30m$
② $\overline{BP} = 20m$, $\overline{PQ} = 60m$
③ $\overline{BP} = 20m$, $\overline{PQ} = 40m$
④ $\overline{BP} = 10m$, $\overline{PQ} = 60m$

Guide
• $\overline{BP} = \dfrac{l}{l+m+n} \times \overline{BC} = \dfrac{1}{1+2+3} \times 120 = 20m$
• $\overline{BQ} = \dfrac{l+m}{l+m+n} \times \overline{BC} = \dfrac{1+2}{1+2+3} \times 120 = 60m$
• $\overline{PQ} = \overline{BQ} - \overline{BP} = 60 - 20 = 40m$
$\therefore \overline{BP} = 20m$, $\overline{PQ} = 40m$

03 지표에 설치된 중심선을 기준으로 터널 입구에서 굴착을 시작하고 굴착이 진행됨에 따라 터널 내의 중심선을 설정하는 작업은?

① 예측
② 지하설치
③ 조사
④ 지표설치

Guide 지표에 설치된 중심선을 기준으로 터널 입구에서부터 굴착이 진행됨에 따라 터널 내의 중심선을 설정하는 작업을 지하설치라 한다.

04 하천의 수위관측소 설치 장소에 대한 설명으로 틀린 것은?

① 하안과 하상이 양호하고 세굴 및 퇴적이 없는 곳
② 상·하부가 곡선으로 이어져 유속이 최소가 되는 곳
③ 교각 등의 구조물에 의하여 수위에 영향을 받지 않는 곳
④ 지천에 의한 수위 변화가 생기지 않는 곳

Guide 수위관측소는 상·하류 약 100m 정도가 직선으로 이어져 유속이 일정해야 한다.

05 하천측량에서 관측한 수위에 대한 설명 중 틀린 것은?

① 최고 수위(H.W.L) : 어떤 기간에 있어서 최고의 수위로 연(年)단위나 월(月)단위 등으로 구분한다.
② 평균 최고 수위(N.H.W.L) : 어떤 기간에 있어서 연(年) 또는 월(月)의 최고 수위의 평균이다.
③ 평균 고수위(M.H.W.L) : 어떤 기간에 있어서의 평균 수위 이상의 수위의 평균이다.
④ 평균 수위(M.W.L) : 어떤 기간에 있어서의 수위 중 이것보다 높은 수위와 낮은 수위의 관측회수가 같은 수위이다.

정답 **01** ③ **02** ③ **03** ② **04** ② **05** ④

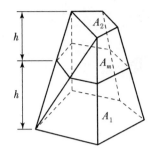

Guide 평균 수위(M.W.L)는 어떤 기간의 관측수위의 총합을 관측횟수로 나누어 평균치를 구한 수위를 말한다.

06 도로의 기점으로부터 1,000.00m 지점에 교점(I.P)이 있고 원곡선의 반지름 $R=100$m, 교각 $I=30°20'$일 때 시단현 l_f와 종단현 l_e의 길이는?(단, 중심선의 말뚝 간격은 20m로 한다.)

① $l_f=7.11$m, $l_e=5.83$m
② $l_f=7.11$m, $l_e=14.17$m
③ $l_f=12.89$m, $l_e=5.83$m
④ $l_f=12.89$m, $l_e=14.17$m

Guide
• 접선장($T.L$)$= R \cdot \tan \dfrac{I}{2}$

$\quad = 100 \times \tan \dfrac{30°20'}{2} = 27.11$m

• 곡선지점($B.C$)$= I.P - T.L$
$\quad = 1,000.00 - 27.11$
$\quad = 972.89$m(No.48 + 12.89m)

∴ 시단현길이(l_f)$= 20$m − $B.C$추가거리
$\quad = 20 - 12.89 = 7.11$m

• 곡선장($C.L$)$= 0.0174533 \cdot R \cdot I°$
$\quad = 0.0174533 \times 100 \times 30°20'$
$\quad = 52.94$m

• 곡선종점($E.C$)$= B.C + C.L$
$\quad = 972.89 + 52.94$
$\quad = 1,025.83$m(No.51 + 5.83m)

∴ 종단현길이(l_e)$= E.C$추가거리$= 5.83$m

07 그림과 같은 다각형의 토량을 양단면평균법, 각주공식 및 중앙단면법으로 계산하여 토량의 크기를 비교한 것으로 옳은 것은?(단, 단면은 $A_1=400$m², $A_m=250$m², $A_2=200$m² 이고 상호간에 평행하며 $h=20$m, 측면은 평면이다.)

① 양단면평균법 < 각주공식 < 중앙단면법
② 양단면평균법 > 각주공식 > 중앙단면법
③ 양단면평균법 = 각주공식 = 중앙단면법
④ 양단면평균법 < 각주공식 = 중앙단면법

Guide
• 양단면평균법(V_1)$= \dfrac{A_1 + A_2}{2} \times 2h$

$\quad = \dfrac{400 + 200}{2} \times (2 \times 20)$

$\quad = 12,000$m³

• 각주공식(V_2)$= \dfrac{h}{3}(A_1 + 4A_m + A_2)$

$\quad = \dfrac{20}{3}(400 + (4 \times 250) + 200)$

$\quad = 10,667$m³

• 중앙단면법(V_3)$= A_m \times 2h$
$\quad = 250 \times 2 \times 20 = 10,000$m³

∴ 양단면평균법(V_1) > 각주공식(V_2) > 중앙단면법(V_3)

08 단곡선의 접선길이가 25m이고, 교각이 $42°20'$일 때 반지름(R)은?

① 94.6m
② 84.6m
③ 74.6m
④ 64.6m

Guide
접선장($T.L$)$= R \cdot \tan \dfrac{I}{2}$ →

$25 = R \cdot \tan \dfrac{42°20'}{2}$

∴ $R = \dfrac{25}{\tan \dfrac{42°20'}{2}} = 64.6$m

정답 06 ① 07 ② 08 ④

09 그림과 같이 $\angle AOB = 75°$, 반지름 $R = 10m$ 일 때 $\triangle AOB$의 넓이는?

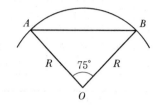

① 48.30m²
② 38.37m²
③ 30.44m²
④ 25.88m²

Guide 이변협각법 적용

$$A = \frac{1}{2} \cdot \overline{AO} \cdot \overline{BO} \cdot \sin \angle O$$
$$= \frac{1}{2} \times 10 \times 10 \times \sin 75° = 48.30m²$$

10 철도의 종단곡선으로 많이 쓰이는 곡선은?

① 3차포물선
② 클로소이드곡선
③ 원곡선
④ 반향곡선

Guide 철도의 종단곡선 설치에 많이 쓰이는 곡선은 원곡선이다.

11 횡단면도에 의하여 절토, 성토 단면의 면적 산출에 주로 사용되는 방법으로 CAD 등의 면적 계산에 활용되는 것은?

① 자오선거법
② 심프슨 제1법칙
③ 삼변법
④ 좌표법

Guide 좌표법은 직선으로 둘러싸인 부분의 면적 계산방법으로 적당하며, CAD 등의 면적 계산에 활용된다.

12 [보기]에서 노선의 종단면도에 기입하여야 할 사항만으로 짝지어진 것은?

[보기]
A : 곡선
B : 절토고
C : 절토면적
D : 기울기
E : 계획고
F : 용지폭
G : 성토고
H : 성토면적
I : 지반고
J : 법면장

① A, B, D, E, G, I
② A, C, F, H, I, J
③ B, C, F, G, H, J
④ B, D, E, F, G, I

Guide 종단면도에 기입할 사항
• 측점위치
• 측점 간의 수평거리
• 각 측점의 기점에서의 추가거리
• 각 측점의 지반고 및 고저기준점(B.M)의 높이
• 측점에서의 계획고
• 지반고와 계획고의 차(성토, 절토별)
• 계획선의 경사

13 하천에서 부자를 이용하여 유속을 측정하고자 할 때 유하거리는 보통 얼마 정도로 하는가?

① 100~200m
② 500~1,000m
③ 1~2km
④ 하폭의 5배 이상

Guide 하천에서 부자에 의한 유속관측의 유하거리는 하천폭의 2~3배 정도(큰 하천 100~200m, 작은 하천 20~50m)로 한다.

14 경사터널에서 경사가 60°, 사거리가 50m이고, 수평각을 관측할 때 시준선에 직각으로 5mm의 시준오차가 생겼다면 이 시준오차가 수평각에 미치는 오차는?

① 25″
② 30″
③ 35″
④ 41″

Guide

수평거리$(D) = L \cdot \cos \theta$
$= 50 \times \cos 60°$
$= 25m$

$$\therefore \theta'' = \frac{\Delta h}{D} \cdot \rho'' = \frac{0.005}{25} \times 206,265''$$
$$= 0°00'41''$$

정답 09 ① 10 ③ 11 ④ 12 ① 13 ① 14 ④

15 해양에서 수심측량을 할 경우 음파 반사가 양호한 판 또는 바(Bar)를 눈금이 달린 줄의 끝에 매달아서 음향측심기의 기록지상에 이 반사체의 반향신호를 기록하여 보정하는 것은?

① 정사 보정 ② 방사 보정
③ 시간 보정 ④ 음속도 보정

Guide 실제 수중의 음속은 염분, 수온, 수압 등에 의하여 미소하게 변화하므로 엄밀한 관측값을 구하려면 관측 당시의 실제 음속을 구하여 음속도 보정을 해주어야 한다.

16 지하시설물 탐사작업의 순서로 옳은 것은?

⊙ 자료의 수집 및 편집
ⓒ 작업계획 수립
ⓒ 지표면상에 노출된 지하시설물에 대한 조사
ⓔ 관로조사 등 지하매설물에 대한 탐사
ⓜ 지하시설물 원도 작성
ⓗ 작업조서의 작성

① ⊙－ⓒ－ⓔ－ⓒ－ⓗ－ⓜ
② ⊙－ⓜ－ⓒ－ⓔ－ⓒ－ⓗ
③ ⓒ－⊙－ⓒ－ⓔ－ⓜ－ⓗ
④ ⓒ－⊙－ⓔ－ⓜ－ⓒ－ⓗ

Guide 지하시설물 탐사작업의 순서
작업계획 수립 → 자료의 수집 및 편집 → 지표면상에 노출된 지하시설물의 조사 → 관로조사 등 지하매설물에 대한 탐사 → 지하시설물 원도의 작성 → 작업조서의 작성

17 그림과 같은 사각형의 면적은?

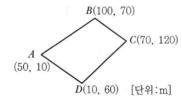

B(100, 70)
C(70, 120)
A (50, 10)
D(10, 60) [단위 : m]

① 4,850m² ② 5,550m²
③ 5,950m² ④ 6,150m²

Guide 좌표법을 적용하면 (단위 : m)

측점	X	Y	y_{n-1}	y_{n+1}	Δy	$\Delta y \cdot X$
A	50	10	60	70	−10	−500
B	100	70	10	120	−110	−11,000
C	70	120	70	60	10	700
D	10	60	120	10	110	1,100
계						−9,700

배면적($2A$) = 9,700m²

∴ 면적(A) = $\frac{1}{2}$ × 배면적 = $\frac{1}{2}$ × 9,700 = 4,850m²

18 수평 및 수직거리 관측의 정확도가 K로 동일할 때 체적측량의 정확도는?

① 2K ② 3K
③ 4K ④ 5K

Guide $\frac{dV}{V} = \frac{dz}{z} + \frac{dy}{y} + \frac{dx}{x} = 3K$ 이므로,
체적측량의 정확도는 3K가 된다.

19 간출암의 높이를 결정하기 위한 기준면으로 사용되는 것은?

① 기본수준면
② 약최고고조면
③ 소조의 평균고조면
④ 대조의 평균고조면

Guide 간출암의 높이는 기본수준면으로부터의 높이로 표시한다.

20 철도 곡선부의 캔트량을 계산할 때 필요 없는 요소는?

① 궤간 ② 속도
③ 교각 ④ 곡선의 반지름

Guide 캔트(C) = $\frac{V^2 \cdot S}{g \cdot R}$
여기서, C : 캔트
S : 궤간
V : 속도(m/sec)
R : 반경
g : 중력가속도

정답 15 ④ 16 ③ 17 ① 18 ② 19 ① 20 ③

Subject 02 사진측량 및 원격탐사

21 사진크기 23cm×23cm, 축척 1 : 10,000, 종중복도 60%로 초점거리 210mm인 사진기에 의해 평탄한 지형을 촬영하였다. 이 사진의 기선고도비(B/H)는?

① 0.22   ② 0.33
③ 0.44   ④ 0.55

Guide
- $B = ma(1-p) = 10,000 \times 0.23 \times (1-0.6)$
  $= 920\text{m}$
- $H = m \cdot f = 10,000 \times 0.21 = 2,100\text{m}$
∴ 기선고도비 $\left(\dfrac{B}{H}\right) = \dfrac{920}{2,100} = 0.44$

22 지표면의 온도를 모니터링하고자 할 경우 가장 적합한 위성영상 자료는?

① IKONOS 위성의 팬크로매틱 영상
② RADARSAT 위성의 SAR 영상
③ KOMPSAT 위성의 팬크로매틱 영상
④ LANDSAT 영상의 TM 영상

Guide LANDSAT의 TM 영상은 7밴드로, 밴드 6이 열적외선 밴드이며, 지표면의 온도를 모니터링하고자 할 경우 이용된다.

23 표정에 사용되는 각 좌표축별 회전인자 기호가 옳게 짝지어진 것은?

① X축회전$-\omega$, Y축회전$-\kappa$, Z축회전$-\phi$
② X축회전$-\omega$, Y축회전$-\phi$, Z축회전$-\kappa$
③ X축회전$-\phi$, Y축회전$-\kappa$, Z축회전$-\omega$
④ X축회전$-\phi$, Y축회전$-\omega$, Z축회전$-\kappa$

Guide 3차원 좌표변환
- X축에 관한 회전 $-\omega$
- Y축에 관한 회전 $-\phi$
- Z축에 관한 회전 $-\kappa$

24 내부표정에 대한 설명으로 옳지 않은 것은?

① 상호표정을 하기 전에 실시한다.
② 사진의 초점거리를 조정한다.
③ 축척과 경사를 결정한다.
④ 사진의 주점을 맞춘다.

Guide 축척과 경사를 결정하는 것은 절대표정이다.

25 표정점 선점을 위한 유의사항으로 옳은 것은?

① 측선을 연장한 가상점을 선택하여야 한다.
② 시간적으로 일정하게 변하는 점을 선택하여야 한다.
③ 원판의 가장자리로부터 1cm 이내에 나타나는 점을 선택하여야 한다.
④ 표정점은 X, Y, H가 동시에 정확하게 결정될 수 있는 점을 선택하여야 한다.

Guide 표정점(기준점) 선점
- 표정점은 X, Y, H가 동시에 정확하게 결정되는 점을 선택
- 상공에서 잘 보이면서 명료한 점 선택
- 시간적 변화가 없는 점 선택
- 급한 경사와 가상점을 사용하지 않는 점 선택
- 헐레이션(Halation)이 발생하지 않는 점 선택
- 지표면에서 기준이 되는 높이의 점 선택

26 사진상에서 기복변위량에 대한 설명으로 틀린 것은?

① 연직점으로부터의 거리와 비례한다.
② 비고와 비례한다.
③ 초점거리와는 직접적인 관계가 없다.
④ 촬영고도와 비례한다.

Guide 기복변위의 특징
- 기복변위는 비고(h)에 비례한다.
- 기복변위는 촬영고도(H)에 반비례한다.
- 연직점으로부터 상점까지의 거리에 비례한다.
- 표고차가 있는 물체에 대한 사진의 중점으로부터의 방사상의 변위를 말한다.
- 돌출비고에서는 내측으로, 함몰지는 외측으로 조정한다.
- 정사투영에서는 기복변위가 발생하지 않는다.
- 지표면이 평탄하면 기복변위가 발생하지 않는다.

정답 21 ③   22 ④   23 ②   24 ③   25 ④   26 ④

27 그림은 어느 지역의 토지 현황을 나타내고 있다. 이 지역을 촬영한 7×7 영상에서 "호수"의 훈련지역(Training Field)을 선택한 결과로 적합한 것은?

①
```
  1 2 3 4 5 6 7
1
2
3
4
5       w
6         w w
7           w
```

②
```
  1 2 3 4 5 6 7
1
2
3
4
5
6         w w w
7           w
```

③
```
  1 2 3 4 5 6 7
1
2
3     w w
4     w w
5
6
7
```

④
```
  1 2 3 4 5 6 7
1
2     w
3         w
4
5
6       w
7
```

> **Guide** 호수의 훈련지역은 5~7열, 6~7행이므로 ②를 선택하는 것이 타당하다.

28 원격탐사용 위성과 관련이 없는 것은?

① VLBI　　　② GeoEye
③ SPOT　　　④ WorldView

> **Guide** VLBI는 초장기선간섭계로 준성을 이용한 우주전파측량이다.

29 센서를 크게 수동방식과 능동방식의 센서로 분류할 때 능동방식 센서에 속하는 것은?

① TV 카메라　　② 광학스캐너
③ 레이더　　　　④ 마이크로파 복사계

> **Guide** 센서(sensor)
> • 수동적 센서 : 대상물에서 방사되는 전자기파 수집
>   ex) 광학사진기

• 능동적 센서 : 대상물에 전자기파를 발사한 후 반사되는 전자기파 수집
  ex) Laser, Radar

30 촬영비행조건에 관한 설명으로 틀린 것은?

① 촬영비행은 구름이 많은 흐린 날씨에 주로 행한다.
② 촬영비행은 태양고도가 산지에서는 30° 평지에서는 25° 이상일 때 행한다.
③ 험준한 지형에서는 영상이 잘 나타나는 태양고도의 시간에 행하여야 한다.
④ 계획촬영 코스로부터 수평이탈은 계획촬영고도의 15% 이내로 한다.

> **Guide** 촬영비행은 구름이 없는 맑은 날씨에 하는 것이 좋다.

31 항공사진 상에 나타난 철탑의 변위가 5.9mm, 철탑의 최상부와 연직점 사이의 거리가 54mm, 철탑의 실제 높이가 72m일 경우 항공기의 촬영고도는?

① 659m　　　② 787m
③ 988m　　　④ 1,333m

> **Guide** 기복변위$(\Delta r) = \dfrac{h}{H} \cdot r \rightarrow$
>
> $5.9 = \dfrac{72}{H} \times 54$
>
> $\therefore H = \dfrac{72 \times 54}{5.9} = 659\text{m}$

32 수치사진측량의 특징에 대한 설명으로 옳지 않은 것은?

① 사진에 나타나지 않은 지형지물의 판독이 가능하다.
② 다양한 결과물의 생성이 가능하다.
③ 자동화에 의해 효율성이 증가한다.
④ 자료의 교환 및 유지관리가 용이하다.

> **Guide** 수치사진측량의 특징
> • 자료에 대한 처리 범위가 넓다.
> • 기존 아날로그 형태의 자료보다 취급이 용이하다.
> • 광범위한 형태의 영상을 생성할 수 있다.

• 수치형태로 자료가 처리되므로 지형공간정보체계에 쉽게 적용된다.
• 기존 해석사진측량보다 경제적이며 효율적이다.
• 자료의 교환 및 유지관리가 용이하다.

33 사진의 크기가 23cm×23cm이고 두 사진의 주점기선의 길이가 8cm 이었다면 이때의 종중복도는?

① 35%   ② 48%
③ 56%   ④ 65%

> **Guide** 주점기선길이$(b_0) = a(1-p)$ →
> $8 = 23(1-p)$
> ∴ 종중복도$(p) = 65\%$

34 다음 중 수치표고자료의 수치모델로 제작되고 저장되는 방식이 아닌 것은?

① 불규칙한 삼각형에 의한 방식(TIN)
② 등고선에 의한 방식
③ 격자방식(Grid)
④ 광속조정법에 의한 방식

> **Guide** 광속조정법은 상좌표를 사진좌표로 변환시킨 다음 사진 좌표로부터 직접 절대좌표를 구하는 방법이다.

35 절대표정(Absolute Orientation)에 필요한 최소 기준점으로 옳은 것은?

① 1점의 (X, Y)좌표 및 2점의 (Z)좌표
② 2점의 (X, Y)좌표 및 1점의 (Z)좌표
③ 1점의 (X, Y, Z)좌표 및 2점의 (Z)좌표
④ 2점의 (X, Y, Z)좌표 및 1점의 (Z)좌표

> **Guide** 일반적으로 절대표정에 필요로 하는 최소표정점은 삼각점(X, Y) 2점과 수준점(Z) 3점이다.

36 지도와 사진을 비교할 때, 사진의 특징에 대한 설명으로 틀린 것은?

① 여러 단계의 색조로 높은 정확도의 실체파악을 할 수 있다.

② 일상적으로 사용되는 기호로 기호화하여 정리되어 있으므로 찾아보기 쉽다.
③ 인간의 입체적 관찰 능력으로 종합적 실체 파악에 우수하다.
④ 토지조사에 대한 이용 및 응용 측면에서 활용의 폭이 넓다.

> **Guide** 일상적으로 사용되는 기호로 기호화하여 정리되어 있으므로 찾아보기 쉬운 것은 지도이다.

37 수치영상처리 기법 중 특징 추출과 판독에 도움이 되기 위하여 영상의 가시적 판독성을 증강시키기 위한 일련의 처리과정을 무엇이라 하는가?

① 영상분류(Image Classification)
② 영상강조(Image Enhancement)
③ 정사보정(Ortho-Rectification)
④ 자료융합(Data Merging)

> **Guide** 영상강조(Image Enhancement)는 특징 추출과 영상판독에 도움이 되기 위해, 원영상의 명암을 강조하고 색상을 입히거나 경계선을 강조하며 밝기를 조절함으로써 시각적으로 향상시키는 것을 말한다.

38 비행고도로 6,350m, 사진 I 의 주점기선장이 67mm 사진 II 의 주점기선장이 70mm일 때 시차차가 1.37mm인 건물의 비고는?

① 107m   ② 117m
③ 127m   ④ 137m

> **Guide** $h = \dfrac{H}{b_0} \cdot \Delta p = \dfrac{6,350 \times 1,000}{\dfrac{67+70}{2}} \times 1.37$
> $= 127,000\text{mm} = 127\text{m}$

39 다음 중 제작과정에서 수치표고모형(DEM)이 필요한 사진지도는?

① 정사투영사진지도
② 약조정집성사진지도
③ 반조정집성사진지도
④ 조정집성사진지도

Guide 정사투영사진지도는 영상정합 과정을 통해 수치표고모형(DEM)을 생성하며, 생성된 DEM 자료를 토대로 수치편위수정에 의해 정사투영영상을 생성하게 된다.

40 다음 중 지평선이 사진 상에 찍혀있는 사진은?

① 고각도 경사사진 ② 수직사진
③ 저각도 경사사진 ④ 엄밀수직사진

Guide • 저각도 경사사진 : 지평선이 찍히지 않는 사진
• 고각도 경사사진 : 지평선이 나타나는 사진

Subject **03** 지리정보시스템(GIS) 및 위성측위시스템(GNSS)

41 축척 1 : 5000 수치지도를 만든 후, 데이터의 정확도 검증을 위해 10개의 지점에 대해 수치지도 상에서 측정한 좌표와 현장에서 검증한 좌표 간의 오차가 아래와 같을 때, 위치정확도(RMSE)로 옳은 것은?

1.2,	1.5,	1.4,	1.3,	1.4
1.4,	1.3,	1.6,	1.4,	1.3	[단위 : cm]

① ±0.98 ② ±1.22
③ ±1.46 ④ ±1.59

Guide
$$\sigma = \pm\sqrt{\frac{[vv]}{n-1}}$$
$$= \pm\sqrt{\frac{1.2^2 + 3\times 1.3^2 + 4\times 1.4^2 + 1.5^2 + 1.6^2}{10-1}}$$
$$= \pm 1.46$$

42 지리정보시스템(GIS)의 공간분석에서 선형의 공간객체 특성을 이용한 관망(Network) 분석을 통해 얻을 수 있는 결과와 거리가 먼 것은?

① 도로, 하천, 선형의 관로 등에 걸리는 부하의 예측
② 하나의 지점에서 다른 지점으로 이동 시 최적 경로의 선정
③ 창고나 보급소, 경찰서, 소방서와 같은 주요 시설물의 위치 선정

④ 특정 주거지역의 면적산정과 인구 파악을 통한 인구밀도의 계산

Guide 관망분석(Network Analysis : 네크워크 분석)
두 지점 간의 최단 경로를 찾는 등의 공간적인 분석으로 도로 네트워크를 통한 최적 경로 계산으로 차량 경로 탐색이나 최단 거리 탐색, 최적 경로 분석, 자원 할당 분석 등에 주로 사용된다.
※ 특정 주거지역의 면적산정, 인구밀도의 계산은 관망분석과는 거리가 멀다.

43 지리정보시스템(GIS)에서 사용되는 용어에 대한 설명 중 옳지 않은 것은?

① Clip : 원래의 레이어에서 필요한 지역만을 추출해 내는 것이다.
② Erase : 레이어가 나타내는 지역 중 임의 지역을 삭제하는 과정이다.
③ Split : 하나의 레이어를 여러 개의 레이어로 분할하는 과정이다.
④ Difference : 두 개의 레이어가 교차하는 부분에 대한 지오메트리를 얻는다.

Guide Intersect
두 개 이상의 레이어를 교집합하는 방법이며, 입력레이어와 중첩레이어의 공통부분 정보가 결과레이어에 포함된다.
※ ④는 교차(Intersect) 기능의 설명이다.

44 GPS위성에 대한 설명으로 틀린 것은?

① GPS위성의 고도는 약 20,200km이며, 주기는 약 12시간으로 근 원형궤도를 돌고 있다.
② GPS위성의 배치는 각 60° 간격으로 6개의 궤도면에 매 궤도마다 최소 4개의 위성이 배치된다.
③ GPS위성은 최소 두 개의 반송파 신호(L_1과 L_2)를 송신한다.
④ GPS위성을 통해 얻어진 위치는 3차원 좌표로 높이의 결과가 지상측량보다 정확하다.

Guide GPS측량에 의해 결정되는 좌표는 지구의 중심을 원점으로 하는 3차원 직교좌표이므로 이 좌표의 높이값은 타원체고에 해당되며, 레벨에 의해 직접수준측량으로 구해진 높이값은 표고가 된다. 수준측량에 있어 GPS를 실용화하기 위해서는 정확한 지오이드고가 산정되어야 하므로 지상측량보다 정확하다고 할 수 없다.

45 기존의 지형도나 지도를 수치적으로 전산입력하기 위한 입력장치가 아닌 것은?

① 키보드 ② 마우스
③ 플로터 ④ 디지타이저

> **Guide** 플로터
> GIS의 도형 · 기호 · 숫자 · 문자 등의 수치자료를 눈으로 볼 수 있도록 종이에 자동적으로 묘사하는 장치를 총칭한 것으로 출력장치이다.

46 기준국을 고정하여 기계를 설치하고 이동국으로 측량하며 모뎀 등을 이용하여 실시간으로 좌표를 얻음으로써 현황측량 등에 이용하는 GNSS 측량 기법은?

① DGPS ② RTK
③ PPP ④ PPK

> **Guide** RTK(Real Time Kinematic)
> 기준국용 DGNSS 수신기를 설치해 위성을 관측하여 각 위성의 의사거리 보정값을 구하고 이 보정값을 이용하여 이동국용 DGNSS 수신기의 위치를 결정하는 것으로 DGNSS 반송파를 사용한 실시간 이동 위치관측이다.

47 지리정보시스템(GIS)에서 공간자료의 품질과 관련된 정보(품질서술문에 포함되는 정보)로 거리가 먼 것은?

① 자료의 연혁
② 자료의 포맷
③ 논리적 일관성
④ 자료의 완전성

> **Guide** 지리정보–품질원칙(ISO 19113 : 2007)
> • 품질개요 요소
> – 연혁
> – 목적
> – 용도
> • 데이터의 품질정보(품질평가 정보)
> – 위치정확성
> – 속성정확성
> – 일관성
> – 완전성(완결성)
> – 시간정확성
> – 주제정확성

48 GPS 신호가 이중주파수를 채택하고 있는 가장 큰 이유는?

① 대류지연효과를 제거하기 위함이다.
② 전리층지연효과를 제거하기 위함이다.
③ 신호단절에 대비하기 위함이다.
④ 재밍(Jamming)과 같은 신호 방해에 대비하기 위함이다.

> **Guide** GPS측량에서는 L_1, L_2 파의 선형 조합을 통해 전리층 지연오차 등을 산정하여 보정할 수 있다.

49 GNSS측량으로 직접 수행하기 어려운 것은?

① 절대측위 ② 상대측위
③ 시각동기 ④ 터널 내 공사측량

> **Guide** GNSS는 위치를 알고 있는 위성에서 발사한 전파를 수신하여 관측점까지 소요시간을 관측함으로써 관측점의 위치를 구하는 체계로 실내, 터널 내 측량 등 위성의 수신이 되지 않는 곳의 측량은 직접 수행하기 어렵다.

50 지리정보시스템(GIS)의 3대 기본구성요소로 다음 중 가장 거리가 먼 것은?

① 인터넷 ② 하드웨어
③ 소프트웨어 ④ 데이터베이스

> **Guide** GIS 구성요소
> 하드웨어, 소프트웨어, 데이터베이스, 조직 및 인력

51 다중분광 수치영상자료의 저장형식의 하나로 밴드별로 별도 관리할 수도 있고 모든 밴드를 순차적으로 저장하여 하나의 파일로 통합 관리할 수도 있는 저장방식은?

① BIL(Band Interleaved by Line)
② BIP(Band Interleaved by Pixel)
③ BSQ(Band Sequential)
④ BSP(Band Separately)

> **Guide** BSQ(Band SeQuential)
> 영상자료의 저장형식을 각 밴드별로 저장하는 것으로 각 밴드의 영상자료를 독립된 파일 형태로 만들어 쉽게 읽혀지고 관리할 수 있다.

52 다중경로(멀티패스) 오차를 줄일 수 있는 방법으로 적합하지 않은 것은?

① 관측시간을 길게 한다.
② 낮은 고도의 위성신호가 높은 고도의 위성신호보다 다중경로에 유리하다.
③ 안테나의 설치환경(위치)을 잘 선택한다.
④ Choke Ring 안테나 혹은 Ground Plane이 장착된 안테나를 사용한다.

Guide 다중경로 오차소거방법
• 관측시간을 길게 설정한다.
• 오차요인을 가진 장소를 피해 안테나를 설치한다.
• 각 위성신호에 대하여 칼만필터를 적용한다.
• Choke Ring 안테나를 사용한다.
• 절대측위에 의한 위치계산 시 반송파와 코드를 조합하여 해석한다.

53 벡터 데이터 모델은 기본적으로 도형의 요소(Geometric Primitive Type)로 공간 객체를 표현한다. [보기] 중 기본적인 도형의 요소로 모두 짝지어진 것은?

[보기]		
㉠ 점	㉡ 선	㉢ 면

① ㉠
② ㉠, ㉡
③ ㉡, ㉢
④ ㉠, ㉡, ㉢

Guide 벡터모델의 기본요소는 점, 선, 면이다.

54 지리정보시스템(GIS)을 이용하는 주체를 GIS 전문가, GIS 활용가, GIS 일반 사용자로 구분할 때, GIS 전문가의 역할로 거리가 먼 것은?

① 시설물 관리
② 프로젝트 관리
③ 데이터베이스 관리
④ 시스템 분석 및 설계

Guide GIS 전문가의 역할
• 프로젝트 관리
• 데이터베이스 관리
• 시스템 분석 및 설계

55 지리정보시스템(GIS) 자료구조에 대한 설명으로 옳지 않은 것은?

① 벡터 구조에서는 각 객체의 위치가 공간좌표 체계에 의해 표시된다.
② 벡터 구조는 래스터 구조보다 객체의 형상이 현실에 가깝게 표현된다.
③ 래스터 구조에서는 객체의 공간좌표에 대한 정보가 존재하지 않는다.
④ 래스터 구조에서 수치값은 해당 위치의 관련 정보를 표현한다.

Guide 래스터 자료구조에서는 대상지역의 좌표계로 맞추기 위한 좌표변환과정을 거쳐 객체의 공간좌표를 표현할 수 있다.

56 지리정보시스템(GIS)의 자료수집방법으로서 래스터 데이터(격자 데이터)를 얻기 위한 방법과 거리가 먼 것은?

① GNSS측량을 통한 좌표 취득
② 항공사진으로부터 수치정사사진의 작성
③ 다중밴드 위성영상으로부터 토지피복 분류
④ 위성영상의 기하보정 및 영상 정합

Guide GNSS는 3차원 위치를 결정하는 측위체계로 벡터데이터를 얻기 위한 방법이다.

57 지리정보시스템(GIS)의 주요 기능에 대한 설명으로 가장 거리가 먼 것은?

① 효율적인 수치지도 제작을 통해 지도의 내용과 활용성을 높인다.
② 효율적인 GIS 데이터 모델을 적용하여 다양한 분석기능 및 모델링이 가능하다.
③ 입지 분석, 하천 분석, 교통 분석, 가시권 분석, 환경 분석, 상권 설정 및 분석 등을 통해 고부가가치 정보 및 지식을 창출한다.
④ 조직의 인사관리 및 관리자의 조직운영 결정 기능을 지원한다.

정답 52 ② 53 ④ 54 ① 55 ③ 56 ① 57 ④

58 부울논리(Boolean Logic)를 이용하여 속성과 공간적 특성에 대한 자료 검색(검게 채색된 부분)을 위한 방법은?

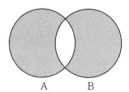

① A AND B ② A XOR B
③ A NOT B ④ A OR B

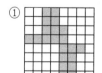

59 아래와 같은 Chain-Code를 나타낸 것으로 옳은 것은?(단, 0-동, 1-북, 2-서, 3-남의 방향을 표시)

$0^2, 1^3, 0^2, 3^2, 0, 3^2, 0^2, 3, 2, 3^3, 2^2, 1^4, 2^4, 1$

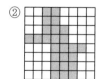

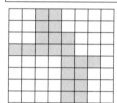

60 지리정보시스템(GIS)의 분석기능 중 대상물의 상호 간에 이어지거나 관계가 있음을 평가하는 기능은?

① 중첩기능(Overlay Function)
② 연결기능(Connectivity Function)
③ 인접기능(Neighborhood Function)
④ 측정, 검색, 분류기능(Measurement, Query, Classification)

Subject 04 측량학

✔ 측량 관련 법규는 출제 당시 법률을 기준으로 해설
되었음을 알려드립니다.

61 삼변측량 결과인 a, b, c의 변 길이를 이용하여 반각공식으로 A지점의 각을 계산하고자 할 때, 옳은 식은?(단, $s = \dfrac{a+b+c}{2}$)

① $\cos\dfrac{A}{2} = \sqrt{\dfrac{s(s-a)}{bc}}$

② $\sin\dfrac{A}{2} = \sqrt{\dfrac{(s-b)(s-c)}{sbc}}$

③ $\tan\dfrac{A}{2} = \sqrt{\dfrac{(s-b)(s-c)}{(s-a)}}$

④ $\sin\dfrac{A}{2} = \sqrt{\dfrac{(s-b)(s-c)}{s(s-b)}}$

Guide 반각공식

- $\sin\dfrac{A}{2} = \sqrt{\dfrac{(s-b)(s-c)}{bc}}$
- $\cos\dfrac{A}{2} = \sqrt{\dfrac{s(s-a)}{bc}}$
- $\tan\dfrac{A}{2} = \sqrt{\dfrac{(s-b)(s-c)}{s(s-a)}}$

62 삼각측량에서 유심다각망 조정에 해당하지 않는 것은?

① 각 조건에 대한 조정
② 관측점 조건에 대한 조정
③ 변 조건에 대한 조정
④ 표고 조건에 대한 조정

Guide 유심다각망 조정 조건
- 각 조건에 의한 조정(제1조정)
- 점 조건에 의한 조정(제2조정)
- 변 조건에 의한 조정(제3조정)

63 토털스테이션이 주로 활용되는 측량 작업과 가장 거리가 먼 것은?

① 지형측량과 같이 많은 점의 평면 및 표고좌표가 필요한 측량
② 고정밀도를 요하는 국가기준점 측량
③ 거리와 각을 동시에 관측하면 작업효율이 높아지는 트래버스측량
④ 비교적 높은 정밀도가 필요하지 않은 기준점 측량

Guide 고정밀도를 요하는 국가기준점 측량은 전 국토를 대상으로 실시되므로 토털스테이션보다는 GNSS, VLBI 등이 적합하다.

64 레벨(Level)의 조정에 관한 사항으로 옳지 않은 것은?

① 기포관축은 연직축에 직교해야 한다.
② 시준선은 기포관축에 평행해야 한다.
③ 십자종선과 시준선은 평행해야 한다.
④ 십자횡선은 연직축에 직교해야 한다.

Guide 십자종선과 시준선은 직교되어야 한다.

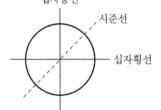

65 트래버스측량에서 거리 관측과 각 관측의 정밀도가 균형을 이룰 때 거리 관측의 허용오차를 1/5,000로 한다면 각 관측의 허용오차는?

① 25″ ② 30″
③ 38″ ④ 41″

Guide $\dfrac{\Delta h}{D} = \dfrac{\theta''}{\rho''} \rightarrow$

$\dfrac{1}{5,000} = \dfrac{\theta''}{206,265''}$

$\therefore \theta'' = \dfrac{1}{5,000} \times 206,265'' = 0°00'41''$

66 그림은 교호수준측량의 결과이다. B점의 표고는?(단, A점의 표고는 50m이다.)

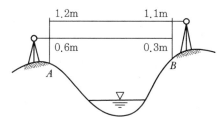

① 49.8m
② 50.2m
③ 52.2m
④ 52.6m

Guide
$$\Delta H = \frac{1}{2}\{(a_1 - b_1) + (a_2 - b_2)\}$$
$$= \frac{1}{2}\{(0.6 - 0.3) + (1.2 - 1.1)\}$$
$$= 0.2m$$
$$\therefore H_B = H_A + \Delta H = 50.0 + 0.2 = 50.2m$$

67 등고선의 성질에 대한 설명으로 틀린 것은?

① 동일 등고선 위의 점은 높이가 같다.
② 등고선의 간격이 좁아지면 지표면의 경사가 급해진다.
③ 등고선은 반드시 교차하지 않는다.
④ 등고선은 반드시 폐합하게 된다.

Guide 높이가 다른 두 등고선은 동굴이나 절벽을 제외하고는 교차하지 않는다.

68 지형도의 축척 1 : 1,000, 등고선 간격 1.0m, 경사 2%일 때, 등고선 간의 도상수평거리는?

① 0.1cm
② 1.0cm
③ 0.5cm
④ 5.0cm

Guide
• $i(\%) = \dfrac{h}{D} \times 100 \rightarrow$
$$D = \frac{100}{i} \times h = \frac{100}{2} \times 1.0 = 50m$$
• $\dfrac{1}{m} = \dfrac{\text{도상거리}}{\text{실제거리}} \rightarrow$
$$\frac{1}{1,000} = \frac{\text{도상거리}}{50}$$
$$\therefore \text{도상거리} = \frac{50}{1,000} = 0.05m = 5.0cm$$

69 측량 시 발생하는 오차의 종류로 수학적, 물리적인 법칙에 따라 일정하게 발생되는 오차는?

① 정오차
② 참오차
③ 과대오차
④ 우연오차

Guide 정오차(Constant Error)
일정한 조건하에서 항상 같은 방향에서 같은 크기로 발생하며 원인과 상태만 알면 제거가 가능한 오차이며, 오차가 누적되므로 누차라고도 한다.

70 두 점의 거리 관측을 A, B, C 세 사람이 실시하여 A는 4회 관측의 평균이 120.58m이고, B는 2회 관측의 평균이 120.51m, C는 7회 관측의 평균이 120.62m이라면 이 거리의 최확값은?

① 120.55m
② 120.57m
③ 120.59m
④ 120.62m

Guide 경중률은 관측횟수(N)에 비례하므로 경중률 비를 취하면,
$$W_1 : W_2 : W_3 = N_1 : N_2 : N_3 = 4 : 2 : 7$$
$$\therefore L_0 = \frac{W_1 L_1 + W_2 L_2 + W_3 L_3}{W_1 + W_2 + W_3}$$
$$= 120.00 + \frac{(4 \times 0.58) + (2 \times 0.51) + (7 \times 0.62)}{4 + 2 + 7}$$
$$= 120.59m$$

71 지구의 적도반지름이 6,370km이고 편평률이 1/299이라고 하면 적도반지름과 극반지름의 차이는?

① 21.3km
② 31.0km
③ 40.0km
④ 42.6km

Guide 편평률 $= \dfrac{1}{299} = \dfrac{a-b}{a} = \dfrac{6,370 - b}{6,370} \rightarrow$
$$b = 6,348.696km$$
∴ 적도반지름과 극반지름과의 차
$$= a - b = 6,370 - 6,348.696 = 21.3km$$

72 지오이드에 대한 설명으로 옳지 않은 것은?

① 위치에너지 $E = mgh$가 "0"이 되는 면이다.
② 지구타원체를 기준으로 대륙에서는 낮고 해양에서는 높다.
③ 평균해수면을 육지내부까지 연장한 면을 말한다.
④ 지오이드의 법선과 타원체의 법선은 불일치하며 그 양을 연직선편차라 한다.

Guide 지오이드는 지구타원체를 기준으로 대륙에서는 높고, 해양에서는 낮다.

73 결합트래버스에서 A점에서 B점까지의 합위거가 152.70m, 합경거가 653.70m일 때 폐합오차는?(단, A점 좌표 $X_A = 76.80$m, $Y_A = 97.20$mB점 좌표 $X_B = 229.62$m, $Y_B = 750.85$m)

① 0.11m ② 0.12m
③ 0.13m ④ 0.14m

Guide $X_A + \sum L = X_B$, $Y_A + \sum D = Y_B$가 되어야 하므로,
$X_B - X_A = 229.62 - 76.80 = 152.82$m
$Y_B - Y_A = 750.85 - 97.20 = 653.65$m
∴ 폐합오차
$= \sqrt{(152.70 - 152.82)^2 + (653.70 - 653.65)^2}$
$= 0.13$m

74 두 점간의 거리를 각 팀별로 수십번 측량하여 최확값을 계산하고 각 관측값의 오차를 계산하여 도수분포그래프로 그려보았다. 가장 정밀하면서 동시에 정확하게 측량한 팀은?

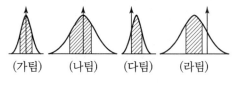

(가팀)   (나팀)   (다팀)   (라팀)

① 가팀 ② 나팀
③ 다팀 ④ 라팀

Guide 정규곡선(Normal Curve)
오차와 이에 대한 확률의 관계 곡선으로 오차곡선(Error

Curve), 가우스곡선(Gauss Curve), 확률곡선이라고도 하며 종축은 확률, 횡축은 오차축으로 하는 오차함수의 표시곡선이다. 가우스의 오차법칙은 다음과 같다.

• 절댓값이 같은 우연오차가 일어날 확률은 같다. 즉 참값보다 (+)로 관측될 확률과 (−)로 관측될 확률은 같다. 그러므로 오차곡선은 y축을 경계로 대칭형이 된다.
• 절댓값이 작은 오차 발생확률은 절댓값이 큰 오차 발생확률보다 크다. 즉 참값에 대하여 오차가 작은 관측수가 오차가 큰 관측수보다 많다.
• 절댓값이 대단히 큰 오차의 발생확률은 거의 일어나지 않는다. 즉 극단인 극대오차가 포함된 관측 값은 없다.

75 성능검사를 받아야 하는 금속관로탐지기의 성능검사 주기로 옳은 것은?

① 1년 ② 2년
③ 3년 ④ 4년

Guide 공간정보의 구축 및 관리 등에 관한 법률 시행령 제97조 (성능검사의 대상 및 주기 등)
성능검사를 받아야 하는 측량기기와 검사주기는 다음과 같다.
1. 트랜싯(데오드라이트) : 3년
2. 레벨 : 3년
3. 거리측정기 : 3년
4. 토털 스테이션 : 3년
5. 지피에스(GPS) 수신기 : 3년
6. 금속관로탐지기 : 3년

76 우리나라 위치측정의 기준이 되는 세계측지계에 대한 설명이다. (   ) 안에 알맞은 용어로 짝지어진 것은?

회전타원체의 (   )이 지구의 자전축과 일치하고, 중심은 지구의 (   )과 일치할 것

① 장축, 투영중심 ② 단축, 투영중심
③ 장축, 질량중심 ④ 단축, 질량중심

Guide 공간정보의 구축 및 관리 등에 관한 법률 시행령 제7조 (세계측지계 등)
세계측지계는 지구를 편평한 회전타원체로 상정하여 실시하는 위치측정의 기준으로서 다음의 요건을 갖춘 것을 말한다.
1. 회전타원체의 장반경 및 편평률은 다음 각 목과 같을 것
   가. 장반경 : 6,378,137미터
   나. 편평률 : 298.257222101분의 1
2. 회전타원체의 중심이 지구의 질량중심과 일치할 것
3. 회전타원체의 단축이 지구의 자전축과 일치할 것

77 다음 중 가장 무거운 벌칙의 기준이 적용되는 자는?

① 측량성과를 위조한 자
② 입찰의 공정성을 해친 자
③ 측량기준점표지를 파손한 자
④ 측량업 등록을 하지 아니하고 측량업을 영위 한 자

> **Guide** 공간정보의 구축 및 관리 등에 관한 법률 제107조(벌칙)
> 측량업자나 수로사업자로서 속임수, 위력, 그 밖의 방법으로 측량업 또는 수로사업과 관련된 입찰의 공정성을 해친 자는 3년 이하의 징역 또는 3천만 원 이하의 벌금에 처한다.

78 일반측량성과 및 일반측량기록 사본의 제출을 요구할 수 있는 경우에 해당되지 않는 것은?

① 측량의 기술 개발을 위하여
② 측량의 정확도 확보를 위하여
③ 측량의 중복 배제를 위하여
④ 측량에 관한 자료의 수집 · 분석을 위하여

> **Guide** 공간정보의 구축 및 관리 등에 관한 법률 제22조(일반측량의 실시 등)
> 다음 사항의 목적을 위하여 필요하다고 인정되는 경우에는 일반측량을 한 자에게 그 측량성과 및 측량기록 사본을 제출하게 할 수 있다.
> 1. 측량의 정확도 확보
> 2. 측량의 중복 배제
> 3. 측량에 관한 자료의 수집, 분석

79 기본측량을 실시하여 측량성과를 고시할 때 포함되어야 할 사항과 거리가 먼 것은?

① 측량의 종류
② 측량실시 기관
③ 측량성과의 보관 장소
④ 설치한 측량기준점의 수

> **Guide** 공간정보의 구축 및 관리 등에 관한 법률 시행령 제13조 (측량성과의 고시)
> 측량성과의 고시에는 다음의 사항이 포함되어야 한다.
> 1. 측량의 종류
> 2. 측량의 정확도
> 3. 설치한 측량기준점의 수
> 4. 측량의 규모(면적 또는 지도의 장수)

5. 측량실시의 시기 및 지역
6. 측량성과의 보관 장소
7. 그 밖에 필요한 사항

80 측량기록의 정의로 옳은 것은?

① 당해 측량에서 얻은 최종결과
② 측량계획과 실시결과에 관한 공문 기록
③ 측량을 끝내고 내업에서 얻은 최종결과의 심사 기록
④ 측량성과를 얻을 때까지의 측량에 관한 작업의 기록

> **Guide** 공간정보의 구축 및 관리 등에 관한 법률 제2조(정의)
> 측량기록이란 측량성과를 얻을 때까지의 측량에 관한 작업의 기록을 말한다.

07

2019년
출제경향분석 및
문제해설

출제경향분석 및 출제빈도표
2019년 3월 3일 시행
2019년 4월 27일 시행
2019년 9월 21일 시행

••• 측량 및 지형공간정보산업기사 출제경향분석 및 출제빈도표

1. 출제경향분석

2019년 시행된 측량 및 지형공간정보산업기사는 전년도와 유사한 경향으로 문제가 출제되었다.
과목별 세부출제경향을 살펴보면, 측량학 Part는 전 분야 고르게 출제되어 어느 한 분야에 치중하기보다는 각 파트별로 고루 수험준비를 해야 한다. 다만, 거리측량, 측량관계법규의 비중이 타 분야에 비해 조금 높게 출제되므로 조금 더 신경써서 수험준비를 하는 것이 효과적이다. 사진측량 및 원격탐사 Part는 사진측량의 공정, 원격탐측과 사진의 기하학적 이론 및 해석, 지리정보시스템(GIS) 및 위성측위시스템(GNSS) Part는 GIS의 자료구조 및 생성, 위성측위시스템과 GIS의 자료운영 및 분석, 응용측량 Part는 노선측량, 면체적측량을 중심으로 먼저 학습 후 출제비율에 따라 순차적으로 학습하는 것이 수험대비에 효과적이라 할 수 있다.

2. 측량학 출제빈도표

시행일	구분 빈도	총론	거리측량	각측량	삼각삼변측량	다각측량	수준측량	지형측량	측량관계법규 법률	측량관계법규 시행령	측량관계법규 시행규칙	측량관계법규 기타	총계
산업기사 (2019. 3. 3)	빈도(개)	1	4	1	2	2	2	2	2	3	1	0	20
	빈도(%)	5	20	5	10	10	10	10	10	15	5	0	100
산업기사 (2019. 4. 27)	빈도(개)	0	4	1	3	3	1	2	4	2	0	0	20
	빈도(%)	0	20	5	15	15	5	10	20	10	0	0	100
산업기사 (2019. 9. 21)	빈도(개)	2	2	1	2	2	3	2	4	1	1	0	20
	빈도(%)	10	10	5	10	10	15	10	20	5	5	0	100
총계	빈도(개)	3	10	3	7	7	6	6	10	6	2	0	60
	빈도(%)	5	16.6	5	11.7	11.7	10	10	16.6	10	3.4	0	100

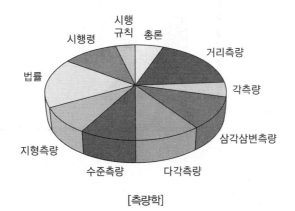

[측량학]

3. 사진측량 및 원격탐사 출제빈도표

시행일	구분 빈도	총론	사진의 기하학적 이론 및 해석	사진측량의 공정	수치사진 측량	사진판독 및 응용	원격탐사	총계
산업기사 (2019. 3. 3)	빈도(개)	0	6	7	2	1	4	20
	빈도(%)	0	30	35	10	5	20	100
산업기사 (2019. 4. 27)	빈도(개)	1	4	7	2	1	5	20
	빈도(%)	5	20	35	10	5	25	100
산업기사 (2019. 9. 21)	빈도(개)	1	4	7	2	1	5	20
	빈도(%)	5	20	35	10	5	25	100
총계	빈도(개)	2	14	21	6	3	14	60
	빈도(%)	3.4	23.3	35	10	5	23.3	100

4. 지리정보시스템(GIS) 및 위성측위시스템(GNSS) 출제빈도표

시행일	구분 빈도	총론	GIS의 자료 구조 및 생성	GIS의 자료관리	GIS의 자료 운영 및 분석	GIS의 표준화 및 응용	위성측위 시스템(GNSS)	총계
산업기사 (2019. 3. 3)	빈도(개)	4	6	0	2	3	5	20
	빈도(%)	20	30	0	10	15	25	100
산업기사 (2019. 4. 27)	빈도(개)	2	4	2	6	2	4	20
	빈도(%)	10	20	10	30	10	20	100
산업기사 (2019. 9. 21)	빈도(개)	2	6	3	3	2	4	20
	빈도(%)	10	30	15	15	10	20	100
총계	빈도(개)	8	16	5	11	7	13	60
	빈도(%)	13.3	26.7	8.3	18.3	11.7	21.7	100

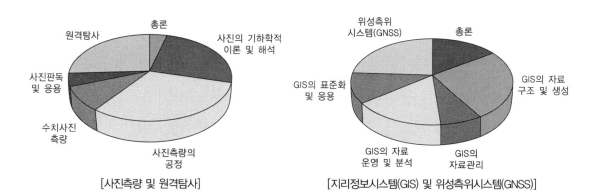

[사진측량 및 원격탐사]

[지리정보시스템(GIS) 및 위성측위시스템(GNSS)]

5. 응용측량 출제빈도표

시행일	구분 빈도	면·체적 측량	노선 측량	하천 및 해양측량	터널 및 시설물측량	경관 및 기타측량	총계
산업기사 (2019. 3. 3)	빈도(개)	6	6	4	3	1	20
	빈도(%)	30	30	20	15	5	100
산업기사 (2019. 4. 27)	빈도(개)	6	6	5	2	1	20
	빈도(%)	30	30	25	10	5	100
산업기사 (2019. 9. 21)	빈도(개)	5	6	4	3	2	20
	빈도(%)	25	30	20	15	10	100
총계	빈도(개)	17	18	13	8	4	60
	빈도(%)	28.3	30	21.7	13.3	6.7	100

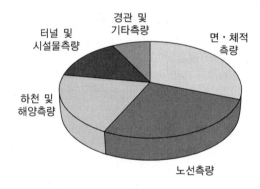

[응용측량]

본 문제의 해설은 출제자의 의도와 일치되지 않을 수 있으며, 문제 및 정답은 일부 오탈자가 있을 수 있으므로 학습시 의문사항이 있으면 예문사 또는 저자에게 문의하여 주시기 바랍니다. 또한, 본 기출문제는 시행 당시의 이론 및 법규에 의하여 해설되었음을 알려드립니다.

Subject 01 응용측량

01 지하 500m에서 거리가 400m인 두 지점에 대하여 지구 중심에 연직한 연장선이 이루는 지표면의 거리는?(단, 지구 반지름 $R = $ 6,370km이다.)

① 399.07m   ② 400.03m

③ 400.08m   ④ 400.10m

Guide

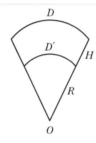

$$\therefore \text{지표면거리}(D) = D' + \frac{H}{R} \cdot D'$$
$$= 400 + \frac{500}{6,370,000} \times 400$$
$$= 400.03\text{m}$$

02 깊이 100m, 지름 5m인 1개의 수직터널에 의해서 터널 내외를 연결하는 데 사용하기에 가장 적합한 방법은?

① 삼각법

② 지거법

③ 사변형법

④ 트랜싯과 추선에 의한 방법

Guide 1개의 수직터널에 의한 연결방법에서 얕은 수직터널에서는 보통 철선, 동선, 황동선 등이 사용되며, 깊은 수직터널에서는 피아노선이 사용된다. 깊이가 100m인 깊은 수직터널이므로 트랜싯과 추선에 의한 방법이 타당하다.

03 심프슨 제2법칙을 이용하여 계산할 경우, 그림과 같은 도형의 면적은?(단, 각 구간의 거리(d)는 동일하다.)

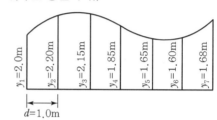

$d = 1.0\text{m}$

① 11.24m²   ② 11.29m²

③ 11.32m²   ④ 11.47m²

Guide
$$A = \frac{3}{8}d\{y_1 + y_7 + 3(y_2 + y_3 + y_5 + y_6) + 2(y_4)\}$$
$$= \frac{3}{8} \times 1.0\{2.0 + 1.68 + 3(2.2 + 2.15 + 1.65 + 1.60) + 2(1.85)\}$$
$$= 11.32\text{m}^2$$

04 해저의 퇴적물인 저질(Bottom Material)을 조사하는 방법 또는 장비가 아닌 것은?

① 채니기

② 음파에 의한 해저탐사

③ 코어러

④ 채수기

Guide 채수기는 바닷물의 온도, 염분, 화학성분 등을 측정하기 위하여 바닷물을 퍼 올리는 데 쓰이는 기구이므로 해저의 퇴적물인 저질(Bottom Material) 조사방법과는 무관하다.

정답   01 ②   02 ④   03 ③   04 ④

05 도로의 기울기 계산을 위한 수준측량 결과가 그림과 같을 때 A, B점 간의 기울기는?(단, A, B점 간의 경사거리는 42m이다.)

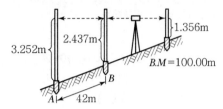

① 1.94%   ② 2.02%
③ 7.76%   ④ 10.38%

> **Guide** A, B 두 점 간의 수평거리를 구하면,
> $$D = L - \frac{H^2}{2L}$$
> $$= 42 \times \frac{(3.252 - 2.437)^2}{2 \times 42}$$
> $$= 41.992\text{m}$$
> $$\therefore \ 기울기(\%) = \frac{H}{D} \times 100$$
> $$= \frac{0.815}{41.992} \times 100$$
> $$= 1.94\%$$

06 하천에서 수심측량 후 측점에 숫자로 표시하여 나타내는 지형표시 방법은?

① 점고법   ② 기호법
③ 우모법   ④ 등고선법

> **Guide** 점고법
> 지면에 있는 임의 점의 표고를 도상에 숫자로 표시하는 방법으로 주로 하천, 해양 등의 수심표시에 이용된다.

07 하천의 유속을 부자로 측정할 때에 대한 설명으로 옳지 않은 것은?

① 홍수 시 유속을 측정할 때는 하천 가운데서 부자를 띄우고 평균유속의 80~85%를 전단면의 유속으로 볼 수 있다.
② 수심 H인 하천에서 수중부자를 이용하여 1점의 유속을 관측할 경우에는 수면에서 $0.8H$ 되는 깊이의 유속을 측정한다.

③ 표면부자를 쓸 경우는 표면유속의 80~90% 정도를 그 연직선 내의 평균유속으로 볼 수 있다.
④ 부자의 유하거리는 하천 폭의 2배 이상으로 하는 것이 좋다.

> **Guide** 수심이 H인 하천에서 수중부자를 이용하여 1점의 유속을 관측할 경우에는 수면에서 $0.6H$ 되는 깊이의 유속을 측정한다.

08 완화곡선 중 곡률이 곡선의 길이에 비례하는 곡선으로 정의되는 것은?

① 클로소이드(Clothoid)
② 렘니스케이트(Lemniscate)
③ 3차 포물선
④ 반파장 sine 체감곡선

> **Guide** 클로소이드곡선은 곡률$\left(\frac{1}{R}\right)$이 곡선장에 비례하는 곡선이다.

09 유토곡선(Mass Curve)에 의한 토량계산에 대한 설명으로 옳지 않은 것은?

① 곡선은 누가토량의 변화를 표시한 것으로, 그 경사가 (−)는 깎기 구간, (+)는 쌓기 구간을 의미한다.
② 측점의 토량은 양단면평균법으로 계산할 수 있다.
③ 곡선에서 경사의 부호가 바뀌는 지점은 쌓기 구간에서 깎기 구간 또는 깎기 구간에서 쌓기 구간으로 변하는 점을 의미한다.
④ 토적곡선을 활용하여 토공의 평균운반거리를 계산할 수 있다.

> **Guide** 곡선은 누가토량의 변화를 표시한 것으로, 그 경사가 (−)는 쌓기 구간, (+)는 깎기 구간을 의미한다.

10 단곡선 설치에서 곡선반지름이 100m이고, 교각이 60°이다. 곡선시점의 말뚝 위치가 No.10＋2m일 때 도로의 기점으로부터 곡선종점까지의 거리는?(단, 중심말뚝 간격은 20m이다.)

① 104.72m   ② 157.08m
③ 306.72m   ④ 359.08m

Guide • $B.C$(곡선시점) ＝ 202.00m (No.10＋2.00m)
• $C.L$(곡선길이) ＝ $0.0174533 \cdot R \cdot I°$
$\quad ＝ 0.0174533 \times 100 \times 60°$
$\quad ＝ 104.72$m
∴ $E.C$(곡선종점) ＝ $B.C + C.L$
$\quad ＝ 202.00 + 104.72$
$\quad ＝ 306.72$m (No.15＋6.72m)

11 축척 1:5,000의 지적도상에서 16cm^2로 나타나 있는 정방형 토지의 실제면적은?

① 80,000m²   ② 40,000m²
③ 8,000m²   ④ 4,000m²

Guide $(축척)^2 = \left(\dfrac{1}{m}\right)^2 = \dfrac{도상면적}{실제면적}$
$\quad = \left(\dfrac{1}{5,000}\right)^2 = \dfrac{16}{실제 면적}$
∴ 실제면적 ＝ 40,000m²

12 도로 또는 철도의 설치 시 차량의 탈선을 방지하기 위하여 곡선의 안쪽과 바깥쪽의 높이 차를 두게 되는데 이것을 무엇이라 하는가?

① 확폭   ② 슬랙
③ 캔트   ④ 슬래브

Guide 캔트(Cant)
곡선부를 통과하는 차량이 원심력이 발생하여 접선방향으로 탈선하려는 것을 방지하기 위해 바깥쪽 노면을 안쪽 노면보다 높이는 정도를 말하며, 편경사 또는 편구배라고도 한다.

13 시설물의 경관을 수직시각(θ_V)에 의하여 평가하는 경우, 시설물이 경관의 주제가 되고 쾌적한 경관으로 인식되는 수직시각의 범위로 가장 적합한 것은?

① $0° \leq \theta_V \leq 15°$ ② $15° \leq \theta_V \leq 30°$
③ $30° \leq \theta_V \leq 45°$ ④ $45° \leq \theta_V \leq 60°$

Guide θ_V가 15°보다 커지면 시계에서 차지하는 비율이 커져서 압박감을 느끼고 쾌적한 경관으로 인식하지 못한다.

14 △ABC에서 ㉮:㉯:㉰의 면적의 비를 각각 4:2:3으로 분할할 때 $\overline{EC}$의 길이는?

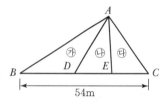

① 10.8m   ② 12.0m
③ 16.2m   ④ 18.0m

Guide $\overline{BE} = \dfrac{㉮＋㉯}{㉮＋㉯＋㉰} \times \overline{BC}$
$\quad = \dfrac{4＋2}{4＋2＋3} \times 54$
$\quad = 36$m
∴ $\overline{EC} = \overline{BC} - \overline{BE} = 54 - 36 = 18$m

15 교각 $I=80°$, 곡선반지름 $R=180$m인 단곡선의 교점($I.P$)의 추가거리가 1,152.52m일 때 곡선의 종점($E.C$)의 추가거리는?

① 1,001.48m   ② 1,106.34m
③ 1,180.11m   ④ 1,252.81m

Guide • $T.L$(접선길이) ＝ $R \cdot \tan\dfrac{I}{2}$
$\quad = 180 \times \tan\dfrac{80°}{2}$
$\quad = 151.04$m
• $C.L$(곡선길이) ＝ $0.0174533 \cdot R \cdot I°$
$\quad = 0.0174533 \times 180 \times 80°$
$\quad = 251.33$m

• $B.C$(곡선시점)=총거리 $- T.L$
$$= 1,152.52 - 151.04$$
$$= 1,001.48\text{m}$$
$\therefore\ E.C$(곡선종점)$= B.C + C.L$
$$= 1,001.48 + 251.33$$
$$= 1,252.81\text{m}$$

16 삼각형 3변의 길이가 $a = 40\text{m}$, $b = 28\text{m}$, $c = 21\text{m}$일 때 면적은?

① 153.36m^2　　② 216.89m^2
③ 278.65m^2　　④ 306.72m^2

Guide
$S = \dfrac{1}{2}(a+b+c) = \dfrac{1}{2}(40+28+21) = 44.5\text{m}$
$$\therefore\ A = \sqrt{S(S-a)(S-b)(S-c)}$$
$$= \sqrt{44.5(44.5-40)(44.5-28)(44.5-21)}$$
$$= 278.65\text{m}^2$$

17 상·하수도시설, 가스시설, 통신시설 등의 건설 및 유지관리를 위한 자료제공의 역할을 하는 측량은?

① 관개배수측량　　② 초구측량
③ 건축측량　　　　④ 지하시설물측량

Guide 지하시설물측량(Underground Facility Surveying)
지하시설물의 수평위치와 수직위치를 관측하는 측량을 말하며, 지하시설물(상·하수도, 가스, 통신 등)을 효율적·체계적으로 유지관리하기 위한 지하시설물에 대한 조사, 탐사와 도면제작을 위한 측량을 말한다.

18 그림의 체적(V)을 구하는 공식으로 옳은 것은?

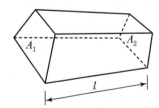

① $V = \dfrac{A_1 + A_2}{3} \times l$　　② $V = \dfrac{A_1 + A_2}{2} \times l$
③ $V = \dfrac{A_1 + A_2 + l}{3} \times l$　　④ $V = \dfrac{A_1 + A_2 + l}{2} \times l$

Guide 양단면 평균법
$$V = \dfrac{A_1 + A_2}{2} \times l$$

19 하천의 수위를 나타내는 다음 용어 중 가장 낮은 수위를 나타내는 것은?

① 평수위　　② 갈수위
③ 저수위　　④ 홍수위

Guide 갈수위
1년을 통해 355일은 이보다 저하하지 않는 수위로서 하천의 수위 중 가장 낮은 수위를 나타낸다.

20 그림과 같이 2차포물선에 의하여 종단곡선을 설치하려 한다면 C점의 계획고는?(단, A점의 계획고는 50.00m이다.)

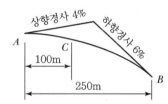

① 40.00m　　② 50.00m
③ 51.00m　　④ 52.00m

Guide

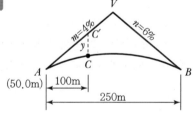

• $y = \dfrac{|m \pm n|}{2 \cdot L} \cdot x^2$
$$= \dfrac{|0.04+0.06|}{2 \times 250} \times 100^2 = 2.0\text{m}$$

• $H_C{}' = H_A + \dfrac{m}{100} \cdot x$
$$= 50.0 + \dfrac{4}{100} \times 100 = 54.0\text{m}$$

$\therefore\ H_C = H_C{}' - y = 54.0 - 2.0 = 52.0\text{m}$

Subject 02 사진측량 및 원격탐사

21 레이더 위성영상의 주요 활용 분야가 아닌 것은?

① 수치표고모델(DEM) 제작
② 빙하 움직임 조사
③ 지각변동 조사
④ 토지피복 조사

> **Guide** 레이더 위성영상은 능동적센서의 특징을 이용한 홍수모 니터링, 간섭기법을 이용한 정밀수치 고도모형 생성, 빙 하의 이동경로 관측, 해수면 파랑조사, 지표의 붕괴 및 변 이 관측, 화산활동 관측 등에 이용되고 있다.

22 다음 중 절대(대지)표정과 관계가 먼 것은?

① 경사 결정　　② 축척 결정
③ 방위 결정　　④ 초점거리의 조정

> **Guide** 절대표정
> 상호표정이 끝난 한 쌍의 입체사진 모델에 대하여 축척 결정, 수준면(경사조정) 결정, 위치 결정을 하는 작업으 로 대지표정이라고도 한다.

23 사진측량의 모델에 대한 정의로 옳은 것은?

① 편위수정된 사진이다.
② 촬영 지역을 대표하는 사진이다.
③ 한 장의 사진에 찍힌 단위면적의 크기이다.
④ 중복된 한 쌍의 사진으로 입체시할 수 있는 부분이다.

> **Guide** 모델
> 다른 위치로부터 촬영되는 2매 1조의 입체사진으로부터 만들어지는 처리단위를 말한다.

24 해석식 도화의 공선조건식에 대한 설명으로 틀린 것은?

① 지상점, 영상점, 투영중심이 동일한 직선상 에 존재한다는 조건이다.
② 하나의 사진에서 충분한 지상기준점이 주어 진다면 외부 표정요소를 계산할 수 있다.

③ 하나의 사진에서 내부, 상호, 절대표정요소 가 주어지면 지상점이 투영된 사진상의 좌표 를 계산할 수 있다.
④ 내부표정요소 및 절대표정요소를 구할 때 이 용할 수 있다.

> **Guide** 내부표정요소는 초점거리(f), 주점위치(x_0, y_0)로 자체 검정자료에 의해 얻는다.

25 사진크기 $23\text{cm} \times 23\text{cm}$, 초점거리 150mm인 카메라로 찍은 항공사진의 경사각이 15°이면 이 사진의 연직점(Nadir Point)과 주점(Principal Point) 간의 거리는?[단, 연직점은 사 진 중심점으로부터 방사선(Radial Line) 위에 있다.]

① 40.2mm　　② 50.0mm
③ 75.0mm　　④ 100.5mm

> **Guide** $\overline{mn} = f \cdot \tan i = 150 \times \tan 15° = 40.2\text{mm}$

26 사진지도를 제작하기 위한 정사투영에서 편 위수정기가 만족해야 할 조건이 아닌 것은?

① 기하학적 조건　　② 입체모형의 조건
③ 샤임플러그 조건　　④ 광학적 조건

> **Guide** 편위수정
> • 사진의 경사와 축척을 통일시키고 변위가 없는 연직사 진으로 수정하는 작업을 말하며, 일반적으로 3~4개의 표정점이 필요하다.
> • 편위수정 조건
> 　－ 기하학적 조건
> 　－ 광학적 조건
> 　－ 샤임플러그 조건

27 항공사진 카메라의 초점거리가 153mm, 사진 크기가 $23\text{cm} \times 23\text{cm}$, 사진축척이 1:20,000, 기준면으로부터 높이가 35m일 때, 이 비고(比 高)에 의한 사진의 최대 기복변위는?

① 0.370cm　　② 0.186cm
③ 0.256cm　　④ 0.308cm

Guide
- 사진축척$(M) = \dfrac{1}{m} = \dfrac{f}{H} \rightarrow$

$$H = m \cdot f = 20,000 \times 0.153 = 3,060\text{m}$$

- $r_{\max} = \dfrac{\sqrt{2}}{2} \cdot a = \dfrac{\sqrt{2}}{2} \times 0.23 = 16.26\text{cm} = 0.1626\text{m}$

$\therefore$ 최대 기복변위$(\Delta r_{\max}) = \dfrac{h}{H} \cdot r_{\max}$

$$= \dfrac{35}{3,060} \times 0.1626$$

$$= 0.00186\text{m} = 0.186\text{cm}$$

28 원자력발전소의 온배수 영향을 모니터링하고자 할 때 다음 중 가장 적합한 위성영상자료는?

① SPOT 위성의 HRV 영상
② Landsat 위성의 ETM^{+} 영상
③ IKONOS 위성의 팬크로매틱 영상
④ Radarsat 위성의 SAR 영상

Guide Landsat 위성의 ETM^{+} 센서는 7호에 탑재되어 있으며 밴드 6의 열적외선 밴드를 이용하여 원자력발전소의 온배수 영향을 모니터링할 수 있다.

29 축척 1:50,000의 사진을 초점거리가 15cm인 항공사진 카메라로 촬영하기 위한 촬영고도는?

① 7,300m
② 7,500m
③ 7,700m
④ 7,900m

Guide 사진축척$(M) = \dfrac{1}{m} = \dfrac{f}{H}$

$\therefore H = m \cdot f = 50,000 \times 0.15 = 7,500\text{m}$

30 항공사진측량에서 카메라 렌즈의 중심(O)을 지나 사진면에 내린 수선의 발, 즉 렌즈의 광축과 사진면이 교차하는 점은?

① 주점
② 연직점
③ 등각점
④ 중심점

Guide 항공사진의 특수 3점
- 주점 : 사진의 중심점으로서 렌즈 중심으로부터 화면에 내린 수선의 발. 즉 렌즈의 광축과 사진면이 교차하는 점이다.

- 연직점 : 렌즈 중심으로부터 지표면에 내린 수선의 발. 사진상의 비고점은 연직점을 중심으로 한 방사선상에 있다.
- 등각점 : 주점과 연직점이 이루는 각을 2등분한 선. 등각점에서는 경사각에 관계없이 수직사진의 축척과 같다.

31 항공사진의 촬영고도가 2,000m, 카메라의 초점거리가 210mm이고, 사진 크기가 21cm × 21cm일 때 사진 1장에 포함되는 실제면적은?

① 3.8km^2
② 4.0km^2
③ 4.2km^2
④ 4.4km^2

Guide 사진축척$(M) = \dfrac{1}{m} = \dfrac{f}{H} = \dfrac{0.21}{2,000} = \dfrac{1}{9,524}$

$\therefore$ 실제면적$(A) = (ma)^2$

$$= (9,524 \times 0.21)^2$$

$$= 4,000,160\text{m}^2 = 4.0\text{km}^2$$

32 그림은 측량용 항공사진기의 방사렌즈 왜곡을 나타내고 있다. 사진좌표가 $x = 3\text{cm}$, $y = 4\text{cm}$인 점에서 왜곡량은?(단, 주점의 사진좌표는 $x = 0$, $y = 0$이다.)

① 주점 방향으로 5μm
② 주점 방향으로 10μm
③ 주점 반대방향으로 5μm
④ 주점 반대방향으로 10μm

Guide 렌즈의 방사왜곡은 상의 위치가 주점으로부터 방사방향을 따라 왜곡되어 나타나는 것을 말한다. 즉, 방사왜곡량이 (+)이면 주점 반대방향, (−)이면 주점방향의 왜곡량이 된다.
방사거리를 구하면,
$r = \sqrt{3^2 + 4^2} = 5\text{cm} = 50\text{mm}$이므로,
그림에서 방사왜곡량을 구하면 5μm가 된다.

33 한 쌍의 항공사진을 입체시하는 경우 지면의 기복은 어떻게 보이는가?

① 실제 지형보다 과장되어 보인다.
② 실제 지형보다 축소되어 보인다.
③ 실제 지형과 동일하다.
④ 촬영 계절에 따라 다르다.

Guide 과고감
한 쌍의 항공사진을 입체시하는 경우 수직축척이 수평축척보다 크게 나타나 실제 지형보다 과장되어 보이는 현상이다.

34 항공사진측량의 작업에 속하지 않는 것은?

① 대공표지 설치　　② 세부도화
③ 사진기준점 측량　④ 천문측량

Guide 항공사진측량의 일반적 순서
계획 및 준비 → 대공표지 설치 → 기준점 측량 → 항공사진 촬영 → 항공삼각측량 → 도화 → 편집

35 8bit gray level(0~255)을 가진 수치영상의 최소 픽셀값이 79, 최대 픽셀값이 156이다. 이 수치영상에 선형대조비확장(Linear Contrast Stretching)을 실시할 경우 픽셀값 123의 변화된 값은?[단, 계산에서 소수점 이하 값은 무시(버림)한다.]

① 143　　　　　② 144
③ 145　　　　　④ 146

Guide 명암대비 확장(Contrast Stretching) 기법
영상을 디지털화할 때는 가능한 한 밝기값을 최대한 넓게 사용해야 좋은 품질의 영상을 얻을 수 있는데, 영상 내 픽셀의 최소, 최대값의 비율을 이용하여 고정된 비율로 영상을 낮은 밝기와 높은 밝기로 펼쳐주는 기법을 말한다.

• $g_2(x, y) = [g_1(x, y) + t_1]t_2$
　여기서, $g_1(x, y)$: 원 영상의 밝기값
　　　　　$g_2(x, y)$: 새로운 영상의 밝기값
　　　　　t_1, t_2 : 변환 매개 변수
• $t_1 = g_2^{\min} - g_1^{\min} = 0 - 79 = -79$
• $t_2 = \dfrac{g_2^{\max} - g_2^{\min}}{g_1^{\max} - g_1^{\min}} = \dfrac{255 - 0}{156 - 79} = 3.31$

∴ 원 영상의 밝기값 123의 변환 밝기값 산정
$g_2(x, y) = [g_1(x, y) + t_1]t_2$
　　　　　$= [123 - 79] \times 3.31$
　　　　　$= 145.64 ≒ 145$
즉, 원 영상의 123 밝기값은 145 밝기값으로 변환된다.

36 항공레이저측량을 이용하여 수치표고모델을 제작하는 순서로 옳은 것은?

> ⊙ 작업 및 계획준비
> ⓛ 항공레이저측량
> ⓒ 기준점 측량
> ② 수치표면자료 제작
> ⑩ 수치지면자료 제작
> ⑭ 불규칙삼각망자료 제작
> ⊗ 수치표고모델 제작
> ⊙ 정리점검 및 성과품 제작

① ㉠ → ㉡ → ㉢ → ㉣ → ㉤ → ㉥ → ㉦ → ㉧
② ㉠ → ㉡ → ㉣ → ㉢ → ㉥ → ㉤ → ㉦ → ㉧
③ ㉠ → ㉡ → ㉢ → ㉤ → ㉥ → ㉦ → ㉣ → ㉧
④ ㉠ → ㉡ → ㉣ → ㉥ → ㉢ → ㉤ → ㉦ → ㉧

Guide 항공레이저측량에 의한 수치표고모델 제작 순서
작업계획 및 준비 → 항공레이저 측량 → 기준점 측량 → 수치표면자료(DSD) 제작 → 수치지면자료(DTD) 제작 → 불규칙삼각망자료 제작 → 수치표고모델(DEM) 제작 → 정리점검 및 성과품 제작

37 프랑스, 스웨덴, 벨기에가 협력하여 개발한 상업위성으로 입체모델을 형성하여 촬영할 수 있는 인공위성은?

① SKYLAB　　② LANDSAT
③ SPOT　　　④ NIMBUS

Guide SPOT 위성
지구관측위성으로서 프랑스, 벨기에, 스웨덴이 공동으로 개발한 상업용 위성이며, HRV 센서 2대가 탑재되어 같은 지역을 다른 방향(경사관측)에서 촬영함으로써 입체시할 수 있는 영상획득과 지형도 제작이 가능하다.

38 디지털 영상에서 사용되는 비트맵 그래픽 형식이 아닌 것은?

① BMP   ② JPEG
③ DWG   ④ TIFF

Guide 비트맵
작은 점들이 그림을 이루는 이미지 파일 형식으로 GIF, JPEG, PNG, TIFF, BMP 등의 확장자로 저장된다.
※ DWG는 오토캐드 파일 형식이다.

39 수치영상에서 표정을 자동화하기 위하여 필요한 방법은?

① 영상정합   ② 영상융합
③ 영상분류   ④ 영상압축

Guide 수치영상에서 표정을 자동화하기 위해서는 영상정합이 중요한 요소가 된다.

40 상호표정인자를 회전인자와 평행인자로 구분할 때, 평행인자에 해당하는 것은?

① κ ② b_y
③ ω ④ ϕ

Guide 상호표정인자
• 회전인자 : κ, ϕ, ω
• 평행인자 : b_y, b_z

Subject 03 지리정보시스템(GIS) 및 위성측위시스템(GNSS)

41 지리정보시스템(GIS)의 지형공간정보 관련 자료를 처리하는 데 필요한 과정이 아닌 것은?

① 자료입력   ② 자료개발
③ 자료 조작과 분석   ④ 자료출력

Guide GIS의 자료처리 및 구축 과정
자료수집 → 자료입력 → 자료처리 → 자료조작 및 분석 → 출력

42 다음과 같은 데이터에 대한 위상구조 테이블에서 ㉠과 ㉡의 내용으로 적합한 것은?

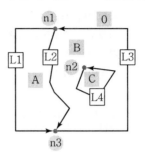

arc	from node	to node	Left polygon	Right polygon
L1	n1	n3	A	0
L2	㉠	n3	B	A
L3	n3	㉠	B	0
L4	㉡	㉡	C	B

① ㉠ : n1, ㉡ : n2   ② ㉠ : n1, ㉡ : n3
③ ㉠ : n3, ㉡ : n2   ④ ㉠ : n3, ㉡ : n1

Guide 위상은 점, 선, 면 각각에 대하여 위상테이블에 나누어 기록되는데 선은 각 선의 시작점과 종료점을 기록한다.
• 선 L2의 시작점은 n1, 종료점은 n3
• 선 L3의 시작점은 n3, 종료점은 n1
• 선 L4의 시작점은 n2, 종료점은 n2
∴ ㉠ : n1, ㉡ : n2

43 지리정보시스템(GIS)에 대한 설명으로 옳지 않은 것은?

① 지리정보의 전산화 도구
② 고품질의 공간정보 활용 도구
③ 합리적인 공간의사결정을 위한 도구
④ CAD 및 그래픽 전용 도구

Guide 지리정보시스템(GIS)
지구 및 우주공간 등 인간활동공간에 관련된 제반 과학적 현상을 정보화하고 시 · 공간적 분석을 통하여 그 효용성을 극대화하기 위한 정보체계로, CAD 및 그래픽 기능보다 다양하게 운용할 수 있는 정보시스템이다.

---

44 그림 중 톨폴로지가 다른 것은?

①   ②

③  ④

Guide 위상(Topology)은 벡터자료의 점, 선, 면에 대해 공간관계를 정의하는 것으로 보기 ①, ②, ③의 그림에서 중심노드는 3개의 링크로 연결되며, 보기 ④의 그림에서 중심노드는 4개의 링크로 연결된다.
따라서 보기 ④는 인접성, 연결성 등이 보기 ①, ②, ③과는 다르게 저장된다.

45 지리정보시스템(GIS)에서 표준화가 필요한 이유에 대한 설명으로 거리가 먼 것은?

① 서로 다른 기관 간 데이터의 복제를 방지하고 데이터의 보안을 유지하기 위하여
② 데이터의 제작 시 사용된 하드웨어(H/W)나 소프트웨어(S/W)에 구애받지 않고 손쉽게 데이터를 사용하기 위하여
③ 표준 형식에 맞추어 하나의 기관에서 구축한 데이터를 많은 기관들이 공유하여 사용하기 위하여
④ 데이터의 공동 활용을 통하여 데이터의 중복 구축을 방지함으로써 데이터 구축비용을 절약하기 위하여

Guide GIS의 표준화 목적
각기 다른 사용목적으로 구축된 다양한 자료에 대한 접근의 용이성을 극대화하기 위한 것이다.

46 벡터 데이터와 래스터 데이터를 비교 설명한 것으로 옳지 않은 것은?

① 래스터 데이터의 구조가 비교적 단순하다.
② 래스터 데이터가 환경 분석에 더 용이하다.

③ 벡터 데이터는 객체의 정확한 경계선 표현이 용이하다.
④ 래스터 데이터도 벡터 데이터와 같이 위상을 가질 수 있다.

Guide 격자자료구조는 위상관계를 가지고 있지 않다.

47 건물이나 도로와 같이 지표면상에 존재하고 있는 모든 사물이나 개체에 대해 표준화된 고유한 번호를 부여하여 검색, 활용 및 관리를 효율적으로 하고자 하는 체계를 무엇이라 하는가?

① UGID   ② UFID
③ RFID   ④ USIM

Guide UFID(Unique Feature Identifier)
지형지물의 검색, 관리 및 재해방지, 물류, 부동산관리 등 지리정보의 다양한 활용을 위하여 지도상의 핵심 지형지물에 부여하는 고유번호이다.

48 지리정보시스템(GIS)의 구성요소가 아닌 것은?

① 기술(software와 hardware)
② 공공 기관
③ 자료(data)
④ 인력

Guide GIS 구성요소
하드웨어, 소프트웨어, 데이터베이스, 조직, 인력

49 위상모형을 통하여 얻을 수 있는 기초적 공간 분석으로 적절하지 않은 것은?

① 중첩 분석   ② 인접성 분석
③ 위험성 분석   ④ 네트워크 분석

Guide 위상관계(Topology)
공간관계를 정의하는 데 쓰이는 수학적 방법으로서 입력된 자료의 위치를 좌표값으로 인식하고 각각의 자료 간 정보를 상대적 위치로 저장하며, 선의 방향, 특성들 간의 관계, 연결성, 인접성, 영역 등을 정의함으로써 공간 분석을 가능하게 한다.

정답 44 ④ 45 ① 46 ④ 47 ② 48 ② 49 ③

50 지리정보시스템(GIS) 산업의 성장에 긍정적인 영향을 준 것으로 거리가 먼 것은?

① 자료 시각화 기술의 발달
② 정보의 독점 강화
③ 오픈소스 기반 GIS 소프트웨어의 발달
④ 자료 유통체계 확립

> **Guide** 지리정보시스템을 이용함으로써 상호 간의 자료공유를 원활하게 하여 투자 및 조사의 중복을 극소화하며 이를 활용한 서비스뿐만 아니라 GIS 애플리케이션 개발, 모바일 GIS 등 GIS 시장이 다양하게 확대되고 있다.

51 GNSS 신호가 고도각이 작을수록 대기효과의 영향을 많이 받게 되는 주된 이유는?

① 수신기 안테나의 방향인 연직방향과 차이가 있기 때문이다.
② 위성과 수신기 사이의 거리가 상대적으로 멀기 때문이다.
③ 신호가 통과하는 대기층의 두께가 커지기 때문이다.
④ 신호의 주파수가 변하기 때문이다.

> **Guide** GNSS 신호는 고도각이 작을수록 대기층을 통과하는 신호의 길이가 더 길어지므로 대기효과의 영향을 더 많이 받게 된다(신호가 통과하는 대기층의 두께가 커지기 때문).

52 다음 중 지구좌표계가 아닌 것은?

① 경위도 좌표계
② 평면직교 좌표계
③ 황도 좌표계
④ 국제 횡메르카토르(UTM) 좌표계

> **Guide** 지구좌표계
> 경위도좌표계, 평면직교좌표계, UTM 좌표계, UPS 좌표계, WGS 좌표계, ITRF 좌표계 등

53 자료의 입력과정에서 발생하는 오류와 관계없는 것은?

① 공간정보가 불완전하거나 중복된 경우
② 공간정보의 위치가 부정확한 경우
③ 공간정보가 좌표로 표현된 경우
④ 공간정보가 왜곡된 경우

> **Guide** 공간정보가 좌표로 표현된 경우는 입력과정에서 발생하는 오류와 관계가 없다.

54 항법메시지 파일에 포함되어 있지 않은 정보는?

① 위성궤도
② 시계오차
③ 수신기위치
④ 시간

> **Guide** 항법정보(Navigation Message)
> 위성의 궤도력과 시간자료, 항해력 그리고 위성들과 그 신호에 대한 정보들을 말하며, GPS 신호에 포함된 37,500비트의 메시지로 초당 50비트로 송신된다.

55 2차원 쿼드트리(Quadtree)에서 B의 면적은?(단, 최하단에서 하나의 셀 면적을 2로 가정한다.)

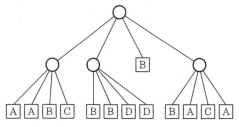

① 10
② 12
③ 14
④ 16

> **Guide** 세 번째 단 B의 면적 : 4개×2(최하단 단위면적) = 8
> 세 번째 단
>
> | B | | B B | | | B |
>
> 두 번째 단 B의 면적 : 1개×8(단위면적의 4배) = 8
> 두 번째 단
>
> | B | B |
> | B | B |
>
> ∴ B 면적의 합계 : $8+8=16$

56 인접한 지도들의 경계에서 지형을 표현할 때 위치나 내용의 불일치를 제거하는 처리를 나타내는 용어는?

① 영상 강조(Image Enhancement)
② 경계선 정합(Edge Matching)
③ 경계 추출(Edge Detection)
④ 편집(Editing)

Guide 경계선 정합(Edge Matching)
인접한 지도들의 경계에서 지형을 표현할 때 위치나 내용의 불일치를 제거하는 처리방법이다.

57 RTK – GPS에 의한 세부측량을 설명한 것으로 옳은 것은?

① RTK – GPS 관측에 의해 지형도 등의 작성에 필요한 수치데이터를 취득하는 작업을 말한다.
② RTK – GPS 관측에 의해 구조물의 변형과 변위를 관측하는 작업을 말한다.
③ RTK – GPS 관측에 의해 국가기준점인 삼각점을 설치하는 작업을 말한다.
④ RTK – GPS 관측에 의해 국도변에 설치된 수준점의 타원체고를 구하는 작업을 말한다.

Guide 세부측량(Detail Surveying)
기준점 성과를 토대로 각종 측량 기법을 적용하여 목적에 맞는 세부적인 지모, 지물을 측정하는 것을 의미한다.

58 GPS에서 전송되는 L_1 신호의 주파수가 1,575.42MHz일 때 L_1 신호의 파장 200,000개의 거리는?[단, 광속(c) = 299,792,458m/s 이다.]

① 15,754.200m
② 19,029.367m
③ 31,508.400m
④ 38,058.734m

Guide
$\lambda = \dfrac{c}{f}$ (λ : 파장, c : 광속, f : 주파수)에서
MHz를 Hz 단위로 환산하여 계산하면,
$\lambda = \dfrac{299,792,458}{1,575.42 \times 10^6} = 0.190293672$m
$\therefore$ L_1 신호의 200,000 파장거리
$= 200,000 \times 0.190293672 = 38,058.734$m

59 다음은 6×6 화소 크기의 래스터 데이터를 수치적으로 표현한 것이다. 이 데이터를 2×2 화소 크기의 데이터로 만들고자 한다. 2×2 화소 데이터의 수치값을 결정하는 방법으로 중앙값 방법(Median Method)을 사용하고자 할 때 결과로 옳은 것은?

2	1	3	2	1	3
2	3	1	1	1	3
1	1	1	1	2	2
2	1	3	2	1	3
2	3	2	2	3	2
2	2	2	3	3	3

①
1	2
2	3

②
1	1
2	3

③
2	2
2	2

④
3	1
3	3

Guide 중앙값 방법(Median Method)
영상결함을 제거하는 기법으로 어떤 영상소의 주변의 값을 작은 값부터 재배열한 후 가장 중앙의 값을 새로운 값으로 설정하여 치환하는 방법이다.

2	1	3
2	3	1
1	1	1
→ 1,1,1,1 [1] 2,2,3,3

2	1	3
1	1	3
1	2	2
→ 1,1,1,1 [2] 2,2,3,3

2	1	3
2	3	2
2	2	2
→ 1,2,2,2 [2] 2,2,3,3

2	1	3
2	3	2
3	3	3
→ 1,2,2,2 [3] 3,3,3,3

$\therefore$
1	2
2	3

60 메타데이터(Metadata)에 대한 설명으로 옳지 않은 것은?

① 공간데이터와 관련된 일련의 정보를 제공해 준다.

② 자료를 생산, 유지, 관리하는 데 필요한 정보를 제공해 준다.

③ 대용량 공간 데이터를 구축하는 데 드는 엄청난 비용과 시간을 절약해 준다.

④ 공간데이터 제작자와 사용자 모두 표준용어와 정의에 동의하지 않아도 사용할 수 있다.

> **Guide** 메타데이터(Metadata)
> 데이터의 내용, 품질, 조건 및 특징 등을 저장한 데이터로서 데이터에 관한 데이터의 이력을 말한다.
> • 시간과 비용의 낭비 제거
> • 공간정보 유통의 효율성
> • 데이터에 대한 유지 · 관리 갱신의 효율성
> • 데이터에 대한 목록화
> • 데이터에 대한 적합성 및 장 · 단점 평가
> • 데이터를 이용하여 로딩

Subject 04 측량학

✔ 측량 관련 법규는 출제 당시 법률을 기준으로 해설되었음을 알려드립니다.

61 거리 관측 시 발생되는 오차 중 정오차가 아닌 것은?

① 표준장력과 가해진 장력의 차이에 의하여 발생하는 오차

② 표준길이와 줄자의 눈금이 틀려서 발생하는 오차

③ 줄자의 처짐으로 인하여 생기는 오차

④ 눈금의 오독으로 인하여 생기는 오차

> **Guide** 눈금의 오독으로 인하여 생기는 오차는 관측자의 미숙, 부주의에 의한 오차이므로 착오 또는 과실, 과대오차이다.

62 삼각망 중에서 조건식의 수가 가장 많으며, 정확도가 가장 높은 것은?

① 사변형망   ② 단열삼각망

③ 유심다각망   ④ 육각형망

> **Guide** 사변형망
> 기선 삼각망에 이용하며, 조건식의 수가 가장 많아 정밀도가 높고, 조정이 복잡하고 포함 면적이 작으며 시간과 비용이 많이 든다.

63 수준척을 사용할 때 주의해야 할 사항이 아닌 것은?

① 수준척은 연직으로 세워야 한다.

② 관측자가 수준척의 눈금을 읽을 때에는 수준척을 기계를 향하여 앞 · 뒤로 조금씩 움직여 제일 큰 눈금을 읽어야 한다.

③ 표척수는 수준척의 이음매에서 오차가 발생하지 않도록 하여야 한다.

④ 수준척을 세울 때는 침하하기 쉬운 곳에는 표척대를 놓고 그 위에 수준척을 세워야 한다.

> **Guide** 관측자가 수준척의 눈금을 읽을 때에는 수준척을 기계를 향하여 앞 · 뒤로 조금씩 움직여 제일 작은 눈금을 읽어야 한다.

64 다각측량의 수평각 관측에서 일명 협각법이라고도 하며, 어떤 측선이 그 앞의 측선과 이루는 각을 관측하는 방법은?

① 배각법   ② 편각법

③ 고정법   ④ 교각법

> **Guide** 각관측방법의 종류
> • 교각법 : 어떤 측선이 그 앞의 측선과 이루는 각을 관측하는 방법이다.
> • 편각법 : 각 측선이 그 앞측선의 연장선과 이루는 각을 관측하는 방법이다.
> • 배각법 : 수평각 관측에서 1개의 각을 2회 이상 관측하여 관측횟수로 나누어서 구하는 방법이다.
> • 고정법(부전법) : 방위각법으로 한 번의 잘못된 관측이 다음 관측에 누적된다는 단점과 여기서 얻어지는 방위각은 역방위각이기 때문에 180°를 감해야 하는 불편함이 있다.

---

65 하천, 항만측량에 많이 이용되는 지형표시 방법으로 표고를 숫자로 도상에 나타내는 방법은?

① 점고법   ② 음영법
③ 채색법   ④ 등고선법

> **Guide** 점고법
> 지면에 있는 임의 점의 표고를 도상에 숫자로 표시하는 방법으로 하천, 해양 등의 수심표시에 주로 이용된다.

66 지구의 반지름이 6,370km이며, 삼각형의 구 과량이 15″일 때 구면삼각형의 면적은?

① 1,934km^2 ② 2,254km^2
③ 2,951km^2 ④ 3,934km^2

> **Guide** $\varepsilon'' = \dfrac{A}{r^2} \cdot \rho''$
> $\therefore A = \dfrac{\varepsilon'' \cdot r^2}{\rho''} = \dfrac{15'' \times 6,370^2}{206,265''} = 2,951 km^2$

67 직사각형 토지의 관측값이 가로변 = 100 ± 0.02cm, 세로변 = 50 ± 0.01cm이었다면 이 토지의 면적에 대한 평균제곱근오차는?

① ±0.707cm^2 ② ±1.03cm^2
③ ±1.414cm^2 ④ ±2.06cm^2

> **Guide** $M = \pm \sqrt{(X \cdot \Delta y)^2 + (Y \cdot \Delta x)^2}$
> $= \pm \sqrt{(100 \times 0.01)^2 + (50 \times 0.02)^2}$
> $= \pm 1.414 cm^2$

68 각관측에서 망원경의 정위, 반위로 관측한 값을 평균하면 소거할 수 있는 오차는?

① 오독에 의한 착오   ② 시준축 오차
③ 연직축 오차   ④ 분도반의 눈금오차

> **Guide** 시준축 오차
> 시준선이 수평축과 직각이 아니기 때문에 생기는 오차로, 망원경을 정위와 반위로 관측한 값의 평균값을 구하면 소거가 가능하다.

69 A점에서 트래버스측량을 실시하여 A점에 되돌아왔더니 위거의 오차 40cm, 경거의 오차는 25cm이었다. 이 트래버스측량의 전측선장의 합이 943.5m이었다면 트래버스측량의 폐합비는?

① 1/1,000   ② 1/2,000
③ 1/3,000   ④ 1/4,000

> **Guide** 폐합오차 $= \sqrt{(위거오차)^2 + (경거오차)^2}$
> $= \sqrt{(0.40)^2 + (0.25)^2}$
> $= 0.47m$
> $\therefore$ 폐합비 $= \dfrac{폐합오차}{전\ 측선장의\ 합} = \dfrac{0.47}{943.5} = \dfrac{1}{2,000}$

70 표준길이보다 3cm가 긴 30m의 줄자로 거리를 관측한 결과, 2점 간의 거리가 300m이었다면 실제거리는?

① 299.3m   ② 299.7m
③ 300.3m   ④ 300.7m

> **Guide** 실제거리 $= \dfrac{부정거리 \times 관측거리}{표준거리}$
> $= \dfrac{30.03 \times 300}{30.00}$
> $= 300.3m$

71 직접수준측량을 하여 2km를 왕복하는 데 오차가 ±16mm이었다면 이것과 같은 정밀도로 측량하여 10km를 왕복 측량하였을 때 예상되는 오차는?

① ±20mm   ② ±25mm
③ ±36mm   ④ ±42mm

> **Guide** $M = \pm E\sqrt{S}$ 에서 $\pm E$는 1km당 오차이며, S는 왕복거리이므로 16mm $= \pm E\sqrt{4} \rightarrow$
> $E = \pm 8mm$
> 같은 정밀도이므로 1km당 오차는 같다.
> $\therefore M = \pm 8mm \sqrt{20} = \pm 36mm$

정답   65 ①   66 ③   67 ③   68 ②   69 ②   70 ③   71 ③

72 삼변측량에 관한 설명 중 옳지 않은 것은?

① 삼변측량 시 Cosine 제2법칙, 반각공식을 이용하면 변으로부터 각을 구할 수 있다.
② 삼변측량의 정확도는 삼변망이 정오각형 또는 정육각형을 이루었을 때 가장 이상적이다.
③ 삼변측량 시 관측점에서 가능한 한 모든 점에 대한 변관측으로 조건식 수를 증가시키면 정확도를 향상시킬 수 있다.
④ 삼변측량에서 관측대상이 변의 길이이므로 삼각형의 내각이 10° 이하인 경우에 매우 유용하다.

> **Guide** 삼변측량 시 세 내각이 60°에 가까우면 측각 및 계산상의 오차 영향을 줄일 수 있다.

73 광파거리측량기에 관한 설명으로 옳지 않은 것은?

① 두 점 간의 시준만 되면 관측이 가능하다.
② 안개나 구름의 영향을 거의 받지 않는다.
③ 주로 중·단거리 측정용으로 사용된다.
④ 조작인원은 1명으로도 가능하다.

> **Guide** 광파거리측량기
> 안개, 비, 눈 등 기후의 영향을 많이 받으며, 목표점에 반사경을 설치하여 되돌아오는 반사파의 위상과 발사파의 위상차로부터 거리를 구하는 기계이다.

74 지형도에서 80m 등고선상의 A점과 120m 등고선상의 B점 간의 도상거리가 10cm 이고, 두 점을 직선으로 잇는 도로의 경사도가 10%이었다면 이 지형도의 축척은?

① 1:500
② 1:2,000
③ 1:4,000
④ 1:5,000

> **Guide** A, B점 간의 경사도를 이용하여 실제 수평거리를 구하면,
>
> $$i(\%) = \frac{H}{D} \times 100 \rightarrow$$
>
> $$D = \frac{100}{i} \times H = \frac{100}{10} \times 40 = 400m$$

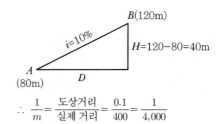

$$\therefore \frac{1}{m} = \frac{\text{도상거리}}{\text{실제 거리}} = \frac{0.1}{400} = \frac{1}{4,000}$$

75 공공측량성과를 사용하여 지도 등을 간행하여 판매하려는 공공측량시행자는 해당 지도 등의 필요한 사항을 발매일 며칠 전까지 누구에게 통보하여야 하는가?

① 7일 전, 국토관리청장
② 7일 전, 국토지리정보원장
③ 15일 전, 국토관리청장
④ 15일 전, 국토지리정보원장

> **Guide** 공간정보의 구축 및 관리 등에 관한 법률 시행규칙 제24조(공공측량성과 등의 간행)
> 공공측량성과를 사용하여 지도 등을 간행하여 판매하려는 공공측량시행자는 해당 지도 등의 크기 및 매수, 판매 가격 산정서류를 첨부하여 해당 지도 등의 발매일 15일 전까지 국토지리정보원장에게 통보하여야 한다.

76 2년 이하의 징역 또는 2천만 원 이하의 벌금에 해당되지 않는 사항은?

① 측량기준점표지를 이전 또는 파손한 자
② 성능검사를 부정하게 한 성능검사대행자
③ 법을 위반하여 측량성과를 국외로 반출한 자
④ 측량성과 또는 측량기록을 무단으로 복제한 자

> **Guide** 공간정보의 구축 및 관리 등에 관한 법률 제108조(벌칙)
> 다음 각 호의 어느 하나에 해당하는 자는 2년 이하의 징역 또는 2천만원 이하의 벌금에 처한다.
> 1. 측량기준점표지를 이전 또는 파손하거나 그 효용을 해치는 행위를 한 자
> 2. 고의로 측량성과 또는 수로조사성과를 사실과 다르게 한 자
> 3. 측량성과를 국외로 반출한 자
> 4. 측량업의 등록을 하지 아니하거나 거짓이나 그 밖의 부정한 방법으로 측량업의 등록을 하고 측량업을 한 자
> 5. 수로사업의 등록을 하지 아니하거나 거짓이나 그 밖의 부정한 방법으로 수로사업의 등록을 하고 수로사업을 한 자
> 6. 성능검사를 부정하게 한 성능검사대행자

7. 성능검사대행자의 등록을 하지 아니하거나 거짓이나 그 밖의 부정한 방법으로 성능검사대행자의 등록을 하고 성능검사업무를 한 자

※ ④ : 1년 이하의 징역 또는 1천만 원 이하의 벌금에 해당한다.

77 각 좌표계에서의 직각좌표를 TM(Transverse Mercator, 횡단 머케이터) 방법으로 표시할 때의 조건으로 옳지 않은 것은?

① X축은 좌표계 원점의 적도선에 일치하도록 한다.
② 진북방향을 정(+)으로 표시한다.
③ Y축은 X축에 직교하는 축으로 한다.
④ 진동방향을 정(+)으로 한다.

> **Guide** 공간정보의 구축 및 관리 등에 관한 법률 시행령 제7조(세계측지계 등) 별표 2
> X축은 좌표계 원점의 자오선에 일치하여야 하고, 진북방향을 정(+)으로 표시하며, Y축은 X축에 직교하는 축으로서 진동방향을 정(+)으로 한다.

78 공간정보의 구축 및 관리 등에 관한 법률에 따른 설명으로 옳지 않은 것은?

① 모든 측량의 기초가 되는 공간정보를 제공하기 위하여 국토교통부장관이 실시하는 측량을 기본측량이라 한다.
② 국가, 지방자치단체, 그 밖에 대통령령으로 정하는 기관이 관계 법령에 따른 사업 등을 시행하기 위하여 기본측량을 기초로 실시하는 측량을 공공측량이라 한다.
③ 공공의 이해 또는 안전과 밀접한 관련이 있는 측량은 기본측량으로 지정할 수 있다.
④ 일반측량은 기본측량, 공공측량, 지적측량, 수로측량 외의 측량을 말한다.

> **Guide** 공간정보의 구축 및 관리 등에 관한 법률 제2조(정의)
> 공공측량이란 다음 각 목의 측량을 말한다.
> 가. 국가, 지방자치단체, 그 밖에 대통령령으로 정하는 기관이 관계 법령에 따른 사업 등을 시행하기 위하여 기본측량을 기초로 실시하는 측량
> 나. 가목 외의 자가 시행하는 측량 중 공공의 이해 또는 안전과 밀접한 관련이 있는 측량으로서 대통령령으로 정하는 측량

79 기본측량의 실시공고에 포함되어야 하는 사항으로 옳은 것은?

① 측량의 정확도
② 측량의 실시지역
③ 측량성과의 보관 장소
④ 설치한 측량기준점의 수

> **Guide** 공간정보의 구축 및 관리 등에 관한 법률 시행령 제12조(측량의 실시공고)
> 기본측량 및 공공측량의 실시공고에는 다음의 사항이 포함되어야 한다.
> 1. 측량의 종류
> 2. 측량의 목적
> 3. 측량의 실시기간
> 4. 측량의 실시지역
> 5. 그 밖에 측량의 실시에 관하여 필요한 사항

80 측량기기 중 토털 스테이션의 성능검사 주기로 옳은 것은?

① 1년   ② 2년
③ 3년   ④ 5년

> **Guide** 공간정보의 구축 및 관리 등에 관한 법률 시행령 제97조(성능검사의 대상 및 주기 등)
> 성능검사를 받아야 하는 측량기기와 검사주기는 다음과 같다.
> 1. 트랜싯(데오드라이트) : 3년
> 2. 레벨 : 3년
> 3. 거리측정기 : 3년
> 4. 토털 스테이션 : 3년
> 5. 지피에스(GPS) 수신기 : 3년
> 6. 금속관로 탐지기 : 3년

EXERCISES
기출문제

2019년 4월 27일 시행

본 문제의 해설은 출제자의 의도와 일치되지 않을 수 있으며, 문제 및 정답은 일부 오탈자가 있을 수 있으므로 학습시 의문사항이 있으면 예문사 또는 저자에게 문의하여 주시기 바랍니다. 또한, 본 기출문제는 시행 당시의 이론 및 법규에 의하여 해설되었음을 알려드립니다.

Subject 01 응용측량

01 노선측량의 도로기점에서 곡선시점까지의 거리가 1,312.5m, 접선길이가 176.4m, 곡선길이가 320m라면 도로기점에서 곡선종점까지의 거리는?

① 1,488.9m 　② 1,560.7m
③ 1,591.5m 　④ 1,632.5m

Guide

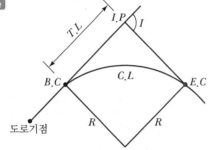

- $B.C$ (곡선시점) = 1,312.5m
- $C.L$ (곡선길이) = 320m
- ∴ 도로기점~$E.C$ (곡선종점)까지의 거리
  = $B.C + C.L$ = 1,312.5 + 320 = 1,632.5m

02 그림과 같이 두 직선의 교점에 장애물이 있어 C, D 측점에서 방향각(α, β, γ)을 관측하였다. 교각(I)은?(단, $\alpha = 228°30'$, $\beta = 82°00'$, $\gamma = 136°30'$이다.)

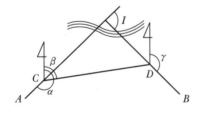

① 54°30′ 　② 88°00′
③ 92°00′ 　④ 146°30′

Guide

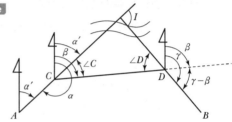

- $\overline{AC}$ 방위각(α') = $\overline{CA}$ 방위각(α) − 180°
  = 228°30′ − 180°
  = 48°30′
- ∠C = $\overline{CD}$ 방위각(β) − $\overline{AC}$ 방위각(α')
  = 82°00′ − 48°30′
  = 33°30′
- ∠D = $\overline{DB}$ 방위각(γ) − $\overline{CD}$ 방위각(β)
  = 136°30′ − 82°00′
  = 54°30′
- ∴ 교각(I) = ∠C + ∠D = 33°30′ + 54°30′ = 88°00′

03 편각법에 의한 단곡선의 설치에 있어서 그림과 같이 호의 길이 10m를 현의 길이 10m로 간주하는 경우 δ_1과 δ_2의 차이는? (단, 단곡선의 반지름은 120m이다.)

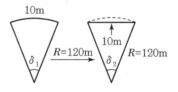

① 약 1″ 　② 약 5″
③ 약 10″ 　④ 약 15″

Guide ・ $C.L$(곡선길이) = $0.0174533 \cdot R \cdot I_1°$ →
　　$I_1 = 4°46'29''$

- L(현의 길이)$= 2R \cdot \sin \dfrac{I_2}{2} \rightarrow$

  $I_2 = 4°46'34''$

  $\therefore \delta_1$과 δ_2의 차이$= I_2 - I_1$

  $= 4°46'34'' - 4°46'29''$

  $= 0°00'05''$

04 클로소이드 공식 사이의 관계가 틀린 것은?
(단, R : 곡률반지름, L : 완화곡선길이, τ :
접선각, A : 매개변수)

① $R \cdot L = A^2$ ② $\tau = \dfrac{L}{2R}$

③ $A^2 = \dfrac{L^2}{2\tau}$ ④ $\tau = \dfrac{A}{2R^2}$

> **Guide** 클로소이드 기본식
>
> $A^2 = R \cdot L = \dfrac{L^2}{2\tau} = 2\tau R^2$

05 완화곡선에 대한 설명으로 옳지 않은 것은?

① 모든 클로소이드는 닮은꼴이며, 클로소이드
요소는 길이의 단위를 가진 것과 단위가 없
는 것이 있다.
② 클로소이드의 형식은 S형, 복합형, 기본형
등이 있다.
③ 완화곡선의 반지름은 시점에서 무한대, 종점
에서 원곡선의 반지름으로 된다.
④ 완화곡선의 접선은 시점에서 원호에, 종점에
서 직선에 접한다.

> **Guide** 완화곡선의 성질
> - 완화곡선의 반지름은 그 시작점에서 무한대이고, 종점
>   에서는 원곡선의 반지름과 같다.
> - 완화곡선의 접선은 시점에서는 직선에, 종점에서는 원
>   호에 접한다.
> - 완화곡선에 연한 곡선반경의 감소율은 캔트의 증가율
>   과 같다.

06 터널측량에서 지표면상의 좌표와 터널 안의
좌표를 같게 하기 위한 측량은?

① 터널 내·외 연결측량
② 터널 내 좌표측량

③ 지하수준측량
④ 지상측량

> **Guide** 터널 내·외 연결측량은 지상측량의 좌표를 지하측량의
> 좌표에 연결하여 터널 내·외를 동일좌표계로 구성하는
> 측량이다.

07 하천의 유량관측 방법에 대한 설명으로 틀
린 것은?

① 수로 내에 둑을 설치하고, 사방댐의 월류량
공식을 이용하여 유량을 구할 수 있다.
② 수위유량곡선을 만들어서 필요한 수위에 대
한 유량을 그래프상에서 구할 수 있다.
③ 직류부로서 흐름이 일정하고, 하상경사가 일
정한 곳을 택해 관측하는 것이 좋다.
④ 수위의 변화에 의해 하천 횡단면 형상이 급변
하는 곳을 택하여 관측하는 것이 좋다.

> **Guide** 유량관측은 수위의 변화에 의해 하천 횡단면 형상이 급
> 변하지 않고, 지질이 양호하며, 하상이 안정하여 세굴·
> 퇴적이 일어나지 않는 곳이어야 한다.

08 터널의 시점(A)과 종점(B)을 결정하기 위
하여 폐합다각측량을 한 결과 두 점의 좌표
가 표와 같다. A에서 굴착하여야 할 터널
중심선의 방위각은?

측점	X	Y
A	82.973m	36.525m
B	112.973m	76.525m

① 53°07'48''   ② 143°07'48''
③ 233°07'48''   ④ 323°07'48''

> **Guide** $\tan\theta = \dfrac{Y_B - Y_A}{X_B - X_A} \rightarrow$
>
> $\theta = \tan^{-1} \dfrac{Y_B - Y_A}{X_B - X_A}$
>
> $= \tan^{-1} \dfrac{76.525 - 36.525}{112.973 - 82.973}$
>
> $= 53°07'48''$(1상한)
>
> $\therefore$ 터널 중심선의 방위각은 $53°07'48''$이다.

09 단곡선에서 곡선반지름이 100m, 곡선길이가 117.809m일 때 교각은?

① 1°10′41″ ② 11°46′51″
③ 67°29′58″ ④ 70°41′7″

Guide $C.L(곡선길이) = 0.0174533 \cdot R \cdot I° \rightarrow$
$117.809 = 0.0174533 \times 100 \times I°$

$\therefore I° = \dfrac{117.809}{0.0174533 \times 100} = 67°29′58″$

10 종·횡단 고저측량에 의하여 얻은 각 측점의 단면적에 의하여 작성되는 유토곡선의 성질에 대한 설명으로 옳지 않은 것은?

① 유토곡선의 하향구간은 성토구간이고, 상향구간은 절토구간이다.
② 곡선의 저점은 절토에서 성토로, 정점은 성토에서 절토로 바뀌는 점이다.
③ 곡선과 평행선(기선)이 교차하는 점에서는 절토량과 성토량이 거의 같다.
④ 절토와 성토의 평균운반거리는 유토곡선 토량의 1/2점 간의 거리로 한다.

Guide 유토곡선의 극소점(저점)은 성토에서 절토로, 극대점(정점)은 절토에서 성토로 바뀌는 점이다.

11 그림과 같은 도형의 면적은?

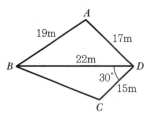

① 235.3m² ② 238.6m²
③ 255.3m² ④ 258.3m²

Guide • △ABD 면적(삼변법 적용)
$A = \sqrt{S(S-a)(S-b)(S-c)}$
$= \sqrt{29(29-19)(29-17)(29-22)}$
$= 156.1\text{m}^2$
여기서, $S = \dfrac{1}{2}(19+17+22) = 29\text{m}$

• △BCD 면적(이변협각법 적용)
$A = \dfrac{1}{2} \cdot \overline{CD} \cdot \overline{BD} \cdot \sin\angle D$
$= \dfrac{1}{2} \times 15 \times 22 \times \sin 30°$
$= 82.5\text{m}^2$
∴ 도형의 면적 = 156.1 + 82.5 = 238.6m²

12 하천의 평균유속 측정법 중 2점법에 대한 설명으로 옳은 것은?

① 수면과 수저의 유속을 측정 후 평균한다.
② 수면으로부터 수심의 40%, 60% 지점의 유속을 측정 후 평균한다.
③ 수면으로부터 수심의 20%, 80% 지점의 유속을 측정 후 평균한다.
④ 수면으로부터 수심의 10%, 90% 지점의 유속을 측정 후 평균한다.

Guide 2점법
수면으로부터 수심 $0.2H$, $0.8H$ 되는 곳의 평균유속을 구하는 방법이다.
$V_m = \dfrac{1}{2}(V_{0.2} + V_{0.8})$

13 수위표(양수표)에 대한 설명으로 틀린 것은?

① 수위표의 영위는 최저수위보다 하위에 있어야 한다.
② 수위표 눈금의 최고위는 최대 홍수위보다 높아야 한다.
③ 수위표의 표고는 그 하천 하류부의 가장 낮은 곳을 높이의 기준으로 정한다.
④ 홍수 후에는 부근 수준점과 연결하여 그 표고를 확인해야 한다.

Guide 양수표(수위표)의 영위(수위관측시설의 설치요령)
• 양수표의 영위(점)는 하저수위의 밑에 있고, 양수표 눈금의 최고위는 최대 홍수위보다 높아야 한다.
• 양수표에 있어서는 평균해수면의 표고를 관측해둔다.
• 홍수표에는 수준점을 연결하여 그 표고를 확인한다.
• 수위표는 cm 단위의 눈금이 있는 것을 원칙으로 하고 있으며 부근에 수준점을 설치한다.
• 자동기록수위계는 반드시 수위표와 같이 설치한다.

14 곡선에 둘러싸인 부분의 면적을 계산할 때 이용되는 방법으로 적합하지 않은 것은?

① 모눈종이(Grid)법
② 구적기에 의한 방법
③ 좌표에 의한 계산법
④ 횡선(Strip)법

Guide 좌표에 의한 계산법은 직선으로 둘러싸인 부분의 면적 계산방법으로 적당하다.

15 거리관측의 정확도를 $\dfrac{1}{M}$ 로 관측하여 토지의 면적을 계산하였다면 면적의 정확도는 약 얼마인가?

① $\dfrac{1}{\sqrt{M}}$ ② $\dfrac{1}{M}$

③ $\dfrac{2}{M}$ ④ $\dfrac{1}{M^2}$

Guide $\dfrac{dA}{A} = \dfrac{1}{M} + \dfrac{1}{M} = \dfrac{2}{M}$

16 그림과 같은 경우에 심프슨 제1법칙에 의한 면적을 구하는 식으로 옳은 것은?

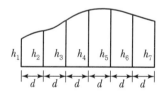

① $\dfrac{d}{3}[(h_1+h_7)+4(h_2+h_4+h_6)+2(h_3+h_5)]$

② $\dfrac{d}{3}(h_1+2h_2+3h_3+4h_4+5h_5+6h_6+7h_7)$

③ $\dfrac{d}{6}[(h_1+h_7)+4(h_2+h_4+h_6)+2(h_3+h_5)]$

④ $\dfrac{d}{6}(h_1+2h_2+3h_3+4h_4+5h_5+6h_6+7h_7)$

Guide 심프슨 제1법칙

$A = \dfrac{d}{3}\{h_1+h_7+4(h_2+h_4+h_6)+2(h_3+h_5)\}$

17 각과 위치에 의한 경관도의 정량화에서 시설물의 한 점을 시준할 때 시준선과 시설물 축선이 이루는 각(α)은 크기에 따라 입체감에 변화를 주는데 다음 중 입체감 있게 계획이 잘된 경관을 얻을 수 있는 범위로 가장 적합한 것은?

① $10° < \alpha \le 30°$
② $30° < \alpha \le 50°$
③ $40° < \alpha \le 60°$
④ $50° < \alpha \le 70°$

Guide 시준선과 시설물 축선이 이루는 각(α)
• $0° < \alpha \le 10°$: 특이한 경관을 얻고 시점이 높게 된다.
• $10° < \alpha \le 30°$: 입체감이 있는 계획이 잘된 경관을 얻는다.
• $30° < \alpha \le 60°$: 입체감이 없는 평면적인 경관이 된다.

18 해안선측량은 해면이 약최고고조면에 달하였을 때 육지와 해면과의 경계를 결정하기 위한 측량방법을 말하는데 다음 중 해안선 측량 방법에 해당하는 것은?

① 천부지층탐사 ② GPS 측량
③ 수중촬영 ④ 해저면 영상조사

Guide 해안선측량방법
해수면이 약최고고조면에 이르렀을 때 육지와 해수면의 경계선은 토털스테이션, GPS측량, 항공레이저측량 등의 방법을 이용하여 획정할 수 있다.

19 그림은 택지조성지역의 표고값을 표시하고 있다. 이 지역의 토공량(V)과 토공량의 균형을 맞추기 위한 계획고(h)는?(단, 표고의 단위는 m이고, 분할된 각 면적은 동일하다.)

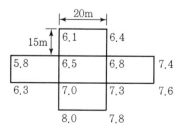

① $V = 6,225\text{m}^3$, $h = 4.15\text{m}$

② $V = 10,365\text{m}^3$, $h = 4.15\text{m}$

③ $V = 6,225\text{m}^3$, $h = 6.91\text{m}$

④ $V = 10,365\text{m}^3$, $h = 6.91\text{m}$

Guide

• $V = \dfrac{A}{4}(\sum h_1 + 2\sum h_2 + 3\sum h_3 + 4\sum h_4)$

$= 10,365\text{m}^3$

$\sum h_1 = 6.1 + 6.4 + 7.4 + 7.6 + 7.8 + 8.0 + 6.3 + 5.8$

$= 55.4\text{m}$

$\sum h_3 = 6.5 + 6.8 + 7.3 + 7.0 = 27.6\text{m}$

• $h = \dfrac{V}{n \cdot A} = \dfrac{10,365}{5 \times (20 \times 15)} = 6.91\text{m}$

20 측면주사음향탐지기(Side Scan Sonar)를 이용한 해저면영상조사에서 탐지할 수 없는 것은?

① 수중의 암초

② 노출암

③ 해저케이블

④ 바다에 침몰한 선박

Guide 해저면영상조사

측면주사음향탐지기(Side Scan Sonar)를 이용하여 해저면의 영상정보를 획득하는 조사작업을 말한다. 암초, 어초, 침선 등의 해저장애물 등을 탐지하는 것으로서 노출암 탐지와는 무관하다.

Subject 02 사진측량 및 원격탐사

21 원격탐사 시스템에서 시스템 자체특성이나 지구자전 및 곡률에 의해 나타나는 내부기하왜곡차로 센서 특성과 천문력 자료의 분석을 통해 때때로 보정될 수 있는 영상 내 기하왜곡이 아닌 것은?

① 지구자전효과에 의한 휨 현상

② 탑재체의 고도와 자세 변화

③ 스캐닝 시스템에 의한 접선방향 축척 왜곡

④ 스캐닝 시스템에 의한 지상해상도 셀 크기의 변화

Guide 원격탐사 영상은 전형적으로 내부 및 외부적인 기하오차를 가지고 있다.

• 내부기하오차
- 지구자전 효과에 의한 휨 현상
- 스캐닝 시스템에 의한 지상해상도 셀 크기의 변화
- 스캐닝 시스템에 의한 1차원 기복변위
- 스캐닝 시스템에 의한 접선방향 축척 왜곡
• 외부기하오차
- 고도 변화
- 자세 변화(좌우회전, 전후회전, 수평회전)

22 항공사진측량에 의하여 제작된 수치지도의 위치 정확도에 영향을 주는 요소와 가장 거리가 먼 것은?

① 사진의 축척

② 도화기의 정확도

③ 지도 레이어의 개수

④ 지상기준점의 정확도

Guide 레이어는 한 주제를 다루는 데 중첩되는 다양한 자료들로 한 커버리지의 자료파일이므로 수치지도의 위치정확도와는 무관하다.

23 항공사진을 이용한 지형도 제작 단계를 크게 3단계로 구분할 때 작업 순서로 옳은 것은?

① 촬영 → 기준점측량 → 세부도화

② 세부도화 → 촬영 → 기준점측량

③ 세부도화 → 기준점측량 → 촬영

④ 촬영 → 세부도화 → 기준점측량

Guide 지형도의 작성순서

촬영계획 → 촬영 → 기준점측량 → 인화 → 세부도화 → 지형도

24 사진좌표계를 결정하는 데 필요하지 않은 사항은?

① 사진지표

② 좌표변환식

③ 주점의 좌표

④ 연직점의 좌표

Guide 사진좌표계는 주점을 원점으로 하는 2차원 좌표계로 사진좌표계는 지표좌표계 축과 각각 평행을 이루며 약간의 차이가 있다. 그러므로 좌표변환에 의해 사진좌표를 구한다.

정답 **20** ② **21** ② **22** ③ **23** ① **24** ④

25 영상지도 제작에 사용되는 가장 적합한 영상은?

① 경사 영상　　② 파노라믹 영상
③ 정사 영상　　④ 지상 영상

> **Guide** 영상지도는 편위수정을 거친 사진지도이므로 정사영상에 가깝다.

26 레이저스캐너와 GPS/INS로 구성되어 수치표고모델(DEM)을 제작하기에 용이한 측량시스템은?

① LiDAR　　② RADAR
③ SAR　　④ SLAR

> **Guide** LiDAR(Light Detection And Ranging)
> GNSS, INS, 레이저스캐너를 항공기에 장착하여 레이저펄스를 지표면에 주사하고 반사된 레이저펄스의 도달시간 및 강도를 측정함으로써 반사지점의 3차원 위치좌표 및 지표면에 대한 정보를 추출하는 측량기법이다.

27 시차차에 관한 설명 중 옳지 않은 것은?

① 시차차의 크기는 촬영고도에 반비례한다.
② 시차차의 크기는 초점거리에 비례한다.
③ 시차차의 크기는 사진 축척의 분모수에 반비례한다.
④ 시차차의 크기는 촬영기선장에 비례한다.

> **Guide**
> $$h = \frac{H}{b_0} \cdot \Delta p \rightarrow \Delta p = \frac{h \cdot b_0}{H} = \frac{h \cdot b_0}{m \cdot f}$$
> ∴ 시차차의 크기는 초점거리에 반비례한다.

28 원격탐사 시스템에서 90°의 총 시야각과 10,000m의 고도를 가진 스캐닝 시스템의 지상관측 폭은?

① 10,000m　　② 20,000m
③ 30,000m　　④ 40,000m

> **Guide**
>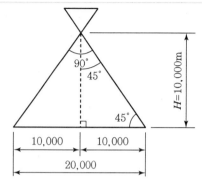
> ∴ 90°의 총 시야각과 10,000m의 고도를 가진 스캐닝 시스템의 지상관측 폭은 20,000m이다.

29 절대(대지)표정과 관계가 있는 것은?

① 표고결정, 시차측정
② 축척결정, 위치결정
③ 표정점 측량, 내부표정
④ 시차측정, 방위결정

> **Guide** 절대표정
> 상호표정이 끝난 한 쌍의 입체사진에 대하여 축척, 수준면, 위치 결정을 하는 작업이다.

30 다음 중 우리나라가 운영하고 있는 인공위성은?

① IKONOS　　② KOMPSAT
③ KVR　　④ LANDSAT

> **Guide** KOMPSAT은 우리나라가 운영하고 있는 아리랑위성을 말한다.

31 평지를 촬영고도 1,500m로 촬영한 연직사진이 있다. 이 밀착 사진상에 있는 건물 상단과 하단 간의 시차차를 관측한 결과가 1mm 였다면 이 건물의 높이는?(단, 사진기의 초점거리는 15cm, 사진크기는 23cm×23cm, 종중복도는 60%이다.)

① 10m　　② 12.3m
③ 15m　　④ 16.3m

Guide $h = \dfrac{H}{b_0} \cdot \Delta p = \dfrac{1,500}{0.092} \times 0.001 = 16.3\text{m}$

여기서, $b_0 = a(1-p) = 0.23(1-0.6) = 0.092\text{m}$

32 사진측량용 카메라의 렌즈와 일반 카메라의 렌즈를 비교한 것으로 옳지 않은 것은?

① 사진측량용 카메라 렌즈의 초점거리가 짧다.
② 사진측량용 카메라 렌즈의 수차(Distortion)가 적다.
③ 사진측량용 카메라 렌즈의 해상력과 선명도가 좋다.
④ 사진측량용 카메라 렌즈의 화각이 크다.

Guide 사진측량용 카메라 렌즈의 초점거리가 길다.

33 초점거리 150mm, 사진크기 23cm × 23cm 인 항공사진기로 종중복도 70%, 횡중복도 40%로 촬영하면 기선고도비는?

① 0.46
② 0.61
③ 0.92
④ 1.07

Guide 기선고도비$\left(\dfrac{B}{H}\right) = \dfrac{ma(1-p)}{m \cdot f} = \dfrac{a(1-p)}{f}$

$= \dfrac{0.23 \times (1-0.7)}{0.15} = 0.46$

34 축척 1:20,000의 항공사진으로 면적 1,000 km²의 지역을 종중복도 60%, 횡중복도 30%로 촬영하려고 할 경우 필요한 사진매수는?(단, 사진크기는 23cm × 23cm로 매수의 안전율 30%를 가산한다.)

① 170매
② 190매
③ 220매
④ 250매

Guide 사진매수

$= \dfrac{F}{A_0}(1 + \text{안전율})$

$= \dfrac{F}{(ma)^2(1-p)(1-q)}(1 + \text{안전율})$

$= \dfrac{1,000 \times 10^6}{(20,000 \times 0.23)^2(1-0.6)(1-0.3)} \times (1+0.3)$

$= 219.417 \fallingdotseq 220$매

35 각각의 입체 모형을 단위로 접합점과 기준점을 이용하여 여러 입체모형의 좌표들을 조정법에 의한 절대좌표로 환산하는 방법은?

① Aeropolygon법
② Independent Model법
③ Bundle Adjustment법
④ Block Adjustment법

Guide 독립모델법(IMT ; Independent Model Triangulation)
각 입체모델을 단위로 하여 접합점과 기준점을 이용하여 여러 입체모델의 좌표들을 조정방법에 의한 절대좌표로 환산하는 방법이다.

36 원격탐사에 대한 설명으로 옳지 않은 것은?

① 자료 수집 장비로는 수동적 센서와 능동적 센서가 있으며, Laser 거리관측기는 수동적 센서로 분류된다.
② 원격탐사 자료는 물체의 반사 또는 방사의 스펙트럼 특성에 의존한다.
③ 자료의 양은 대단히 많으며 불필요한 자료가 포함되어 있을 수 있다.
④ 탐측된 자료가 즉시 이용될 수 있으며 재해 및 환경문제 해결에 편리하다.

Guide Laser 거리관측기는 능동적 센서로 분류된다.

37 해석적 내부표정에서의 주된 작업내용은?

① 3차원 가상좌표를 계산하는 작업
② 표고결정 및 경사를 결정하는 작업
③ 1개의 통일된 블록좌표계로 변환하는 작업
④ 관측된 상좌표로부터 사진좌표로 변환하는 작업

Guide 내부표정(Inner Orientation)
도화기의 투영기에 촬영 시와 동일한 광학관계를 갖도록 양화필름을 정착시키는 작업이며, 사진의 주점을 도화기의 촬영 중심에 일치시키고 초점거리를 도화기 눈금에 맞추는 작업이 기계적 내부표정 방법이며, 상좌표로부터 사진좌표를 구하는 수치처리를 해석적 내부표정 방법이라 한다.

정답 32 ① 33 ① 34 ③ 35 ② 36 ① 37 ④

38 항공사진의 촬영에 대한 설명으로 옳지 않은 것은?

① 같은 사진기를 이용하여 촬영할 경우, 촬영고도와 촬영면적은 반비례한다.
② 같은 사진기를 이용하여 촬영할 경우, 촬영고도와 사진축척은 반비례한다.
③ 같은 사진기를 이용하여 촬영할 경우, 촬영고도와 촬영되는 폭은 비례한다.
④ 같은 사진기를 이용하여 촬영할 경우, 촬영고도를 2배로 하면 사진매수는 1/4로 줄어든다.

> **Guide** 같은 사진기를 이용하여 촬영할 경우 촬영되는 폭은 촬영고도에 비례하고, 촬영면적은 촬영고도의 제곱에 비례하며, 사진축척은 촬영고도에 반비례한다.

39 원격탐사 자료처리 중 기하학적 보정에 해당되는 것은?

① 영상대조비 개선
② 영상의 밝기 조절
③ 화소의 노이즈 제거
④ 지표기복에 의한 왜곡 제거

> **Guide** 기하학적 보정
> • 지표의 기복에 의한 오차 제거
> • 센서의 기하학적 특성에 의한 오차 제거
> • 플랫폼의 자세에 의한 오차 제거

40 다음 중 항공사진을 재촬영하여야 할 경우가 아닌 것은?

① 인접한 사진의 축척이 현저한 차이가 있을 때
② 인접코스 간의 중복도가 표고의 최고점에서 3% 정도일 때
③ 항공기의 고도가 계획 촬영고도의 3% 정도 벗어날 때
④ 구름이 사진에 나타날 때

> **Guide** 항공기의 고도가 계획 촬영고도의 15% 이상일 때 재촬영을 하여야 한다.

> **Subject 03** 지리정보시스템(GIS) 및 위성측위시스템(GNSS)

41 객체지향용어인 다형성(Polymorphism)에 대한 설명으로 틀린 것은?

① 여러 개의 형태를 가진다는 의미의 그리스어에서 유래되었다.
② 동일한 이름의 함수를 여러 개 만드는 기법인 오버로딩(Overloading)도 다형성의 형태이다.
③ 동일한 객체 내의 또 다른 인터페이스를 통해서 사용자가 원하는 메소드와 프로퍼티에 접근하는 것을 뜻한다.
④ 여러 개의 서로 다른 클래스가 동일한 이름의 인터페이스를 지원하는 것도 다형성이다.

> **Guide** 다형성(Polymorphism)
> 동일한 이름을 가진 메소드라도 객체의 특성에 따른 기능을 수행하는 것이다.

42 A점에 대한 GNSS 관측결과로 타원체고가 123.456m, 지오이드고가 +23.456m이었다면 지오이드면에서 A점까지의 높이는?

① 76.544m ② 100.000m
③ 146.912m ④ 170.368m

> **Guide** 정표고 = 타원체고 − 지오이드고
> = 123.456 − 23.456 = 100.000m

43 지리정보시스템(GIS)의 기능과 가장 거리가 먼 것은?

① 공간자료의 정보화
② 자료의 시공간적 분석
③ 의사결정 지원
④ 공간정보의 보안 강화

> **Guide** 지리정보시스템(GIS)
> 지구 및 우주공간 등 인간활동공간에 관련된 제반 과학적 현상을 정보화하고 시·공간적 분석을 통하여 그 효용성을 극대화하기 위한 정보체계로 다양한 분야에서 의사결정에 활용될 수 있다.

정답 38 ① 39 ④ 40 ③ 41 ③ 42 ② 43 ④

44 태양폭풍 영향으로 GNSS 위성신호의 전파에 교란을 발생시키는 대기층은?

① 전리층　　　② 대류권
③ 열권　　　　④ 권계면

Guide **태양폭풍**
흑점 아래 모인 높은 에너지의 물질이 순간적으로 분출되는 것으로 먼저 강한 X선이 지구에 도달하여 전리층을 흔들고 무선 통신에 장애를 일으킨다.

45 쿼드트리(Quadtree)는 한 공간을 몇 개의 자식노드로 분할하는가?

① 2　　　　　② 4
③ 8　　　　　④ 16

Guide **사지수형(Quadtree) 기법**
어느 영역을 단계적으로 4분원하여 표시하고 더 이상 분할할 수 없을 때까지 반복하는 기법이다.

46 지리정보시스템(GIS)과 관련된 용어의 설명으로 옳지 않은 것은?

① 위치정보는 지물 및 대상물의 위치에 대한 정보로서 위치는 절대위치(실제공간)와 상대위치(모형공간)가 있다.
② 도형정보는 지형·지물 또는 대상물의 위치에 관한 자료로서, 지도 또는 그림으로 표현되는 경우가 많다.
③ 영상정보는 항공사진, 인공위성영상, 비디오 및 각종 영상의 수치 처리에 의해 취득된 정보이다.
④ 속성정보는 대상물의 자연, 인문, 사회, 행정, 경제, 환경적 특성을 도형으로 나타내는 지도정보로서 지형 공간적 분석은 불가능한 단점이 있다.

Guide **속성정보**
대상물의 자연, 인문, 사회, 행정, 경제, 환경적 특징을 나타내는 정보로서 지형 공간적 분석이 가능하다.

47 위성의 배치에 따른 정확도의 영향인 DOP에 대한 설명으로 틀린 것은?

① PDOP : 위치 정밀도 저하율

② HDOP : 수평위치 정밀도 저하율
③ VDOP : 수직위치 정밀도 저하율
④ TDOP : 기하학적 정밀도 저하율

Guide **DOP의 종류**
• GDOP : 기하학적 정밀도 저하율
• PDOP : 위치정밀도 저하율(3차원 위치)
• HDOP : 수평정밀도 저하율(수평위치)
• VDOP : 수직정밀도 저하율(높이)
• RDOP : 상대정밀도 저하율
• TDOP : 시간정밀도 저하율

48 지리정보체계(GIS)의 공간데이터 중 래스터 자료 형태로 짝지어진 것은?

① GPS측량결과, 항공사진
② 항공사진, 위성영상
③ 수치지도, 항공사진
④ 수치지도, 위성영상

Guide • 벡터 자료 형태 : GPS 측량결과, 수치지도
• 래스터 자료 형태 : 항공사진, 위성영상

49 2개 이상의 실측값을 이용하여 그 사이에 있는 임의의 위치에 있는 지점의 값을 추정하는 방법으로, 표고점을 이용한 등고선의 구축이나 몇 개 지점의 온도자료를 이용한 대상지 전체 온도 지도 작성 등에 활용되는 공간정보 분석 방법은?

① 보간법　　　② 버퍼링
③ 중력모델　　④ 일반화

Guide **보간법**
주변부의 이미 관측된 값으로부터 관측되지 않은 점에 대한 속성값을 예측하거나 표본 추출 영역 내의 특정 지점값을 추정하는 기법이다.

50 국가 위성기준점을 활용하여 실시간으로 높은 정확도의 3차원 위치를 결정할 수 있는 측량방법은?

① Static GPS 측량　② DGPS 측량
③ VRS 측량　　　　④ VLBI 측량

정답 ◀ 44 ① 45 ② 46 ④ 47 ④ 48 ② 49 ① 50 ③

Guide 가상기지국(VRS ; Virtual Reference Stations)
위치기반서비스를 하기 위해 GPS 위성 수신방식과 GPS 기지국으로부터 얻은 정보를 통합하여 임의의 지점에서 단말기 또는 휴대폰을 통하여 그 지점에서 정보를 얻기 위한 가상의 기지국이다.

51 지리정보시스템(GIS)의 구축 시 실세계의 참값과 구축된 시스템의 값을 비교·분석하기 위하여 시스템에서 추출한 속성값과 현장검사에 의한 속성의 참값을 행렬로 나타낸 것으로 데이터의 속성에 대한 정확도를 평가하는 데 매우 효과적인 것은?

① 오차행렬(Error Matrix)
② 카파행렬(Kappa Matrix)
③ 표본행렬(Sample Matrix)
④ 검증행렬(Verifying Matrix)

Guide 오차행렬(Error Matrix)
수치지도상(또는 영상분류결과)의 임의 위치에서 지도에 기입된 속성값을 확인하고, 현장검사에 의한 참값을 파악하여 행렬로 나타내는 것으로 정확도를 계산할 수 있다.

52 다음 정보 중 메타데이터의 항목이 아닌 것은?

① 자료의 정확도   ② 토지의 식생정보
③ 사용된 지도투영법 ④ 지도의 지리적 범위

Guide 메타데이터의 기본요소
• 개요 및 자료소개
• 자료품질
• 자료의 구성
• 공간창조를 위한 정보
• 형상 및 속성정보
• 정보획득방법
• 참조정보

53 지형공간정보체계의 자료구조 중 벡터형 자료구조의 특징이 아닌 것은?

① 복잡한 지형의 묘사가 원활하다.
② 그래픽의 정확도가 높다.
③ 그래픽과 관련된 속성정보의 추출 및 일반화, 갱신 등이 용이하다.

④ 데이터베이스 구조가 단순하다.

Guide 벡터구조는 격자구조에 비해 자료구조가 복잡하다.

54 다음 관측값의 경중평균중심은 얼마인가? [단, 좌표 = (x, y)]

점	x값	y값	경중률
A	3	4	2
B	2	5	1
C	1	4	3
D	5	2	1
E	2	1	2

① (2.2, 3.2)   ② (2.4, 3.2)
③ (1.6, 1.8)   ④ (1.3, 1.6)

Guide 경중평균중심
$$x = \frac{3\times2+2\times1+1\times3+5\times1+2\times2}{2+1+3+1+2} = 2.22\cdots$$
$$y = \frac{4\times2+5\times1+4\times3+2\times1+1\times2}{2+1+3+1+2} = 3.22\cdots$$
$$\therefore x = 2.2, y = 3.2$$

55 지리정보시스템(GIS)의 자료입력용 하드웨어가 아닌 것은?

① 스캐너   ② 플로터
③ 디지타이저   ④ 해석도화기

Guide 플로터(Plotter)
GIS의 도형·기호·숫자·문자 등의 수치자료를 눈으로 볼 수 있도록 종이에 자동적으로 묘사하는 장치를 총칭한 것이다.

56 디지타이저를 이용한 수치지도의 입력과정에서 발생 가능한 오차의 유형으로 거리가 먼 것은?

① 기계적 오류로 인해 실선이 파선으로 디지타이징되는 변질오차
② 온도나 습도 변화로 인한 종이지도의 신축으로 발생하는 위치오차
③ 입력자의 실수로 인해 발생하는 Overshooting이나 Undershooting

④ 작업 중 디지타이저상의 종이지도를 탈부착
할 경우 발생하는 위치오차

Guide 디지타이징 오차
- 입력도면의 평탄성 오차
- 디지타이저 독취과정에서의 오차(Overshoot, Undershoot, Spike, Sliver 등)
- 도면등록 시의 오차

57 지리정보시스템(GIS)에서 사용되는 관계형
데이터베이스 모형의 특징에 해당되지 않
는 것은?

① 정보를 추출하기 위한 질의의 형태에 제한이
없다.
② 모형 구성이 단순하고 이해가 빠르다.
③ 테이블의 구성이 자유롭다.
④ 테이블의 수가 상대적으로 적어 저장용량을
상대적으로 적게 차지한다.

Guide 관계형 데이터베이스(Related Database Management System)
- 2차원 행과 열로서 자료를 조직하고 접근하는 DB 체계이다(테이블로 저장).
- 관계되는 정보들을 전형적인 SQL 언어를 이용하여 접근한다.
- 다른 File로부터 자료항목을 다시 결합할 수 있고 자료 이용에 강력한 도구를 제공한다.

58 공공시설물이나 대규모의 공장, 관로망 등에
대한 지도 및 도면 등 제반정보를 수치 입력
하여 시설물에 대한 효율적인 운영관리를 하
는 종합적인 관리체계를 무엇이라 하는가?

① CAD/CAM
② AM(Automatic Mapping)
③ FM(Facility Mapping)
④ SIS(Surveying Information System)

Guide FM(Facility Management)
공공시설물이나 대규모의 공장, 관로망 등에 대한 지도 및 도면 등 제반정보를 수치 입력하여 시설물에 대한 효율적인 운영관리를 하는 정보체계이다.

59 동일한 경계를 갖는 두 개의 다각형을 중첩
하였을 때 입력오차 등에 의하여 완전 중첩
되지 않고 속성이 결여된 다각형이 발생하
는 경우가 있다. 이를 무엇이라 하는가?

① Margin
② Undershoot
③ Sliver
④ Overshoot

Guide 슬리버(Sliver)
선 사이의 틈을 말하며, 두 다각형 사이에 작은 공간이 있
어서 접촉되지 않는 다각형을 의미한다.

60 각 기관에서 생산한 수치지도를 어느 곳에
집중하여 인터넷으로 검색, 구입할 수 있는
곳을 무엇이라 하는가?

① 공간자료 정보센터(Spatial Data Clearing House)
② 공간자료 데이터베이스(Spatial Database)
③ 공간 기준계(Spatial Reference System)
④ 데이터베이스 관리시스템(Database Management System)

Guide 정보센터(Clearing House)
공간자료 생산기관, 사용자가 통신망을 매개로 상호 연
결되어 필요한 공간정보 검색, 메타데이터 관리, 데이터
제공 및 판매하는 체계이며, 공간정보 유통관리기관이라
고도 한다.

Subject 04 측량학

✔ 측량 관련 법규는 출제 당시 법률을 기준으로 해설되었
음을 알려드립니다.

61 갑, 을, 병 세 사람이 기선측량을 한 결과 다
음과 같은 결과를 얻었다면 최확값은?

- 갑 : 100.521±0.030m
- 을 : 100.526±0.015m
- 병 : 100.532±0.045m

① 100.521m
② 100.524m

③ 100.526m   ④ 100.531m

> **Guide** 경중률은 평균제곱근오차(m)의 제곱에 반비례하므로 경중률 비를 취하면,
>
> $$W_1 : W_2 : W_3 = \frac{1}{m_1^2} : \frac{1}{m_2^2} : \frac{1}{m_3^2}$$
> $$= \frac{1}{3^2} : \frac{1}{1.5^2} : \frac{1}{4.5^2}$$
> $$= \frac{1}{9} : \frac{1}{2.25} : \frac{1}{20.25}$$
> $$= 2.25 : 9 : 1$$
>
> $$\therefore 최확값(L_0) = \frac{L_1 W_1 + L_2 W_2 + L_3 W_3}{W_1 + W_2 + W_3}$$
> $$= 100.500 + \frac{\begin{array}{c}(0.021 \times 2.25) + (0.026 \times 9) \\ + (0.032 \times 1)\end{array}}{2.25 + 9 + 1}$$
> $$= 100.526\text{m}$$

62 광파거리측량기(EDM)를 사용하여 두 점 간의 거리를 관측한 결과 1,234.56m이었다. 관측 시의 대기굴절률이 1.000310이었다면 기상보정 후의 거리는?(단, 기계에서 채용한 표준대기굴절률은 1.000325이다.)

① 1,234.54m   ② 1,234.56m

③ 1,234.58m   ④ 1,234.60m

> **Guide** $D_s = D \cdot \frac{n_s}{n} = 1,234.56 \times \frac{1.000325}{1.000310} = 1,234.58\text{m}$
>
> 여기서, D_s : 기상보정 후거리
> D : EDM 측정거리
> n_s : 표준대기 굴절률
> n : 측정 시 대기굴절률

63 평면직각좌표가 (x_1, y_1)인 P_1을 기준으로 관측한 P_2의 극좌표(S, T)가 다음과 같을 때 P_2의 평면직각좌표는?(단, x축은 북, y축은 동, T는 x축으로부터 우회로 측정한 각이다.)

> $x_1 = -234.5\text{m}, y_1 = +1,345.7\text{m},$
> $S = 813.2\text{m}, T = 103°51'20''$

① $x_2 = -39.8\text{m}, y_2 = 556.2\text{m}$

② $x_2 = -194.7\text{m}, y_2 = 789.5\text{m}$

③ $x_2 = -274.3\text{m}, y_2 = 1,901.9\text{m}$

④ $x_2 = -429.2\text{m}, y_2 = 2,135.2\text{m}$

> **Guide** • $x_2 = x_1 + (S \cdot \cos T)$
> $= -234.5 + (813.2 \times \cos 103°51'20'')$
> $= -429.2\text{m}$
> • $y_2 = y_1 + (S \cdot \sin T)$
> $= 1,345.7 + (813.2 \times \sin 103°51'20'')$
> $= 2,135.2\text{m}$
> $\therefore x_2 = -429.2\text{m}, y_2 = 2,135.2\text{m}$

64 1회 관측에서 ±3mm의 우연오차가 발생하였을 때 20회 관측 시의 우연오차는?

① ±6.7mm   ② ±13.4mm

③ ±34.6mm   ④ ±60.0mm

> **Guide** $M = \pm m\sqrt{n} = \pm 3\sqrt{20} = \pm 13.4\text{mm}$

65 축척 1:3,000의 지형도를 만들기 위해 같은 도면크기의 축척 1:500의 지형도를 이용한다면 1:3,000 지형도의 1도면에 필요한 1:500 지형도는?

① 36매   ② 25매

③ 12매   ④ 6매

> **Guide**
>
>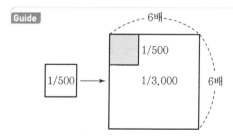
>
> $\therefore$ 총 36매가 필요하다.

66 지반고 145.25m의 A지점에 토털스테이션을 기계고 1.25m 높이로 세워 B지점을 시준하여 사거리 172.30m, 타깃 높이 1.65m, 연직각 $-20°11'$을 얻었다면 B지점의 지반고는?

① 71.33m   ② 85.40m

③ 217.97m   ④ 221.67m

Guide

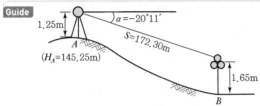

$$\therefore H_B = H_A + i_A - (S \cdot \sin\alpha) - i_B$$
$$= 145.25 + 1.25 - (172.30 \times \sin20°11') - 1.65$$
$$= 85.40\text{m}$$

67 기설치된 삼각점을 이용하여 삼각측량을 할 경우 작업순서로 가장 적합한 것은?

㉮ 계획/준비	㉯ 조표
㉰ 답사/선점	㉱ 정리
㉲ 계산	㉳ 관측

① ㉮ → ㉰ → ㉯ → ㉳ → ㉲ → ㉱

② ㉮ → ㉯ → ㉰ → ㉲ → ㉳ → ㉱

③ ㉮ → ㉯ → ㉳ → ㉲ → ㉰ → ㉱

④ ㉮ → ㉰ → ㉯ → ㉲ → ㉳ → ㉱

Guide 삼각측량 작업순서
계획 → 준비 → 답사 → 선점 → 조표 → 관측 → 계산 → 정리

68 삼각측량에서 그림과 같은 사변형망의 각 조건식 수는?

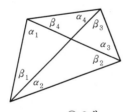

① 1개   ② 2개

③ 3개   ④ 4개

Guide 각 조건식 수 $= l - P + 1$
$$= 6 - 4 + 1 = 3$$
여기서, l : 변의 수
P : 삼각점의 수

69 어느 폐합트래버스의 전체 측선의 길이가 1,200m일 때, 폐합비를 $\dfrac{1}{6,000}$으로 한다면 축척 1:500의 도면에서 허용되는 최대오차는?

① ±0.2mm   ② ±0.4mm

③ ±0.8mm   ④ ±1.0mm

Guide
• 폐합비 $= \dfrac{\text{폐합오차}}{\text{전 거리}} →$

$$\frac{1}{6,000} = \frac{E}{1,200} → E = 0.20\text{m}$$

• $\dfrac{1}{m} = \dfrac{\text{도상거리}}{\text{실제거리}} →$

$$\frac{1}{500} = \frac{\text{도상거리}}{0.20}$$

∴ 도상거리 $= \pm0.0004\text{m} = \pm0.4\text{mm}$

70 방위가 N 32°38′05″W인 측선의 역방위각은?

① 32°38′05″   ② 57°21′55″

③ 147°21′55″   ④ 212°38′05″

Guide

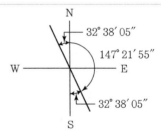

∴ 역방위각 $= 180° - 32°38′05″ = 147°21′55″$

71 삼각수준측량에서 지구가 구면이기 때문에 생기는 오차의 보정량은?(단, D : 수평거리, R : 지구 반지름이다.)

① $+\dfrac{2D}{R}$ ② $+\dfrac{D^2}{2R}$

③ $-\dfrac{2R}{D}$ ④ $-\dfrac{R^2}{2D}$

Guide 구차$(E_c) = +\dfrac{D^2}{2R}$

정답 67 ①   68 ③   69 ②   70 ③   71 ②

72 축척 1:25,000 지형도에서 표고 105m와 348m 사이에 주곡선간격의 등고선 수는?

① 50개   ② 49개
③ 25개   ④ 24개

> **Guide**
>
>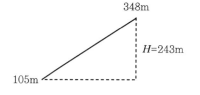
>
> ∴ 1/25,000 지형도에서 주곡선간격은 10m이므로, 등고선 수는 24개이다.
> (단, 문제에서 계곡선은 제외한다는 지문이 없으므로 계곡선도 주곡선으로 간주한다.)

73 각 측량의 기계적 오차 중 망원경의 정 · 반 위치에서 측정값을 평균해도 소거되지 않는 오차는?

① 연직축오차   ② 시준축오차
③ 수평축오차   ④ 편심오차

> **Guide** 연직축이 연직하지 않기 때문에 생기는 연직축오차는 망원경을 정 · 반위로 관측하여도 소거가 불가능하다.

74 오차의 방향과 크기를 산출하여 소거할 수 있는 오차는?

① 우연오차   ② 착오
③ 개인오차   ④ 정오차

> **Guide** 정오차
> 일정조건하에서 같은 방향과 같은 크기로 발생되는 오차로, 오차가 누적되므로 누차라고도 하며, 원인과 상태만 알면 제거가 가능한 오차이다.

75 무단으로 측량성과 또는 측량기록을 복제한 자에 대한 벌칙 기준으로 옳은 것은?

① 3년 이하의 징역 또는 3천만 원 이하의 벌금
② 2년 이하의 징역 또는 2천만 원 이하의 벌금
③ 1년 이하의 징역 또는 1천만 원 이하의 벌금
④ 300만 원 이하의 과태료

> **Guide** 공간정보의 구축 및 관리 등에 관한 법률 제109조(벌칙)
> 다음 각 호의 어느 하나에 해당하는 자는 1년 이하의 징역 또는 1천만 원 이하의 벌금에 처한다.
> 1. 무단으로 측량성과 또는 측량기록을 복제한 자
> 2. 심사를 받지 아니하고 지도 등을 간행하여 판매하거나 배포한 자
> 3. 해양수산부장관의 승인을 받지 아니하고 수로도서지를 복제하거나 이를 변형하여 수로도서지와 비슷한 제작물을 발행한 자
> 4. 측량기술자가 아님에도 불구하고 측량을 한 자
> 5. 업무상 알게 된 비밀을 누설한 측량기술자 또는 수로기술자
> 6. 둘 이상의 측량업자에게 소속된 측량기술자 또는 수로기술자
> 7. 다른 사람에게 측량업등록증 또는 측량업등록수첩을 빌려주거나 자기의 성명 또는 상호를 사용하여 측량업무를 하게 한 자
> 8. 다른 사람의 측량업등록증 또는 측량업등록수첩을 빌려서 사용하거나 다른 사람의 성명 또는 상호를 사용하여 측량업무를 한 자
> 9. 지적측량수수료 외의 대가를 받은 지적측량기술자
> 10. 거짓으로 다음 각 목의 신청을 한 자
>   가. 신규등록 신청
>   나. 등록전환 신청
>   다. 분할 신청
>   라. 합병 신청
>   마. 지목변경 신청
>   바. 바다로 된 토지의 등록말소 신청
>   사. 축척변경 신청
>   아. 등록사항의 정정 신청
>   자. 도시개발사업 등 시행지역의 토지이동 신청
> 11. 다른 사람에게 자기의 성능검사대행자 등록증을 빌려주거나 자기의 성명 또는 상호를 사용하여 성능검사대행업무를 수행하게 한 자
> 12. 다른 사람의 성능검사대행자 등록증을 빌려서 사용하거나 다른 사람의 성명 또는 상호를 사용하여 성능검사대행업무를 수행한 자

76 측량기기의 성능검사 주기로 옳은 것은?

① 레벨 : 3년   ② 트랜싯 : 2년
③ 거리측정기 : 4년   ④ 토털스테이션 : 2년

> **Guide** 공간정보의 구축 및 관리 등에 관한 법률 시행령 제97조 (성능검사의 대상 및 주기 등)
> 성능검사를 받아야 하는 측량기기와 검사주기는 다음과 같다.
> 1. 트랜싯(데오드라이트) : 3년
> 2. 레벨 : 3년
> 3. 토털스테이션 : 3년
> 4. 지피에스(GPS) 수신기 : 3년
> 5. 금속관로 탐지기 : 3년

77 공공측량에 관한 공공측량 작업계획서를 작성하여야 하는 자는?

① 측량협회
② 측량업자
③ 공공측량시행자
④ 국토지리정보원장

Guide 공간정보의 구축 및 관리 등에 관한 법률 제17조(공공측량의 실시 등)
공공측량의 시행을 하는 자가 공공측량을 하려면 국토교통부령으로 정하는 바에 따라 미리 공공측량 작업계획서를 국토교통부장관에게 제출하여야 한다.

78 모든 측량의 기초가 되는 공간정보를 제공하기 위하여 국토교통부장관이 실시하는 측량은?

① 국가측량   ② 기본측량
③ 기초측량   ④ 공공측량

Guide 공간정보의 구축 및 관리 등에 관한 법률 제2조(정의)
기본측량이란 모든 측량의 기초가 되는 공간정보를 제공하기 위하여 국토교통부장관이 실시하는 측량을 말한다.

79 측량기준점에 대한 설명 중 옳지 않은 것은?

① 측량기준점은 국가기준점, 공공기준점, 지적기준점으로 구분된다.
② 국토교통부장관은 필요하다고 인정하는 경우에는 직접 측량기준점표지의 현황을 조사할 수 있다.
③ 측량기준점표지의 형상, 규격, 관리방법 등에 필요한 사항은 대통령령으로 정한다.
④ 측량기준점을 정한 자는 측량기준점표지를 설치하고 관리하여야 한다.

Guide 공간정보의 구축 및 관리 등에 관한 법률 제8조(측량기준점표지의 설치 및 관리)
측량기준점표지의 형상, 규격, 관리방법 등에 필요한 사항은 국토교통부령 또는 해양수산부령으로 정한다.

80 기본측량의 측량성과 고시에 포함되어야 하는 사항이 아닌 것은?

① 측량의 종류
② 측량성과의 보관 장소
③ 설치한 측량기준점의 수
④ 사용 측량기기의 종류 및 성능

Guide 공간정보의 구축 및 관리 등에 관한 법률 시행령 제13조(측량성과의 고시)
기본측량 및 공공측량의 측량성과 고시에는 다음의 사항이 포함되어야 한다.
1. 측량의 종류
2. 측량의 정확도
3. 설치한 측량기준점의 수
4. 측량의 규모(면적 또는 지도의 장수)
5. 측량실시의 시기 및 지역
6. 측량성과의 보관 장소
7. 그 밖에 필요한 사항

본 문제의 해설은 출제자의 의도와 일치되지 않을 수 있으며, 문제 및 정답은 일부 오탈자가 있을 수 있으므로 학습시 의문사항이 있으면 예문사 또는 저자에게 문의하여 주시기 바랍니다. 또한, 본 기출문제는 시행 당시의 이론 및 법규에 의하여 해설되었음을 알려드립니다.

Subject 01 응용측량

01 축척에 대한 설명으로 옳은 것은?

① 축척 1:300의 도면상 면적은 실제 면적의 1/9,000이다.
② 축척 1:600인 도면을 축척 1:200으로 확대했을 때 도면의 크기는 3배가 된다.
③ 축척 1:500의 도면상 면적은 실제 면적의 1/1,000이다.
④ 축척 1:500인 도면을 축척 1:1,000으로 축소했을 때 도면의 크기는 1/4이 된다.

Guide ① : $(1/300)^2 = 1/90,000$
② : 9배
③ : $(1/500)^2 = 1/250,000$

02 면적이 400m²인 정사각형 모양의 토지 면적을 0.4m²까지 정확하게 구하기 위해 한 변의 길이는 최대 얼마까지 정확하게 관측하여야 하는가?

① 1mm
② 5mm
③ 1cm
④ 5cm

Guide $\dfrac{dA}{A} = 2\dfrac{dl}{l} \rightarrow$

$\dfrac{0.4}{400} = 2 \times \dfrac{dl}{20}$

$\therefore dl = 0.01\text{m} = 1\text{cm}$

03 반지름이 1,200m인 원곡선으로 종단곡선을 설치할 때 접선시점으로부터 횡거 20m 지점의 종거는?

① 0.17m
② 1.45m
③ 2.56m
④ 3.14m

Guide

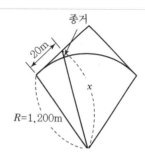

$x = \sqrt{20^2 + 1,200^2} = 1,200.17\text{m}$
∴ 종거 $= 1,200.17 - 1,200 = 0.17\text{m}$

04 도로 설계에서 클로소이드곡선의 매개변수 (A)를 2배로 하면 동일한 곡선반지름에서 클로소이드곡선의 길이는 몇 배가 되는가?

① 2배
② 4배
③ 6배
④ 8배

Guide $A^2 = R \cdot L \rightarrow (2)^2 = R \cdot L$
∴ 반경이 동일하므로 클로소이드 곡선의 길이는 4배가 된다.

05 교점이 기점에서 450m의 위치에 있고 교각이 30°, 중심말뚝 간격이 20m일 때, 외할(E)이 5m라면 시단현의 길이는?

① 2.831m
② 4.918m
③ 7.979m
④ 9.319m

Guide • E(외할) $= R \cdot \left(\sec\dfrac{I}{2} - 1\right) \rightarrow$

$5 = R \cdot \left(\sec\dfrac{30°}{2} - 1\right) \rightarrow R = 141.739\text{m}$

• $T.L$(접선길이) $= R \cdot \tan\dfrac{I}{2} = 141.739 \times \tan\dfrac{30°}{2}$

$= 37.979\text{m}$

• $B.C$(곡선시점) = 총거리 $- T.L$
　　　　　　　　= $450 - 37.979$
　　　　　　　　= 412.021m(No.20 + 12.021m)

∴ l(시단현길이) = 20m $- B.C$ 추가거리
　　　　　　　　= $20 - 12.021$
　　　　　　　　= 7.979m

06 어느 기간에서 관측수위 중 그 수위보다 높은 수위와 낮은 수위의 관측횟수가 같은 수위를 무엇이라 하는가?

① 평균수위　　　　② 최대수위
③ 평균저수위　　　④ 평수위

> **Guide** 평수위(OWL)
> 어느 기간의 수위 중 이것보다 높은 수위와 낮은 수위의 관측 수가 똑같은 수위로 일반적으로 평균수위보다 약간 낮은 수위로서, 1년을 통해 185일은 이보다 저하하지 않는 수위를 말한다.

07 그림과 같은 지역을 점고법에 의해 구한 토량은?

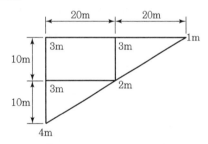

① 1,000m³　　　② 1,250m³
③ 1,500m³　　　④ 2,000m³

> **Guide** 토량(V) = $\dfrac{A}{4}(\Sigma h_1) + \dfrac{A}{3}(\Sigma h_1)$
> 　　　　 = $\left(\dfrac{200}{4} \times 10\right) + \left(\dfrac{100}{3} \times 15\right)$
> 　　　　 = 1,000m³

08 터널 중심선측량의 가장 중요한 목적은?

① 터널 단면의 변위 관측
② 터널 입구의 정확한 크기 설정
③ 인조점의 올바른 매설
④ 정확한 방향과 거리측정

> **Guide** 터널 중심선측량의 목적은 양 터널입구의 중심선상에 기준점을 설치하고, 이 두 점의 좌표를 구하여 터널을 굴진하기 위한 정확한 방향과 거리를 측정하는 것이다.

09 지하시설물관측방법 중 지표면에서 지하로 고주파의 전자파를 방사하고 지하에서 반사되어 온 반사파를 수신하여 지하시설의 위치를 판독하는 방법은?

① 전기관측법
② 지중레이더 관측법
③ 전자관측법
④ 탄성파관측법

> **Guide** 지중레이더 탐사법(Ground Penetration Radar Method)
> 지하를 단층 촬영하여 시설물 위치를 판독하는 방법으로 전자파가 반사되는 성질을 이용하여 지중의 각종 현상을 밝히는 것이다. 레이더는 원래 고주파의 전자파를 공기 중으로 방사시킨 후 대상물에서 반사되어 온 전자파를 수신하여 대상물의 위치를 알아내는 시스템이다.

10 그림과 같은 삼각형 ABC 토지의 한 변 $\overline{AC}$ 상의 점 D와 $\overline{BC}$상의 점 E를 연결하고 직선 $\overline{DE}$에 의해 삼각형 ABC의 면적을 2등분하고자 할 때 $\overline{CE}$의 길이는?(단, $\overline{AB}$ = 40m, $\overline{AC}$ = 80m, $\overline{BC}$ = 70m, $\overline{AD}$ = 13m 이다.)

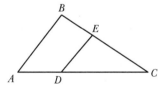

① 39.18m　　　② 41.79m
③ 43.15m　　　④ 45.18m

> **Guide**
>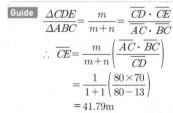
> $\dfrac{\triangle CDE}{\triangle ABC} = \dfrac{m}{m+n} = \dfrac{\overline{CD} \cdot \overline{CE}}{\overline{AC} \cdot \overline{BC}}$
> ∴ $\overline{CE} = \dfrac{m}{m+n}\left(\dfrac{\overline{AC} \cdot \overline{BC}}{\overline{CD}}\right)$
> 　　　 = $\dfrac{1}{1+1}\left(\dfrac{80 \times 70}{80-13}\right)$
> 　　　 = 41.79m

정답 06 ④ 07 ① 08 ④ 09 ② 10 ②

11 경관평가요인 중 일반적으로 시설물의 전체 형상을 인식할 수 있고 경관의 주제로서 적당한 수평시각(θ)의 크기는?

① $0° \leq \theta \leq 10°$

② $10° < \theta \leq 30°$

③ $30° < \theta \leq 60°$

④ $60° \leq \theta < 90°$

Guide 수평시각(θ)
- $0° \leq \theta \leq 10°$: 시설물은 주위 환경과 일체가 되고 경관의 주제로서 대상에서 벗어난다.
- $10° < \theta \leq 30°$: 시설물의 전체 형상을 인식할 수 있고 경관의 주제로서 적당하다.
- $30° < \theta \leq 60°$: 시설물이 시계 중에 차지하는 비율이 크고 강조된 경관을 얻는다.
- $60° < \theta$: 시설물에 대한 압박감을 느끼기 시작한다.

12 해양측량에서 해저수심, 간출암 높이 등의 기준은?

① 평균해수면

② 약최고고조면

③ 약최저저조면

④ 평수위면

Guide 해양측량에서 해저수심, 간출암 높이 등은 약최저저조면을 기준으로 한다.

13 그림에서 댐 저수면의 높이를 100m로 할 경우 그 저수량은 얼마인가?(단, 80m 바닥은 평평한 것으로 가정한다.)

[관측값]
- 80m 등고선 내의 면적 : 300m²
- 90m 등고선 내의 면적 : 1,000m²
- 100m 등고선 내의 면적 : 1,700m²
- 110m 등고선 내의 면적 : 2,500m²

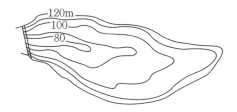

① 16,000m³

② 20,000m³

③ 30,000m³

④ 34,000m³

Guide 양단면 평균법을 적용하면,

$$V = \frac{h}{2}\{A_0 + A_2 + 2(A_1)\}$$
$$= \frac{10}{2} \times \{300 + 1,700 + 2(1,000)\}$$
$$= 20,000m^3$$

14 다음 중 터널 곡선부의 곡선 측설법으로 가장 적합한 방법은?

① 좌표법

② 지거법

③ 중앙종거법

④ 편각법

Guide 터널 곡선부의 곡선 측설법으로는 터널 내부가 협소하여 지거법, 접선편거와 현편거 방법을 이용하는 것이 일반적이나 최근 사용되는 토털스테이션에는 좌표 입력기능이 있어 각 측점의 좌표를 입력하여 측설하는 방법이 널리 이용되고 있다.

15 노선측량에서 종단면도에 표기하는 사항이 아닌 것은?

① 측점의 계획고

② 측점 간 수평거리

③ 측점의 계획단면적

④ 측점의 지반고

Guide 종단면도 표기사항
- 측점위치
- 측점 간의 수평거리
- 각 측점의 기점에서의 추가거리
- 각 측점의 지반고 및 고저기준점($B.M$)의 높이
- 측점에서의 계획고
- 지반고와 계획고의 차(성토, 절토)
- 계획선의 경사

16 클로소이드에 대한 설명으로 옳지 않은 것은?

① 모든 클로소이드는 닮은꼴로 클로소이드의 형은 하나밖에 없지만 매개변수를 바꾸면 크기가 다른 많은 클로소이드를 만들 수 있다.

② 클로소이드의 요소에는 길이의 단위를 가진 것과 단위가 없는 것이 있다.

③ 클로소이드는 나선의 일종으로 곡률이 곡선의 길이에 비례한다.

④ 클로소이드에 있어서 접선각(τ)을 라디안으로 표시하면 곡선길이(L)와 반지름(R) 사이에는 $\tau = L/3R$인 관계가 있다.

> **Guide** $A^2 = R \cdot L = \dfrac{L^2}{2\tau} = 2\tau R^2$ 에서 접선각(τ)을 라디안으로 표시하면 곡선길이(L)와 반지름(R) 사이에는 $\tau = L/2R$의 관계가 있다.

17 그림과 같이 $\overline{BC}$에 직각으로 $\overline{AB} = 96$m로 A점을 정하고 육분의(Sextant)로 배의 위치 $\angle APB$를 관측하여 $52°15'$을 얻었을 때 $\overline{BP}$의 거리는?

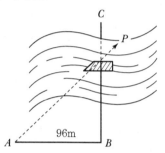

① 93.85m
② 83.85m
③ 74.33m
④ 64.33m

> **Guide** $\tan\theta = \dfrac{\overline{AB}}{\overline{BP}}$
>
> $\therefore \overline{BP} = \dfrac{\overline{AB}}{\tan\theta} = \dfrac{96}{\tan 52°15'} = 74.33$m

18 그림과 같은 사각형 $ABCD$의 면적은?

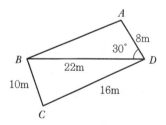

① 95.2m^2
② 105.2m^2
③ 111.2m^2
④ 117.3m^2

> **Guide**
> - $A_1 = \dfrac{1}{2}(ab\sin\theta) = \dfrac{1}{2}(8\times 22\times\sin 30°) = 44$m^2
> - $A_2 = \sqrt{S(S-a)(S-b)(S-c)}$
> $= \sqrt{24(24-10)(24-22)(24-16)}$
> $= 73.3$m^2
>
> 여기서, $S = \dfrac{1}{2}(a+b+c) = \dfrac{1}{2}(10+22+16) = 24$m
>
> $\therefore A = A_1 + A_2 = 44 + 73.3 = 117.3$m^2

19 수심이 h인 하천의 평균유속을 구하기 위해 각 깊이별 유속을 관측한 결과가 표와 같을 때, 3점법에 의한 평균유속은?

관측 깊이	유속(m/s)	관측 깊이	유속(m/s)
수면(0.0h)	3	0.6h	4
0.2h	3	0.8h	2
0.4h	5	바닥(1.0h)	1

① 3.25m/s
② 3.67m/s
③ 3.75m/s
④ 4.00m/s

> **Guide** 3점법
> $$V_m = \dfrac{1}{4}\left(V_{0.2} + 2V_{0.6} + V_{0.8}\right)$$
> $$= \dfrac{1}{4}\{3 + (2\times 4) + 2\}$$
> $$= 3.25\text{m/s}$$

20 교점($I.P.$)이 도로기점으로부터 300m 떨어진 지점에 위치하고 곡선반지름 $R = 200$m, 교각 $I = 90°$인 원곡선을 편각법으로 측설할 때, 종점($E.C.$)의 위치는?(단, 중심말뚝의 간격은 20m이다.)

① No.20 + 14.159m
② No.21 + 14.159m
③ No.22 + 14.159m
④ No.23 + 14.159m

> **Guide**
> - $T.L$(접선길이) $= R \cdot \tan\dfrac{I}{2}$
> $= 200\times\tan\dfrac{90°}{2}$
> $= 200.000$m

정답 17 ③ 18 ④ 19 ① 20 ①

- $C.L$(곡선길이)$= 0.0174533 \cdot R \cdot I°$
  $= 0.0174533 \times 200 \times 90°$
  $= 314.159m$
- $B.C$(곡선시점)$=$ 총거리 $- T.L$
  $= 300.000 - 200.000$
  $= 100.000m(No.5 + 0.000m)$
- $\therefore E.C$(곡선종점)$= B.C + C.L$
  $= 100.000 + 314.159$
  $= 414.159m(No.20 + 14.159m)$

Subject 02 사진측량 및 원격탐사

21 초점거리가 f 이고, 사진의 크기가 $a \times a$인 카메라로 촬영한 항공사진이 촬영 시 경사도가 α이었다면 사진에서 주점으로부터 연직점까지의 거리는?

① $a \cdot \tan\alpha$
② $a \cdot \tan\dfrac{\alpha}{2}$
③ $f \cdot \tan\alpha$
④ $f \cdot \tan\dfrac{\alpha}{2}$

Guide

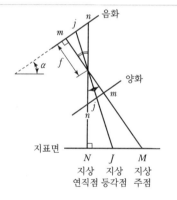

$\therefore$ 주점에서 연직점까지의 거리($\overline{mn}$)$= f \cdot \tan\alpha$

22 지구자원탐사 목적의 LANDSAT(1~7호) 위성에 탑재되었던 원격탐사 센서가 아닌 것은?

① LANDSAT TM(Thematic Mapper)
② LANDSAT MSS(Multi Spectral Scanner)
③ LANDSAT HRV(High Resolution Visible)
④ LANDSAT ETM$^+$(Enhanced Thematic Mapper plus)

Guide HRV 센서는 프랑스 지구자원탐사 위성인 SPOT에 탑재되어 있다.

23 SAR(Synthetic Aperture Radar)의 왜곡 중에서 레이더 방향으로 기울어진 면이 영상에 짧게 나타나게 되는 왜곡 현상은?

① 음영(Shadow)
② 전도(Layover)
③ 단축(Foreshortening)
④ 스페클 잡음(Speckle Noise)

Guide 레이더 방향으로 기울어진 면이 영상면에 짧게 나타나게 되는 왜곡을 단축이라 한다. 단축현상에 의하여 근지점에 있는 대상체의 경사는 실제보다 심하게 보이며, 원지점에 있는 대상체의 경사는 실제보다 완만한 것처럼 보인다.

24 한 쌍의 항공사진을 입체시하는 경우 나타나는 지면의 기복에 대한 설명으로 옳은 것은?

① 실제보다 높이 차가 커 보인다.
② 실제보다 높이 차가 작아 보인다.
③ 실제와 같다.
④ 고저를 분별하기 힘들다.

Guide 한 쌍의 항공사진을 입체시하는 경우 같은 축척의 실제 모형을 보는 것보다 상이 약간 높게 보이는데, 이는 평면축척에 비하여 수직축척이 크게 되기 때문에 실제보다 높이 차가 커 보인다.

25 수치미분편위수정에 의하여 정사영상을 제작하고자 할 때 필요한 자료가 아닌 것은?

① 수치표고모델
② 디지털 항공영상
③ 촬영 시 사진기의 위치 및 자세정보
④ 영상정합 정보

Guide 수치미분편위수정에 의해 정사영상 제작 시 디지털영상, 촬영 당시 카메라의 위치 및 자세정보, 수치표고모델 등의 자료가 필요하다.

정답 21 ③ 22 ③ 23 ③ 24 ① 25 ④

26 회전주기가 일정한 위성을 이용한 원격탐사의 특성이 아닌 것은?

① 단시간 내에 넓은 지역을 동시에 측정할 수 있으며 반복측정이 가능하다.
② 관측이 좁은 시야각으로 행해지므로 얻어진 영상은 정사투영에 가깝다.
③ 탐사된 자료가 즉시 이용될 수 있으며 환경문제 해결 등에 유용하다.
④ 언제나 원하는 지점을 원하는 시기에 관측할 수 있다.

Guide 위성은 궤도와 주기를 가지고 운동하기 때문에 원하는 지점 및 시기에 관측하기 어렵다.

27 원격탐사를 위한 센서를 탑재한 탑재체(Platform)가 아닌 것은?

① IKONOS
② LANDSAT
③ SPOT
④ VLBI

Guide VLBI는 초장기선간섭계로 준성을 이용한 우주전파 측량이다.

28 항공사진의 축척(Scale)에 대한 설명으로 옳은 것은?

① 카메라의 초점거리에 비례하고, 비행고도에 반비례한다.
② 카메라의 초점거리에 반비례하고, 비행고도에 비례한다.
③ 카메라의 초점거리와 비행고도에 반비례한다.
④ 카메라의 초점거리와 비행고도에 비례한다.

Guide $M = \dfrac{1}{m} = \dfrac{f}{H}$

여기서, M : 축척
m : 축척분모수
H : 비행고도
f : 초점거리

29 촬영고도 3,000m에서 초점거리 150mm인 카메라로 촬영한 밀착사진의 종중복도가 60%, 횡중복도가 30%일 때 이 연직사진의 유효모델 1개에 포함되는 실제면적은?(단, 사진크기는 18cm×18cm이다.)

① 3.52km^2
② 3.63km^2
③ 3.78km^2
④ 3.81km^2

Guide 사진축척$(M) = \dfrac{1}{m} = \dfrac{f}{H} = \dfrac{0.15}{3,000} = \dfrac{1}{20,000}$

∴ 유효면적$(A_0) = (ma)^2(1-p)(1-q)$
$= (20,000 \times 0.18)^2 \times (1-0.6) \times (1-0.3)$
$= 3,628,800 \text{m}^2 = 3.63 \text{km}^2$

30 초점거리가 150mm인 카메라로 표고 300m인 평탄한 지역을 사진축척 1:15,000으로 촬영한 연직사진의 촬영고도(절대촬영고도)는?

① 2,250m
② 2,550m
③ 2,850m
④ 3,000m

Guide $M = \dfrac{1}{m} = \dfrac{f}{H} \rightarrow$

$\dfrac{1}{15,000} = \dfrac{0.15}{H} \rightarrow H = 2,250\text{m}$

∴ 절대촬영고도 $= 2,250 + 300 = 2,550\text{m}$

31 축척 1:5,000으로 평지를 촬영한 연직사진이 있다. 사진크기가 23cm×23cm, 종중복도가 60%라면 촬영기선길이는?

① 690m
② 460m
③ 920m
④ 1,380m

Guide 촬영기선길이$(B) = ma(1-p)$
$= 5,000 \times 0.23 \times (1-0.6)$
$= 460\text{m}$

32 사진크기와 촬영고도가 같을 때 초광각카메라(초점거리 88mm, 피사각 120°)에 의한 촬영면적은 광각카메라(초점거리 152mm, 피사각 90°)에 의한 촬영면적의 약 몇 배가 되는가?

① 1.5배   ② 1.7배
③ 3.0배   ④ 3.4배

> **Guide** 사진의 크기(a)와 촬영고도(H)가 같을 경우 초광각카메라에 의한 촬영면적은 광각카메라의 경우에 약 3배가 넓게 촬영된다.
>
> $A_{초} : A_{광} = (ma)^2 : (ma)^2$
>
> $$= \left(\frac{H}{f_{초}} \cdot a\right)^2 : \left(\frac{H}{f_{광}} \cdot a\right)^2$$
>
> 여기서, 초광각카메라(f) : 약 88mm
> 광각카메라(f) : 약 150mm
> 보통각카메라(f) : 약 210mm

33 항공사진측량용 디지털카메라 중 선형배열 카메라(Linear Array Camera)에 대한 설명으로 틀린 것은?

① 선형의 CCD 소자를 이용하여 지면을 스캐닝하는 방식이다.
② 각각의 라인별로 중심투영의 특성을 가진다.
③ 각각의 라인별로 서로 다른 외부표정요소를 가진다.
④ 촬영방식은 기존의 아날로그 카메라와 동일하게 대상지역을 격자형태로 촬영한다.

> **Guide** 촬영방식이 기존의 아날로그 카메라와 동일하게 대상지역을 격자형태로 촬영한 카메라를 면형(Frame Array) 카메라라 한다.

34 지상좌표계로 좌표가 (50m, 50m)인 건물의 모서리가 사진상의 (11mm, 11mm) 위치에 나타났다. 사진상의 주점 위치는 (1mm, 1mm)이고, 투영중심은 (0m, 0m, 1,530m)라면 사진의 축척은?(단, 사진좌표계와 지상좌표계의 모든 좌표축의 방향은 일치한다.)

① 1:1,000   ② 1:2,000

③ 1:5,000   ④ 1:10,000

> **Guide** 사진축척(M) $= \dfrac{1}{m} = \dfrac{l}{L} = \dfrac{10}{50 \times 1,000} = \dfrac{1}{5,000}$

35 수치지도로부터 수치지형모델(DTM)을 생성하기 위하여 필요한 레이어는?

① 건물 레이어   ② 하천 레이어
③ 도로 레이어   ④ 등고선 레이어

> **Guide** 수치지도의 등고선 레이어 표고값을 이용하여 다양한 보간법을 통해 수치지형모델(DTM)을 생성한다.

36 절대표정에 대한 설명으로 틀린 것은?

① 절대표정을 수행하면 Tie Point에 대한 지상점 좌표를 계산할 수 있다.
② 상호표정으로 생성된 3차원 모델과 지상좌표계의 기하학적 관계를 수립한다.
③ 주점의 위치와 초점거리, 축척을 결정하는 과정이다.
④ 7개의 독립적인 지상좌표값이 명시된 지상기준점이 필요하다.

> **Guide** 절대표정은 축척의 결정, 수준면의 결정, 위치의 결정을 한다.

37 지상기준점과 사진좌표를 이용하여 외부표정 요소를 계산하기 위해 필요한 식은?

① 공선조건식   ② Similarity 변환식
③ Affine 변환식   ④ 투영변환식

> **Guide** 하나의 사진에서 촬영한 지상기준점이 주어지면 공선조건식에 의해 외부표정요소(X_0, Y_0, Z_0, κ, ϕ, ω)를 계산할 수 있다.

38 원격탐사 디지털 영상 자료 포맷 중 데이터세트 안의 각각의 화소와 관련된 n개 밴드의 밝기 값을 순차적으로 정렬하는 포맷은?

① BIL   ② BIP
③ BIT   ④ BSQ

Guide BIP는 디지털 영상자료 포맷 중 데이터 세트 안의 각각의 화소와 관련된 밴드의 밝기값을 순차적으로 정렬하는 형식이다.

39 항공라이다의 활용분야로 가장 거리가 먼 것은?

① 지하매설물의 탐지
② 빙하 및 사막의 DEM 생성
③ 수목의 높이 측정
④ 송전선의 3차원 위치 측정

Guide 항공라이다(LiDAR)의 활용
• 지형 및 일반구조물 측량
• 용적계산
• 구조물 변형 추정
• 가상현실, 건축 시뮬레이션
• 문화재 3차원 데이터 취득

40 복수의 입체모델에 대해 입체모델 각각에 상호표정을 행한 뒤에 접합점 및 기준점을 이용하여 각 입체모델의 절대표정을 수행하는 항공삼각측량의 조정방법은?

① 독립모델법
② 광속조정법
③ 다항식조정법
④ 에어로 폴리건법

Guide 독립모델법
각 입체모형을 단위로 하여 접합점과 기준점을 이용하여 여러 입체모형의 좌표들을 조정방법에 의하여 절대표정 좌표로 환산하는 방법이다.

Subject 03 지리정보시스템(GIS) 및 위성측위시스템(GNSS)

41 공간정보를 크게 두 가지 정보로 구분할 때, 다음 중 그 분류로 가장 적합한 것은?

① 위치정보(Positional Information)와 속성정보(Attribute Information)
② 객체정보(Object Information)와 형상정보(Entity Information)
③ 위치정보(Positional Information)와 형상정보(Entity Information)
④ 객체정보(Object Information)와 속성정보(Attribute Information)

Guide GIS 정보
• 위치정보 : 절대위치정보, 상대위치정보
• 특성정보 : 도형정보, 영상정보, 속성정보

42 다음 중 수치표고자료의 유형이 아닌 것은?

① DEM
② DIME
③ DTED
④ TIN

Guide 수치표고자료의 유형
• DEM : 식생과 인공지물을 포함하지 않는 지형만의 표고값을 표현
• DTM : 지표면의 표고값뿐만 아니라 지표의 다른 속성까지 포함하여 지형을 표현
• DSM(DTED) : 지표면의 표고값뿐만 아니라 인공지물(건물 등)과 지형·지물(식생 등)의 표고값을 표현
• TIN : 지형을 불규칙한 삼각형의 망으로 표현
• 등고선
※ DIME : 미 통계국에서 가로망과 관련된 자료를 기록하기 위해 사용한 수치자료 포맷

43 주어진 연속지적도에서 본인 소유의 필지와 접해 있는 이웃 필지의 소유주를 알고 싶을 때 필지 간의 위상관계 중에 어느 관계를 이용하는가?

① 포함성
② 일치성
③ 인접성
④ 연결성

Guide 위상관계 중 인접성은 대상물의 주변에 존재하는 이웃 대상물과의 관계를 의미한다.

44 벡터(Vector) 자료구조의 특징으로 옳지 않은 것은?

① 현실 세계의 정확한 묘사가 가능하다.
② 비교적 자료구조가 간단하다.
③ 압축된 데이터구조로 자료의 용량을 축소할 수 있다.
④ 위상관계의 제공으로 공간적 분석이 용이하다.

정답 39 ① 40 ① 41 ① 42 ② 43 ③ 44 ②

Guide 벡터구조는 격자구조에 비해 자료구조가 복잡하다.

∴ 결과

Do	AREA	PERIMETER	POP
경기도	1.06E+10	8.65E+05	8,713,789
경상북도	1.90E+10	1.10E+06	2,602,203

45 주어진 Sido 테이블에 대해 다음과 같은 SQL 문에 의해 얻어지는 결과는?

SQL > SELECT * FROM Sido WHERE POP > 2,000,000

Table: Sido

Do	AREA	PERIMETER	POP
강원도	1.61E+10	8.28E+05	1,431,101
경기도	1.06E+10	8.65E+05	8,713,789
충청북도	7.44E+09	7.57E+05	1,407,975
경상북도	1.90E+10	1.10E+06	2,602,203
충청남도	8.50E+09	8.60E+05	1,765,824

①

Do	AREA	PERIMETER	POP
경기도	1.06E+10	8.65E+05	8,713,789
경상북도	1.90E+10	1.10E+06	2,602,203

②

Do	AREA	PERIMETER
경기도	1.06E+10	8.65E+05
경상북도	1.90E+10	1.10E+06

③

Do	AREA
경기도	1.06E+10
경상북도	1.90E+10

④

Do
경기도
경상북도

Guide SQL 명령어 예
SELECT 선택 컬럼 FROM 테이블
WHERE 컬럼에 대한 조건값
• 문제구문 : SELECT * FROM Sido WHERE POP>2,000,000
• 해석 : Sido 테이블에서 POP 필드 중 2,000,000을 초과하는 모든 필드를 선택한다.

46 GNSS측량방법 중 이동국 관측점에서 위성 신호를 처리한 성과와 기지국에서 송신된 위치자료를 수신하여 이동지점의 위치좌표를 바로 구할 수 있는 측량방법은?

① 정지식 측위방법
② 후처리 측위방법
③ 역정밀 측위방법
④ 실시간 이동식 측위방법

Guide DGNSS
GNSS에 의해 결정한 위치오차를 줄이는 기술로, 이미 알고 있는 기지점의 좌표를 이용하여 오차를 최대한 소거시켜 관측점의 위치 정확도를 높이기 위한 위치 결정 방식이다. 기지점에 기준국용 GNSS 수신기를 설치하고 위성을 관측하여 각 위성의 의사거리 보정값(항법메시지, 항법력, 위성의 시계오차)을 구하고, 이 보정값을 무선모뎀 등을 사용(실시간으로 보정된 의사거리송신)하여 이동국용 GNSS 수신기의 위치결정 오차를 개선하는 위치결정 형태를 말한다.

47 GPS측량의 체계구성을 크게 3가지로 나눌 때 해당되지 않는 것은?

① 사용자 부문
② 우주 부문
③ 제어 부문
④ 신호 부문

Guide GPS 구성
• 우주 부문(Space Segment)
• 제어 부문(Control Segment)
• 사용자 부문(User Segment)

48 공간 데이터의 메타데이터에 포함되는 주요 정보가 아닌 것은?

① 공간 참조정보
② 데이터 품질정보
③ 배포정보
④ 가격변동정보

Guide 메타데이터의 기본요소
• 식별정보
• 자료품질정보
• 공간자료조직정보
• 공간참조정보
• 객체 및 속성정보
• 배포정보
• 메타데이터 참조정보

정답 45 ① 46 ④ 47 ④ 48 ④

49 래스터 정보의 압축방법이 아닌 것은?

① Chain Code

② C/A Code

③ Run−Length Code

④ Block Code

> **Guide** 격자형 자료구조의 압축방법
>
> Chain Code 기법, Run−Length Code 기법, Block Code 기법, Quadtree 기법 등이 있다.

50 GNSS측량에 의해 어떤 지점의 타원체고 150.00m를 얻었다. 이 지점의 지오이드고가 20.00m라면 정표고는?

① 170.00m ② 140.00m

③ 130.00m ④ 120.00m

> **Guide** 정표고 = 타원체고 − 지오이드고
> = 150 − 20 = 130m

51 GNSS 측위기법 중에서 가장 정확도가 높은 방법은?

① Kinematic 측위 ② VRS 측위

③ Static 측위 ④ RTK 측위

> **Guide** 정지측량(Static Survey)
>
> 수신기를 장시간 고정한 채로 관측하는 방법으로 높은 정확도의 좌푯값을 얻고자 할 때 사용하는 방법이며, 기준점 측량에 이용되는 가장 일반적인 방법이다.

52 자료의 수집 및 취득 시 지리정보시스템(GIS)을 이용함으로써 기대할 수 있는 효과에 대한 설명으로 거리가 먼 것은?

① 투자 및 조사의 중복을 최소화할 수 있다.

② 분업과 합작을 통하여 자료의 수치화 작업을 용이하게 해준다.

③ 상호 간의 자료 공유와 유통이 제한적이므로 보안성이 향상된다.

④ 자료기반(Database)과 전산망 체계를 통하여 자료를 더욱 간편하게 사용하게 한다.

> **Guide** 지리정보시스템을 이용함으로써 상호 간의 자료공유가 원활하게 되며 공간정보산업의 진흥을 위하여 공간정보 등의 유통 활성화를 기대할 수 있다.

53 한 화소에 8bit를 할당하면 몇 가지를 서로 다른 값으로 표현할 수 있는가?

① 2 ② 8

③ 64 ④ 256

> **Guide** GIS 자료의 영상에서 각 픽셀의 밝기값을 256단계로 표현할 경우에는 8비트의 데이터양이 필요하다.

54 데이터 정규화(Normalization)에 대한 설명으로 옳은 것은?

① 데이터를 일정한 규칙이나 기준에 의해 중복을 최소화할 수 있도록 구조화하는 것이다.

② 공간데이터를 구분하거나 특성을 설명할 목적으로 속성값을 이용하여 화면에 표시하는 것이다.

③ 지리적인 좌표에 도로명 또는 우편번호와 같은 고유번호를 부여하는 것이다.

④ 공통이 되는 속성값을 기준으로 서로 구분되어 있는 사상(Feature)을 단순화하는 것이다.

> **Guide** 데이터 정규화(Normalization)
>
> 데이터를 일정한 규칙이나 기준에 의해 중복을 최소화할 수 있도록 구조화하는 것으로 관계형 데이터베이스에서 정규화를 수행하면 데이터처리 성능이 향상될 수 있다.

55 지리정보시스템(GIS) 소프트웨어가 갖는 CAD와의 가장 큰 차이점은?

① 대용량의 그래픽 정보를 다룬다.

② 위상구조를 바탕으로 공간분석 능력을 갖추었다.

③ 특정 정보만을 선택하여 추출할 수 있다.

④ 다양한 축척으로 자료를 출력할 수 있다.

> **Guide** CAD는 단순히 벡터 파일을 생성하고 각종 계산을 가능하게 하지만 GIS와 같이 위상정보를 저장하지 않아 공간분석 능력을 갖추고 있지 않다.

정답 49 ② 50 ③ 51 ③ 52 ③ 53 ④ 54 ① 55 ②

56 다음 중 디지타이징 입력에 따른 수치지도의 오류(일반적인 위상 에러) 유형이 아닌 것은?

① Sliver Polygon ② Under-Shoot
③ Spike ④ Margin

> **Guide** 수동방식(Digitizer)에 의한 입력 시 오차
> • Overshoot : 교차점을 지나서 선이 끝난다.
> • Undershoot : 교차점을 만나지 못한다.
> • Spike : 교차점에서 2개의 선분이 만나는 과정에서 발생한다.
> • Sliver Polygon : 동일 경계를 갖는 다각형의 경계 중첩 시 불필요한 다각형을 말한다.
> • Dangle(현수선) : 한쪽 끝이 다른 연결선이나 절점에 완전히 연결되지 않은 상태이다.

57 현실세계를 지리정보시스템(GIS) 자료형태로 표현하기 위하여 지리정보에 대한 정보구조, 표현, 논리적 구조, 제약조건 및 상호관계 등을 정의한 것을 무엇이라고 하는가?

① 데이터 모델
② 위상설정
③ 데이터 생산사양
④ 메타데이터

> **Guide** 데이터 모델(Data Model)
> 데이터, 데이터 관계, 데이터 의미 및 데이터 제약조건을 기술하기 위한 개념적 도구들의 집단으로 GIS에서는 지리정보에 대한 정보구조, 표현, 논리적 구조, 제약조건 및 상호관계 등을 정의한다.

58 수치표고모델(DEM)의 응용분야와 가장 거리가 먼 것은?

① 아파트 단지별 세입자 비율 조사
② 가시권 분석
③ 수자원 정보체계 구축
④ 절토량 및 성토량 계산

> **Guide** DEM은 지형의 표고값을 이용한 응용분야에 활용되며 아파트 단지별 세입자 비율 조사와는 관련이 없다.

59 다음의 도형 정보 중 차원이 다른 것은?

① 도로의 중심선
② 소방차의 출동 경로
③ 절대 표고를 표시한 점
④ 분수선과 계곡선

> **Guide** ① 도로의 중심선 - 1차원
> ② 소방차의 출동 경로 - 1차원
> ③ 절대 표고를 표시한 점 - 0차원
> ④ 분수선과 계곡선 - 1차원

60 오픈 소스 소프트웨어(Open Source Software)에 대한 설명으로 옳지 않은 것은?

① 일반 사용자에 의해서 소스코드의 수정과 재배포가 가능하다.
② 전문 프로그래머가 아닌 일반 사용자도 개발에 참여할 수 있다.
③ 사용자 인터페이스가 상업용 소프트웨어에 비해 우수한 것이 특징이다.
④ 소스코드가 제공됨으로써 자료처리 과정을 명확하게 이해할 수 있는 장점이 있다.

> **Guide** 오픈 소스 소프트웨어(Open Source Software)
> 무료이면서 소스코드를 개방한 상태로 실행 프로그램을 제공하는 동시에 소스코드를 누구나 자유롭게 개작 및 개작된 소프트웨어를 재배포할 수 있도록 허용된 소프트웨어이다.
> • 누구라도 소스코드를 읽고 사용 가능
> • 누구라도 버그 수정 및 개발 참여 가능
> • 프로그램을 복제하여 배포 가능
> • 소프트웨어의 소스코드 접근 가능
> • 프로그램을 개선할 수 있는 권리를 개발자에게 보장

Subject 04 측량학

✔ 측량 관련 법규는 출제 당시 법률을 기준으로 해설되었음을 알려드립니다.

61 기포관 감도의 표시방법으로 옳은 것은?

① 기포관 길이에 대한 곡률중심의 사잇각
② 기포관 전체 눈금에 대한 곡률중심의 사잇각

---

③ 기포관 한 눈금에 대한 곡률중심의 사잇각

④ 기포관 $\frac{1}{2}$ 눈금에 대한 곡률중심의 사잇각

> **Guide** 기포관의 감도
> 기포 1눈금(2mm)에 대한 중심각의 변화를 초로 나타낸 것을 말한다.

62 그림에서 $\overline{BC}$ 측선의 방위각은?(단, $\overline{AB}$ 측선의 방위각은 260°13′12″이다.)

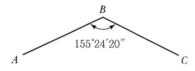

① 55°37′32″   ② 104°48′52″

③ 235°48′52″   ④ 284°48′52″

> **Guide** $\overline{AB}$ 방위각 = 260°13′12″
> ∴ $\overline{BC}$ 방위각 = $\overline{AB}$ 방위각 + 180° − ∠B
> = 260°13′12″ + 180° − 155°24′20″
> = 284°48′52″

63 50m의 줄자로 거리를 측정할 때 ±3.0mm의 부정오차가 생긴다면 이 줄자로 150m를 관측할 때 생기는 부정오차는?

① ±1.0mm   ② ±1.7mm

③ ±3.0mm   ④ ±5.2mm

> **Guide** $n = \frac{150}{50} = 3$회
> ∴ $M = \pm m\sqrt{n} = \pm 3\sqrt{3} = \pm 5.2$mm

64 축척 1:500 지형도를 이용하여 같은 크기의 1:5,000 지형도를 제작하려고 한다. 1:5,000 지형도 제작을 위해 필요한 1:500 지형도의 매수는?

① 10매   ② 50매
③ 100매   ④ 200매

> **Guide**
>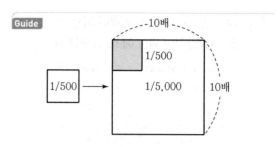
> ∴ 총 100매가 필요하다.

65 각 관측 시 최소제곱법으로 최확값을 구하는 목적은?

① 잔차를 얻기 위해서

② 기계오차를 없애기 위해서

③ 우연오차를 무리 없이 배분하기 위해서

④ 착오에 의한 오차를 제거하기 위해서

> **Guide** 각 관측 시 최소제곱법으로 최확값을 구하는 목적은 측량에서 부정오차(우연오차)는 제거가 어려우므로 최소제곱법에 의해 부정오차(우연오차)를 무리 없이 배분하기 위해서이다.

66 지형도의 활용과 가장 거리가 먼 것은?

① 저수지의 담수 면적과 저수량의 계산

② 절토 및 성토 범위의 결정

③ 노선의 도상 선정

④ 지적경계측량

> **Guide** 지형도의 활용
> • 단면도 제작
> • 등경사선 관측
> • 유역면적 측정
> • 성토 및 절토범위 측정
> • 저수량 측정

67 토털스테이션의 구성요소와 관계가 없는 것은?

① 광파기

① 앨리데이드

③ 디지털 데오드라이트

④ 마이크로 프로세서(컴퓨터)

> **Guide** 앨리데이드는 평판측량 장비이다.

68 삼각점에 대한 성과표에 기재되어야 할 내용이 아닌 것은?

① 경위도   ② 점번호
③ 직각좌표   ④ 표고 및 거리의 대수

> **Guide** 기준점 성과표 기재사항
> • 구분(삼각점/수준점 …)
> • 점번호
> • 도엽명칭(1/50,000)
> • 경 · 위도(위도/경도)
> • 직각좌표($X(N)/Y(E)$/원점)
> • 표고
> • 지오이드고
> • 타원체고
> • 매설연월

69 지구의 곡률에 의한 정밀도를 $\dfrac{1}{10,000}$ 까지 허용할 때 평면으로 볼 수 있는 거리를 구하는 식으로 옳은 것은?(단, 지구곡률반지름 = 6,370km이다.)

① $\sqrt{12 \times \dfrac{6,370^2}{10,000}}$ ② $\dfrac{\sqrt{12 \times 6,370^2}}{10,000}$

③ $\sqrt{\dfrac{6,370^2}{10,000}}$ ④ $\dfrac{\sqrt{6,370^2}}{10,000}$

> **Guide** $\dfrac{d-D}{D} = \dfrac{1}{12} \cdot \left(\dfrac{D}{r}\right)^2 \rightarrow$
> $\dfrac{1}{10,000} = \dfrac{1}{12} \times \dfrac{D^2}{6,370^2}$
> $\therefore D = \sqrt{\dfrac{12 \times 6,370^2}{10,000}}$

70 그림과 같은 △ABC에서 $\angle A = 22°00'56''$, $\angle C = 80°21'54''$, $b = 310.95$m 라면 변 a 의 길이는?

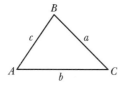

① 118.23m   ② 119.34m
③ 310.95m   ④ 313.86m

> **Guide** • $\angle B = 180° - (\angle A + \angle C)$
> $= 180° - (22°00'56'' + 80°21'54'')$
> $= 77°37'10''$
> • 변 a의 길이(sine 법칙 적용)
> $\dfrac{b}{\sin \angle B} = \dfrac{a}{\sin \angle A}$
> $\therefore a = \dfrac{\sin \angle A}{\sin \angle B} \times b = \dfrac{\sin 22°00'56''}{\sin 77°37'10''} \times 310.95$
> $= 119.34$m

71 그림과 같은 교호수준측량의 결과가 다음과 같을 때 B점의 표고는?(단, A점의 표고는 100m이다.)

> $a_1 = 1.8$m, $a_2 = 1.2$m,
> $b_1 = 1.0$m, $b_2 = 0.4$m

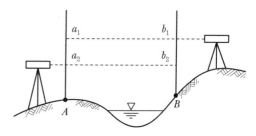

① 100.4m   ② 100.8m
③ 101.2m   ④ 101.6m

> **Guide** $\Delta H = \dfrac{1}{2}\{(a_1 - b_1) + (a_2 - b_2)\}$
> $= \dfrac{1}{2}\{(1.8 - 1.0) + (1.2 - 0.4)\}$
> $= 0.8$m
> $\therefore H_B = H_A + \Delta H = 100.0 + 0.8 = 100.8$m

72 150cm 표척의 최상단이 연직선에서 앞으로 10cm 기울어져 있을 때 표척의 레벨관측값이 1.2m였다면 표척이 기울어져 발생한 오차를 보정한 관측값은?

① 119.73cm   ② 119.93cm

③ 149.47cm   ④ 149.79cm

Guide

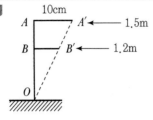

먼저 $\overline{BB'}$ 를 구하면

$1.2 : \overline{BB'} = 1.5 : 0.1$

$\overline{BB'} = 0.08\text{m}$

$\therefore \overline{OB}(\text{보정한 관측값}) = \sqrt{(\overline{OB'})^2 - (\overline{BB'})^2}$

$= \sqrt{1.2^2 - 0.08^2}$

$= 1.1973\text{m} = 119.73\text{cm}$

73 UTM 좌표에 관한 설명으로 옳은 것은?

① 각 구역을 경도는 8°, 위도는 6°로 나누어 투영한다.

② 축척계수는 0.9996으로 전 지역에서 일정하다.

③ 북위 85°부터 남위 85°까지 투영범위를 갖는다.

④ 우리나라는 51S~52S 구역에 위치하고 있다.

Guide UTM 좌표계

- 좌표계의 간격은 경도 6°마다 60지대로 나누고 각 지대의 중앙자오선에 대하여 횡메르카토르 투영을 적용한다.
- 경도의 원점은 중앙자오선이다.
- 위도의 원점은 적도상에 있다.
- 길이의 단위는 m이다.
- 중앙자오선에서의 축척계수는 0.9996이다.
- 종대에서 위도는 남, 북위 80°까지만 포함시키며 다시 8° 간격으로 20구역으로 나눈다.
- 우리나라는 51, 52종대 및 S, T횡대에 속한다.

74 그림과 같은 트래버스에서 $\overline{AL}$ 의 방위각이 $19°48'26''$, $\overline{BM}$ 의 방위각이 $310°36'43''$, 내각의 총합이 $1,190°47'22''$일 때 측각오차는?

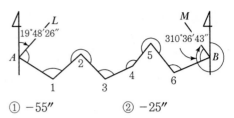

① $-55''$ ② $-25''$

③ $+25''$ ④ $+45''$

Guide $E_\alpha = W_a - W_b + [\alpha] - 180°(n-3)$

$= 19°48'26'' - 310°36'43''$

$+ 1,190°47'22'' - 180°(8-3)$

$= -0°00'55''$

75 지리학적 경위도, 직각좌표, 지구중심 직교좌표, 높이 및 중력 측정의 기준으로 사용하기 위하여 위성기준점, 수준점 및 중력점을 기초로 정한 기준점은?

① 통합기준점   ② 경위도원점

③ 지자기점   ④ 삼각점

Guide 공간정보의 구축 및 관리 등에 관한 법률 시행령 제8조 (측량기준점의 구분)

통합기준점은 지리학적 경위도, 직각좌표, 지구중심 직교좌표, 높이 및 중력 측정의 기준으로 사용하기 위하여 위성기준점, 수준점 및 중력점을 기초로 정한 기준점이다.

76 지도 등을 간행하여 판매하거나 배포할 수 없는 자에 해당되지 않는 것은?

① 피성년후견인

② 피한정후견인

③ 관련 규정을 위반하여 금고 이상의 실형을 선고받고 그 집행이 끝나거나 집행이 면제된 날부터 2년이 지나지 아니한 자

④ 관련 규정을 위반하여 금고 이상의 형의 집행유예를 선고받고 그 집행유예기간이 끝난 날부터 2년이 지나지 아니한 자

Guide 공간정보의 구축 및 관리 등에 관한 법률 제15조(기본측량성과 등을 사용한 지도 등의 간행)

다음의 어느 하나에 해당하는 자는 지도 등을 간행하여 판매하거나 배포할 수 없다.

1. 피성년후견인 또는 피한정후견인
2. 「공간정보의 구축 및 관리 등에 관한 법률」, 「국가보안

「법」 또는 「형법」 제87조부터 제104조까지의 규정을
위반하여 금고 이상의 실형을 선고받고 그 집행이 끝
나거나(집행이 끝난 것으로 보는 경우를 포함한다) 집
행이 면제된 날부터 2년이 지나지 아니한 자
3. 「공간정보의 구축 및 관리 등에 관한 법률」, 「국가보안
법」 또는 「형법」 제87조부터 제104조까지의 규정을
위반하여 금고 이상의 형의 집행유예를 선고받고 그
집행유예기간 중에 있는 자

77 측량기술자의 업무정지 사유에 해당되지 않는 것은?

① 근무처 등의 신고를 거짓으로 한 경우
② 다른 사람에게 측량기술경력증을 빌려준 경우
③ 경력 등의 변경신고를 거짓으로 한 경우
④ 측량기술자가 자격증을 분실한 경우

Guide 공간정보의 구축 및 관리 등에 관한 법률 제42조(측량기술자의 업무정지 등)
국토교통부장관 또는 해양수산부장관은 측량기술자가
다음의 어느 하나에 해당하는 경우에는 1년 이내의 기간
을 정하여 측량업무의 수행을 정지시킬 수 있다.
1. 근무처 및 경력 등의 신고 또는 변경신고를 거짓으로
한 경우
2. 다른 사람에서 측량기술경력증을 빌려주거나 자기의
성명을 사용하여 측량업무를 수행하게 한 경우

78 공공측량 작업계획서에 포함되어야 할 사항이 아닌 것은?

① 공공측량의 사업명
② 공공측량의 작업기간
③ 공공측량의 용역 수행자
④ 공공측량의 목적 및 활용 범위

Guide 공간정보의 구축 및 관리 등에 관한 법률 시행규칙 제21
조(공공측량 작업계획서의 제출)
공공측량 작업계획서에 포함되어야 할 사항은 다음과
같다.
1. 공공측량의 사업명
2. 공공측량의 목적 및 활용 범위
3. 공공측량의 위치 및 사업량
4. 공공측량의 작업기간
5. 공공측량의 작업방법
6. 사용할 측량기기의 종류 및 성능
7. 사용할 측량성과의 명칭, 종류 및 내용
8. 그 밖에 작업에 필요한 사항

79 공간정보의 구축 및 관리 등에 관한 법률에 의한 벌칙으로 2년 이하의 징역 또는 2천만 원 이하의 벌금에 해당되지 않는 것은?

① 측량업자나 수로사업자로서 속임수, 위력,
그 밖의 방법으로 측량업 또는 수로사업과
관련된 입찰의 공정성을 해친 자
② 성능검사대행자의 등록을 하지 아니하거나
거짓이나 그 밖의 부정한 방법으로 성능검사
대행자의 등록을 하고 성능검사업무를 한 자
③ 고의로 측량성과 또는 수로조사성과를 사실
과 다르게 한 자
④ 성능검사를 부정하게 한 성능검사대행자

Guide 공간정보의 구축 및 관리 등에 관한 법률 제108조(벌칙)
2년 이하의 징역 또는 2천만 원 이하의 벌금에 해당하는
사항은 다음과 같다.
1. 측량기준점표지를 이전 또는 파손하거나 그 효용을 해
치는 행위를 한 자
2. 고의로 측량성과 또는 수로조사성과를 사실과 다르게
한 자
3. 법률을 위반하여 측량성과를 국외로 반출한 자
4. 측량업의 등록을 하지 아니하거나 거짓이나 그 밖의 부
정한 방법으로 측량업의 등록을 하고 측량업을 한 자
5. 수로사업의 등록을 하지 아니하거나 거짓이나 그 밖의
부정한 방법으로 수로사업의 등록을 하고 수로사업을
한 자
6. 성능검사를 부정하게 한 성능검사대행자
7. 성능검사대행자의 등록을 하지 아니하거나 거짓이나
그 밖의 부정한 방법으로 성능검사대행자의 등록을 하
고 성능검사업무를 한 자
※ ①번은 3년 이하의 징역 또는 3천만 원 이하의 벌금에
처한다.

80 공간정보의 구축 및 관리 등에 관한 법률에 따라 다음과 같이 정의되는 것은?

> 해양의 수심 · 지구자기 · 중력 · 지형 · 지질의
> 측량과 해안선 및 이에 딸린 토지의 측량을 말
> 한다.

① 해양측량 　　　　② 수로측량
③ 해안측량 　　　　④ 수자원측량

Guide 공간정보의 구축 및 관리 등에 관한 법률 제2조(정의)

08

2020년
출제경향분석 및
문제해설

출제경향분석 및 출제빈도표
2020년 6월 13일 시행
2020년 8월 23일 시행

••• 측량 및 지형공간정보산업기사 출제경향분석 및 출제빈도표

1. 출제경향분석

2020년 측량 및 지형공간정보산업기사는 마지막 시험부터 CBT로 전환되었으며, CBT 시행 전 진행된 시험을 살펴보면 전년도와 유사한 경향으로 문제가 출제되었다.

과목별 세부출제경향을 살펴보면 측량학 Part는 전 분야 고르게 출제되어 어느 한 분야에 치중하기보다는 각 파트별로 고르게 수험준비를 하는 것이 효과적이다. 사진측량 및 원격탐사 Part는 사진측량의 공정, 원격탐측과 사진의 기하학적 이론 및 해석, 지리정보시스템(GIS) 및 위성측위시스템(GNSS) Part는 GIS의 자료운영 및 분석, 위성측위시스템, 응용측량 Part는 노선측량, 면·체적측량을 중심으로 먼저 학습한 후 출제비율에 따라 순차적으로 학습하는 것이 수험대비에 효과적이라 할 수 있다.

2. 측량학 출제빈도표

시행일	구분 / 빈도	총론	거리측량	각측량	삼각삼변측량	다각측량	수준측량	지형측량	측량관계법규 법률	측량관계법규 시행령	측량관계법규 시행규칙	측량관계법규 기타	총계
산업기사 (2020. 6. 13)	빈도(개)	1	3	2	2	2	2	2	3	3	0	0	20
	빈도(%)	5	15	10	10	10	10	10	15	15	0	0	100
산업기사 (2020. 8. 23)	빈도(개)	0	2	2	3	2	3	2	3	3	0	0	20
	빈도(%)	0	10	10	15	10	15	10	15	15	0	0	100
총계	빈도(개)	1	5	4	5	4	5	4	6	6	0	0	40
	빈도(%)	2.5	12.5	10	12.5	10	12.5	10	15	15	0	0	100

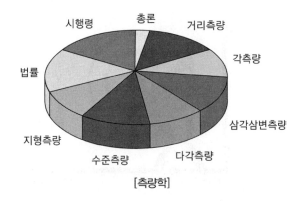

[측량학]

3. 사진측량 및 원격탐사 출제빈도표

시행일 \ 구분 빈도		총론	사진의 기하학적 이론 및 해석	사진측량의 공정	수치사진 측량	사진판독 및 응용	원격탐사	총계
산업기사 (2020. 6. 13)	빈도(개)	2	3	9	1	2	3	20
	빈도(%)	10	15	45	5	10	15	100
산업기사 (2020. 8. 23)	빈도(개)	2	5	6	1	2	4	20
	빈도(%)	10	25	30	5	10	20	100
총계	빈도(개)	4	8	15	2	4	7	40
	빈도(%)	10	20	37.5	5	10	17.5	100

4. 지리정보시스템(GIS) 및 위성측위시스템(GNSS) 출제빈도표

시행일 \ 구분 빈도		총론	GIS의 자료 구조 및 생성	GIS의 자료관리	GIS의 자료 운영 및 분석	GIS의 표준화 및 응용	위성측위 시스템(GNSS)	총계
산업기사 (2020. 6. 13)	빈도(개)	2	4	0	5	3	6	20
	빈도(%)	10	20	0	25	15	30	100
산업기사 (2020. 8. 23)	빈도(개)	2	1	1	6	4	6	20
	빈도(%)	10	5	5	30	20	30	100
총계	빈도(개)	4	5	1	11	7	12	40
	빈도(%)	10	12.5	2.5	27.5	17.5	30	100

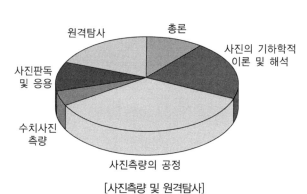

[사진측량 및 원격탐사]

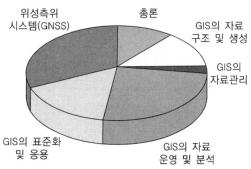

[지리정보시스템(GIS) 및 위성측위시스템(GNSS)]

5. 응용측량 출제빈도표

시행일	구분 빈도	면·체적 측량	노선측량	하천 및 해양측량	터널 및 시설물측량	경관 및 기타 측량	총계
산업기사 (2020. 6. 13)	빈도(개)	5	7	4	3	1	20
	빈도(%)	25	35	20	15	5	100
산업기사 (2020. 8. 23)	빈도(개)	4	8	4	2	2	20
	빈도(%)	20	40	20	10	10	100
총계	빈도(개)	9	15	8	5	3	40
	빈도(%)	22.5	37.5	20	12.5	7.5	100

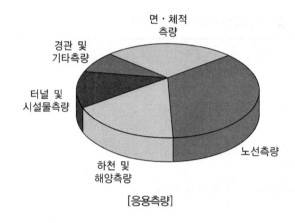

[응용측량]

본 문제의 해설은 출제자의 의도와 일치되지 않을 수 있으며, 문제 및 정답은 일부 오탈자가 있을 수 있으므로 학습시 의문사항이 있으면 예문사 또는 저자에게 문의하여 주시기 바랍니다. 또한, 본 기출문제는 시행 당시의 이론 및 법규에 의하여 해설되었음을 알려드립니다.

Subject 01 응용측량

01 그림과 같이 양 단면의 면적이 A_1, A_2이고, 중앙 단면의 면적이 A_m 인 지형의 체적을 구하는 각주공식으로 옳은 것은?

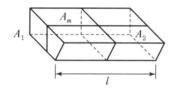

① $V = \dfrac{l}{6}(A_1 + 4A_m + A_2)$

② $V = \dfrac{l}{3}(A_1 + \sqrt{A_1 A_2} + A_2)$

③ $V = \dfrac{l}{8}(A_1 + 4A_2 + 3A_m)$

④ $V = \dfrac{l}{3}(A_1 + A_m + A_2)$

Guide 각주공식

$$V = \dfrac{\frac{l}{2}}{3}(A_1 + 4A_m + A_2)$$
$$= \dfrac{l}{6}(A_1 + 4A_m + A_2)$$

02 깊이 100m, 지름 5m 정도의 수직터널에서 터널 내외의 연결측량을 하고자 할 때 가장 적당한 방법은?

① 삼각법
② 트랜싯과 추선에 의한 방법
③ 정렬법
④ 사변형법

Guide 1개의 수직터널에 의한 연결방법에서 얕은 수직터널에서는 보통 철선, 동선, 황동선 등이 사용되며, 깊은 수직터널

에서는 피아노선이 이용된다. 깊이가 100m인 깊은 수직터널이므로 트랜싯과 추선을 이용하는 것이 타당하다.

03 하천측량을 하는 주된 목적으로 가장 적합한 것은?

① 하천의 형상, 기울기, 단면 등 그 하천의 성질을 알기 위하여
② 하천 개수공사나 하천 공작물의 계획, 설계, 시공에 필요한 자료를 얻기 위하여
③ 하천공사의 토량계산, 공비의 산출에 필요한 자료를 얻기 위하여
④ 하천의 개수작업을 하여 흐름의 소통이 잘되게 하기 위하여

Guide 하천측량은 하천의 형상, 수위, 단면, 구배 등을 관측하여 하천의 평면도, 종 · 횡단면도를 작성함과 동시에 유속, 유량, 기타 구조물을 조사하여 각종 수공설계, 시공에 필요한 자료를 얻기 위한 것이다.

04 터널 내 A점의 좌표가 $(1,265.45\text{m}, -468.75\text{m})$, B점의 좌표가 $(2,185.31\text{m}, 1,961.60\text{m})$이며, 높이가 각각 36.30m, 112.40m인 두 점을 연결하는 터널의 경사거리는?

① 2,248.03m　　② 2,284.30m
③ 2,598.60m　　④ 2599.72m

Guide · $\overline{AB}$수평거리$(D) = \sqrt{(X_B - X_A)^2 + (Y_B - Y_A)^2}$
$$= \sqrt{\begin{matrix}(2,185.31 - 1,265.45)^2 \\ +(1,961.60 - (-468.75))^2\end{matrix}}$$
$$= 2,598.60\text{m}$$

· $\overline{AB}$고저차$(H) = Z_B - Z_A$
$$= 112.40 - 36.30 = 76.10\text{m}$$

∴ $\overline{AB}$경사거리 $= \sqrt{D^2 + H^2}$
$$= \sqrt{2,598.60^2 + 76.10^2}$$
$$= 2,599.72\text{m}$$

정답 01 ①　02 ②　03 ②　04 ④

05 그림과 같은 단면의 면적은?

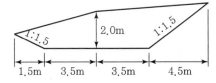

① 6.45m² ② 13.25m²
③ 20.00m² ④ 26.75m²

Guide

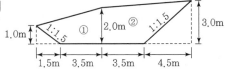

• 단면적(A_1)

$$= \left(\frac{1.0 + 2.0}{2} \times 5.0\right) - \left(\frac{1}{2} \times 1.5 \times 1.0\right)$$

$$= 6.75\text{m}^2$$

• 단면적(A_2)

$$= \left(\frac{2.0 + 3.0}{2} \times 8.0\right) - \left(\frac{1}{2} \times 4.5 \times 3.0\right)$$

$$= 13.25\text{m}^2$$

∴ 전체 단면적(A) $= A_1 + A_2$

$$= 6.75 + 13.25$$

$$= 20.00\text{m}^2$$

06 그림과 같은 지역의 각 점에 대한 시공기면에 대한 높이의 합이 $\sum h_1 = 0.40$m, $\sum h_2 =$ 2.00m, $\sum h_3 = 1.00$m, $\sum h_4 = 0.75$m, $\sum h_6$ $= 1.20$m이었다면 흙깎기 토량(절토량)은?

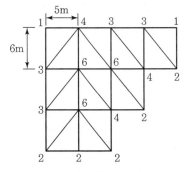

① 176m³ ② 161m³
③ 88m³ ④ 80.25m³

삼분법 적용

$$V = \frac{A}{3}(\sum h_1 + 2\sum h_2 + 3\sum h_3 + 4\sum h_4 + \cdots + 8\sum h_8)$$

$$= \frac{\frac{1}{2} \times 5 \times 6}{3} \times \{0.40 + (2 \times 2.00) + (3 \times 1.00)$$

$$+ (4 \times 0.75) + (6 \times 1.20)\}$$

$$= 88\text{m}^3$$

07 그림과 같은 토지의 한 변 $\overline{BC} = 52$m 위의 점 D와 $\overline{AC} = 46$m 위의 점 E를 연결하여 $\triangle ABC$의 면적을 이등분($m:n = 1:1$) 하기 위한 $\overline{AE}$의 길이는?

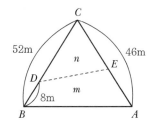

① 18.8m ② 27.2m
③ 31.5m ④ 14.5m

Guide

$$\overline{CE} = \frac{n}{m+n} \times \frac{\overline{AC} \cdot \overline{BC}}{\overline{CD}}$$

$$= \frac{1}{1+1} \times \frac{46 \times 52}{44}$$

$$= 27.2\text{m}$$

∴ $\overline{AE} = \overline{AC} - \overline{CE} = 46 - 27.2 = 18.8\text{m}$

08 교각 $I = 60°$, 곡선반지름 $R = 200$m인 원곡선의 외할(External Secant)은?

① 30.940m ② 80.267m
③ 105.561m ④ 282.847m

Guide 외할(E) $= R\left(\sec\frac{I}{2} - 1\right)$

$$= 200 \times \left(\sec\frac{60°}{2} - 1\right)$$

$$= 30.940\text{m}$$

09 수심이 h인 하천의 평균유속(V_m)을 3점법을 사용하여 구하는 식으로 옳은 것은?(단, V_n : 수면으로부터 수심 $n \cdot h$인 곳에서 관측한 유속)

① $V_m = \dfrac{1}{3}(V_{0.2} + V_{0.4} + V_{0.8})$

② $V_m = \dfrac{1}{3}(V_{0.2} + V_{0.6} + V_{0.8})$

③ $V_m = \dfrac{1}{4}(V_{0.2} + 2V_{0.4} + V_{0.8})$

④ $V_m = \dfrac{1}{4}(V_{0.2} + 2V_{0.6} + V_{0.8})$

> **Guide** 3점법
> 수면으로부터 수심 $0.2H$, $0.6H$, $0.8H$ 되는 곳의 유속을 다음 식에 의해 평균유속을 구하는 방법이다.
> $$V_m = \dfrac{1}{4}(V_{0.2} + 2V_{0.6} + V_{0.8})$$

10 측면주사음향탐지기(Side Scan Sonar)를 이용하여 획득한 이미지로 해저면의 형상을 조사하는 방법은?

① 해저면 기준점조사   ② 해저면 지질조사
③ 해저면 지층조사   ④ 해저면 영상조사

> **Guide** 해저면 영상조사
> 측면주사음향탐지기(Side Scan Sonar)를 이용하여 해저면의 영상정보를 획득하는 조사작업을 말한다.

11 단곡선 설치에 관한 설명으로 틀린 것은?

① 교각이 일정할 때 접선장은 곡선반지름에 비례한다.
② 교각과 곡선반지름이 주어지면 단곡선을 설치할 수 있는 기본적인 요소를 계산할 수 있다.
③ 편각법에 의한 단곡선 설치 시 호 길이(l)에 대한 편각(δ)을 구하는 식은 곡선반지름을 R이라 할 때 $\delta = \dfrac{l}{R}$(radian)이다.
④ 중앙종거법은 단곡선의 두 점을 연결하는 현의 중심으로부터 현에 수직으로 종거를 내려 곡선을 설치하는 방법이다.

> **Guide** 편각법에 의한 단곡선 설치 시 현 길이(l)에 대한 편각(δ)을 구하는 식은 곡선반지름을 R이라 할 때 $\delta = \dfrac{l}{R}$(radian)이다.

12 토지의 면적에 대한 설명 중 옳지 않은 것은?

① 토지의 면적이란 임의 토지를 둘러싼 경계선을 기준면에 투영시켰을 때의 면적이다.
② 면적측량구역이 작은 경우에 투영의 기준면으로 수평면을 잡아도 무관하다.
③ 면적측량구역이 넓은 경우에 투영의 기준면을 평균해수면으로 잡는다.
④ 관측면적의 정확도는 거리측정 정확도의 3배가 된다.

> **Guide** 관측면적의 정확도는 거리측정 정확도의 2배가 된다.
> $$\text{※ } \dfrac{dA}{A} = 2\dfrac{dl}{l}$$

13 그림과 같이 노선측량의 단곡선에서 곡선반지름 $R = 50$m일 때 장현($\overline{AC}$)의 값은? (단, $\overline{AB}$방위각 $= 25°00'10''$, $\overline{BC}$방위각 $= 150°38'00''$)

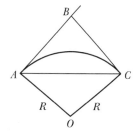

① 88.95m   ② 89.45m
③ 90.37m   ④ 92.98m

> **Guide** 교각(I) $= \overline{BC}$ 방위각 $- \overline{AB}$ 방위각
> $\quad = 150°38'00'' - 25°00'10''$
> $\quad = 125°37'50''$
> $\therefore$ 장현($\overline{AC}$) $= 2R \cdot \sin\dfrac{I}{2}$
> $\quad = 2 \times 50 \times \sin\dfrac{125°37'50''}{2}$
> $\quad = 88.95$m

14 도로에서 곡선 위를 주행할 때 원심력에 의한 차량의 전복이나 미끄러짐을 방지하기 위해 곡선 중심으로부터 바깥쪽의 도로를 높이는 것은?

① 확폭(Slack)
② 편경사(Cant)
③ 종거(Ordinate)
④ 편각(Deflection Angle)

Guide 편경사(Cant)
도로, 철도 등의 설계에서 곡선부에서 차량이 바깥쪽으로 벗어나려는 원심력에 대응하기 위하여 차량이 안쪽으로 기울어지도록 횡단면에 한쪽으로만 경사를 설치하는 것이며, 안쪽이 낮고 바깥쪽이 높도록 경사를 설치한다.

15 도로 폭 8.0m의 도로를 건설하기 위해 높이 2.0m를 그림과 같이 흙쌓기(성토)하려고 한다. 건설 도로연장이 80.0m라면 흙쌓기 토량은?

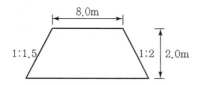

① 1,420m³ ② 1,760m³
③ 1,840m³ ④ 1,920m³

Guide

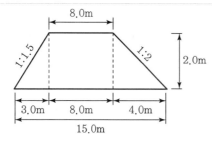

$$\therefore \ V = \left(\frac{8.0 + 15.0}{2} \times 2.0\right) \times 80$$
$$= 1,840\text{m}^3$$

16 하천측량에서 하천 양안에 설치된 거리표, 수위표, 기타 중요 지점들의 높이를 측정하고 유수부의 깊이를 측정하여 종단면도와 횡단면도를 만들기 위하여 필요한 측량은?

① 수준측량
② 삼각측량
③ 트래버스측량
④ 평판에 의한 지형측량

Guide 수준측량
하천 양안에 설치한 거리표, 양수표, 수문, 기타 중요한 장소의 높이를 측정하여 종단면도와 횡단면도를 작성하기 위한 측량을 말한다.

17 클로소이드에 관한 설명으로 옳지 않은 것은?

① 클로소이드는 나선의 일종이다.
② 클로소이드는 종단곡선에 주로 활용된다.
③ 모든 클로소이드는 닮은 꼴이다.
④ 클로소이드는 곡률이 곡선의 길이에 비례하여 증가하는 곡선이다.

Guide 클로소이드는 고속도로 완화곡선설치에 주로 활용된다.

18 지하시설물 측량방법 중 전자기파가 반사되는 성질을 이용하여 지중의 각종 현상을 밝히는 방법은?

① 자기관측법
② 음파 측량법
③ 전자유도 측량법
④ 지중레이더 측량법

Guide 지중 레이더 탐사법(Ground Penetration Radar Method)
지하를 단층 촬영하여 시설물 위치를 판독하는 방법으로 전자파가 반사되는 성질을 이용하여 지중의 각종 현상을 밝히는 것으로, 레이더는 원래 고주파의 전자파를 공기 중으로 방사시킨 후 대상물에서 반사되어 온 전자파를 수신하여 대상물의 위치를 알아내는 시스템이다.

정답 14 ② 15 ③ 16 ① 17 ② 18 ④

19 시설물의 계획 설계 시 구조물과 생활공간 및 자연환경 등의 조화감 등에 대하여 검토되는 위치결정에 필요한 측량은?

① 공공측량　　② 자원측량
③ 공사측량　　④ 경관측량

> **Guide** 경관측량은 녹지와 여공간을 이용하여 휴식, 산책, 운동, 오락 및 관광 등을 목적으로 하는 도시공원 조성이나 토목구조물 등이 자연환경과 이루는 조화감, 순화감, 미의식의 상승 등에 대하여 검토되는 위치결정에 필요한 측량을 말한다.

20 노선의 기점으로부터 2,000m 지점에 교점이 있고 곡선반지름이 100m, 교각이 42°30′일 때 시단현의 길이는?(단, 중심 말뚝 간의 거리는 20m이다.)

① 16.89m　　② 17.90m
③ 18.89m　　④ 19.90m

> **Guide**
> • 접선길이(T.L)$= R \cdot \tan\dfrac{I}{2}$
> $\quad = 100 \times \tan\dfrac{42°30′}{2}$
> $\quad = 38.89m$
> • 곡선시점(B.C)=총거리 − T.L
> $\quad = 2,000.00 - 38.89$
> $\quad = 1,961.11m(No.98 + 1.11m)$
> ∴ 시단현 길이(l_1)$= 20m - $B.C 추가거리
> $\quad = 20 - 1.11$
> $\quad = 18.89m$

Subject 02 사진측량 및 원격탐사

21 세부도화 시 지형·지물을 도화하는 가장 적합한 순서는?

① 도로 − 수로 − 건물 − 식물
② 건물 − 수로 − 식물 − 도로
③ 식물 − 건물 − 도로 − 수로
④ 도로 − 식물 − 건물 − 수로

> **Guide** 세부도화는 선형물, 단독물체, 등고선, 기타 순서에 의하여 그린다.

22 미국의 항공우주국에서 개발하여 1972년에 지구자원탐사를 목적으로 쏘아 올린 위성으로 적조의 조기발견, 대기오염의 확산 및 식물의 발육상태 등을 조사할 수 있는 것은?

① KOMPSAT　　② LANDSAT
③ IKONOS　　④ SPOT

> **Guide** LANDSAT은 지구자원탐측위성으로 토지, 자원, 환경 문제를 해결하고자 1972년 7월 미국 항공우주국에서 발사한 위성이다.

23 항공사진측량의 특징에 대한 설명으로 틀린 것은?

① 작업과정이 분업화되고 많은 부분을 실내작업으로 하여 작업 기간을 단축할 수 있다.
② 전체적으로 균일한 정확도이므로 지도제작에 적합하다.
③ 고가의 장비와 숙련된 기술자가 필요하다.
④ 도심의 소규모 정밀 세부측량에 적합하다.

> **Guide** 항공사진측량은 대규모 지역에서 경제적이며, 도심지의 소규모 정밀세부측량은 토털스테이션에 의한 방법이 적합하다.

24 초점거리 150mm의 카메라로 촬영고도 3,000m에서 찍은 연직사진의 축척은?

① $\dfrac{1}{15,000}$　　② $\dfrac{1}{20,000}$
③ $\dfrac{1}{25,000}$　　④ $\dfrac{1}{30,000}$

> **Guide** 사진축척$(M) = \dfrac{1}{m} = \dfrac{f}{H} = \dfrac{0.15}{3,000} = \dfrac{1}{20,000}$

25 항공사진측량작업규정에서 도화축척에 따른 항공사진축척이 잘못 연결된 것은?

① 도화축척 1 : 1,000 – 항공사진축척 1 : 5,000
② 도화축척 1 : 5,000 – 항공사진축척 1 : 20,000
③ 도화축척 1 : 10,000 – 항공사진축척 1 : 25,000
④ 도화축척 1 : 25,000 – 항공사진축척 1 : 50,000

Guide 항공사진측량 작업규정
[별표 3] 도화축척, 항공사진축척, 지상표본거리와의 관계

도화축척	항공사진축척	지상표본거리 (GSD)
1/500~1/600	1/3,000~1/4,000	8cm 이내
1/1,000~1/1,200	1/5,000~1/8,000	12cm 이내
1/2,500~1/3,000	1/10,000~1/15,000	25cm 이내
1/5,000	1/18,000~1/20,000	42cm 이내
1/10,000	1/25,000~1/30,000	65cm 이내
1/25,000	1/37,500	80cm 이내

26 대기의 창(Atmospheric Window)이란 무엇을 의미하는가?

① 대기 중에서 전자기파 에너지 투과율이 높은 파장대
② 대기 중에서 전자기파 에너지 반사율이 높은 파장대
③ 대기 중에서 전자기파 에너지 흡수율이 높은 파장대
④ 대기 중에서 전자기파 에너지 산란율이 높은 파장대

Guide 대기 내에서 전자기 복사에너지가 투과되는 파장영역을 대기의 창이라 한다.

27 다음과 같은 영상에 3×3 평균필터를 적용하면 영상에서 행렬 (2, 2)의 위치에 생성되는 영상소 값은?

45	120	24
35	32	12
22	16	18

① 24 ② 35
③ 36 ④ 66

Guide $\dfrac{45+120+24+35+12+22+16+18}{8} ≒ 36$

45	120	24
35	36	12
22	16	18

28 사진의 크기가 같은 광각사진과 보통각 사진의 비교 설명에서 ( ) 안에 알맞은 말로 짝지어진 것은?

촬영고도가 같은 경우 광각사진의 축척은 보통각 사진의 사진축척보다 (㉠). 그러나 1장의 사진에 넣은 면적은 (㉡), 촬영축척이 같으면 촬영고도는 광각사진이 보통각 사진보다 (㉢).

① ㉠ 작다 ㉡ 크다 ㉢ 낮다
② ㉠ 작다 ㉡ 크다 ㉢ 높다
③ ㉠ 크다 ㉡ 작다 ㉢ 낮다
④ ㉠ 크다 ㉡ 작다 ㉢ 높다

Guide 항공사진 촬영용 사진기의 성능

종류	화각	초점거리(mm)
보통각 사진기	60°	210
광각 사진기	90°	150
초광각 사진기	120°	88

29 왼쪽에 청색, 오른쪽에 적색으로 인쇄된 사진을 역입체시 하기 위해서는 어떠한 색으로 구성된 안경을 사용하여야 하는가?(단, 보기는 왼쪽, 오른쪽 순으로 나열된 것이다.)

정답 25 ④ 26 ① 27 ③ 28 ① 29 ②

① 청색, 청색　　② 청색, 적색

③ 적색, 청색　　④ 적색, 적색

> **Guide** 입체시 과정에서 높은 곳은 낮게, 낮은 곳은 높게 보이는 현상을 역입체시라고 한다. 여색입체시 과정에서 역입체시를 하기 위해서는 왼쪽은 청색, 오른쪽은 적색인 안경을 사용하며, 정입체시를 얻기 위해서는 왼쪽은 적색, 오른쪽은 청색인 안경을 사용한다.

30 편위수정에 대한 설명으로 옳지 않은 것은?

① 사진지도 제작과 밀접한 관계가 있다.

② 경사사진을 엄밀 수직사진으로 고치는 작업이다.

③ 지형의 기복에 의한 변위가 완전히 제거된다.

④ 4점의 평면좌표를 이용하여 편위수정을 할 수 있다.

> **Guide** 편위수정은 사진의 경사와 축척을 통일시키고 변위가 없는 연직사진으로 수정하는 작업을 말하며, 편위수정을 하여도 지형의 기복에 의한 변위가 완전히 제거되지는 않는다.

31 내부표정 과정에서 조정하는 내용이 아닌 것은?

① 사진의 주점을 투영기의 중심에 일치

② 초점거리의 조정

③ 렌즈왜곡의 보정

④ 종시차의 소거

> **Guide** 종시차를 소거하여 목표물의 상대적 위치를 맞추는 작업을 상호표정이라 한다.

32 항공사진의 기복변위와 관계가 없는 것은?

① 기복변위는 연직점을 중심으로 방사상으로 발생한다.

② 기복변위는 지형, 지물의 높이에 비례한다.

③ 중심투영으로 인하여 기복변위가 발생한다.

④ 기복변위는 촬영고도가 높을수록 커진다.

> **Guide** $\Delta r = \dfrac{h}{H} \cdot r$ 이므로 촬영고도가 높을수록 작아진다.

33 상호표정에 대한 설명으로 틀린 것은?

① 한 쌍의 중복사진에 대한 상대적인 기하학적 관계를 수립한다.

② 적어도 5쌍 이상의 Tie Points가 필요하다.

③ 상호표정을 수행하면 Tie Points에 대한 지상점 좌표를 계산할 수 있다.

④ 공선조건식을 이용하여 상호표정요소를 계산할 수 있다.

> **Guide** 상호표정을 수행하면 Tie Points에 대한 모델좌표를 계산할 수 있다.

34 어느 지역의 영상과 동일한 지역의 지도이다. 이 자료를 이용하여 "밭"의 훈련지역(Training Field)을 선택한 결과로 적합한 것은?

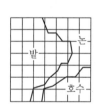

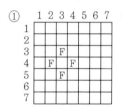
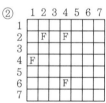

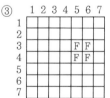
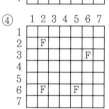

> **Guide** 밭의 훈련지역은 밝기 값 8, 9로 ①번과 같이 선택하는 것이 가장 타당하다.

35 다음과 같은 종류의 항공사진 중 벼농사의 작황을 조사하기 위하여 가장 적합한 사진은?

① 팬크로매틱사진   ② 적외선사진
③ 여색입체사진   ④ 레이더사진

> **Guide** 적외선사진은 지질, 토양, 농업, 수자원, 산림조사 등에 주로 사용된다.

36 항공사진의 중복도에 대한 설명으로 틀린 것은?

① 일반적인 종중복도는 60%이다.
② 산악이나 고층건물이 많은 시가지에서는 종중복도를 증가시킨다.
③ 일반적으로 중복도가 클수록 경제적이다.
④ 일반적인 횡중복도는 30%이다.

> **Guide** 중복도가 클수록 사진매수 및 계산량이 많아 비경제적이다.

37 절대표정을 위하여 기준점을 보기와 같이 배치하였을 때 절대표정을 실시할 수 없는 기준점 배치는?(단, ●는 수직기준점(Z), ■는 수평기준점(X, Y), △는 3차원 기준점(X, Y, Z)을 의미하고, 대상지역은 거의 평면에 가깝다고 가정한다.)

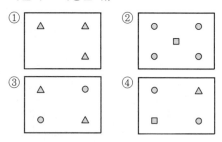

> **Guide** 절대표정에 필요한 최소표정점은 삼각점(x, y) 2점과 수준점(z) 3점이다.

38 비행고도 4,500m로부터 초점거리 15cm의 카메라로 촬영한 사진에서 기선길이가 5cm이었다면 시차차가 2mm인 굴뚝의 높이는?

① 60m   ② 90m
③ 180m   ④ 360m

> **Guide**
> $$h = \frac{H}{b_0} \cdot \Delta p = \frac{4,500}{0.05} \times 0.002$$
> $$= 180m$$

39 항공사진 판독에서 필요로 하는 중요 요소로 가장 거리가 먼 것은?

① 과고감 및 상호위치관계
② 색조
③ 형상, 크기 및 모양
④ 촬영용 비행기 종류

> **Guide** 사진판독요소
> 색조, 모양, 질감, 형상, 크기, 음영, 상호위치관계, 과고감

40 다음 중 항공삼각측량 결과로 얻을 수 없는 정보는?

① 건물의 높이
② 지형의 경사도
③ 댐에 저장된 물의 양
④ 어느 지점의 3차원 위치

> **Guide** 항공삼각측량은 소수의 지상기준점 성과를 이용하여 측정된 무수한 점들의 좌표를 컴퓨터, 블록조정기 및 해석적 방법으로 절대좌표를 환산해내는 기법이다.
> ※ 항공사진측량으로 지형 및 지물의 3차원 좌표취득은 가능하나, 댐에 저장된 물과 같은 지하, 수중, 해양의 정량적 해석은 불가능하다.

Subject 03 지리정보시스템(GIS) 및 위성측위시스템(GNSS)

41 지리정보시스템(GIS)에서 벡터(Vector) 공간자료의 구성요소가 아닌 것은?

① 점   ② 선
③ 면   ④ 격자

> **Guide** 벡터 자료구조는 크기와 방향성을 가지고 있으며 점, 선, 면을 이용하여 대상물의 위치와 차원을 정의한다.

42 레이저를 이용하여 대상물의 3차원 좌표를 실시간으로 획득할 수 있는 측량방법으로 산림이나 수목지대에서도 투과율이 좋으며 자료 취득 및 처리과정이 완전히 수치방식으로 이루질 수 있어 최근 고정밀 수치표고모델과 3차원 지리정보 제작에 많이 활용되고 있는 측량방법은?

① EDM(Electro−magnetic Distance Meter)
② LiDAR(Light Detection And Ranging)
③ SAR(Synthetic Aperture Radar)
④ RAR(Real Aperture Radar)

> **Guide** LiDAR(Light Detection And Ranging)
> 비행기에 레이저측량장비와 GPS/INS를 장착하여 대상체면상 관측점의 지형공간정보를 취득하는 관측방법으로서, 3차원 공간좌표(x, y, z)를 각각의 점자료로 기록한다. 최근에는 수치표고모델과 3차원 지리정보 제작에 많이 활용되고 있다.

43 다양한 방식으로 획득된 고도값을 갖는 다수의 점자료를 입력자료로 활용하여 다수의 점자료로부터 삼각면을 형성하는 과정을 통해 제작되며 페이스(Face), 노드(Node), 에지(Edge)로 구성되는 데이터 모델은?

① TIN   ② DEM
③ TIGER   ④ LiDAR

> **Guide** 불규칙삼각망(TIN ; Triangular Irregular Network)
> 공간을 불규칙한 삼각형으로 분할하여 모자이크 모형 형태로 생성된 일종의 공간자료 구조로서, 페이스(Face), 노드(Node), 에지(Edge)로 구성되어 있는 데이터 모델이다.

44 복합 조건문(Composite Selection)으로 공간자료를 선택하고자 한다. 이중 어떠한 경우에도 가장 적은 결과가 선택되는 것은?(단, 각 항목은 0이 아닌 것으로 가정한다.)

① (Area<100,000 OR (LandUse=Grass AND AdminName=Seoul))

② (Area<100,000 OR (LandUse=Grass OR AdminName=Seoul))

③ (Area<100,000 AND (LandUse=Grass AND AdminName=Seoul))

④ (Area<100,000 AND (LandUse=Grass OR AdminName=Seoul))

> **Guide** • And 연산자는 연산자를 중심으로 좌우에 입력된 두 단어를 공통적으로 포함하는 정보나 레코드를 검색한다.
> • OR 연산자는 좌우 두 단어 중 어느 하나만 존재하더라도 검색을 수행한다.
> ∴ 가장 적은 결과가 선택되는 것은 And 연산자를 두 번 사용한 ③이다.

45 위상정보(Topology Information)에 대한 설명으로 옳은 것은?

① 공간상에 존재하는 공간객체의 길이, 면적, 연결성, 계급성 등을 의미한다.
② 지리정보에 포함된 CAD 데이터 정보를 의미한다.
③ 지리정보와 지적정보를 합한 것이다.
④ 위상정보는 GIS에서 획득한 원시자료를 의미한다.

> **Guide** 위상관계(Topology)
> 공간관계를 정의하는 데 쓰이는 수학적 방법으로서 입력된 자료의 위치를 좌푯값으로 인식하고 각각의 자료 간의 정보를 상대적 위치로 저장하며, 선의 방향, 특성들 간의 관계, 연결성, 인접성, 영역 등을 정의한다.

46 위성에서 송출된 신호가 수신기에 하나 이상의 경로를 통해 수신될 때 발생하는 오차는?

① 전리층 편의 오차   ② 대류권 지연 오차
③ 다중경로 오차   ④ 위성궤도 편의 오차

> **Guide** 다중경로(Multipath)
> 일반적으로 GPS신호는 GPS수신기에 위성으로부터 직접파와 건물 등으로부터 반사되어 오는 반사파가 동시에 도달한다. 이를 다중경로라고 한다. 다중경로는 마이크로파 신호를 둘 다 사용하기 때문에 경로길이의 차이로 의사거리와 위상관측값에 영향을 주어 관측에 오차를 일으키는 원인이 된다.

47 지리정보자료의 구축에 있어서 표준화의 장점과 거리가 먼 것은?

① 자료 구축에 대한 중복 투자 방지
② 불법복제로 인한 저작권 피해의 방지
③ 경제적이고 효율적인 시스템 구축 가능
④ 서로 다른 시스템이나 사용자 간의 자료 호환 가능

> **Guide** 표준화의 장점
> • 서로 다른 기관이나 사용자 간에 자료를 공유
> • 자료구축을 위한 비용 감소
> • 사용자 편의 증진
> • 자료구축의 중복성 방지

48 공간분석에서 사용되는 연결성 분석과 관계가 없는 것은?

① 연속성   ② 근접성
③ 관망   ④ DEM

> **Guide** 연결성 분석(Connectivity Analysis)
> 일련의 점 또는 절점이 서로 연결되었는지를 결정하는 분석으로 연속성 분석, 근접성 분석, 관망 분석 등이 포함된다.

49 기종이 서로 다른 GNSS 수신기를 혼합하여 관측하였을 경우 관측자료의 형식이 통일되지 않는 문제를 해결하기 위해 고안된 표준데이터 형식은?

① PDF   ② DWG
③ RINEX   ④ RTCM

> **Guide** RINEX(Receiver Independent Exchange Format)
> 정지측량 시 기종이 서로 다른 GPS 수신기를 혼합하여 관측을 하였을 경우 어떤 종류의 후처리 소프트웨어를 사용하더라도 수집된 GPS 데이터의 기선 해석이 용이하도록 고안된 세계표준의 GPS 데이터 포맷이다.

50 래스터데이터의 압축기법이 아닌 것은?

① 런렝스코드(Run-length Code)
② 사지수형(Quadtree)
③ 체인코드(Chain Code)
④ 스파게티(Spaghetti)

> **Guide** 격자형 자료구조의 압축방법
> • 런렝스코드(Run Length Code) 기법
> • 체인코드(Chain Code) 기법
> • 블록코드(Block Code) 기법
> • 사지수형(Quadtree) 기법

51 지리정보시스템(GIS)에 대한 설명으로 틀린 것은?

① 도형자료와 속성자료를 연결하여 처리하는 정보시스템이다.
② 하드웨어, 소프트웨어, 지리자료, 인적자원의 통합적 시스템이다.
③ 인공위성을 이용한 각종 공간정보를 취합하여 위치를 결정하는 시스템이다.
④ 지리자료와 공간문제의 해결을 위한 자료의 활용에 중점을 둔다.

> **Guide** GPS(Global Positioning System)
> 위성에서 발사한 전파를 수신하여 관측점까지 소요시간을 관측함으로써 관측점의 위치를 결정하는 체계이다.

52 도형자료와 속성자료를 활용한 통합분석에서 동일한 좌표계를 갖는 각각의 레이어정보를 합쳐서 다른 형태의 레이어로 표현되는 분석기능은?

① 중첩   ② 공간추정
③ 회귀분석   ④ 내삽과 외삽

> **Guide** 중첩분석(Overlay Analysis)
> 동일한 지역에 대한 서로 다른 두 개 또는 다수의 레이어로부터 필요한 도형자료나 속성자료를 추출하기 위한 공간분석 기법이다.

53 동일 위치에 대하여 수치지형도에서 취득한 평면좌표와 GNSS측량에 의해서 관측한 평면좌표가 다음의 표와 같을 때 수치지형도의 평면거리 오차량은?(단, GNSS측량결과가 참값이라고 가정)

정답 47 ② 48 ④ 49 ③ 50 ④ 51 ③ 52 ① 53 ③

수치지형도		GNSS 측정값	
x(m)	y(m)	x(m)	y(m)
254,859.45	564,854.45	254,858.88	564,851.32

① 2.58m   ② 2.88m

③ 3.18m   ④ 4.27m

Guide 평면거리 오차량

$$= \sqrt{(X_{GNSS} - X_{수치지형도})^2 + (Y_{GNSS} - Y_{수치지형도})^2}$$
$$= \sqrt{\begin{array}{l}(254,858.88 - 254,859.45)^2 \\ + (564,851.32 - 564,854.45)^2\end{array}}$$
$$= 3.18m$$

54 공간분석에 대한 설명으로 옳지 않은 것은?

① 지리적 현상을 설명하기 위하여 조사하고 질의하고 검사하고 실험하는 것이다.

② 속성을 표현하기 위한 탐색적 시각 도구로는 박스플롯, 히스토그램, 산포도, 파이차트 등이 있다.

③ 중첩분석은 새로운 공간적 경계들을 구성하기 위해서 두 개나 그 이상의 공간적 정보를 통합하는 과정이다.

④ 공간분석에서 통계적 기법은 속성에만 적용된다.

Guide 공간분석에서 통계적 기법은 주로 속성자료를 이용하여 수행되는 기법으로 속성자료와 연결되어 있는 도형 자료의 추출에 적용되기도 한다.

55 래스터 데이터(Raster Data) 구조에 대한 설명으로 옳지 않은 것은?

① 셀의 크기는 해상도에 영향을 미친다.

② 셀의 크기에 관계없이 컴퓨터에 저장되는 자료의 양은 압축방법에 의해서 결정된다.

③ 셀의 크기에 의해 지리정보의 위치 정확성이 결정된다.

④ 연속면에서 위치의 변화에 따라 속성들의 점진적인 현상 변화를 효과적으로 표현할 수 있다.

Guide 래스터 데이터는 동일한 크기의 격자로 이루어지며, 격자의 크기가 작을수록 해상도가 좋아지는 반면 저장용량이 증가한다.

56 지리정보시스템(GIS) 구축을 위한 〈보기〉의 과정을 순서대로 바르게 나열한 것은?

〈보기〉
㉠ 자료수집 및 입력   ㉡ 질의 및 분석
㉢ 전처리   ㉣ 데이터베이스 구축
㉤ 결과물 작성

① ㉢ - ㉠ - ㉣ - ㉡ - ㉤

② ㉠ - ㉢ - ㉣ - ㉤ - ㉡

③ ㉠ - ㉢ - ㉣ - ㉡ - ㉤

④ ㉢ - ㉣ - ㉠ - ㉡ - ㉤

Guide 지리정보시스템(GIS) 구축과정 순서
자료수집 → 자료입력 → 자료처리 → 자료조작 및 분석 → 출력

57 어느 GNSS수신기의 정확도가 ±(5mm + 5ppm)이라고 한다. 이 수신기로 기선길이 10km에 대해 측량하였을 때의 오차를 정확하게 표현한 것은?

① ±(5mm + 50mm)

② ±(50mm + 50mm)

③ ±(5mm + 20mm)

④ ±(50mm + 20mm)

Guide 수신기의 정확도 : ±(a + bppm)
여기서, a : 거리에 비례하지 않는 오차
         b : 거리에 비례하는 오차(1km당 5mm의 오차가 발생한다는 의미)
∴ 10km에 대해 측량하였을 때의 오차를 정확하게 표현하면, ±(5mm + 50mm)가 된다.

정답   54 ④   55 ②   56 ③   57 ①

58 DGPS에 대한 설명으로 옳지 않은 것은?

① 일반적으로 단독측위에 비해 정확하다.

② 두 대의 수신기에서 수신된 데이터가 있어야 한다.

③ 수신기 간의 거리가 짧을수록 좋은 성과를 기대할 수 있다.

④ 후처리절차를 거쳐야 하므로 실시간 위치측정은 불가능하다.

Guide DGPS는 상대측위기법 중 하나로 코드신호를 이용한 실시간 위치결정 방법이다.

59 지리정보시스템(GIS)의 자료취득방법과 가장 거리가 먼 것은?

① 투영법에 의한 자료취득 방법

② 항공사진측량에 의한 방법

③ 일반측량에 의한 방법

④ 원격탐사에 의한 방법

Guide 지리정보시스템의 자료취득방법
• 기존 지도를 이용하여 생성하는 방법
• 지상측량에 의하여 생성하는 방법
• 항공사진측량에 의하여 생성하는 방법
• 위성측량에 의하여 생성하는 방법

60 GPS 위성시스템에 대한 설명 중 틀린 것은?

① 측지기준계로 WGS-84 좌표계를 사용한다.

② GPS는 상업적 목적으로 민간이 주도하여 개발한 최초의 위성측위시스템이다.

③ 위성들은 각각 상이한 코드정보를 전송한다.

④ GPS에 사용되는 좌표계는 지구의 질량 중심을 원점으로 하고 있다.

Guide GPS는 원래 미국과 동맹국의 군사적 목적으로 개발되었으나, 현재는 일반인에게 위치정보 제공을 위한 중요한 사회기반으로 활용되고 있다.

Subject 04 측량학

✔ 측량 관련 법규는 출제 당시 법률을 기준으로 해설되었음을 알려드립니다.

61 강을 사이에 두고 교호수준측량을 실시하였다. A점과 B점에 표척을 세우고 A점에서 5m 거리에 레벨을 세워 표척 A와 B를 읽으니 1.5m와 1.9m이었고, B점에서 5m 거리에 레벨을 옮겨 A와 B를 읽으니 1.8m와 2.0m이었다면 B점의 표고는?(단, A점의 표고 = 50.0m)

① 50.1m ② 49.8m
③ 49.7m ④ 49.4m

Guide

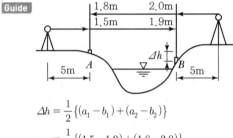

$$\Delta h = \frac{1}{2}\{(a_1 - b_1) + (a_2 - b_2)\}$$
$$= \frac{1}{2}\{(1.5 - 1.9) + (1.8 - 2.0)\}$$
$$= -0.3\text{m}$$
$$\therefore H_B = H_A + \Delta h = 50.0 + (-0.3) = 49.7\text{m}$$

62 그림과 같은 사변형삼각망의 조건식 총수는?

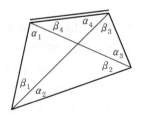

① 4개 ② 5개
③ 6개 ④ 7개

Guide 조건식 총수 $= a + B - 2P + 3$
$$= 8 + 1 - (2 \times 4) + 3 = 4$$
여기서, a : 관측각의 수
B : 기선의 수
P : 삼각점의 수

---

63 지구를 장반지름이 6,370km, 단반지름이 6,350km인 타원형이라 할 때 편평률은?

① 약 $\dfrac{1}{320}$　　② 약 $\dfrac{1}{430}$

③ 약 $\dfrac{1}{500}$　　④ 약 $\dfrac{1}{630}$

> **Guide** 편평률 $= \dfrac{a-b}{a} = \dfrac{6,370-6,350}{6,370}$
> $= \dfrac{1}{318.5} \fallingdotseq \dfrac{1}{320}$

64 등고선의 성질에 대한 설명으로 옳지 않은 것은?

① 등고선 간의 최단 거리의 방향은 그 지표면의 최대 경사의 방향을 가리키며 최대 경사의 방향은 등고선에 수직인 방향이다.

② 등고선은 경사가 일정한 곳에서 표고가 높아질수록 일정한 비율로 등고선 간격이 좁아진다.

③ 등고선은 절벽이나 동굴과 같은 지형에서는 교차할 수 있다.

④ 등고선은 분수선과 직교한다.

> **Guide** 등고선은 경사가 일정한 곳에서 표고가 높아질수록 일정한 비율로 등고선 간격도 일정하다.

65 수평각을 관측할 경우 망원경을 정·반위 상태로 관측하여 평균값을 취해도 소거되지 않는 오차는?

① 망원경 편심오차
② 수평축오차
③ 시준축오차
④ 연직축오차

> **Guide** 연직축오차는 망원경을 정위·반위로 관측하여 평균값을 취해도 소거되지 않는 오차이다.

66 그림과 같은 삼각망에서 $\overline{CD}$ 의 거리는?

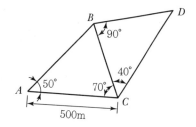

① 383.022m　　② 433.013m
③ 500.013m　　④ 577.350m

> **Guide**
>
>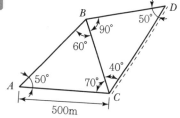
>
> • $\dfrac{500}{\sin 60°} = \dfrac{\overline{BC}}{\sin 50°} \rightarrow$
> $\overline{BC} = \dfrac{\sin 50°}{\sin 60°} \times 500 = 442.276\text{m}$
>
> • $\dfrac{\overline{BC}}{\sin 50°} = \dfrac{442.276}{\sin 50°} = \dfrac{\overline{CD}}{\sin 90°}$
> $\therefore \overline{CD} = \dfrac{\sin 90°}{\sin 50°} \times 442.276 = 577.350\text{m}$

67 오차의 원인도 불분명하고, 오차의 크기와 형태도 불규칙한 형태로 나타나는 오차는?

① 정오차
② 우연오차
③ 착오
④ 기계오차

> **Guide** 우연오차란 예측할 수 없이 불규칙하게 발생되는 오차이며, 최소제곱법에 의한 확률법칙에 의해 추정한다.

68 기지점 A, B, C로부터 수준측량에 의하여 표와 같은 성과를 얻었다. P점의 표고는?

노선	거리	표고
$A \rightarrow P$	3km	234.54m
$B \rightarrow P$	4km	234.48m
$C \rightarrow P$	4km	234.40m

① 234.43m ② 234.46m
③ 234.48m ④ 234.56m

Guide 경중률은 노선거리(S)에 반비례하므로 경중률비를 취하면,

$$W_1 : W_2 : W_3 = \frac{1}{S_1} : \frac{1}{S_2} : \frac{1}{S_3} = \frac{1}{3} : \frac{1}{4} : \frac{1}{4}$$
$$= 4 : 3 : 3$$

∴ P점 표고(H_P)

$$= \frac{W_1 H_A + W_2 H_B + W_3 H_C}{W_1 + W_2 + W_3}$$
$$= 234.000 + \frac{(4 \times 0.540) + (3 \times 0.480) + (3 \times 0.400)}{4 + 3 + 3}$$
$$= 234.480\text{m}$$

69 어떤 각을 4명이 관측하여 다음과 같은 결과를 얻었다면 최확값은?

관측자	관측각	관측횟수
A	42°28′47″	3
B	42°28′42″	2
C	42°28′36″	4
D	42°28′55″	5

① 42°28′46″ ② 42°28′44″
③ 42°28′41″ ④ 42°28′36″

Guide 경중률은 관측횟수(N)에 비례하므로 경중률비를 취하면,
$$W_1 : W_2 : W_3 : W_4 = N_1 : N_2 : N_3 : N_4$$
$$= 3 : 2 : 4 : 5$$

∴ 최확값(α_0)

$$= \frac{W_1 \alpha_1 + W_2 \alpha_2 + W_3 \alpha_3 + W_4 \alpha_4}{W_1 + W_2 + W_3 + W_4}$$
$$= 42°28′ + \frac{\begin{array}{c}(3 \times 47″) + (2 \times 42″) + (4 \times 36″) \\ + (5 \times 55″)\end{array}}{3 + 2 + 4 + 5}$$
$$= 42°28′46″$$

70 다각측량의 특징에 대한 설명으로 틀린 것은?

① 측선의 거리는 될 수 있는 대로 같게 하고, 측점 수는 적게 하는 것이 좋다.
② 거리와 각을 관측하여 점의 위치를 결정할 수 있다.
③ 세부기준점의 결정과 세부측량의 기준이 되는 골조측량이다.
④ 통합기준점 결정에 이용되는 측량방법이다.

Guide 통합기준점 결정에 이용되는 측량방법은 GNSS측량과 직접수준측량이다.

71 1 : 1,000 수치지도 도엽코드 [358130372]에 대한 설명으로 틀린 것은?

① 1 : 1,000 지형도를 기준으로 72번째 인덱스 지역에 존재한다.
② 1 : 50,000 지형도를 기준으로 13번째 인덱스 지역에 존재한다.
③ 1 : 10,000 지형도를 기준으로 303번째 인덱스 지역에 존재한다.
④ 1 : 50,000 지형도를 기준으로 경도 128~129°, 위도 35~36° 사이에 존재한다.

Guide
• 35813
  – 35813은 해당지역의 1/50,000 도엽
  – 35는 위도 35° 이상 36° 미만의 지역
  – 8은 경도 128° 이상 129° 미만의 지역
  – 13은 가로 15′, 세로 15′로 나눈 16개 구획 중 13번째 칸에 해당
• 03
  – 1/50,000 도엽을 25등분(가로 5, 세로 5)하면 1/10,000 도엽
  – 좌측 상단으로부터 일련번호를 붙인 것 중 03번째 도엽
• 72
  – 1/10,000 도엽을 100등분(가로 10, 세로 10)하면 1/1,000 도엽
  – 좌측상단으로부터 일련번호를 붙인 것 중 72번째 도엽

72 관측점이 10점인 폐합트래버스 내각의 합은?

① 180°　　　　② 360°
③ 1,440°　　　④ 2,160°

> **Guide** 내각의 합 $= 180°(n-2)$
> $\qquad\quad = 180°(10-2)$
> $\qquad\quad = 1,440°$

73 450m의 기선을 50m 줄자로 분할 관측할 때 줄자의 1회 관측의 우연오차가 ±0.01m이면 이 기선 관측의 오차는?

① ±0.01m　　　② ±0.03m
③ ±0.09m　　　④ ±0.81m

> **Guide** $n = \dfrac{450}{50} = 9$회
> $\therefore M = \pm m\sqrt{n} = \pm 0.01\sqrt{9} = \pm 0.03\text{m}$

74 정확도가 $\pm(3\text{mm} + 3\text{ppm} \times L)$로 표현되는 광파거리측량기로 거리 500m를 측량하였을 때 예상되는 오차의 크기는?

① ±2.0mm 이하
② ±2.5mm 이하
③ ±4.0mm 이하
④ ±4.5mm 이하

> **Guide** 일반적으로 측량기기 제작회사에서는 정확도의 표현을 $+(a+bD)$로 표시한다. 여기서 a는 거리에 비례하지 않는 오차이며, bD는 거리에 비례하는 오차의 표현이다.
> $\therefore$ 예상되는 총오차 $= \pm(3 + (3 \times 0.5)) = \pm 4.5\text{mm}$

75 성능검사를 받아야 하는 측량기기와 검사주기가 옳은 것은?

① 레벨 : 2년
② 토털 스테이션 : 1년
③ 금속관로 탐지기 : 4년
④ 지피에스(GPS) 수신기 : 3년

> **Guide** 공간정보의 구축 및 관리 등에 관한 법률 시행령 제97조 (성능검사의 대상 및 주기 등)
> 성능검사를 받아야 하는 측량기기와 검사주기는 다음과 같다.
> 1. 트랜싯(데오드라이트) : 3년
> 2. 레벨 : 3년
> 3. 거리측정기 : 3년
> 4. 토털 스테이션 : 3년
> 5. 지피에스(GPS) 수신기 : 3년
> 6. 금속관로 탐지기 : 3년

76 일반측량을 한 자에게 그 측량성과 및 측량기록의 사본을 제출하게 할 수 있는 경우가 아닌 것은?

① 측량의 중복 배제
② 측량의 정확도 확보
③ 측량성과의 보안 유지
④ 측량에 관한 자료의 수집 · 분석

> **Guide** 공간정보의 구축 및 관리 등에 관한 법률 제22조(일반측량의 실시 등)
> 국토교통부장관은 다음의 어느 하나에 해당하는 목적을 위하여 필요하다고 인정되는 경우에는 일반측량을 한 자에게 그 측량성과 및 측량기록의 사본을 제출하게 할 수 있다.
> 1. 측량의 정확도 확보
> 2. 측량의 중복 배제
> 3. 측량에 관한 자료의 수집 · 분석

77 "성능검사를 부정하게 한 성능검사대행자"에 대한 벌칙은?

① 1년 이하의 징역 또는 1천만 원 이하의 벌금
② 2년 이하의 징역 또는 2천만 원 이하의 벌금
③ 3년 이하의 징역 또는 3천만 원 이하의 벌금
④ 5년 이하의 징역 또는 5천만 원 이하의 벌금

> **Guide** 공간정보의 구축 및 관리 등에 관한 법률 제108조(벌칙)

정답 72 ③　73 ②　74 ④　75 ④　76 ③　77 ②

78 공간정보의 구축 및 관리 등에 관한 법률에서 정의하고 있는 용어에 대한 설명으로 옳지 않은 것은?

① "기본측량"이란 모든 측량의 기초가 되는 공간정보를 제공하기 위하여 국토교통부장관이 실시하는 측량을 말한다.

② 국가, 지방자치단체, 그 밖에 대통령령으로 정하는 기관이 관계 법령에 따른 사업 등을 시행하기 위하여 기본측량을 기초로 실시하는 측량은 "공공측량"이다.

③ "수로측량"이란 해상교통안전, 해양의 보전·이용·개발, 해양관할권의 확보 및 해양재해 예방을 목적으로 하는 항로조사 및 해양지명조사를 말한다.

④ "일반측량"이란 기본측량, 공공측량, 지적측량 및 수로측량 외의 측량을 말한다.

> **Guide** 공간정보의 구축 및 관리 등에 관한 법률 제2조(정의)
> 수로측량이란 해양의 수심·지구자기(地球磁氣)·중력·지형·지질의 측량과 해안선 및 이에 딸린 토지의 측량을 말한다.

79 측량의 실시공고에 대한 사항으로 ( )에 알맞은 것은?

> 공공측량의 실시공고는 전국을 보급지역으로 하는 일간신문에 1회 이상 게재하거나, 해당 특별시·광역시·특별자치시·도 또는 특별자치도의 게시판 및 인터넷 홈페이지에 ( ) 이상 게시하는 방법으로 하여야 한다.

① 7일 　　　② 14일
③ 15일 　　　④ 30일

> **Guide** 공간정보의 구축 및 관리 등에 관한 법률 시행령 제12조(측량의 실시공고)

80 측량기준점을 구분할 때 국가기준점에 속하지 않는 것은?

① 위성기준점 　　　② 지적기준점
③ 통합기준점 　　　④ 수로기준점

> **Guide** 공간정보의 구축 및 관리 등에 관한 법률 시행령 제8조(측량기준점의 구분)
> 국가기준점에는 우주측지기준점, 위성기준점, 수준점, 중력점, 통합기준점, 삼각점, 지자기점, 수로기준점, 영해기준점이 있다.

본 문제의 해설은 출제자의 의도와 일치되지 않을 수 있으며, 문제 및 정답은 일부 오탈자가 있을 수 있으므로 학습시 의문사항이 있으면 예문사 또는 저자에게 문의하여 주시기 바랍니다. 또한, 본 기출문제는 시행 당시의 이론 및 법규에 의하여 해설되었음을 알려드립니다.

Subject **01** 응용측량

01 노선측량의 단곡선 설치를 위해 곡선반지름과 함께 필요한 중요 요소는?

① B.C(곡선시점)　② E.C(곡선종점)
③ I(교각)　④ T.L(접선장)

> **Guide** 단곡선을 설치하려면 곡선반지름(R)과 교각(I)을 결정한 후 I와 R의 함수인 $T.L$, $C.L$, E, M 등을 결정한다.

02 수로도지에 해당하지 않는 것은?

① 항해용 해도
② 해저지형과 해저지질의 특성을 나타낸 해저지형도
③ 해양영토 관리 등에 필요한 정보를 수록한 영해기점도
④ 지적측량을 통하여 조사된 지적도

> **Guide** 수로도지는 선박의 안전과 능률적인 항행을 위하여 발행한 것으로 다음과 같은 도면을 말한다.
> • 항해용으로 사용되는 해도
> • 해양영토관리, 해양경계획정 등에 필요한 정보를 수록한 영해기점도
> • 연안정보를 수록한 연안특수도
> • 해저지형과 해저지질의 특성을 나타낸 해저지형도
> • 해저지층분포도, 지구자기도, 중력도 등 해양기본도
> • 조류와 해류의 정보를 수록한 조류도 및 해류도
> • 해양재해를 줄이기 위한 해안침수 예상도
> • 그 밖에 수로조사성과를 수록한 각종 주제도

03 해상교통안전, 해양의 보전·이용·개발, 해양관할권의 확보 및 해양재해 예방을 목적으로 하는 수로측량·해양관측·항로조사 및 해양지명조사를 무엇이라고 하는가?

① 해안조사　② 해양측량
③ 연안측량　④ 수로조사

> **Guide** 수로조사란 해상교통안전, 해양의 보전·이용·개발, 해양관할권의 확보 및 해양재해 예방을 목적으로 하는 수로측량·해양관측·항로조사 및 해양지명조사를 말한다.

04 하천 횡단측량에서 그림과 같이 $\overline{AB}$ 선상의 배위에서 $\angle a$를 관측하였다. $\overline{BP}$의 거리는?
(단, $\overline{AB} \perp \overline{BD}$, $\overline{BD} = 50.0$m, $a = 40°30'$)

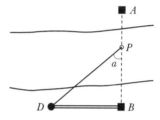

① 32.47m　② 38.02m
③ 42.70m　④ 58.54m

> **Guide** $\tan a = \dfrac{\overline{BD}}{\overline{BP}}$
>
> $\therefore \overline{BP} = \dfrac{\overline{BD}}{\tan a} = \dfrac{50}{\tan 40°30'} = 58.54$m

05 유토곡선(Mass Curve)을 작성하는 목적과 거리가 먼 것은?

① 토공기계의 결정
② 토량의 배분
③ 토량의 운반거리 산출
④ 토공의 단가 결정

> **Guide** 유토곡선을 작성하는 목적
> • 토량이동에 따른 공사방법 및 순서 결정
> • 평균 운반거리 산출
> • 운반거리에 따른 토공기계 산정
> • 토량 배분

정답　01 ③　02 ④　03 ④　04 ④　05 ④

06 하천측량에서 수위에 관한 용어 중 1년을 통하여 355일간은 이보다 내려가지 않는 수위를 무엇이라 하는가?

① 저수위 　　　　② 갈수위
③ 최저수위 　　　④ 평균최저수위

> **Guide** 갈수위는 1년을 통해 355일은 이보다 저하하지 않는 수위이다.

07 □$ABCD$의 넓이는 1,000m²이다. 선분 $\overline{AE}$로 △ABE와 □$AECD$의 넓이의 비를 2 : 3으로 분할할 때 $\overline{BE}$의 거리는?

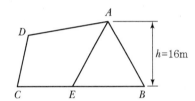

① 37m 　　　　② 40m
③ 50m 　　　　④ 60m

> **Guide** △ABE 면적 $= 1,000 \times \dfrac{2}{5} = 400\text{m}^2 \rightarrow$
>
> △ABE의 면적 $= \dfrac{1}{2} \times \overline{BE} \times h = 400\text{m}^2$
>
> ∴ $\overline{BE} = \dfrac{400 \times 2}{16} = 50\text{m}$

08 노선측량의 작업단계에 해당되지 않는 것은?

① 시거측량 　　　② 세부측량
③ 용지측량 　　　④ 공사측량

> **Guide** 시거측량(Stadia Surveying)은 망원경 내부의 상 · 하 시거선 사이에 낀 표척의 협장과 연직각에 의하여 두 점 간의 거리와 높이의 차이를 간접적으로 구하는 측량으로서, 노선측량의 작업단계와는 무관하다.

09 완화곡선의 성질에 대한 설명으로 ( )에 알맞게 짝지어진 것은?

> 완화곡선의 접선은 시점에서 (㉠)에, 종점에서 (㉡)에 접한다.

① ㉠ 곡선, ㉡ 원호
② ㉠ 직선, ㉡ 원호
③ ㉠ 곡선, ㉡ 직선
④ ㉠ 원호, ㉡ 곡선

> **Guide** 완화곡선의 접선은 시점에서는 직선에, 종점에서는 원호에 접한다.

10 비행장의 입지선정을 위해 고려하여야 할 주요 요소로 가장 거리가 먼 것은?

① 주변지역의 개발 형태
② 항공기 이용에 따른 접근성
③ 지표면 배수상태
④ 비행장 운영에 필요한 지원시설

> **Guide** 비행장의 입지 선정 요소
> 주변지역 개발 형태, 기후, 접근성, 장애물, 지원시설, 기타 주변 여건

11 클로소이드 곡선에서 곡선반지름(R)이 일정할 때 매개변수(A)를 2배로 증가시키면 완화곡선 길이(L)는 몇 배가 되는가?

① $\sqrt{2}$ 　　　　② 2
③ 4 　　　　　　④ 8

> **Guide** $A^2 = R \cdot L \rightarrow (2)^2 = RL$
> ∴ 반경이 일정하므로 완화곡선 길이(L)는 4배가 된다.

12 땅고르기 작업을 위해 토지를 격자(4m × 3m) 모양으로 분할하고, 각 교점의 지반고를 측량한 결과가 그림과 같을 때, 전체 토량은?(단, 표고 단위 : m)

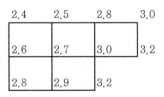

① 123m³ 　　　　② 148m³
③ 168m³ 　　　　④ 183m³

Guide

$$V = \frac{A}{4}(\Sigma h_1 + 2\Sigma h_2 + 3\Sigma h_3 + 4\Sigma h_4)$$

$$= \frac{4 \times 3}{4}\{14.6 + 2(10.8) + 3(3) + 4(2.7)\}$$

$$= 168\text{m}^3$$

13 그림과 같은 토지의 면적을 심프슨 제1공식을 적용하여 구한 값이 44m²라면 거리 D는?

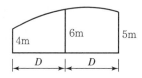

① 4.0m ② 4.4m
③ 8.0m ④ 8.8m

Guide 심프슨 제1법칙

$$A = \frac{D}{3}(y_o + y_n + 4\Sigma y_{\text{홀수}} + 2\Sigma y_{\text{짝수}})$$

$$44 = \frac{D}{3}\{4 + 5 + 4(6)\}$$

$$\therefore D = 4.0\text{m}$$

14 자동차가 곡선구간을 주행할 때에는 뒷바퀴가 앞바퀴보다 곡선의 내측에 치우쳐서 통과하므로 차선폭을 증가시켜 준다. 이때 증가시키는 확폭의 크기(Slack)는?(단, R : 차량 중심의 회전반지름, L : 전후차륜거리)

① $\dfrac{L^3}{2R^2}$ ② $\dfrac{L^2}{2R}$

③ $\dfrac{L^3}{3R^2}$ ④ $\dfrac{L^2}{3R}$

Guide 슬랙(Slack)
차량이 곡선 위를 주행할 때 뒷바퀴가 앞바퀴보다 안쪽을 통과하게 되므로 차선 너비를 넓혀야 하는데, 이를 확폭이라 한다.

$$\varepsilon = \frac{L^2}{2R}$$

15 도로선형을 계획함에 있어 A점의 성토면적이 25m², B점의 성토면적이 10.42m²인 경우, 두 지점 간의 토량은?(단, 두 지점 간의 거리는 20m이다.)

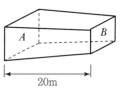

① 308.4m³ ② 354.2m³
③ 380.2m³ ④ 500.4m³

Guide 양단면평균법 적용

$$V = \frac{A\text{점 성토면적} + B\text{점 성토면적}}{2} \times \text{거리}$$

$$= \frac{25 + 10.42}{2} \times 20$$

$$= 354.2\text{m}^3$$

16 그림과 같이 중앙종거(M)가 20m, 곡선반지름(R)이 100m일 때, 단곡선의 교각은?

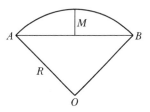

① 36°52′12″ ② 73°44′23″
③ 110°36′35″ ④ 147°28′46″

Guide

$$\text{중앙종거}(M) = R\left(1 - \cos\frac{I}{2}\right)$$

$$\therefore I = \cos^{-1}\left(1 - \frac{M}{R}\right) \times 2$$

$$= \cos^{-1}\left(1 - \frac{20}{100}\right) \times 2$$

$$= 73°44′23″$$

17 그림과 같은 단곡선에서 곡선반지름(R) = 50m, $\overline{AD}$의 방위 = N79°49′32″E, $\overline{BD}$의 방위 = N50°10′28″W일 때 $\overline{AB}$의 거리는?

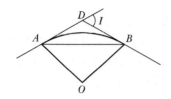

① 10.81m   ② 28.36m

③ 34.20m   ④ 42.26m

Guide
- $\overline{AD}$ 방위각 $= 79°49'32''$
- $\overline{BD}$ 방위각 $= 360° - 50°10'28'' = 309°49'32''$
- $\overline{DB}$ 방위각 $= \overline{BD}$ 방위각 $- 180°$
  $= 309°49'32'' - 180°$
  $= 129°49'32''$

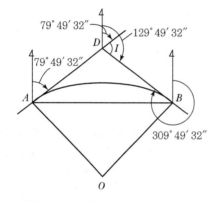

- $I = \overline{DB}$ 방위각 $- \overline{AD}$ 방위각
  $= 129°49'32'' - 79°49'32''$
  $= 50°$
- $\therefore \overline{AB}$ 거리 $= 2R \cdot \sin\dfrac{I}{2}$
  $= 2 \times 50 \times \sin\dfrac{50°}{2}$
  $= 42.26m$

18 터널측량에 대한 설명으로 틀린 것은?

① 터널 내의 곡선설치는 일반적으로 지상에서와 같은 편각법을 사용한다.

② 터널 외 중심선측량은 트래버스측량 등으로 행한다.

③ 터널 내의 측량에서는 기계의 십자선 및 표척 등에 조명이 필요하다.

④ 터널측량의 분류는 터널 외 측량, 터널 내 측량, 터널 내외 연결측량으로 나눈다.

Guide 터널 내의 곡선설치는 지거법에 의한 방법, 접선편거와 현편거에 의한 방법을 이용하여 설치한다.

19 터널 측량결과 입구 A와 출구 B의 좌표가 표와 같을 때 터널의 길이는?

[단위 : m]

구분	X(N)	Y(E)
A	2,288.49	9,367.24
B	2,145.63	9,253.58

① 182.56m   ② 194.34m

③ 201.53m   ④ 213.49m

Guide 터널의 길이
$$= \sqrt{(X_B - X_A)^2 + (Y_B - Y_A)^2}$$
$$= \sqrt{(2,145.63 - 2,288.49)^2 + (9,253.58 - 9,367.24)^2}$$
$$= 182.56m$$

20 댐을 축조하기 위한 조사계획 단계의 측량과 거리가 먼 것은?

① 수문자료조사를 위한 측량

② 지형, 지질조사를 위한 측량

③ 유지관리조사를 위한 측량

④ 보상조사를 위한 측량

Guide 댐을 축조하기 위한 측량 순서
- 조사계획측량
  - 수문자료조사
  - 지형 · 지질조사
  - 보상조사
  - 재료원 조사
  - 가설비 조사
- 실시설계측량
  - 삼각측량
  - 다각측량
  - 평면도 제작측량
  - 종 · 횡단측량
  - 토취장측량
- 안전관리측량
  - 절대변위측량
  - 상대변위측량

Subject 02 사진측량 및 원격탐사

21 항공사진촬영 전 지상에 설치하는 대공표지에 대한 설명으로 옳은 것은?

① 대공표지는 사진상에 분명히 확인할 수 있어야 하며, 그 크기와 재료는 항상 동일하여야 한다.
② 대공표지는 지상에 설치하는 만큼 지표에 완전히 붙어 있어야 한다.
③ 대공표지는 기준점 주위에 설치해서는 안 되며, 사진상에서 찾기 쉽도록 광택이 나야 한다.
④ 설치장소는 천정으로부터 45° 이상의 시계를 확보할 수 있어야 한다.

> **Guide** 대공표지의 선점 시 주의사항
> • 사진상에 명확하게 보이기 위해서는 주위의 색상과 대조가 되어야 한다.
> • 상공은 45° 이상의 각도를 열어두어야 한다.
> • 대공표지의 사진상의 크기는 촬영 후 사진에 $30\mu m$ 정도가 나타나야 한다.

22 항공사진의 성질에 대한 설명으로 옳지 않은 것은?

① 항공사진은 지면에 비고가 있으면 그 상은 변형되어 찍힌다.
② 항공사진은 지면에 비고가 있으면 연직사진의 경우에도 렌즈의 중심과 지상점의 높이의 차에 의하여 축척이 상이하다.
③ 항공사진은 연직사진이 아니므로 지도를 만들 수 없다.
④ 항공사진이 경사져 있으면 지면이 평탄해도 사진의 경사 방향에 따라 축척이 일정하지 않다.

> **Guide** 항공사진측량에 의한 지형도 제작 시 엄밀수직사진은 실제 어려우므로 거의 3° 이내의 수직사진이 이용된다.

23 촬영고도 1,000m에서 촬영한 사진상에 나타난 철탑의 상단부분이 사진의 주점으로부터 6cm 떨어져 있으며, 철탑의 변위가 5mm로 나타날 때 이 철탑의 높이는?

① 53.3m
② 63.3m
③ 73.3m
④ 83.3m

> **Guide**
> $$기복변위(\Delta r) = \frac{h}{H} \cdot r$$
> $$\therefore h = \frac{\Delta r}{r} \cdot H = \frac{0.005}{0.06} \times 1,000 = 83.3m$$

24 촬영고도 5,400m, 사진 A의 주점기선길이가 65mm, 사진 B의 주점기선길이가 70mm일 때 시차차가 1.35mm인 두 점의 높이차는?

① 108m
② 110m
③ 112m
④ 114m

> **Guide**
> $$h = \frac{H}{b_0} \cdot \Delta p = \frac{5,400}{\frac{65+70}{2}} \times 1.35 = 108m$$

25 위성영상 센서의 방사해상도에서 8bit로 표현할 수 있는 범위로 옳은 것은?

① 0~255
② 0~256
③ 1~255
④ 1~256

> **Guide** 위성영상 센서의 방사해상도 표현범위
> • 6bit : 0~63 • 8bit : 0~255 • 11bit : 0~2,047

26 항공사진측량의 촬영비행 조건으로 옳은 것은?(단, 항공사진측량 작업규정 기준)

① 구름 및 구름의 그림자에 관계없이 기온이 25℃ 이상인 날씨에 촬영한다.
② 촬영비행은 영상이 잘 나타나도록 지형에 맞춰 수시로 촬영고도를 변화시킨다.
③ 태양고도가 산지에서는 30°, 평지에서는 25° 이상일 때 촬영한다.
④ 계획 촬영코스로부터의 수평이탈은 계획촬영고도의 30% 이내로 촬영한다.

정답 21 ④ 22 ③ 23 ④ 24 ① 25 ① 26 ③

Guide 항공사진측량 작업규정 제3장 제23조(촬영비행조건)
촬영비행은 태양고도가 산지에서는 30°, 평지에서는 25°
이상일 때 행하며 험준한 지형에서는 음영부에 관계없이
영상이 잘 나타나는 태양고도의 시간에 행하여야 한다.

27 어느 지역 영상의 화솟값 분포를 알아보기 위
해 아래와 같은 도수분포표를 작성하였다. 이
그림으로 추정할 수 있는 해당지역의 토지피
복의 수로 적합한 것은?

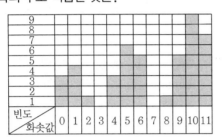

① 1   ② 2
③ 3   ④ 4

Guide 토지피복 수 = $\frac{44}{9}$ = 4.9이므로 빈도 4와 5의 값을 찾으
면 해당 지역의 토지피복의 수로 3개가 추정된다.

28 ( )에 알맞은 용어로 가장 적합한 것은?

절대표정(Absolute Orientation)이 완전히 끝났
을 때에는 입체모델과 실제 지형은 ( )의 관계
가 이루어진다.

① 상사(相似)   ② 이동(異動)
③ 평행(平行)   ④ 일치(一致)

Guide 절대표정을 통하여 축척과 경사조정을 끝내면 사진
Model과 지형 Model과는 상사관계가 이루어진다.(상
사 : 모양이 서로 비슷함)

29 2쌍의 영상을 입체시하는 방법 중 서로 직교
하는 두 개의 편광 광선이 한 개의 편광면을
통과할 때 그 편광면의 진동방향과 일치하는
광선만 통과하고, 직교하는 광선을 통과 못하
는 성질을 이용하는 입체시의 방법은?

① 여색입체방법   ② 편광입체방법
③ 입체경에 의한 방법   ④ 순동입체방법

Guide 편광입체방법은 서로 직교하는 진동면을 갖는 2개의 편
광광선이 1개의 편광면을 통과할 때, 그 편광면의 진동방
향과 일치하는 진행방향의 광선만 통과하고 여기에 직교
하는 광선은 통과하지 못하는 편광의 성질을 이용하는
방법이다.

30 항공사진에 찍혀 있는 두 점 A, B의 거리를 관측
하였더니 9cm이고, 축척 1 : 25,000의 지형
도에서 두 점 간의 길이가 3.6cm이었다면 촬영
고도는?(단, 카메라의 초점거리는 15cm, 사
진크기는 23cm×23cm이며, 대상지는 평지
이다.)

① 1,200m   ② 1,500m
③ 3,000m   ④ 15,000m

Guide • 지형도상의 실제거리

$\frac{1}{m} = \frac{도상거리}{실제거리} \rightarrow \frac{1}{25,000} = \frac{0.036}{실제거리}$

$\rightarrow$ 실제거리 = 900m

• 사진축척$(M) = \frac{1}{m} = \frac{f}{H} = \frac{l}{L} \rightarrow$

$\frac{1}{m} = \frac{l}{L} \rightarrow \frac{1}{m} = \frac{0.09}{900} = \frac{1}{10,000}$

• 촬영고도(H)

$\frac{1}{m} = \frac{f}{H} \rightarrow$

$\frac{1}{10,000} = \frac{0.15}{H}$

$\therefore H = 1,500$m

31 다음 중 수동형 센서가 아닌 것은?

① 항공사진 카메라   ② 다중분광 스캐너
③ 열적외 스캐너   ④ 레이저 스캐너

Guide 센서
• 능동적 센서(Active Sensor) : 대상물에서 전자기파
를 발사한 후 반사되는 전자기파 수집
예 Laser, Radar
• 수동적 센서(Passive Sensor) : 대상물에서 방사되는
전자기파 수집
예 일반렌즈 사진기, 디지털 사진기, 다중분광 스캐너,
초분광 센서

정답 27 ③   28 ①   29 ②   30 ②   31 ④

32 관성항법시스템(INS)의 구성으로 옳은 것은?

① 자이로와 가속도계
② 자이로와 도플러계
③ 중력계와 도플러계
④ 중력계와 가속도계

> **Guide** 관성항법시스템(INS)은 물체의 각속도를 검출하는 자이로와 물체의 운동상태를 순시적으로 감지할 수 있는 가속도계로 구성되어 있다.

33 사진측량은 4차원 측량이 가능하다. 다음 중 4차원 측량에 해당하지 않는 것은?

① 거푸집에 대하여 주기적인 촬영으로 변형량을 관측한다.
② 동적인 물체에 대한 시간별 움직임을 체크한다.
③ 4가지의 각각 다른 구조물을 동시에 측량한다.
④ 용광로의 열변형을 주기적으로 측정한다.

> **Guide** 4차원 측량은 시간별로 촬영이 가능하다는 의미이므로 ③항은 관계가 멀다.

34 "초점거리 및 중심점을 조정하여 상좌표로부터 사진좌표를 얻는다."와 관련된 표정은?

① 상호표정
② 내부표정
③ 절대표정
④ 접합표정

> **Guide** 내부표정은 내부표정요소인 주점의 위치와 초점거리를 조정하여 상좌표로부터 사진좌표를 구하는 작업이다.

35 원격탐사 데이터 처리 중 전처리 과정에 해당되는 것은?

① 기하보정
② 영상분류
③ DEM 생성
④ 영상지도 제작

> **Guide** 위성영상처리 순서
> • 전처리 : 방사량보정, 기하보정
> • 변환처리 : 영상강조, 데이터 압축
> • 분류처리 : 분류, 영역분할/매칭

36 영상정합(Inage Matching)의 대상기준에 따른 영상정합의 분류에 해당되지 않는 것은?

① 영역기준 정합
② 객체형 정합
③ 형상기준 정합
④ 관계형 정합

> **Guide** 영상정합의 방법
> • 영역기준 정합
> • 형상기준 정합
> • 관계형 정합

37 물체의 분광반사특성에 대한 설명으로 옳은 것은?

① 같은 물체라도 시간과 공간에 따라 반사율이 다르게 나타난다.
② 토양은 식물이나 물에 비하여 파장에 따른 반사율의 변화가 크다.
③ 식물은 근적외선 영역에서 가시광선 영역보다 반사율이 높다.
④ 물은 식물이나 토양에 비해 반사율이 높다.

> **Guide** 식물은 근적외선 영역에서 반사율이 높고, 가시광선 영역에서는 광합성 작용으로 인해 적색광과 청색광은 식물에 흡수되어 반사율이 낮다.

38 사진판독의 요소와 거리가 먼 것은?

① 색조
② 모양
③ 음영
④ 고도

> **Guide** 사진판독 요소
> • 주요소 : 색조, 모양, 질감, 형상, 크기, 음영
> • 보조요소 : 상호위치관계, 과고감

39 도화기의 발달과정 중 가장 최근에 개발되어 사용되는 도화기는?

① 해석식 도화기
② 기계식 도화기
③ 수치 도화기
④ 혼합식 도화기

> **Guide** 기계식 도화기(1900~1950년) → 해석식 도화기(1960년~) → 수치 도화기(1980년~)

40 사진의 중심점으로서 렌즈의 광축과 화면이 교차하는 점은?

① 연직점   ② 주점

③ 등각점   ④ 부점

> **Guide** 항공사진의 특수 3점
> - 주점 : 사진의 중심점으로서 렌즈 중심으로부터 화면에 내린 수선의 발
> - 연직점 : 렌즈 중심으로부터 지표면에 내린 수선의 발
> - 등각점 : 주점과 연직선이 이루는 각을 2등분한 선

Subject 03 지리정보시스템(GIS) 및 위성측위시스템(GNSS)

41 다음 중 지도의 일반화 유형(단계)이 아닌 것은?

① 단순화   ② 분류화

③ 세밀화   ④ 기호화

> **Guide** 일반화(Generalization)
> 공간데이터 처리에 있어서 세밀한 항목을 줄이는 과정으로 큰 공간에서 다시 추출하거나 선에서 점을 줄이는 것을 말하며, 지도의 일반화 유형에는 단순화, 분류화, 기호화 등이 있다.

42 지리정보시스템(GIS)의 특징이 아닌 것은?

① 자료의 합성 및 중첩에 의한 다양한 공간분석이 용이하다.

② 사용자의 요구에 맞게 새로운 지도를 제작하거나, 수정할 수 있다.

③ 대규모 자료를 데이터베이스화하여 효과적으로 관리할 수 있다.

④ 한 번 구축된 지리정보시스템의 자료는 항상성을 유지하기 위해 수정, 편집이 어렵다.

> **Guide** GIS의 특징
> - 대량의 정보를 저장하고 관리할 수 있음
> - 원하는 정보를 쉽게 찾아볼 수 있고, 새로운 정보의 추가와 수정이 용이
> - 표현방식이 다른 여러 가지 지도나 도형으로 표현이 가능
> - 지도의 축소·확대가 자유롭고 계측이 용이
> - 복잡한 정보의 분류나 분석에 유용

- 필요한 자료의 중첩을 통하여 종합적 정보의 획득이 용이

43 지리정보시스템(GIS)의 데이터 취득에 대한 일반적인 설명으로 옳지 않은 것은?

① 스캐닝이 디지타이징에 비하여 작업 속도가 빠르다.

② 디지타이징은 전반적으로 자동화된 작업과정이므로 숙련도에 크게 좌우되지 않는다.

③ 스캐닝에 의한 수치지도 제작을 위해서는 래스터를 벡터로 변환하는 과정이 필요하다.

④ 디지타이징은 지도와 항공사진 등 아날로그 형식의 자료를 전산기에 의해서 직접 판독할 수 있는 수치 형식으로 변환하는 자료획득 방법이다.

> **Guide** 디지타이징은 작업자의 숙련도가 작업의 효율성에 큰 영향을 준다.

44 지리정보시스템(GIS)의 자료처리에서 버퍼(Buffer)에 대한 설명으로 옳은 것은?

① 공간 형상의 둘레에 특정한 폭을 가진 구역(Zone)을 구축하는 것이다.

② 선 데이터에 대해서만 버퍼거리를 지정하여 버퍼링(Buffering)을 할 수 있다.

③ 면 데이터의 경우 면의 안쪽에서는 버퍼거리를 지정할 수 없다.

④ 선 데이터의 형태가 구불구불한 굴곡이 매우 심하거나 소용돌이 형상일 경우 버퍼를 생성할 수 없다.

> **Guide** 버퍼 분석
> GIS 연산에 의해 점·선 또는 면에서 일정 거리 안의 지역을 둘러싸는 폴리곤 구역을 생성하는 기법

45 GNSS(Global Navigation Satellite System)에 해당되지 않는 것은?

① GPS   ② GOCE

③ GLONASS   ④ GALILEO

Guide GNSS 위성군
GPS(미국), GLONASS(러시아), Galileo(유럽연합)

46 GPS에서 채택하고 있는 기준타원체는?

① WGS84
② Bessell841
③ GRS80
④ NAD83

Guide GPS 위성측량에서 이용되는 좌표계는 WGS84 좌표계이다.

47 지리정보시스템(GIS)에서 래스터 데이터를 이용한 공간분석 기능 수행 중 A와 B를 이용하여 수행한 결과 C를 만족시키기 위한 연산 조건으로 옳은 것은?

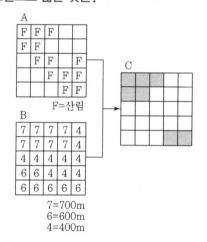

7=700m
6=600m
4=400m

① (A=산림) AND (B<500m)
② (A=산림) AND NOT (B<500m)
③ (A=산림) OR (B<500m)
④ (A=산림) XOR (B<500m)

Guide 결과 C는 A의 F(=산림) 속성을 가진 셀과 B의 6(=600m), 7(=700m) 속성을 가진 셀의 중첩된 결과이다.
∴ (A=산림) AND (B>500m) 또는
   (A=산림) AND NOT (B<500m)

48 공간 자료 품질의 핵심요소 중 하나로 데이터셋의 역사를 말하며 수치 데이터셋의 경우는 다음과 같이 정의할 수 있는 것은?

> 자료품질 설명의 일부로서, 자료와 관련있는 관측 또는 원료의 출처, 자료획득 및 편집방법, 변환·변형·분석·파생방법, 기타 모든 단계에서 적용한 가정 혹은 기준 등의 정보를 포함한다.

① 연혁(Lineage)
② 완전성(Completeness)
③ 위치 정확도(Positional Accuracy)
④ 논리적 일관성(Logical Consistency)

Guide 연혁(Lineage)
기초자료에 대한 정보, 특히 원축척 정도를 나타낸다. 자료가 얻어져서 사용할 수 있는 형태로 들어갈 때까지의 자료의 흐름을 말한다.

49 지리정보시스템(GIS)에서 사용하는 수치지도를 제작하는 방법이 아닌 것은?

① 항공기를 이용하여 항공사진을 촬영하여 수치지도를 만드는 방법
② 항공사진 필름을 고감도 복사기로 인쇄하는 방법
③ 인공위성 데이터를 이용하여 수치지도를 만드는 방법
④ 종이지도를 디지타이징하여 수치지도를 만드는 방법

Guide 수치지도 제작
• 항공사진측량에 의한 수치지도 제작
• 인공위성 자료에 의한 수치지도 제작
• 기존 종이지도를 디지타이징하여 수치지도 제작
• 기존 종이지도를 스캐닝 후 벡터라이징하여 수치지도 제작
• GPS에 의한 수치지도 제작
• Total Station에 의한 수치지도 제작
• LiDAR에 의한 수치지도 제작 등

50 지리정보시스템(GIS)의 자료형태에서 그리드(Grid)에 대한 설명으로 옳지 않은 것은?

① 래스터자료를 셀단위로 저장하는 X, Y좌표 격자망
② 정방형의 가상격자망을 채워주는 점 자료
③ 규칙적으로 배치된 샘플점의 집합
④ 일반적인 벡터형 자료시스템

Guide 그리드(Grid)
바둑판 눈금 또는 석쇠 모양의 동일한 크기의 정방형 혹은 준 정방형 셀의 배열에 의해서 정보를 표현하는 지리 자료 모형으로 래스터 자료이다.

51 GNSS 관측 오차에 대한 설명 중 틀린 것은?

① 대류권에 의하여 신호가 지연된다.
② 전리층에 의하여 코드 신호가 지연된다.
③ 다중경로 오차에 의하여 신호의 세기가 증폭된다.
④ 수학적으로 대류권 오차는 온도, 기압, 습도 등으로 모델링한다.

Guide 다중경로 오차는 건물이나 자동차 등에 의한 반사된 GPS신호가 수신기로 수신되어 발생하는 오차로 위치정확도가 저하된다.

52 GNSS의 활용 분야와 가장 거리가 먼 것은?

① 실내 3차원 모델링
② 기준점 측량
③ 구조물 변위 모니터링
④ 지형공간정보 획득 및 시설물 유지 관리

Guide GPS는 현재 실내 및 지하 관측이 어려우므로 실내 3차원 모델링에는 그 활용도가 낮다.

53 지리정보시스템(GIS)의 분석기법 중 최단경로 탐색에 가장 적합한 것은?

① 버퍼 분석
② 중첩 분석
③ 지형 분석
④ 네트워크 분석

Guide 네트워크 분석
두 지점 간의 최단경로를 찾는 등의 공간적인 분석으로 절점이 서로 연결되었는지를 결정하는 연결성 분석 중 하나이다.

54 GPS신호 중 1,575.42MHz의 주파수를 가지는 신호는?

① P코드
② C/A코드
③ L_1
④ L_2

Guide 반송파(Carrier)
• L_1 : 1,575.42MHz(154×10.23MHz), C/A – code와 P – code 변조 가능
• L_2 : 1,227.60MHz(120×10.23MHz), P – code만 변조 가능

55 관계형 공간 데이터베이스에서 질의를 위해 주로 사용하는 언어는?

① DML
② GML
③ OQL
④ SQL

Guide SQL(표준질의어)
비과정 질의어의 대표적 예로 관계형 데이터베이스의 표준 언어이다.

56 임의 지점 A에서 타원체고(h) 25.614m, 지오이드고(N) 24.329m일 때 A지점의 정표고(H)는?

① −1.285m
② 1.285m
③ −49.943m
④ 49.943m

Guide 정표고(H)=타원체고(h) – 지오이드고(N)
$\quad$ =25.614 – 24.329
$\quad$ =1.285
$\quad \therefore$ 정표고(H)=1.285m

57 다음 중 도형이나 속성자료의 호환을 위해 사용되는 포맷이 아닌 것은?

① ASCII 코드
② SHAPE
③ JPG
④ TIGER

정답 50 ④ 51 ③ 52 ① 53 ④ 54 ③ 55 ④ 56 ② 57 ③

••• Surveying Geo-Spatial Information

Guide GIS Data 호환 형식
- DXF(Drawing Exchange Format)
  Auto Desk사의 ASCII 형태의 그래픽 자료의 파일 포맷
- SDTS(Spatial Data Transfer Standard : 공간자료 교환표준)
  NGIS를 구축함에 따라 지리정보시스템 간 위상 벡터 데이터 형식의 지리정보 교환을 위한 공통 데이터 교환 포맷
- SHP 형식
  미국 ESRI사에서 GIS Data의 호환을 위해 제정한 형식
- 개방형 GIS(Open GIS)
  자료에 대한 접근 및 자료 처리를 용이하게 하도록 하기 위한 사양(Specification)을 정의
  - ASCII(American Standard Code for Information Interchange/ASCII) 형식
    미국정보교환표준부호의 약어로 소형 컴퓨터에서 문자 데이터(문자, 숫자, 문장 부호)와 비입력장치 명령(제어문자)을 나타내는 데 사용되는 표준 데이터
  - TIGER(Topologically Integrated Geographic Encoding and Referencing System)
    U.S Census Bureau에서 인구조사를 위해 개발한 벡터형 파일 형식으로 위상구조를 포함한다.

58 수치지형모델 중의 한 유형인 수치표고모델(DEM)의 활용과 거리가 가장 먼 것은?

① 토지피복도(Land Cover Map)
② 3차원 조망도(Perspective View)
③ 음영기복도(Shaded Relief Map)
④ 경사도(Slope Map)

Guide DEM은 지형의 표고값을 이용한 경사도, 사면방향도, 단면분석, 절·성토량 산정, 등고선 작성 등 다양한 분야에 활용된다.

59 수록된 데이터의 내용, 품질, 작성자, 작성일자 등과 같은 유용한 정보를 제공하여 데이터 사용을 편리하게 하는 데이터를 의미하는 것은?

① 위상데이터　　② 공간데이터
③ 메타데이터　　④ 속성데이터

Guide 메타데이터(Metadata)
실제 데이터는 아니지만 데이터베이스, 레이어, 속성, 공간형상 등과 관련된 데이터의 내용, 품질, 조건 및 특징 등을 저장한 데이터로서 데이터에 관한 데이터의 이력을 말한다.

60 다음 중 지리정보시스템(GIS)의 구성요소로 옳은 것은?

① 하드웨어, 소프트웨어, 인적자원, 데이터
② 하드웨어, 소프트웨어, 데이터, GPS
③ 데이터, GPS, LIS, BIS
④ BIS, LIS, UIS, GPS

Guide GIS의 구성요소
- 하드웨어
- 소프트웨어
- 데이터베이스
- 조직 및 인력

Subject 04 측량학

✔ 측량 관련 법규는 출제 당시 법률을 기준으로 해설되었음을 알려드립니다.

61 수준측량의 오차 중 개인오차에 해당되는 것은?

① 시차에 의한 오차
② 대기굴절에 의한 오차
③ 지구곡률에 의한 오차
④ 태양의 직사광선에 의한 오차

Guide 시차에 의한 오차는 관측자의 눈의 위치에 따라 목표의 방향이 달라지는 것으로서, 목표까지의 거리의 차 및 눈의 위치의 변화량에 따라 그 양이 다르므로 개인오차에 해당된다.

62 수평각 관측을 하여 다음과 같은 결과를 얻었다. 1회 관측의 경중률이 같다고 할 때 최확값의 평균제곱근 오차(표준오차)는?

> 34°56′22″,　34°56′18″,　34°56′19″
> 34°56′16″,　34°56′20″

① ±1.0″　　　　② ±1.8″
③ ±2.2″　　　　④ ±2.6″

정답 58 ① 59 ③ 60 ① 61 ① 62 ①

2020년 8월 23일 시행 • **371**

Guide 최확각(α_0)

$$= 34°56' + \left(\frac{22'' + 18'' + 19'' + 16'' + 20''}{5} \right)$$
$$= 34°56'19''$$

관측각	최확각	v	vv
22		3	9
18		−1	1
19	19	0	0
16		−3	9
20		1	1
계			20

$$\therefore \text{평균제곱근오차}(M) = \pm \sqrt{\frac{[vv]}{n(n-1)}}$$
$$= \pm \sqrt{\frac{20}{5(5-1)}}$$
$$= \pm 1.0''$$

63 A, B 두 점의 표고가 각각 118m, 145m이고, 수평거리가 270m이며, AB 간은 등경사이다. A점으로부터 AB선상의 표고 120m, 130m, 140m인 점까지 각각의 수평거리는?

① 10m, 110m, 210m

② 20m, 120m, 220m

③ 20m, 110m, 220m

④ 10m, 120m, 210m

Guide

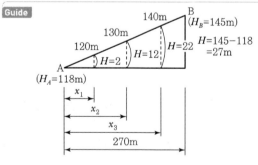

• $270 : 27 = x_1 : 2$
  $\therefore x_1 = 20\text{m}$
• $270 : 27 = x_2 : 12$
  $\therefore x_2 = 120\text{m}$
• $270 : 27 = x_3 : 22$
  $\therefore x_3 = 220\text{m}$

64 레벨의 요구 조건 중 가장 기본적인 요소로 레벨 조정의 항정법에 의하여 조정되는 것은?

① 연직축과 기포관축이 직교할 것

② 독취 시에 기포의 위치를 볼 수 있을 것

③ 기포관축과 망원경의 시준선이 평행할 것

④ 망원경의 배율과 수준기의 감도가 평형할 것

Guide 항정법

평탄한 땅을 골라 약 100m 정도 떨어진 두 점에 말뚝을 박고 수준척을 세운 다음 두 점의 중간 및 연장선상에 레벨을 세우고 관측하여 기포관축과 시준축을 수평하게 맞추는 방법이다.

65 구과량에 대한 설명으로 옳은 것은?(단, A : 구면삼각형의 면적, R : 지구반지름)

① 구과량을 구하는 식은 $\varepsilon = \dfrac{A}{2R}$ 이다.

② 구과량에 의해 사변형삼각망에서 내각의 합이 360°보다 작게 된다.

③ 평면삼각형의 폐합오차는 구과량과 같다.

④ 구과량이란 구면삼각형 내각의 합과 180°와의 차이를 뜻한다.

Guide 구면삼각형의 내각의 합은 180°가 넘으며 이 차이를 구과량이라 한다.

66 1 : 25,000 지형도에서 경사 30°인 지형의 두 점 간 도상 거리가 4mm로 표시되었다면 두 점 간의 실제 경사거리는?(단, 경사가 일정한 지형으로 가정한다.)

① 50.0m

② 86.6m

③ 100.0m

④ 115.5m

Guide 축척과 거리와의 관계

• $\dfrac{1}{m} = \dfrac{\text{도상거리}}{\text{실제거리}} \rightarrow \dfrac{1}{25,000} = \dfrac{0.004}{\text{실제거리}}$
  $\rightarrow$ 실제거리 = 100m

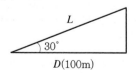

$$\bullet\ D = L \cdot \cos\theta$$
$$\therefore\ L = \frac{D}{\cos\theta} = \frac{100}{\cos 30°} = 115.5\text{m}$$

67 그림과 같은 트래버스에서 $\overline{CD}$ 의 방위각은?

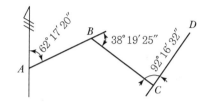

① 8°20′13″ ② 12°53′17″
③ 116°14′27″ ④ 188°20′13″

Guide • $\overline{AB}$ 방위각 = 62°17′20″
• $\overline{BC}$ 방위각 = $\overline{AB}$ 방위각 + ∠B
  = 62°17′20″ + 38°19′25″
  = 100°36′45″
∴ $\overline{CD}$ 방위각 = $\overline{BC}$ 방위각 − 180° + ∠C
  = 100°36′45″ − 180° + 92°16′32″
  = 12°53′17″

68 삼각측량에서 1대회 관측에 대한 설명으로 옳은 것은?

① 망원경을 정위와 반위로 한 각을 두 번 관측
② 망원경을 정위와 반위로 두 각을 두 번 관측
③ 망원경을 정위와 반위로 한 각을 네 번 관측
④ 망원경을 정위와 반위로 두 각을 네 번 관측

Guide 1대회 관측은 0°로 시작하는 정위 관측과 180°로 관측하는 반위로 한 각을 두 번 관측하는 방법이다.

69 트래버스 측량에서 측점 A의 좌표가 $X = 150$m, $Y = 200$m이고 측점 B까지의 측선 길이가 200m일 때 측점 B의 좌표는?(단, $\overline{AB}$ 측선의 방위각은 280°25′10″이다.)

① $X = 186.17$m, $Y = 396.70$m
② $X = 186.17$m, $Y = 3.30$m
③ $X = 150.72$m, $Y = 396.70$m
④ $X = 150.72$m, $Y = 3.30$m

Guide

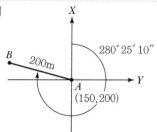

• $X_B = X_A + (\overline{AB}$ 거리 × $\cos\alpha)$
  = 150 + (200 × cos280°25′10″)
  = 186.17m
• $Y_B = Y_A + (\overline{AB}$ 거리 × $\sin\alpha)$
  = 200 + (200 × sin280°25′10″)
  = 3.30m
∴ $X_B = 186.17$m, $Y_B = 3.30$m

70 수준측량에서 5km 왕복측정에서 허용오차가 ±10mm라면 2km 왕복측정에 대한 허용오차는?

① ±9.5mm ② ±8.4mm
③ ±7.2mm ④ ±6.3mm

Guide $\sqrt{5} : 10 = \sqrt{2} : x$
∴ $x = \pm 6.3$mm

71 노선 및 하천측량과 같이 폭이 좁고 거리가 먼 지역의 측량에 주로 이용되는 삼각망은?

① 사변형삼각망 ② 유심삼각망
③ 단열삼각망 ④ 단삼각망

Guide 단열삼각망
• 폭이 좁고 거리가 먼 지역에 적합하다.
• 노선, 하천, 터널측량 등에 이용한다.
• 거리에 비해 관측 수가 적으므로 측량이 신속하고 경비가 적게 드나 조건식이 적어 정도가 낮다.

72 측량에서 발생되는 오차 중 주로 관측자의 미숙과 부주의로 인하여 발생되는 오차는?

① 부정오차 ② 정오차
③ 착오 ④ 표준오차

Guide 관측자의 미숙, 부주의에 의한 오차(눈금읽기, 야장기입 잘못 등)를 착오 또는 과실, 과대오차라 한다.

73 그림과 같이 a_1, a_2, a_3를 같은 경중률로 관측한 결과 $a_1 - a_2 - a_3 = 24''$일 때 조정량으로 옳은 것은?

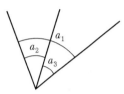

① $a_1 = +8''$, $a_2 = +8''$, $a_3 = +8''$
② $a_1 = -8''$, $a_2 = +8''$, $a_3 = +8''$
③ $a_1 = -8''$, $a_2 = -8''$, $a_3 = -8''$
④ $a_1 = +8''$, $a_2 = -8''$, $a_3 = -8''$

Guide 조정량 $= \dfrac{오차}{관측각\ 수} = \dfrac{24''}{3} = 8''$
큰 각 ⊖ 조정, 작은 각 ⊕ 조정
∴ $a_1 = -8$, $a_2 = +8''$, $a_3 = +8''$

74 표준척보다 3cm 짧은 50m 테이프로 관측한 거리가 200m이었다면 이 거리의 실제의 거리는?

① 199.88m   ② 199.94m
③ 200.06m   ④ 200.12m

Guide 실제거리 $= \dfrac{부정길이 \times 관측길이}{표준길이}$
$= \dfrac{49.97 \times 200}{50}$
$= 199.88\mathrm{m}$

75 5년마다 수립되는 측량기본계획에 해당되지 않는 사항은?

① 측량산업 및 기술인력 육성 방안
② 측량에 관한 기본 구상 및 추진 전략
③ 측량의 국내외 환경 분석 및 기술연구
④ 국가공간정보체계의 활용 및 공간정보의 유통

Guide 공간정보의 구축 및 관리 등에 관한 법률 제5조(측량기본계획 및 시행계획)
국토교통부장관은 다음의 사항이 포함된 측량기본계획을 5년마다 수립하여야 한다.
1. 측량에 관한 기본 구상 및 추진 전략
2. 측량의 국내외 환경 분석 및 기술연구
3. 측량산업 및 기술인력 육성 방안
4. 그 밖에 측량 발전을 위하여 필요한 사항

76 측량기준점의 구분에 있어서 국가기준점에 해당하지 않는 것은?

① 위성기준점   ② 수준점
③ 중력점   ④ 지적도근점

Guide 공간정보의 구축 및 관리 등에 관한 법률 시행령 제8조(측량기준점의 구분)
국가기준점에는 우주측지기준점, 위성기준점, 수준점, 중력점, 통합기준점, 삼각점, 지자기점, 수로기준점, 영해기준점이 있다.

77 고의로 측량성과를 사실과 다르게 한 자에 대한 벌칙 기준으로 옳은 것은?

① 3년 이하의 징역 또는 3천만 원 이하의 벌금
② 2년 이하의 징역 또는 2천만 원 이하의 벌금
③ 1년 이하의 징역 또는 1천만 원 이하의 벌금
④ 과태료

Guide 공간정보의 구축 및 관리 등에 관한 법률 제108조(벌칙)

78 공공측량에 관한 설명으로 옳지 않은 것은?

① 선행된 일반측량의 성과를 기초로 측량을 실시할 수 있다.
② 선행된 공공측량의 성과를 기초로 측량을 실시할 수 있다.
③ 공공측량시행자는 제출한 공공측량 작업계획서를 변경한 경우에는 변경한 작업계획서를 제출하여야 한다.
④ 공공측량시행자는 공공측량을 하려면 미리 측량지역, 측량기간, 그 밖에 필요한 사항을 시·도지사에게 통지하여야 한다.

정답 73 ② 74 ① 75 ④ 76 ④ 77 ② 78 ①

Guide 공간정보의 구축 및 관리 등에 관한 법률 제17조(공공측량의 실시 등)

1. 공공측량은 기본측량성과나 다른 공공측량성과를 기초로 실시하여야 한다.
2. 공공측량의 시행을 하는 자(이하 "공공측량시행자"라 한다)가 공공측량을 하려면 국토교통부령으로 정하는 바에 따라 미리 공공측량 작업계획서를 국토교통부장관에게 제출하여야 한다. 제출한 공공측량 작업계획서를 변경한 경우에는 변경한 작업계획서를 제출하여야 한다.
3. 국토교통부장관은 공공측량의 정확도를 높이거나 측량의 중복을 피하기 위하여 필요하다고 인정하면 공공측량시행자에게 공공측량에 관한 장기 계획서 또는 연간 계획서의 제출을 요구할 수 있다.
4. 국토교통부장관은 제출된 계획서의 타당성을 검토하여 그 결과를 공공측량시행자에게 통지하여야 한다. 이 경우 공공측량시행자는 특별한 사유가 없으면 그 결과에 따라야 한다.
5. 공공측량시행자는 공공측량을 하려면 미리 측량지역, 측량기간, 그 밖에 필요한 사항을 시·도지사에게 통지하여야 한다. 그 공공측량을 끝낸 경우에도 또한 같다.
6. 시·도지사는 공공측량을 하거나 위 5항에 따른 통지를 받았으면 지체 없이 시장·군수 또는 구청장에게 그 사실을 통지하고(특별자치시장 및 특별자치도지사의 경우는 제외한다) 대통령령으로 정하는 바에 따라 공고하여야 한다.

79 측량기기 중에서 트랜싯(데오드라이트), 레벨, 거리측정기, 토털 스테이션, 지피에스(GPS) 수신기, 금속관로 탐지기의 성능검사 주기는?

① 2년　　　　② 3년
③ 5년　　　　④ 10년

Guide 공간정보의 구축 및 관리 등에 관한 법률 시행령 제97조 (성능검사의 대상 및 주기 등)
성능검사를 받아야 하는 측량기기와 검사주기는 다음과 같다.

1. 트랜싯(데오드라이트) : 3년
2. 레벨 : 3년
3. 거리측정기 : 3년
4. 토털 스테이션 : 3년
5. 지피에스(GPS) 수신기 : 3년
6. 금속관로 탐지기 : 3년

80 기본측량을 실시하기 위한 실시공고는 일간신문에 1회 이상 게재하거나 해당 특별시, 광역시·도 또는 특별자치도의 게시판 및 인터넷 홈페이지에 며칠 이상 게시하는 방법으로 하여야 하는가?

① 7일　　　　② 15일
③ 30일　　　　④ 60일

Guide 공간정보의 구축 및 관리 등에 관한 법률 시행령 제12조 (측량의 실시공고)

1

부록

측량관계법규 요약

공간정보의 구축 및 관리 등에 관한 법률

본 내용은 공간정보의 구축 및 관리 등에 관한 법률/시행령/시행규칙에 관한 주요 내용을 정리한 것으로 법령에 관한 전체 조문은 국가법령정보센터(http : //www.law.go.kr)에서 확인할 수 있습니다.

공간정보의 구축 및 관리 등에 관한 법률

[시행일자 : 법률(2023. 11. 16. 법률 제19047호) / 시행령(2023. 6. 11. 대통령령 제33525호) / 시행규칙(2023. 6. 11. 국토교통부령 제1223호)]

···01 목적
법률 제1조

공간정보의 구축 및 관리 등에 관한 법률은 측량의 기준 및 절차와 지적공부(地籍公簿)·부동산종합공부(不動産綜合公簿)의 작성 및 관리 등에 관한 사항을 규정함으로써 국토의 효율적 관리 및 국민의 소유권 보호에 기여함을 목적으로 한다.

···02 법률상 용어의 정의
법률 제2조 / 시행령 제3조

(1) 공간정보

지상·지하·수상·수중 등 공간상에 존재하는 자연적 또는 인공적인 객체에 대한 위치정보 및 이와 관련된 공간적 인지 및 의사결정에 필요한 정보를 말한다.

(2) 측량

공간상에 존재하는 일정한 점들의 위치를 측정하고 그 특성을 조사하여 도면 및 수치로 표현하거나 도면상의 위치를 현지(現地)에 재현하는 것을 말하며, 측량용 사진의 촬영, 지도의 제작 및 각종 건설사업에서 요구하는 도면작성 등을 포함한다.

(3) 기본측량

모든 측량의 기초가 되는 공간정보를 제공하기 위하여 국토교통부장관이 실시하는 측량을 말한다.

(4) 공공측량

1) 국가, 지방자치단체, 그 밖에 대통령령으로 정하는 기관이 관계 법령에 따른 사업 등을 시행하기 위하여 기본측량을 기초로 실시하는 측량

2) 1) 외의 자가 시행하는 측량 중 공공의 이해 또는 안전과 밀접한 관련이 있는 측량으로서 대통령령으로 정하는 측량

① 측량실시지역의 면적이 1제곱킬로미터 이상인 기준점측량, 지형측량 및 평면측량

② 측량노선의 길이가 10킬로미터 이상인 기준점측량

③ 국토교통부장관이 발행하는 지도의 축척과 같은 축척의 지도 제작

④ 촬영지역의 면적이 1제곱킬로미터 이상인 측량용 사진의 촬영

⑤ 지하시설물 측량

⑥ 인공위성 등에서 취득한 영상정보에 좌표를 부여하기 위한 2차원 또는 3차원의 좌표측량

⑦ 그 밖에 공공의 이해에 특히 관계가 있다고 인정되는 사설철도 부설, 간척 및 매립사업 등에 수반되는 측량

(5) 지적측량

토지를 지적공부에 등록하거나 지적공부에 등록된 경계점을 지상에 복원하기 위하여 필지의 경계 또는 좌표와 면적을 정하는 측량을 말하며, 지적확정측량 및 지적재조사측량을 포함한다.

(6) 일반측량

기본측량, 공공측량 및 지적측량 외의 측량을 말한다.

(7) 측량기준점

측량의 정확도를 확보하고 효율성을 높이기 위하여 특정 지점을 측량기준에 따라 측정하고 좌표 등으로 표시하여 측량 시에 기준으로 사용되는 점을 말한다.

(8) 측량성과

측량을 통하여 얻은 최종 결과를 말한다.

(9) 측량기록

측량성과를 얻을 때까지의 측량에 관한 작업의 기록을 말한다.

(10) 지명

산, 하천, 호수 등과 같이 자연적으로 형성된 지형이나 교량, 터널, 교차로 등 지물·지역에 부여된 이름을 말한다.

(11) 지도

측량 결과에 따라 공간상의 위치와 지형 및 지명 등 여러 공간정보를 일정한 축척에 따라 기호나 문자 등으로 표시한 것을 말하며, 정보처리시스템을 이용하여 분석, 편집 및 입력·출력할 수 있도록 제작된 수치지형도(항공기나 인공위성 등을 통하여 얻은 영상정보를 이용하여 제작하는 정사영상지도를 포함한다)와 이를 이용하여 특정한 주제에 관하여 제작된 지하시설물도·토지이용현황도 등 대통령령으로 정하는 수치주제도를 포함한다.

(12) 지적공부

토지대장, 임야대장, 공유지연명부, 대지권등록부, 지적도, 임야도 및 경계점좌표등록부 등 지적측량 등을 통하여 조사된 토지의 표시와 해당 토지의 소유자 등을 기록한 대장 및 도면(정보처리시스템을 통하여 기록·저장된 것을 포함한다)을 말한다.

(13) 필지

대통령령으로 정하는 바에 따라 구획되는 토지의 등록단위를 말한다.

(14) 지번

필지에 부여하여 지적공부에 등록한 번호를 말한다.

(15) 지번부여지역

지번을 부여하는 단위지역으로서 동·리 또는 이에 준하는 지역을 말한다.

(16) 지목

토지의 주된 용도에 따라 토지의 종류를 구분하여 지적공부에 등록한 것을 말한다.

(17) 경계점

필지를 구획하는 선의 굴곡점으로서 지적도나 임야도에 도해 형태로 등록하거나 경계점좌표등록부에 좌표 형태로 등록하는 점을 말한다.

•••03 측량 계획 및 기준 법률 제5 · 6 · 7 · 8조 / 시행령 제6 · 7 · 8조

(1) 측량기본계획 및 시행계획

① 국토교통부장관은 측량에 관한 기본 구상 및 추진 전략, 측량의 국내외 환경 분석 및 기술연구, 측량산업 및 기술인력 육성 방안, 그 밖에 측량 발전을 위하여 필요한 사항이 포함된 측량기본계획을 5년마다 수립하여야 한다.

② 국토교통부장관은 측량기본계획에 따라 연도별 시행계획을 수립 · 시행하고, 그 추진실적을 평가하여야 한다.

(2) 측량기준

1) 위치

위치는 세계측지계에 따라 측정한 지리학적 경위도와 높이(평균해수면으로부터의 높이를 말한다)로 표시한다. 다만, 지도 제작 등을 위하여 필요한 경우에는 직각좌표와 높이, 극좌표와 높이, 지구중심 직교좌표 및 그 밖의 다른 좌표로 표시할 수 있다.

① 세계측지계는 지구를 편평한 회전타원체로 상정하여 실시하는 위치측정의 기준으로서 다음의 요건을 갖춘 것을 말한다.

㉠ 회전타원체의 장반경 및 편평률은 다음과 같을 것
- 장반경 : 6,378,137미터
- 편평률 : 298.257222101분의 1

㉡ 회전타원체의 중심이 지구의 질량중심과 일치할 것

㉢ 회전타원체의 단축이 지구의 자전축과 일치할 것

2) 측량의 원점

측량의 원점은 대한민국 경위도원점 및 수준원점으로 한다. 다만, 섬 등 대통령령으로 정하는 지역에 대하여는 국토교통부장관이 따로 정하여 고시하는 원점을 사용할 수 있다.

① 대한민국 경위도원점 및 수준원점

㉠ 대한민국 경위도원점
- 지점 : 경기도 수원시 영통구 월드컵로 92(국토지리정보원에 있는 대한민국 경위도원점 금속표의 십자선 교점)
- 수치
  - 경도 : 동경 127도 03분 14.8913초
  - 위도 : 북위 37도 16분 33.3659초
  - 원방위각 : 165도 03분 44.538초(원점으로부터 진북을 기준으로 오른쪽 방향으로 측정한 우주측지관측센터에 있는 위성기준점 안테나 참조점 중앙)

ⓛ 대한민국 수준원점
- 지점 : 인천광역시 남구 인하로 100(인하공업전문대학에 있는 원점표석 수정판의 영 눈금선 중앙점
- 수치 : 인천만 평균해수면상의 높이로부터 26.6871미터 높이

② **원점의 특례**

섬 등 대통령령으로 정하는 지역은 제주도, 울릉도, 독도 그 밖에 대한민국 경위도원점 및 수준원점으로부터 원거리에 위치하여 대한민국 경위도원점 및 수준원점을 적용하여 측량하기 곤란하다고 인정되어 국토교통부장관이 고시한 지역을 말한다.

③ **직각좌표의 기준**

명칭	원점의 경위도	투영원점의 가산(加算)수치	원점축척계수	적용 구역
서부좌표계	경도 : 동경 125°00′ 위도 : 북위 38°00′	X(N) 600,000m Y(E) 200,000m	1.0000	동경 124°~126°
중부좌표계	경도 : 동경 127°00′ 위도 : 북위 38°00′	X(N) 600,000m Y(E) 200,000m	1.0000	동경 126°~128°
동부좌표계	경도 : 동경 129°00′ 위도 : 북위 38°00′	X(N) 600,000m Y(E) 200,000m	1.0000	동경 128°~130°
동해좌표계	경도 : 동경 131°00′ 위도 : 북위 38°00′	X(N) 600,000m Y(E) 200,000m	1.0000	동경 130°~132°

(3) 측량기준점의 종류

1) 국가기준점

측량의 정확도를 확보하고 효율성을 높이기 위하여 국토교통부장관이 전 국토를 대상으로 주요 지점마다 정한 측량의 기본이 되는 측량기준점이다.

① **우주측지기준점** : 국가측지기준계를 정립하기 위하여 전 세계 초장거리간섭계와 연결하여 정한 기준점
② **위성기준점** : 지리학적 경위도, 직각좌표 및 지구중심 직교좌표의 측정 기준으로 사용하기 위하여 대한민국 경위도원점을 기초로 정한 기준점
③ **수준점** : 높이 측정의 기준으로 사용하기 위하여 대한민국 수준원점을 기초로 정한 기준점
④ **중력점** : 중력 측정의 기준으로 사용하기 위하여 정한 기준점
⑤ **통합기준점** : 지리학적 경위도, 직각좌표, 지구중심 직교좌표, 높이 및 중력 측정의 기준으로 사용하기 위하여 위성기준점, 수준점 및 중력점을 기초로 정한 기준점
⑥ **삼각점** : 지리학적 경위도, 직각좌표 및 지구중심 직교좌표 측정의 기준으로 사용하기 위하여 위성기준점 및 통합기준점을 기초로 정한 기준점
⑦ **지자기점** : 지구자기 측정의 기준으로 사용하기 위하여 정한 기준점

2) 공공기준점

공공측량시행자가 공공측량을 정확하고 효율적으로 시행하기 위하여 국가기준점을 기준으로 하여 따로 정하는 측량기준점이다.

① **공공삼각점** : 공공측량 시 수평위치의 기준으로 사용하기 위하여 국가기준점을 기초로 하여 정한 기준점

② **공공수준점** : 공공측량 시 높이의 기준으로 사용하기 위하여 국가기준점을 기초로 하여 정한 기준점

3) 지적기준점

특별시장·광역시장·특별자치시장·도지사 또는 특별자치도지사나 지적소관청이 지적측량을 정확하고 효율적으로 시행하기 위하여 국가기준점을 기준으로 하여 따로 정하는 측량기준점이다.

① **지적삼각점** : 지적측량 시 수평위치 측량의 기준으로 사용하기 위하여 국가기준점을 기준으로 하여 정한 기준점

② **지적삼각보조점** : 지적측량 시 수평위치 측량의 기준으로 사용하기 위하여 국가기준점과 지적삼각점을 기준으로 하여 정한 기준점

③ **지적도근점** : 지적측량 시 필지에 대한 수평위치 측량 기준으로 사용하기 위하여 국가기준점, 지적삼각점, 지적삼각보조점 및 다른 지적도근점을 기초로 하여 정한 기준점

(4) 측량기준점 표지의 설치 및 관리

① 측량기준점을 정한 자는 측량기준점표지를 설치하고 관리하여야 한다.

② 측량기준점표지를 설치한 자는 대통령령으로 정하는 바에 따라 그 종류와 설치 장소를 국토교통부장관, 관계 시·도지사, 시장·군수 또는 구청장 및 측량기준점표지를 설치한 부지의 소유자 또는 점유자에게 통지하여야 한다. 설치한 측량기준점표지를 이전·철거하거나 폐기한 경우에도 같다.

③ 특별자치시장, 특별자치도지사, 시장·군수 또는 구청장은 국토교통부령으로 정하는 바에 따라 매년 관할 구역에 있는 측량기준점표지의 현황을 조사하고 그 결과를 시·도지사를 거쳐(특별자치시장 및 특별자치도지사의 경우는 제외한다) 국토교통부장관에게 보고하여야 한다. 측량기준점표지가 멸실·파손되거나 그 밖에 이상이 있음을 발견한 경우에도 같다.

④ 국토교통부장관은 필요하다고 인정하는 경우에는 직접 측량기준점표지의 현황을 조사할 수 있다.

⑤ 측량기준점표지의 형상, 규격, 관리방법 등에 필요한 사항은 국토교통부령으로 정한다.

04 기본측량 및 공공측량 법률 제12·16·17·18·21조 / 시행령 제12·13·16조 / 시행규칙 제13·21·22조

(1) 측량실시

1) 기본측량의 실시

① 기본측량은 모든 측량의 기초가 되는 공간정보를 제공하기 위하여 국토교통부장관이 실시 하는 측량을 말한다.

② 국토교통부장관은 기본측량을 하려면 미리 측량지역, 측량기간, 그 밖에 필요한 사항을 시·도지사에게 통지하여야 한다. 그 기본측량을 끝낸 경우에도 같다.

③ 시·도지사는 기본측량의 실시에 따른 통지를 받았으면 지체 없이 시장·군수 또는 구청장 에게 그 사실을 통지(특별자치시장 및 특별자치도지사의 경우는 제외한다)하고 대통령령으 로 정하는 바에 따라 공고하여야 한다.

④ 기본측량의 방법 및 절차 등에 필요한 사항은 국토교통부령으로 정한다.

2) 공공측량의 실시

① 공공측량은 기본측량성과나 다른 공공측량성과를 기초로 실시하여야 한다.

② 공공측량의 시행을 하는 자(공공측량시행자)가 공공측량을 하려면 국토교통부령으로 정하 는 바에 따라 미리 공공측량 작업계획서를 국토교통부장관에게 제출하여야 한다. 제출한 공 공측량 작업계획서를 변경한 경우에는 변경한 작업계획서를 제출하여야 한다.

③ 공공측량시행자는 공공측량을 하려면 미리 측량지역, 측량기간, 그 밖에 필요한 사항을 시·도지사에게 통지하여야 한다. 그 공공측량을 끝낸 경우에도 또한 같다.

3) 공공측량 작업계획서

① 공공측량시행자는 공공측량을 하기 3일 전에 국토지리정보원장이 정한 기준에 따라 공공측 량 작업계획서를 작성하여 국토지리정보원장에게 제출하여야 한다. 공공측량 작업계획서를 변경한 경우에도 또한 같다.

② 공공측량 작업계획서에 포함되어야 할 사항
- 공공측량의 사업명
- 공공측량의 목적 및 활용 범위
- 공공측량의 위치 및 사업량
- 공공측량의 작업기간
- 공공측량의 작업방법
- 사용할 측량기기의 종류 및 성능
- 사용할 측량성과의 명칭, 종류 및 내용
- 그 밖에 작업에 필요한 사항

③ 국토지리정보원장은 공공측량 작업계획서를 검토한 후 수정할 필요가 있다고 판단하는 경우에는 공공측량시행자에 공공측량 작업계획서를 변경하여 제출할 것을 요구할 수 있다. 이 경우 공공측량시행자는 특별한 사유가 없으면 이에 따라야 한다.

④ 공공측량 작업계획서의 작성기준과 그 밖에 공공측량에 필요한 사항은 국토지리정보원장이 정하여 고시한다.

4) 기본측량 및 공공측량의 실시공고

① 기본측량 및 공공측량의 실시공고는 전국을 보급지역으로 하는 일간신문에 1회 이상 게재하거나 해당 특별시·광역시·특별자치시·도 또는 특별자치도의 게시판 및 인터넷 홈페이지에 7일 이상 게시하는 방법으로 하여야 한다.

② 실시공고에 포함되어야 할 사항
- 측량의 종류
- 측량의 목적
- 측량의 실시기간
- 측량의 실시지역
- 그 밖에 측량의 실시에 관하여 필요한 사항

(2) 측량성과

1) 성과 고시

① 기본측량성과 및 공공측량성과의 고시는 최종성과를 얻은 날부터 30일 이내에 하여야 한다. 다만, 기본측량성과의 고시에 포함된 국가기준점 성과가 다른 국가기준점 성과와 연결하여 계산될 필요가 있는 경우에는 그 계산이 완료된 날부터 30일 이내에 기본측량성과를 고시할 수 있다.

② 측량성과 고시에 포함되어야 할 사항
- 측량의 종류
- 측량의 정확도
- 설치한 측량기준점의 수
- 측량의 규모(면적 또는 지도의 장수)
- 측량실시의 시기 및 지역
- 측량성과의 보관 장소
- 그 밖에 필요한 사항

2) 성과 심사

① 기본측량

- 국토지리정보원장이 기본측량성과 검증기관에 기본측량성과의 검증을 의뢰하는 경우에는 검증에 필요한 관련 자료를 제공하여야 한다.
- 검증을 의뢰받은 기본측량성과 검증기관은 30일 이내에 검증 결과를 국토지리정보원장에게 제출하여야 한다.
- 기본측량성과의 검증절차, 검증방법 및 검증비용 등에 관한 사항은 국토지리정보원장이 정하여 고시한다.

② 공공측량

- 공공측량시행자는 공공측량성과 심사신청서에 공공측량성과 자료를 첨부하여 측량성과 심사수탁기관에 제출하여야 한다.
- 측량성과 심사수탁기관은 성과심사의 신청을 받은 때에는 접수일부터 20일 이내에 심사를 하고, 공공측량성과 심사결과서를 작성하여 국토지리정보원장 및 심사신청인에 통지하여야 한다. 다만, 다음의 어느 하나에 해당하는 경우에는 심사결과의 통지기간을 10일의 범위에서 연장할 수 있다.
  - 성과심사 대상지역의 기상악화 및 천재지변 등으로 심사가 곤란할 때
  - 지상현황측량, 수치지도 및 수치표고자료 등의 성과심사량이 면적 10제곱킬로미터 이상 또는 노선 길이 600킬로미터 이상일 때
  - 지하시설물도 및 수심측량의 심사량이 200킬로미터 이상일 때
- 공공측량의 성과심사에 필요한 세부기준은 국토지리정보원장이 정하여 고시한다.
- 공공측량성과를 사용하여 지도등을 간행하여 판매하려는 공공측량시행자는 해당 지도등의 크기 및 매수, 판매가격 산정서류를 첨부하여 해당 지도등의 발매일 15일 전까지 국토지리정보원장에게 통보하여야 한다.

③ 지도등 간행물의 종류

국토지리정보원장이 간행하는 지도나 그 밖에 필요한 간행물의 종류는 다음과 같다.

- 축척 1/500, 1/1,000, 1/2,500, 1/5,000, 1/10,000, 1/25,000, 1/50,000, 1/100,000, 1/250,000, 1/500,000 및 1/1,000,000의 지도
- 철도, 도로, 하천, 해안선, 건물, 수치표고 모형, 공간정보 입체모형(3차원 공간정보), 실내 공간정보, 정사영상 등에 관한 기본 공간정보
- 연속수치지형도 및 축척 1/25,000 영문판 수치지형도
- 국가인터넷지도, 점자지도, 대한민국전도, 대한민국주변도 및 세계지도
- 국가격자좌표정보 및 국가관심지점정보
- 정밀도로지도

3) 측량성과의 국외반출

① 누구든지 국토교통부장관의 허가 없이 기본측량(공공측량)성과 중 지도등 또는 측량용 사진을 국외로 반출하여서는 아니 된다.

② 다만, 외국 정부와 기본측량(공공측량)성과를 서로 교환하는 등 대통령령으로 정하는 경우에는 반출할 수 있다.

③ 국외반출 허용 예외 규정 : 기본측량(공공측량) 성과 중 외국 정부와 기본측량(공공측량)성과를 서로 교환하는 등 대통령령으로 정하는 경우는 다음과 같다.

- 대한민국 정부와 외국 정부 간에 체결된 협정 또는 합의에 따라 기본측량(공공측량)성과를 상호 교환하는 경우
- 정부를 대표하여 외국 정부와 교섭하거나 국제회의 또는 국제기구에 참석하는 자가 자료로 사용하기 위하여 지도나 그 밖에 필요한 간행물(지도등) 또는 측량용 사진을 반출하는 경우
- 관광객 유치와 관광시설 홍보를 목적으로 지도등 또는 측량용사진을 제작하여 반출하는 경우
- 축척 5만분의 1 미만인 소축척의 지도(수치지형도는 제외한다.)나 그 밖에 필요한 간행물을 국외로 반출하는 경우
- 축척 2만5천분의 1 또는 5만 분의 1 지도로서 「국가공간정보 기본법 시행령」 제24조제3항에 따른 보안성 검토를 거친 지도의 경우(등고선, 발전소, 가스관 등 국토교통부장관이 정하여 고시하는 시설 등이 표시되지 않은 경우로 한정한다)
- 기본측량 성과 중 축척 2만 5천 분의 1인 영문판 수치지형도로서 「국가공간정보 기본법 시행령」 제24조제3항에 따른 보안성 검토를 거친 지형도의 경우

■■■■05 일반측량 법률 제22조

(1) 실시

일반측량은 기본측량성과 및 그 측량기록, 공공측량성과 및 그 측량기록을 기초로 실시하여야 한다.

(2) 일반측량 성과 및 기록 사본의 제출을 요구할 수 있는 경우

① 측량의 정확도 확보
② 측량의 중복 배제
③ 측량에 관한 자료의 수집 · 분석

•••06 측량업 및 기술자 법률 제39 · 41 · 44조 / 시행령 제34조

(1) 측량기술자

1) 자격기준

① 「국가기술자격법」에 따른 측량 및 지형공간정보, 지적, 측량, 지도 제작, 도화 또는 항공사진 분야의 기술자격 취득자

② 측량, 지형공간정보, 지적, 지도 제작, 도화 또는 항공사진 분야의 일정한 학력 또는 경력을 가진 자

2) 의무

① 측량기술자는 신의와 성실로써 공정하게 측량을 하여야 하며, 정당한 사유 없이 측량을 거부하여서는 아니 된다.

② 측량기술자는 정당한 사유 없이 그 업무상 알게 된 비밀을 누설하여서는 아니 된다.

③ 측량기술자는 둘 이상의 측량업자에게 소속될 수 없다.

④ 측량기술자는 다른 사람에게 측량기술경력증을 빌려 주거나 자기의 성명을 사용하여 측량업무를 수행하게 하여서는 아니 된다.

(2) 측량업의 종류

1) 측지측량업

2) 지적측량업

3) 항공촬영, 지도제작 등 대통령령으로 정하는 업종

① 공공측량업

② 일반측량업

③ 연안조사측량업

④ 항공촬영업

⑤ 공간영상도화업

⑥ 영상처리업

⑦ 수치지도제작업

⑧ 지도제작업

⑨ 지하시설물측량업

•••07 측량기기

법률 제92조 / 시행령 제97조 / 시행규칙 제101조

(1) 검사 원칙

측량업자는 트랜싯, 레벨, 그 밖에 대통령령으로 정하는 측량기기에 대하여 5년의 범위에서 대통령령으로 정하는 기간마다 국토교통부장관이 실시하는 성능검사를 받아야 한다.

(2) 성능검사의 대상 및 주기

① 트랜싯(데오드라이트) : 3년
② 레벨 : 3년
③ 거리측정기 : 3년
④ 토털 스테이션(Total Station : 각도ㆍ거리 통합측량기) : 3년
⑤ 지피에스(GPS) 수신기 : 3년
⑥ 금속 또는 비금속 관로 탐지기 : 3년

(3) 성능검사의 방법

성능검사는 외관검사, 구조ㆍ기능검사 및 측정검사로 구분한다.

•••08 벌칙

법률 제107ㆍ108ㆍ109ㆍ111조

(1) 3년 이하의 징역 또는 3천만 원 이하의 벌금에 해당하는 경우

측량업자로서 속임수, 위력, 그 밖의 방법으로 측량업과 관련된 입찰의 공정성을 해친 자

(2) 2년 이하의 징역 또는 2천만 원 이하의 벌금에 해당하는 경우

① 측량기준점표지를 이전 또는 파손하거나 그 효용을 해치는 행위를 한 자
② 고의로 측량성과를 사실과 다르게 한 자
③ 법률 제16조 또는 제21조를 위반하여 측량성과를 국외로 반출한 자
④ 측량업의 등록을 하지 아니하거나 거짓이나 그 밖의 부정한 방법으로 측량업의 등록을 하고 측량업을 한 자
⑤ 성능검사를 부정하게 한 성능검사대행자
⑥ 성능검사대행자의 등록을 하지 아니하거나 거짓이나 그 밖의 부정한 방법으로 성능검사대행자의 등록을 하고 성능검사업무를 한 자

(3) 1년 이하의 징역 또는 1천만 원 이하의 벌금에 해당하는 경우

① 무단으로 측량성과 또는 측량기록을 복제한 자

② 심사를 받지 아니하고 지도등을 간행하여 판매하거나 배포한 자

③ 측량기술자가 아님에도 불구하고 측량을 한 자

④ 업무상 알게 된 비밀을 누설한 측량기술자

⑤ 둘 이상의 측량업자에게 소속된 측량기술자

⑥ 다른 사람에게 측량업등록증 또는 측량업등록수첩을 빌려주거나 자기의 성명 또는 상호를 사용하여 측량업무를 하게 한 자

⑦ 다른 사람의 측량업등록증 또는 측량업등록수첩을 빌려서 사용하거나 다른 사람의 성명 또는 상호를 사용하여 측량업무를 한 자

⑧ 다른 사람에게 자기의 성능검사대행자 등록증을 빌려 주거나 자기의 성명 또는 상호를 사용하여 성능검사대행업무를 수행하게 한 자

⑨ 다른 사람의 성능검사대행자 등록증을 빌려서 사용하거나 다른 사람의 성명 또는 상호를 사용하여 성능검사대행업무를 수행한 자

(4) 과태료 부과기준(300만 원 이하)

① 정당한 사유 없이 측량을 방해한 자

② 고시된 측량성과에 어긋나는 측량성과를 사용한 자

③ 거짓으로 측량기술자의 신고를 한 자

④ 측량업 등록사항의 변경신고를 하지 아니한 자

⑤ 측량업자의 지위 승계 신고를 하지 아니한 자

⑥ 측량업의 휴업·폐업 등의 신고를 하지 아니하거나 거짓으로 신고한 자

⑦ 측량기기에 대한 성능검사를 받지 아니하거나 부정한 방법으로 성능검사를 받은 자

⑧ 성능검사대행자의 등록사항 변경을 신고하지 아니한 자

⑨ 성능검사대행업무의 폐업신고를 하지 아니한 자

⑩ 정당한 사유 없이 제99조제1항에 따른 보고를 하지 아니하거나 거짓으로 보고를 한 자

⑪ 정당한 사유 없이 제99조제1항에 따른 조사를 거부·방해 또는 기피한 자

⑫ 정당한 사유 없이 제101조제7항을 위반하여 토지등에의 출입 등을 방해하거나 거부한 자

2

부록

CBT 모의고사 및 해설

본 모의고사는 측량 및 지형공간정보산업기사 수험생의 필기시험 대비를 목적으로 작성된 것임을 알려드립니다.

Subject 01 응용측량

01 그림과 같은 성토단면을 갖는 도로 50m를 건설하기 위한 성토량은?(단, 성토면의 높이 (h) = 5m)

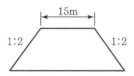

① 5,000m³ ② 5,625m³
③ 6,250m³ ④ 7,500m³

02 1,000m³의 체적을 정확하게 계산하려고 한다. 수평 및 수직 거리를 동일한 정확도로 관측하여 체적 계산 오차를 0.5m³ 이하로 하기 위한 거리관측의 허용정확도는?

① 1/4,000
② 1/5,000
③ 1/6,000
④ 1/7,000

03 완화곡선의 캔트(Cant) 계산 시 동일한 조건에서 반지름만을 2배로 증가시키면 캔트는?

① 4배로 증가
② 2배로 증가
③ 1/2로 감소
④ 1/4로 감소

04 지형의 체적계산법 중 단면법에 의한 계산법으로 비교적 가장 정확한 결과를 얻을 수 있는 것은?

① 점고법
② 중앙단면법
③ 양단면평균법
④ 각주공식에 의한 방법

05 상향기울기가 25/1,000, 하향기울기가 −50/1,000일 때 곡선반지름이 800m이면 원곡선에 의한 종단곡선의 길이는?

① 85m
② 75m
③ 60m
④ 55m

06 그림은 축척 1:500으로 측량하여 얻은 결과이다. 실제 면적은?

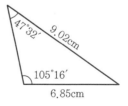

① 70.6m² ② 176.5m²
③ 353.03m² ④ 402.02m²

07 노선측량의 순서로 가장 적합한 것은?

① 노선선정 → 계획조사측량 → 실시설계측량 → 세부측량 → 용지측량 → 공사측량

② 노선선정 → 실시설계측량 → 세부측량 → 용지측량 → 공사측량 → 계획조사측량

③ 노선선정 → 공사측량 → 실시설계측량 → 세부측량 → 용지측량 → 계획조사측량

④ 노선선정 → 계획조사측량 → 실시설계측량 → 공사측량 → 세부측량 → 용지측량

08 하천의 유속측정에 있어서 표면유속, 최소유속, 평균유속, 최대유속의 4가지 유속이 하천의 표면에서부터 하저에 이르기까지 나타나는 일반적인 순서로 옳은 것은?

① 표면유속 → 최대유속 → 최소유속 → 평균유속

② 표면유속 → 평균유속 → 최대유속 → 최소유속

③ 표면유속 → 최대유속 → 평균유속 → 최소유속

④ 표면유속 → 최소유속 → 평균유속 → 최대유속

09 교각이 $49°30'$, 반지름이 150m인 원곡선 설치 시 중심말뚝 간격 20m에 대한 편각은?

① $6°36'18''$

② $4°20'15''$

③ $3°49'11''$

④ $1°46'32''$

10 부자에 의한 유속관측을 하고 있다. 부자를 띄운 뒤 2분 후에 하류 120m 지점에서 관측되었다면 이때의 표면유속은?

① 1m/s ② 2m/s

③ 3m/s ④ 4m/s

11 깊이 100m, 지름 5m인 1개의 수직터널에 의해서 터널 내외를 연결하는 데 사용하기에 가장 적합한 방법은?

① 삼각법

② 지거법

③ 사변형법

④ 트랜싯과 추선에 의한 방법

12 심프슨 제2법칙을 이용하여 계산할 경우, 그림과 같은 도형의 면적은?(단, 각 구간의 거리(d)는 동일하다.)

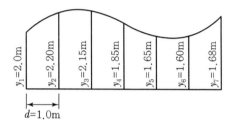

① $11.24m^2$ ② $11.29m^2$

③ $11.32m^2$ ④ $11.47m^2$

13 도로의 기울기 계산을 위한 수준측량 결과가 그림과 같을 때 A, B점 간의 기울기는?(단, A, B점 간의 경사거리는 42m이다.)

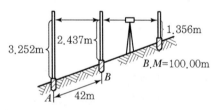

① 1.94% ② 2.02%

③ 7.76% ④ 10.38%

14 하천에서 수심측량 후 측점에 숫자로 표시하여 나타내는 지형표시 방법은?

① 점고법
② 기호법
③ 우모법
④ 등고선법

15 상·하수도시설, 가스시설, 통신시설 등의 건설 및 유지관리를 위한 자료제공의 역할을 하는 측량은?

① 관개배수측량
② 초구측량
③ 건축측량
④ 지하시설물측량

16 하천측량을 하는 주된 목적으로 가장 적합한 것은?

① 하천의 형상, 기울기, 단면 등 그 하천의 성질을 알기 위하여
② 하천 개수공사나 하천 공작물의 계획, 설계, 시공에 필요한 자료를 얻기 위하여
③ 하천공사의 토량계산, 공사비의 산출에 필요한 자료를 얻기 위하여
④ 하천의 개수작업을 하여 흐름의 소통이 잘되게 하기 위하여

17 터널 내 A점의 좌표가 $(1,265.45\text{m}, -468.75\text{m})$, B점의 좌표가 $(2,185.31\text{m}, 1,961.60\text{m})$이며, 높이가 각각 36.30m, 112.40m인 두 점을 연결하는 터널의 경사거리는?

① 2,248.03m
② 2,284.30m
③ 2,598.60m
④ 2,599.72m

18 그림과 같은 토지의 한 변 $\overline{BC}=52\text{m}$ 위의 점 D와 $\overline{AC}=46\text{m}$ 위의 점 E를 연결하여 $\triangle ABC$의 면적을 이등분$(m:n=1:1)$ 하기 위한 $\overline{AE}$의 길이는?

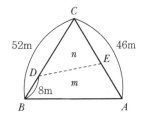

① 18.8m
② 27.2m
③ 31.5m
④ 14.5m

19 단곡선 설치에 관한 설명으로 틀린 것은?

① 교각이 일정할 때 접선장은 곡선반지름에 비례한다.
② 교각과 곡선반지름이 주어지면 단곡선을 설치할 수 있는 기본적인 요소를 계산할 수 있다.
③ 편각법에 의한 단곡선 설치 시 호 길이(l)에 대한 편각(δ)을 구하는 식은 곡선반지름을 R이라 할 때 $\delta = \dfrac{l}{R}(\text{radian})$이다.
④ 중앙종거법은 단곡선의 두 점을 연결하는 현의 중심으로부터 현에 수직으로 종거를 내려 곡선을 설치하는 방법이다.

20 지하시설물 측량방법 중 전자기파가 반사되는 성질을 이용하여 지중의 각종 현상을 밝히는 방법은?

① 자기관측법
② 음파 측량법
③ 전자유도 측량법
④ 지중레이더 측량법

Subject 02 사진측량 및 원격탐사

21 여러 시기에 걸쳐 수집된 원격탐사 데이터로부터 이상적인 변화탐지 결과를 얻기 위한 가장 중요한 해상도로 옳은 것은?

① 주기 해상도(Temporal Resolution)
② 방사 해상도(Radiometric Resolution)
③ 공간 해상도(Spatial Resolution)
④ 분광 해상도(Spectral Resolution)

22 완전수직 항공사진의 특수 3점에서의 사진축척을 비교한 것으로 옳은 것은?

① 주점에서 가장 크다.
② 연직점에서 가장 크다.
③ 등각점에서 가장 크다.
④ 3점에서 모두 같다.

23 사진측량은 4차원 측량이 가능한데 다음 중 4차원 측량에 해당하지 않는 것은?

① 거푸집에 대하여 주기적인 촬영으로 변형량을 관측한다.
② 동적인 물체에 대한 시간별 움직임을 체크한다.
③ 4가지의 각각 다른 구조물을 동시에 측량한다.
④ 용광로의 열변형을 주기적으로 측정한다.

24 어느 지역의 영상으로부터 "논"의 훈련지역(Training Field)을 선택하여 해당 영상소를 "P"로 표기하였다. 이때 산출되는 통계값과 사변형 분류법(Parallelepiped Classification)을 이용하여 "논"을 분류한 결과로 옳은 것은?

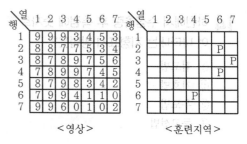

<영상>   <훈련지역>

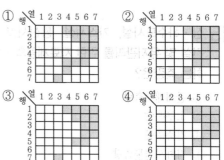

25 다음 중 사진의 축척을 결정하는 데 고려할 요소로 거리가 가장 먼 것은?

① 사용목적, 사진기의 성능
② 사용되는 사진기, 소요 정밀도
③ 도화 축척, 등고선 간격
④ 지방적 특색, 기상관계

26 측량용 사진기의 검정자료(Calibration Data)에 포함되지 않는 것은?

① 주점의 위치
② 초점거리
③ 렌즈왜곡량
④ 좌표 변환식

27 동서 26km, 남북 8km인 지역을 사진크기 23cm × 23cm인 카메라로 종중복도 60%, 횡중복도 30%, 축척 1:30,000인 항공사진으로 촬영할 때, 입체모델 수는?(단, 엄밀법으로 계산하고 촬영은 동서 방향으로 한다.)

① 16   ② 18
③ 20   ④ 22

28 절대표정에 필요한 지상기준점의 구성으로 틀린 것은?

① 수평기준점(X, Y) 4개
② 지상기준점(X, Y, Z) 3개
③ 수평기준점(X, Y) 2개와 수직기준점(Z) 3개
④ 지상기준점(X, Y, Z) 2개와 수직기준점(Z) 2개

29 초점거리 150mm, 사진크기 23cm×23cm 인 카메라로 촬영고도 1,800m, 촬영기선길이 960m가 되도록 항공사진촬영을 하였다면 이 사진의 종중복도는?

① 60.0%
② 63.4%
③ 65.2%
④ 68.8%

30 사진상 사진 주점을 지나는 직선상의 A, B 두 점 간의 길이가 15cm이고, 축척 1:1,000 지형도에서는 18cm이었다면 사진의 축척은?

① 1:1,200
② 1:1,250
③ 1:1,300
④ 1:12,000

31 레이더 위성영상의 주요 활용 분야가 아닌 것은?

① 수치표고모델(DEM) 제작
② 빙하 움직임 조사
③ 지각변동 조사
④ 토지피복 조사

32 다음 중 절대(대지)표정과 관계가 먼 것은?

① 경사 결정   ② 축척 결정
③ 방위 결정   ④ 초점거리의 조정

33 사진크기 23cm×23cm, 초점거리 150mm 인 카메라로 찍은 항공사진의 경사각이 15° 이면 이 사진의 연직점(Nadir Point)과 주점(Principal Point) 간의 거리는?[단, 연직점은 사진 중심점으로부터 방사선(Radial Line) 위에 있다.]

① 40.2mm   ② 50.0mm
③ 75.0mm   ④ 100.5mm

34 항공사진의 촬영고도가 2,000m, 카메라의 초점거리가 210mm이고, 사진 크기가 21cm×21cm일 때 사진 1장에 포함되는 실제 면적은?

① 3.8km^2 ② 4.0km^2
③ 4.2km^2 ④ 4.4km^2

35 그림은 측량용 항공사진기의 방사렌즈 왜곡을 나타내고 있다. 사진좌표가 $x = 3$cm, $y = 4$cm 인 점에서 왜곡량은?(단, 주점의 사진좌표는 $x = 0$, $y = 0$이다.)

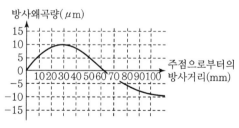

① 주점 방향으로 5μm
② 주점 방향으로 10μm
③ 주점 반대방향으로 5μm
④ 주점 반대방향으로 10μm

36 미국의 항공우주국에서 개발하여 1972년에 지구자원탐사를 목적으로 쏘아 올린 위성으로 적조의 조기발견, 대기오염의 확산 및 식물의 발육상태 등을 조사할 수 있는 것은?

① KOMPSAT   ② LANDSAT
③ IKONOS   ④ SPOT

37 대기의 창(Atmospheric Window)이란 무엇을 의미하는가?

① 대기 중에서 전자기파 에너지 투과율이 높은 파장대
② 대기 중에서 전자기파 에너지 반사율이 높은 파장대
③ 대기 중에서 전자기파 에너지 흡수율이 높은 파장대
④ 대기 중에서 전자기파 에너지 산란율이 높은 파장대

38 다음과 같은 영상에 3 × 3 평균필터를 적용하면 영상에서 행렬 (2, 2)의 위치에 생성되는 영상소 값은?

45	120	24
35	32	12
22	16	18

① 24   ② 35
③ 36   ④ 66

39 상호표정에 대한 설명으로 틀린 것은?

① 한 쌍의 중복사진에 대한 상대적인 기하학적 관계를 수립한다.
② 적어도 5쌍 이상의 Tie Points가 필요하다.
③ 상호표정을 수행하면 Tie Points에 대한 지상점 좌표를 계산할 수 있다.
④ 공선조건식을 이용하여 상호표정요소를 계산할 수 있다.

40 비행고도 4,500m로부터 초점거리 15cm의 카메라로 촬영한 사진에서 기선길이가 5cm이었다면 시차차가 2mm인 굴뚝의 높이는?

① 60m
② 90m
③ 180m
④ 360m

Subject 03 지리정보시스템(GIS) 및 위성측위시스템(GNSS)

41 지리정보시스템(GIS) 소프트웨어의 일반적인 주요 기능으로 거리가 먼 것은?

① 벡터형 공간자료와 래스터형 공간자료의 통합 기능
② 사진, 동영상, 음성 등 멀티미디어 자료의 편집 기능
③ 공간자료와 속성자료를 이용한 모델링 기능
④ DBMS와 연계한 공간자료 및 속성정보의 관리 기능

42 GPS 위성신호 L_1 및 L_2의 주파수를 각 $f_1 = 1,575.42$MHz, $f_2 = 1,227.60$MHz, 광속(c)을 약 300,000km/s라고 가정할 때, Wide Lane($L_w = L_1 - L_2$) 인공주파수의 파장은?

① 0.19m   ② 0.24m
③ 0.56m   ④ 0.86m

43 다음 중 지리정보분야의 국제표준화기구는?

① ISO/IT190
② ISO/TC211
③ ISO/TC152
④ ISO/IT224

44 공간 데이터 입력 시 발생할 수 있는 오류가 아닌 것은?

① 스파이크(Spike)
② 오버슈트(Overshoot)
③ 언더슈트(Undershoot)
④ 톨러런스(Tolerance)

45 근접성 분석을 위하여 지정된 요소들 주위에 일정한 폴리곤 구역을 생성해 주는 것은?

① 중첩
② 버퍼링
③ 지도 연산
④ 네트워크 분석

46 상대측위(DGPS) 기법 중 하나의 기지점에 수신기를 세워 고정국으로 이용하고 다른 수신기는 측점을 순차적으로 이동하면서 데이터 취득과 동시에 위치결정을 하는 방식은?

① Static Surveying
② Real Time Kinematic
③ Fast Static Surveying
④ Point Positioning Surveying

47 지리정보시스템(GIS)의 자료처리 공간분석 방법을 점자료 분석 방법, 선자료 분석 방법, 면자료 분석 방법으로 구분할 때, 선자료 공간분석 방법에 해당되지 않는 것은?

① 최근린 분석
② 네트워크 분석
③ 최적경로 분석
④ 최단경로 분석

48 첫 번째 입력 커버리지 A의 모든 형상들은 그대로 유지하고 커버리지 B의 형상은 커버리지 A 안에 있는 형상들만 나타내는 중첩 연산 기능은?

① Union
② Intersection
③ Identity
④ Clip

49 지리적 객체(Geographic Object)에 해당되지 않는 것은?

① 온도
② 지적필지
③ 건물
④ 도로

50 지리정보시스템(GIS)에서 표준화가 필요한 이유에 대한 설명으로 거리가 먼 것은?

① 서로 다른 기관 간 데이터의 복제를 방지하고 데이터의 보안을 유지하기 위하여
② 데이터의 제작 시 사용된 하드웨어(H/W)나 소프트웨어(S/W)에 구애받지 않고 손쉽게 데이터를 사용하기 위하여
③ 표준 형식에 맞추어 하나의 기관에서 구축한 데이터를 많은 기관들이 공유하여 사용하기 위하여
④ 데이터의 공동 활용을 통하여 데이터의 중복 구축을 방지함으로써 데이터 구축비용을 절약하기 위하여

51 GNSS 신호가 고도각이 작을수록 대기효과의 영향을 많이 받게 되는 주된 이유는?

① 수신기 안테나의 방향인 연직방향과 차이가 있기 때문이다.
② 위성과 수신기 사이의 거리가 상대적으로 멀기 때문이다.
③ 신호가 통과하는 대기층의 두께가 커지기 때문이다.
④ 신호의 주파수가 변하기 때문이다.

52 항법메시지 파일에 포함되어 있지 않은 정보는?

① 위성궤도
② 시계오차
③ 수신기위치
④ 시간

53 인접한 지도들의 경계에서 지형을 표현할 때 위치나 내용의 불일치를 제거하는 처리를 나타내는 용어는?

① 영상 강조(Image Enhancement)
② 경계선 정합(Edge Matching)
③ 경계 추출(Edge Detection)
④ 편집(Editing)

54 다양한 방식으로 획득된 고도값을 갖는 다수의 점자료를 입력자료로 활용하여 다수의 점자료로부터 삼각면을 형성하는 과정을 통해 제작되며 페이스(Face), 노드(Node), 에지(Edge)로 구성되는 데이터 모델은?

① TIN
② DEM
③ TIGER
④ LiDAR

55 위성에서 송출된 신호가 수신기에 하나 이상의 경로를 통해 수신될 때 발생하는 오차는?

① 전리층 편의 오차
② 대류권 지연 오차
③ 다중경로 오차
④ 위성궤도 편의 오차

56 지리정보자료의 구축에 있어서 표준화의 장점과 거리가 먼 것은?

① 자료 구축에 대한 중복 투자 방지
② 불법복제로 인한 저작권 피해의 방지
③ 경제적이고 효율적인 시스템 구축 가능
④ 서로 다른 시스템이나 사용자 간의 자료 호환 가능

57 기종이 서로 다른 GNSS 수신기를 혼합하여 관측하였을 경우 관측자료의 형식이 통일되지 않는 문제를 해결하기 위해 고안된 표준데이터 형식은?

① PDF
② DWG
③ RINEX
④ RTCM

58 도형자료와 속성자료를 활용한 통합분석에서 동일한 좌표계를 갖는 각각의 레이어정보를 합쳐서 다른 형태의 레이어로 표현되는 분석기능은?

① 중첩
② 공간추정
③ 회귀분석
④ 내삽과 외삽

59 공간분석에 대한 설명으로 옳지 않은 것은?

① 지리적 현상을 설명하기 위하여 조사하고 질의하고 검사하고 실험하는 것이다.
② 속성을 표현하기 위한 탐색적 시각 도구로는 박스플롯, 히스토그램, 산포도, 파이차트 등이 있다.
③ 중첩분석은 새로운 공간적 경계들을 구성하기 위해서 두 개나 그 이상의 공간적 정보를 통합하는 과정이다.
④ 공간분석에서 통계적 기법은 속성에만 적용된다.

60 지리정보시스템(GIS) 구축을 위한 〈보기〉의 과정을 순서대로 바르게 나열한 것은?

〈보기〉
㉠ 자료수집 및 입력 ㉡ 질의 및 분석
㉢ 전처리 ㉣ 데이터베이스 구축
㉤ 결과물 작성

① ㉢-㉠-㉣-㉡-㉤
② ㉠-㉢-㉣-㉤-㉡
③ ㉠-㉢-㉣-㉡-㉤
④ ㉢-㉣-㉠-㉡-㉤

Subject 04 측량학

61 다각측량에서 측점 A의 직각좌표(x, y)가 (400m, 400m)이고, $\overline{AB}$측선의 길이가 200m일 때, B점의 좌표는?(단, $\overline{AB}$측선의 방위각은 225°이다.)

① (300.000m, 300.000m)
② (226.795m, 300.000m)
③ (541.421m, 541.421m)
④ (258.579m, 258.579m)

62 우리나라 1:25,000 수치지도에 사용되는 주곡선 간격은?

① 10m
② 20m
③ 30m
④ 40m

63 거리 관측 시 발생되는 오차 중 정오차가 아닌 것은?

① 표준장력과 가해진 장력의 차이에 의하여 발생하는 오차
② 표준길이와 줄자의 눈금이 틀려서 발생하는 오차
③ 줄자의 처짐으로 인하여 생기는 오차
④ 눈금의 오독으로 인하여 생기는 오차

64 삼각망 중에서 조건식의 수가 가장 많으며, 정확도가 가장 높은 것은?

① 사변형망
② 단열삼각망
③ 유심다각망
④ 육각형망

65 수준척을 사용할 때 주의해야 할 사항이 아닌 것은?

① 수준척은 연직으로 세워야 한다.
② 관측자가 수준척의 눈금을 읽을 때에는 수준척을 기계를 향하여 앞·뒤로 조금씩 움직여 제일 큰 눈금을 읽어야 한다.
③ 표척수는 수준척의 이음매에서 오차가 발생하지 않도록 하여야 한다.
④ 수준척을 세울 때는 침하하기 쉬운 곳에는 표척대를 놓고 그 위에 수준척을 세워야 한다.

66 다각측량의 수평각 관측에서 일명 협각법이라고도 하며, 어떤 측선이 그 앞의 측선과 이루는 각을 관측하는 방법은?

① 배각법
② 편각법
③ 고정법
④ 교각법

67 지구의 반지름이 6,370km이며, 삼각형의 구과량이 15″일 때 구면삼각형의 면적은?

① 1,934km²
② 2,254km²
③ 2,951km²
④ 3,934km²

68 각관측에서 망원경의 정위, 반위로 관측한 값을 평균하면 소거할 수 있는 오차는?

① 오독에 의한 착오
② 시준축 오차
③ 연직축 오차
④ 분도반의 눈금오차

69 표준길이보다 3cm가 긴 30m의 줄자로 거리를 관측한 결과, 2점 간의 거리가 300m이었다면 실제거리는?

① 299.3m
② 299.7m
③ 300.3m
④ 300.7m

70 지형도에서 80m 등고선상의 A점과 120m 등고선상의 B점 간의 도상거리가 10cm 이고, 두 점을 직선으로 잇는 도로의 경사도가 10%이었다면 이 지형도의 축척은?

① 1:500
② 1:2,000
③ 1:4,000
④ 1:5,000

71 강을 사이에 두고 교호수준측량을 실시하였다. A점과 B점에 표척을 세우고 A점에서 5m 거리에 레벨을 세워 표척 A와 B를 읽으니 1.5m와 1.9m이었고, B점에서 5m 거리에 레벨을 옮겨 A와 B를 읽으니 1.8m와 2.0m이었다면 B점의 표고는?(단, A점의 표고 = 50.0m)

① 50.1m
② 49.8m
③ 49.7m
④ 49.4m

72 그림과 같은 사변형삼각망의 조건식 총수는?

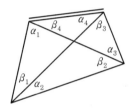

① 4개
② 5개
③ 6개
④ 7개

73 오차의 원인도 불분명하고, 오차의 크기와 형태도 불규칙한 형태로 나타나는 오차는?

① 정오차
② 우연오차
③ 착오
④ 기계오차

74 450m의 기선을 50m 줄자로 분할 관측할 때 줄자의 1회 관측의 우연오차가 ±0.01m이면 이 기선 관측의 오차는?

① ±0.01m
② ±0.03m
③ ±0.09m
④ ±0.81m

75 측량기준점을 크게 3가지로 구분할 때, 그 분류로 옳은 것은?

① 삼각점, 수준점, 지적점
② 위성기준점, 수준점, 삼각점
③ 국가기준점, 공공기준점, 지적기준점
④ 국가기준점, 공공기준점, 일반기준점

76 공공측량성과를 사용하여 지도 등을 간행하여 판매하려는 공공측량시행자는 해당 지도 등의 필요한 사항을 발매일 며칠 전까지 누구에게 통보하여야 하는가?

① 7일 전, 국토관리청장
② 7일 전, 국토지리정보원장
③ 15일 전, 국토관리청장
④ 15일 전, 국토지리정보원장

77 공간정보의 구축 및 관리 등에 관한 법률에 따른 설명으로 옳지 않은 것은?

① 모든 측량의 기초가 되는 공간정보를 제공하기 위하여 국토교통부장관이 실시하는 측량을 기본측량이라 한다.
② 국가, 지방자치단체, 그 밖에 대통령령으로 정하는 기관이 관계 법령에 따른 사업 등을 시행하기 위하여 기본측량을 기초로 실시하는 측량을 공공측량이라 한다.
③ 공공의 이해 또는 안전과 밀접한 관련이 있는 측량은 기본측량으로 지정할 수 있다.
④ 일반측량은 기본측량, 공공측량 및 지적측량 외의 측량을 말한다.

78 측량기기 중 토털스테이션의 성능검사 주기로 옳은 것은?

① 1년　　　② 2년
③ 3년　　　④ 5년

79 일반측량을 한 자에게 그 측량성과 및 측량기록의 사본을 제출하게 할 수 있는 경우가 아닌 것은?

① 측량의 중복 배제
② 측량의 정확도 확보
③ 측량성과의 보안 유지
④ 측량에 관한 자료의 수집ㆍ분석

80 "성능검사를 부정하게 한 성능검사대행자"에 대한 벌칙은?

① 1년 이하의 징역 또는 1천만 원 이하의 벌금
② 2년 이하의 징역 또는 2천만 원 이하의 벌금
③ 3년 이하의 징역 또는 3천만 원 이하의 벌금
④ 5년 이하의 징역 또는 5천만 원 이하의 벌금

정답

01	02	03	04	05	06	07	08	09	10
③	③	③	④	③	③	①	③	③	①
11	12	13	14	15	16	17	18	19	20
④	③	③	①	④	②	④	③	③	④
21	22	23	24	25	26	27	28	29	30
①	④	③	④	④	④	③	①	③	①
31	32	33	34	35	36	37	38	39	40
④	②	①	②	③	②	①	③	③	③
41	42	43	44	45	46	47	48	49	50
②	②	②	④	②	②	①	③	①	①
51	52	53	54	55	56	57	58	59	60
③	③	②	③	②	②	③	①	④	③
61	62	63	64	65	66	67	68	69	70
④	①	④	①	②	④	③	②	③	③
71	72	73	74	75	76	77	78	79	80
③	①	②	③	③	④	③	③	③	②

해설

01

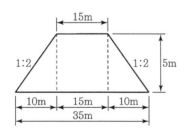

$$성토량(V) = \left(\frac{밑변 + 윗변}{2} \times 높이\right) \times 연장$$
$$= \left(\frac{35 + 15}{2} \times 5\right) \times 50$$
$$= 6,250\text{m}^3$$

02

$$\frac{dV}{V} = 3\frac{dl}{l} \rightarrow$$
$$\frac{0.5}{1,000} = 3\frac{dl}{l}$$
$$\therefore \frac{dl}{l} = \frac{1}{6,000}$$

03

캔트$(C) = \dfrac{S \cdot V^2}{g \cdot R}$에서 반경$(R)$을 2배로 증가시키면 캔트
(C)는 $\dfrac{1}{2}$배로 감소한다.

04

단면법으로 구한 체적(토량)은 일반적으로 양단면평균법(과다), 각주공식(정확), 중앙단면법(과소)을 갖는다.

05

$$종단곡선길이(L) = R\left(\frac{m}{1,000} - \frac{n}{1,000}\right)$$
$$= 800 \times \left(\frac{25}{1,000} - \frac{-50}{1,000}\right)$$
$$= 800 \times \frac{75}{1,000}$$
$$= 60\text{m}$$

06

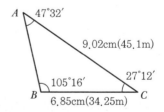

실제거리 = 축척분모수 × 도상거리
- $\overline{AC} = 500 \times 0.0902 = 45.1\text{m}$
- $\overline{BC} = 500 \times 0.0685 = 34.25\text{m}$
$$\therefore A = \frac{1}{2}ab\sin\theta = \frac{1}{2} \times 45.1 \times 34.25 \times \sin 27°12' = 353.03\text{m}^2$$

07

노선측량의 순서는 크게 노선선정 → 계획조사측량 → 실시설계 측량 → 공사측량 등으로 구분되며, 세부측량 및 용지측량은 실시 설계측량에 속한다.

08

유속분포(무풍의 경우)
표면유속 → 최대유속 → 평균유속 → 최소유속

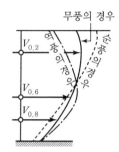

09

$일반편각(\delta_{20}) = 1,718.87' \times \dfrac{20}{R} = 1,718.87' \times \dfrac{20}{150}$
$\qquad\qquad\quad = 3°49'11''$

10

$표면유속(V) = m/sec = 120/120 = 1m/s$

11

1개의 수직터널에 의한 연결방법에서 얕은 수직터널에서는 보통 철선, 동선, 황동선 등이 사용되며, 깊은 수직터널에서는 피아노 선이 사용된다. 깊이가 100m인 깊은 수직터널이므로 트랜싯과 추선에 의한 방법이 타당하다.

12

$A = \dfrac{3}{8}d\{y_1 + y_7 + 3(y_2 + y_3 + y_5 + y_6) + 2(y_4)\}$
$\quad = \dfrac{3}{8} \times 1.0\{2.0 + 1.68 + 3(2.2 + 2.15 + 1.65 + 1.60)$
$\qquad\quad + 2(1.85)\}$
$\quad = 11.32m^2$

13

A, B 두 점 간의 수평거리를 구하면,
$D = L - \dfrac{H^2}{2L} = 42 \times \dfrac{(3.252 - 2.437)^2}{2 \times 42} = 41.992m$
$\therefore 기울기(\%) = \dfrac{H}{D} \times 100 = \dfrac{0.815}{41.992} \times 100 = 1.94\%$

14

점고법은 지면에 있는 임의 점의 표고를 도상에 숫자로 표시하는 방법으로 주로 하천, 해양 등의 수심표시에 이용된다.

15

지하시설물측량(Underground Facility Surveying)은 지하시 설물의 수평위치와 수직위치를 관측하는 측량을 말하며, 지하시 설물(상·하수도, 가스, 통신 등)을 효율적·체계적으로 유지관 리하기 위한 지하시설물에 대한 조사, 탐사와 도면제작을 위한 측 량을 말한다.

16

하천측량은 하천의 형상, 수위, 단면, 구배 등을 관측하여 하천의 평면도, 종·횡단면도를 작성함과 동시에 유속, 유량, 기타 구조 물을 조사하여 각종 수공설계, 시공에 필요한 자료를 얻기 위한 것 이다.

17

- $\overline{AB} 수평거리 = \sqrt{(X_B - X_A)^2 + (Y_B - Y_A)^2}$
  $\qquad\qquad = \sqrt{\begin{array}{l}(2,185.31 - 1,265.45)^2 \\ + \{1,961.60 - (-468.75)\}^2\end{array}}$
  $\qquad\qquad = 2,598.60m$
- $\overline{AB} 고저차 = Z_B - Z_A = 112.40 - 36.30 = 76.10m$
  $\therefore \overline{AB} 경사거리 = \sqrt{D^2 + H^2}$
  $\qquad\qquad\quad = \sqrt{2,598.60^2 + 76.10^2}$
  $\qquad\qquad\quad ≒ 2,599.72m$

18

$\overline{CE} = \dfrac{n}{m+n} \times \dfrac{\overline{AC} \cdot \overline{BC}}{\overline{CD}} = \dfrac{1}{1+1} \times \dfrac{46 \times 52}{44} = 27.2m$
$\therefore \overline{AE} = \overline{AC} - \overline{CE} = 46 - 27.2 = 18.8m$

19

편각법에 의한 단곡선 설치 시 현 길이(l)에 대한 편각(δ)을 구하 는 식은 곡선반지름을 R이라 할 때 $\delta = \dfrac{l}{R}(radian)$이다.

20

지중 레이더 탐사법(Ground Penetration Radar Method)은 지하를 단층 촬영하여 시설물 위치를 판독하는 방법으로 전자파 가 반사되는 성질을 이용하여 지중의 각종 현상을 밝히는 것으로, 레이더는 원래 고주파의 전자파를 공기 중으로 방사시킨 후 대상 물에서 반사되어 온 전자파를 수신하여 대상물의 위치를 알아내 는 시스템이다.

21

주기 해상도(Temporal Resolution)
- 지구상의 특정지역을 어느 정도 자주 촬영 가능한지 표현
- 위성체의 하드웨어적 성능에 좌우
- 주기해상도가 짧을수록 지형변이 양상을 주기적이고도 빠르게 파악
- 데이터베이스 축적을 통해 향후의 예측을 위한 좋은 모델링 자료 제공

22

엄밀수직사진에서 주점, 연직점, 등각점은 일치한다.

23

4차원 측량은 시간별로 촬영이 가능하다는 의미이므로 4가지의 각각 다른 구조물을 동시에 측량하는 것과는 관계가 멀다.

24

논의 트레이닝 필드지역 통계값을 분석하면 $3\sim6$이므로 영상에서 $3\sim6$ 사이의 값을 선택하면 된다.

25

사진의 축척을 결정하는 데 지방적 특색과 기상관계는 무관하다.

26

측량용 사진기의 검정자료에는 주점의 위치, 초점거리, 렌즈왜곡량 등이 포함된다.

27

- 종모델수$(D) = \dfrac{S_1}{B} = \dfrac{S_1}{ma(1-p)}$

$$= \dfrac{26 \times 1,000}{30,000 \times 0.23 \times (1-0.60)}$$

$$= 9.4\text{모델}$$

$$\fallingdotseq 10\text{모델}$$

- 횡모델수$(D') = \dfrac{S_2}{C_0} = \dfrac{S_2}{ma(1-q)}$

$$= \dfrac{8 \times 1,000}{30,000 \times 0.23 \times (1-0.30)}$$

$$= 1.7\text{코스}$$

$$\fallingdotseq 2\text{코스}$$

$\therefore$ 총모델수 = 종모델수$(D) \times$ 횡모델수(D')
$$= 10 \times 2 = 20\text{모델}$$

28

절대표정에 필요한 최소 지상기준점
- 삼각점(X, Y) : 2점
- 수준점(Z) : 3점

29

- 사진축척$(M) = \dfrac{1}{m} = \dfrac{f}{H} = \dfrac{0.15}{1,800} = \dfrac{1}{12,000}$
- 촬영종기선 길이$(B) = m \cdot a(1-p) \rightarrow$
$960 = 12,000 \times 0.23(1-p)$
$\therefore p = 65.2\%$

30

축척$\left(\dfrac{1}{m}\right) = \dfrac{\text{도상거리}}{\text{실제거리}} \rightarrow \dfrac{1}{1,000} = \dfrac{0.18}{\text{실제거리}}$
$\rightarrow$ 실제거리 $= 1,000 \times 0.18 = 180\text{m}$

$\therefore$ 사진축척$\left(\dfrac{1}{m}\right) = \dfrac{\text{도상거리}}{\text{실제거리}} = \dfrac{0.15}{180} = \dfrac{1}{1,200}$

31

레이더 위성영상은 능동적센서의 특징을 이용한 홍수모니터링, 간섭기법을 이용한 정밀수치고도모형 생성, 빙하의 이동경로 관측, 해수면 파랑조사, 지표의 붕괴 및 변이 관측, 화산활동 관측 등에 이용되고 있다.

32

절대표정은 상호표정이 끝난 한 쌍의 입체사진 모델에 대하여 축척, 수준면(경사조정), 위치결정을 하는 작업으로 대지표정이라고도 한다.

33

$\overline{mn} = f \cdot \tan i = 150 \times \tan 15° = 40.2\text{mm}$

34

사진축척$(M) = \dfrac{1}{m} = \dfrac{f}{H} = \dfrac{0.21}{2,000} = \dfrac{1}{9,524}$

$\therefore$ 실제면적$(A) = (ma)^2 = (9,524 \times 0.21)^2$
$$= 4,000,160\text{m}^2 \fallingdotseq 4.0\text{km}^2$$

35

- 렌즈의 방사왜곡은 상의 위치가 주점으로부터 방사방향을 따라 왜곡되어 나타나는 것을 말한다. 즉, 방사왜곡량이 $(+)$이면 주점 반대방향, $(-)$이면 주점방향의 왜곡량이 된다.
- 방사거리를 구하면, $r = \sqrt{3^2 + 4^2} = 5\text{cm} = 50\text{mm}$이므로, 그림에서 방사왜곡량을 구하면 $5\mu\text{m}$가 된다.

36

LANDSAT은 지구자원탐측위성으로 토지, 자원, 환경문제를 해결하고자 1972년 7월 미국 항공우주국에서 발사한 위성이다.

37

대기 내에서 전자기 복사에너지가 투과되는 파장영역을 대기의 창이라 한다.

38

$$\frac{45+120+24+35+12+22+16+18}{8} \fallingdotseq 36$$

45	120	24
35	36	12
22	16	18

39

상호표정을 수행하면 Tie Points에 대한 모델좌표를 계산할 수 있다.

40

$$h = \frac{H}{b_0} \cdot \Delta p = \frac{4,500}{0.05} \times 0.002 = 180m$$

41

GIS 소프트웨어는 격자나 벡터구조의 도형정보를 조작하는 부분과 속성정보의 관리를 위한 부분으로 나누어지며 입력, 편집, 검색, 추출, 분석 등을 위한 컴퓨터 프로그램의 집합체이다.
※ 사진, 동영상, 음성 등 멀티미디어를 편집하는 기능은 지리정보를 조작·관리하는 GIS 소프트웨어의 기능과는 거리가 멀다.

42

$\lambda = \frac{c}{f}$ (λ : 파장, c : 광속, f : 주파수) 에서 MHz를 Hz 단위로 환산하여 계산하면,

$$\lambda = \frac{300,000}{(1,575.42-1,227.60)\times10^6} = 8.62\times10^{-4}km = 0.86m$$

∴ 확장 파장(Wide Lane)은 0.86m이다.

43

ISO/TC211(국제표준화기구 지리정보전문위원회)

• 1994년 국제표준화기구(ISO)에서 구성
• 공식명칭은 Geographic Information Geomatics
• TC211은 디지털 지리정보 분야의 표준화를 위한 기술위원회

44

스파이크(Spike), 오버슈트(Overshoot), 언더슈트(Undershoot) 등은 수동방식(Digitaizer)에 의한 입력 시 오차이다.
※ 톨러런스(Tolerance) : 허용오차(거리)

45

버퍼 분석은 GIS 연산에 의해 점, 선 또는 면에서 일정 거리 안의 지역을 둘러싸는 폴리곤 구역을 생성하는 기법이다.

46

RTK(Real Time Kinematic)은 기준국용 GPS 수신기를 설치하고 위성을 관측하여 각 위성의 의사거리 보정값을 구하고 이 보정값을 이용하여 이동국용 GPS 수신기의 위치를 결정하는 것으로 GPS 반송파를 사용한 실시간 이동 위치관측이다.

47

선자료 공간분석 방법에는 네트워크분석, 최적경로 분석, 최단경로 분석이 있다.

48

Identity는 입력레이어 범위에서 중첩되는 레이어의 특징이 결과 레이어에 포함되는 연산 기능을 말한다.

49

지리적 객체

• 일반적으로 점, 선, 면 등으로 구분된다.
• 지리적 현상 중에서 명확한 경계가 존재하는 것을 말한다.
• 위치와 형태, 크기, 방향 등이 존재한다.

50

GIS의 표준화 목적은 각기 다른 사용목적으로 구축된 다양한 자료에 대한 접근의 용이성을 극대화하기 위한 것이다.

51

GNSS신호는 고도각이 작을수록 대기층을 통과하는 신호의 길이가 더 길어지므로 대기효과의 영향을 더 많이 받게 된다(신호가 통과하는 대기층의 두께가 커지기 때문).

52

항법정보(Navigation Message)는 위성의 궤도력과 시간자료, 항해력 그리고 위성들과 그 신호에 대한 정보들을 말하며, GPS 신호에 포함된 37,500비트의 메시지로 초당 50비트로 송신된다.

53

경계선 정합(Edge Matching)은 인접한 지도들의 경계에서 지형을 표현할 때 위치나 내용의 불일치를 제거하는 처리방법이다.

54

불규칙삼각망(TIN ; Triangular Irregular Network)은 공간을 불규칙한 삼각형으로 분할하여 모자이크 모형 형태로 생성된 일종의 공간자료 구조로서, 페이스(Face), 노드(Node), 에지(Edge)로 구성되어 있는 데이터 모델이다.

55

일반적으로 GPS신호는 GPS 수신기에 위성으로부터 직접파와 건물 등으로부터 반사되어 오는 반사파가 동시에 도달한다. 이를 다중경로(Multipath)라고 한다. 다중경로는 마이크로파 신호를 둘 다 사용하기 때문에 경로길이의 차이로 의사거리와 위상관측값에 영향을 주어 관측에 오차를 일으키는 원인이 된다.

56

표준화의 장점
• 서로 다른 기관이나 사용자 간에 자료를 공유
• 자료구축을 위한 비용 감소
• 사용자 편의 증진
• 자료구축의 중복성 방지

57

RINEX(Receiver Independent Exchange Format)는 정지측량 시 기종이 서로 다른 GPS 수신기를 혼합하여 관측을 하였을 경우 어떤 종류의 후처리 소프트웨어를 사용하더라도 수집된 GPS 데이터의 기선 해석이 용이하도록 고안된 세계표준의 GPS 데이터 포맷이다.

58

중첩분석(Overlay Analysis)은 동일한 지역에 대한 서로 다른 두 개 또는 다수의 레이어로부터 필요한 도형자료나 속성자료를 추출하기 위한 공간분석 기법이다.

59

공간분석에서 통계적 기법은 주로 속성자료를 이용하여 수행되는 기법으로 속성자료와 연결되어 있는 도형 자료의 추출에 적용되기도 한다.

60

지리정보시스템(GIS) 구축과정 순서 : 자료수집 → 자료입력 → 자료처리 → 자료조작 및 분석 → 출력

61

• $X_B = X_A + (\overline{AB}\text{거리} \times \cos \overline{AB}\text{방위각})$
  $= 400.000 + (200.000 \times \cos 225°00'00'')$
  $= 258.579\text{m}$

• $Y_B = Y_A + (\overline{AB}\text{거리} \times \sin \overline{AB}\text{방위각})$
  $= 400.000 + (200.000 \times \sin 225°00'00'')$
  $= 258.579\text{m}$

∴ $X_B = 258.579\text{m}, \ Y_B = 258.579\text{m}$

62

지형도 축척과 등고선 간격 (단위 : m)

등고선 종류 \ 축척	1/5,000	1/10,000	1/25,000	1/50,000
주곡선	5	5	10	20
간곡선	2.5	2.5	5	10
조곡선	1.25	1.25	2.5	5
계곡선	25	25	50	100

63

눈금의 오독으로 인하여 생기는 오차는 관측자의 미숙, 부주의에 의한 오차이므로 착오 또는 과실, 과대오차이다.

64

사변형망은 기선 삼각망에 이용하며, 조건식의 수가 가장 많아 정밀도가 높고, 조정이 복잡하고 포함 면적이 작으며 시간과 비용이 많이 든다.

65

관측자가 수준척의 눈금을 읽을 때에는 수준척을 기계를 향하여 앞·뒤로 조금씩 움직여 제일 작은 눈금을 읽어야 한다.

66

교각법은 어떤 측선이 그 앞의 측선과 이루는 각을 관측하는 방법이다.

67

$$\varepsilon'' = \frac{A}{r^2} \cdot \rho''$$

$$\therefore A = \frac{\varepsilon'' \cdot r^2}{\rho''} = \frac{15'' \times 6,370^2}{206,265''} = 2,951\text{km}^2$$

68

시준축 오차는 시준선이 수평축과 직각이 아니기 때문에 생기는 오차로, 망원경을 정위와 반위로 관측한 값의 평균값을 구하면 소거가 가능하다.

69

$$\text{실제거리} = \frac{\text{부정거리} \times \text{관측거리}}{\text{표준거리}} = \frac{30.03 \times 300}{30.00} = 300.3\text{m}$$

70

A, B점 간의 경사도를 이용하여 실제 수평거리를 구하면,
$$i(\%) = \frac{H}{D} \times 100 \to D = \frac{100}{i} \times H = \frac{100}{10} \times 40 = 400\text{m}$$

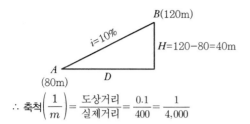

$$\therefore 축척\left(\frac{1}{m}\right)=\frac{도상거리}{실제거리}=\frac{0.1}{400}=\frac{1}{4,000}$$

71

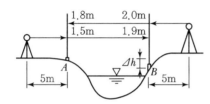

$$\Delta h=\frac{1}{2}\{(a_1-b_1)+(a_2-b_2)\}$$
$$=\frac{1}{2}\{(1.5-1.9)+(1.8-2.0)\}$$
$$=-0.3\mathrm{m}$$
$$\therefore H_B=H_A+\Delta h=50.0+(-0.3)=49.7\mathrm{m}$$

72

조건식 총수$=a+B-2P+3=8+1-(2\times4)+3=4$

여기서, a : 관측각의 수, B : 기선의 수, P : 삼각점의 수

73

우연오차(부정오차)란 예측할 수 없이 불규칙하게 발생되는 오차이며, 최소제곱법에 의한 확률법칙에 의해 추정한다.

74

$$n=\frac{450}{50}=9회$$
$$\therefore M=\pm m\sqrt{n}=\pm0.01\sqrt{9}=\pm0.03\mathrm{m}$$

75

공간정보의 구축 및 관리 등에 관한 법률 제7조(측량기준점)
측량기준점은 국가기준점, 공공기준점, 지적기준점으로 구분한다.

76

공간정보의 구축 및 관리 등에 관한 법률 시행규칙 제24조(공공측량성과 등의 간행)
공공측량성과를 사용하여 지도 등을 간행하여 판매하려는 공공측량시행자는 해당 지도 등의 크기 및 매수, 판매가격 산정서류를 첨부하여 해당 지도 등의 발매일 15일전까지 국토지리정보원장에게 통보하여야 한다.

77

공간정보의 구축 및 관리 등에 관한 법률 제2조(정의)
공공측량이란 다음 각 목의 측량을 말한다.
가. 국가, 지방자치단체, 그 밖에 대통령령으로 정하는 기관이 관계 법령에 따른 사업 등을 시행하기 위하여 기본측량을 기초로 실시하는 측량
나. 가목 외의 자가 시행하는 측량 중 공공의 이해 또는 안전과 밀접한 관련이 있는 측량으로서 대통령령으로 정하는 측량

78

공간정보의 구축 및 관리 등에 관한 법률 시행령 제97조(성능검사의 대상 및 주기 등)
성능검사를 받아야 하는 측량기기와 검사주기는 다음과 같다.
1. 트랜싯(데오드라이트) : 3년
2. 레벨 : 3년
3. 거리측정기 : 3년
4. 토털 스테이션(Total Station : 각도－거리통합측량기) : 3년
5. 지피에스(GPS) 수신기 : 3년
6. 금속관로 탐지기 : 3년

79

공간정보의 구축 및 관리 등에 관한 법률 제22조(일반측량의 실시 등)
국토교통부장관은 다음의 어느 하나에 해당하는 목적을 위하여 필요하다고 인정되는 경우에는 일반측량을 한 자에게 그 측량성과 및 측량기록의 사본을 제출하게 할 수 있다.
1. 측량의 정확도 확보
2. 측량의 중복 배제
3. 측량에 관한 자료의 수집 · 분석

80

공간정보의 구축 및 관리 등에 관한 법률 제108조(벌칙)
다음 각 호의 어느 하나에 해당하는 자는 2년 이하의 징역 또는 2천만 원 이하의 벌금에 처한다.
1. 측량기준점표지를 이전 또는 파손하거나 그 효용을 해치는 행위를 한 자
2. 고의로 측량성과를 사실과 다르게 한 자
3. 측량성과를 국외로 반출한 자
4. 측량업의 등록을 하지 아니하거나 거짓이나 그 밖의 부정한 방법으로 측량업의 등록을 하고 측량업을 한 자
5. 성능검사를 부정하게 한 성능검사대행자
6. 성능검사대행자의 등록을 하지 아니하거나 거짓이나 그 밖의 부정한 방법으로 성능검사대행자의 등록을 하고 성능검사업무를 한 자

CBT 모의고사 2회

본 모의고사는 측량 및 지형공간정보산업기사 수험생의 필기시험 대비를 목적으로 작성된 것임을 알려드립니다.

Subject 01 응용측량

01 선박의 안전통항을 위해 교량 및 가공선의 높이를 결정하고자 할 때 기준면으로 사용되는 것은?

① 기본수준면
② 약최고고조면
③ 대조의 평균저조면
④ 소조의 평균저조면

02 터널측량을 실시할 때 작업순서로 옳은 것은?

a. 터널 내 기준점 설치를 위한 측량을 한다.
b. 다각측량으로 터널중심선을 설치한다.
c. 터널의 굴착 단면을 확인하기 위해서 횡단면을 측정한다.
d. 항공사진측량에 의해 계획지역의 지형도를 작성한다.

① b → d → a → c
② b → a → d → c
③ d → a → c → b
④ d → b → a → c

03 노선측량의 반향곡선에 대한 설명으로 옳은 것은?

① 원호가 공통접선의 한쪽에 있는 곡선이다.
② 원호의 곡률이 곡선길이에 대하여 일정한 비율로 증가하는 곡선이다.
③ 2개의 원호가 공통접선의 양측에 있는 곡선이다.
④ 원곡선에 대하여 외측 방향의 높이를 증가시키는 양을 결정하는 곡선이다.

04 삼각형($\triangle ABC$) 토지의 면적을 구하기 위해 트래버스측량을 한 결과 배횡거와 위거가 표와 같을 때, 면적은?

측선	배횡거(m)	위거(m)
$\overline{AB}$	+ 38.82	+ 23.29
$\overline{BC}$	+ 54.35	− 54.34
$\overline{CA}$	+ 15.53	+ 31.05

① 4,339.06m²
② 2,169.53m²
③ 1,084.93m²
④ 783.53m²

05 그림과 같이 폭 15m의 도로가 어느 지역을 지나가게 될 때 도로에 포함되는 □$BCDE$의 넓이는?(단, $\overline{AC}$의 방위 = N23°30′00″E, $\overline{AD}$의 방위 = S89°30′00″E, $\overline{AB}$의 거리 = 20m, ∠ACD = 90°이다.)

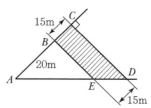

① 971.79m²
② 926.50m²
③ 910.12m²
④ 893.22m²

06 지형과 적절히 조화되는 경관을 창출하기 위한 경관측량의 중요도가 적은 공사는?

① 도로공사
② 상하수도공사
③ 대단위 위락시설
④ 교량공사

07 단곡선 설치과정에서 접선길이, 곡선길이 및 외할을 구하기 위해 우선적으로 결정해야 할 사항으로 옳게 짝지어진 것은?

① 시점, 종점
② 시점, 반지름
③ 반지름, 교각
④ 중점, 교각

08 하천의 수면으로부터 수면에 따른 유속을 관측한 결과가 아래와 같을 때 3점법에 의한 평균유속은?

관측지점	유속(m/s)
수면으로부터 수심의 2/10	0.687
수면으로부터 수심의 4/10	0.644
수면으로부터 수심의 6/10	0.528
수면으로부터 수심의 8/10	0.382

① 0.531m/s
② 0.571m/s
③ 0.589m/s
④ 0.625m/s

09 하천의 유속을 부자로 측정할 때에 대한 설명으로 옳지 않은 것은?

① 홍수 시 유속을 측정할 때는 하천 가운데서 부자를 띄우고 평균유속의 80~85%를 전단면의 유속으로 볼 수 있다.
② 수심 H인 하천에서 수중부자를 이용하여 1점의 유속을 관측할 경우에는 수면에서 $0.8H$ 되는 깊이의 유속을 측정한다.
③ 표면부자를 쓸 경우는 표면유속의 80~90% 정도를 그 연직선 내의 평균유속으로 볼 수 있다.
④ 부자의 유하거리는 하천 폭의 2배 이상으로 하는 것이 좋다.

10 완화곡선 중 곡률이 곡선의 길이에 비례하는 곡선으로 정의되는 것은?

① 클로소이드(Clothoid)
② 렘니스케이트(Lemniscate)
③ 3차 포물선
④ 반파장 sine 체감곡선

11 단곡선 설치에서 곡선반지름이 100m이고, 교각이 60°이다. 곡선시점의 말뚝 위치가 No.10+2m일 때 도로의 기점으로부터 곡선종점까지의 거리는?(단, 중심말뚝 간격은 20m이다.)

① 104.72m
② 157.08m
③ 306.72m
④ 359.08m

12 교각 $I=80°$, 곡선반지름 $R=180$m인 단곡선의 교점($I.P$)의 추가거리가 1,152.52m일 때 곡선의 종점($E.C$)의 추가거리는?

① 1,001.48m
② 1,106.34m
③ 1,180.11m
④ 1,252.81m

13 삼각형 세 변의 길이가 $a=40$m, $b=28$m, $c=21$m일 때 면적은?

① 153.36m^2
② 216.89m^2
③ 278.65m^2
④ 306.72m^2

14 깊이 100m, 지름 5m 정도의 수직터널에서 터널 내외의 연결측량을 하고자 할 때 가장 적당한 방법은?

① 삼각법
② 트랜싯과 추선에 의한 방법
③ 정렬법
④ 사변형법

15 그림과 같은 단면의 면적은?

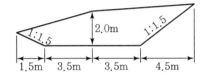

① 6.45m²
② 13.25m²
③ 20.00m²
④ 26.75m²

16 토지의 면적에 대한 설명 중 옳지 않은 것은?

① 토지의 면적이란 임의 토지를 둘러싼 경계선을 기준면에 투영시켰을 때의 면적이다.
② 면적측량구역이 작은 경우에 투영의 기준면으로 수평면을 잡아도 무관하다.
③ 면적측량구역이 넓은 경우에 투영의 기준면을 평균해수면으로 잡는다.
④ 관측면적의 정확도는 거리측정 정확도의 3배가 된다.

17 그림과 같이 노선측량의 단곡선에서 곡선반지름 R = 50m일 때 장현($\overline{AC}$)의 값은?(단, $\overline{AB}$방위각 = 25°00′10″, $\overline{BC}$방위각 = 150°38′00″)

① 88.95m
② 89.45m
③ 90.37m
④ 92.98m

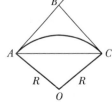

18 하천측량에서 하천 양안에 설치된 거리표, 수위표, 기타 중요 지점들의 높이를 측정하고 유수부의 깊이를 측정하여 종단면도와 횡단면도를 만들기 위하여 필요한 측량은?

① 수준측량
② 삼각측량
③ 트래버스측량
④ 평판에 의한 지형측량

19 시설물의 계획 설계 시 구조물과 생활공간 및 자연환경 등의 조화감 등에 대하여 검토되는 위치결정에 필요한 측량은?

① 공공측량
② 자원측량
③ 공사측량
④ 경관측량

20 측면주사음향탐지기(Side Scan Sonar)를 이용한 해저면영상조사에서 탐지할 수 없는 것은?

① 수중의 암초
② 노출암
③ 해저케이블
④ 바다에 침몰한 선박

Subject **02** 사진측량 및 원격탐사

21 편위수정(Rectification)을 거친 사진을 집성한 사진지도로 등고선이 삽입되어 있는 것은?

① 중심투영 사진지도
② 약조정 집성 사진지도
③ 정사 사진지도
④ 조정 집성 사진지도

22 항공사진촬영을 재촬영해야 하는 경우가 아닌 것은?

① 구름, 적설 및 홍수로 인해 지형을 구분할 수 없을 경우
② 촬영코스의 수평이탈이 계획촬영 고도의 10% 이내일 경우
③ 촬영 진행 방향의 중복도가 53% 미만이거나 68~77%가 되는 모델이 전 코스의 사진매수의 1/4 이상일 경우
④ 인접코스 간의 중복도가 표고의 최고점에서 5% 미만일 경우

23 축척 1:20,000인 항공사진을 180km/hr의 속도로 촬영하는 경우 허용 흔들림의 범위를 0.01mm로 한다면, 최장 노출 시간은?

① $\dfrac{1}{90}$ 초   ② $\dfrac{1}{125}$ 초

③ $\dfrac{1}{180}$ 초   ④ $\dfrac{1}{250}$ 초

24 다음은 어느 지역 영상에 대해 영상의 화솟값 분포를 알아보기 위해 도수분포표를 작성한 것으로 옳은 것은?

	열						
	1	2	3	4	5	6	7
1	9	9	9	3	4	5	3
2	8	8	7	8	5	4	4
3	8	8	8	9	7	5	4
행 4	7	8	9	8	7	4	5
5	8	8	8	8	3	4	1
6	7	9	4	1	1	0	
7	8	8	6	0	1	0	2

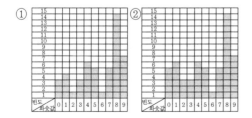

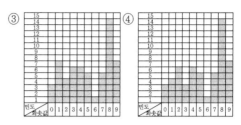

25 항공사진의 기복변위에 대한 설명으로 옳지 않은 것은?

① 촬영고도에 비례한다.
② 지형지물의 높이에 비례한다.
③ 연직점으로부터 상점까지의 거리에 비례한다.
④ 표고차가 있는 물체에 대한 연직점을 중심으로 한 방사상 변위를 의미한다.

26 물체의 분광반사특성에 대한 설명으로 옳은 것은?

① 같은 물체라도 시간과 공간에 따라 반사율이 다르게 나타난다.
② 토양은 식물이나 물에 비하여 파장에 따른 반사율의 변화가 크다.
③ 식물은 근적외선 영역에서 가시광선 영역보다 반사율이 높다.
④ 물은 식물이나 토양에 비해 반사도가 높다.

27 촬영고도 2,000m에서 평지를 촬영한 연직사진이 있다. 이 밀착사진상에 있는 2점 간의 시차를 측정한 결과 1.5mm이었다. 2점 간의 높이 차는?(단, 카메라의 초점거리는 15cm, 종중복도는 60%, 사진크기는 23cm×23cm이다.)

① 26.3m
② 32.6m
③ 63.2m
④ 92.0m

28 항공사진측량의 일반적인 특성에 관한 설명으로 옳지 않은 것은?

① 축척의 변경이 용이하다.
② 분업화에 의해 능률이 높다.
③ 접근하기 어려운 대상물을 측량할 수 있다.
④ 소규모 구역에서의 경제적인 측량에 적합하다.

29 N차원의 피처공간에서 분류될 화소로부터 가장 가까운 훈련자료 화소까지의 유클리드 거리를 계산하고 그것을 해당 클래스로 할당하여 영상을 분류하는 방법은?

① 최근린 분류법(Nearest−Neighbor Classifier)
② K−최근린 분류법(K−Nearest−Neighbor Classifier)
③ 최장거리 분류법(Maximum Distance Classifier)
④ 거리가중 K−최근린 분류법(K−Nearest−Neighbor Distance−Weighted Classifier)

30 사진지표의 용도가 아닌 것은?

① 사진의 신축 측정
② 주점의 위치 결정
③ 해석적 내부표정
④ 지구의 곡률 보정

31 해석식 도화의 공선조건식에 대한 설명으로 틀린 것은?

① 지상점, 영상점, 투영중심이 동일한 직선상에 존재한다는 조건이다.
② 하나의 사진에서 충분한 지상기준점이 주어진다면 외부 표정요소를 계산할 수 있다.
③ 하나의 사진에서 내부, 상호, 절대표정요소가 주어지면 지상점이 투영된 사진상의 좌표를 계산할 수 있다.
④ 내부표정요소 및 절대표정요소를 구할 때 이용할 수 있다.

32 항공사진 카메라의 초점거리가 153mm, 사진 크기가 23cm×23cm, 사진축척이 1:20,000, 기준면으로부터 높이가 35m일 때, 이 비고(比高)에 의한 사진의 최대 기복변위는?

① 0.370cm
② 0.186cm
③ 0.256cm
④ 0.308cm

33 원자력발전소의 온배수 영향을 모니터링하고자 할 때 다음 중 가장 적합한 위성영상자료는?

① SPOT 위성의 HRV 영상
② Landsat 위성의 ETM⁺ 영상
③ IKONOS 위성의 팬크로매틱 영상
④ Radarsat 위성의 SAR 영상

34 축척 1:50,000의 사진을 초점거리가 15cm인 항공사진 카메라로 촬영하기 위한 촬영고도는?

① 7,300m
② 7,500m
③ 7,700m
④ 7,900m

35 프랑스, 스웨덴, 벨기에가 협력하여 개발한 상업위성으로 입체모델을 형성하여 촬영할 수 있는 인공위성은?

① SKYLAB
② LANDSAT
③ SPOT
④ NIMBUS

36 항공사진의 중복도에 대한 설명으로 틀린 것은?

① 일반적인 종중복도는 60%이다.
② 산악이나 고층건물이 많은 시가지에서는 종중복도를 증가시킨다.
③ 일반적으로 중복도가 클수록 경제적이다.
④ 일반적인 횡중복도는 30%이다.

37 항공사진측량에 의하여 제작된 수치지도의 위치 정확도에 영향을 주는 요소와 가장 거리가 먼 것은?

① 사진의 축척
② 도화기의 정확도
③ 지도 레이어의 개수
④ 지상기준점의 정확도

38 사진측량용 카메라의 렌즈와 일반 카메라의 렌즈를 비교한 것으로 옳지 않은 것은?

① 사진측량용 카메라 렌즈의 초점거리가 짧다.
② 사진측량용 카메라 렌즈의 수차(Distortion)가 적다.
③ 사진측량용 카메라 렌즈의 해상력과 선명도가 좋다.
④ 사진측량용 카메라 렌즈의 화각이 크다.

39 지상기준점과 사진좌표를 이용하여 외부표정 요소를 계산하기 위해 필요한 식은?

① 공선조건식
② Similarity 변환식
③ Affine 변환식
④ 투영변환식

40 사진크기와 촬영고도가 같을 때 초광각카메라(초점거리 88mm, 피사각 120°)에 의한 촬영면적은 광각카메라(초점거리 152mm, 피사각 90°)에 의한 촬영면적의 약 몇 배가 되는가?

① 1.5배
② 1.7배
③ 3.0배
④ 3.4배

Subject 03 지리정보시스템(GIS) 및 위성측위시스템(GNSS)

41 수치지형모형(DTM)으로부터 추출할 수 있는 정보로 거리가 먼 것은?

① 경사분석도
② 가시권 분석도
③ 사면방향도
④ 토지이용도

42 객체 사이의 인접성, 연결성에 대한 정보를 포함하는 개념은?

① 위치정보
② 속성정보
③ 위상정보
④ 영상정보

43 지리정보시스템(GIS)의 주요 기능에 대한 설명으로 옳지 않은 것은?

① 자료의 입력은 기존 지도와 현지조사자료, 인공위성 등을 통해 얻은 정보 등을 수치형태로 입력하거나 변환하는 것을 말한다.
② 자료의 출력은 자료를 보여주고 분석결과를 사용자에게 알려주는 것을 말한다.
③ 자료변환은 지형, 지물과 관련된 사항을 현지에서 직접 조사하는 것을 말한다.
④ 데이터베이스 관리에서는 대상물의 위치와 지리적 속성, 그리고 상호 연결성에 대한 정보를 구체화하고 조직화하여야 한다.

44 다음 중 항공사진측량 시 카메라 투영중심의 위치를 획득(결정)하는 데 가장 효과적인 것은?

① GNSS
② Open GIS
③ 토털스테이션
④ 레이저고도계

45 GNSS측량에서 $HDOP$와 $VDOP$가 2.5와 3.2이고 예상되는 관측데이터의 정확도(σ)가 2.7m일 때 예상할 수 있는 수평위치 정확도(σ_H)와 수직위치 정확도(σ_V)는?

① $\sigma_H = 0.93m$, $\sigma_V = 1.19m$
② $\sigma_H = 1.08m$, $\sigma_V = 0.84m$
③ $\sigma_H = 5.20m$, $\sigma_V = 5.90m$
④ $\sigma_H = 6.75m$, $\sigma_V = 8.64m$

46 수치지도의 축척에 관한 설명 중 옳지 않은 것은?

① 축척에 따라 자료의 위치정확도가 다르다.
② 축척에 따라 표현되는 정보의 양이 다르다.
③ 소축척을 대축척으로 일반화(Generalization)시킬 수 있다.
④ 축척 1:5,000 종이지도로 축척 1:1,000 수치지도 정확도 구현이 불가능하다.

47 그림 중 토폴로지가 다른 것은?

①
②
③
④

48 벡터 데이터와 래스터 데이터를 비교 설명한 것으로 옳지 않은 것은?

① 래스터 데이터의 구조가 비교적 단순하다.
② 래스터 데이터가 환경 분석에 더 용이하다
③ 벡터 데이터는 객체의 정확한 경계선 표현이 용이하다.
④ 래스터 데이터도 벡터 데이터와 같이 위상을 가질 수 있다.

49 지리정보시스템(GIS)의 구성요소가 아닌 것은?

① 기술(Software와 Hardware)
② 공공 기관
③ 자료(Data)
④ 인력

50 다음 중 지구좌표계가 아닌 것은?

① 경위도 좌표계
② 평면직교 좌표계
③ 황도 좌표계
④ 국제 횡메르카토르(UTM) 좌표계

51 자료의 입력과정에서 발생하는 오류와 관계없는 것은?

① 공간정보가 불완전하거나 중복된 경우
② 공간정보의 위치가 부정확한 경우
③ 공간정보가 좌표로 표현된 경우
④ 공간정보가 왜곡된 경우

52 2차원 쿼드트리(Quadtree)에서 B의 면적은?(단, 최하단에서 하나의 셀 면적을 2로 가정한다.)

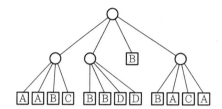

① 10
② 12
③ 14
④ 16

53 RTK-GPS에 의한 세부측량을 설명한 것으로 옳은 것은?

① RTK-GPS 관측에 의해 지형도 등의 작성에 필요한 수치데이터를 취득하는 작업을 말한다.
② RTK-GPS 관측에 의해 구조물의 변형과 변위를 관측하는 작업을 말한다.
③ RTK-GPS 관측에 의해 국가기준점인 삼각점을 설치하는 작업을 말한다.
④ RTK-GPS 관측에 의해 국도변에 설치된 수준점의 타원체고를 구하는 작업을 말한다.

54 GPS에서 전송되는 L_1 신호의 주파수가 1,575.42 MHz일 때 L_1 신호의 파장 200,000개의 거리는?[단, 광속(c) = 299,792,458m/s이다.]

① 15,754.200m
② 19,029.367m
③ 31,508.400m
④ 38,058.734m

55 다음은 6×6 화소 크기의 래스터 데이터를 수치적으로 표현한 것이다. 이 데이터를 2×2 화소 크기의 데이터로 만들고자 한다. 2×2 화소 데이터의 수치값을 결정하는 방법으로 중앙값 방법(Median Method)을 사용하고자 할 때 결과로 옳은 것은?

2	1	3	2	1	3
2	3	1	1	1	3
1	1	1	1	2	2
2	1	3	2	1	3
2	3	2	2	3	2
2	2	2	3	3	2

①
1	2
2	3

②
1	1
2	3

③
2	2
2	2

④
3	1
3	3

56 메타데이터(Metadata)에 대한 설명으로 옳지 않은 것은?

① 공간데이터와 관련된 일련의 정보를 제공해 준다.
② 자료를 생산·유지·관리하는 데 필요한 정보를 제공해 준다.
③ 대용량 공간 데이터를 구축하는 데 드는 엄청난 비용과 시간을 절약해 준다.
④ 공간데이터 제작자와 사용자 모두 표준용어와 정의에 동의하지 않아도 사용할 수 있다.

57 레이저를 이용하여 대상물의 3차원 좌표를 실시간으로 획득할 수 있는 측량방법으로 산림이나 수목지대에서도 투과율이 좋으며 자료 취득 및 처리과정이 완전히 수치방식으로 이루질 수 있어 최근 고정밀 수치표고모델과 3차원 지리정보 제작에 많이 활용되고 있는 측량방법은?

① EDM(Electro-magnetic Distance Meter)
② LiDAR(Light Detection And Ranging)
③ SAR(Synthetic Aperture Radar)
④ RAR(Real Aperture Radar)

58 복합 조건문(Composite Selection)으로 공간 자료를 선택하고자 한다. 이중 어떠한 경우에도 가장 적은 결과가 선택되는 것은?(단, 각 항목은 0이 아닌 것으로 가정한다.)

① (Area<100,000 OR (LandUse=Grass AND AdminName=Seoul))
② (Area<100,000 OR (LandUse=Grass OR AdminName=Seoul))
③ (Area<100,000 AND (LandUse=Grass AND AdminName=Seoul))
④ (Area<100,000 AND (LandUse=Grass OR AdminName=Seoul))

59 공간분석에서 사용되는 연결성 분석과 관계가 없는 것은?

① 연속성
② 근접성
③ 관망
④ DEM

60 동일 위치에 대하여 수치지형도에서 취득한 평면좌표와 GNSS측량에 의해서 관측한 평면좌표가 다음의 표와 같을 때 수치지형도의 평면거리 오차량은?(단, GNSS측량결과가 참값이라고 가정)

수치지형도		GNSS 측정값	
X(m)	Y(m)	X(m)	Y(m)
254,859.45	564,854.45	254,858.88	564,851.32

① 2.58m
② 2.88m
③ 3.18m
④ 4.27m

61 수평직교좌표원점의 동쪽에 있는 A점에서 B점 방향의 자북방위각을 관측한 결과 88°10′40″이었다. A점에서 자오선 수차가 2′20″, 자침 편차가 4°W일 때 방향각은?

① 84°08′20″
② 84°13′00″
③ 92°08′20″
④ 92°13′00″

62 토털스테이션의 일반적인 기능이 아닌 것은?

① EDM이 가지고 있는 거리 측정 기능
② 각과 거리 측정에 의한 좌표계산 기능
③ 3차원 형상을 스캔하여 체적을 구하는 기능
④ 디지털 데오드라이트가 갖고 있는 측각 기능

63 수준측량 시 중간점이 많을 경우 가장 적합한 야장기입법은?

① 고차식
② 승강식
③ 기고식
④ 교호식

64 국토지리정보원에서 발급하는 삼각점에 대한 성과표의 내용이 아닌 것은?

① 경위도
② 점번호
③ 직각좌표
④ 거리의 대수

65 최소제곱법에 대한 설명으로 옳지 않은 것은?

① 같은 정밀도로 측정된 측정값에서는 오차의 제곱의 합이 최소일 때 최확값을 얻을 수 있다.
② 최소제곱법을 이용하여 정오차를 제거할 수 있다.
③ 동일한 거리를 여러 번 관측한 결과를 최소제곱법에 의해 조정한 값은 평균과 같다.
④ 최소제곱법의 해법에는 관측방정식과 조건방정식이 있다.

66 직사각형 토지의 관측값이 가로변 = 100 ± 0.02cm, 세로변 = 50 ± 0.01cm이었다면 이 토지의 면적에 대한 평균제곱근오차는?

① ± 0.707cm²

② ± 1.03cm²

③ ± 1.414cm²

④ ± 2.06cm²

67 직접수준측량을 하여 2km를 왕복하는 데 오차가 ± 16mm이었다면 이것과 같은 정밀도로 측량하여 10km를 왕복 측량하였을 때 예상되는 오차는?

① ± 20mm

② ± 25mm

③ ± 36mm

④ ± 42mm

68 지구를 장반지름이 6,370km, 단반지름이 6,350km인 타원형이라 할 때 편평률은?

① 약 $\dfrac{1}{320}$

② 약 $\dfrac{1}{430}$

③ 약 $\dfrac{1}{500}$

④ 약 $\dfrac{1}{630}$

69 등고선의 성질에 대한 설명으로 옳지 않은 것은?

① 등고선 간의 최단 거리의 방향은 그 지표면의 최대 경사의 방향을 가리키며 최대 경사의 방향은 등고선에 수직인 방향이다.

② 등고선은 경사가 일정한 곳에서 표고가 높아질수록 일정한 비율로 등고선 간격이 좁아진다.

③ 등고선은 절벽이나 동굴과 같은 지형에서는 교차할 수 있다.

④ 등고선은 분수선과 직교한다.

70 수평각을 관측할 경우 망원경을 정·반위 상태로 관측하여 평균값을 취해도 소거되지 않는 오차는?

① 망원경 편심오차

② 수평축오차

③ 시준축오차

④ 연직축오차

71 그림과 같은 삼각망에서 $\overline{CD}$의 거리는?

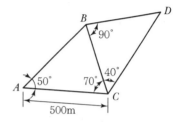

① 383.022m

② 433.013m

③ 500.013m

④ 577.350m

72 다각측량의 특징에 대한 설명으로 틀린 것은?

① 측선의 거리는 될 수 있는 대로 같게 하고, 측점 수는 적게 하는 것이 좋다.

② 거리와 각을 관측하여 점의 위치를 결정할 수 있다.

③ 세부기준점의 결정과 세부측량의 기준이 되는 골조측량이다.

④ 통합기준점 결정에 이용되는 측량방법이다.

73 1:1,000 수치지도 도엽코드 [358130372]에 대한 설명으로 틀린 것은?

① 1:1,000 지형도를 기준으로 72번째 인덱스 지역에 존재한다.

② 1:50,000 지형도를 기준으로 13번째 인덱스 지역에 존재한다.

③ 1:10,000 지형도를 기준으로 303번째 인덱스 지역에 존재한다.

④ 1:50,000 지형도를 기준으로 경도 128~129°, 위도 35~36° 사이에 존재한다.

74 정확도가 $\pm(3\text{mm}+3\text{ppm}\times L)$로 표현되는 광파거리측량기로 거리 500m를 측량하였을 때 예상되는 오차의 크기는?

① $\pm2.0\text{mm}$ 이하 ② $\pm2.5\text{mm}$ 이하
③ $\pm4.0\text{mm}$ 이하 ④ $\pm4.5\text{mm}$ 이하

75 측량업을 폐업한 경우에 측량업자는 그 사유가 발생한 날로부터 최대 며칠 이내에 신고하여야 하는가?

① 10일   ② 15일
③ 20일   ④ 30일

76 측량기술자가 아님에도 불구하고 공간정보의 구축 및 관리 등에 관한 법률에서 정하는 측량을 한 자에 대한 벌칙기준으로 옳은 것은?

① 3년 이하의 징역 또는 3천만 원 이하의 벌금
② 2년 이하의 징역 또는 2천만 원 이하의 벌금
③ 1년 이하의 징역 또는 1천만 원 이하의 벌금
④ 300만 원 이하의 과태료

77 국토지리정보원장이 간행하는 지도의 축척이 아닌 것은?

① 1/1,000   ② 1/1,200
③ 1/50,000   ④ 1/250,000

78 각 좌표계에서의 직각좌표를 TM(Transverse Mercator, 횡단 머케이터) 방법으로 표시할 때의 조건으로 옳지 않은 것은?

① X축은 좌표계 원점의 적도선에 일치하도록 한다.
② 진북방향을 정($+$)으로 표시한다.
③ Y축은 X축에 직교하는 축으로 한다.
④ 진동방향을 정($+$)으로 한다.

79 일반측량을 한 자에게 그 측량성과 및 측량기록의 사본을 제출하게 할 수 있는 경우가 아닌 것은?

① 측량의 중복 배제
② 측량의 정확도 확보
③ 측량성과의 보안 유지
④ 측량에 관한 자료의 수집 · 분석

80 측량기준점을 구분할 때 국가기준점에 속하지 않는 것은?

① 위성기준점
② 지적기준점
③ 통합기준점
④ 수로기준점

정답

01	02	03	04	05	06	07	08	09	10
②	④	③	④	①	②	③	①	②	①
11	12	13	14	15	16	17	18	19	20
③	④	③	③	③	④	①	④	③	②
21	22	23	24	25	26	27	28	29	30
③	②	④	①	①	③	②	④	①	④
31	32	33	34	35	36	37	38	39	40
④	②	②	②	③	③	④	①	①	③
41	42	43	44	45	46	47	48	49	50
④	③	④	①	④	③	④	④	②	③
51	52	53	54	55	56	57	58	59	60
③	④	④	④	①	④	②	③	④	③
61	62	63	64	65	66	67	68	69	70
①	③	③	④	②	③	④	①	②	④
71	72	73	74	75	76	77	78	79	80
④	④	④	④	④	③	④	①	③	②

해설

01
선박의 안전통항을 위한 교량 및 가공선의 높이를 결정하기 위해서는 해안선의 기준인 약최고고조면을 기준으로 한다.

02
터널측량 순서
지형측량 → 중심선측량 → 터널 내외 연결측량 → 터널 내 측량

03
반향곡선은 곡선 방향이 반대 방향으로 변한 곡선으로 두 원호가 이어져 있어서 어느 한 점에서 공통의 접선을 가지며, 두 원의 중심이 접선에 관하여 서로 반대쪽에 있는 곡선이다.

04
배면적=배횡거×위거

- $\overline{AB}$ 배면적 $= 38.82 \times 23.29 = 904.12\text{m}^2$
- $\overline{BC}$ 배면적 $= 54.35 \times (-54.34) = -2,953.38\text{m}^2$
- $\overline{CA}$ 배면적 $= 15.53 \times 31.05 = 482.21\text{m}^2$
- 합계 $= 1,567.05\text{m}^2$
- $\therefore$ 면적$(A) = \dfrac{1}{2} \times$배면적$= \dfrac{1}{2} \times 1,567.05 = 783.53\text{m}^2$

05

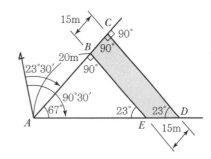

- $\overline{AD}$ 거리

$$\frac{\overline{AD}}{\sin 90°00'00''} = \frac{35.000}{\sin 23°00'00''} \rightarrow$$

$$\overline{AD} = \frac{\sin 90°00'00''}{\sin 23°00'00''} \times 35.000 = 89.576\text{m}$$

- $\overline{AE}$ 거리

$$\frac{\overline{AE}}{\sin 90°00'00''} = \frac{20.000}{\sin 23°00'00''} \rightarrow$$

$$\overline{AE} = \frac{\sin 90°00'00''}{\sin 23°00'00''} \times 20.000 = 51.186\text{m}$$

- $\triangle ACD$ 면적

$$A = \frac{1}{2} \times \overline{AC} \times \overline{AD} \times \sin \angle A$$

$$= \frac{1}{2} \times 35.000 \times 89.576 \times \sin 67°00'00'' = 1,442.96\text{m}^2$$

- $\triangle ABE$ 면적

$$A = \frac{1}{2} \times \overline{AB} \times \overline{AE} \times \sin \angle A$$

$$= \frac{1}{2} \times 20.000 \times 51.186 \times \sin 67°00'00'' = 471.17\text{m}^2$$

$\therefore \square BCDE$ 면적$(A) = \triangle ACD$ 면적$- \triangle ABE$ 면적
$$= 1,442.96 - 471.17$$
$$= 971.79\text{m}^2$$

06

상·하수도공사는 주로 지하에서 이루어지는 시설물 공사이므로 경관 창출과는 거리가 멀다.

07

단곡선을 설치하려면 먼저 교각(I)을 결정한 후 반지름(R)을 결정하고 교각(I)과 반지름(R)의 함수인 접선길이($T.L$), 곡선길이($C.L$), 외할(E) 등을 결정한다.

08

$$V_m = \frac{1}{4}(V_{0.2} + 2V_{0.6} + V_{0.8})$$
$$= \frac{1}{4}\{0.687 + (2 \times 0.528) + 0.382\}$$
$$= 0.531 \text{m/s}$$

09

수심이 H인 하천에서 수중부자를 이용하여 1점의 유속을 관측할 경우에는 수면에서 $0.6H$ 되는 깊이의 유속을 측정한다.

10

클로소이드곡선은 곡률$\left(\frac{1}{R}\right)$이 곡선장에 비례하는 곡선이다.

11

- $B.C$(곡선시점) $= 202.00\text{m}(\text{No.}10 + 2.00\text{m})$

- $C.L$(곡선길이) $= 0.0174533 \cdot R \cdot I°$
  $$= 0.0174533 \times 100 \times 60° = 104.72\text{m}$$

- $\therefore E.C$(곡선종점) $= B.C + C.L$
  $$= 202.00 + 104.72$$
  $$= 306.72\text{m}(\text{No.}15 + 6.72\text{m})$$

12

- $T.L$(접선길이) $= R \cdot \tan\dfrac{I}{2}$
  $$= 180 \times \tan\frac{80°}{2} = 151.04\text{m}$$

- $C.L$(곡선길이) $= 0.0174533 \cdot R \cdot I°$
  $$= 0.0174533 \times 180 \times 80° = 251.33\text{m}$$

- $B.C$(곡선시점) $=$ 총거리 $- T.L$
  $$= 1,152.52 - 151.04 = 1,001.48\text{m}$$

- $\therefore E.C$(곡선종점) $= B.C + C.L$
  $$= 1,001.48 + 251.33 = 1,252.81\text{m}$$

13

$$A = \sqrt{S(S-a)(S-b)(S-c)}$$
$$= \sqrt{44.5(44.5-40)(44.5-28)(44.5-21)}$$
$$= 278.65\text{m}^2$$

여기서, $S = \dfrac{1}{2}(a+b+c) = \dfrac{1}{2}(40+28+21) = 44.5\text{m}$

14

1개의 수직터널에 의한 연결방법에서 얕은 수직터널에서는 보통 철선, 동선, 황동선 등이 사용되며, 깊은 수직터널에서는 피아노선이 이용된다. 깊이가 100m인 깊은 수직터널이므로 트랜싯과 추선을 이용하는 것이 타당하다.

15

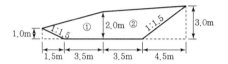

- ① 단면적(A_1)
  $$= \left(\frac{1.0+2.0}{2} \times 5.0\right) - \left(\frac{1}{2} \times 1.5 \times 1.0\right) = 6.75\text{m}^2$$
- ② 단면적(A_2)
  $$= \left(\frac{2.0+3.0}{2} \times 8.0\right) - \left(\frac{1}{2} \times 4.5 \times 3.0\right) = 13.25\text{m}^2$$
- $\therefore$ 전체 단면적(A) $= A_1 + A_2$
  $$= 6.75 + 13.25 = 20.00\text{m}^2$$

16

관측면적의 정확도는 거리측정 정확도의 2배가 된다.
$$※ \frac{dA}{A} = 2\frac{dl}{l}$$

17

교각(I) $= \overline{BC}$ 방위각 $- \overline{AB}$ 방위각
$$= 150°38'00'' - 25°00'10''$$
$$= 125°37'50''$$

$\therefore$ 장현($\overline{AC}$) $= 2R \cdot \sin\dfrac{I}{2}$
$$= 2 \times 50 \times \sin\frac{125°37'50''}{2}$$
$$= 88.95\text{m}$$

18

수준측량은 하천 양안에 설치한 거리표, 양수표, 수문, 기타 중요한 장소의 높이를 측정하여 종단면도와 횡단면도를 작성하기 위한 측량을 말한다.

19

경관측량은 녹지와 여공간을 이용하여 휴식, 산책, 운동, 오락 및 관광 등을 목적으로 하는 도시공원 조성이나 토목구조물 등이 자연환경과 이루는 조화감, 순화감, 미의식의 상승 등에 대하여 검토되는 위치결정에 필요한 측량을 말한다.

20

해저면 영상조사는 측면주사음향탐지기(Side Scan Sonar)를 이용하여 해저면의 영상정보를 획득하는 조사작업을 말한다. 암초, 어초, 침선 등의 해저장애물 등을 탐지하는 것으로서 노출암 탐지와는 무관하다.

21

정사투영사진지도는 사진기의 경사, 지표면의 비고를 수정하였을 뿐만 아니라 등고선이 삽입된 사진지도이다.

22

② : 촬영코스의 수평이탈이 계획촬영 고도의 15% 이상인 경우

23

$$T_l = \frac{\Delta s \cdot m}{V} = \frac{0.01 \times 20,000}{180 \times 1,000,000 \times \frac{1}{3,600}}$$

$$= \frac{200}{50,000} = \frac{1}{250} \text{초}$$

24

도수분포표는 주어진 자료를 몇 개의 구간으로 나누고 각 계급에 속하는 도수를 조사하여 나타낸 표이다. 영상의 화솟값에 따라 도수를 조사하여 작성하면 ①의 표와 같이 나타낼 수 있다.

25

기복변위의 특징
- 기복변위는 비고(h)에 비례한다.
- 기복변위는 촬영고도(H)에 반비례한다.
- 연직점으로부터 상점까지의 거리에 비례한다.
- 표고차가 있는 물체에 대한 사진의 중점으로부터의 방사상 변위를 말한다.

26

식물은 근적외선 영역에서 반사율이 높고, 가시광선 영역에서는 광합성작용으로 인해 적색광과 청색광은 식물에 흡수되어 반사율이 낮다.

27

$$h = \frac{H}{b_0} \cdot \Delta p = \frac{2,000}{0.092} \times 0.0015 = 32.6\text{m}$$

여기서, $b_0 = a(1-p) = 0.23(1-0.60) = 0.092\text{m}$

28

항공사진측량은 대규모 지역에서 경제적인 측량이다.

29

최근린 분류법(Nearest Neighbor Classifier)은 가장 가까운 거리에 근접한 영상소의 값을 택하는 방법이며, 원 영상의 데이터를 변질시키지 않으나 부드럽지 못한 영상을 획득하는 단점이 있다.

30

사진지표(Fiducial Marks)는 사진의 네 모서리 또는 네 변의 중앙에 있는 표지, 필름이 사진기 내에서 노출된 순간에 필름의 위치를 정하기 위한 점을 말한다.

31

내부표정요소는 초점거리(f), 주점위치(x_0, y_0)로 자체 검정자료에 의해 얻는다.

32

- 사진축척(M) $= \dfrac{1}{m} = \dfrac{f}{H}$

  $\rightarrow H = m \cdot f = 20,000 \times 0.153 = 3,060\text{m}$
- $r_{max} = \dfrac{\sqrt{2}}{2} \cdot a = \dfrac{\sqrt{2}}{2} \times 0.23 = 16.26\text{cm} = 0.1626\text{m}$

$\therefore$ 최대 기복변위(Δr_{max}) $= \dfrac{h}{H} \cdot r_{max}$

$$= \frac{35}{3,060} \times 0.1626$$

$$= 0.00186\text{m} = 0.186\text{cm}$$

33

Landsat 위성의 ETM$^+$ 센서는 7호에 탑재되어 있으며 밴드 6의 열적외선 밴드를 이용하여 원자력발전소의 온배수 영향을 모니터링할 수 있다.

34

사진축척(M) $= \dfrac{1}{m} = \dfrac{f}{H}$

$\therefore H = m \cdot f = 50,000 \times 0.15 = 7,500\text{m}$

35

SPOT 위성은 지구관측위성으로서 프랑스, 벨기에, 스웨덴이 공동으로 개발한 상업용 위성이며, HRV 센서 2대가 탑재되어 같은 지역을 다른 방향(경사관측)에서 촬영함으로써 입체시할 수 있는 영상획득과 지형도 제작이 가능하다.

36

중복도가 클수록 사진매수 및 계산량이 많아 비경제적이다.

37

레이어는 한 주제를 다루는 데 중첩되는 다양한 자료들로 한 커버리지의 자료파일이므로 수치지도의 위치정확도와는 무관하다.

38

사진측량용 카메라 렌즈의 초점거리가 길다.

39

하나의 사진에서 촬영한 지상기준점이 주어지면 공선조건식에 의해 외부표정요소(X_0, Y_0, Z_0, κ, ϕ, ω)를 계산할 수 있다.

40

사진의 크기(a)와 촬영고도(H)가 같을 경우 초광각카메라에 의한 촬영면적은 광각카메라의 경우에 약 3배가 넓게 촬영된다.

$A_초 : A_광 = (ma)^2 : (ma)^2$

$$= \left(\frac{H}{f_초} \cdot a\right)^2 : \left(\frac{H}{f_광} \cdot a\right)^2 = 3:1$$

여기서, 초광각카메라(f) : 약 88mm
광각카메라(f) : 약 150mm
보통각카메라(f) : 약 210mm

41

DTM은 경사도, 사면방향도, 단면분석, 절·성토량 산정, 등고선 작성 등 다양한 분야에 활용되고 있으며 토지이용도는 DTM의 활용분야와는 거리가 멀다.

42

위상관계(Topology)는 공간관계를 정의하는 데 쓰는 수학적 방법으로서 입력된 자료의 위치를 좌푯값으로 인식하고 각각의 자료 간의 정보를 상대적 위치로 저장하며, 선의 방향, 특성들 간의 관계, 연결성, 인접성, 영역 등을 정의함으로써 공간분석을 가능하게 한다.

43

현지 지리조사는 정위치 편집을 하기 위하여 항공사진을 기초로 도면상에 나타내어야 할 지형·지물과 이에 관련되는 사항을 현지에서 직접 조사하는 것을 말한다.

44

GNSS/INS 기법을 항공사진측량에 이용하면 실시간으로 비행기 위치(카메라 투영중심 위치)를 결정할 수 있으므로 외부표정 시 필요한 기준점 수를 크게 줄일 수 있어 비용을 절감할 수 있다.

※ GNSS(Global Navigation Satellite System)
GPS(미국), GLONASS(러시아), GALILEO(유럽연합) 등 지구상의 위치를 결정하기 위한 위성과 이를 보강하기 위한 시스템 및 지역 보정시스템

45

• 수평위치 정확도(σ_H)=2.5×2.7=6.75m
• 수직위치 정확도(σ_V)=3.2×2.7=8.64m

46

일반화(Generalization)는 공간데이터를 처리할 때 세밀한 항목을 줄이는 과정으로 큰 공간에서 다시 추출하거나 선에서 점을 줄이는 것을 말한다.

※ 지도의 일반화는 대축척에서 소축척으로만 가능하다.

47

위상(Topology)은 벡터자료의 점, 선, 면에 대해 공간관계를 정의하는 것으로 보기 ①, ②, ③의 그림에서 중심노드는 3개의 링크로 연결되며, 보기 ④의 그림에서 중심노드는 4개의 링크로 연결된다. 따라서 보기 ④는 인접성, 연결성 등이 보기 ①, ②, ③과는 다르게 저장된다.

48

격자자료구조는 위상관계를 가지고 있지 않다.

49

GIS 구성요소는 하드웨어, 소프트웨어, 데이터베이스, 조직, 인력이다.

50

지구좌표계는 경위도좌표계, 평면직교좌표계, UTM 좌표계, UPS 좌표계, WGS 좌표계, ITRF 좌표계 등이 있다.

51

공간정보가 좌표로 표현된 경우는 입력과정에서 발생하는 오류와 관계가 없다.

52

• 세 번째 단 B의 면적 : 4개×2(최하단 단위면적)=8
세 번째 단

B		B	B			B

• 두 번째 단 B의 면적 : 1개×8(단위면적의 4배)=8

두 번째 단

B	B
B	B

∴ B면적의 합계 : 8+8=16

53

세부측량(Detail Surveying)은 기준점 성과를 토대로 각종 측량기법을 적용하여 목적에 맞는 세부적인 지모, 지물을 측정하는 것을 의미한다.

54

$\lambda = \dfrac{c}{f}$ (λ : 파장, c : 광속, f : 주파수) 에서 MHz를 Hz 단위로 환산하여 계산하면,

$\lambda = \dfrac{299,792,458}{1,575.42 \times 10^6} = 0.190293672\text{m}$

∴ L_1신호의 200,000 파장거리 = 200,000 × 0.190293672
= 38,058.734m

55

중앙값 방법(Median Method)은 영상결함을 제거하는 기법으로 어떤 영상소의 주변의 값을 작은 값부터 재배열한 후 가장 중앙의 값을 새로운 값으로 설정하여 치환하는 방법이다.

2	1	3
2	3	1
1	1	1

→ 1,1,1,1 [1] 2,2,3,3

2	1	3
1	1	3
1	2	2

→ 1,1,1,1 [2] 2,2,3,3

2	1	3
2	3	2
2	2	2

→ 1,2,2,2 [2] 2,2,3,3

2	1	3
2	3	2
3	3	3

→ 1,2,2,2 [3] 3,3,3,3

∴

1	2
2	3

56

메타데이터(Metadata)는 데이터의 내용, 품질, 조건 및 특징 등을 저장한 데이터로서 데이터에 관한 데이터의 이력을 말한다.
• 시간과 비용의 낭비 제거
• 공간정보 유통의 효율성
• 데이터에 대한 유지 · 관리 갱신의 효율성
• 데이터에 대한 목록화
• 데이터에 대한 적합성 및 장 · 단점 평가
• 데이터를 이용하여 로딩

57

LiDAR(Light Detection And Ranging)는 비행기에 레이저측량장비와 GNSS/INS를 장착하여 대상체면상 관측점의 지형공간정보를 취득하는 관측방법으로서, 3차원 공간좌표(x, y, z)를 각각의 점자료로 기록한다. 최근에는 수치표고모델과 3차원 지리정보 제작에 많이 활용되고 있다.

58

• AND 연산자는 연산자를 중심으로 좌우에 입력된 두 단어를 공통적으로 포함하는 정보나 레코드를 검색한다.
• OR 연산자는 좌우 두 단어 중 어느 하나만 존재하더라도 검색을 수행한다.
∴ 가장 적은 결과가 선택되는 것은 AND 연산자를 두 번 사용한 ③이다.

59

연결성 분석(Connectivity Analysis)은 일련의 점 또는 절점이 서로 연결되었는지를 결정하는 분석으로 연속성 분석, 근접성 분석, 관망 분석 등이 포함된다.

60

평면거리 오차량
$= \sqrt{(X_{GNSS} - X_{수치지형도})^2 + (Y_{GNSS} - Y_{수치지형도})^2}$
$= \sqrt{(254,858.88 - 254,859.45)^2 + (564,851.32 - 564,854.45)^2}$
$= 3.18\text{m}$

61

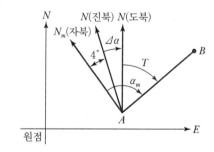

∴ 방향각(T) = 자북방위각(α_m) − 자침편차 − 자오선수차($\Delta\alpha$)
= 88°10'40" − 4° − 2'20"
= 84°08'20"

62

토털스테이션(Total Station)은 각도와 거리를 동시에 관측할 수 있는 기능이 함께 갖추어져 있는 측량기이다. 즉, 전자식 데오드라이트와 광파거리측량기를 조합한 측량기이다. 마이크로프로세서에서 자료를 짧은 시간에 처리하거나 표시하고, 결과를 출력하는 전자식거리 및 각 측정기기이다.

63

기고식 야장법은 현재 가장 많이 사용하는 방법이다. 중간점이 많을 때 이용되며, 종·횡단측량에 널리 이용되지만 중간점에 대한 완전검산이 어렵다.

64

기준점 성과표 내용
- 구분(삼각점/수준점 …)
- 점번호
- 도엽명칭(1/50,000)
- 경·위도(위도/경도)
- 직각좌표(X(N)/Y(E)/원점)
- 표고
- 지오이드고
- 타원체고
- 매설연월

65

최소제곱법에 의해 추정되는 오차는 부정오차(우연오차)이다.

66

$$M = \pm \sqrt{(X \cdot \Delta y)^2 + (Y \cdot \Delta x)^2}$$
$$= \pm \sqrt{(100 \times 0.01)^2 + (50 \times 0.02)^2}$$
$$= \pm 1.414\text{cm}^2$$

67

$M = \pm E\sqrt{S} \rightarrow 16\text{mm} = \pm E\sqrt{4} \rightarrow E = \pm 8\text{mm}$
여기서, $\pm E$: 1km당 오차
$\qquad\quad S$: 왕복거리
같은 정밀도이므로 1km당 오차는 같다.
$\therefore M = \pm 8\text{mm}\sqrt{20} = \pm 36\text{mm}$

68

편평률 $= \dfrac{a-b}{a} = \dfrac{6,370-6,350}{6,370} = \dfrac{1}{318.5} ≒ \dfrac{1}{320}$

69

등고선은 경사가 일정한 곳에서 표고가 높아질수록 일정한 비율로 등고선 간격도 일정하다.

70

연직축오차는 망원경을 정위, 반위로 관측하여 평균값을 취해도 소거되지 않는 오차이다.

71

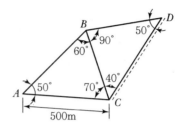

- $\dfrac{500}{\sin 60°} = \dfrac{\overline{BC}}{\sin 50°} \rightarrow$

$\overline{BC} = \dfrac{\sin 50°}{\sin 60°} \times 500 = 442.276\text{m}$

- $\dfrac{442.276}{\sin 50°} = \dfrac{\overline{CD}}{\sin 90°}$

$\therefore \overline{CD} = \dfrac{\sin 90°}{\sin 50°} \times 442.276 = 577.350\text{m}$

72

통합기준점 결정에 이용되는 측량방법은 GNSS측량과 직접수준측량이다.

73

- 35813
  - 35813은 해당지역의 1/50,000 도엽
  - 35는 위도 35° 이상 36° 미만의 지역
  - 8은 경도 128° 이상 129° 미만의 지역
  - 13은 가로 15′, 세로 15′로 나눈 16개 구획 중 13번째 칸에 해당
- 03
  - 1/50,000 도엽을 25등분(가로 5, 세로 5)하면 1/10,000 도엽
  - 좌측 상단으로부터 일련번호를 붙인 것 중 03번째 도엽
- 72
  - 1/10,000 도엽을 100등분(가로 10, 세로 10)하면 1/1,000 도엽
  - 좌측상단으로부터 일련번호를 붙인 것 중 72번째 도엽

74

일반적으로 측량기기 제작회사에서는 정확도의 표현을 $\pm(a+bD)$로 표시한다. 여기서 a는 거리에 비례하지 않는 오차이며, bD는 거리에 비례하는 오차의 표현이다. 그러므로 예상되는 총오차 $= \pm(3 + (3 \times 0.5)) = \pm 4.5\text{mm}$이다.

75

공간정보의 구축 및 관리 등에 관한 법률 제48조(측량업의 휴업 · 폐업 등 신고)

다음 각 호의 어느 하나에 해당하는 자는 국토교통부령으로 정하는 바에 따라 국토교통부장관, 시 · 도지사 또는 대도시 시장에게 해당 각 호의 사실이 발생한 날부터 30일 이내에 그 사실을 신고하여야 한다.

1. 측량업자인 법인이 파산 또는 합병 외의 사유로 해산한 경우 : 해당 법인의 청산인
2. 측량업자가 폐업한 경우 : 폐업한 측량업자
3. 측량업자가 30일을 넘는 기간 동안 휴업하거나, 휴업후 업무를 재개한 경우 : 해당 측량업자

76

공간정보의 구축 및 관리 등에 관한 법률 제109조(벌칙)

다음 각 호의 어느 하나에 해당하는 자는 1년 이하의 징역 또는 1천만 원 이하의 벌금에 처한다.

1. 무단으로 측량성과 또는 측량기록을 복제한 자
2. 심사를 받지 아니하고 지도 등을 간행하여 판매하거나 배포한 자
3. 측량기술자가 아님에도 불구하고 측량을 한 자
4. 업무상 알게 된 비밀을 누설한 측량기술자
5. 둘 이상의 측량업자에게 소속된 측량기술자
6. 다른 사람에게 측량업등록증 또는 측량업등록수첩을 빌려주거나 자기의 성명 또는 상호를 사용하여 측량업무를 하게 한 자
7. 다른 사람의 측량업등록증 또는 측량업등록수첩을 빌려서 사용하거나 다른 사람의 성명 또는 상호를 사용하여 측량업무를 한 자
8. 지적측량수수료 외의 대가를 받은 지적측량기술자
9. 거짓으로 다음 각 목의 신청을 한 자
   가. 신규등록 신청
   나. 등록전환 신청
   다. 분할 신청
   라. 합병 신청
   마. 지목변경 신청
   바. 바다로 된 토지의 등록말소 신청
   사. 축척변경 신청
   아. 등록사항의 정정 신청
   자. 도시개발사업 등 시행지역의 토지이동 신청
10. 다른 사람에게 자기의 성능검사대행자 등록증을 빌려 주거나 자기의 성명 또는 상호를 사용하여 성능검사대행업무를 수행하게 한 자
11. 다른 사람의 성능검사대행자 등록증을 빌려서 사용하거나 다른 사람의 성명 또는 상호를 사용하여 성능검사대행업무를 수행한 자

77

공간정보의 구축 및 관리 등에 관한 법률 시행규칙 제13조(지도 등 간행물의 종류)

국토지리정보원장이 간행하는 지도나 그 밖에 필요한 간행물(이하 "지도등"이라 한다)의 종류는 다음 각 호와 같다.

1. 축척 1/500, 1/1,000, 1/2,500, 1/5,000, 1/10,000, 1/25,000, 1/50,000, 1/100,000, 1/250,000, 1/500,000 및 1/1,000,000의 지도
2. 철도, 도로, 하천, 해안선, 건물, 수치표고 모형, 공간정보 입체 모형(3차원 공간정보), 실내공간정보, 정사영상 등에 관한 기본 공간정보
3. 연속수치지형도 및 축척 1/25,000 영문판 수치지형도
4. 국가인터넷지도, 점자지도, 대한민국전도, 대한민국주변도 및 세계지도
5. 국가격자좌표정보 및 국가관심지점정보

78

공간정보의 구축 및 관리 등에 관한 법률 시행령 제7조(세계측지계 등) 별표 2

X축은 좌표계 원점의 자오선에 일치하여야 하고, 진북방향을 정(+)으로 표시하며, Y축은 X축에 직교하는 축으로서 진동방향을 정(+)으로 한다.

79

공간정보의 구축 및 관리 등에 관한 법률 제22조(일반측량의 실시 등)

국토교통부장관은 다음의 어느 하나에 해당하는 목적을 위하여 필요하다고 인정되는 경우에는 일반측량을 한 자에게 그 측량성과 및 측량기록의 사본을 제출하게 할 수 있다.

1. 측량의 정확도 확보
2. 측량의 중복 배제
3. 측량에 관한 자료의 수집 · 분석

80

공간정보의 구축 및 관리 등에 관한 법률 시행령 제8조(측량기준점의 구분)

국가기준점에는 우주측지기준점, 위성기준점, 수준점, 중력점, 통합기준점, 삼각점, 지자기점이 있다.

Subject **01** 응용측량

01 단곡선 설치에서 곡선반지름 $R = 200$m, 교각 $I = 60°$일 때의 외할(E)과 중앙종거(M)는?

① $E = 30.94$m, $M = 26.79$m
② $E = 26.79$m, $M = 30.94$m
③ $E = 30.94$m, $M = 24.78$m
④ $E = 24.78$m, $M = 26.79$m

02 교각 $I = 80°$, 곡선반지름 $R = 200$m인 단곡선의 교점($I.P$)의 추가거리가 $1,250.50$m일 때 곡선시점($B.C$)의 추가거리는?

① $1,382.68$m
② $1,282.68$m
③ $1,182.68$m
④ $1,082.68$m

03 그림과 같은 지역의 전체 토량은?(단, 각 구역의 크기는 동일하다.)

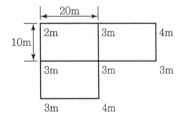

① $1,850$m³ ② $1,950$m³
③ $2,050$m³ ④ $2,150$m³

04 경관측량에 대한 설명으로 옳지 않은 것은?

① 경관은 인간의 시각적 인식에 의한 공간구성으로 대상군을 전체로 보는 인간의 심적 현상에 의해 판단된다.
② 경관측량의 목적은 인간의 쾌적한 생활공간을 창조하는 데 필요한 조사와 설계에 기여하는 것이다.
③ 경관구성요소를 인식의 주체인 경관장계, 인식의 대상이 되는 시점계, 이를 둘러싼 대상계로 나눌 수 있다.
④ 경관의 정량화를 해석하기 위해서는 시각적 측면과 시각현상에 잠재되어 있는 의미적 측면을 동시에 고려하여야 한다.

05 지표에 설치된 중심선을 기준으로 터널 입구에서 굴착을 시작하고 굴착이 진행됨에 따라 터널 내의 중심선을 설정하는 작업은?

① 다보(Dowel)설치
② 터널 내 곡선설치
③ 지표설치
④ 지하설치

06 원곡선 설치에서 곡선반지름이 250m, 교각이 $65°$, 곡선시점의 위치가 No.$245 + 09.450$m일 때, 곡선종점의 위치는?(단, 중심말뚝 간격은 20m이다.)

① No.$245 + 13.066$m
② No.$251 + 13.066$m
③ No.$259 + 06.034$m
④ No.$259 + 13.066$m

07 자동차가 곡선부를 통과할 때 원심력의 작용을 받아 접선 방향으로 이탈하려고 하므로 이것을 방지하기 위하여 노면에 높이차를 두는 것을 무엇이라 하는가?

① 확폭(Slack)
② 편경사(Cant)
③ 완화구간
④ 시거

08 삼각형 세 변의 길이가 아래와 같을 때 면적은?

> a = 35.65m, b = 73.50m, c = 42.75m

① 269.76m²
② 389.67m²
③ 398.96m²
④ 498.96m²

09 축척 1:1,200 지도상의 면적을 측정할 때, 이 축척을 1:600으로 잘못 알고 측정하였더니 10,000m²가 나왔다면 실제면적은?

① 40,000m²
② 20,000m²
③ 10,000m²
④ 2,500m²

10 해양에서 수심측량을 할 경우 음향측심 장비로부터 취득한 수심에 필요한 보정이 아닌 것은?

① 정사보정
② 조석보정
③ 흘수보정
④ 음속보정

11 그림과 같은 경사터널에서 A, B 두 측점 간의 고저차는?(단, A의 기계고 $IH = 1m$, B의 $HP = 1.5m$, 사거리 $S = 20m$, 경사각 $\theta = 20°$)

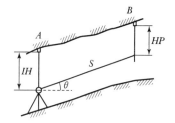

① 4.34m
② 6.34m
③ 7.34m
④ 9.34m

12 해저의 퇴적물인 저질(Bottom Material)을 조사하는 방법 또는 장비가 아닌 것은?

① 채니기
② 음파에 의한 해저탐사
③ 코어러
④ 채수기

13 유토곡선(Mass Curve)에 의한 토량계산에 대한 설명으로 옳지 않은 것은?

① 곡선은 누가토량의 변화를 표시한 것으로, 그 경사가 (−)는 깎기 구간, (+)는 쌓기 구간을 의미한다.
② 측점의 토량은 양단면평균법으로 계산할 수 있다.
③ 곡선에서 경사의 부호가 바뀌는 지점은 쌓기 구간에서 깎기 구간 또는 깎기 구간에서 쌓기 구간으로 변하는 점을 의미한다.
④ 토적곡선을 활용하여 토공의 평균운반거리를 계산할 수 있다.

14 시설물의 경관을 수직시각(θ_V)에 의하여 평가하는 경우, 시설물이 경관의 주제가 되고 쾌적한 경관으로 인식되는 수직시각의 범위로 가장 적합한 것은?

① $0° \leq \theta_V \leq 15°$

② $15° \leq \theta_V \leq 30°$

③ $30° \leq \theta_V \leq 45°$

④ $45° \leq \theta_V \leq 60°$

15 $\triangle ABC$에서 ㉮:㉯:㉰의 면적의 비를 각각 4:2:3으로 분할할 때 $\overline{EC}$의 길이는?

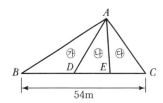

① 10.8m ② 12.0m

③ 16.2m ④ 18.0m

16 하천의 수위를 나타내는 다음 용어 중 가장 낮은 수위를 나타내는 것은?

① 평수위 ② 갈수위

③ 저수위 ④ 홍수위

17 그림과 같이 2차 포물선에 의하여 종단곡선을 설치하려 한다면 C점의 계획고는?(단, A점의 계획고는 50.00m이다.)

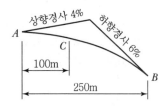

① 40.00m ② 50.00m

③ 51.00m ④ 52.00m

18 수심이 h인 하천의 평균유속(V_m)을 3점법을 사용하여 구하는 식으로 옳은 것은?(단, V_n : 수면으로부터 수심 $n \cdot h$인 곳에서 관측한 유속)

① $V_m = \frac{1}{3}(V_{0.2} + V_{0.4} + V_{0.8})$

② $V_m = \frac{1}{3}(V_{0.2} + V_{0.6} + V_{0.8})$

③ $V_m = \frac{1}{4}(V_{0.2} + 2V_{0.4} + V_{0.8})$

④ $V_m = \frac{1}{4}(V_{0.2} + 2V_{0.6} + V_{0.8})$

19 측면주사음향탐지기(Side Scan Sonar)를 이용하여 획득한 이미지로 해저면의 형상을 조사하는 방법은?

① 해저면 기준점조사

② 해저면 지질조사

③ 해저면 지층조사

④ 해저면 영상조사

20 도로 폭 8.0m의 도로를 건설하기 위해 높이 2.0m를 그림과 같이 흙쌓기(성토)하려고 한다. 건설 도로연장이 80.0m라면 흙쌓기 토량은?

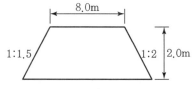

① 1,420m³ ② 1,760m³

③ 1,840m³ ④ 1,920m³

Subject 02 사진측량 및 원격탐사

21 항공사진측량용 디지털 카메라를 이용한 영상취득에 대한 설명으로 옳지 않은 것은?

① 아날로그 방식보다 필름비용과 처리, 스캐닝 비용 등의 경비가 절감된다.
② 기존 카메라보다 훨씬 넓은 피사각으로 대축척 지도제작이 용이하다.
③ 높은 방사해상력으로 영상의 질이 우수하다.
④ 컬러영상과 다중채널영상의 동시 취득이 가능하다.

22 촬영 당시 광속의 기하상태를 재현하는 작업으로 렌즈의 왜곡, 사진의 초점거리 등을 결정하는 작업은?

① 도화
② 지상기준점측량
③ 내부표정
④ 외부표정

23 미국의 항공우주국에서 개발하여 1972년에 지구자원탐사를 목적으로 쏘아 올린 위성으로 적조의 조기발견, 대기오염의 확산 및 식물의 발육상태 등을 조사할 수 있는 것은?

① MOSS
② SPOT
③ IKONOS
④ LANDSAT

24 항공사진측량을 초점거리 160mm인 카메라로 비행고도 3,000m에서 촬영기준면의 표고가 500m인 평지를 촬영할 때의 사진축척은?

① 1:15,625
② 1:16,130
③ 1:18,750
④ 1:19,355

25 다음 중 3차원 지도제작에 이용되는 위성은?

① SPOT 위성
② LANDSAT 5호 위성
③ MOS 1호 위성
④ NOAA 위성

26 전정색 영상의 공간해상도가 1m, 밴드 수가 1개이고, 다중분광영상의 공간해상도가 4m, 밴드 수가 4개라고 할 때, 전정색 영상과 다중분광영상의 해상도 비교에 대한 설명으로 옳은 것은?

① 전정색 영상이 다중분광영상보다 공간해상도와 분광해상도가 높다.
② 전정색 영상이 다중분광영상보다 공간해상도가 높고 분광해상도는 낮다.
③ 전정색 영상이 다중분광영상보다 공간해상도와 분광해상도도 낮다.
④ 전정색 영상이 다중분광영상보다 공간해상도가 낮고 분광해상도는 높다.

27 카메라의 초점거리 15cm, 촬영고도 1,800m인 연직사진에서 도로 교차점과 표고 300m의 산정이 찍혀 있다. 도로 교차점은 사진 주점과 일치하고, 교차점과 산정의 거리는 밀착사진상에서 55mm이었다면 이 사진으로부터 작성된 축척 1:5,000 지형도상에서 두 점의 거리는?

① 110mm　　② 130mm
③ 150mm　　④ 170mm

28 사진측량의 모델에 대한 정의로 옳은 것은?

① 편위수정된 사진이다.
② 촬영 지역을 대표하는 사진이다.
③ 한 장의 사진에 찍힌 단위면적의 크기이다.
④ 중복된 한 쌍의 사진으로 입체시할 수 있는 부분이다.

29 사진지도를 제작하기 위한 정사투영에서 편위수정기가 만족해야 할 조건이 아닌 것은?

① 기하학적 조건
② 입체모형의 조건
③ 샤임플러그 조건
④ 광학적 조건

30 항공사진측량에서 카메라 렌즈의 중심(O)을 지나 사진면에 내린 수선의 발, 즉 렌즈의 광축과 사진면이 교차하는 점은?

① 주점   ② 연직점
③ 등각점   ④ 중심점

31 항공사진측량의 작업에 속하지 않는 것은?

① 대공표지 설치
② 세부도화
③ 사진기준점 측량
④ 천문측량

32 8bit Gray Level(0~255)을 가진 수치영상의 최소 픽셀값이 79, 최대 픽셀값이 156이다. 이 수치영상에 선형대조비확장(Linear Contrast Stretching)을 실시할 경우 픽셀값 123의 변화된 값은?[단, 계산에서 소수점 이하 값은 무시(버림)한다.]

① 143   ② 144
③ 145   ④ 146

33 항공레이저측량을 이용하여 수치표고모델을 제작하는 순서로 옳은 것은?

     ㉠ 작업 및 계획준비
     ㉡ 항공레이저측량
     ㉢ 기준점 측량

     ㉣ 수치표면자료 제작
     ㉤ 수치지면자료 제작
     ㉥ 불규칙삼각망자료 제작
     ㉦ 수치표고모델 제작
     ㉧ 정리점검 및 성과품 제작

① ㉠→㉡→㉢→㉣→㉤→㉥→㉦→㉧
② ㉠→㉡→㉢→㉣→㉥→㉤→㉦→㉧
③ ㉠→㉡→㉢→㉤→㉣→㉦→㉥→㉧
④ ㉠→㉡→㉢→㉣→㉤→㉥→㉦→㉧

34 항공사진측량의 특징에 대한 설명으로 틀린 것은?

① 작업과정이 분업화되고 많은 부분을 실내작업으로 하여 작업 기간을 단축할 수 있다.
② 전체적으로 균일한 정확도이므로 지도제작에 적합하다.
③ 고가의 장비와 숙련된 기술자가 필요하다.
④ 도심의 소규모 정밀 세부측량에 적합하다.

35 왼쪽에 청색, 오른쪽에 적색으로 인쇄된 사진을 역입체시하기 위해서는 어떠한 색으로 구성된 안경을 사용하여야 하는가?(단, 보기는 왼쪽, 오른쪽 순으로 나열된 것이다.)

① 청색, 청색
② 청색, 적색
③ 적색, 청색
④ 적색, 적색

36 편위수정에 대한 설명으로 옳지 않은 것은?

① 사진지도 제작과 밀접한 관계가 있다.
② 경사사진을 엄밀수직사진으로 고치는 작업이다.
③ 지형의 기복에 의한 변위가 완전히 제거된다.
④ 4점의 평면좌표를 이용하여 편위수정을 할 수 있다.

37 내부표정 과정에서 조정하는 내용이 아닌 것은?

① 사진의 주점을 투영기의 중심에 일치
② 초점거리의 조정
③ 렌즈왜곡의 보정
④ 종시차의 소거

38 항공사진의 기복변위와 관계가 없는 것은?

① 기복변위는 연직점을 중심으로 방사상으로 발생한다.
② 기복변위는 지형, 지물의 높이에 비례한다.
③ 중심투영으로 인하여 기복변위가 발생한다.
④ 기복변위는 촬영고도가 높을수록 커진다.

39 어느 지역의 영상과 동일한 지역의 지도이다. 이 자료를 이용하여 "밭"의 훈련지역(Training Field)을 선택한 결과로 적합한 것은?

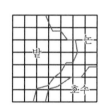

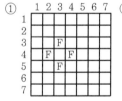
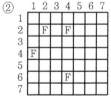

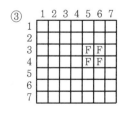
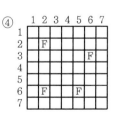

40 절대표정을 위하여 기준점을 보기와 같이 배치하였을 때 절대표정을 실시할 수 없는 기준점 배치는?(단, ○는 수직기준점(Z), □는 수평기준점(X, Y), △는 3차원 기준점(X, Y, Z)을 의미하고, 대상지역은 거의 평면에 가깝다고 가정한다.)

Subject 03 지리정보시스템(GIS) 및 위성측위시스템(GNSS)

41 공간정보 관련 영어 약어에 대한 설명으로 틀린 것은?

① NGIS – 국가지리정보체계
② RIS – 자원정보체계
③ UIS – 도시정보체계
④ LIS – 교통정보체계

42 네트워크 RTK 위치결정 방식으로 현재 국토지리정보원에서 운영 중인 시스템 중 하나인 것은?

① TEC(Total Electron Content)
② DGPS(Differential GPS)
③ VRS(Virtual Reference Station)
④ PPP(Precise Point Positioning)

43 지리정보시스템(GIS)에서 사용하고 있는 공간데이터를 설명하는 또 다른 부가적인 데이터로서 데이터의 생산자, 생산목적, 좌표계 등의 다양한 정보를 담을 수 있는 것은?

① Metadata   ② Label
③ Annotation   ④ Coverage

44 지리정보시스템(GIS)에서 표면분석과 중첩분석의 가장 큰 차이점은?

① 자료분석의 범위
② 자료분석의 지형형태
③ 자료에 사용되는 입력방식
④ 자료에 사용되는 자료층의 수

45 지리정보시스템(GIS)에서 표준화가 필요한 이유로 가장 거리가 먼 것은?

① 데이터의 공동 활용을 통하여 데이터의 중복 구축을 방지함으로써 데이터 구축비용을 절약한다.
② 표준 형식에 맞추어 하나의 기관에서 구축한 데이터를 많은 기관들이 공유하여 사용할 수 있다.
③ 서로 다른 기관 간에 데이터의 유출 방지 및 데이터의 보안을 유지하기 위해 필요하다.
④ 데이터 제작 시 사용된 하드웨어나 소프트웨어에 구애받지 않고 손쉽게 데이터를 사용할 수 있다.

46 Boolean 대수를 사용한 면의 중첩에서 그림과 같은 논리연산을 바르게 나타낸 것은?

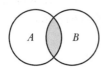

① A AND B   ② A OR B
③ A NOT B   ④ A XOR B

47 GPS 위성으로부터 송신된 신호를 수신기에서 획득 및 추적할 수 없도록 GPS 신호와 동일한 주파수 대역의 신호를 고의로 송신하는 전파간섭을 의미하는 용어는?

① 스니핑(Sniffing)
② 재밍(Jamming)
③ 지오코딩(Geocoding)
④ 트래킹(Tracking)

48 지리정보시스템(GIS)을 통하여 수행할 수 있는 지도 모형화의 장점이 아닌 것은?

① 문제를 분명히 정의하고 문제를 해결하는 데 필요한 자료를 명확하게 결정할 수 있다.
② 여러 가지 연산 또는 시나리오의 결과를 쉽게 비교할 수 있다.
③ 많은 경우에 조건을 변경하거나 시간의 경과에 따른 모의분석을 할 수 있다.
④ 자료가 명목 혹은 서열의 척도로 구성되어 있을지라도 시스템은 레이어의 정보를 정수로 표현한다.

49 다음 중 실세계의 현상들을 보다 정확히 묘사할 수 있으며 자료의 갱신이 용이한 자료관리체계(DBMS)는?

① 관계지향형 DBMS
② 종속지향형 DBMS
③ 객체지향형 DBMS
④ 관망지향형 DBMS

50 GNSS 측량의 활용분야가 아닌 것은?

① 변위추정
② 영상복원
③ 절대좌표해석
④ 상대좌표해석

51 GNSS 정지측위 방식에 의해 기준점 측량을 실시하였다. GNSS 관측 전후에 측정한 측점에서 ARP(Antenna Reference Point)까지의 경사 거리는 각각 145.2cm와 145.4cm이었다. 안테나 반경이 13cm이고, ARP를 기준으로 한 APC(Antenna Phase Center) 오프셋(Offset)이 높이 방향으로 2.5cm일 때 보정해야 할 안테나고(Antenna Height)는?

① 142.217cm   ② 147.217cm
③ 147.800cm   ④ 142.800cm

52 지리정보시스템(GIS)의 지형공간정보 관련 자료를 처리하는 데 필요한 과정이 아닌 것은?

① 자료입력   ② 자료개발
③ 자료 조작과 분석 ④ 자료출력

53 다음과 같은 데이터에 대한 위상구조 테이블에서 ㉠과 ㉡의 내용으로 적합한 것은?

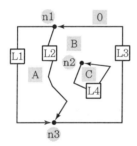

arc	from node	to node	Left polygon	Right polygon
L1	n1	n3	A	0
L2	㉠	n3	B	A
L3	n3	㉠	B	0
L4	㉡	㉡	C	B

① ㉠ : n1, ㉡ : n2
② ㉠ : n1, ㉡ : n3
③ ㉠ : n3, ㉡ : n2
④ ㉠ : n3, ㉡ : n1

54 건물이나 도로와 같이 지표면상에 존재하고 있는 모든 사물이나 개체에 대해 표준화된 고유한 번호를 부여하여 검색, 활용 및 관리를 효율적으로 하고자 하는 체계를 무엇이라 하는가?

① UGID   ② UFID
③ RFID   ④ USIM

55 위상모형을 통하여 얻을 수 있는 기초적 공간 분석으로 적절하지 않은 것은?

① 중첩 분석
② 인접성 분석
③ 위험성 분석
④ 네트워크 분석

56 위상정보(Topology Information)에 대한 설명으로 옳은 것은?

① 공간상에 존재하는 공간객체의 길이, 면적, 연결성, 계급성 등을 의미한다.
② 지리정보에 포함된 CAD 데이터 정보를 의미한다.
③ 지리정보와 지적정보를 합한 것이다.
④ 위상정보는 GIS에서 획득한 원시자료를 의미한다.

57 래스터 데이터(Raster Data) 구조에 대한 설명으로 옳지 않은 것은?

① 셀의 크기는 해상도에 영향을 미친다.
② 셀의 크기에 관계없이 컴퓨터에 저장되는 자료의 양은 압축방법에 의해서 결정된다.
③ 셀의 크기에 의해 지리정보의 위치 정확성이 결정된다.
④ 연속면에서 위치의 변화에 따라 속성들의 점진적인 현상 변화를 효과적으로 표현할 수 있다.

58 DGPS에 대한 설명으로 옳지 않은 것은?

① 일반적으로 단독측위에 비해 정확하다.
② 두 대의 수신기에서 수신된 데이터가 있어야 한다.
③ 수신기 간의 거리가 짧을수록 좋은 성과를 기대할 수 있다.
④ 후처리절차를 거쳐야 하므로 실시간 위치측정은 불가능하다.

59 지리정보시스템(GIS)의 자료취득방법과 가장 거리가 먼 것은?

① 투영법에 의한 자료취득 방법
② 항공사진측량에 의한 방법
③ 일반측량에 의한 방법
④ 원격탐사에 의한 방법

60 GPS 위성시스템에 대한 설명 중 틀린 것은?

① 측지기준계로 WGS–84 좌표계를 사용한다.
② GPS는 상업적 목적으로 민간이 주도하여 개발한 최초의 위성측위시스템이다.
③ 위성들은 각각 상이한 코드정보를 전송한다.
④ GPS에 사용되는 좌표계는 지구의 질량 중심을 원점으로 하고 있다.

Subject 04 측량학

61 1:50,000 지형도에 표기된 아래와 같은 도엽번호에 대한 설명으로 틀린 것은?

> NJ 52 – 11 – 18

① 1:250,000 도엽을 28등분한 것 중 18번째 도엽번호를 의미한다.
② N은 북반구를 의미한다.

③ J는 적도에서부터 알파벳을 붙인 위도구역을 의미한다.
④ 52는 국가고유코드를 의미한다.

62 표준길이보다 36mm가 짧은 30m 줄자로 관측한 거리가 480m일 때 실제거리는?

① 479.424m
② 479.856m
③ 480.144m
④ 480.576m

63 측량에 있어서 부정오차가 일어날 가능성의 확률적 분포 특성에 대한 설명으로 틀린 것은?

① 매우 큰 오차는 거의 생기지 않는다.
② 오차의 발생확률은 최소제곱법에 따른다.
③ 큰 오차가 생길 확률은 작은 오차가 생길 확률보다 매우 작다.
④ 같은 크기의 양(+)오차와 음(–)오차가 생길 확률은 거의 같다.

64 A점 및 B점의 좌표가 표와 같고 A점에서 B점까지 결합 다각측량을 하여 계산해 본 결과 합위거가 84.30m, 합경거가 512.62m이었다면 이 측량의 폐합오차는?

구분	X좌표	Y좌표
A점	69.30m	123.56m
B점	153.47m	636.23m

① 0.18m
② 0.14m
③ 0.10m
④ 0.08m

65 어떤 측량장비의 망원경에 부착된 수준기 기포관의 감도를 결정하기 위해서 $D=50$m 떨어진 곳에 표척을 수직으로 세우고 수준기의 기포를 중앙에 맞춘 후 읽은 표척 눈금값이 1.00m이고, 망원경을 약간 기울여 기포관상의 눈금 $n=6$개 이동된 상태에서 측정한 표척의 눈금이 1.04m이었다면 이 기포관의 감도는?

① 약 $13''$ ② 약 $18''$
③ 약 $23''$ ④ 약 $28''$

66 표준자와 비교하였더니 30m에 대하여 6cm가 늘어난 줄자로 삼각형의 지역을 측정하여 삼사법으로 면적을 측정하였더니 950m²였다. 이 지역의 실제 면적은?

① 953.8m²   ② 951.9m²
③ 946.2m²   ④ 933.1m²

67 구과량(e)에 대한 설명으로 옳은 것은?

① 평면과 구면과의 경계점
② 구면 삼각형의 내각의 합이 180°보다 큰 양
③ 구면 삼각형에서 삼각형의 변장을 계산한 값
④ $e=F/R$로 표시되는 양(F : 구면삼각형의 면적, R : 지구의 곡선반지름)

68 삼각점 A에 기계를 세우고 삼각점 C가 시준되지 않아 P를 관측하여 $T'=110°$를 얻었다면 보정한 각 T는?(단, $S=1$km, $e=20$cm, $k=298°45'$)

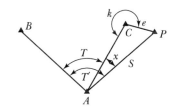

① $108°58'24''$ ② $108°59'24''$
③ $109°58'24''$ ④ $109°59'24''$

69 하천, 항만측량에 많이 이용되는 지형표시 방법으로 표고를 숫자로 도상에 나타내는 방법은?

① 점고법   ② 음영법
③ 채색법   ④ 등고선법

70 A점에서 트래버스측량을 실시하여 A점에 되돌아왔더니 위거의 오차 40cm, 경거의 오차는 25cm이었다. 이 트래버스측량의 전 측선장의 합이 943.5m이었다면 트래버스측량의 폐합비는?

① $1/1,000$
② $1/2,000$
③ $1/3,000$
④ $1/4,000$

71 삼변측량에 관한 설명 중 옳지 않은 것은?

① 삼변측량 시 Cosine제2법칙, 반각공식을 이용하면 변으로부터 각을 구할 수 있다.
② 삼변측량의 정확도는 삼변망이 정오각형 또는 정육각형을 이루었을 때 가장 이상적이다.
③ 삼변측량 시 관측점에서 가능한 한 모든 점에 대한 변관측으로 조건식 수를 증가시키면 정확도를 향상시킬 수 있다.
④ 삼변측량에서 관측대상이 변의 길이이므로 삼각형의 내각이 10° 이하인 경우에 매우 유용하다.

72 광파거리측량기에 관한 설명으로 옳지 않은 것은?

① 두 점 간의 시준만 되면 관측이 가능하다.
② 안개나 구름의 영향을 거의 받지 않는다.
③ 주로 중 · 단거리 측정용으로 사용된다.
④ 조작인원은 1명으로도 가능하다.

73 기지점 A, B, C로부터 수준측량에 의하여 표와 같은 성과를 얻었다. P점의 표고는?

노선	거리	표고
$A \to P$	3km	234.54m
$B \to P$	4km	234.48m
$C \to P$	4km	234.40m

① 234.43m ② 234.46m
③ 234.48m ④ 234.56m

74 어떤 각을 4명이 관측하여 다음과 같은 결과를 얻었다면 최확값은?

관측자	관측각	관측횟수
A	42°28′47″	3
B	42°28′42″	2
C	42°28′36″	4
D	42°28′55″	5

① 42°28′46″ ② 42°28′44″
③ 42°28′41″ ④ 42°28′36″

75 일반측량실시의 기초가 될 수 없는 것은?

① 일반측량성과
② 공공측량성과
③ 기본측량성과
④ 기본측량기록

76 공공측량 작업계획서를 제출할 때 포함되지 않아도 되는 사항은?(단, 그 밖에 작업에 필요한 사항은 제외한다.)

① 공공측량의 목적 및 활용 범위
② 공공측량의 위치 및 사업량
③ 공공측량의 시행자의 규모
④ 사용할 측량기기의 종류 및 성능

77 2년 이하의 징역 또는 2천만 원 이하의 벌금에 해당되지 않는 사항은?

① 측량기준점표지를 이전 또는 파손한 자
② 성능검사를 부정하게 한 성능검사대행자
③ 법을 위반하여 측량성과를 국외로 반출한 자
④ 측량성과 또는 측량기록을 무단으로 복제한 자

78 기본측량의 실시공고에 포함되어야 하는 사항으로 옳은 것은?

① 측량의 정확도
② 측량의 실시지역
③ 측량성과의 보관 장소
④ 설치한 측량기준점의 수

79 공간정보의 구축 및 관리 등에 관한 법률에서 정의하고 있는 용어에 대한 설명으로 옳지 않은 것은?

① "기본측량"이란 모든 측량의 기초가 되는 공간정보를 제공하기 위하여 국토교통부장관이 실시하는 측량을 말한다.
② 국가, 지방자치단체, 그 밖에 대통령령으로 정하는 기관이 관계 법령에 따른 사업 등을 시행하기 위하여 기본측량을 기초로 실시하는 측량은 "공공측량"이다.
③ "지적측량"이란 토지를 지적공부에 등록하거나 지적공부에 등록된 경계점을 지상에 복원하기 위하여 필지의 경계 또는 좌표와 면적을 정하는 측량을 말하며, 지적확정측량을 포함한다.
④ "일반측량"이란 기본측량, 공공측량 및 지적측량 외의 측량을 말한다.

80 측량의 실시공고에 대한 사항으로 (   )에 알맞은 것은?

> 공공측량의 실시공고는 전국을 보급지역으로 하는 일간신문에 1회 이상 게재하거나, 해당 특별시·광역시·특별자치시·도 또는 특별자치도의 게시판 및 인터넷 홈페이지에 (   ) 이상 게시하는 방법으로 하여야 한다.

① 7일   ② 14일
③ 15일   ④ 30일

정답

01	02	03	04	05	06	07	08	09	10
①	④	①	③	④	④	②	④	①	①
11	12	13	14	15	16	17	18	19	20
③	④	③	④	②	④	③	④	②	③
21	22	23	24	25	26	27	28	29	30
②	③	④	②	①	④	④	④	②	①
31	32	33	34	35	36	37	38	39	40
④	③	①	④	②	③	④	④	①	②
41	42	43	44	45	46	47	48	49	50
④	③	①	④	③	①	②	④	③	②
51	52	53	54	55	56	57	58	59	60
②	②	①	②	③	①	④	④	①	②
61	62	63	64	65	66	67	68	69	70
④	①	②	②	④	①	④	②	①	②
71	72	73	74	75	76	77	78	79	80
④	②	③	①	①	③	④	②	③	①

해설

01

- 외할(E) $= R\left(\sec\dfrac{I}{2} - 1\right) = 200\left(\sec\dfrac{60°}{2} - 1\right) = 30.94\text{m}$
- 중앙종거(M) $= R\left(1 - \cos\dfrac{I}{2}\right) = 200\left(1 - \cos\dfrac{60°}{2}\right) = 26.79\text{m}$

∴ 외할(E) $= 30.94\text{m}$, 중앙종거(M) $= 26.79\text{m}$

02

- 곡선시점($B.C$) = 총연장 − 접선장($T.L$)
- 접선장($T.L$) $= R \cdot \tan\dfrac{I}{2} = 200 \times \tan\dfrac{80°}{2} = 167.82\text{m}$

∴ 곡선시점($B.C$) $= 1,250.50 - 167.82 = 1,082.68\text{m}$

03

$$V = \frac{A}{4}(\sum h_1 + 2\sum h_2 + 3\sum h_3 + 4\sum h_4)$$
$$= \frac{20 \times 10}{4}\{16 + (2 \times 6) + (3 \times 3)\} = 1,850\text{m}^3$$

04

경관구성요소는 인식대상이 되는 대상계, 이를 둘러싸고 있는 경관장계, 인식주체인 시점계로 나눌 수 있다.

05

지하설치는 지표에 설치된 중심선을 기준으로 하고 터널 입구에서 굴착이 진행됨에 따라 터널 내의 중심선을 설정하는 작업이다.

06

- $C.L$(곡선길이) $= 0.0174533 \cdot R \cdot I°$
  $= 0.0174533 \times 250 \times 65°$
  $= 283.616\text{m}$
- $B.C$(곡선시점) = No.245 + 9.450m

∴ $E.C$(곡선종점) $= B.C + C.L$
  $= 4,909.450 + 283.616$
  $= 5,193.066\text{m}$ (No.259 + 13.066m)

07

곡선부를 통과하는 차량이 원심력의 작용을 받아 접선방향으로 탈선하려는 것을 방지하기 위해 바깥쪽 노면을 안쪽 노면보다 높이는 정도를 캔트(Cant) 또는 편경사, 편구배라고 한다.

08

$$A = \sqrt{S(S-a)(S-b)(S-c)}$$
$$= \sqrt{\begin{array}{c}75.95(75.95 - 35.65)\\(75.95 - 73.50)(75.95 - 42.75)\end{array}}$$
$$= 498.96\text{m}^2$$

여기서, $S = \dfrac{1}{2}(a + b + c) = \dfrac{1}{2}(35.65 + 73.50 + 42.75)$
$= 75.95\text{m}$

09

$$a_2 = \left(\frac{m_2}{m_1}\right)^2 \cdot a_1 = \left(\frac{1,200}{600}\right)^2 \times 10,000 = 40,000\text{m}^2$$

10

해양에서 수심측량을 할 경우 음향측심장비로부터 취득된 수심은 흘수보정, 조석보정, 음속보정이 되어야 정확한 수심으로 계산될 수 있다.

11

$$\Delta H = HP + (S \cdot \sin\theta) - IH = 1.5 + (20 \times \sin 20°) - 1.0$$
$$= 7.34 \text{m}$$

12

채수기는 바닷물의 온도, 염분, 화학성분 등을 측정하기 위하여 바닷물을 퍼 올리는 데 쓰이는 기구이므로 해저의 퇴적물인 저질(Bottom Material) 조사방법과는 무관하다.

13

곡선은 누가토량의 변화를 표시한 것으로, 그 경사가 (−)는 쌓기 구간, (+)는 깎기 구간을 의미한다.

14

θ_V가 15°보다 커지면 시계에서 차지하는 비율이 커져서 압박감을 느끼고 쾌적한 경관으로 인식하지 못한다.

15

$$\overline{BE} = \frac{\text{㉮} + \text{㉯}}{\text{㉮} + \text{㉯} + \text{㉰}} \times \overline{BC} = \frac{4+2}{4+2+3} \times 54 = 36\text{m}$$
$$\therefore \overline{EC} = \overline{BC} - \overline{BE} = 54 - 36 = 18\text{m}$$

16

갈수위는 1년을 통해 355일 이보다 저하하지 않는 수위로서 하천의 수위 중 가장 낮은 수위를 나타낸다.

17

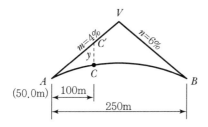

- $y = \dfrac{|m \pm n|}{2 \cdot L} \cdot x^2 = \dfrac{|0.04 + 0.06|}{2 \times 250} \times 100^2 = 2.0\text{m}$

- $H_C' = H_A + \dfrac{m}{100} \cdot x = 50.0 + \dfrac{4}{100} \times 100 = 54.0\text{m}$

- $\therefore H_C = H_C' - y = 54.0 - 2.0 = 52.0\text{m}$

18

3점법은 수면으로부터 수심 $0.2H$, $0.6H$, $0.8H$ 되는 곳의 유속을 다음 식에 의해 평균유속을 구하는 방법이다.

$$V_m = \frac{1}{4}(V_{0.2} + 2V_{0.6} + V_{0.8})$$

19

해저면 영상조사는 측면주사음향탐지기(Side Scan Sonar)를 이용하여 해저면의 영상정보를 획득하는 조사작업을 말한다.

20

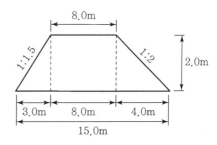

$$\therefore \text{흙쌓기 토량}(V) = \left(\frac{8.0 + 15.0}{2} \times 2.0\right) \times 80 = 1,840\text{m}^3$$

21

기존 카메라보다 훨씬 넓은 피사각으로 소축척 지도제작이 용이하다.

22

내부표정(Interior Orientation)은 촬영 당시의 광속의 기하상태를 재현하는 작업으로 기준점위치, 렌즈의 왜곡, 사진기의 초점거리와 사진의 주점을 결정하여 부가적으로 사진의 오차(Optic Distortion)를 보정하여 사진좌표의 정확도를 향상시키는 것을 말한다.

23

LANDSAT(Land Satellite)은 미국의 항공우주국에서 1972년에 발사한 지구자원탐사위성으로 적조의 조기발견, 화산의 분화 이에 따른 강회의 감시, 유빙 등의 관찰, 식물의 발육상태, 토지의 이용 상황, 대기오염의 확산 등 지구의 현상을 조사할 수 있는 위성이다.

24

$$\text{사진축척}(M) = \frac{1}{m} = \frac{f}{H-h} = \frac{0.16}{3,000-500} = \frac{1}{15,625}$$

25

SPOT 위성에는 HRV 2대가 탑재되어 같은 지역을 다른 방향(경사관측)에서 촬영함으로써 입체시할 수 있어 영상획득과 지형도 제작이 가능하다.

26

공간해상도 숫자가 적을수록 공간해상도가 높고, 밴드 수가 많을수록 분광해상도가 높다.

27

- 비행고도(H) $= 1,800 - 300 = 1,500\text{m}$
- 사진축척(M) $= \dfrac{1}{m} = \dfrac{f}{H} = \dfrac{l}{L}$

$$\rightarrow L = \dfrac{H}{f} \times l = \dfrac{1,500}{0.15} \times 0.055 = 550\text{m}$$

- $\dfrac{1}{m} = \dfrac{l}{L} \rightarrow \dfrac{1}{5,000} = \dfrac{l}{550}$

$$\therefore l = \dfrac{550}{5,000} = 0.11\text{m} = 110\text{mm}$$

28

모델은 다른 위치로부터 촬영되는 2매 1조의 입체사진으로부터 만들어지는 처리단위를 말한다.

29

편위수정은 사진의 경사와 축척을 통일시키고 변위가 없는 연직사진으로 수정하는 작업을 말하며, 일반적으로 3~4개의 표정점이 필요하다.
※ 편위수정 조건
- 기하학적 조건
- 광학적 조건
- 샤임플러그 조건

30

항공사진의 특수 3점
- 주점 : 사진의 중심점으로서 렌즈 중심으로부터 화면에 내린 수선의 발. 즉 렌즈의 광축과 사진면이 교차하는 점이다.
- 연직점 : 렌즈 중심으로부터 지표면에 내린 수선의 발. 사진상의 비점은 연직점을 중심으로 한 방사선상에 있다.
- 등각점 : 주점과 연직점이 이루는 각을 2등분한 선. 등각점에서는 경사각에 관계없이 수직사진의 축척과 같다.

31

항공사진측량의 일반적 순서
계획 및 준비 → 대공표지 설치 → 기준점 측량 → 항공사진 촬영 → 항공삼각측량 → 도화 → 편집

32

명암대비 확장(Contrast Stretching) 기법은 영상을 디지털화할 때는 가능한 한 밝기값을 최대한 넓게 사용해야 좋은 품질의 영상을 얻을 수 있는데, 영상 내 픽셀의 최소, 최댓값의 비율을 이용하여 고정된 비율로 영상을 낮은 밝기와 높은 밝기로 펼쳐주는 기법을 말한다.

- $g_2(x,\ y) = [\ g_1(x,\ y) + t_1\ ]\ t_2$

  여기서, $g_1(x,\ y)$: 원 영상의 밝기값
  $g_2(x,\ y)$: 새로운 영상의 밝기값
  $t_1,\ t_2$: 변환 매개 변수

- $t_1 = g_2^{\min} - g_1^{\min} = 0 - 79 = -79$

- $t_2 = \dfrac{g_2^{\max} - g_2^{\min}}{g_1^{\max} - g_1^{\min}} = \dfrac{255 - 0}{156 - 79} = 3.31$

원 영상의 밝기값 123의 변환 밝기값 산정
$g_2(x,\ y) = [\ g_1(x,\ y) + t_1\ ]\ t_2$
$\qquad\qquad = [123 - 79] \times 3.31 = 145.64 \fallingdotseq 145$
∴ 원 영상의 123 밝기값은 145 밝기값으로 변환된다.

33

항공레이저측량에 의한 수치표고모델 제작 순서
작업계획 및 준비 → 항공레이저 측량 → 기준점 측량 → 수치표면자료(DSD) 제작 → 수치지면자료(DTD) 제작 → 불규칙삼각망자료 제작 → 수치표고모델(DEM) 제작 → 정리점검 및 성과품 제작

34

항공사진측량은 대규모 지역에서 경제적이며, 도심지의 소규모 정밀세부측량은 토털스테이션에 의한 방법이 적합하다.

35

입체시 과정에서 높은 곳은 낮게, 낮은 곳은 높게 보이는 현상을 역입체시라고 한다. 여색입체시 과정에서 역입체시를 하기 위해서는 왼쪽은 청색, 오른쪽은 적색인 안경을 사용하며, 정입체시를 얻기 위해서는 왼쪽은 적색, 오른쪽은 청색인 안경을 사용한다.

36

편위수정은 사진의 경사와 축척을 통일시키고 변위가 없는 연직사진으로 수정하는 작업을 말하며, 편위수정을 하여도 지형의 기복에 의한 변위가 완전히 제거되지는 않는다.

37

종시차를 소거하여 목표물의 상대적 위치를 맞추는 작업을 상호표정이라 한다.

38

$\Delta r = \dfrac{h}{H} \cdot r$ 이므로 촬영고도가 높을수록 작아진다.

39

밭의 훈련지역은 밝기값 8, 9로 ①과 같이 선택하는 것이 가장 타당하다.

40

절대표정에 필요한 최소표정점은 삼각점(x, y) 2점과 수준점(z) 3점이다.

41

토지정보시스템(LIS)은 토지에 대한 물리적, 정량적, 법적인 내용을 다룬 토지정보체계로 가장 일반적인 형태는 토지소유자, 토지가액, 세액평가 그리고 토지경계 등의 정보를 관리한다.
※ 교통정보체계는 TIS(Transportation Information System)이다.

42

VRS(Virtual Reference Station)는 가상기준점방식의 새로운 실시간 GPS 측량법으로서 기지국 GPS를 설치하지 않고 이동국 GPS만을 이용하여 VRS 서비스센터에서 제공하는 위치보정데이터를 휴대전화로 수신함으로써 RTK 또는 DGPS측량을 수행할 수 있는 첨단기법이다.

43

메타데이터(Metadata)는 데이터의 내용, 품질, 조건 및 특징 등을 저장한 데이터로서 데이터에 관한 데이터의 이력을 말한다.

44

표면분석은 한 자료층의 분석이고, 중첩분석은 한 개 이상의 자료층의 분석이다.

45

GIS의 표준화는 각기 다른 사용목적으로 구축된 다양한 자료에 대한 접근의 용이성을 극대화하기 위해 필요하다.

46

A and B

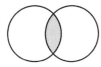

47

GPS 재밍(Jamming)은 GPS의 전파교란을 뜻하는 것으로 GPS 신호와 동일한 주파수의 강력한 전파를 발사하여 신호세기가 상대적으로 미약한 GPS 신호를 교란함으로써 해당 지역에서의 GPS 측위를 무력화하는 용도의 GPS 측위 간섭 기술이다.

48

GIS의 모형화(Modeling)는 GIS 데이터모델을 이용하여 필요한 자료를 추출하고 앞으로의 현상을 예측하거나 계획된 행위에 대한 결과를 예측하는 것으로 자료가 서열척도로 구성되어 있다면 서열 또는 순위별로 나타내는 자료로 표현한다.

49

객체지향형 DBMS는 객체로서의 모델링과 데이터 생성을 지원하는 DBMS로 실세계의 현상들을 보다 정확히 묘사할 수 있다. 또한, 자료와 자료의 구성을 위한 방법론인 메소드까지 저장하며 자료의 갱신에 용이하다.

50

GNSS는 위치나 시간정보가 필요한 모든 분야에 이용될 수 있기 때문에 매우 광범위하게 응용되고 있으며 영상취득, 처리, 복원 등의 분야와는 거리가 멀다.

51

$$H = H' + h_0 = \sqrt{h^2 - R_0^2} + h_0$$
$$= \sqrt{145.3^2 - 13^2} + 2.5 = 147.217\text{cm}$$

여기서, H : 안테나고
H' : 보정 전 높이
h : 측점에서 ARP까지의 경사거리
$\left(= \dfrac{145.2 + 145.4}{2} \right)$
R_0 : 안테나 반경
h_0 : APC 오프셋(Offset)

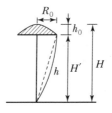

52

GIS의 자료처리 및 구축 과정
자료수집 → 자료입력 → 자료처리 → 자료조작 및 분석 → 출력

53

위상은 점, 선, 면 각각에 대하여 위상테이블에 나누어 기록되는데 선은 각 선의 시작점과 종료점을 기록한다.

- 선 L2의 시작점은 n1, 종료점은 n3
- 선 L3의 시작점은 n3, 종료점은 n1
- 선 L4의 시작점은 n2, 종료점은 n2

∴ ㉠ : n1, ㉡ : n2

54

UFID(Unique Feature Identifier)는 지형지물의 검색, 관리 및 재해방지, 물류, 부동산관리 등 지리정보의 다양한 활용을 위하여 지도상의 핵심 지형지물에 부여하는 고유번호이다.

55

위상관계(Topology)는 공간관계를 정의하는 데 쓰이는 수학적 방법으로서 입력된 자료의 위치를 좌푯값으로 인식하고 각각의 자료 간 정보를 상대적 위치로 저장하며, 선의 방향, 특성들 간의 관계, 연결성, 인접성, 영역 등을 정의함으로써 공간 분석을 가능하게 한다.

56

위상관계(Topology)는 공간관계를 정의하는 데 쓰이는 수학적 방법으로서 입력된 자료의 위치를 좌푯값으로 인식하고 각각의 자료 간의 정보를 상대적 위치로 저장하며, 선의 방향, 특성들 간의 관계, 연결성, 인접성, 영역 등을 정의한다.

57

래스터 데이터는 동일한 크기의 격자로 이루어지며, 격자의 크기가 작을수록 해상도가 좋아지는 반면 저장용량이 증가한다.

58

DGPS는 상대측위법 중 하나로 코드신호를 이용한 실시간 위치결정 방법이다.

59

지리정보시스템의 자료취득방법

- 기존 지도를 이용하여 생성하는 방법
- 지상측량에 의하여 생성하는 방법
- 항공사진측량에 의하여 생성하는 방법
- 위성측량에 의하여 생성하는 방법

60

GPS는 원래 미국과 동맹국의 군사적 목적으로 개발되었으나, 현재는 일반인에게 위치정보 제공을 위한 중요한 사회기반으로 활용되고 있다.

61

서경 $180°$를 기준으로 $6°$ 간격으로 60개 종대로 구분하여 $1 \sim 60$까지 번호를 사용하며 우리나라는 51, 52종대에 속한다. 그러므로 52는 국가고유코드를 의미하는 것이 아니다.

62

$$실제길이 = \frac{부정길이 \times 관측길이}{표준길이} = \frac{29.964 \times 480.000}{30.000}$$
$$= 479.424\text{m}$$

63

부정오차 가정조건

- 큰 오차가 생길 확률은 작은 오차가 발생할 확률보다 매우 작다.
- 같은 크기의 정$(+)$오차와 부$(-)$오차가 발생할 확률은 거의 같다.
- 매우 큰 오차는 거의 발생하지 않는다.
- 오차들은 확률법칙을 따른다.

64

- 위거오차$(\varepsilon_l) = X_B - X_A = 153.47 - 69.30 = 84.17\text{m}$
- 경거오차$(\varepsilon_d) = Y_B - Y_A = 636.23 - 123.56 = 512.67\text{m}$
- ∴ 폐합오차 $= \sqrt{(84.30 - 84.17)^2 + (512.62 - 512.67)^2}$
  $= 0.14\text{m}$

65

$$\alpha'' = \frac{\Delta h}{n \cdot D} \cdot \rho'' = \frac{1.04 - 1.00}{6 \times 50} \times 206,265'' \fallingdotseq 28''$$

66

$$실제면적 = \frac{(부정길이)^2 \times 관측면적}{(표준길이)^2} = \frac{(30.06)^2 \times 950}{(30)^2}$$
$$= 953.8\text{m}^2$$

67

구면 삼각형의 내각의 합은 $180°$가 넘으며, 이 값과 $180°$와의 차이를 구과량이라 한다.

68

$$x'' = \frac{e \cdot \sin(360° - k)}{S} \times \rho''$$
$$= \frac{0.20 \times \sin(360° - 298°45')}{1,000} \times 206,265'' = 0°0'36''$$
∴ $T = T' - x'' = 110° - 0°0'36'' = 109°59'24''$

69

점고법은 지면에 있는 임의 점의 표고를 도상에 숫자로 표시하는 방법으로 하천, 해양 등의 수심표시에 주로 이용된다.

70

$$폐합오차 = \sqrt{(위거오차)^2 + (경거오차)^2}$$
$$= \sqrt{(0.40)^2 + (0.25)^2} = 0.47m$$
$$\therefore 폐합비 = \frac{폐합오차}{전 측선장의 합} = \frac{0.47}{943.5} \fallingdotseq \frac{1}{2,000}$$

71

삼변측량 시 세 내각이 $60°$에 가까우면 측각 및 계산상의 오차 영향을 줄일 수 있다.

72

광파거리측량기는 안개, 비, 눈 등 기후의 영향을 많이 받으며, 목표점에 반사경을 설치하여 되돌아오는 반사파의 위상과 발사파의 위상차로부터 거리를 구하는 기계이다.

73

$$W_1 : W_2 : W_3 = \frac{1}{S_1} : \frac{1}{S_2} : \frac{1}{S_3} = \frac{1}{3} : \frac{1}{4} : \frac{1}{4} = 4 : 3 : 3$$
$$\therefore P점의 표고(H_P)$$
$$= \frac{W_1 H_A + W_2 H_B + W_3 H_C}{W_1 + W_2 + W_3}$$
$$= 234.00 + \frac{(4 \times 0.54) + (3 \times 0.48) + (3 \times 0.40)}{4 + 3 + 3}$$
$$= 234.48m$$

74

$$W_1 : W_2 : W_3 : W_4 = N_1 : N_2 : N_3 : N_4 = 3 : 2 : 4 : 5$$
$$\therefore 최확값(\alpha_0) = \frac{W_1 \alpha_1 + W_2 \alpha_2 + W_3 \alpha_3 + W_4 \alpha_4}{W_1 + W_2 + W_3 + W_4}$$
$$= 42°28' + \frac{\begin{array}{c}(3 \times 47'') + (2 \times 42'') \\ + (4 \times 36'') + (5 \times 55'')\end{array}}{3 + 2 + 4 + 5}$$
$$= 42°28'46''$$

75

공간정보의 구축 및 관리 등에 관한 법률 제22조(일반측량의 실시 등)
일반측량은 기본측량성과 및 그 측량기록, 공공측량성과 및 그 측량기록을 기초로 실시하여야 한다.

76

공간정보의 구축 및 관리 등에 관한 법률 시행규칙 제21조(공공측량 작업계획서의 제출)
공공측량 작업계획서에 포함되어야 할 사항은 다음과 같다.
1. 공공측량의 사업명
2. 공공측량의 목적 및 활용 범위
3. 공공측량의 위치 및 사업량
4. 공공측량의 작업기간
5. 공공측량의 작업방법
6. 사용할 측량기기의 종류 및 성능
7. 사용할 측량성과의 명칭, 종류 및 내용
8. 그 밖에 작업에 필요한 사항

77

공간정보의 구축 및 관리 등에 관한 법률 제108조(벌칙)
다음 각 호의 어느 하나에 해당하는 자는 2년 이하의 징역 또는 2천만 원 이하의 벌금에 처한다.
1. 측량기준점표지를 이전 또는 파손하거나 그 효용을 해치는 행위를 한 자
2. 고의로 측량성과를 사실과 다르게 한 자
3. 측량성과를 국외로 반출한 자
4. 측량업의 등록을 하지 아니하거나 거짓이나 그 밖의 부정한 방법으로 측량업의 등록을 하고 측량업을 한 자
5. 성능검사를 부정하게 한 성능검사대행자
6. 성능검사대행자의 등록을 하지 아니하거나 거짓이나 그 밖의 부정한 방법으로 성능검사대행자의 등록을 하고 성능검사업무를 한 자
※ ④ : 1년 이하의 징역 또는 1천만 원 이하의 벌금에 해당한다.

78

공간정보의 구축 및 관리 등에 관한 법률 시행령 제12조(측량의 실시공고)
기본측량 및 공공측량의 실시공고에는 다음의 사항이 포함되어야 한다.
1. 측량의 종류
2. 측량의 목적
3. 측량의 실시기간
4. 측량의 실시지역
5. 그 밖에 측량의 실시에 관하여 필요한 사항

79

공간정보의 구축 및 관리 등에 관한 법률 제2조(정의)
"지적측량"이란 토지를 지적공부에 등록하거나 지적공부에 등록된 경계점을 지상에 복원하기 위하여 필지의 경계 또는 좌표와 면적을 정하는 측량을 말하며, 지적확정측량 및 지적재조사측량을 포함한다.

80

공간정보의 구축 및 관리 등에 관한 법률 시행령 제12조(측량의 실시공고)
기본측량의 실시공고와 공공측량의 실시공고는 전국을 보급지역으로 하는 일간신문에 1회 이상 게재하거나 해당 특별시·광역시·특별자치시·도 또는 특별자치도의 게시판 및 인터넷 홈페이지에 7일 이상 게시하는 방법으로 하여야 한다.

본 모의고사는 측량 및 지형공간정보산업기사 수험생의 필기시험 대비를 목적으로 작성된 것임을 알려드립니다.

Subject 01 응용측량

01 하천측량에서 유속관측 장소의 선정 조건으로 옳지 않은 것은?

① 하상의 요철이 적으며 하상경사가 일정한 곳
② 곡류부로서 유량의 변동이 급격한 곳
③ 하천 횡단면 형상이 급변하지 않는 곳
④ 관측이 편리한 곳

02 각과 위치에 의한 경관도의 정량화에서 시설물의 한 점을 시준할 때 시준선과 시설물 축선이 이루는 각(α)은 크기에 따라 입체감에 변화를 주는데 다음 중 입체감 있게 계획이 잘된 경관을 얻을 수 있는 범위로 가장 적합한 것은?

① $10° < \alpha \leq 30°$
② $30° < \alpha \leq 50°$
③ $40° < \alpha \leq 60°$
④ $50° < \alpha \leq 70°$

03 유토곡선(Mass Curve)을 작성하는 목적과 거리가 먼 것은?

① 노선의 횡단 결정
② 토공기계의 선정
③ 토량의 배분
④ 토량의 운반거리 산출

04 터널 양쪽 입구의 중심선상에 기준점을 설치하고 이 두 점의 좌표를 구하여 터널을 굴진하기 위한 방향을 맞춤과 동시에 정확한 거리를 찾아내는 것이 목적인 터널측량은?

① 수심측량
② 수준측량
③ 중심선측량
④ 지형측량

05 노선측량에서 중심선측량에 대한 설명으로 거리가 먼 것은?

① 현장에서 교점 및 곡선의 접선을 결정한다.
② 교각을 실측하고 주요점, 중간점 등을 설치한다.
③ 지형도에 비교노선을 기입하고 평면선형을 검토하여 결정한다.
④ 지형도에 의해 중심선의 좌표를 계산하여 현장에 설치한다.

06 그림과 같은 삼각형 ABC 토지의 한 변 $\overline{AC}$ 상의 점 D와 $\overline{BC}$상의 점 E를 연결하고 직선 $\overline{DE}$에 의해 삼각형 ABC의 면적을 2등분하고자 할 때 $\overline{CE}$의 길이는?(단, $\overline{AB} = 40\text{m}$, $\overline{AC} = 80\text{m}$, $\overline{BC} = 70\text{m}$, $\overline{AD} = 13\text{m}$이다.)

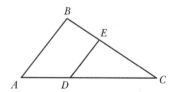

① 39.18m
② 41.79m
③ 43.15m
④ 45.18m

07 노선 선정 시 고려하여야 할 사항에 대한 설명으로 옳지 않은 것은?

① 가능한 한 경사가 완만할 것
② 절토의 운반거리가 짧을 것
③ 배수가 완전할 것
④ 가능한 한 곡선으로 할 것

08 교점 P에 접근할 수 없는 그림과 같은 곡선설치에서 C점으로부터 B.C까지의 거리 x는?
(단, $\alpha = 50°$, $\beta = 90°$, $\gamma = 40°$, $\overline{CD} = 200\text{m}$, $R = 300\text{m}$)

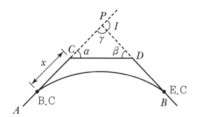

① 824.2m   ② 513.1m
③ 311.1m   ④ 288.7m

09 클로소이드(Clothoid)의 성질에 대한 설명으로 옳은 것은?

① 모든 클로소이드는 닮은꼴이다.
② 클로소이드는 타원의 일종이다.
③ 클로소이드의 모든 요소는 길이의 단위를 갖는다.
④ 클로소이드는 형태가 다양하지만 크기는 일정하게 유지된다.

10 노선 기점에서 400m 위치에 있는 교점의 교각이 80°인 단곡선에서 곡선반지름이 100m인 경우 시단현에 대한 편각은?

① 0°5′44″   ② 1°7′12″
③ 4°36′34″   ④ 5°43′46″

11 아래 지역의 토량 계산 결과가 940m³이었다면 절토량과 성토량이 같게 되는 기준면으로부터의 높이는?

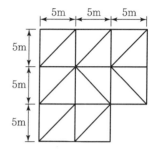

① 3.70m
② 4.70m
③ 6.70m
④ 9.70m

12 그림과 같은 토지의 면적을 심프슨 제1공식을 적용하여 구한 값이 44m²라면 거리 D는?

① 4.0m
② 4.4m
③ 8.0m
④ 8.8m

13 그림에서 댐 저수면의 높이를 100m로 할 경우 그 저수량은 얼마인가?(단, 80m 바닥은 평평한 것으로 가정한다.)

〈관측값〉
• 80m 등고선 내의 면적 : 300m²
• 90m 등고선 내의 면적 : 1,000m²
• 100m 등고선 내의 면적 : 1,700m²
• 110m 등고선 내의 면적 : 2,500m²

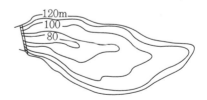

① 16,000m³   ② 20,000m³
③ 30,000m³   ④ 34,000m³

14 해상교통안전, 해양의 보전·이용·개발, 해양관할권의 확보 및 해양재해 예방을 목적으로 하는 수로측량·해양관측·항로조사 및 해양지명조사를 무엇이라고 하는가?

① 해안조사
② 해양측량
③ 연안측량
④ 수로조사

15 터널 내 측량 시 중심선의 이동과 관련하여 점검해야 할 사항으로 가장 거리가 먼 것은?

① 터널 입구 부근에 설치한 터널 외 기준점의 이동 여부
② 터널 내에 설치된 다보(Dowel)의 이동 여부
③ 측량기계의 상태 여부
④ 터널 내부의 환기 상태

16 수심이 h인 하천의 평균유속을 구하기 위해 각 깊이별 유속을 관측한 결과가 표와 같을 때, 3점법에 의한 평균유속은?

관측 깊이	유속(m/s)	관측 깊이	유속(m/s)
수면(0.0h)	3	0.6h	4
0.2h	3	0.8h	2
0.4h	5	바닥(1.0h)	1

① 3.25m/s
② 3.67m/s
③ 3.75m/s
④ 4.00m/s

17 그림과 같은 단면을 갖는 흙의 토량은?(단, 각주공식을 사용하고, 주어진 면적은 양 단면적과 중앙 단면적이다.)

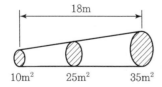

① 405m³
② 420m³
③ 435m³
④ 450m³

18 노선의 단곡선에서 교각이 45°, 곡선반지름이 100m, 곡선시점까지의 추가거리가 120.85m일 때 곡선종점의 추가거리는?

① 225.38m
② 199.39m
③ 124.54m
④ 78.54m

19 터널 내 수준측량에서 천장에 측점이 설치되어 있을 때, 두 점 A, B 간의 경사거리가 60m이고, 기계고가 1.7m, 시준고가 1.5m, 연직각이 3°일 때, A점과 B점의 고저차는?

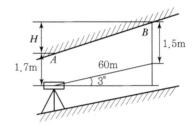

① 2.94m
② 3.34m
③ 59.7m
④ 60.12m

20 곡선반지름 $R=500$m인 원곡선을 설계속도 100km/h로 설계하려고 할 때, 캔트(Cant)는?(단, 궤간 b는 1,067mm)

① 100mm
② 150mm
③ 168mm
④ 175mm

Subject 02 사진측량 및 원격탐사

21 항공사진측량에 의해 제작된 지형도(지도)의 상으로 옳은 것은?

① 투시투영(Perspective Projection)
② 중심투영(Central Projection)
③ 정사투영(Orthogonal Projection)
④ 외심투영(External Projection)

22 상호표정(Relative Orientation)에 대한 설명으로 옳은 것은?

① z축 방향의 시차를 소거하는 것이다.
② y축 방향의 시차(종시차)를 소거하는 것이다.
③ x축 방향의 시차(횡시차)를 소거하는 것이다.
④ x－z축 방향의 시차를 소거하는 것이다.

23 지역 1, 2, 3에 대해서 LANDSAT－7의 3번과 4번 밴드의 화솟값을 구한 결과가 표와 같다. 각 지역의 정규화 식생지수(NDVI)로 옳은 것은?

화솟값 \ 지역	1	2	3
밴드 3 (가시광선, Red)	100	100	20
밴드 4 (근적외선, NIR)	100	250	15

① 지역 1＝0, 지역 2＝0.43, 지역 3＝－0.14
② 지역 1＝0, 지역 2＝－0.43, 지역 3＝0.14
③ 지역 1＝1, 지역 2＝2.5, 지역 3＝0.75
④ 지역 1＝1, 지역 2＝0.44, 지역 3＝1.33

24 영상정합(Image Matching)의 대상기준에 따른 영상정합의 분류에 해당되지 않는 것은?

① 영역기준 정합
② 객체형 정합
③ 형상기준 정합
④ 관계형 정합

25 초점거리 11cm, 사진크기 18cm×18cm의 카메라를 이용하여 축척 1 : 20,000으로 촬영한 항공사진의 주점기선장이 72mm일 때 비고 50m에 대한 시차차는?

① 0.83mm ② 1.26mm
③ 1.33mm ④ 1.64mm

26 촬영고도 5,000m를 유지하면서 초점거리 150mm인 카메라로 촬영한 연직사진에서 실제길이가 800m인 교량의 길이는?

① 15mm ② 20mm
③ 24mm ④ 34mm

27 수동적 센서(Passive Sensor)로 지표로부터 반사되는 전자기파를 렌즈와 반사경으로 집광하여 필터를 통해 분광한 후 파장별로 구분하여 각각의 영상을 기록하는 감지기는?

① SAR ② Laser
③ MSS ④ SLAR

28 일반적으로 오른쪽 안경렌즈에는 적색, 왼쪽 안경렌즈에는 청색을 착색한 안경을 쓰고 특수하게 인쇄된 대상을 보면서 입체시를 구성하는 것은?

① 순동입체시
② 편광입체시
③ 여색입체시
④ 정입체시

29 SAR(Synthetic Aperture Radar) 영상의 특징이 아닌 것은?

① 태양광에 의존하지 않아 밤에도 영상의 촬영이 가능하다.
② 구름이 대기 중에 존재하더라도 영상을 취득할 수 있다.
③ 마이크로웨이브를 이용하여 영상을 취득한다.
④ 중심투영으로 영상을 취득하기 때문에 영상에서 발생하는 왜곡이 광학영상과 비슷하다.

30 항공사진측량에서 산악지역에 대한 설명으로 옳은 것은?

① 산이 많은 지역
② 평탄지역에 비하여 경사조정이 편리한 곳
③ 표정 시 산정과 협곡에 시차분포가 균일한 곳
④ 산지모델상에서 지형의 고저차가 촬영고도의 10% 이상인 지역

31 영상재배열(Image Resampling)에 대한 설명으로 옳은 것은?

① 노이즈 제거를 목적으로 한다.
② 주로 영상의 기하보정 과정에 적용된다.
③ 토지피복 분류 시 무감독 분류에 주로 활용된다.
④ 영상의 분광적 차를 강조하여 식별을 용이하게 해 준다.

32 어느 지역의 영상과 동일한 지역의 지도이다. 이 자료를 이용하여 "밭"의 훈련지역(Training Field)을 선택한 결과로 적합한 것은?

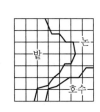

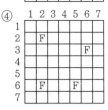

33 수치영상의 재배열(Resampling) 방법 중 하나로 가장 계산이 단순하고 고유의 픽셀값을 손상시키지 않으나 영상이 다소 거칠게 표현되는 방법은?

① 3차 회선 내삽법(Cubic Convolution)
② 공일차 내삽법(Bilinear Interpolation)
③ 공3차 회선 내삽법(Bicubic Convolution)
④ 최근린 내삽법(Nearest Neighbour Interpolation)

34 초점거리 150mm, 사진크기 23cm×23cm인 카메라로 촬영고도 1,800m, 촬영기선길이 960m가 되도록 항공사진촬영을 하였다면 이 사진의 종중복도는?

① 60.0%
② 63.4%
③ 65.2%
④ 68.8%

35 동서 30km, 남북 20km인 지역에서 축척 1 : 5,000의 항공사진 한 장의 스테레오 모델에 촬영된 면적이 16.3km²이다. 이 지역을 촬영하는 데 필요한 사진매수는?(단, 안전율은 30%이다.)

① 48장
② 55장
③ 63장
④ 68장

36 사진크기와 촬영고도가 같을 때 초광각카메라(초점거리 88mm, 피사각 120°)에 의한 촬영면적은 광각카메라(초점거리 152mm, 피사각 90°)에 의한 촬영면적의 약 몇 배가 되는가?

① 1.5배
② 1.7배
③ 3.0배
④ 3.4배

37 도화기의 발달과정 경로를 옳게 나열한 것은?

① 기계식 도화기 – 해석식 도화기 – 수치 도화기
② 수치 도화기 – 해석식 도화기 – 기계식 도화기
③ 기계식 도화기 – 수치 도화기 – 해석식 도화기
④ 수치 도화기 – 기계식 도화기 – 해석식 도화기

38 지상기준점과 사진좌표를 이용하여 외부표정요소를 계산하기 위해 필요한 식은?

① 공선조건식　　② Similarity 변환식
③ Affine 변환식　　④ 투영변환식

39 해석적 표정에 있어서 관측된 상좌표로부터 사진좌표로 변환하는 작업은?

① 상호표정　　② 내부표정
③ 절대표정　　④ 접합표정

40 시차(Parallax)에 대한 설명으로 옳은 것은?

① 종시차는 주점기선의 차를 반영한다.
② 종시차는 물체의 수평위치차를 반영한다.
③ 횡시차는 촬영기선을 기준으로 비행방향에 직각인 성분이다.
④ 횡시차가 없어야 입체시가 된다.

Subject **03** 지리정보시스템(GIS) 및 위성측위시스템(GNSS)

41 지리정보시스템(GIS)에서 공간데이터베이스의 유지 · 보안과 관련이 없는 것은?

① 전체 데이터베이스의 주기적 백업(Back-up)
② 암호 등 제반 안전장치를 통해 인가받은 사람만이 사용할 수 있도록 제한
③ 지속적인 데이터의 검색
④ 전력 손실에 대비한 UPS(Uninterruptible Power Supply) 등의 설치

42 GPS 기준국과 이동국 사이의 기선벡터가 각각 $\Delta X = 200\text{m}$, $\Delta Y = 300\text{m}$, $\Delta Z = 50\text{m}$일 때 기준국과 이동국 사이의 공간거리는?

① 234.52m　　② 360.56m
③ 364.01m　　④ 370.12m

43 지리정보시스템(GIS)에서 다루어지는 지리정보의 특성이 아닌 것은?

① 위치정보를 갖는다.
② 위치정보와 함께 관련 속성정보를 갖는다.
③ 공간객체 간에 존재하는 공간적 상호관계를 갖는다.
④ 시간이 흘러도 변하지 않는 영구성을 갖는다.

44 다각형의 경계가 인접지역의 두 점들로부터 같은 거리에 놓이게 하는 방법으로 구성되는 것은?

① 불규칙삼각망(TIN)
② 티센(Thiessen) 다각형
③ 폴리곤(Polygon)
④ 타일(Tile)

45 GNSS 관측을 통해 직접 결정할 수 있는 높이는?

① 지오이드고　　② 정표고
③ 역표고　　　　④ 타원체고

46 지리정보시스템(GIS)의 자료입력 방법이 아닌 것은?

① 수동방식(디지타이저)에 의한 방법
② 자동방식(스캐너)에 의한 방법
③ 항공사진에 의한 해석도화 방법
④ 잉크젯 프린터에 의한 도면 제작방법

47 다음 중 GPS 위성궤도에 대한 설명으로 옳지 않은 것은?

① 8개의 궤도면으로 이루어져 있다.
② 경사각은 55°이다.
③ 타원궤도이다.
④ 고도는 약 20,200km이다.

48 수치표고모델(DEM)의 응용분야와 가장 거리가 먼 것은?

① 아파트 단지별 세입자 비율 조사
② 가시권 분석
③ 수자원 정보체계 구축
④ 절토량 및 성토량 계산

49 위상(Topology)관계에 대한 설명으로 옳지 않은 것은?

① 공간자료의 상호관계를 정의한다.
② 인접한 점, 선, 면 사이의 공간적 대응관계를 나타낸다.
③ 연결성, 인접성 등과 같은 관계성을 통하여 지형지물의 공간관계를 인식한다.
④ 래스터 데이터는 위상을 갖고 있으므로 공간분석의 효율성이 높다.

50 관계형 데이터베이스(RDBMS : Relational DBMS)의 특징으로 틀린 것은?

① 테이블의 구성이 자유롭다.
② 모형 구성이 단순하고, 이해가 빠르다.
③ 필드는 여러 개의 데이터 항목을 소유할 수 있다.
④ 정보 추출을 위한 질의 형태에 제한이 없다.

51 래스터(또는 그리드) 저장기법 중 셀값을 개별적으로 저장하는 대신 각각의 변 진행에 대하여 속성값, 위치, 길이를 한 번씩만 저장하는 방법은?

① 사지수형 기법
② 블록코드 기법
③ 체인코드 기법
④ Run-Length 코드 기법

52 지리정보시스템(GIS) 자료의 저장방식을 파일 저장방식과 DBMS(DataBase Management System) 방식으로 구분할 때 파일 저장방식에 비해 DBMS 방식이 갖는 특징으로 옳지 않은 것은?

① 시스템의 구성이 간단하다.
② 새로운 응용프로그램을 개발하는 데 용이하다.
③ 자료의 신뢰도가 일정 수준으로 유지될 수 있다.
④ 사용자 요구에 맞는 다양한 양식의 자료를 제공할 수 있다.

53 화재나 응급 시 소방차나 구급차의 운전경로 또는 항공기의 운항경로 등의 최적경로를 결정하는 데 가장 적합한 분석방법은?

① 관망 분석
② 중첩 분석
③ 버퍼링 분석
④ 근접성 분석

54 지리정보시스템(GIS)의 주요 기능으로 거리가 먼 것은?

① 출력(Output)
② 자료 입력(Input)
③ 검수(Quality Check)
④ 자료 처리 및 분석(Analysis)

55 GNSS 측위기법 중에서 가장 정확도가 높은 방법은?

① Kinematic 측위
② VRS 측위
③ Static 측위
④ RTK 측위

56 벡터(Vector) 자료구조의 특징으로 옳지 않은 것은?

① 현실 세계의 정확한 묘사가 가능하다.
② 비교적 자료구조가 간단하다.
③ 압축된 데이터구조로 자료의 용량을 축소할 수 있다.
④ 위상관계의 제공으로 공간적 분석이 용이하다.

57 지리정보시스템(GIS)에서 사용하고 있는 공간데이터를 설명하는 기능을 가지며 데이터의 생산자, 좌표계 등 다양한 정보를 포함하고 있는 것은?

① Metadata
② Data Dictionary
③ eXtensible Markup Language
④ Geospatial Data Abstraction Library

58 GNSS 측량을 우주부문에 활용할 때 적당하지 않은 것은?

① 정지위성의 위치 결정
② 로켓의 궤도 추적
③ 저고도 관측위성의 위치 결정
④ 미사일 정밀 유도

59 지리정보시스템(GIS)에서 래스터 데이터를 이용한 공간분석 기능 수행 중 A와 B를 이용하여 수행한 결과 C를 만족시키기 위한 연산 조건으로 옳은 것은?

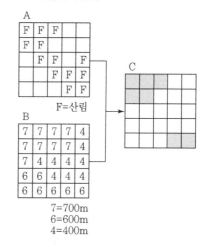

7=700m
6=600m
4=400m

① (A=산림) AND (B<500m)
② (A=산림) AND NOT (B<500m)
③ (A=산림) OR (B<500m)
④ (A=산림) XOR (B<500m)

60 지리정보시스템(GIS)에서 사용하는 수치지도를 제작하는 방법이 아닌 것은?

① 항공기를 이용하여 항공사진을 촬영하여 수치지도를 만드는 방법
② 항공사진 필름을 고감도 복사기로 인쇄하는 방법
③ 인공위성 데이터를 이용하여 수치지도를 만드는 방법
④ 종이지도를 디지타이징하여 수치지도를 만드는 방법

Subject 04 측량학

61 레벨의 조정이 불완전하여 시준선이 기포관축과 평행하지 않을 때 표척눈금의 읽음값에 생긴 오차와 시준거리와의 관계로 옳은 것은?

① 시준거리와 무관하다.
② 시준거리에 비례한다.
③ 시준거리에 반비례한다.
④ 시준거리의 제곱근에 비례한다.

62 각과 거리관측에 대한 설명으로 옳은 것은?

① 기선측량의 정밀도가 1/100,000이라는 것은 관측거리 1km에 대한 1cm의 오차를 의미한다.
② 천정각은 수평각 관측을 의미하며, 고저각은 높낮이에 대한 관측각이다.
③ 각관측에서 배각관측이란 정위관측과 반위관측을 의미한다.
④ 각관측에서 관측방향이 15″ 틀어진 경우 2km 앞에 발생하는 위치오차는 1.5m이다.

63 삼각측량에서 1대회 관측에 대한 설명으로 옳은 것은?

① 망원경을 정위와 반위로 한 각을 두 번 관측
② 망원경을 정위와 반위로 두 각을 두 번 관측
③ 망원경을 정위와 반위로 한 각을 네 번 관측
④ 망원경을 정위와 반위로 두 각을 네 번 관측

64 평면직각좌표가 $(x_1,\ y_1)$인 P_1을 기준으로 관측한 P_2의 극좌표 $(S,\ T)$가 다음과 같을 때 P_2의 평면직각좌표는?(단, x축은 북, y축은 동, T는 x축으로부터 우회로 측정한 각이다.)

$$x_1 = -234.5\text{m},\ y_1 = +1,345.7\text{m},$$
$$S = 813.2\text{m},\ T = 103°51'20''$$

① $x_2 = -39.8\text{m},\ y_2 = 556.2\text{m}$
② $x_2 = -194.7\text{m},\ y_2 = 789.5\text{m}$
③ $x_2 = -274.3\text{m},\ y_2 = 1,901.9\text{m}$
④ $x_2 = -429.2\text{m},\ y_2 = 2,135.2\text{m}$

65 수준측량에 관한 설명으로 옳지 않은 것은?

① 전시와 후시의 거리를 같게 하면 시준선오차를 소거할 수 있다.
② 출발점에 세운 표척을 도착점에도 세우게 되면 눈금오차를 소거할 수 있다.
③ 주의 깊게 측량하여 왕복관측을 하지 않는 것을 원칙으로 한다.
④ 기계의 정치 수는 짝수 회로 하는 것이 좋다.

66 50m의 줄자로 거리를 측정할 때 ±3.0mm의 부정오차가 생긴다면 이 줄자로 150m를 관측할 때 생기는 부정오차는?

① ±1.0mm
② ±1.7mm
③ ±3.0mm
④ ±5.2mm

67 삼각점을 선점할 때의 고려사항에 대한 설명으로 옳지 않은 것은?

① 삼각형의 내각은 60°에 가깝게 하며, 불가피할 경우에도 90°보다 크지 않아야 한다.
② 상호 간의 시준이 잘되어 연결작업이 용이해야 한다.
③ 불규칙한 광선, 아지랑이 등의 영향이 적은 곳이 좋다.
④ 지반이 견고하여야 하며 이동, 침하 및 동결 지반은 피한다.

68 레벨의 요구 조건 중 가장 기본적인 요소로 레벨 조정의 항정법에 의하여 조정되는 것은?

① 연직축과 기포관축이 직교할 것
② 독취 시에 기포의 위치를 볼 수 있을 것
③ 기포관축과 망원경의 시준선이 평행할 것
④ 망원경의 배율과 수준기의 감도가 평형할 것

69 수준측량에서 5km 왕복측정에서 허용오차가 ±10mm라면 2km 왕복측정에 대한 허용오차는?

① ±9.5mm
② ±8.4mm
③ ±7.2mm
④ ±6.3mm

70 주로 지역 내의 지성선상의 위치와 표고를 실측 도시하여 이것을 기초로 현지에서 지형을 관찰하면서 등고선을 삽입하는 방법으로 비교적 소축척 산지에 이용되는 방법은?

① 좌표점법(사각형 분할법)
② 종단점법(기준점법)
③ 횡단점법
④ 직접법

71 오차 중에서 최소제곱법의 원리를 이용하여 처리할 수 있는 것은?

① 누적오차
② 우연오차
③ 정오차
④ 착오

72 한 기선의 길이를 n회 반복 측정한 경우, 최확값의 평균제곱근오차에 대한 설명으로 옳은 것은?

① 관측횟수에 비례한다.
② 관측횟수의 제곱근에 비례한다.
③ 관측횟수의 제곱에 반비례한다.
④ 관측횟수의 제곱근에 반비례한다.

73 축척 1 : 50,000의 지형도에서 A점의 표고는 308m, B점의 표고는 346m일 때, A점으로부터 $\overline{AB}$상에 있는 표고 332m 지점까지의 거리는?(단, $\overline{AB}$는 등경사이며, 도상거리는 12.8mm이다.)

① 384m
② 394m
③ 404m
④ 414m

74 지구 표면에서 반지름 55km까지를 평면으로 간주한다면 거리의 허용정밀도는?(단, 지구 반지름은 6,370km이다.)

① 약 1/40,000
② 약 1/50,000
③ 약 1/60,000
④ 약 1/70,000

75 기본측량성과의 검증을 위해 검증을 의뢰받은 기본측량성과 검증기관은 며칠 이내에 검증 결과를 제출하여야 하는가?

① 10일
② 20일
③ 30일
④ 60일

76 국토교통부장관이 일반측량을 한 자에게 그 측량성과 및 측량기록의 사본을 제출하게 할 수 있는 경우의 해당 목적이 아닌 것은?

① 측량의 중복 배제
② 측량의 보안 유지
③ 측량의 정확도 확보
④ 측량에 관한 자료의 수집·분석

77 측량기기인 토털스테이션(Total Station)과 지피에스(GPS) 수신기의 성능검사 주기는?

① 1년
② 2년
③ 3년
④ 5년

78 정당한 사유 없이 측량을 방해한 자에 대한 벌칙 기준은?

① 3년 이하의 징역 또는 3천만 원 이하의 벌금

② 2년 이하의 징역 또는 2천만 원 이하의 벌금

③ 1년 이하의 징역 또는 1천만 원 이하의 벌금

④ 300만 원 이하의 과태료

79 공공측량의 실시공고에 포함되어야 할 사항이 아닌 것은?

① 측량의 종류

② 측량의 규모

③ 측량의 목적

④ 측량의 실시기간

80 측량기준점에서 국가기준점에 해당되지 않는 것은?

① 삼각점   ② 중력점

③ 지자기점   ④ 지적도근점

정답

01	02	03	04	05	06	07	08	09	10
②	①	①	③	③	②	④	②	①	②
11	12	13	14	15	16	17	18	19	20
②	①	②	④	④	①	③	②	①	③
21	22	23	24	25	26	27	28	29	30
③	②	①	②	④	③	③	③	③	④
31	32	33	34	35	36	37	38	39	40
②	①	④	①	③	③	①	①	②	②
41	42	43	44	45	46	47	48	49	50
③	③	④	②	④	④	①	①	④	③
51	52	53	54	55	56	57	58	59	60
④	①	③	③	③	②	①	①	②	②
61	62	63	64	65	66	67	68	69	70
②	①	①	④	③	④	①	③	④	②
71	72	73	74	75	76	77	78	79	80
②	④	③	①	③	②	③	④	②	④

해설

01

유속 관측장소 선정
- 직선부로서 흐름이 일정하고 하상의 요철이 적으며 하상경사 가 일정한 곳이어야 한다.
- 수위의 변화에 의해 하천 횡단면 형상이 급변하지 않고 지질이 양호한 곳이어야 한다.
- 관측장소의 상·하류의 수로는 일정한 단면을 갖고 있으며 관 측이 편리한 곳이어야 한다.

02

시준선과 시설물 축선이 이루는 각(α)
- $0° < \alpha \leq 10°$: 특이한 경관을 얻고 시점이 높게 된다.
- $10° < \alpha \leq 30°$: 입체감이 있는 계획이 잘된 경관을 얻는다.
- $30° < \alpha \leq 60°$: 입체감이 없는 평면적인 경관이 된다.

03

유토곡선 작성 목적
- 토량 이동에 따른 공사방법 및 순서 결정
- 평균 운반거리 산출
- 운반거리에 의한 토공기계 선정
- 토량의 배분

04

중심선측량은 양 터널입구의 중심선상에 기준점을 설치하고, 이 두 점의 좌표를 구하여 터널을 굴진하기 위한 방향을 줌과 동시에 정확한 거리를 찾아내기 위한 것이 목적인 측량이며, 지표 중심선 측량방법에는 직접측설법, 트래버스에 의한 측설법, 삼각측량에 의한 측설법 등이 있다.

05

중심선측량은 주요점 및 중심점을 현지에 설치하고 선형 지형도 를 작성하는 작업이다.

06

$$\frac{\triangle CDE}{\triangle ABC} = \frac{m}{m+n} = \frac{\overline{CD} \cdot \overline{CE}}{\overline{AC} \cdot \overline{BC}}$$

$$\therefore \ \overline{CE} = \frac{m}{m+n}\left(\frac{\overline{AC} \cdot \overline{BC}}{\overline{CD}}\right) = \frac{1}{1+1}\left(\frac{80 \times 70}{80-13}\right) = 41.79\text{m}$$

07

노선 선정 시 고려사항
- 가능한 한 직선으로 할 것
- 가능한 한 경사가 완만할 것
- 토공량이 적게 되며, 절토량과 성토량이 같을 것
- 절토의 운반거리가 짧을 것
- 배수가 완전할 것

08

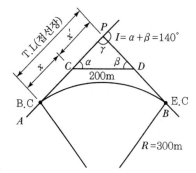

- T.L(접선장) $= R \cdot \tan \dfrac{I}{2} = 300 \times \tan \dfrac{140°}{2} = 824.2\text{m}$

- x'는 sine 법칙에 의하여 구한다.

$$\frac{\overline{CD}}{\sin\gamma} = \frac{x'}{\sin\beta} \rightarrow x' = \frac{\sin\beta}{\sin\gamma} \times \overline{CD}$$
$$= \frac{\sin 90°}{\sin 40°} \times 200 = 311.1\text{m}$$

$$\therefore \ x = T.L - x' = 824.2 - 311.1 = 513.1\text{m}$$

09

클로소이드의 일반적 성질
- 클로소이드는 나선의 일종이다.
- 모든 클로소이드는 닮은꼴이다.
- 단위가 있는 것도 있고 없는 것도 있다.
- 접선각(τ)은 30°가 적당하다.

10

- T.L(접선장) $= R \cdot \tan \dfrac{I}{2} = 100 \times \tan \dfrac{80°}{2} = 83.91\text{m}$
- B.C(곡선시점) $= I.P - T.L = 400 - 83.91 = 316.09\text{m}$
  (No.15 + 16.09m)
- l_1(시단현 길이) $= 20\text{m} - B.C$ 추가거리
  $= 20 - 16.09 = 3.91\text{m}$

$$\therefore \ \delta_1(\text{시단현 편각}) = 1,718.87' \times \frac{l_1}{R} = 1,718.87' \times \frac{3.91}{100}$$
$$= 1°07'12''$$

11

$$V = n \cdot A \cdot h$$
$$\therefore \ h = \frac{V}{n \cdot A} = \frac{940}{16 \times \left(\frac{1}{2} \times 5 \times 5\right)} = 4.70\text{m}$$

12

$$A = \frac{D}{3}\{y_0 + y_n + 4\sum y_{홀수} + 2\sum y_{짝수}\} \rightarrow$$
$$44 = \frac{D}{3}\{4 + 5 + (4 \times 6)\}$$
$$\therefore \ D = 4.0\text{m}$$

13

양단면평균법을 적용하면,
$$V = \frac{h}{2}\{A_0 + A_2 + 2(A_1)\}$$
$$= \frac{10}{2} \times \{300 + 1,700 + 2 \times 1,000\} = 20,000\text{m}^3$$

14

수로조사란 해상교통안전, 해양의 보전·이용·개발, 해양관할권의 확보 및 해양재해 예방을 목적으로 하는 수로측량·해양관측·항로조사 및 해양지명조사를 말한다.

15

터널 내 측량 시 터널 내부의 환기 상태는 중심선의 이동과 관련하여 점검할 사항과는 거리가 멀다.

16

$$V_m = \frac{1}{4}(V_{0.2} + 2V_{0.6} + V_{0.8})$$
$$= \frac{1}{4}\{3 + (2 \times 4) + 2\} = 3.25\text{m/s}$$

17

$$V = \frac{h}{3}\{A_1 + (4 \cdot A_m) + A_2\}$$
$$= \frac{9}{3}\{10 + (4 \times 25) + 35\} = 435\text{m}^2$$

18

- B.C(곡선시점) $= 120.85\text{m} (\text{No.6} + 0.85\text{m})$
- C.L(곡선장) $= 0.0174533 \cdot R \cdot I°$
  $= 0.0174533 \times 100 \times 45° = 78.54\text{m}$

$$\therefore \ E.C(\text{곡선종점}) = B.C + C.L$$
$$= 120.85 + 78.54$$
$$= 199.39\text{m} (\text{No.9} + 19.39\text{m})$$

19

$$H = (l \cdot \sin\alpha) + h_1 - H_i$$
$$= (60 \times \sin 3°) + 1.50 - 1.70 = 2.94\text{m}$$

20

$$캔트(C) = \frac{V^2 \cdot b}{g \cdot R} = \frac{\left(100 \times \frac{1}{3.6}\right)^2 \times 1,067}{9.8 \times 500} = 168\text{mm}$$

21

항공사진은 중심투영이고, 지도는 정사투영이다.

22

상호표정은 양 투영기에서 나오는 광속이 촬영 당시 촬영면에 이루어지는 종시차(y방향)를 소거하여 목표 지형물의 상대위치를 맞추는 작업이다.

23

$$정규화 식생지수(NDVI) = \frac{NIR - RED}{NIR + RED}$$

- $NDVI(지역\ 1) = \frac{100 - 100}{100 + 100} = 0$
- $NDVI(지역\ 2) = \frac{250 - 100}{250 + 100} = 0.43$
- $NDVI(지역\ 3) = \frac{15 - 20}{15 + 20} = -0.14$

24

영상정합의 방법
- 영역기준 정합
- 형상기준 정합
- 관계형 정합

25

$$h = \frac{H}{b_0} \cdot \Delta p$$

$$\therefore \Delta p = \frac{h \cdot b_0}{H} = \frac{50 \times 0.072}{2,200} = 0.00164\text{m} = 1.64\text{mm}$$

여기서, $H = m \cdot f = 20,000 \times 0.11 = 2,200\text{m}$

26

$$M = \frac{1}{m} = \frac{f}{H} = \frac{l}{L}$$

$$\therefore l = \frac{f}{H} \times L = \frac{150}{5,000} \times 800 = 24\text{mm}$$

27

MSS는 지구자원탐사위성(Landsat)에 탑재되어 있는 센서이며 대상물의 정성적 해석에 이용된다.

28

여색입체시는 한 쌍의 입체사진의 오른쪽은 적색으로, 왼쪽은 청색으로 현상하여 이 사진의 왼쪽은 적색, 오른쪽은 청색 안경으로 보면 정입체시를 얻는 방법이다.

29

SAR 영상은 Side-looking 방식으로 영상을 취득하기 때문에 영상에서 발생하는 왜곡이 광학영상과 다른 기하학적 구성으로 되어 있다.

30

항공사진측량에서 산악지역은 한 모델 또는 사진상의 비고차가 10% 이상인 지역을 말한다.

31

영상재배열은 디지털 영상이 기하학적 변환을 위해 수행되고 원래의 디지털 영상과 변환된 디지털 영상관계에 있어 영상소의 중심이 정확히 일치하지 않으므로 영상소를 일대일 대응 관계로 재배열할 경우 영상의 왜곡이 발생한다. 일반적으로 원영상에 현존하는 밝기값을 할당하거나 인접영상의 밝기값을 이용하여 보간하는 것을 말한다.

32

밭의 훈련지역은 밝기값 8, 9로 ①번과 같이 선택하는 것이 가장 타당하다.

33

최근린 내삽법은 가장 가까운 거리에 근접한 영상소의 값을 택하는 방법이며, 원영상의 데이터를 변질시키지 않지만 부드럽지 못한 영상을 획득하는 단점이 있다.

34

- $사진축척(M) = \frac{1}{m} = \frac{f}{H} = \frac{0.15}{1,800} = \frac{1}{12,000}$
- 촬영종기선 길이$(B) = m \cdot a(1-p) \rightarrow$
  $960 = 12,000 \times 0.23(1-p)$
  $\therefore p = 65.2\%$

35

$$사진매수(N) = \frac{F}{A_0} \times (1 + 안전율)$$

$$= \frac{30 \times 20}{16.3} \times (1 + 0.3) = 47.85 = 48장$$

36

사진의 크기(a)와 촬영고도(H)가 같을 경우 초광각카메라에 의한 촬영면적은 광각카메라의 경우보다 약 3배가 넓게 촬영된다.

$$A_{초} : A_{광} = (ma)^2 : (ma)^2 = \left(\frac{H}{f_{초}} \cdot a\right)^2 : \left(\frac{H}{f_{광}} \cdot a\right)^2$$

여기서, 초광각카메라(f) : 약 88mm
광각카메라(f) : 약 150mm

37

도화기 발달과정
기계식 도화기(1900~1950년) → 해석식 도화기(1960년~) →
수치 도화기(1980년~)

38

하나의 사진에서 촬영한 지상기준점이 주어지면 공선조건식에 의해 외부표정요소(X_0, Y_0, Z_0, κ, ϕ, ω)를 계산할 수 있다.

39

해석적 표정에서 관측된 기계좌표(상좌표)로부터 사진좌표로 변환하는 작업을 내부표정이라 한다.

40

종시차는 대상물 간 수평위치 차이를 반영하며, 종시차가 커지면 입체시를 방해하게 된다.

41

GIS Database의 유지·보안
• 데이터의 주기적인 백업
• 암호 등 제반 안전장치의 확보
• UPS 등 전력공급 중단에 대비한 안정적인 자료의 보존
• 유사시를 대비한 분산형 DB 관리 등

42

공간거리 $= \sqrt{\Delta X^2 + \Delta Y^2 + \Delta Z^2}$
$= \sqrt{200^2 + 300^2 + 50^2} = 364.01\text{m}$

43

지리정보의 특성
• 위치정보
• 속성정보
• 공간적 상호관계(위상)

44

티센 폴리곤 분석(Thiessen Polygon Analysis)은 티센 다각형이 두 개의 점 개체 간에 서로 거리가 같은 선 사상을 찾음으로써 공간을 구분하는 기법이다.

45

GNSS 측량에 의해 결정되는 좌표는 지구의 중심을 원점으로 하는 3차원 직교좌표이며, 이 좌표의 높이값은 타원체고에 해당된다.

46

잉크젯 프린터에 의한 도면 제작은 출력방법이다.

47

GPS 위성은 위성궤도의 경사각이 $55°$이고 6개의 궤도면에 배치되어 운용되고 있다.

48

DEM은 지형의 표고값을 이용한 응용분야에 활용되며 아파트 단지별 세입자 비율 조사와는 관련이 없다.

49

격자구조는 동일한 크기의 격자로 이루어진 셀들의 집합으로 위상에 관한 정보가 제공되지 않으며 공간분석의 효율성이 낮다.

50

관계형 데이터베이스(Related DataBase Management System)
• 2차원 표의 형태를 가지고 있는 구조로 가장 많이 사용되는 구조이다.
• 관계(Relation)라는 수학적 개념을 도입하였다.
• 상이한 정보 간 검색, 결합, 비교, 자료가감 등이 용이하다.
• 질의 형태에 제한이 없는 SQL을 사용한다.
※ 레코드는 필드의 집합으로 하나 이상의 항목들의 모임

51

Run-Length 코드 기법은 격자방식의 자료기반에 자료를 저장하여 간단하게 자료를 압축하는 방법으로서 연속해서 동일 속성값이 반복해서 나타나는 경우 속성값과 반복된 횟수를 저장한다.

52

DBMS(DataBase Management System)은 파일 처리방식의 단점을 보완하기 위해 도입되었으며 자료의 입력과 검토·저장·조회·검색·조작할 수 있는 도구를 제공한다.
※ 시스템 구성이 간단하고 경제적인 것은 파일처리방식의 특징으로 GIS 자료 추출을 위해 많은 양의 중복작업이 발생한다.

53

관망 분석(Network Analysis)은 두 지점 간의 최단경로를 찾는 등의 공간적인 분석으로 도로 네트워크를 통한 최적경로 계산에 적합하다.

54

GIS의 주요 기능
- 자료 입력
- 자료 처리 및 분석
- 자료 출력

55

정지측량(Static Survey)은 수신기를 장시간 고정한 채로 관측하는 방법으로 높은 정확도의 좌푯값을 얻고자 할 때 사용하는 방법이며, 기준점 측량에 이용되는 가장 일반적인 방법이다.

56

벡터구조는 격자구조에 비해 자료구조가 복잡하다.

57

메타데이터(Metadata)는 데이터의 내용, 품질, 조건 및 특징 등을 저장한 데이터로서 데이터에 관한 데이터의 이력을 말한다.

58

정지위성은 지구를 관측하는 인공위성으로 GNSS 측량을 우주부문에 활용할 때는 적당하지 않다.

※ 정지위성(Geostationary Satellite)은 적도 상공 약 36,000km에서 지구 자전주기와 같은 주기로 공전하면서 지구를 관측하는 인공위성으로, 지구의 자전속도와 같은 각속도로 지구를 돌기 때문에 인공위성과 지상의 물체가 상대적으로 정지해 있어서 지구상의 고정된 영역을 연속적으로 관측할 수 있다.

59

결과 C는 A의 F(=산림) 속성을 가진 셀과 B의 6(=600m), 7(=700m) 속성을 가진 셀의 중첩된 결과이다.

∴ (A=산림) AND (B>500m) 또는
　(A=산림) AND NOT (B<500m)

60

수치지도 제작방법
- 항공사진측량에 의한 수치지도 제작
- 인공위성 자료에 의한 수치지도 제작
- 기존 종이지도를 디지타이징하여 수치지도 제작
- 기존 종이지도를 스캐닝 후 벡터라이징하여 수치지도 제작
- GPS에 의한 수치지도 제작
- Total Station에 의한 수치지도 제작
- LiDAR에 의한 수치지도 제작 등

61

수준측량은 거리를 기본으로 하는 측량이므로 시준선이 기포관축과 평행하지 않을 때 표척눈금의 읽음값에 생긴 오차는 시준거리에 비례하여 발생한다.

62

$1 : 100,000 = x : 1,000 \rightarrow x = 0.01\text{m} = 1\text{cm}$

∴ $\dfrac{1}{100,000}$ 의 정밀도인 경우 1km에 대한 1cm의 오차를 의미한다.

63

1대회 관측은 $0°$로 시작하는 정위 관측과 $180°$로 관측하는 반위로 한 각을 두 번 관측하는 방법이다.

64

- $x_2 = x_1 + (S \cdot \cos T)$
  $= -234.5 + (813.2 \times \cos 103°51'20'') = -429.2\text{m}$
- $y_2 = y_1 + (S \cdot \sin T)$
  $= 1,345.7 + (813.2 \times \sin 103°51'20'') = 2,135.2\text{m}$

∴ $x_2 = -429.2\text{m}, \ y_2 = 2,135.2\text{m}$

65

수준측량은 왕복관측을 원칙으로 한다.

66

$n = \dfrac{150}{50} = 3$회

∴ $M = \pm m \sqrt{n} = \pm 3\sqrt{3} = \pm 5.2\text{mm}$

67

삼각형의 내각은 $60°$에 가깝게 하는 것이 좋으나 불가피할 경우에는 내각을 $30 \sim 120°$ 이내로 한다.

68

항정법은 평탄한 땅을 골라 약 100m 정도 떨어진 두 점에 말뚝을 박고 수준척을 세운 다음 두 점의 중간 및 연장선상에 레벨을 세우고 관측하여 기포관축과 시준축을 수평하게 맞추는 방법이다.

69

$\sqrt{5} : 10 = \sqrt{2} : x$

∴ $x = \pm 6.3\text{mm}$

70

종단점법(기준점법)은 지성선의 방향이나 주요한 방향의 여러 개의 측선에 대해서 기준점에서 필요한 점까지의 높이를 관측하고 등고선을 그리는 방법으로 주로 소축척 산지 등에 사용된다.

71

우연오차는 원인이 불명확한 오차로서 서로 상쇄되기도 하므로 상차라고도 하며 최소제곱법에 의한 확률법칙에 의해 추정 가능한 오차이다.

72

기선길이를 n회 반복 측정한 경우 최확값의 평균제곱근오차는 관측횟수(N)의 제곱근에 반비례한다.

73

도상거리를 실제거리로 환산하면,

$$\frac{1}{축척} = \frac{도상거리}{실제거리} \rightarrow \frac{1}{50,000} = \frac{12.8}{실제거리} \rightarrow$$

실제거리 $= 50,000 \times 12.8 = 640,000mm = 640m$

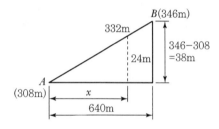

$640 : 38 = x : 24$

$\therefore x = 404m$

74

$$\frac{d-D}{D} = \frac{1}{12}\left(\frac{D}{r}\right)^2 = \frac{110^2}{12 \times 6,370^2} \fallingdotseq \frac{1}{40,000}$$

75

공간정보의 구축 및 관리 등에 관한 법률 시행규칙 제11조(기본측량성과의 검증)
검증을 의뢰받은 기본측량성과 검증기관은 30일 이내에 검증 결과를 국토지리정보원장에게 제출하여야 한다.

76

공간정보의 구축 및 관리 등에 관한 법률 제22조(일반측량의 실시 등)
다음 사항의 목적을 위하여 필요하다고 인정되는 경우에는 일반측량을 한 자에게 그 측량성과 및 측량기록 사본을 제출하게 할 수 있다.
1. 측량의 정확도 확보
2. 측량의 중복 배제
3. 측량에 관한 자료의 수집 · 분석

77

공간정보의 구축 및 관리 등에 관한 법률 시행령 제97조(성능검사의 대상 및 주기 등)
성능검사를 받아야 하는 측량기기와 검사주기는 다음과 같다.
1. 트랜싯(데오드라이트) : 3년
2. 레벨 : 3년
3. 거리측정기 : 3년
4. 토털스테이션(Total Station : 각도 · 거리 통합 측량기) : 3년
5. 지피에스(GPS) 수신기 : 3년
6. 금속 또는 비금속 관로 탐지기 : 3년

78

공간정보의 구축 및 관리 등에 관한 법률 제111조(과태료)
정당한 사유 없이 측량을 방해한 자는 300만 원 이하의 과태료에 처한다.

79

공간정보의 구축 및 관리 등에 관한 법률 시행령 제12조(측량의 실시공고)
공공측량의 실시공고에는 측량의 종류, 측량의 목적, 측량의 실시기간, 측량의 실시지역, 그 밖에 측량의 실시에 관하여 필요한 사항이 포함되어야 한다.

80

공간정보의 구축 및 관리 등에 관한 법률 시행령 제8조(측량기준점의 구분)
측량기준점은 다음과 같이 구분한다.
1. 국가기준점 : 우주측지기준점, 위성기준점, 수준점, 중력점, 통합기준점, 삼각점, 지자기점
2. 공공기준점 : 공공삼각점, 공공수준점
3. 지적기준점 : 지적삼각점, 지적삼각보조점, 지적도근점

Subject 01 응용측량

01 캔트(Cant)의 계산에서 속도 및 반지름을 모두 2배로 할 때 캔트의 크기 변화는?

① 1/4로 감소
② 1/2로 감소
③ 2배로 증가
④ 4배로 증가

02 유량 및 유속측정의 관측장소 선정을 위한 고려사항으로 틀린 것은?

① 직류부로 흐름이 일정하고 하상의 요철이 적으며 하상경사가 일정한 곳
② 수위의 변화에 의해 하천 횡단면 형상이 급변하고 와류(渦流)가 일어나는 곳
③ 관측장소 상·하류의 유로가 일정한 단면을 갖는 곳
④ 관측이 편리한 곳

03 원곡선에서 곡선반지름 $R = 200\text{m}$, 교각 $I = 60°$, 종단현 편각이 $0°57'20''$일 경우 종단현의 길이는?

① 2.676m
② 3.287m
③ 6.671m
④ 13.342m

04 삼각형법에 의한 면적계산 방법이 아닌 것은?

① 삼변법
② 좌표법
③ 두 변과 협각에 의한 방법
④ 삼사법

05 $\square ABCD$의 넓이는 1,000㎡이다. 선분 $\overline{AE}$로 $\triangle ABE$와 $\square AECD$의 넓이의 비를 $2:3$으로 분할할 때 $\overline{BE}$의 거리는?

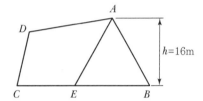

① 37m
② 40m
③ 50m
④ 60m

06 비행장의 입지 선정을 위해 고려하여야 할 주요 요소로 가장 거리가 먼 것은?

① 주변지역의 개발 형태
② 항공기 이용에 따른 접근성
③ 지표면 배수상태
④ 비행장 운영에 필요한 지원시설

07 클로소이드 매개변수 $A = 60\text{m}$인 곡선에서 곡선길이 $L = 30\text{m}$일 때 곡선반지름(R)은?

① 60m
② 90m
③ 120m
④ 150m

08 심프슨 법칙에 대한 설명으로 옳지 않은 것은?

① 심프슨의 제1법칙은 경계선을 2차 포물선으로 보고, 지거의 두 구간을 한 조로 하여 면적을 계산한다.

② 심프슨의 제2법칙은 지거의 두 구간을 한 조로 하여 경계선을 3차 포물선으로 보고 면적을 계산한다.

③ 심프슨의 제1법칙은 구간의 개수가 홀수인 경우 마지막 구간을 사다리꼴 공식으로 계산하여 더해 준다.

④ 심프슨 법칙을 이용하는 경우 지거 간격은 균등하게 하여야 한다.

09 그림과 같이 곡선 반지름 $R = 200$m인 단곡선의 첫 번째 측점 P를 측설하기 위하여 E.C에서 관측할 각도(δ')는?(단, 교각 $I = 120°$, 중심말뚝간격 $= 20$m, 시단현의 거리 $= 13.96$m)

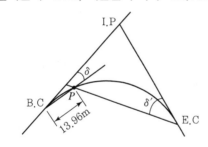

① 약 50°　　　② 약 54°

③ 약 58°　　　④ 약 62°

10 그림과 같이 중앙종거(M)가 20m, 곡선반지름(R)이 100m일 때, 단곡선의 교각은?

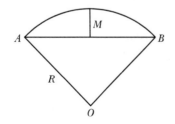

① 36°52′12″　　② 73°44′23″

③ 110°36′35″　　④ 147°28′46″

11 하천측량에서 평면측량의 범위에 대한 설명으로 틀린 것은?

① 유제부는 제외지만을 범위로 한다.

② 무제부는 홍수영향구역보다 약간 넓게 한다.

③ 홍수방제를 위한 하천공사에서는 하구에서부터 상류의 홍수피해가 미치는 지점까지로 한다.

④ 사방공사의 경우에는 수원지까지 포함한다.

12 도로시점으로부터 교점(I.P)까지의 거리가 850m이고, 접선장(T.L)이 185m인 원곡선의 시단현 길이는?(단, 중심말뚝 간격 $= 20$m)

① 20m　　　② 15m

③ 10m　　　④ 5m

13 지하시설물 측량 및 그 대상에 대한 설명으로 틀린 것은?

① 지하시설물 측량은 도면 작성 및 검수에 초기 비용이 일반 지상측량에 비해 적게 든다.

② 도시의 지하시설물은 주로 상수도, 하수도, 전기선, 전화선, 가스선 등으로 이루어진다.

③ 지하시설물과 연결되어 지상으로 노출된 각종 맨홀 등의 가공선에 대한 자료 조사 및 관측 작업도 포함된다.

④ 지중레이더관측법, 음파관측법 등 다양한 방법이 사용된다.

14 그림과 같은 등고선의 체적계산 공식으로 옳은 것은?(단, 등고선간격은 h이고, A_4는 편평한 것으로 가정한다.)

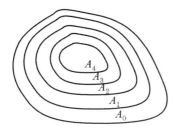

① $V_0 = \dfrac{h}{2}[A_0 + A_4 + 3(A_1 + A_2 + A_3)]$

② $V_0 = \dfrac{h}{2}[A_0 + A_4 + 4(A_1 + A_3) + 2(A_2)]$

③ $V_0 = \dfrac{h}{3}[A_0 + A_4 + 3(A_1 + A_2 + A_3)]$

④ $V_0 = \dfrac{h}{3}[A_0 + A_4 + 4(A_1 + A_3) + 2(A_2)]$

15 터널측량의 작업 순서로 옳은 것은?

① 답사 – 예측 – 지표 설치 – 지하 설치
② 예측 – 지표 설치 – 답사 – 지하 설치
③ 답사 – 지하 설치 – 예측 – 지표 설치
④ 예측 – 답사 – 지하 설치 – 지표 설치

16 하나의 터널을 완성하기 위해서는 계획·설계·시공 등의 작업과정을 거쳐야 한다. 다음 중 터널의 시공과정 중에 주로 이루어지는 측량은?

① 지형측량
② 세부측량
③ 터널 외 기준점 측량
④ 터널 내 측량

17 다중빔음향측심기의 장비점검 및 보정 시에 평탄한 해저에서 동일한 측심선을 따라 왕복측량을 실시하여 조사선의 좌측 및 우측의 기울기 차이로 발생하는 오차를 보정하는 것은?

① 롤보정
② 피치보정
③ 헤딩보정
④ 시간보정

18 디지털 구적기로 면적을 측정하였다. 축척 1 : 500 도면을 1 : 1,000으로 잘못 세팅하여 측정하였더니 50m²이었다면 실제 면적은?

① 12.5m²
② 25.0m²
③ 100.0m²
④ 200.0m²

19 지하시설물 측량방법 중 전자기파가 반사되는 성질을 이용하여 지중의 각종 현상을 밝히는 방법은?

① 전자유도 측량법
② 지중레이더 측량법
③ 음파 측량법
④ 자기관측법

20 그림과 같은 지역의 토공량은?(단, 분할된 격자의 가로×세로 크기는 모두 같다.)

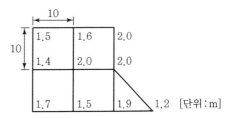

① 787.5m³
② 880.5m³
③ 970.5m³
④ 952.5m³

Subject 02 사진측량 및 원격탐사

21 비행고도가 일정할 경우 보통각, 광각, 초광 각의 세 가지 카메라로 사진을 찍을 때에 사진축척이 가장 작은 것은?

① 보통각 사진　　② 광각 사진
③ 초광각 사진　　④ 축척은 모두 같다.

22 탐측기(Sensor)의 종류 중 능동적 탐측기 (Active Sensor)에 해당되는 것은?

① RBV(Return Beam Vidicon)
② MSS(Multi Spectral Scanner)
③ SAR(Synthetic Aperture Radar)
④ TM(Thematic Mapper)

23 원격탐사를 위한 센서를 탑재한 탑재체 (Platform)가 아닌 것은?

① IKONOS　　② LANDSAT
③ SPOT　　　④ VLBI

24 카메라의 초점거리가 160mm이고, 사진크 기가 18cm×18cm인 연직사진측량을 하였 을 때 기선고도비는?(단, 종중복 60%, 사진 축척은 1 : 20,000이다.)

① 0.45　　② 0.55
③ 0.65　　④ 0.75

25 복수의 입체모델에 대해 입체모델 각각에 상 호표정을 행한 뒤에 접합점 및 기준점을 이용 하여 각 입체모델의 절대표정을 수행하는 항 공삼각측량의 조정방법은?

① 독립모델법　　② 광속조정법
③ 다항식조정법　④ 에어로 폴리곤법

26 항공사진측량에 관한 설명으로 옳은 것은?

① 항공사진측량은 주로 지형도 제작을 목적으로 수행된다.
② 항공사진측량은 좁은 지역에서도 능률적이며 경제적이다.
③ 항공사진측량은 기상 조건의 제약을 거의 받지 않는다.
④ 항공사진측량은 지상 기준점 측량이 필요 없다.

27 격자형 수치표고모형(Raster DEM)과 비교할 때, 불규칙삼각망 수치표고모형(Triangulated Irregular Network DEM)의 특징으로 옳은 것은?

① 표고값만 저장되므로 자료량이 적다.
② 밝기값(Gray Value)으로 표고를 나타낼 수 있다.
③ 불연속선을 삼각형의 한 변으로 나타낼 수 있다.
④ 보간에 의해 만들어진 2차원 자료이다.

28 촬영고도 800m, 초점거리 153mm이고 중복 도 65%로 연직촬영된 사진의 크기가 23cm× 23cm인 한 쌍의 항공사진이 있다. 철탑의 하단 부 시차가 14.8mm, 상단부 시차가 15.3mm 이었다면 철탑의 실제 높이는?

① 5m　　② 10m
③ 15m　　④ 20m

29 일반카메라와 비교할 때, 항공사진측량용 카 메라의 특징에 대한 설명으로 옳지 않은 것은?

① 렌즈의 왜곡이 적다.
② 해상력과 선명도가 높다.
③ 렌즈의 피사각이 크다.
④ 초점거리가 짧다.

30 사진측량의 표정점 종류가 아닌 것은?

① 접합점　　　　② 자침점
③ 등각점　　　　④ 자연점

31 회전주기가 일정한 인공위성을 이용하여 영상을 취득하는 경우에 대한 설명으로 옳지 않은 것은?

① 관측이 좁은 시야각으로 행하여지므로 얻어진 영상은 정사투영영상에 가깝다.
② 관측영상이 수치적 자료이므로 판독이 자동적이고 정량화가 가능하다.
③ 회전주기가 일정하므로 반복적인 관측이 가능하다.
④ 필요한 시점의 영상을 신속하게 수신할 수 있다.

32 아래와 같이 영상을 분석하기 위해 산림지역의 트레이닝 필드를 선정하였다. 트레이닝 필드로부터 취득되는 각 밴드의 통계값으로 옳은 것은?

[영상]

밴드 '1'

행\열	1	2	3	4	5	6	7
1	5	3	4	5	4	5	5
2	2	2	3	4	4	4	6
3	2	2	3	3	6	6	8
4	1	3	2	3	6	6	8
5	3	6	8	8	8	7	4
6	3	6	8	7	2	3	2
7	4	6	7	3	3	2	1

밴드 '2'

행\열	1	2	3	4	5	6	7
1	5	5	4	6	7	7	7
2	2	4	6	5	5	6	5
3	3	5	3	5	7	6	8
4	3	5	3	5	7	6	8
5	3	5	8	8	8	7	1
6	4	5	8	7	1	0	0
7	3	6	7	0	0	0	0

[산림지역 트레이닝 필드]

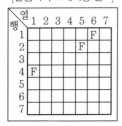

33 원격탐사에서 영상자료의 기하보정이 필요한 경우가 아닌 것은?

① 다른 파장대의 영상을 중첩하고자 할 때
② 지리적인 위치를 정확히 구하고자 할 때
③ 다른 일시 또는 센서로 취한 같은 장소의 영상을 중첩하고자 할 때
④ 영상의 질을 높이거나 태양입사각 및 시야각에 의한 영향을 보정할 때

34 항측용 디지털 카메라에 의한 영상을 이용하여 직접 수치지도를 제작하는 과정에 필요한 과정이 아닌 것은?

① 정위치편집
② 일반화편집
③ 구조화편집
④ 현지보완측량

35 절대표정에 대한 설명으로 틀린 것은?

① 절대표정을 수행하면 Tie Point에 대한 지상점 좌표를 계산할 수 있다.
② 상호표정으로 생성된 3차원 모델과 지상좌표계의 기하학적 관계를 수립한다.
③ 주점의 위치와 초점거리, 축척을 결정하는 과정이다.
④ 7개의 독립적인 지상 좌푯값이 명시된 지상기준점이 필요하다.

① 밴드 '1'의 화솟값 : 최솟값 = 1, 최댓값 = 5
　밴드 '2'의 화솟값 : 최솟값 = 3, 최댓값 = 7
② 밴드 '1'의 화솟값 : 최솟값 = 2, 최댓값 = 5
　밴드 '2'의 화솟값 : 최솟값 = 2, 최댓값 = 7
③ 밴드 '1'의 화솟값 : 최솟값 = 2, 최댓값 = 5
　밴드 '2'의 화솟값 : 최솟값 = 3, 최댓값 = 7
④ 밴드 '1'의 화솟값 : 최솟값 = 3, 최댓값 = 5
　밴드 '2'의 화솟값 : 최솟값 = 3, 최댓값 = 5

36 촬영고도 3,000m에서 초점거리 150mm인 카메라로 촬영한 밀착사진의 종중복도가 60%, 횡중복도가 30%일 때 이 연직사진의 유효모델 1개에 포함되는 실제면적은?(단, 사진크기는 18cm×18cm이다.)

① 3.52km²　　② 3.63km²

③ 3.78km²　　④ 3.81km²

37 정합의 대상기준에 따른 영상정합의 분류에 해당되지 않는 것은?

① 영역기준 정합
② 객체형 정합
③ 형상기준 정합
④ 관계형 정합

38 사진측량의 촬영방향에 의한 분류에 대한 설명으로 옳지 않은 것은?

① 수직사진 : 광축이 연직선과 일치하도록 공중에서 촬영한 사진
② 수렴사진 : 광축이 서로 평행하게 촬영한 사진
③ 수평사진 : 광축이 수평선과 거의 일치하도록 지상에서 촬영한 사진
④ 경사사진 : 광축이 연직선과 경사지도록 공중에서 촬영한 사진

39 비행속도 190km/h인 항공기에서 초점거리 153mm인 카메라로 어느 시가지를 촬영한 항공사진이 있다. 허용흔들림 양이 사진상에서 0.01mm, 최장노출시간이 1/250초, 사진크기가 23cm×23cm일 때 이 사진상에서 연직점으로부터 7cm 떨어진 위치에 있는 실제높이가 120m인 건물의 기복변위는?

① 2.4mm　　② 2.6mm

③ 2.8mm　　④ 3.0mm

40 항공사진의 촬영 시 사진축척과 관련된 내용으로 옳은 것은?

① 초점거리에 비례한다.
② 비행고도와 비례한다.
③ 촬영속도에 비례한다.
④ 초점거리의 제곱에 비례한다.

Subject 03 지리정보시스템(GIS) 및 위성측위시스템(GNSS)

41 메타데이터(Metadata)에 대한 설명으로 거리가 먼 것은?

① 일련의 자료에 대한 정보로서 자료를 사용하는 데 필요하다.
② 자료를 생산, 유지, 관리하는 데 필요한 정보를 담고 있다.
③ 자료에 대한 내용, 품질, 사용조건 등을 알 수 있다.
④ 정확한 정보를 유지하기 위해 수정 및 갱신이 불가능하다.

42 다음의 체인 코드 형식으로 표현된 래스터 데이터로 옳은 것은?

$$(0, 3, 0^2, 3, 2, 3, 2^2, 1^3)$$

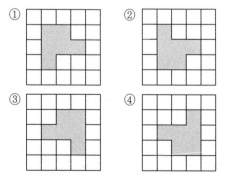

43 GPS의 위성신호 중 주파수가 1,575.42MHz인 L_1의 50,000파장에 해당되는 거리는? (단, 광속＝300,000km/s로 가정한다.)

① 6,875.23m
② 9,521.27m
③ 10,002.89m
④ 15,754.20m

44 항공사진측량에 의한 작업 공정에 따른 수치지도 제작순서로 옳게 나열된 것은?

> a. 기준점측량
> b. 현지조사
> c. 항공사진촬영
> d. 정위치편집
> e. 수치도화

① c－a－b－e－d
② c－a－e－b－d
③ c－b－a－d－e
④ c－e－a－b－d

45 불규칙삼각망(TIN)에 대한 설명으로 옳지 않은 것은?

① 주로 Delaunay 삼각법에 의해 만들어진다.
② 고도값의 내삽에는 사용될 수 없다.
③ 경사도, 사면방향, 체적 등을 계산할 수 있다.
④ DEM 제작에 사용된다.

46 벡터 데이터 취득방법이 아닌 것은?

① 매뉴얼 디지타이징(Manual Digitizing)
② 헤드업 디지타이징(Head－up Digitizing)
③ COGO 데이터 입력(COGO input)
④ 래스터라이제이션(Rasterization)

47 수치지형모델 중의 한 유형인 수치표고모델(DEM)의 활용과 거리가 가장 먼 것은?

① 토지피복도(Land Cover Map)
② 3차원 조망도(Perspective View)
③ 음영기복도(Shaded Relief Map)
④ 경사도(Slope Map)

48 벡터구조의 특징으로 옳지 않은 것은?

① 그래픽의 정확도가 높다.
② 복잡한 현실세계의 구체적 묘사가 가능하다.
③ 자료구조가 단순하다.
④ 데이터 용량의 축소가 용이하다.

49 지리정보시스템(GIS)의 공간분석에서 선형 공간객체의 특성을 이용한 관망(Network)분석 기법으로 가능한 분석과 거리가 가장 먼 것은?

① 댐 상류의 유량 추적 및 오염 발생이 하류에 미치는 영향 분석
② 하나의 지점에서 다른 지점으로 이동 시 최적 경로의 선정
③ 특정 주거지역의 면적 산정과 인구 파악을 통한 인구밀도의 계산
④ 창고나 보급소, 경찰서, 소방서와 같은 주요 시설물의 위치 선정

50 지리정보시스템(GIS)의 자료처리에서 버퍼(Buffer)에 대한 설명으로 옳은 것은?

① 공간 형상의 둘레에 특정한 폭을 가진 구역(Zone)을 구축하는 것이다.
② 선 데이터에 대해서만 버퍼거리를 지정하여 버퍼링(Buffering)을 할 수 있다.
③ 면 데이터의 경우 면의 안쪽에서는 버퍼거리를 지정할 수 없다.
④ 선 데이터의 형태가 구불구불한 굴곡이 매우 심하거나 소용돌이 형상일 경우 버퍼를 생성할 수 없다.

51 공간분석 위상관계에 대한 설명으로 옳지 않은 것은?

① 위상관계란 공간자료의 상호관계를 정의한다.
② 위상관계란 인접한 점, 선, 면 사이의 공간적 관계를 나타낸다.
③ 위상관계란 공간객체와 속성정보의 연결을 의미한다.
④ 위상관계에서 한 노드(Node)를 공유하는 모든 아크(Arc)는 상호 연결성의 존재가 반드시 필요하다.

52 지리정보시스템(GIS) 구축에 대한 용어 설명으로 옳지 않은 것은?

① 변환 : 구축된 자료 중에서 필요한 자료를 쉽게 찾아낸다.
② 분석 : 자료를 특성별로 분류하여 자료가 내포하는 의미를 찾아낸다.
③ 저장 : 수집된 자료를 전산자료로 저장한다.
④ 수집 : 필요한 자료를 획득한다.

53 다음 중 지리정보시스템(GIS)의 구성요소로 옳은 것은?

① 하드웨어, 소프트웨어, 인적자원, 데이터
② 하드웨어, 소프트웨어, 데이터, GPS
③ 데이터, GPS, LIS, BIS
④ BIS, LIS, UIS, GPS

54 GNSS 관측 오차에 대한 설명 중 틀린 것은?

① 대류권에 의하여 신호가 지연된다.
② 전리층에 의하여 코드 신호가 지연된다.
③ 다중경로 오차에 의하여 신호의 세기가 증폭된다.
④ 수학적으로 대류권 오차는 온도, 기압, 습도 등으로 모델링한다.

55 GNSS 반송파 위상추적회로에서 반송파 위상관측값에 순간적인 손실이 발생하는 현상을 무엇이라 하는가?

① AS
② Cycle Slip
③ SA
④ VRS

56 과학기술용 위성 등 저궤도 위성에 탑재된 GNSS 수신기를 이용한 정밀위성궤도 결정과 가장 유사한 지상측량의 방법은?

① 위상데이터를 이용한 이동측위
② 위상데이터를 이용한 정지측위
③ 코드데이터를 이용한 이동측위
④ 코드데이터를 이용한 정지측위

57 지리정보시스템(GIS) 표준과 관련된 국제기구는?

① Open Geospatial Consortium
② Open Source Consortium
③ Open Scene Graph
④ Open GIS Library

58 지리정보시스템(GIS)의 데이터 처리를 위한 데이터베이스 관리시스템(DBMS)에 대한 설명으로 거리가 가장 먼 것은?

① 복잡한 조건 검색 기능이 불필요하여 구조가 간단하다.
② 자료의 중복 없이 표준화된 형태로 저장되어 있어야 한다.
③ 데이터베이스의 내용을 표시할 수 있어야 한다.
④ 데이터 보호를 위한 안전관리가 되어 있어야 한다.

59 GNSS를 이용한 측량 분야의 활용으로 거리가 가장 먼 것은?

① 해양 작업선의 위치 결정
② 택배 운송차량의 위치 정보 확인
③ 터널 내의 선형 및 단면 측량
④ 댐, 교량 등의 변위 측정

60 지리정보시스템(GIS)의 하드웨어 구성 중 자료 출력장비가 아닌 것은?

① 플로터   ② 프린터
③ 자동 제도기   ④ 해석 도화기

Subject 04 측량학

61 삼각망 조정계산의 조건에 대한 설명이 틀린 것은?

① 어느 한 측점 주위에 형성된 모든 각의 합은 360°이어야 한다.
② 삼각망에서 각 삼각형의 내각의 합은 180° 이어야 한다.
③ 한 측점에서 측정한 여러 각의 합은 그 전체를 한 각으로 관측한 각과 같다.
④ 한 개 이상의 독립된 다른 경로에 따라 계산된 삼각형의 한 변의 길이는 경로에 따라 다른 고유의 값을 갖는다.

62 측량에서 발생되는 오차 중 주로 관측자의 미숙과 부주의로 인하여 발생되는 오차는?

① 착오   ② 정오차
③ 부정오차   ④ 표준오차

63 UTM 좌표에 관한 설명으로 옳은 것은?

① 각 구역을 경도는 8°, 위도는 6°로 나누어 투영한다.
② 축척계수는 0.9996으로 전 지역에서 일정하다.
③ 북위 85°부터 남위 85°까지 투영범위를 갖는다.
④ 우리나라는 51S~52S 구역에 위치하고 있다.

64 A, B점 간의 고저차를 구하기 위해 그림과 같이 (1), (2), (3) 노선을 직접수준측량을 실시하여 표와 같은 결과를 얻었다면 최확값은?

구분	관측결과	노선길이
(1)	32.234m	2km
(2)	32.245m	1km
(3)	32.240m	1km

① 32.238m   ② 32.239m
③ 32.241m   ④ 32.246m

65 등고선의 성질에 대한 설명으로 옳지 않은 것은?

① 낭떠러지와 동굴에서는 교차한다.
② 등고선 간 최단거리의 방향은 그 지표면의 최대 경사 방향을 가리킨다.
③ 등고선은 도면 안 또는 밖에서 반드시 폐합하며 도중에 소실되지 않는다.
④ 등고선은 경사가 급한 곳에서는 간격이 넓고, 경사가 완만한 곳에서는 간격이 좁다.

66 전자파거리측량기(EDM)에서 발생하는 오차 중 거리에 비례하여 나타나는 것은?

① 위상차 측정오차
② 반사프리즘의 구심오차
③ 반사프리즘 정수의 오차
④ 변조주파수의 오차

67 그림과 같이 편각을 측정하였다면 $\overline{DE}$의 방위각은?(단, $\overline{AB}$의 방위각은 60°이다.)

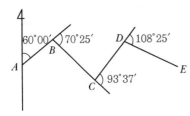

① 145°13′
② 147°13′
③ 149°32′
④ 151°13′

68 삼각망의 조정계산에서 만족시켜야 할 기하학적 조건이 아닌 것은?

① 삼각형의 내각의 합은 180°이다.
② 삼각형의 편각의 합은 560°이어야 한다.
③ 어느 한 측점 주위에 형성된 모든 각의 합은 반드시 360°이어야 한다.
④ 삼각형의 한 변의 길이는 그 계산 경로에 관계없이 항상 일정하여야 한다.

69 기지점의 지반고 86.37m, 기지점에서의 후시 3.95m, 미지점에서의 전시 2.04m일 때 미지점의 지반고는?

① 80.38m
② 84.46m
③ 88.28m
④ 92.36m

70 삼각망 내 어떤 삼각형의 구과량이 10″일 때, 그 구면삼각형의 면적은?(단, 지구의 반지름은 6,370km이다.)

① 1,047km²
② 1,574km²
③ 1,967km²
④ 2,532km²

71 직사각형의 면적을 구하기 위하여 거리를 관측한 결과 가로＝50.00±0.01m, 세로＝100.00±0.02m이었다면 면적에 대한 오차는?

① ±0.01m²
② ±0.02m²
③ ±0.98m²
④ ±1.41m²

72 각측량에서 기계오차의 소거방법 중 망원경을 정·반위로 관측하여도 제거되지 않는 오차는?

① 시준선과 수평축이 직교하지 않아 생기는 오차
② 수평 기포관축이 연직축과 직교하지 않아 생기는 오차
③ 수평축이 연직축에 직교하지 않아 생기는 오차
④ 회전축에 대하여 망원경의 위치가 편심되어 생기는 오차

73 경중률에 대한 설명으로 옳은 것은?

① 경중률은 동일 조건으로 관측했을 때 관측횟수에 반비례한다.
② 경중률은 평균의 크기에 비례한다.
③ 경중률은 관측거리에 반비례한다.
④ 경중률은 표준편차의 제곱에 비례한다.

74 지형도의 활용과 가장 거리가 먼 것은?

① 저수지의 담수 면적과 저수량의 계산
② 절토 및 성토 범위의 결정
③ 노선의 도상 선정
④ 지적경계측량

75 측량기술자의 업무정지 사유에 해당되지 않는 것은?

① 근무처 등의 신고를 거짓으로 한 경우
② 다른 사람에게 측량기술경력증을 빌려준 경우
③ 경력 등의 변경신고를 거짓으로 한 경우
④ 측량기술자가 자격증을 분실한 경우

76 성능검사를 받아야 하는 측량기기와 검사주기로 옳은 것은?

① 레벨 : 1년
② 토털 스테이션 : 2년
③ 지피에스(GPS) 수신기 : 3년
④ 금속 또는 비금속 관로 탐지기 : 4년

77 다음 중 기본측량성과의 고시내용이 아닌 것은?

① 측량의 종류
② 측량의 정확도
③ 측량성과의 보관 장소
④ 측량 작업의 방법

78 공간정보의 구축 및 관리 등에 관한 법률의 제정목적에 대한 설명으로 가장 적합한 것은?

① 국토의 효율적 관리와 국민의 소유권 보호에 기여함
② 국토개발의 중복 배제와 경비 절감에 기여함
③ 공간정보 구축의 기준 및 절차를 규정함
④ 측량과 지적측량에 관한 규칙을 정함

79 측량기준점 중 국가기준점에 해당되지 않는 것은?

① 위성기준점   ② 통합기준점
③ 삼각점   ④ 공공수준점

80 공공측량 작업계획서에 포함되어야 할 사항이 아닌 것은?

① 공공측량의 사업명
② 공공측량 성과의 보관 장소
③ 공공측량의 위치 및 사업량
④ 공공측량의 목적 및 활용 범위

정답

01	02	03	04	05	06	07	08	09	10
③	②	③	②	③	③	③	②	③	②
11	12	13	14	15	16	17	18	19	20
①	②	③	①	④	①	④	①	②	①
21	22	23	24	25	26	27	28	29	30
③	③	③	①	①	①	②	①	④	③
31	32	33	34	35	36	37	38	39	40
④	③	④	②	③	②	③	④	②	①
41	42	43	44	45	46	47	48	49	50
④	②	④	②	②	④	①	③	③	①
51	52	53	54	55	56	57	58	59	60
③	③	①	③	②	①	①	①	③	④
61	62	63	64	65	66	67	68	69	70
④	①	③	③	④	④	①	②	③	③
71	72	73	74	75	76	77	78	79	80
④	②	③	④	④	③	④	①	④	②

해설

01

$$캔트(C) = \frac{S \cdot V^2}{g \cdot R}$$
$$= \frac{S \times (2V)^2}{g \times (2R)} = \frac{4S \cdot V^2}{2g \cdot R} = 2 \cdot \frac{SV^2}{gR} = 2C$$
∴ 2배로 증가된다.

02

유속 관측장소 선정
- 직선부로서 흐름이 일정하고 하상의 요철이 적으며 하상경사가 일정한 곳이어야 한다.
- 수위의 변화에 의해 하천 횡단면 형상이 급변하지 않고 지질이 양호한 곳이어야 한다.
- 관측장소의 상·하류의 수로는 일정한 단면을 갖고 있으며 관측이 편리한 곳이어야 한다.

03

$$\delta_n = 1{,}718.87' \times \frac{l_n}{R} \rightarrow 0°57'20'' = 1{,}718.87' \times \frac{l_n}{200}$$
$$\therefore l_n = \frac{0°57'20'' \times 200}{1{,}718.87'} = 6.671m$$

04

좌표법은 각 경계점의 좌표(X, Y)를 트래버스측량으로 취득하여 면적을 산정하는 방법이다.

05

$$\triangle ABC \text{ 면적} = 1{,}000 \times \frac{2}{5} = 400m^2 \rightarrow$$
$$\triangle ABC \text{ 면적} = \frac{1}{2} \times \overline{BE} \times h = 400m^2$$
$$\therefore \overline{BE} = \frac{400 \times 2}{16} = 50m$$

06

비행장의 입지 선정 요소
주변지역 개발 형태, 기후, 접근성, 장애물, 지원시설, 기타 주변 여건

07

$$A^2 = RL$$
$$\therefore R = \frac{A^2}{L} = \frac{60^2}{30} = 120m$$

08

심프슨의 제2법칙은 지거의 세 구간을 한 조로 하여 경계선을 3차 포물선으로 보고 면적을 계산한다.

09

- 곡선장$(C.L) = 0.0174533 \cdot R \cdot I°$
$$= 0.0174533 \times 200 \times 120° = 418.88m$$
- $P \sim E.C = 418.88 - 13.96 = 404.92m \ (No.20 + 4.92m)$
- 종단현 거리$(l_n) = E.C$ 추가거리 $= 4.92m$
- 20m에 대한 일반편각$(\delta_{20}) = 1{,}718.87' \times \dfrac{l_{20}}{R}$
$$= 1{,}718.87' \times \frac{20}{200} = 2°51'53''$$

- 종단현 편각$(\delta_n) = 1,718.87' \times \dfrac{l_n}{R}$

$$= 1,718.87' \times \dfrac{4.92}{200} = 0°42'17''$$

$$\therefore \ \delta' = 20\delta_{20} + \delta_n = (20 \times 2°51'53'') + 0°42'17''$$

$$= 57°59'57'' \fallingdotseq 58°$$

10

중앙종거$(M) = R\left(1 - \cos\dfrac{I}{2}\right)$

$$\therefore \ I = \cos^{-1}\left(1 - \dfrac{M}{R}\right) \times 2 = \cos^{-1}\left(1 - \dfrac{20}{100}\right) \times 2 = 73°44'23''$$

11

평면측량 범위

- 무제부 : 홍수가 영향을 주는 구역보다 약간 넓게, 즉 홍수 시에 물이 흐르는 맨 옆에서 100m까지
- 유제부 : 제외지 전부와 제내지의 300m 이내

12

- T.L(접선장) = 185m
- B.C(곡선시점) = 도로시점 ~ 교점까지의 거리 − T.L

$$= 850 - 185 = 665\text{m (No.33} + 5\text{m)}$$

$$\therefore \ l_1 \text{(시단현 거리)} = 20\text{m} - \text{B.C 추가거리} = 20 - 5 = 15\text{m}$$

13

지하시설물 측량(Underground Facility Surveying)은 지하시설물의 수평위치와 수직위치를 관측하는 측량을 말하며, 지하시설물을 효율적 및 체계적으로 유지·관리하기 위하여 지하시설물에 대한 조사, 탐사와 도면 제작을 위한 측량으로 초기 도면 제작비용이 많이 든다.

14

등고선법은 저수지의 용적 등 체적을 근사적으로 구하는 경우에 대단히 편리한 방법이다. 심프슨 제1법칙을 적용하면,

$$V_0 = \dfrac{h}{3}\{A_0 + A_4 + 4(A_1 + A_3) + 2(A_2)\}$$

15

터널측량의 작업 순서

- 답사 : 터널 외 기준점 설치 및 대축척 지형도 작성
- 예측 : 터널 중심선의 지상 설치
- 지표 설치 : 터널 중심선의 지하 설치
- 지하 설치 : 터널 내외 연결측량

16

터널 내 측량은 터널의 시공과정 중에 주로 이루어지는 측량이다.

17

- 롤보정 : 평탄한 해저에서 동일한 측심선을 따라 왕복측량을 실시한다.
- 피치보정 : 해저의 굴곡지형, 경사가 급한 지형, 인공구조물 등이 있는 지형을 선택하여 실시한다.
- 헤딩보정 : 목표물이 있는 지형에서 실시하며 목표물을 가운데 두고 동일 방향, 동일 속도의 다른 측심선으로 편도차량을 실시한다.
- 시간보정 : 해저지형은 경사가 심하거나 목표물이 있는 지형을 선택하여 실시한다.

18

$$a_2 = \left(\dfrac{m_2}{m_1}\right)^2 \times a_1 = \left(\dfrac{500}{1,000}\right)^2 \times 50 = 12.5\text{m}^2$$

19

지중레이더 탐사법(Ground Penetration Radar Method)은 지하를 단층 촬영하여 시설물 위치를 판독하는 방법이며 전자파가 반사되는 성질을 이용하여 지중의 각종 현상을 밝히는 것으로 레이더는 원래 고주파의 전자파를 공기 중으로 방사시킨 후 대상물에서 반사되어 온 전자파를 수신하여 대상물의 위치를 알아내는 시스템이다.

20

- 사분법에 의해 V_1을 구하면

$$V_1 = \dfrac{A}{4}(\sum h_1 + 2\sum h_2 + 3\sum h_3 + 4\sum h_4)$$

$$= \dfrac{10 \times 10}{4}\{(1.5 + 1.7 + 1.9 + 2.0) +$$

$$2 \times (1.4 + 1.5 + 2.0 + 1.6) + 4 \times (2.0)\}$$

$$= 702.5\text{m}^3$$

- 삼분법에 의해 V_2를 구하면

$$V_2 = \dfrac{A}{3}(\sum h_1 + 2\sum h_2 + 3\sum h_3 + \cdots + 8\sum h_8)$$

$$= \dfrac{\dfrac{1}{2}(10 \times 10)}{3}(2.0 + 1.9 + 1.2) = 85\text{m}^3$$

$$\therefore \ V = V_1 + V_2 = 702.5 + 85 = 787.5\text{m}^3$$

21

축척이 가장 작게 결정되는 카메라는 화각이 120°, 초점거리(f)가 88mm인 초광각 사진기이다.

22

- 수동적 센서(Passive Sensor) : 대상물에서 방사되는 전자기파를 수집하는 방식

  예 MSS, TM, HRV

• 능동적 센서(Active Sensor) : 전자기파를 발사하여 대상물에서 반사되는 전자기파를 수집하는 방식
예 SAR(SLAR), LiDAR

23
VLBI는 초장기선간섭계로 준성을 이용한 우주전파측량이다.

24
• $M = \dfrac{1}{m} = \dfrac{f}{H} \rightarrow \dfrac{1}{20,000} = \dfrac{0.16}{H} \rightarrow H = 3,200\text{m}$

• $B = ma(1-p) = 20,000 \times 0.18(1-0.6) = 1,440\text{m}$

∴ 기선고도비$\left(\dfrac{B}{H}\right) = \dfrac{1,440}{3,200} = 0.45$

25
독립모델법은 각 입체모형을 단위로 하여 접합점과 기준점을 이용하여 여러 입체모형의 좌표들을 조정방법에 의하여 절대표정좌표로 환산하는 방법이다.

26
항공사진측량은 지형도 작성 및 판독에 주로 이용된다.

27
불규칙삼각망은 수치모형이 갖는 자료의 중복을 줄일 수 있으며, 격자형 자료의 단점인 해상력 저하, 해상력 조절, 중요한 정보의 상실 가능성을 해소할 수 있다.

28
$b_0 = a(1-p) = 0.23(1-0.65) = 0.08\text{m}$

∴ $h = \dfrac{H}{b_0} \cdot \Delta p = \dfrac{800}{0.08} \times 0.0005 = 5\text{m}$

29
일반카메라와 비교할 때, 항공사진측량용 카메라의 초점거리(f)가 길다.

30
표정점의 종류에는 자연점, 지상기준점, 대공표지, 보조기준점(종접합점), 횡접합점, 자침점이 있다.

31
회전주기가 일정하므로 원하는 지점 및 시기에 관측하기 어렵다.

32
산림지역의 트레이닝 필드로부터 취득되는 밴드 '1'의 화솟값은 최솟값 2, 최댓값 5이며, 밴드 '2'의 화솟값은 최솟값 3, 최댓값 7이 된다.

33
기하학적 보정이 필요한 경우
• 지리적인 위치를 정확히 구하고자 할 때
• 다른 파장대의 영상을 중첩하고자 할 때
• 다른 일시 또는 센서로 취한 같은 장소의 영상을 중첩하고자 할 때
※ ④항은 라디오메트릭 보정(방사량보정)을 말한다.

34
영상을 이용하여 직접 수치지도를 제작하는 과정에는 자료취득(기존지형도, 항공사진측량, LiDAR 등)과 지형공간정보의 표현(정위치편집, 구조화편집) 및 현지보완측량이 필요하며, 수치영상을 취득하였을 경우 영상처리 및 영상정합 방법이 추가된다.

35
절대표정은 축척의 결정, 수준면의 결정, 위치의 결정을 한다.

36
사진축척$(M) = \dfrac{1}{m} = \dfrac{f}{H} = \dfrac{0.15}{3,000} = \dfrac{1}{20,000}$

∴ 유효면적$(A_0) = (ma)^2(1-p)(1-q)$
$= (20,000 \times 0.18)^2 \times (1-0.6) \times (1-0.3)$
$= 3,628,800\text{m}^2$
$= 3.63\text{km}^2$

37
영상정합의 분류
• 영역기준 정합
• 형상기준 정합
• 관계형 정합

38
수렴사진은 사진기의 광축을 서로 교차시켜 촬영하는 방법이다.

39
$T_i = \dfrac{\Delta s \cdot m}{V} \rightarrow \dfrac{1}{250} = \dfrac{0.00001 \times \dfrac{H}{0.153}}{\dfrac{190 \times 1,000}{3,600}} \rightarrow H = 3,230\text{m}$

∴ $\Delta r = \dfrac{h}{H} \cdot r = \dfrac{120}{3,230} \times 0.07 = 0.0026\text{m} = 2.6\text{mm}$

40

사진축척(M) $= \dfrac{1}{m} = \dfrac{f}{H}$ 이므로 사진축척은 초점거리(f)에 비례하고, 촬영고도(H)와는 반비례한다.

41

메타데이터는 데이터베이스, 레이어, 속성, 공간형상과 관련된 정보로서 데이터에 대한 데이터로서 정확한 정보를 유지하기 위해 일정주기로 수정 및 갱신을 하여야 한다.

42

체인코드(Chain – code) 기법
어느 영역의 경계선을 단위벡터로 표시한다.

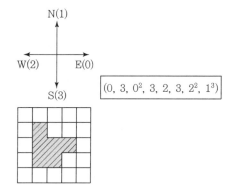

$(0,\ 3,\ 0^2,\ 3,\ 2,\ 3,\ 2^2,\ 1^3)$

43

$\lambda = \dfrac{c}{f}$ (λ : 파장, c : 광속, f : 주파수)에서

MHz를 Hz 단위로 환산하여 계산하면,

$\lambda = \dfrac{300,000}{1,575.42 \times 10^6} = 1.904 \times 10^{-4}\text{km}$

$\therefore\ L_1$ 신호 50,000파장 거리 $= 50,000 \times 1.904 \times 10^{-4}$
$\qquad\qquad\qquad\qquad\quad = 9.52127\text{km} = 9,521.27\text{m}$

44

항공사진측량에 의한 수치지도 제작
촬영계획 – 사진촬영 – 기준점측량 – 수치도화 – 현지조사 – 정위치편집 – 구조화편집 – 수치지도
$\therefore\ c – a – e – b – d$

45

TIN의 특징
• 세 점으로 연결된 불규칙 삼각형으로 구성된 삼각망이다.
• 적은 자료로서 복잡한 지형을 효율적으로 나타낼 수 있다.
• 벡터구조로 위상정보를 가지고 있다.
• 델로니 삼각망을 주로 사용한다.
• 불규칙 표고 자료로부터 등고선을 제작하는 데 사용된다.
※ 불규칙 표고 자료를 이용하여 고도값의 내삽에 사용된다.

46

격자화(Rasterization)는 벡터에서 격자구조로 변환하는 것으로 벡터구조를 일정한 크기로 나눈 다음, 동일한 폴리곤에 속하는 모든 격자들은 해당 폴리곤의 속성값으로 격자에 저장한다.

47

DEM은 경사도, 사면방향도, 단면 분석, 절 · 성토량 산정, 등고선 작성 등 다양한 분야에 활용되고 있다.
※ 토지피복도는 산림지, 목초지, 농경지 등 실제 토지 표면의 유형을 보여주는 지도이다.

48

벡터구조는 격자구조에 비해 자료구조가 복잡하다.

49

특정 주거지역의 면적 산정, 인구밀도의 계산은 관망분석과는 거리가 멀다.

50

버퍼 분석은 GIS 연산에 의해 점 · 선 또는 면에서 일정 거리 안의 지역을 둘러싸는 폴리곤 구역을 생성하는 기법이다.

51

위상관계(Topology)는 공간관계를 정의하는 데 쓰이는 수학적 방법으로서 입력된 자료의 위치를 좌푯값으로 인식하고 각각의 자료 간의 정보를 상대적 위치로 저장하며, 선의 방향, 특성들 간의 관계, 연결성, 인접성, 영역 등을 정의함으로써 공간분석을 가능하게 한다.

52

자료변환은 인쇄된 기록들을 GIS 프로그램들에 적합한 형식으로 변환하는 것을 말한다.

53

GIS의 구성요소
• 하드웨어
• 소프트웨어
• 데이터베이스
• 조직 및 인력

54

다중경로 오차는 건물이나 자동차 등에 의한 반사된 GPS 신호가 수신기로 수신되어 발생하는 오차로 위치정확도가 저하된다.

55

사이클슬립(Cycle Slip)은 GNSS 관측 중 어떤 원인에 의해 위성으로부터의 일시적인 신호가 단절되어 반송파 위상관측값이 단절되는 현상을 말한다.

56

저궤도 위성의 궤도 결정에는 GNSS 관측 데이터에 포함된 GNSS 위성 및 수신기의 시계오차를 제거하기 위하여, 저궤도 위성에 탑재된 GNSS 수신기로부터 획득된 데이터와 IGS 지상국들로부터 측정된 GNSS 데이터를 결합하여 이중 차분을 수행하는 DGNSS 기법을 적용한다(위상데이터를 이용한 이동측위).

※ 저궤도 위성 : 지구 상공 500~1,500km 궤도에서 운용되며, 주로 원격탐사와 기상 관측에 이용된다.

57

OGC(Open Geospatial Consortium)
공간정보 표준 컨소시엄은 1994년에 발족한 국제 GIS 추진기구로 공간정보 콘텐츠의 제공, GIS 자료처리 및 자료 공유 등의 발전을 도모하기 위한 각종 기준을 제공한다.

58

DBMS(DataBase Management System)는 파일처리방식의 단점을 보완하기 위해 도입되었으며, 자료의 입력과 검토 · 저장 · 조회 · 검색 · 조작할 수 있는 도구를 제공한다.
• 파일처리방식에 비하여 시스템 구성이 복잡하다.
• 중앙제어가 가능하나 집중화된 통제에 따른 위험이 있다.
• 데이터의 보호를 위한 안전관리가 되어 있어야 한다.
• 데이터의 중복을 최소화한다.

59

GNSS는 위치나 시간정보를 필요로 하는 모든 분야에 이용될 수 있기 때문에 매우 광범위하게 응용되고 있으나 위성의 수신이 되지 않는 터널 내의 측량은 불가능하다.

60

GIS 출력장비
• 모니터
• 필름제조
• 프린터
• 제도기
• 플로터
※ 해석 도화기는 사진측량에서 이용되는 장비이다.

61

한 개 이상의 독립된 다른 경로에 따라 계산된 삼각형의 한 변의 길이는 경로에 상관없이 같은 값을 갖는다.

62

관측자의 미숙, 부주의에 의해 발생되는 오차를 착오, 과실, 과대 오차라고 한다.

63

UTM 좌표계
• 좌표계의 간격은 경도 6°마다 60지대로 나누고 각 지대의 중앙 자오선에 대하여 횡메르카토르 투영을 적용한다.
• 경도의 원점은 중앙자오선이다.
• 위도의 원점은 적도상에 있다.
• 길이의 단위는 m이다.
• 중앙자오선에서의 축척계수는 0.9996이다.
• 종대에서 위도는 남, 북위 80°까지만 포함시키며 다시 8° 간격으로 20구역으로 나눈다.
• 우리나라는 51, 52종대 및 S, T횡대에 속한다.

64

경중률은 노선거리에 반비례하므로 경중률 비를 취하면,

$$W_1 : W_2 : W_3 = \frac{1}{S_1} : \frac{1}{S_2} : \frac{1}{S_3} = \frac{1}{2} : \frac{1}{1} : \frac{1}{1} = 1 : 2 : 2$$

$$\therefore \text{최확값}(H) = \frac{W_1 H_1 + W_2 H_2 + W_3 H_3}{W_1 + W_2 + W_3}$$

$$= 32.200 + \frac{(1 \times 0.034) + (2 \times 0.045) + (2 \times 0.040)}{1 + 2 + 2}$$

$$= 32.241 \text{m}$$

65

등고선은 경사가 급한 곳에서는 간격이 좁고, 경사가 완만한 곳에서는 간격이 넓다.

66

전자파거리측량기(EDM) 오차
• 거리에 비례하는 오차 : 광속도의 오차, 광변조주파수의 오차, 굴절률의 오차
• 거리에 비례하지 않는 오차 : 위상차 관측오차, 기계정수 및 반사경 정수의 오차

67

• $\overline{AB}$ 방위각 = 60°
• $\overline{BC}$ 방위각 = 60° + 70°25′ = 130°25′
• $\overline{CD}$ 방위각 = 130°25′ − 93°37′ = 36°48′
• $\therefore \overline{DE}$ 방위각 = 36°48′ + 108°25′ = 145°13′

68

각관측 3조건
- 각조건 : 삼각망 중 각각 삼각형 내각의 합은 $180°$가 되어야 한다.
- 점조건 : 한 측점 주위에 있는 모든 각의 총합은 $360°$가 되어야 한다.
- 변조건 : 삼각망 중에서 임의 한 변의 길이는 계산순서에 관계 없이 동일하여야 한다.

69

$$H_{미지점} = H_{기지점} + 후시 - 전시$$
$$= 86.37 + 3.95 - 2.04 = 88.28 \text{m}$$

70

$$\varepsilon'' = \frac{A}{r^2} \cdot \rho''$$
$$\therefore A = \frac{10'' \times 6,370^2}{206,265''} = 1,967 \text{km}^2$$

71

$$M = \pm \sqrt{(L_2 \cdot m_1)^2 + (L_1 \cdot m_2)^2}$$
$$= \pm \sqrt{(100 \times 0.01)^2 + (50 \times 0.02)^2} = \pm 1.41 \text{m}^2$$

72

기포관측과 연직축은 직교해야 하는데 직교하지 않아 생기는 오차를 연직축오차라 한다. 이는 망원경을 정위와 반위로 관측하여도 소거가 불가능하다.

73

경중률은 관측값의 신뢰도를 나타내며 다음과 같은 성질을 가진다.
- 경중률은 관측횟수(N)에 비례한다.
$$W_1 : W_2 : W_3 = N_1 : N_2 : N_3$$
- 경중률은 노선거리(S)에 반비례한다.
$$W_1 : W_2 : W_3 = \frac{1}{S_1} : \frac{1}{S_2} : \frac{1}{S_3}$$
- 경중률은 평균제곱근오차(m)의 제곱에 반비례한다.
$$W_1 : W_2 : W_3 = \frac{1}{m_1^{\,2}} : \frac{1}{m_2^{\,2}} : \frac{1}{m_3^{\,2}}$$

74

지형도의 활용
- 단면도 제작
- 등경사선 관측
- 유역면적 측정
- 성토 및 절토범위 측정
- 저수량 측정

75

공간정보의 구축 및 관리 등에 관한 법률 제42조(측량기술자의 업무정지 등)
국토교통부장관은 측량기술자가 다음의 어느 하나에 해당하는 경우에는 1년 이내의 기간을 정하여 측량업무의 수행을 정지시킬 수 있다.
1. 근무처 및 경력 등의 신고 또는 변경신고를 거짓으로 한 경우
2. 다른 사람에서 측량기술경력증을 빌려주거나 자기의 성명을 사용하여 측량업무를 수행하게 한 경우

76

공간정보의 구축 및 관리 등에 관한 법률 시행령 제97조(성능검사의 대상 및 주기 등)
1. 트랜싯(데오드라이트) : 3년
2. 레벨 : 3년
3. 거리측정기 : 3년
4. 토털스테이션(Total Station : 각도 · 거리 통합 측량기) : 3년
5. 지피에스(GPS) 수신기 : 3년
6. 금속 또는 비금속 관로 탐지기 : 3년

77

공간정보의 구축 및 관리 등에 관한 법률 시행령 제13조(측량성과의 고시)
1. 측량의 종류
2. 측량의 정확도
3. 설치한 측량기준점의 수
4. 측량의 규모(면적 또는 지도의 장수)
5. 측량실시의 시기 및 지역
6. 측량성과의 보관 장소
7. 그 밖에 필요한 사항

78

공간정보의 구축 및 관리 등에 관한 법률 제1조(목적)
이 법은 측량의 기준 및 절차와 지적공부(地籍公簿) · 부동산종합공부(不動産綜合公簿)의 작성 및 관리 등에 관한 사항을 규정함으로써 국토의 효율적 관리 및 국민의 소유권 보호에 기여함을 목적으로 한다.

79

공간정보의 구축 및 관리 등에 관한 법률 시행령 제8조(측량기준점의 구분)
1. 국가기준점 : 우주측지기준점, 위성기준점, 수준점, 중력점, 통합기준점, 삼각점, 지자기점
2. 공공기준점 : 공공삼각점, 공공수준점
3. 지적기준점 : 지적삼각점, 지적삼각보조점, 지적도근점

80

공간정보의 구축 및 관리 등에 관한 법률 시행규칙 제21조(공공측량 작업계획서의 제출)

공공측량 작업계획서에 포함되어야 할 사항은 다음과 같다.

1. 공공측량의 사업명
2. 공공측량의 목적 및 활용 범위
3. 공공측량의 위치 및 사업량
4. 공공측량의 작업기간
5. 공공측량의 작업방법
6. 사용할 측량기기의 종류 및 성능
7. 사용할 측량성과의 명칭, 종류 및 내용
8. 그 밖에 작업에 필요한 사항

본 모의고사는 측량 및 지형공간정보산업기사 수험생의 필기시험 대비를 목적으로 작성된 것임을 알려드립니다.

Subject 01 응용측량

01 그림과 같은 하천의 횡단면도에서 수심(H)일 때의 유량이 140m³/s, 단면적 (a) 및 (b)의 평균유속이 각각 $v_a = 2.0$m/s, $v_b = 1.0$m/s 라면 이때의 수심(H)는?[단, 유량(Q)은 단면적 (a), (b)의 유량(Q_a, Q_b)의 합과 같고, 하상은 수평이다.]

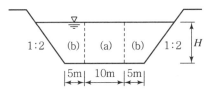

① 8.24m ② 5.64m
③ 3.74m ④ 1.84m

02 지하시설물측량에 관한 설명으로 옳지 않은 것은?

① 지하시설물측량이란 시설물을 조사, 탐사하고 위치를 측량하여 도면 및 수치로 표현하고 데이터베이스로 구축하는 것을 의미한다.
② 지하시설물에 대한 탐사간격은 20m 이하로 하는 것을 원칙으로 한다.
③ 지하시설물의 위치, 깊이, 서로 떨어진 거리 등을 측량한다.
④ 지표면상에 노출된 지하시설물은 측량하지 않는다.

03 비행장의 입지 선정을 위해 고려하여야 할 주요 요소로 가장 거리가 먼 것은?

① 주변지역의 개발 형태
② 항공기 이용에 따른 접근성
③ 지표면 활용상태
④ 비행장 운영에 필요한 지원시설

04 그림에서 △ABC의 토지를 $\overline{BC}$에 평행한 선분 $\overline{DE}$로 △ADE : □$BCED = 2 : 3$으로 분할하려고 할 때 $\overline{AD}$의 길이는?(단, $\overline{AB} = 50$m)

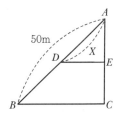

① 30.32m ② 31.62m
③ 33.62m ④ 35.32m

05 곡선반지름 $R = 190$m, 교각 $I = 50°$일 때 중앙종거법에 의해 원곡선을 설치하려고 한다. 8등분점(M_3)의 중앙종거는?

① 1.13m ② 1.82m
③ 2.27m ④ 2.68m

06 수심이 h인 하천의 유속측정을 한 결과가 표와 같다. 1점법, 2점법, 3점법으로 구한 평균 유속의 크기를 각각 V_1, V_2, V_3라 할 때 이들을 비교한 것으로 옳은 것은?

수심	유속(m/s)
$0.2h$	0.52
$0.4h$	0.58
$0.6h$	0.50
$0.8h$	0.48

① $V_1 = V_2 = V_3$
② $V_1 > V_2 > V_3$
③ $V_3 > V_2 = V_1$
④ $V_2 = V_1 > V_3$

07 노선측량의 곡선에 대한 설명으로 옳지 않은 것은?

① 클로소이드 곡선은 완화곡선의 일종이다.
② 철도의 종단곡선은 주로 원곡선이 사용된다.
③ 클로소이드 곡선은 고속도로에 적합하다.
④ 클로소이드 곡선은 곡률이 곡선의 길이에 반비례한다.

08 원곡선 설치에 관한 설명으로 틀린 것은?

① 원곡선 설치를 위해서는 기본적으로 도로기점으로부터 교점의 추가거리, 교각, 원곡선의 곡선반지름을 알아야 한다.
② 중앙종거를 이용하여 원곡선을 설치하는 방법을 중앙종거법이라 하며 4분의 1법이라고도 한다.
③ 교점의 위치는 항상 시준 가능해야 하므로 교점의 위치가 산, 하천 등의 장애물이 있는 경우에는 원곡선 설치가 불가능하다.
④ 각측량 장비가 없는 경우에는 지거를 활용하여 복수의 줄자만 가지고도 원곡선 설치가 가능하다.

09 400m² 정사각형 토지의 면적을 0.4m²까지 정확하게 구하기 위해 요구되는 한 변의 길이는 최대 얼마까지 정확하게 관측하여야 하는가?

① 1mm
② 5mm
③ 1cm
④ 5cm

10 노선측량에서 공사측량과 거리가 먼 것은?

① 기준점 확인
② 중심선 검측
③ 인조점 확인 및 복원
④ 용지도 작성

11 노선에 단곡선을 설치할 때, 교점 부근에 하천이 있어 그림과 같이 A', B'를 선정하여 $\alpha = 36°14'20''$, $\beta = 42°26'40''$를 얻었다면 접선길이($T.L$)는?(단, 곡선의 반지름은 224m이다.)

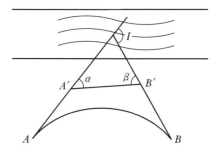

① 183.614m
② 307.615m
③ 327.865m
④ 559.663m

12 해양지질학적 기초자료를 획득하기 위하여 음파 또는 탄성파 탐사장비를 이용하여 해저지층 또는 음향상 분포를 조사하는 작업은?

① 수로측량
② 해저지층탐사
③ 해상위치측량
④ 수심측량

13 터널 내 수준측량을 통하여 그림과 같은 관측 결과를 얻었다. A점의 지반고가 11m였다면 B점의 지반고는?

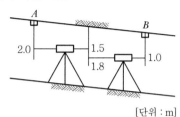

[단위 : m]

① 8.0m   ② 8.7m

③ 9.7m   ④ 12.3m

14 그림과 같이 터널 내의 천장에 측점을 정하여 관측하였을 때, $\overline{AB}$ 두 점의 고저 차가 40.25m 이고 $a = 1.25$m, $b = 1.85$m이며, 경사거리 S = 100.50m이었다면 연직각(α)은?

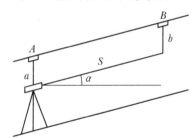

① 15°25′34″   ② 23°14′11″

③ 34°28′42″   ④ 45°30′28″

15 다음 표에서 성토부분의 총 토량으로 옳은 것은?(단, 양단면평균법 공식 적용)

측점	거리(m)	성토단면적(m²)
1	–	30.0
2	20.0	45.0
3	20.0	20.0
4	15.0	43.0

① 1,873m³   ② 1,982m³

③ 2,103m³   ④ 2,310m³

16 그림과 같은 하천단면에 평균유속 2.0m/s로 물이 흐를 때 유량(m³/s)은?

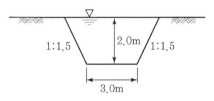

① 10m³/s   ② 20m³/s

③ 24m³/s   ④ 40m³/s

17 반지름 286.45m, 교각 76°24′28″인 단곡선의 곡선길이($C.L$)는?

① 379.00m   ② 380.00m

③ 381.00m   ④ 382.00m

18 10m 간격의 등고선이 표시되어 있는 구릉지에서 구적기로 면적을 구한 값이 $A_0 = 100$m², $A_1 = 150$m², $A_2 = 300$m², $A_3 = 450$m², $A_4 = 800$m²일 때 각주공식에 의한 체적은? [단, 정상(A_0) 부분은 평탄한 것으로 가정]

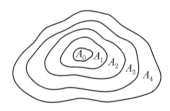

① 11,000m³   ② 12,000m³

③ 13,000m³   ④ 14,000m³

19 하천의 수면기울기를 결정하기 위해 200m 간격으로 동시수위를 측정하여 표와 같은 결과를 얻었다. 이 결과에서 구간 1~5의 평균 수면 기울기(하향)는?

측점	수위(m)
1	73.63
2	73.45
3	73.23
4	73.02
5	72.83

① 1/900   ② 1/1,000
③ 1/1,250   ④ 1/2,000

20 단곡선을 설치하기 위하여 곡선시점의 좌표가 (1,000.500m, 200.400m), 곡선반지름이 300m, 교각이 60°일 때, 곡선시점으로부터 교점의 방위각이 120°일 경우, 원곡선 종점의 좌표는?

① (680.921m, 328.093m)
② (740.692m, 350.400m)
③ (1,233.966m, 433.766m)
④ (1,344.666m, 544.546m)

Subject 02 사진측량 및 원격탐사

21 센서를 크게 수동방식과 능동방식의 센서로 분류할 때 능동방식 센서에 속하는 것은?

① TV 카메라   ② 광학스캐너
③ 레이더   ④ 마이크로파 복사계

22 항공사진의 촬영고도가 2,000m, 카메라의 초점거리가 210mm이고, 사진 크기가 21cm × 21cm일 때 사진 1장에 포함되는 실제면적은?

① $3.8km^2$ ② $4.0km^2$
③ $4.2km^2$ ④ $4.4km^2$

23 다음 중 사진의 축척을 결정하는 데 고려할 요소로 거리가 가장 먼 것은?

① 사용목적, 사진기의 성능
② 사용되는 사진기, 소요 정밀도
③ 도화 축척, 등고선 간격
④ 지방적 특색, 기상관계

24 레이저스캐너와 GPS/INS로 구성되어 수치표고모델(DEM)을 제작하기에 용이한 측량 시스템은?

① LiDAR   ② RADAR
③ SAR   ④ SLAR

25 사진측량은 4차원 측량이 가능하다. 다음 중 4차원 측량에 해당하지 않는 것은?

① 거푸집에 대하여 주기적인 촬영으로 변형량을 관측한다.
② 동적인 물체에 대한 시간별 움직임을 체크한다.
③ 4가지의 각각 다른 구조물을 동시에 측량한다.
④ 용광로의 열변형을 주기적으로 측정한다.

26 세부도화를 하기 위한 표정 작업의 종류가 아닌 것은?

① 수시표정   ② 내부표정
③ 상호표정   ④ 절대표정

27 항공사진 카메라의 초점거리가 153mm, 사진 크기가 23cm×23cm, 사진축척이 1:20,000, 기준면으로부터 높이가 35m일 때, 이 비고(比高)에 의한 사진의 최대 기복변위는?

① 0.370cm   ② 0.186cm

③ 0.256cm   ④ 0.308cm

28 전정색 영상의 공간해상도가 1m, 밴드 수가 1개이고, 다중분광영상의 공간해상도가 4m, 밴드 수가 4개라고 할 때, 전정색 영상과 다중분광영상의 해상도 비교에 대한 설명으로 옳은 것은?

① 전정색 영상이 다중분광영상보다 공간해상도 와 분광해상도가 높다.

② 전정색 영상이 다중분광영상보다 공간해상도 가 높고 분광해상도는 낮다.

③ 전정색 영상이 다중분광영상보다 공간해상도 와 분광해상도도 낮다.

④ 전정색 영상이 다중분광영상보다 공간해상도 가 낮고 분광해상도는 높다.

29 수치영상처리 기법 중 특징 추출과 판독에 도움이 되기 위하여 영상의 가시적 판독성을 증강시키기 위한 일련의 처리과정을 무엇이라 하는가?

① 영상분류(Image Classification)

② 영상강조(Image Enhancement)

③ 정사보정(Ortho-Rectification)

④ 자료융합(Data Merging)

30 완전수직 항공사진의 특수 3점에서의 사진축척을 비교한 것으로 옳은 것은?

① 주점에서 가장 크다.

② 연직점에서 가장 크다.

③ 등각점에서 가장 크다.

④ 3점에서 모두 같다.

31 한 쌍의 항공사진을 입체시하는 경우 나타나는 지면의 기복에 대한 설명으로 옳은 것은?

① 실제보다 높이 차가 커 보인다.

② 실제보다 높이 차가 작아 보인다.

③ 실제와 같다.

④ 고저를 분별하기 힘들다.

32 프랑스, 스웨덴, 벨기에가 협력하여 개발한 상업위성으로 입체모델을 형성하여 촬영할 수 있는 인공위성은?

① SKYLAB   ② LANDSAT

③ SPOT   ④ NIMBUS

33 원격탐사 자료처리 중 기하학적 보정에 해당되는 것은?

① 영상대조비 개선

② 영상의 밝기 조절

③ 화소의 노이즈 제거

④ 지표기복에 의한 왜곡 제거

34 다음 중 항공사진을 재촬영하여야 할 경우가 아닌 것은?

① 인접한 사진의 축척이 현저한 차이가 있을 때

② 인접코스 간의 중복도가 표고의 최고점에서 3% 정도일 때

③ 항공기의 고도가 계획 촬영고도의 3% 정도 벗어날 때

④ 구름이 사진에 나타날 때

35 초점거리 150mm의 카메라로 촬영고도 3,000m에서 찍은 연직사진의 축척은?

① $\dfrac{1}{15,000}$ ② $\dfrac{1}{20,000}$

③ $\dfrac{1}{25,000}$ ④ $\dfrac{1}{30,000}$

36 지구자원탐사 목적의 LANDSAT(1~7호) 위성에 탑재되었던 원격탐사 센서가 아닌 것은?

① LANDSAT TM(Thematic Mapper)
② LANDSAT MSS(Multi Spectral Scanner)
③ LANDSAT HRV(High Resolution Visible)
④ LANDSAT ETM$^+$(Enhanced Thematic Mapper plus)

37 촬영고도 2,000m에서 평지를 촬영한 연직사진이 있다. 이 밀착사진상에 있는 두 점 간의 시차를 측정한 결과 1.5mm이었다. 두 점 간의 높이차는?(단, 카메라의 초점거리는 15cm, 종중복도는 60%, 사진크기는 23cm×23cm이다.)

① 26.3m   ② 32.6m
③ 63.2m   ④ 92.0m

38 사진지도를 제작하기 위한 정사투영에서 편위수정기가 만족해야 할 조건이 아닌 것은?

① 기하학적 조건
② 입체모형의 조건
③ 샤임플러그 조건
④ 광학적 조건

39 "초점거리 및 중심점을 조정하여 상좌표로부터 사진좌표를 얻는다."와 관련된 표정은?

① 상호표정   ② 내부표정
③ 절대표정   ④ 접합표정

40 영상정합(Inage Matching)의 대상기준에 따른 영상정합의 분류에 해당되지 않는 것은?

① 영역기준 정합   ② 객체형 정합
③ 형상기준 정합   ④ 관계형 정합

Subject **03** 지리정보시스템(GIS) 및 위성측위시스템(GNSS)

41 지리정보시스템(GIS)의 데이터 취득에 대한 일반적인 설명으로 옳지 않은 것은?

① 스캐닝이 디지타이징에 비하여 작업 속도가 빠르다.
② 디지타이징은 전반적으로 자동화된 작업과정이므로 숙련도에 크게 좌우되지 않는다.
③ 스캐닝에 의한 수치지도 제작을 위해서는 래스터를 벡터로 변환하는 과정이 필요하다.
④ 디지타이징은 지도와 항공사진 등 아날로그 형식의 자료를 전산기에 의해서 직접 판독할 수 있는 수치 형식으로 변환하는 자료획득 방법이다.

42 벡터 데이터 모델은 기본적으로 도형의 요소(Geometric Primitive Type)로 공간 객체를 표현한다. [보기] 중 기본적인 도형의 요소로 모두 짝지어진 것은?

[보기]
ㄱ 점   ㄴ 선   ㄷ 면

① ㄱ   ② ㄱ, ㄴ
③ ㄴ, ㄷ   ④ ㄱ, ㄴ, ㄷ

43 GPS에서 전송되는 L_1 신호의 주파수가 1,575.42MHz일 때 L_1 신호의 파장 200,000개의 거리는?[단, 광속(c) = 299,792,458m/s이다.]

① 15,754.200m
② 19,029.367m
③ 31,508.400m
④ 38,058.734m

44 수록된 데이터의 내용, 품질, 작성자, 작성일자 등과 같은 유용한 정보를 제공하여 데이터 사용을 편리하게 하는 데이터를 의미하는 것은?

① 위상데이터　② 공간데이터
③ 메타데이터　④ 속성데이터

45 다음과 같은 데이터에 대한 위상구조 테이블에서 ㉠과 ㉡의 내용으로 적합한 것은?

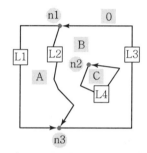

arc	from node	to node	Left polygon	Right polygon
L1	n1	n3	A	0
L2	㉠	n3	B	A
L3	n3	㉠	B	0
L4	㉡	㉡	C	B

① ㉠ : n1, ㉡ : n2
② ㉠ : n1, ㉡ : n3
③ ㉠ : n3, ㉡ : n2
④ ㉠ : n3, ㉡ : n1

46 지리정보체계(GIS)의 공간데이터 중 래스터 자료 형태로 짝지어진 것은?

① GPS측량결과, 항공사진
② 항공사진, 위성영상
③ 수치지도, 항공사진
④ 수치지도, 위성영상

47 각각의 GPS 위성이 가지고 있는 위성 고유의 식별자라고 할 수 있는 코드는?

① PRN　　② DOP
③ DGPS　④ RTK

48 지리정보시스템(GIS)의 직접적인 활용범위로 거리가 먼 것은?

① 토지정보체계(Land Information System)
② 도시정보체계(Urban Information System)
③ 경영정보체계(Management Information System)
④ 지리정보체계(Geographic Information System)

49 2개 이상의 실측값을 이용하여 그 사이에 있는 임의의 위치에 있는 지점의 값을 추정하는 방법으로, 표고점을 이용한 등고선의 구축이나 몇 개 지점의 온도자료를 이용한 대상지 전체 온도 지도 작성 등에 활용되는 공간정보 분석 방법은?

① 보간법　　② 버퍼링
③ 중력모델　④ 일반화

50 다음 중 수치표고자료의 유형이 아닌 것은?

① DEM　　② DIME
③ DTED　④ TIN

51 네트워크 RTK 위치결정 방식으로 현재 국토지리정보원에서 운영 중인 시스템 중 하나인 것은?

① TEC(Total Electron Content)
② DGPS(Differential GPS)
③ VRS(Virtual Reference Station)
④ PPP(Precise Point Positioning)

52 자료의 수집 및 취득 시 지리정보시스템(GIS)을 이용함으로써 기대할 수 있는 효과에 대한 설명으로 거리가 먼 것은?

① 투자 및 조사의 중복을 최소화할 수 있다.
② 분업과 합작을 통하여 자료의 수치화 작업을 용이하게 해준다.
③ 상호 간의 자료 공유와 유통이 제한적이므로 보안성이 향상된다.
④ 자료기반(Database)과 전산망 체계를 통하여 자료를 더욱 간편하게 사용하게 한다.

53 부울논리(Boolean Logic)를 이용하여 속성과 공간적 특성에 대한 자료 검색(검게 채색된 부분)을 위한 방법은?

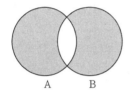

① A AND B
② A XOR B
③ A NOT B
④ A OR B

54 위성의 배치에 따른 정확도의 영향인 DOP에 대한 설명으로 틀린 것은?

① PDOP : 위치 정밀도 저하율
② HDOP : 수평위치 정밀도 저하율
③ VDOP : 수직위치 정밀도 저하율
④ TDOP : 기하학적 정밀도 저하율

55 2차원 쿼드트리(Quadtree)에서 B의 면적은?(단, 최하단에서 하나의 셀 면적을 2로 가정한다.)

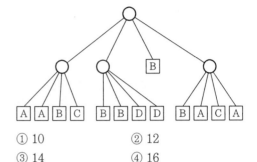

① 10
② 12
③ 14
④ 16

56 근접성 분석을 위하여 지정된 요소들 주위에 일정한 폴리곤 구역을 생성해 주는 것은?

① 중첩
② 버퍼링
③ 지도 연산
④ 네트워크 분석

57 공간분석에 대한 설명으로 옳지 않은 것은?

① 지리적 현상을 설명하기 위하여 조사하고 질의하고 검사하고 실험하는 것이다.
② 속성을 표현하기 위한 탐색적 시각 도구로는 박스플롯, 히스토그램, 산포도, 파이차트 등이 있다.
③ 중첩분석은 새로운 공간적 경계들을 구성하기 위해서 두 개나 그 이상의 공간적 정보를 통합하는 과정이다.
④ 공간분석에서 통계적 기법은 속성에만 적용된다.

58 GNSS의 활용 분야와 가장 거리가 먼 것은?

① 실내 3차원 모델링
② 기준점 측량
③ 구조물 변위 모니터링
④ 지형공간정보 획득 및 시설물 유지 관리

59 지리정보시스템(GIS) 구축을 위한 [보기]의 과정을 순서대로 바르게 나열한 것은?

[보기]
㉠ 자료수집 및 입력 ㉡ 질의 및 분석
㉢ 전처리   ㉣ 데이터베이스 구축
㉤ 결과물 작성

① ㉢-㉠-㉣-㉡-㉤
② ㉠-㉢-㉣-㉤-㉡
③ ㉠-㉢-㉣-㉡-㉤
④ ㉢-㉣-㉠-㉡-㉤

60 수치지도의 축척에 관한 설명 중 옳지 않은 것은?

① 축척에 따라 자료의 위치정확도가 다르다.
② 축척에 따라 표현되는 정보의 양이 다르다.
③ 소축척을 대축척으로 일반화(Generalization)시킬 수 있다.
④ 축척 1:5,000 종이지도로 축척 1:1,000 수치지도 정확도 구현이 불가능하다.

Subject 04 측량학

61 타원체의 적도반지름(장축)이 약 6,378.137 km이고, 편평률은 약 1/298.2570이라면 극반지름(단축)과 적도반지름의 차이는?

① 11.38km   ② 21.38km
③ 84km   ④ 298.257km

62 100m²인 정사각형의 토지를 0.2m²까지 정확히 구하기 위하여 요구되는 한 변의 길이는 최대 어느 정도까지 정확하게 관측하여야 하는가?

① 4mm   ② 5mm
③ 10mm   ④ 12mm

63 A, B 삼각점의 평면직각좌표가 $A(-350.139, 201.326)$, $B(310.485, -110.875)$일 때 측선 $\overline{BA}$의 방위각은?(단, 단위는 m이다.)

① 25°17′41″   ② 154°42′19″
③ 208°17′41″   ④ 334°42′19″

64 등고선의 종류에 대한 설명 중 옳은 것은?

① 등고선의 간격은 계곡선 → 주곡선 → 조곡선 → 간곡선 순으로 좁아진다.
② 간곡선은 일점쇄선으로 표시한다.
③ 계곡선은 조곡선 5개마다 1개씩 표시한다.
④ 일반적으로 등고선의 간격이란 주곡선의 간격을 의미한다.

65 그림과 같이 A, B, C 3개 수준점에서 직접수준측량에 의해 P점을 관측한 결과가 다음과 같을 때, P점의 최확값은?

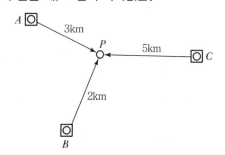

• $A \rightarrow P$: 54.25m   • $B \rightarrow P$: 54.08m
• $C \rightarrow P$: 54.18m

① 54.15m   ② 54.14m
③ 54.13m   ④ 54.12m

66 그림에서 측선 $\overline{CD}$의 거리는?

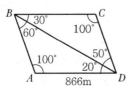

① 500m   ② 550m
③ 600m   ④ 650m

67 1회 관측에서 ±3mm의 우연오차가 발생하였을 때 20회 관측 시의 우연오차는?

① ±1.34mm   ② ±13.4mm
③ ±47.3mm   ④ ±134mm

68 각 측량의 오차 중 망원경을 정위, 반위로 측정하여 평균값을 취함으로써 처리할 수 없는 것은?

① 시준축과 수평축이 직교하지 않는 경우
② 수평축이 연직축에 직교하지 않는 경우
③ 연직축이 정확히 연직선에 있지 않는 경우
④ 회전축에 대하여 망원경의 위치가 편심되어 있는 경우

69 수준측량의 주의사항에 대한 설명 중 옳지 않은 것은?

① 레벨은 가능한 두 점 사이의 중간에 거리가 같도록 세운다.
② 표척을 전후로 기울여 관측할 때에는 최소 읽음값을 취하여야 한다.
③ 수준점측량을 위한 관측은 왕복관측한다.
④ 수준점 간의 편도관측의 측점 수는 홀수로 한다.

70 삼변측량에 관한 설명으로 옳지 않은 것은?

① 삼변측량은 삼각측량에 비하여 관측할 거리의 크기와 필요로 하는 정밀도에 관계없이 경제적인 측량방법이다.

② 변의 길이만을 관측하여 삼각망(삼변측량)을 구성할 수 있다.
③ 수평각을 대신하여 삼각형의 변의 길이를 직접 관측하여 삼각점의 위치를 결정하는 측량이다.
④ 관측요소가 변의 길이뿐이므로 수학적 계산으로 변으로부터 각을 구하고 이 각과 변에 의해 수평위치를 구한다.

71 그림과 같은 개방트래버스에서 $\overline{DE}$의 방위는?

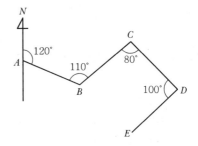

① N52°E   ② S50°W
③ N34°W   ④ S30°E

72 축척 1 : 10,000 지형도상에서 균일 경사면상에 40m와 50m 등고선 사이의 P점에서 40m와 50m 등고선까지의 최단거리가 각각 도상에서 5mm, 15mm일 때, P점의 표고는?

① 42.5m   ② 43.5m
③ 45.5m   ④ 47.5m

73 A점은 20m의 등고선상에 있고, B점은 30m 등고선상에 있다. 이때 $\overline{AB}$의 경사가 20%이면 $\overline{AB}$의 수평거리는?

① 25m   ② 35m
③ 50m   ④ 65m

74 1눈금이 2mm이고 감도가 30″인 레벨로서 거리 100m 지점의 표척을 읽었더니 1.633m 이었다. 그런데 표척을 읽을 때 기포가 2눈금 뒤로 가 있었다면 올바른 표척의 읽음값은? (단, 표척은 연직으로 세웠음)

① 1.633m
② 1.662m
③ 1.923m
④ 1.544m

75 측량업을 폐업한 경우에 측량업자는 그 사유 가 발생한 날로부터 최대 며칠 이내에 신고하 여야 하는가?

① 10일
② 15일
③ 20일
④ 30일

76 공공측량의 정의에 대한 설명 중 아래의 "각 호의 측량"에 대한 기준으로 옳지 않은 것은?

「대통령령으로 정하는 측량」이란 다음 각 호 의 측량 중 국토교통부장관이 지정하여 고시하 는 측량을 말한다.

① 측량실시지역의 면적이 1제곱킬로미터 이상 인 기준점측량, 지형측량 및 평면측량
② 촬영지역의 면적이 10제곱킬로미터 이상인 측량용 사진의 촬영
③ 국토교통부장관이 발행하는 지도의 축척과 같은 축척의 지도 제작
④ 인공위성 등에서 취득한 영상정보에 좌표를 부여하기 위한 2차원 또는 3차원의 좌표측량

77 측량기록의 정의로 옳은 것은?

① 당해 측량에서 얻은 최종결과
② 측량계획과 실시결과에 관한 공문 기록
③ 측량을 끝내고 내업에서 얻은 최종결과의 심 사 기록
④ 측량성과를 얻을 때까지의 측량에 관한 작업 의 기록

78 기본측량의 실시공고에 포함하여야 할 사항 이 아닌 것은?

① 측량의 종류
② 측량의 목적
③ 측량의 실시지역
④ 측량의 성과 보관 장소

79 2년 이하의 징역 또는 2천만 원 이하의 벌금 에 해당하는 경우는?

① 성능검사를 부정하게 한 성능검사대행자
② 무단으로 측량성과 또는 측량기록을 복제한 자
③ 심사를 받지 아니하고 지도 등을 간행하여 판 매하거나 배포한 자
④ 측량기술자가 아님에도 불구하고 측량을 한 자

80 공공측량성과 심사 시 측량성과 심사수탁기 관이 심사결과의 통지기간을 10일의 범위에 서 연장할 수 있는 경우로 옳지 않은 것은?

① 지상현황측량, 수치지도 및 수치표고자료 등 의 성과심사량이 면적 10제곱킬로미터 이상 일 때
② 성과심사 대상지역의 기상악화 및 천재지변 등으로 심사가 곤란할 때
③ 성과심사 대상지역의 측량성과가 오차가 많 을 때
④ 지하시설물도 및 수심측량의 심사량이 200 킬로미터 이상일 때

정답

01	02	03	04	05	06	07	08	09	10
③	④	③	②	①	①	④	③	③	④
11	12	13	14	15	16	17	18	19	20
①	②	③	②	①	③	④	②	③	②
21	22	23	24	25	26	27	28	29	30
③	②	④	③	①	③	①	②	②	④
31	32	33	34	35	36	37	38	39	40
①	②	④	③	②	③	②	②	②	②
41	42	43	44	45	46	47	48	49	50
②	④	④	④	③	②	①	③	①	②
51	52	53	54	55	56	57	58	59	60
③	②	③	④	②	④	③	③	②	③
61	62	63	64	65	66	67	68	69	70
②	③	②	④	①	①	②	③	④	①
71	72	73	74	75	76	77	78	79	80
②	①	③	②	④	②	④	④	①	③

해설

01

$Q = A \cdot V_m \rightarrow$

$$140 = (10 \times H \times 2.0) + \left\{ \frac{5 + (5 + H \times 2)}{2} \times H \times 1.0 \right\} \times 2$$

$$\therefore H = 3.74\,\mathrm{m}$$

02

지하시설물 탐사작업의 순서
- 작업계획 수립
- 자료의 수집 및 편집
- 지표면상에 노출된 지하시설물의 조사
- 관로조사 등 지하시설물에 대한 탐사
- 지하시설물 원도의 작성
- 작업조서의 작성

03

비행장의 입지 선정 요소
주변지역 개발 형태, 기후, 접근성, 장애물, 지원시설 기타 주변 여건

04

$$\overline{AD} = \overline{AB} \sqrt{\frac{m}{m+n}} = 50 \sqrt{\frac{2}{3+2}} = 31.62\,\mathrm{m}$$

05

$$M_3 = R \cdot \left(1 - \cos \frac{I}{8} \right)$$

$$= 190 \times \left(1 - \cos \frac{50°}{8} \right)$$

$$= 1.13\,\mathrm{m}$$

06

- 1점법(V_1) $= V_{0.6} = 0.50\,\mathrm{m/sec}$

- 2점법(V_2) $= \dfrac{1}{2}(V_{0.2} + V_{0.8})$

$$= \frac{1}{2}(0.52 + 0.48)$$

$$= 0.50\,\mathrm{m/sec}$$

- 3점법(V_3) $= \dfrac{1}{4}(V_{0.2} + 2V_{0.6} + V_{0.8})$

$$= \frac{1}{4}\{0.52 + (2 \times 0.5) + 0.48\}$$

$$= 0.50\,\mathrm{m/sec}$$

$$\therefore V_1 = V_2 = V_3$$

07

클로소이드 곡선은 곡률$\left(\dfrac{1}{R}\right)$이 곡선장에 비례하는 곡선이다.

08

교점의 위치에 장애물이 있어서 시준이 불가능할 경우에는 적정한 위치에 시통선 및 트래버스를 설치하면 원곡선 설치가 가능하다.

09

$$\frac{dA}{A} = 2 \cdot \frac{dl}{l} \rightarrow \frac{0.4}{400} = 2 \times \frac{dl}{20}$$

$$\therefore dl = 0.01\,\text{m} = 1.0\,\text{cm}$$

10

공사측량
- 시공관리측량 : 기준점, 중심선, 인조점 확인 및 복원
- 시공측량 : 규준틀 설치 측량 및 구조물 측설
- 준공측량

11

교각$(I) = \alpha + \beta$
$\qquad = 36°14'20'' + 42°26'40''$
$\qquad = 78°41'00''$

$$\therefore T.L(\text{접선길이}) = R \cdot \tan\frac{I}{2}$$
$$= 224 \times \tan\frac{78°41'00''}{2}$$
$$= 183.614\,\text{m}$$

12

해저지층탐사
해상용 지층탐사기를 이용하여 해저면 하부의 지층 등에 대한 정보를 획득하는 조사 작업을 말한다.

13

$H_B = 11.0 - 2.0 + 1.5 - 1.8 + 1.0$
$\qquad = 9.7\,\text{m}$

14

$$\Delta H = b + (s \cdot \sin\alpha) - a \rightarrow \sin\alpha = \frac{\Delta H - b + a}{s}$$

$$\therefore \alpha = \sin^{-1}\frac{\Delta H - b + a}{s}$$
$$= \sin^{-1}\frac{40.25 - 1.85 + 1.25}{100.5}$$
$$= 23°14'11''$$

15

양단면평균법 적용
$$V = \left(\frac{30+45}{2} \times 20\right) + \left(\frac{45+20}{2} \times 20\right) + \left(\frac{20+43}{2} \times 15\right)$$
$$= 1,873\,\text{m}^3$$

16

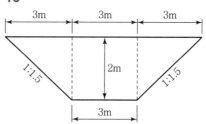

$$A = \left(\frac{3+3+3+3}{2}\right) \times 2 = 12\,\text{m}^2$$

$$\therefore Q = A \cdot V_m = 12 \times 2 = 24\,\text{m}^3/\text{sec}$$

17

$C.L(\text{곡선길이}) = 0.0174533 \cdot R \cdot I°$
$\qquad = 0.0174533 \times 286.45 \times 76°24'28''$
$\qquad = 382.00\,\text{m}$

18

$$V = \frac{h}{3}\{A_0 + A_4 + 4(A_1 + A_3) + 2(A_2)\}$$
$$= \frac{10}{3}\{100 + 800 + 4(150 + 450) + 2(300)\}$$
$$= 13,000\,\text{m}^3$$

19

$$i = \frac{H}{D} \times 100(\%) = \frac{0.8}{800} \times 100(\%) = \frac{1}{1,000}$$

20

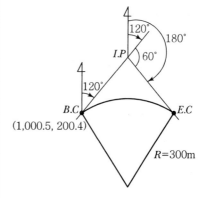

- $T.L(\text{접선장}) = R \cdot \tan\dfrac{I}{2} = 300 \times \tan\dfrac{60°}{2}$
$\qquad = 173.205\,\text{m}$

• $I.P$ 좌표

$$X_{I.P} = X_{B.C} + (T.L \cdot \cos \alpha_1)$$
$$= 1,000.500 + (173.205 \times \cos 120°)$$
$$= 913.897\,\text{m}$$
$$Y_{I.P} = Y_{B.C} + (T.L \cdot \sin \alpha_1)$$
$$= 200.400 + (173.205 \times \sin 120°)$$
$$= 350.400\,\text{m}$$

• $E.C$ 좌표

$$X_{E.C} = X_{I.P} + (T.L \cdot \cos \alpha_2)$$
$$= 913.897 + (173.205 \times \cos 180°)$$
$$= 740.692\,\text{m}$$
$$Y_{E.C} = Y_{I.P} + (T.L \cdot \sin \alpha_2)$$
$$= 350.400 + (173.205 \times \sin 180°)$$
$$= 350.400\,\text{m}$$

∴ 원곡선 종점의 좌표$(X,\ Y)$
$= (740.692\text{m},\ 350.400\text{m})$

21

센서(Sensor)
• 수동적 센서 : 대상물에서 방사되는 전자기파 수집
  ex) 광학사진기
• 능동적 센서 : 대상물에 전자기파를 발사한 후 반사되는 전자기파 수집
  ex) Laser, Radar

22

사진축척$(M) = \dfrac{1}{m} = \dfrac{f}{H} = \dfrac{0.21}{2,000} = \dfrac{1}{9,524}$

∴ 실제면적$(A) = (ma)^2$
$$= (9,524 \times 0.21)^2$$
$$= 4,000,160\text{m}^2 = 4.0\text{km}^2$$

23

사진의 축척을 결정하는 데 지방적 특색과 기상관계는 무관하다.

24

LiDAR(Light Detection And Ranging)
GNSS, INS, 레이저스캐너를 항공기에 장착하여 레이저펄스를 지표면에 주사하고 반사된 레이저펄스의 도달시간 및 강도를 측정함으로써 반사지점의 3차원 위치좌표 및 지표면에 대한 정보를 추출하는 측량기법이다.

25

4차원 측량은 시간별로 촬영이 가능하다는 의미이므로 ③은 4차원 측량과 관계가 멀다.

26

표정의 종류
• 내부표정
• 외부표정 : 상호표정, 접합표정, 절대표정

27

• 사진축척$(M) = \dfrac{1}{m} = \dfrac{f}{H} \rightarrow$
$$H = m \cdot f = 20,000 \times 0.153 = 3,060\text{m}$$
• $r_{\max} = \dfrac{\sqrt{2}}{2} \cdot a = \dfrac{\sqrt{2}}{2} \times 0.23 = 16.26\text{cm} = 0.1626\text{m}$

∴ 최대 기복변위$(\Delta r_{\max}) = \dfrac{h}{H} \cdot r_{\max}$
$$= \dfrac{35}{3,060} \times 0.1626$$
$$= 0.00186\text{m} = 0.186\text{cm}$$

28

공간해상도 숫자가 적을수록 공간해상도가 높고, 밴드 수가 많을수록 분광해상도가 높다.

29

영상강조(Image Enhancement)는 특징 추출과 영상판독에 도움이 되기 위해, 원영상의 명암을 강조하고 색상을 입히거나 경계선을 강조하며 밝기를 조절함으로써 시각적으로 향상시키는 것을 말한다.

30

엄밀수직사진에서 주점, 연직점, 등각점은 일치한다.

31

한 쌍의 항공사진을 입체시하는 경우 같은 축척의 실제모형을 보는 것보다 상이 약간 높게 보이는데, 이는 평면축척에 비하여 수직축척이 크게 되기 때문에 실제보다 높이 차가 커 보인다.

32

SPOT 위성
지구관측위성으로서 프랑스, 벨기에, 스웨덴이 공동으로 개발한 상업용 위성이며, HRV 센서 2대가 탑재되어 같은 지역을 다른 방향(경사관측)에서 촬영함으로써 입체시할 수 있는 영상획득과 지형도 제작이 가능하다.

33

기하학적 보정
• 지표의 기복에 의한 오차 제거
• 센서의 기하학적 특성에 의한 오차 제거
• 플랫폼의 자세에 의한 오차 제거

34

항공기의 고도가 계획촬영 고도의 5% 이상 벗어날 때 재촬영하여 야 한다.

※ 항공사진측량 작업 및 성과에 관한 규정 제25조(2022.8.17.)

35

사진축척(M) $= \dfrac{1}{m} = \dfrac{f}{H} = \dfrac{0.15}{3,000} = \dfrac{1}{20,000}$

36

HRV 센서는 프랑스 지구자원탐사 위성인 SPOT에 탑재되어 있다.

37

주점기선길이 $b_0 = a(1-p) = 0.23(1-0.60) = 0.092$m

∴ 두 점 간의 높이 차(h)

$= \dfrac{H}{b_0} \cdot \varDelta p = \dfrac{2,000}{0.092} \times 0.0015 = 32.6$m

38

편위수정
- 사진의 경사와 축척을 통일시키고 변위가 없는 연직사진으로 수정하는 작업을 말하며, 일반적으로 3~4개의 표정점이 필요하다.
- 편위수정 조건 : 기하학적 조건, 광학적 조건, 샤임플러그 조건

39

내부표정은 내부표정요소인 주점의 위치와 초점거리를 조정하여 상좌표로부터 사진좌표를 구하는 작업이다.

40

영상정합의 방법
- 영역기준 정합
- 형상기준 정합
- 관계형 정합

41

디지타이징은 작업자의 숙련도가 작업의 효율성에 큰 영향을 준다.

42

벡터모델의 기본요소는 점, 선, 면이다.

43

$\lambda = \dfrac{c}{f}$ (λ : 파장, c : 광속, f : 주파수)에서

MHz를 Hz 단위로 환산하여 계산하면, ($1\text{MHz} = 10^6\text{Hz}$)

$\lambda = \dfrac{299,792,458}{1,575.42 \times 10^6} = 0.190293672$m

∴ L_1 신호의 200,000 파장거리

$= 200,000 \times 0.190293672 = 38,058.734\,$m

44

메타데이터(Metadata)

실제 데이터는 아니지만 데이터베이스, 레이어, 속성, 공간형상 등과 관련된 데이터의 내용, 품질, 조건 및 특징 등을 저장한 데이터로서 데이터에 관한 데이터의 이력을 말한다.

45

위상은 점, 선, 면 각각에 대하여 위상테이블에 나누어 기록되는데 선은 각 선의 시작점과 종료점을 기록한다.
- 선 L2의 시작점은 n1, 종료점은 n3
- 선 L3의 시작점은 n3, 종료점은 n1
- 선 L4의 시작점은 n2, 종료점은 n2

∴ ㉠ : n1, ㉡ : n2

46

- 벡터 자료 형태 : GPS 측량결과, 수치지도
- 래스터 자료 형태 : 항공사진, 위성영상

47

PRN(Pseudo Random Noise) Code

GPS 위성에서는 C/A코드와 P코드로 PRN을 전송하며, GPS 수신기는 PRN 위성을 식별하여 거리계산체계에 사용한다.

48

경영정보체계는 GIS의 직접적인 활용과 거리가 멀다.

49

보간법

주변부의 이미 관측된 값으로부터 관측되지 않은 점에 대한 속성값을 예측하거나 표본 추출 영역 내의 특정 지점값을 추정하는 기법이다.

50

수치표고자료의 유형
- DEM : 식생과 인공지물을 포함하지 않는 지형만의 표고값을 표현
- DTM : 지표면의 표고값뿐만 아니라 지표의 다른 속성까지 포함하여 지형을 표현
- DSM(DTED) : 지표면의 표고값뿐만 아니라 인공지물(건물 등)과 지형·지물(식생 등)의 표고값을 표현
- TIN : 지형을 불규칙한 삼각형의 망으로 표현
- 등고선
- ※ DIME : 미국 통계국에서 가로망과 관련된 자료를 기록하기 위해 사용한 수치자료 포맷

51

VRS(Virtual Reference Station)
VRS 방식은 가상기준점방식의 새로운 실시간 GNSS 측량법으로서 기지국 GNSS를 설치하지 않고 이동국 GNSS만을 이용하여 VRS 서비스센터에서 제공하는 위치보정 데이터를 휴대전화로 수신함으로써 RTK 또는 DGNSS 측량을 수행할 수 있는 첨단 기법이다.

52

지리정보시스템을 이용함으로써 상호 간의 자료공유가 원활하고 자료입수가 용이하므로 보안성은 낮아진다.

53

A XOR B

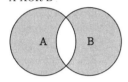

54

DOP의 종류
- GDOP : 기하학적 정밀도 저하율
- PDOP : 위치정밀도 저하율(3차원 위치)
- HDOP : 수평정밀도 저하율(수평위치)
- VDOP : 수직정밀도 저하율(높이)
- RDOP : 상대정밀도 저하율
- TDOP : 시간정밀도 저하율

55

분할된 구역에 따라 B의 면적을 산정하면
- 세 번째 단 B : 4개×2(단위면적)=8

  | B | | B | B | | | B |

- 두 번째 단 B : 1개×8(단위면적의 4배)=8

B	B
B	B

∴ B 면적의 합계 : $8+8=16$

56

버퍼 분석
GIS 연산에 의해 점·선 또는 면에서 일정 거리 안의 지역을 둘러싸는 폴리곤 구역을 생성하는 기법

57

공간분석에서 통계적 기법은 주로 속성자료를 이용하여 수행되는 기법으로 속성자료와 연결되어 있는 도형 자료의 추출에 적용되기도 한다.

58

GPS는 현재 실내 및 지하 관측이 어려우므로 실내 3차원 모델링에는 그 활용도가 낮다.

59

지리정보시스템(GIS) 구축과정 순서
자료수집 → 자료입력 → 자료처리 → 자료조작 및 분석 → 출력

60

일반화(Generalization)
공간데이터를 처리할 때 세밀한 항목을 줄이는 과정으로 큰 공간에서 다시 추출하거나 선에서 점을 줄이는 것을 말한다.
※ 지도의 일반화는 대축척에서 소축척으로만 가능하다.

61

$$편평률 = \frac{1}{298.257} = \frac{a-b}{a} = \frac{6,378.137-b}{6,378.137} \rightarrow$$
$$b = 6,356.757 \, \text{km}$$

∴ 적도의 반지름과 극반지름의 차
$$= a - b = 6,378.137 - 6,356.757 = 21.38 \, \text{km}$$

62

$$\frac{dA}{A} = 2 \cdot \frac{dl}{l} \rightarrow \frac{0.2}{100} = 2 \times \frac{dl}{10}$$
$$\therefore dl = 0.01 \, \text{m} = 1 \, \text{cm} = 10 \, \text{mm}$$

63

$$\tan\theta = \frac{Y_A - Y_B}{X_A - X_B} \rightarrow$$
$$\theta = \tan^{-1} \frac{Y_A - Y_B}{X_A - X_B}$$
$$= \tan^{-1} \frac{201.326 - (-110.875)}{-350.139 - 310.485}$$
$$= 25°17'41'' \, (2상한)$$

∴ $\overline{BA}$ 방위각 $= 180° - 25°17'41'' = 154°42'19''$

64

주곡선은 등고선의 기본곡선이므로 등고선의 간격은 주곡선의 간격을 의미한다.

65

$$W_1 : W_2 : W_3 = \frac{1}{S_1} : \frac{1}{S_2} : \frac{1}{S_3}$$
$$= \frac{1}{3} : \frac{1}{2} : \frac{1}{5}$$
$$= 3.33 : 5 : 2$$

∴ **최확값**(H_P)

$$= \frac{W_1 h_1 + W_2 h_2 + W_3 h_3}{W_1 + W_2 + W_3}$$
$$= 54 + \frac{(3.33 \times 0.25) + (5 \times 0.08) + (2 \times 0.18)}{3.33 + 5 + 2}$$
$$= 54.15\,\mathrm{m}$$

66

- $\dfrac{\overline{BD}}{\sin100°} = \dfrac{866}{\sin100°} \rightarrow \overline{BD} = \dfrac{\sin100°}{\sin60°} \times 866 = 985\,\mathrm{m}$

- $\dfrac{\overline{CD}}{\sin30°} = \dfrac{985}{\sin100°}$

∴ $\overline{CD} = \dfrac{\sin30°}{\sin100°} \times 985 = 500\,\mathrm{m}$

67

$$M = \pm m\sqrt{n} = \pm 3\,\mathrm{mm}\sqrt{20} = \pm 13.4\,\mathrm{mm}$$

68

연직축이 정확히 연직선에 있지 않기 때문에 생기는 연직축오차
는 망원경을 정·반위로 관측하여도 소거가 불가능하다.

69

수준점 간 편도관측의 측점 수는 짝수로 해야 표척 불량에 의한 오
차가 소거 가능하다.

70

삼변측량은 관측값에 비하여 조건식이 적은 것이 단점이나 일점에
대하여 복수변 길이를 연속 관측하여 조건수식의 수를 늘리고 기
상보정을 하여 정확도를 높이고 있으나 삼각측량에 비하여 경제적
인 방법이라 할 수는 없다.

71

- $\overline{AB}$ 방위각 $= 120°$
- $\overline{DE}$ 방위각 $= \overline{CD}$ 방위각 $+180°-$ 그 측선의 사잇각
  $$= 150° + 180° - 100° = 230°$$

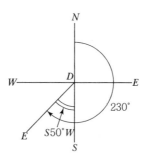

$\overline{DE}$ 방위각은 3상한에 위치해 있으므로

∴ $\overline{DE}$ 방위 $= 230° - 180° = 50°(\mathrm{S}\,50°\,\mathrm{W})$

72

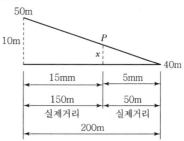

$$200 : 10 = 50 : x \rightarrow x = 2.5\,\mathrm{m}$$

∴ $H_P = 40 + 2.5 = 42.5\,\mathrm{m}$

73

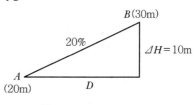

$$i(\%) = \frac{H}{D} \rightarrow \frac{20}{100} = \frac{10}{D}$$

∴ $D = \dfrac{10}{20} \times 100 = 50\,\mathrm{m}$

74

$$\alpha'' = \frac{(h_2 - h_1)}{n \cdot D} \cdot \rho''$$

∴ $h_2 = \dfrac{(\alpha'' \cdot n \cdot D) + (h_1 \cdot \rho'')}{\rho''}$

$$= \frac{(30'' \times 2 \times 100) + (1.633 \times 206,265'')}{206,265''}$$
$$= 1.662\,\mathrm{m}$$

75

공간정보의 구축 및 관리 등에 관한 법률 제48조(측량업의 휴업·폐업 등 신고)

다음 각 호의 어느 하나에 해당하는 자는 국토교통부령 또는 해양수산부령으로 정하는 바에 따라 국토교통부장관, 해양수산부장관 또는 시·도지사에게 해당 각 호의 사실이 발생한 날부터 30일 이내에 그 사실을 신고하여야 한다.

1. 측량업자인 법인이 파산 또는 합병 외의 사유로 해산한 경우 : 해당 법인의 청산인
2. 측량업자가 폐업한 경우 : 폐업한 측량업자
3. 측량업자가 30일을 넘는 기간 동안 휴업하거나, 휴업 후 업무를 재개한 경우 : 해당 측량업자

76

공간정보의 구축 및 관리 등에 관한 법률 시행령 제3조(공공측량)

국토교통부장관이 지정하여 고시하는 공공측량은 다음과 같다.

1. 측량실지역의 면적이 1제곱킬로미터 이상인 기준점측량, 지형측량 및 평면측량
2. 측량노선의 길이가 10킬로미터 이상인 기준점측량
3. 국토교통부장관이 발행하는 지도의 축척과 같은 축척의 지도 제작
4. 촬영지역의 면적이 1제곱킬로미터 이상인 측량용 사진의 촬영
5. 지하시설물 측량
6. 인공위성 등에서 취득한 영상정보에 좌표를 부여하기 위한 2차원 또는 3차원의 좌표측량
7. 그 밖에 공공의 이해에 특히 관계가 있다고 인정되는 사설철도 부설, 간척 및 매립사업 등에 수반되는 측량

77

공간정보의 구축 및 관리 등에 관한 법률 제2조(정의)

측량기록이란 측량성과를 얻을 때까지의 측량에 관한 작업의 기록을 말한다.

78

공간정보의 구축 및 관리 등에 관한 법률 시행령 제12조(측량의 실시공고)

기본측량의 실시공고에는 다음의 사항이 포함되어야 한다.

1. 측량의 종류
2. 측량의 목적
3. 측량의 실시기간
4. 측량의 실시지역
5. 그 밖에 측량의 실시에 관하여 필요한 사항

79

공간정보의 구축 및 관리 등에 관한 법률 제108조(벌칙)

다음 각 호의 어느 하나에 해당하는 자는 2년 이하의 징역 또는 2천만 원 이하의 벌금에 처한다.

1. 측량기준점표지를 이전 또는 파손하거나 그 효용을 해치는 행위를 한 자
2. 고의로 측량성과를 사실과 다르게 한 자
3. 측량성과를 국외로 반출한 자
4. 측량업의 등록을 하지 아니하거나 거짓이나 그 밖의 부정한 방법으로 측량업의 등록을 하고 측량업을 한 자
5. 삭제〈2020. 2. 18.〉
6. 성능검사를 부정하게 한 성능검사대행자
7. 성능검사대행자의 등록을 하지 아니하거나 거짓이나 그 밖의 부정한 방법으로 성능검사대행자의 등록을 하고 성능검사업무를 한 자

80

공간정보의 구축 및 관리 등에 관한 법률 시행규칙 제22조(공공측량성과의 심사)

측량성과 심사수탁기관은 성과심사나 신청을 받은 때에는 접수일로부터 20일 이내에 심사를 하고 서식의 공공측량성과 심사결과서를 작성하여 국토지리정보원장 및 심사신청인에게 통지하여야 한다. 다만, 다음의 경우 심사결과의 통지기간을 10일의 범위에서 연장할 수 있다.

1. 성과심사 대상지역의 기상악화 및 천재지변 등으로 심사가 곤란할 때
2. 지상현황측량, 수치지도 및 수치표고자료 등의 성과심사량이 면적 10제곱킬로미터 이상 또는 노선길이 600킬로미터 이상일 때
3. 지하시설물도 및 수심측량의 심사량이 200킬로미터 이상일 때

본 모의고사는 측량 및 지형공간정보산업기사 수험생의 필기시험 대비를 목적으로 작성된 것임을 알려드립니다.

Subject 01 응용측량

01 댐의 저수용량 계산에 주로 사용되는 체적 계산방법은?

① 점고법　　　　② 등고선법
③ 단면법　　　　④ 절선법

02 누가토량을 곡선으로 표시한 것을 유토곡선(Mass Curve)이라고 한다. "유토곡선에서 하향구간은 (A) 구간이고 상향구간은 (B) 구간을 나타낸다."에서 (A), (B)가 알맞게 짝지어진 것은?

① A : 성토, B : 절토
② A : 절토, B : 성토
③ A : 성토와 절토의 균형, B : 절토
④ A : 성토와 절토의 교차, B : 성토

03 교각이 60°인 단곡선 설치에서 외할(E)이 20m일 때 곡선반지름(R)은?

① 112.28m　　　② 129.28m
③ 132.56m　　　④ 168.35m

04 수로측량에서 수심, 안벽측심, 해안선 등 원도 작성에 필요한 일체의 자료를 일정한 도식에 따라 작성한 도면을 무엇이라고 하는가?

① 해양측도　　　② 측량원도
③ 측심도　　　　④ 해류도

05 클로소이드 곡선의 성질에 대한 설명으로 옳지 않은 것은?(단, R : 곡선의 반지름, L : 곡선 길이, A : 매개변수)

① 클로소이드 요소는 모두 길이 단위를 갖는다.
② $R \cdot L = A^2$은 클로소이드의 기본식이다.
③ 클로소이드는 나선의 일종이다.
④ 모든 클로소이드는 닮은꼴이다.

06 경사터널에서 경사가 60°, 사거리가 50m이고, 수평각을 관측할 때 시준선에 직각으로 5mm의 시준오차가 생겼다면 이 시준오차가 수평각에 미치는 오차는?

① 25″　　　　　② 30″
③ 35″　　　　　④ 41″

07 단곡선 설치에서 곡선반지름이 100m일 때 곡선길이를 87.267m로 하기 위한 교각의 크기는?

① 80°　　　　　② 52°
③ 50°　　　　　④ 48°

08 축척 1 : 500의 지형도에서 세 변의 길이가 각각 20.5cm, 32.4cm, 28.5cm이었다면 실제면적은?

① 288.5cm²　　② 866.6m²
③ 1,443.5cm²　④ 7,213.3m²

09 철도 곡선부의 캔트량을 계산할 때 필요 없는
요소는?

① 궤간　　　　　② 속도
③ 교각　　　　　④ 곡선의 반지름

—

10 터널 내에서 차량 등에 의하여 파괴되지 않도
록 견고하게 만든 기준점을 무엇이라 하는가?

① 시표(Target)　　② 자이로(Gyro)
③ 갱도(坑道)　　　④ 다보(Dowel)

11 하천에서 부자를 이용하여 유속을 측정하고자
할 때 유하거리는 보통 얼마 정도로 하는가?

① 100~200m
② 500~1,000m
③ 1~2km
④ 하폭의 5배 이상

12 그림과 같은 단곡선에서 다음과 같은 측량 결
과를 얻었다. 곡선반지름(R)＝50m, α =
41°40′00″, ∠ADB＝∠DAO＝90°일 때 $\overline{AD}$
의 거리는?

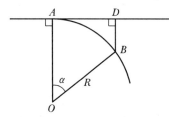

① 33.24m　　　　② 35.43m
③ 37.35m　　　　④ 44.50m

13 어느 지역의 토공량을 구하기 위해 사각형 격자
의 교점에 대하여 수준측량을 하여 얻은 절토고
(단위 : m)가 그림과 같을 때 절토량은?(단, 모
든 격자의 크기는 가로 5m, 세로 4m이다.)

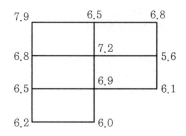

① 298.5m³　　　　② 333.3m³
③ 666.5m³　　　　④ 675.5m³

14 도로의 기점으로부터 1,000.00m 지점에 교
점($I.P$)이 있고 원곡선의 반지름 R＝100m,
교각 I＝30°20′일 때 시단현 l_f와 종단현 l_e의
길이는?(단, 중심선의 말뚝 간격은 20m로 한
다.)

① l_f＝7.11m, l_e＝5.83m
② l_f＝7.11m, l_e＝14.17m
③ l_f＝12.89m, l_e＝5.83m
④ l_f＝12.89m, l_e＝14.17m

15 지중레이더(GPR ; Ground Penetration Ra-
dar) 탐사기법은 전자파의 어떤 성질을 이용
하는가?

① 방사　　　　　② 반사
③ 흡수　　　　　④ 산란

16 해양에서 수심측량을 할 경우 음파 반사가 양
호한 판 또는 바(Bar)를 눈금이 달린 줄의 끝
에 매달아서 음향측심기의 기록지상에 이 반
사체의 반향신호를 기록하여 보정하는 것은?

① 정사 보정　　　② 방사 보정
③ 시간 보정　　　④ 음속도 보정

17 그림과 같은 사각형의 면적은?

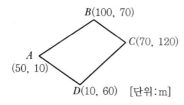

B(100, 70)
C(70, 120)
A (50, 10)
D(10, 60) [단위 : m]

① 4,850m² ② 5,550m²
③ 5,950m² ④ 6,150m²

18 클로소이드 곡선에 대한 설명으로 옳은 것은?

① 클로소이드의 모양은 하나밖에 없지만 매개변수 A를 바꾸면 크기가 다른 무수한 클로소이드를 만들 수 있다.
② 클로소이드는 길이를 연장한 모양이 목걸이 모양으로 연주곡선이라고도 한다.
③ 매개변수 $A = 100$m인 클로소이드를 축척 1 : 1,000 도면에 그리기 위해서는 $A = 100$ cm인 클로소이드를 그려 넣으면 된다.
④ 클로소이드 요소에는 길이의 단위를 가진 것과 면적의 단위를 가진 것으로 나눠진다.

19 달, 태양 등의 기조력과 기압, 바람 등에 의해서 일어나는 해수면의 주기적 승강현상을 연속 관측하는 것은?

① 수온관측 ② 해류관측
③ 음속관측 ④ 조석관측

20 하천의 수위관측소 설치 장소에 대한 설명으로 틀린 것은?

① 하안과 하상이 양호하고 세굴 및 퇴적이 없는 곳
② 상·하부가 곡선으로 이어져 유속이 최소가 되는 곳
③ 교각 등의 구조물에 의하여 수위에 영향을 받지 않는 곳
④ 지천에 의한 수위 변화가 생기지 않는 곳

Subject 02 사진측량 및 원격탐사

21 촬영비행조건에 관한 설명으로 틀린 것은?

① 촬영비행은 구름이 많은 흐린 날씨에 주로 행한다.
② 촬영비행은 태양고도가 산지에서는 30° 평지에서는 25° 이상일 때 행한다.
③ 험준한 지형에서는 영상이 잘 나타나는 태양고도의 시간에 행하여야 한다.
④ 계획촬영 코스로부터 수평이탈은 계획촬영고도의 15% 이내로 한다.

22 대공표지의 크기가 사진상에서 $30\mu m$ 이상이어야 할 때, 사진축척이 1 : 20,000이라면 대공표지의 크기는 최소 얼마 이상이어야 하는가?

① 50cm 이상 ② 60cm 이상
③ 70cm 이상 ④ 80cm 이상

23 사진크기와 촬영고도가 같을 때 초광각카메라(초점거리 88mm, 피사각 120°)에 의한 촬영면적은 광각카메라(초점거리 152mm, 피사각 90°)에 의한 촬영면적의 약 몇 배가 되는가?

① 1.5배 ② 1.7배
③ 3.0배 ④ 3.4배

24 회전주기가 일정한 위성을 이용한 원격탐사의 특성이 아닌 것은?

① 단시간 내에 넓은 지역을 동시에 측정할 수 있으며 반복측정이 가능하다.
② 관측이 좁은 시야각으로 행해지므로 얻어진 영상은 정사투영에 가깝다.
③ 탐사된 자료가 즉시 이용될 수 있으며 환경문제 해결 등에 유용하다.
④ 언제나 원하는 지점을 원하는 시기에 관측할 수 있다.

25 초점거리가 f이고, 사진의 크기가 $a \times a$인 카메라로 촬영한 항공사진이 촬영 시 경사도가 α이었다면 사진에서 주점으로부터 연직점까지의 거리는?

① $a \cdot \tan\alpha$
② $a \cdot \tan\dfrac{\alpha}{2}$
③ $f \cdot \tan\alpha$
④ $f \cdot \tan\dfrac{\alpha}{2}$

26 다음 중 가장 최근에 개발된 사진측량시스템은?

① 편위 수정기
② 기계식 도화기
③ 해석식 도화기
④ 수치 도화기

27 해석식 도화의 공선조건식에 대한 설명으로 틀린 것은?

① 지상점, 영상점, 투영중심이 동일한 직선상에 존재한다는 조건이다.
② 하나의 사진에서 충분한 지상기준점이 주어진다면 외부 표정요소를 계산할 수 있다.
③ 하나의 사진에서 내부, 상호, 절대표정요소가 주어지면 지상점이 투영된 사진상의 좌표를 계산할 수 있다.
④ 내부표정요소 및 절대표정요소를 구할 때 이용할 수 있다.

28 비행고도로 6,350m, 사진 I 의 주점기선장이 67mm 사진 II 의 주점기선장이 70mm일 때 시차차가 1.37mm인 건물의 비고는?

① 107m
② 117m
③ 127m
④ 137m

29 사진좌표계를 결정하는 데 필요하지 않은 사항은?

① 사진지표
② 좌표변환식
③ 주점의 좌표
④ 연직점의 좌표

30 사진상 사진 주점을 지나는 직선상의 A, B 두 점 간의 길이가 15cm이고, 축척 1 : 1,000 지형도에서는 18cm이었다면 사진의 축척은?

① 1 : 1,200
② 1 : 1,250
③ 1 : 1,300
④ 1 : 12,000

31 다음 중 상호표정인자가 아닌 것은?

① ω
② b_x
③ b_y
④ b_z

32 미국의 항공우주국에서 개발하여 1972년에 지구자원탐사를 목적으로 쏘아 올린 위성으로 적조의 조기발견, 대기오염의 확산 및 식물의 발육상태 등을 조사할 수 있는 것은?

① KOMPSAT
② LANDSAT
③ IKONOS
④ SPOT

33 다음 중 제작과정에서 수치표고모형(DEM)이 필요한 사진지도는?

① 정사투영사진지도
② 약조정집성사진지도
③ 반조정집성사진지도
④ 조정집성사진지도

34 초점거리 150mm, 사진크기 23cm×23cm인 항공사진기로 종중복도 70%, 횡중복도 40%로 촬영하면 기선고도비는?

① 0.46
② 0.61
③ 0.92
④ 1.07

35 물체의 분광반사특성에 대한 설명으로 옳은 것은?

① 같은 물체라도 시간과 공간에 따라 반사율이 다르게 나타난다.
② 토양은 식물이나 물에 비하여 파장에 따른 반사율의 변화가 크다.
③ 식물은 근적외선 영역에서 가시광선 영역보다 반사율이 높다.
④ 물은 식물이나 토양에 비해 반사율이 높다.

36 관성항법시스템(INS)의 구성으로 옳은 것은?

① 자이로와 가속도계
② 자이로와 도플러계
③ 중력계와 도플러계
④ 중력계와 가속도계

37 어느 지역의 영상과 동일한 지역의 지도이다. 이 자료를 이용하여 "밭"의 훈련지역(Training Field)을 선택한 결과로 적합한 것은?

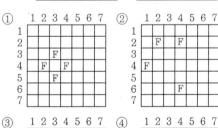

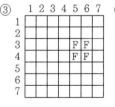
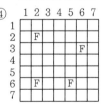

38 동서 26km, 남북 8km인 지역을 사진크기 23cm×23cm인 카메라로 종중복도 60%, 횡중복도 30%, 축척 1 : 30,000인 항공사진으로 촬영할 때, 입체모델 수는?(단, 엄밀법으로 계산하고 촬영은 동서 방향으로 한다.)

① 16   ② 18
③ 20   ④ 22

39 항공사진촬영 전 지상에 설치하는 대공표지에 대한 설명으로 옳은 것은?

① 대공표지는 사진상에 분명히 확인할 수 있어야 하며, 그 크기와 재료는 항상 동일하여야 한다.
② 대공표지는 지상에 설치하는 만큼 지표에 완전히 붙어 있어야 한다.
③ 대공표지는 기준점 주위에 설치해서는 안 되며, 사진상에서 찾기 쉽도록 광택이 나야 한다.
④ 설치장소는 천정으로부터 45° 이상의 시계를 확보할 수 있어야 한다.

40 항공사진의 중복도에 대한 설명으로 틀린 것은?

① 일반적인 종중복도는 60%이다.
② 산악이나 고층건물이 많은 시가지에서는 종중복도를 증가시킨다.
③ 일반적으로 중복도가 클수록 경제적이다.
④ 일반적인 횡중복도는 30%이다.

Subject 03 지리정보시스템(GIS) 및 위성측위시스템(GNSS)

41 지리정보시스템(GIS)의 특징이 아닌 것은?

① 자료의 합성 및 중첩에 의한 다양한 공간분석이 용이하다.
② 사용자의 요구에 맞게 새로운 지도를 제작하거나, 수정할 수 있다.
③ 대규모 자료를 데이터베이스화하여 효과적으로 관리할 수 있다.
④ 한 번 구축된 지리정보시스템의 자료는 항상성을 유지하기 위해 수정, 편집이 어렵다.

42 자료의 입력과정에서 발생하는 오류와 관계없는 것은?

① 공간정보가 불완전하거나 중복된 경우
② 공간정보의 위치가 부정확한 경우
③ 공간정보가 좌표로 표현된 경우
④ 공간정보가 왜곡된 경우

43 태양폭풍 영향으로 GNSS 위성신호의 전파에 교란을 발생시키는 대기층은?

① 전리층　　　　　② 대류권
③ 열권　　　　　　④ 권계면

44 지리정보시스템(GIS)에서 데이터 모델링의 일반적인 절차로 옳은 것은?

① 실세계 → 개념모델 → 논리모델 → 물리모델
② 실세계 → 논리모델 → 개념모델 → 물리모델
③ 실세계 → 논리모델 → 물리모델 → 개념모델
④ 실세계 → 물리모델 → 논리모델 → 개념모델

45 수치지형모형(DTM)으로부터 추출할 수 있는 정보로 거리가 먼 것은?

① 경사분석도　　　② 가시권 분석도
③ 사면방향도　　　④ 토지이용도

46 지리정보시스템(GIS)의 자료입력용 하드웨어가 아닌 것은?

① 스캐너　　　　　② 플로터
③ 디지타이저　　　④ 해석도화기

47 도형자료와 속성자료를 활용한 통합분석에서 동일한 좌표계를 갖는 각각의 레이어정보를 합쳐서 다른 형태의 레이어로 표현되는 분석기능은?

① 중첩　　　　　　② 공간추정
③ 회귀분석　　　　④ 내삽과 외삽

48 GNSS 측위기법 중에서 가장 정확도가 높은 방법은?

① Kinematic 측위　② VRS 측위
③ Static 측위　　　④ RTK 측위

49 지리정보시스템(GIS)에서 사용되는 관계형 데이터베이스 모형의 특징에 해당되지 않는 것은?

① 정보를 추출하기 위한 질의의 형태에 제한이 없다.
② 모형 구성이 단순하고 이해가 빠르다.
③ 테이블의 구성이 자유롭다.
④ 테이블의 수가 상대적으로 적어 저장용량을 상대적으로 적게 차지한다.

50 지리정보시스템(GIS) 자료구조에 대한 설명으로 옳지 않은 것은?

① 벡터 구조에서는 각 객체의 위치가 공간좌표체계에 의해 표시된다.

② 벡터 구조는 래스터 구조보다 객체의 형상이 현실에 가깝게 표현된다.

③ 래스터 구조에서는 객체의 공간좌표에 대한 정보가 존재하지 않는다.

④ 래스터 구조에서 수치값은 해당 위치의 관련 정보를 표현한다.

51 지리정보시스템(GIS)에서 표준화가 필요한 이유로 가장 거리가 먼 것은?

① 데이터의 공동 활용을 통하여 데이터의 중복 구축을 방지함으로써 데이터 구축비용을 절약한다.

② 표준 형식에 맞추어 하나의 기관에서 구축한 데이터를 많은 기관들이 공유하여 사용할 수 있다.

③ 서로 다른 기관 간에 데이터의 유출 방지 및 데이터의 보안을 유지하기 위해 필요하다.

④ 데이터 제작 시 사용된 하드웨어나 소프트웨어에 구애받지 않고 손쉽게 데이터를 사용할 수 있다.

52 주어진 연속지적도에서 본인 소유의 필지와 접해 있는 이웃 필지의 소유주를 알고 싶을 때 필지 간의 위상관계 중에 어느 관계를 이용하는가?

① 포함성   ② 일치성
③ 인접성   ④ 연결성

53 다음 중 지도의 일반화 유형(단계)이 아닌 것은?

① 단순화   ② 분류화
③ 세밀화   ④ 기호화

54 GPS에서 채택하고 있는 기준타원체는?

① WGS84   ② Bessell841
③ GRS80   ④ NAD83

55 아래와 같은 Chain-Code를 나타낸 것으로 옳은 것은?(단, 0-동, 1-북, 2-서, 3-남의 방향을 표시)

$0^2, 1^3, 0^2, 3^2, 0, 3^2, 0^2, 3, 2, 3^3, 2^2, 1^4, 2^4, 1$

① 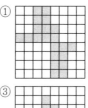   ②

③   ④

56 래스터 데이터(Raster Data) 구조에 대한 설명으로 옳지 않은 것은?

① 셀의 크기는 해상도에 영향을 미친다.

② 셀의 크기에 관계없이 컴퓨터에 저장되는 자료의 양은 압축방법에 의해서 결정된다.

③ 셀의 크기에 의해 지리정보의 위치 정확성이 결정된다.

④ 연속면에서 위치의 변화에 따라 속성들의 점진적인 현상 변화를 효과적으로 표현할 수 있다.

57 공간정보 관련 영어 약어에 대한 설명으로 틀린 것은?

① NGIS-국가지리정보체계
② RIS-자원정보체계
③ UIS-도시정보체계
④ LIS-교통정보체계

58 오픈 소스 소프트웨어(Open Source Software)에 대한 설명으로 옳지 않은 것은?

① 일반 사용자에 의해서 소스코드의 수정과 재배포가 가능하다.
② 전문 프로그래머가 아닌 일반 사용자도 개발에 참여할 수 있다.
③ 사용자 인터페이스가 상업용 소프트웨어에 비해 우수한 것이 특징이다.
④ 소스코드가 제공됨으로써 자료처리 과정을 명확하게 이해할 수 있는 장점이 있다.

59 다음 중 GNSS 측량을 직접 적용할 수 있는 분야는?

① 해안선 위치 결정
② 고층 건물이 밀접한 시가지역의 지적 경계 결정
③ 터널 내부의 수평 위치 결정
④ 실내 측량 기준점 성과 결정

60 메타데이터(Metadata)에 대한 설명으로 옳지 않은 것은?

① 공간데이터와 관련된 일련의 정보를 제공해 준다.
② 자료를 생산, 유지, 관리하는 데 필요한 정보를 제공해 준다.
③ 대용량 공간 데이터를 구축하는 데 드는 엄청난 비용과 시간을 절약해 준다.
④ 공간데이터 제작자와 사용자 모두 표준용어와 정의에 동의하지 않아도 사용할 수 있다.

Subject **04** 측량학

61 삼각측량에 대한 작업순서로 옳은 것은?

① 선점 → 조표 → 기선측량 → 각측량 → 방위각계산 → 삼각망도 작성

② 선점 → 조표 → 기선측량 → 방위각계산 → 각측량 → 삼각망도 작성
③ 조표 → 선점 → 기선측량 → 각측량 → 방위각계산 → 삼각망도 작성
④ 조표 → 선점 → 기선측량 → 방위각계산 → 각측량 → 삼각망도 작성

62 트래버스측량에서 전 측선의 길이가 1,100m이고, 위거오차가 +0.23m, 경거오차가 -0.35m일 때 폐합비는?

① 약 1/4,200   ② 약 1/3,200
③ 약 1/2,600   ④ 약 1/1,400

63 강철줄자로 실측한 길이가 246.241m이었다. 이때의 온도가 10℃라면 온도에 의한 보정량은?(단, 강철줄자의 온도 15℃를 기준으로 한 팽창계수는 0.0000117/℃이다.)

① -10.4mm   ② 10.4mm
③ 14.4mm   ④ -14.4mm

64 수준측량의 오차 중에서 성질이 다른 오차는?

① 표척의 0점 오차
② 시차에 의한 오차
③ 표척눈금이 표준길이와 달라 생기는 오차
④ 시준선과 기포관축이 평행하지 않아 생기는 오차

65 최소제곱법의 관측방정식이 $AX = L + V$와 같은 행렬식의 형태로 표시될 때, 이 행렬식을 풀기 위한 정규방정식이 $A^T AX = A^T L$일 경우 미지수 행렬 X로 옳은 것은?

① $X = A^{-1}L$
② $X = (A^T)^{-1}L$
③ $X = (AA^T)^{-1}A^TL$
④ $X = (A^TA)^{-1}A^TL$

66 지구를 구체로 보고 지표면상을 따라 40km를 측정했을 때 평면상의 오차 보정량은?(단, 지구평균 곡률반지름은 6,370km이다.)

① 6.57cm   ② 13.14cm

③ 23.10cm   ④ 33.10cm

67 우리나라 수치지형도의 표기방법 중 7자리 숫자의 도엽번호 축척은 얼마인가?

① 1 : 50,000   ② 1 : 25,000

③ 1 : 10,000   ④ 1 : 5,000

68 축척 1 : 50,000 지형도의 산정에서 계곡까지의 거리가 42mm이고 산정의 표고가 780m, 계곡의 표고가 80m이었다면 이 사면의 경사는?

① 1/5   ② 1/4

③ 1/3   ④ 1/2

69 그림과 같이 a_1, a_2, a_3를 같은 경중률로 관측한 결과 $a_1 - a_2 - a_3 = 24''$일 때 조정량으로 옳은 것은?

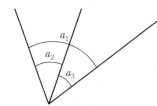

① $a_1 = +8''$, $a_2 = +8''$, $a_3 = +8''$

② $a_1 = -8''$, $a_2 = +8''$, $a_3 = +8''$

③ $a_1 = -8''$, $a_2 = -8''$, $a_3 = -8''$

④ $a_1 = +8''$, $a_2 = -8''$, $a_3 = -8''$

70 어떤 측량장비의 망원경에 부착된 수준기 기포관의 감도를 결정하기 위해서 $D = 50$m 떨어진 곳에 표척을 수직으로 세우고 수준기의 기포를 중앙에 맞춘 후 읽은 표척 눈금값이 1.00m이고, 망원경을 약간 기울여 기포관상의 눈금 $n = 6$개 이동된 상태에서 측정한 표척의 눈금이 1.04m이었다면 이 기포관의 감도는?

① 약 $13''$ ② 약 $18''$

③ 약 $23''$ ④ 약 $28''$

71 삼변측량에서 $\cos \angle A$를 구하는 식으로 옳은 것은?

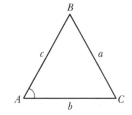

① $\dfrac{a^2 + c^2 - b^2}{2ac}$ ② $\dfrac{b^2 + c^2 - a^2}{2bc}$

③ $\dfrac{a^2 + b^2 - c^2}{2bc}$ ④ $\dfrac{a^2 - c^2 + b^2}{2ac}$

72 다각측량 결과가 그림과 같고 측점 B의 좌표가 (100, 100), $\overline{BC}$의 길이가 100m일 때, C점의 좌표 (x, y)는?(단, 좌표의 단위는 m이다.)

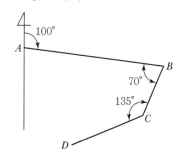

① (13.4, 50)   ② (50, 12.5)

③ (70, 13.4)   ④ (50, 70)

73 1 : 50,000 지형도에 표기된 아래와 같은 도엽번호에 대한 설명으로 틀린 것은?

> NJ 52 – 11 – 18

① 1 : 250,000 도엽을 28등분한 것 중 18번째 도엽번호를 의미한다.
② N은 북반구를 의미한다.
③ J는 적도에서부터 알파벳을 붙인 위도구역을 의미한다.
④ 52는 국가고유코드를 의미한다.

74 수준측량을 실시한 결과가 아래와 같을 때 P 점의 표고는?

측점	표고 (m)	측량 방향	고저차 (m)	거리 (km)
A	20.14	$A{\to}P$	+1.53	2.5
B	24.03	$B{\to}P$	−2.33	4.0
C	19.89	$C{\to}P$	+1.88	2.0

① 21.75m ② 21.72m
③ 21.70m ④ 21.68m

75 다음 중 가장 무거운 벌칙의 기준이 적용되는 자는?

① 측량성과를 위조한 자
② 입찰의 공정성을 해친 자
③ 측량기준점표지를 파손한 자
④ 측량업 등록을 하지 아니하고 측량업을 영위한 자

76 기본측량을 실시하여 측량성과를 고시할 때 포함되어야 할 사항과 거리가 먼 것은?

① 측량의 종류
② 측량실시 기관
③ 측량성과의 보관 장소
④ 설치한 측량기준점의 수

77 공공측량성과를 사용하여 지도 등을 간행하여 판매하려는 공공측량시행자는 해당 지도 등의 필요한 사항을 발매일 며칠 전까지 누구에게 통보하여야 하는가?

① 7일 전, 국토관리청장
② 7일 전, 국토지리정보원장
③ 15일 전, 국토관리청장
④ 15일 전, 국토지리정보원장

78 일반측량성과 및 일반측량기록 사본의 제출을 요구할 수 있는 경우에 해당되지 않는 것은?

① 측량의 기술 개발을 위하여
② 측량의 정확도 확보를 위하여
③ 측량의 중복 배제를 위하여
④ 측량에 관한 자료의 수집 · 분석을 위하여

79 무단으로 측량성과 또는 측량기록을 복제한 자에 대한 벌칙 기준으로 옳은 것은?

① 3년 이하의 징역 또는 3천만 원 이하의 벌금
② 2년 이하의 징역 또는 2천만 원 이하의 벌금
③ 1년 이하의 징역 또는 1천만 원 이하의 벌금
④ 300만 원 이하의 과태료

80 각 좌표계에서의 직각좌표를 TM(Transverse Mercator, 횡단 머케이터) 방법으로 표시할 때의 조건으로 옳지 않은 것은?

① X축은 좌표계 원점의 적도선에 일치하도록 한다.
② 진북방향을 정(+)으로 표시한다.
③ Y축은 X축에 직교하는 축으로 한다.
④ 진동방향을 정(+)으로 한다.

정답

01	02	03	04	05	06	07	08	09	10
②	①	②	②	①	④	③	④	③	④
11	12	13	14	15	16	17	18	19	20
①	①	③	①	②	④	①	①	④	②
21	22	23	24	25	26	27	28	29	30
①	②	③	④	③	④	④	④	④	①
31	32	33	34	35	36	37	38	39	40
②	②	①	①	③	①	①	③	④	①
41	42	43	44	45	46	47	48	49	50
④	③	①	①	④	②	①	③	④	③
51	52	53	54	55	56	57	58	59	60
③	③	③	①	①	②	③	①	①	④
61	62	63	64	65	66	67	68	69	70
①	③	④	②	④	②	③	③	②	④
71	72	73	74	75	76	77	78	79	80
②	①	④	②	②	②	④	①	③	①

해설

01

등고선법에 의한 체적 계산은 저수용량(담수량)을 산정할 경우 편리한 방법이다.

02

누가토량을 곡선으로 표시한 것을 유토곡선이라 하며, 유토곡선에서 하향구간은 성토(A) 구간이고, 상향구간은 절토(B) 구간을 나타낸다.

03

외할(E) $= R\left(\sec\dfrac{I}{2}-1\right) \rightarrow 20 = R\left(\sec\dfrac{60°}{2}-1\right)$

$\therefore R = 129.28\text{m}$

04

원도 작성에 필요한 일체의 자료를 일정한 도식에 따라 작성한 도면을 측량원도라 한다.

05

클로소이드는 단위가 있는 것도 있고 없는 것도 있다.

06

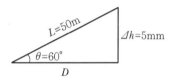

수평거리(D) $= L \cdot \cos\theta$
$\qquad\qquad = 50 \times \cos 60°$
$\qquad\qquad = 25\text{m}$

$\therefore \theta'' = \dfrac{\Delta h}{D} \cdot \rho'' = \dfrac{0.005}{25} \times 206,265''$
$\qquad\quad = 0°00'41''$

07

곡선길이(CL) $= 0.0174533 \cdot R \cdot I° \rightarrow$
$87.267 = 0.0174533 \times 100 \times I°$

$\therefore I° = \dfrac{87.267}{0.0174533 \times 100} = 50°$

08

축척 1 : 500의 지형도의 세 변의 길이를 실제 길이로 바꾸면
$\left(\dfrac{1}{m} = \dfrac{\text{도상길이}}{\text{실제길이}} = \dfrac{1}{500}\right)$

- $\dfrac{1}{500} = \dfrac{20.5}{a} \rightarrow a = 10,250\text{cm} = 102.5\text{m}$
- $\dfrac{1}{500} = \dfrac{32.4}{b} \rightarrow b = 16,200\text{cm} = 162.0\text{m}$
- $\dfrac{1}{500} = \dfrac{28.5}{c} \rightarrow c = 14,250\text{cm} = 142.5\text{m}$
- 실제면적(A)
$= \sqrt{S(S-a)(S-b)(S-c)}$
$= \sqrt{203.5(203.5-102.5)(203.5-162)(203.5-142.5)}$
$= 7,213.3\text{m}^2$

여기서, $S = \dfrac{1}{2}(a+b+c)$

$$= \dfrac{1}{2}(102.5+162.0+142.5)$$

$$= 203.5\text{m}$$

09

캔트$(C) = \dfrac{V^2 \cdot S}{g \cdot R}$

여기서, C : 캔트, S : 궤간

V : 속도(m/sec), R : 반경

g : 중력가속도

10

도벨(Dowel, 다보)

터널측량에서 장기간에 걸쳐 사용하는 터널의 중심점, 지시설비, 중심선상의 노반을 넓이 30cm, 깊이 30~40cm로 판 후 그 속에 콘크리트를 타설하고 중심선이 지나는 지점에 목괴를 묻어 중심점을 표시하는 못을 박은 것을 말한다.

11

하천에서 부자에 의한 유속관측의 유하거리는 하천폭의 2~3배 정도(큰 하천 100~200m, 작은 하천 20~50m)로 한다.

12

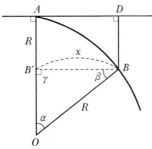

$\dfrac{x}{\sin\alpha} = \dfrac{R}{\sin\gamma} \rightarrow x = \dfrac{\sin 41°40'}{\sin 90°} \times 50 = 33.24\text{m}$

$\overline{AD} /\!/ \overline{B'B}$

∴ $\overline{AD}$의 거리 = 33.24m

13

$V = \dfrac{A}{4}(\Sigma h_1 + 2\Sigma h_2 + 3\Sigma h_3 + 4\Sigma h_4)$

$$= \dfrac{5 \times 4}{4}\{33.0 + (2 \times 25.4) + (3 \times 6.9) + (4 \times 7.2)\}$$

$$= 666.5\text{m}^3$$

14

• 접선장$(T.L) = R \cdot \tan\dfrac{I}{2}$

$$= 100 \times \tan\dfrac{30°20'}{2} = 27.11\text{m}$$

• 곡선지점$(B.C) = I.P - T.L$

$$= 1,000.00 - 27.11$$

$$= 972.89\text{m}(\text{No.48}+12.89\text{m})$$

∴ 시단현길이$(l_f) = 20\text{m} - B.C$ 추가거리

$$= 20 - 12.89 = 7.11\text{m}$$

• 곡선장$(C.L) = 0.0174533 \cdot R \cdot I°$

$$= 0.0174533 \times 100 \times 30°20'$$

$$= 52.94\text{m}$$

• 곡선종점$(E.C) = B.C + C.L$

$$= 972.89 + 52.94$$

$$= 1,025.83\text{m}(\text{No.51}+5.83\text{m})$$

∴ 종단현길이$(l_e) = E.C$ 추가거리 $= 5.83\text{m}$

15

지중레이더 탐사기법은 전자파의 반사성질을 이용하여 지중의 각종 현상을 밝히는 것으로 레이더의 특성과 같다.

16

실제 수중의 음속은 염분, 수온, 수압 등에 의하여 미소하게 변화하므로 엄밀한 관측값을 구하려면 관측 당시의 실제 음속을 구하여 음속도 보정을 해주어야 한다.

17

좌표법을 적용하면

(단위 : m)

측점	X	Y	y_{n-1}	y_{n+1}	Δy	$\Delta y \cdot X$
A	50	10	60	70	-10	-500
B	100	70	10	120	-110	-11,000
C	70	120	70	60	10	700
D	10	60	120	10	110	1,100
계						-9,700

배면적$(2A) = 9,700\text{m}^2$

∴ 면적$(A) = \dfrac{1}{2} \times$ 배면적 $= \dfrac{1}{2} \times 9,700 = 4,850\text{m}^2$

18

클로소이드는 나선의 일종이며 모든 클로소이드는 닮은꼴이므로 매개변수 A를 바꾸면 크기가 다른 닮은 클로소이드를 만들 수 있다.

19

조석관측

해수면의 주기적 승강을 관측하는 것이며, 어느 지점의 조석양상을 제대로 파악하기 위해서는 적어도 1년 이상 연속적으로 관측하여야 한다.

20

수위관측소는 상·하류 약 100m 정도가 직선으로 이어져 유속이 일정해야 한다.

21

촬영비행은 구름이 없는 맑은 날씨에 하는 것이 좋다.

22

대공표지의 크기$(d) = \dfrac{m}{T} = \dfrac{20,000}{30 \times 1,000}$

$$= 0.6m = 60cm$$

23

사진의 크기(a)와 촬영고도(H)가 같을 경우 초광각카메라에 의한 촬영면적은 광각카메라의 경우에 약 3배가 넓게 촬영된다.

$A_초 : A_광 = (ma)^2 : (ma)^2$

$$= \left(\dfrac{H}{f_초} \cdot a\right)^2 : \left(\dfrac{H}{f_광} \cdot a\right)^2$$

여기서, 초광각카메라(f) : 약 88mm

광각카메라(f) : 약 150mm

보통각카메라(f) : 약 210mm

24

위성은 궤도와 주기를 가지고 운동하기 때문에 원하는 지점 및 시기에 관측하기 어렵다.

25

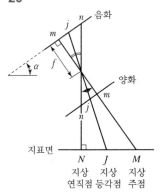

∴ 주점에서 연직점까지의 거리$(\overline{mn}) = f \cdot \tan\alpha$

26

수치 도화기는 수치영상을 이용하여 컴퓨터상에서 대상물을 해석하고 수치지도를 제작하는 최신 도화기이다.

27

내부표정요소는 초점거리(f), 주점위치(x_0, y_0)로 자체검정자료에 의해 얻는다.

28

$h = \dfrac{H}{b_0} \cdot \Delta p = \dfrac{6,350 \times 1,000}{\dfrac{67 + 70}{2}} \times 1.37$

$$= 127,000mm = 127m$$

29

사진좌표계는 주점을 원점으로 하는 2차원 좌표계로 사진좌표계 축은 지표좌표계 축과 각각 평행을 이루며, 일반적으로 지표중심과 주점 사이에 약간의 차이가 있다. 그러므로 좌표변환에 의해 사진좌표를 구한다.

30

$\dfrac{1}{1,000} = \dfrac{0.18}{실제거리}$ → 실제거리 $= 1,000 \times 0.18 = 180m$

∴ 사진축척$\left(\dfrac{1}{m}\right) = \dfrac{도상거리}{실제거리} = \dfrac{0.15}{180} = \dfrac{1}{1,200}$

31

상호표정은 양 투영기에서 나오는 광속이 촬영 당시 촬영면에 이루어지는 종시차를 소거하여 목표 지형물에 상대위치를 맞추는 작업으로 κ, ϕ, ω, b_y, b_z의 5개 인자를 사용한다.

32

LANDSAT은 지구자원탐측위성으로 토지, 자원, 환경문제를 해결하고자 1972년 7월 미국 항공우주국에서 발사한 위성이다.

33

정사투영사진지도는 영상정합 과정을 통해 수치표고모형(DEM)을 생성하며, 생성된 DEM 자료를 토대로 수치편위수정에 의해 정사투영영상을 생성하게 된다.

34

기선고도비$\left(\dfrac{B}{H}\right) = \dfrac{ma(1-p)}{m \cdot f} = \dfrac{a(1-p)}{f}$

$$= \dfrac{0.23 \times (1-0.7)}{0.15} = 0.46$$

35

식물은 근적외선 영역에서 반사율이 높고, 가시광선 영역에서는 광합성 작용으로 인해 적색광과 청색광은 식물에 흡수되어 반사율이 낮다.

36

관성항법시스템(INS)은 물체의 각속도를 검출하는 자이로와 물체의 운동상태를 순시적으로 감지할 수 있는 가속도계로 구성되어 있다.

37

밭의 훈련지역은 밝기값 7, 8, 9로 밝기값 8, 9로 이루어진 ①을 선택하는 것이 가장 타당하다.

38

• 종모델수(D) $= \dfrac{S_1}{B} = \dfrac{S_1}{ma(1-p)}$

$= \dfrac{26 \times 1,000}{30,000 \times 0.23 \times (1-0.60)}$

$= 9.4$모델 $\fallingdotseq 10$모델

• 횡모델수(D') $= \dfrac{S_2}{C_0} = \dfrac{S_2}{ma(1-q)}$

$= \dfrac{8 \times 1,000}{30,000 \times 0.23 \times (1-0.30)}$

$= 1.7$코스 $\fallingdotseq 2$코스

∴ 총모델수 $=$ 종모델수(D)$\times$횡모델수(D')

$= 10 \times 2 = 20$모델

39

대공표지의 선점 시 주의사항
• 사진상에 명확하게 보이기 위해서는 주위의 색상과 대조가 되어야 한다.
• 상공은 45° 이상의 각도를 열어두어야 한다.
• 대공표지의 사진상의 크기는 촬영 후 사진상에 $30\mu m$ 정도가 나타나야 한다.

40

중복도가 클수록 사진매수 및 계산량이 많아 비경제적이다.

41

GIS의 특징
• 대량의 정보를 저장하고 관리할 수 있음
• 원하는 정보를 쉽게 찾아볼 수 있고, 새로운 정보의 추가와 수정이 용이
• 표현방식이 다른 여러 가지 지도나 도형으로 표현이 가능
• 지도의 축소·확대가 자유롭고 계측이 용이
• 복잡한 정보의 분류나 분석에 유용
• 필요한 자료의 중첩을 통하여 종합적 정보의 획득이 용이

42

공간정보가 좌표로 표현된 경우는 입력과정에서 발생하는 오류와 관계가 없다.

43

태양폭풍
흑점 아래 모인 높은 에너지의 물질이 순간적으로 분출되는 것으로 먼저 강한 X선이 지구에 도달하여 전리층을 흔들고 무선 통신에 장애를 일으킨다.

44

데이터의 모델링
개념모델 → 논리모델 → 물리모델

45

DTM은 경사도, 사면방향도, 단면분석, 절·성토량 산정, 등고선 작성 등 다양한 분야에 활용되고 있으며 토지이용도는 DTM의 활용분야와는 거리가 멀다.

46

플로터(Plotter)
GIS의 도형·기호·숫자·문자 등의 수치자료를 눈으로 볼 수 있도록 종이에 자동적으로 묘사하는 출력장치를 총칭한 것이다.

47

중첩분석(Overlay Analysis)
동일한 지역에 대한 서로 다른 두 개 또는 다수의 레이어로부터 필요한 도형자료나 속성자료를 추출하기 위한 공간분석 기법이다.

48

정지측량(Static Survey)
수신기를 장시간 고정한 채로 관측하는 방법으로 높은 정확도의 좌푯값을 얻고자 할 때 사용하는 방법이며, 기준점 측량에 이용되는 가장 일반적인 방법이다.

49

관계형 데이터베이스(Related Database Management System)
• 2차원 행과 열로서 자료를 조직하고 접근하는 DB 체계이다(테이블로 저장).
• 관계되는 정보들을 전형적인 SQL 언어를 이용하여 접근한다.
• 다른 File로부터 자료항목을 다시 결합할 수 있고 자료이용에 강력한 도구를 제공한다.

50

래스터 자료구조에서는 대상지역의 좌표계로 맞추기 위한 좌표변환과정을 거쳐 객체의 공간좌표를 표현할 수 있다.

51

GIS의 표준화
각기 다른 사용목적으로 구축된 다양한 자료에 대한 접근의 용이성을 극대화하기 위해 필요하다.

52

위상관계 중 인접성은 대상물의 주변에 존재하는 이웃 대상물과의 관계를 의미한다.

53

일반화(Generalization)
공간데이터 처리에 있어서 세밀한 항목을 줄이는 과정으로 큰 공간에서 다시 추출하거나 선에서 점을 줄이는 것을 말하며, 지도의 일반화 유형에는 단순화, 분류화, 기호화, 과장, 정리 등이 있다.

54

GPS 위성측량에서 이용되는 좌표계는 WGS84 좌표계 이다.

55

체인코드(Chan—Code) 기법

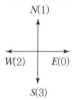

$N(1)$

$W(2)$ $E(0)$

$S(3)$

어느 영역의 경계선을 단위벡터로 표시한 것이다.

0^2, 1^3, 0^2, 3^2, 0, 3^2, 0^2, 3, 2, 3^3, 2^2, 1^4, 2^4, 1

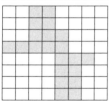

56

래스터 데이터는 동일한 크기의 격자로 이루어지며, 격자의 크기가 작을수록 해상도가 좋아지는 반면 저장용량이 증가한다.

57

토지정보시스템(LIS)
토지에 대한 물리적, 정량적, 법적인 내용을 다룬 토지정보체계로 가장 일반적인 형태는 토지소유자, 토지가액, 세액평가 그리고 토지경계 등의 정보를 관리한다.
※ 교통정보체계는 TIS(Transportation Information System)이다.

58

오픈 소스 소프트웨어(Open Source Software)
무료이면서 소스코드를 개방한 상태로 실행 프로그램을 제공하는 동시에 소스코드를 누구나 자유롭게 개작 및 개작된 소프트웨어를 재배포할 수 있도록 허용된 소프트웨어이다.
• 누구라도 소스코드를 읽고 사용 가능
• 누구라도 버그 수정 및 개발 참여 가능
• 프로그램을 복제하여 배포 가능
• 소프트웨어의 소스코드 접근 가능
• 프로그램을 개선할 수 있는 권리를 개발자에게 보장

59

GNSS는 현재 실내, 지하 등 위성의 수신이 안 되는 지역에서는 관측이 어려우며 지적경계 결정을 위해서는 경위의측량, 측판측량방법을 이용한다. 따라서 GNSS 측량을 직접 적용할 수 있는 분야는 해안선 위치 결정이다.

60

메타데이터(Metadata)
데이터의 내용, 품질, 조건 및 특징 등을 저장한 데이터로서 데이터에 관한 데이터의 이력을 말한다.
• 시간과 비용의 낭비 제거
• 공간정보 유통의 효율성
• 데이터에 대한 유지 · 관리 갱신의 효율성
• 데이터에 대한 목록화
• 데이터에 대한 적합성 및 장 · 단점 평가
• 데이터를 이용하여 로딩

61

삼각측량의 작업순서
계획 및 준비 → 답사 → 선점 → 조표 → 관측(거리/각) → 계산 → 정리

62

$$폐합오차 = \sqrt{(위거오차)^2 + (경거오차)^2}$$
$$= \sqrt{0.23^2 + (-0.35)^2}$$
$$= 0.42\,\text{m}$$
$$\therefore \ 폐합비 = \frac{폐합오차}{전거리} = \frac{0.42}{1,100} ≒ \frac{1}{2,600}$$

63

$$온도\ 보정량(C_g) = \alpha \cdot L(t - t_0)$$
$$= 0.0000117 \times 246.241(10 - 15)$$
$$= -0.0144\,\text{m} = -14.4\,\text{mm}$$

64

직접수준측량의 오차

- 정오차 : 시준축오차, 표척의 영 눈금오차, 표척의 눈금 부정에 의한 오차, 지구곡률오차, 광선의 굴절오차
- 부정오차(우연오차) : 시차에 의한 오차, 기상변화에 의한 오차, 기포관의 둔감, 진동/지진에 의한 오차
- 과실(착오) : 눈금의 오독, 야장의 오기

65

최소제곱법은 많은 계산과정을 요하므로 컴퓨터를 사용하면 가장 효과적으로 수행할 수 있다. 따라서 이 과정을 행렬식에 적용하여 보다 용이하게 정규방정식을 해결할 수 있다. n개의 미지값을 갖는 동일한 경중률의 개개의 직선방정식을 관측방정식에 의한 행렬식으로 표현하면 다음과 같다.

- $mA_n nX_1 = mL_1 + mV_1$ (관측방정식의 행렬식 형태)
- $A^T AX = A^T L$ (정규방정식)
- $X = (A^T A)^{-1}(A^T L)$ (미지수 행렬)

66

$$\frac{d-D}{D} = \frac{1}{12}\left(\frac{D}{r}\right)^2$$

$$\therefore d-D = \frac{D^3}{12 \times r^2}$$

$$= \frac{40^3}{12 \times 6,370^2}$$

$$= 0.0001314 \text{km}$$

$$= 13.14 \text{cm}$$

67

도엽번호는 수치지도의 검색 및 관리 등을 위하여 각 축척별로 일정한 크기에 따라 분할된 지도에 부여하는 일련번호를 말한다. 예를 들면, 37705 17 69은 37705라는 1/50,000 도엽에서 1°를 15′×15′ 분할한 16개 구획 중에서 05번째를 1/10,000으로 분획한 것 중 17번째 도엽을 다시 1/1,000으로 분획한 것 중 69번째 도엽을 뜻한다. 따라서 7자리(37705 17) 숫자의 도엽번호 축척은 1/10,000이 된다.

68

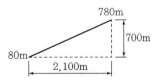

수평거리를 실제거리로 환산하면

$$\frac{1}{50,000} = \frac{42}{\text{실제거리}} \rightarrow$$

실제거리 $= 50,000 \times 42 = 2,100,000 \text{mm} = 2,100 \text{m}$

$$\therefore \text{경사}(i) = \frac{h}{D} = \frac{700}{2,100} = \frac{1}{3}$$

69

$$\text{조정량} = \frac{\text{오차}}{\text{관측각 수}} = \frac{24''}{3} = 8''$$

큰 각 ⊖ 조정, 작은 각 ⊕ 조정

$$\therefore a_1 = -8'', \ a_2 = +8'', \ a_3 = +8''$$

70

$$\alpha'' = \frac{\Delta h}{n \cdot D} \cdot \rho'' = \frac{1.04 - 1.00}{6 \times 50} \times 206,265''$$

$$\fallingdotseq 28''$$

71

cosine 제2법칙

- $\cos \angle A = \dfrac{b^2 + c^2 - a^2}{2bc}$
- $\cos \angle B = \dfrac{a^2 + c^2 - b^2}{2ac}$
- $\cos \angle C = \dfrac{a^2 + b^2 - c^2}{2ab}$

72

- $\overline{AB}$ 방위각 $= 100°$
- $\overline{BC}$ 방위각 $= \overline{AB}$ 방위각 $+ 180° - \angle B$
  $$= 100° + 180° - 70°$$
  $$= 210°$$
- $x_C = x_B + (\overline{BC}$ 거리 $\times \cos \overline{BC}$ 방위각)
  $$= 100 + (100 \times \cos 210°)$$
  $$= 13.4 \text{m}$$
- $y_C = y_B + (\overline{BC}$ 거리 $\times \sin \overline{BC}$ 방위각)
  $$= 100 + (100 \times \sin 210°)$$
  $$= 50.0 \text{m}$$

$\therefore$ C점의 좌표$(x, y) = (13.4, 50.0)$

73

서경 180°를 기준으로 6° 간격으로 60개 종대로 구분하여 1~60까지 번호를 사용하며 우리나라는 51, 52종대에 속한다. 따라서 52는 국가고유코드를 의미하는 것이 아니다.

74

경중률은 노선거리에 반비례하므로 경중률 비를 취하면,

$$W_1 : W_2 : W_3 = \frac{1}{S_1} : \frac{1}{S_2} : \frac{1}{S_3}$$

$$= \frac{1}{2.5} : \frac{1}{4.0} : \frac{1}{2.0}$$

$$= 8 : 5 : 10$$

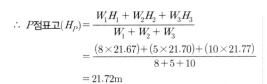

$$\therefore P점표고(H_P) = \frac{W_1H_1 + W_2H_2 + W_3H_3}{W_1 + W_2 + W_3}$$

$$= \frac{(8 \times 21.67) + (5 \times 21.70) + (10 \times 21.77)}{8 + 5 + 10}$$

$$= 21.72\text{m}$$

75

공간정보의 구축 및 관리 등에 관한 법률 제107조(벌칙)
측량업자나 수로사업자로서 속임수, 위력, 그 밖의 방법으로 측량업 또는 수로사업과 관련된 입찰의 공정성을 해친 자는 3년 이하의 징역 또는 3천만 원 이하의 벌금에 처한다.

76

공간정보의 구축 및 관리 등에 관한 법률 시행령 제13조(측량성과의 고시)
측량성과의 고시에는 다음의 사항이 포함되어야 한다.
1. 측량의 종류
2. 측량의 정확도
3. 설치한 측량기준점의 수
4. 측량의 규모(면적 또는 지도의 장수)
5. 측량실시의 시기 및 지역
6. 측량성과의 보관 장소
7. 그 밖에 필요한 사항

77

공간정보의 구축 및 관리 등에 관한 법률 시행규칙 제24조(공공측량성과 등의 간행)
공공측량성과를 사용하여 지도 등을 간행하여 판매하려는 공공측량시행자는 해당 지도 등의 크기 및 매수, 판매가격 산정서류를 첨부하여 해당 지도 등의 발매일 15일 전까지 국토지리정보원장에게 통보하여야 한다.

78

공간정보의 구축 및 관리 등에 관한 법률 제22조(일반측량의 실시 등)
다음 사항의 목적을 위하여 필요하다고 인정되는 경우에는 일반측량을 한 자에게 그 측량성과 및 측량기록 사본을 제출하게 할 수 있다.
1. 측량의 정확도 확보
2. 측량의 중복 배제
3. 측량에 관한 자료의 수집, 분석

79

공간정보의 구축 및 관리 등에 관한 법률 제109조(벌칙)
다음 각 호의 어느 하나에 해당하는 자는 1년 이하의 징역 또는 1천만 원 이하의 벌금에 처한다.
1. 무단으로 측량성과 또는 측량기록을 복제한 자
2. 심사를 받지 아니하고 지도 등을 간행하여 판매하거나 배포한 자

3. 삭제〈2020. 2. 18.〉
4. 측량기술자가 아님에도 불구하고 측량을 한 자
5. 업무상 알게 된 비밀을 누설한 측량기술자
6. 둘 이상의 측량업자에게 소속된 측량기술자
7. 다른 사람에게 측량업등록증 또는 측량업 등록수첩을 빌려주거나 자기의 성명 또는 상호를 사용하여 측량업무를 하게 한 자
8. 다른 사람의 측량업등록증 또는 측량업 등록수첩을 빌려서 사용하거나 다른 사람의 성명 또는 상호를 사용하여 측량업무를 한 자
9. 지적측량수수료 외의 대가를 받은 지적측량기술자
10. 거짓으로 다음 각 목의 신청을 한 자
    가. 신규등록 신청
    나. 등록전환 신청
    다. 분할 신청
    라. 합병 신청
    마. 지목변경 신청
    바. 바다로 된 토지의 등록말소 신청
    사. 축척변경 신청
    아. 등록사항의 정정 신청
    자. 도시개발사업 등 시행지역의 토지이동 신청
11. 다른 사람에게 자기의 성능검사대행자 등록증을 빌려 주거나 자기의 성명 또는 상호를 사용하여 성능검사대행업무를 수행하게 한 자
12. 다른 사람의 성능검사대행자 등록증을 빌려서 사용하거나 다른 사람의 성명 또는 상호를 사용하여 성능검사대행업무를 수행한 자

80

공간정보의 구축 및 관리 등에 관한 법률 시행령 제7조(세계측지계 등) 별표 2
X축은 좌표계 원점의 자오선에 일치하여야 하고, 진북방향을 정(＋)으로 표시하며, Y축은 X축에 직교하는 축으로서 진동방향을 정(＋)으로 한다.

본 모의고사는 측량 및 지형공간정보산업기사 수험생의 필기시험 대비를 목적으로 작성된 것임을 알려드립니다.

Subject 01 응용측량

01 하천측량에서 일반적으로 유속을 측정하는 방법과 그 측정 위치에 관한 설명으로 옳지 않은 것은?

① 수심이 깊고 유속이 빠른 곳에서는 수면에서 측정하여 그 값을 평균유속으로 한다.

② 보통 한 점만을 측정하여 평균유속으로 결정할 때에는 수면으로부터 수심의 6/10인 곳에서 측정한다.

③ 두 점을 측정할 때에는 수면으로부터 수심의 2/10, 8/10인 곳을 측정하여 산술평균하여 평균유속으로 한다.

④ 세 점을 측정할 때에는 수면으로부터 수심의 2/10, 6/10, 8/10인 곳에서 유속을 측정하고, $\frac{1}{4}(V_{0.2} + 2V_{0.6} + V_{0.8})$로 평균유속을 구한다.

02 [보기]에서 노선의 종단면도에 기입하여야 할 사항만으로 짝지어진 것은?

[보기]
A : 곡선	B : 절토고
C : 절토면적	D : 기울기
E : 계획고	F : 용지폭
G : 성토고	H : 성토면적
I : 지반고	J : 법면장

① A, B, D, E, G, I
② A, C, F, H, I, J
③ B, C, F, G, H, J
④ B, D, E, F, G, I

03 면적이 400m²인 정사각형 모양의 토지 면적을 0.4m²까지 정확하게 구하기 위해 한 변의 길이는 최대 얼마까지 정확하게 관측하여야 하는가?

① 1mm   ② 5mm
③ 1cm   ④ 5cm

04 댐 외부의 수평변위에 대한 측정방법으로 가장 부적합한 것은?

① 삼각측량   ② GNSS측량
③ 삼변측량   ④ 시거측량

05 수심이 h인 하천에서 수면으로부터 $0.2h$, $0.6h$, $0.8h$ 깊이의 유속이 각각 0.76m/s, 0.64m/s, 0.45m/s일 때 2점법으로 계산한 평균유속은?

① 0.545m/s   ② 0.605m/s
③ 0.700m/s   ④ 0.830m/s

06 완화곡선에 대한 설명으로 옳지 않은 것은?

① 모든 클로소이드는 닮은꼴이며, 클로소이드 요소는 길이의 단위를 가진 것과 단위가 없는 것이 있다.

② 클로소이드의 형식은 S형, 복합형, 기본형 등이 있다.

③ 완화곡선의 반지름은 시점에서 무한대, 종점에서 원곡선의 반지름으로 된다.

④ 완화곡선의 접선은 시점에서 원호에, 종점에서 직선에 접한다.

07 그림과 같은 다각형의 토량을 양단면평균법, 각주공식 및 중앙단면법으로 계산하여 토량의 크기를 비교한 것으로 옳은 것은?(단, 단면은 $A_1 = 400\text{m}^2$, $A_m = 250\text{m}^2$, $A_2 = 200\text{m}^2$이고 상호 간에 평행하며 $h = 20\text{m}$, 측면은 평면이다.)

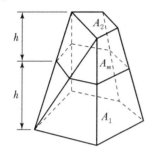

① 양단면평균법 < 각주공식 < 중앙단면법
② 양단면평균법 > 각주공식 > 중앙단면법
③ 양단면평균법 = 각주공식 = 중앙단면법
④ 양단면평균법 < 각주공식 = 중앙단면법

08 반지름이 1,200m인 원곡선으로 종단곡선을 설치할 때 접선시점으로부터 횡거 20m 지점의 종거는?

① 0.17m   ② 1.45m
③ 2.56m   ④ 3.14m

09 해안선측량은 해면이 약최고고조면에 달하였을 때 육지와 해면과의 경계를 결정하기 위한 측량방법을 말하는데 다음 중 해안선측량 방법에 해당하는 것은?

① 천부지층탐사
② GPS 측량
③ 수중촬영
④ 해저면 영상조사

10 지하시설물 탐사작업의 순서로 옳은 것은?

ㄱ 자료의 수집 및 편집
ㄴ 작업계획 수립
ㄷ 지표면상에 노출된 지하시설물에 대한 조사
ㄹ 관로조사 등 지하매설물에 대한 탐사
ㅁ 지하시설물 원도 작성
ㅂ 작업조서의 작성

① ㄱ-ㄷ-ㄹ-ㄴ-ㅂ-ㅁ
② ㄱ-ㅁ-ㄷ-ㄹ-ㄴ-ㅂ
③ ㄴ-ㄱ-ㄷ-ㄹ-ㅁ-ㅂ
④ ㄴ-ㄱ-ㄹ-ㅁ-ㄷ-ㅂ

11 수평 및 수직거리 관측의 정확도가 K로 동일할 때 체적측량의 정확도는?

① $2K$ ② $3K$
③ $4K$ ④ $5K$

12 터널의 시점(A)과 종점(B)을 결정하기 위하여 폐합다각측량을 한 결과 두 점의 좌표가 표와 같다. A에서 굴착하여야 할 터널 중심선의 방위각은?

측점	X	Y
A	82.973m	36.525m
B	112.973m	76.525m

① 53°07′48″   ② 143°07′48″
③ 233°07′48″   ④ 323°07′48″

13 단곡선의 접선길이가 25m이고, 교각이 42°20′일 때 반지름(R)은?

① 94.6m   ② 84.6m
③ 74.6m   ④ 64.6m

14 그림과 같이 두 직선의 교점에 장애물이 있어 C, D 측점에서 방향각(α, β, γ)을 관측하였다. 교각(I)은?(단, $\alpha = 228°30'$, $\beta = 82°00'$, $\gamma = 136°30'$이다.)

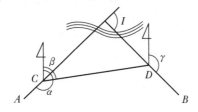

① 54°30′
② 88°00′
③ 92°00′
④ 146°30′

15 교점($I.P.$)이 도로기점으로부터 300m 떨어진 지점에 위치하고 곡선반지름 $R = 200$m, 교각 $I = 90°$인 원곡선을 편각법으로 측설할 때, 종점($E.C.$)의 위치는?(단, 중심말뚝의 간격은 20m이다.)

① No.20 + 14.159m
② No.21 + 14.159m
③ No.22 + 14.159m
④ No.23 + 14.159m

16 그림과 같은 도형의 면적은?

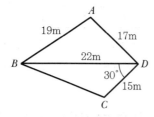

① 235.3m²
② 238.6m²
③ 255.3m²
④ 258.3m²

17 교점이 기점에서 450m의 위치에 있고 교각이 30°, 중심말뚝 간격이 20m일 때, 외할(E)이 5m라면 시단현의 길이는?

① 2.831m
② 4.918m
③ 7.979m
④ 9.319m

18 지하 500m에서 거리가 400m인 두 지점에 대하여 지구 중심에 연직한 연장선이 이루는 지표면의 거리는?(단, 지구반지름 $R = 6,370$km이다.)

① 399.07m
② 400.03m
③ 400.08m
④ 400.10m

19 수로측량의 수심을 결정하기 위한 기준면으로 사용되는 것은?

① 대조의 평균고조면
② 약최고고조면
③ 평균저조면
④ 기본수준면

20 하천의 유량관측 방법에 대한 설명으로 틀린 것은?

① 수로 내에 둑을 설치하고, 사방댐의 월류량 공식을 이용하여 유량을 구할 수 있다.
② 수위유량곡선을 만들어서 필요한 수위에 대한 유량을 그래프상에서 구할 수 있다.
③ 직류부로서 흐름이 일정하고, 하상경사가 일정한 곳을 택하여 관측하는 것이 좋다.
④ 수위의 변화에 의해 하천 횡단면 형상이 급변하는 곳을 택하여 관측하는 것이 좋다.

Subject 02 사진측량 및 원격탐사

21 사진측량에서 말하는 모형(Model)의 의미로 옳은 것은?

① 촬영지역을 대표하는 부분
② 촬영사진 중 수정 모자이크된 부분
③ 한 쌍의 중복된 사진으로 입체시되는 부분
④ 촬영된 각각의 사진 한 장이 포괄하는 부분

22 항공사진을 이용한 지형도 제작 단계를 크게 3단계로 구분할 때 작업 순서로 옳은 것은?

① 촬영 → 기준점측량 → 세부도화
② 세부도화 → 촬영 → 기준점측량
③ 세부도화 → 기준점측량 → 촬영
④ 촬영 → 세부도화 → 기준점측량

23 항공사진상에 나타난 철탑의 변위가 5.9mm, 철탑의 최상부와 연직점 사이의 거리가 54mm, 철탑의 실제 높이가 72m일 경우 항공기의 촬영고도는?

① 659m
② 787m
③ 988m
④ 1,333m

24 다음 중 원격탐사용 인공위성 플랫폼이 아닌 것은?

① 아리랑위성(KOMPSAT)
② 무궁화위성(KOREASAT)
③ Worldview
④ GeoEye

25 복수의 입체모델에 대해 입체모델 각각에 상호표정을 행한 뒤에 접합점 및 기준점을 이용하여 각 입체모델의 절대표정을 수행하는 항공삼각측량의 조정방법은?

① 독립모델법
② 광속조정법
③ 다항식조정법
④ 에어로 폴리건법

26 축척 1 : 5,000으로 평지를 촬영한 연직사진이 있다. 사진크기가 23cm×23cm, 종중복도가 60%라면 촬영기선길이는?

① 690m
② 460m
③ 920m
④ 1,380m

27 사진크기 23cm×23cm, 초점거리 150mm인 카메라로 찍은 항공사진의 경사각이 15°이면 이 사진의 연직점(Nadir Point)과 주점(Principal Point) 간의 거리는?[단, 연직점은 사진 중심점으로부터 방사선(Radial Line) 위에 있다.]

① 40.2mm
② 50.0mm
③ 75.0mm
④ 100.5mm

28 사진의 크기가 같은 광각 사진과 보통각 사진의 비교 설명에서 ( ) 안에 알맞은 말로 짝지어진 것은?

> 촬영고도가 같은 경우 광각 사진의 축척은 보통각 사진의 사진축척보다 (㉠). 그러나 1장의 사진에 넣은 면적은 (㉡), 촬영축척이 같으면 촬영고도는 광각 사진이 보통각 사진보다 (㉢).

① ㉠ 작다 ㉡ 크다 ㉢ 낮다
② ㉠ 작다 ㉡ 크다 ㉢ 높다
③ ㉠ 크다 ㉡ 작다 ㉢ 낮다
④ ㉠ 크다 ㉡ 작다 ㉢ 높다

29 축척 1:20,000의 항공사진으로 면적 1,000 km²의 지역을 종중복도 60%, 횡중복도 30%로 촬영하려고 할 경우 필요한 사진매수는? (단, 사진크기는 23cm×23cm로 매수의 안전율 30%를 가산한다.)

① 170매   ② 190매
③ 220매   ④ 250매

30 N차원의 피처공간에서 분류될 화소로부터 가장 가까운 훈련자료 화소까지의 유클리드 거리를 계산하고 그것을 해당 클래스로 할당하여 영상을 분류하는 방법은?

① 최근린 분류법(Nearest-Neighbor Classifier)
② K-최근린 분류법(K-Nearest-Neighbor Classifier)
③ 최장거리 분류법(Maximum Distance Classifier)
④ 거리가중 K-최근린 분류법(K-Nearest-Neighbor Distance-Weighted Classifier)

31 절대표정에 필요한 지상기준점의 구성으로 틀린 것은?

① 수평기준점(X, Y) 4개
② 지상기준점(X, Y, Z) 3개
③ 수평기준점(X, Y) 2개와 수직기준점(Z) 3개
④ 지상기준점(X, Y, Z) 2개와 수직기준점(Z) 2개

32 항공삼각측량에서 스트립(Strip)을 형성하기 위해 사용되는 점은?

① 횡접합점   ② 종접합점
③ 자침점   ④ 자연점

33 사진의 중심점으로서 렌즈의 광축과 화면이 교차하는 점은?

① 연직점   ② 주점
③ 등각점   ④ 부점

34 수치지도로부터 수치지형모델(DTM)을 생성하기 위하여 필요한 레이어는?

① 건물 레이어   ② 하천 레이어
③ 도로 레이어   ④ 등고선 레이어

35 다음과 같은 종류의 항공사진 중 벼농사의 작황을 조사하기 위하여 가장 적합한 사진은?

① 팬크로매틱사진   ② 적외선사진
③ 여색입체사진   ④ 레이더사진

36 사진판독의 요소와 거리가 먼 것은?

① 색조   ② 모양
③ 음영   ④ 고도

37 내부표정에 대한 설명으로 옳지 않은 것은?

① 상호표정을 하기 전에 실시한다.
② 사진의 초점거리를 조정한다.
③ 축척과 경사를 결정한다.
④ 사진의 주점을 맞춘다.

38 왼쪽에 청색, 오른쪽에 적색으로 인쇄된 사진을 역입체시하기 위해서는 어떠한 색으로 구성된 안경을 사용하여야 하는가?(단, 보기는 왼쪽, 오른쪽 순으로 나열된 것이다.)

① 청색, 청색   ② 청색, 적색
③ 적색, 청색   ④ 적색, 적색

39 디지털 영상에서 사용되는 비트맵 그래픽 형식이 아닌 것은?

① BMP   ② JPEG
③ DWG   ④ TIFF

40 ( )에 알맞은 용어로 가장 적합한 것은?

절대표정(Absolute Orientation)이 완전히 끝났을 때에는 입체모델과 실제 지형은 ( )의 관계가 이루어진다.

① 상사(相似)   ② 이동(異動)
③ 평행(平行)   ④ 일치(一致)

Subject **03** 지리정보시스템(GIS) 및 위성측위시스템(GNSS)

41 지리정보시스템(GIS)의 3대 기본구성요소로 다음 중 가장 거리가 먼 것은?

① 인터넷   ② 하드웨어
③ 소프트웨어   ④ 데이터베이스

42 지리정보시스템(GIS)에 대한 설명으로 옳지 않은 것은?

① 지리정보의 전산화 도구
② 고품질의 공간정보 활용 도구
③ 합리적인 공간의사결정을 위한 도구
④ CAD 및 그래픽 전용 도구

43 A점에 대한 GNSS 관측결과로 타원체고가 123.456m, 지오이드고가 +23.456m이었다면 지오이드면에서 A점까지의 높이는?

① 76.544m   ② 100.000m
③ 146.912m   ④ 170.368m

44 지리정보시스템(GIS)의 지형공간정보 관련 자료를 처리하는 데 필요한 과정이 아닌 것은?

① 자료입력
② 자료개발
③ 자료 조작과 분석
④ 자료출력

45 다음의 도형 정보 중 차원이 다른 것은?

① 도로의 중심선
② 소방차의 출동 경로
③ 절대 표고를 표시한 점
④ 분수선과 계곡선

46 동일한 경계를 갖는 두 개의 다각형을 중첩하였을 때 입력오차 등에 의하여 완전 중첩되지 않고 속성이 결여된 다각형이 발생하는 경우가 있다. 이를 무엇이라 하는가?

① Margin   ② Undershoot
③ Sliver   ④ Overshoot

47 지리정보시스템(GIS)의 공간분석에서 선형의 공간객체 특성을 이용한 관망(Network) 분석을 통해 얻을 수 있는 결과와 거리가 먼 것은?

① 도로, 하천, 선형의 관로 등에 걸리는 부하의 예측
② 하나의 지점에서 다른 지점으로 이동 시 최적 경로의 선정
③ 창고나 보급소, 경찰서, 소방서와 같은 주요 시설물의 위치 선정
④ 특정 주거지역의 면적산정과 인구 파악을 통한 인구밀도의 계산

48 GNSS 관측 오차에 대한 설명 중 틀린 것은?

① 대류권에 의하여 신호가 지연된다.

② 전리층에 의하여 코드 신호가 지연된다.

③ 다중경로 오차에 의하여 신호의 세기가 증폭된다.

④ 수학적으로 대류권 오차는 온도, 기압, 습도 등으로 모델링한다.

49 아래의 래스터 데이터에 최솟값 윈도우(Min kernel)를 3×3 크기로 적용한 결과로 옳은 것은?

7	3	5	7	1
7	5	5	1	7
5	4	2	5	9
9	2	3	8	3
0	7	1	4	7

①

5	5	5
5	4	5
3	4	4

②

5	5	1
4	2	5
2	3	8

③

7	7	9
9	8	9
9	8	9

④

2	1	1
2	1	1
0	1	1

50 건물이나 도로와 같이 지표면상에 존재하고 있는 모든 사물이나 개체에 대해 표준화된 고유한 번호를 부여하여 검색, 활용 및 관리를 효율적으로 하고자 하는 체계를 무엇이라 하는가?

① UGID

② UFID

③ RFID

④ USIM

51 래스터 정보의 압축방법이 아닌 것은?

① Chain Code

② C/A Code

③ Run-Length Code

④ Block Code

52 기종이 서로 다른 GNSS 수신기를 혼합하여 관측하였을 경우 관측자료의 형식이 통일되지 않는 문제를 해결하기 위해 고안된 표준데이터 형식은?

① PDF

② DWG

③ RINEX

④ RTCM

53 지리정보시스템(GIS)에서 래스터 데이터를 이용한 공간분석 기능 수행 중 A와 B를 이용하여 수행한 결과 C를 만족시키기 위한 연산 조건으로 옳은 것은?

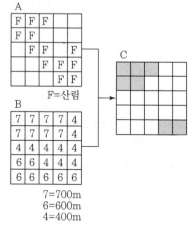

F=산림

7=700m
6=600m
4=400m

① (A=산림) AND (B<500m)

② (A=산림) AND NOT (B<500m)

③ (A=산림) OR (B<500m)

④ (A=산림) XOR (B<500m)

54 주어진 Sido 테이블에 대해 다음과 같은 SQL 문에 의해 얻어지는 결과는?

SQL > SELECT * FROM Sido WHERE POP > 2,000,000

Table: Sido

Do	AREA	PERIMETER	POP
강원도	1.61E+10	8.28E+05	1,431,101
경기도	1.06E+10	8.65E+05	8,713,789
충청북도	7.44E+09	7.57E+05	1,407,975
경상북도	1.90E+10	1.10E+06	2,602,203
충청남도	8.50E+09	8.60E+05	1,765,824

①

Do	AREA	PERIMETER	POP
경기도	1.06E+10	8.65E+05	8,713,789
경상북도	1.90E+10	1.10E+06	2,602,203

②

Do	AREA	PERIMETER
경기도	1.06E+10	8.65E+05
경상북도	1.90E+10	1.10E+06

③

Do	AREA
경기도	1.06E+10
경상북도	1.90E+10

④

Do
경기도
경상북도

55 지리정보시스템(GIS)의 자료처리 공간분석 방법을 점자료 분석 방법, 선자료 분석 방법, 면자료 분석 방법으로 구분할 때, 선자료 공간분석 방법에 해당되지 않는 것은?

① 최근린 분석　　② 네트워크 분석
③ 최적경로 분석　　④ 최단경로 분석

56 상대측위(DGPS) 기법 중 하나의 기지점에 수신기를 세워 고정국으로 이용하고 다른 수신기는 측점을 순차적으로 이동하면서 데이터 취득과 동시에 위치결정을 하는 방식은?

① Static Surveying
② Real Time Kinematic
③ Fast Static Surveying
④ Point Positioning Surveying

57 GPS측량의 체계구성을 크게 3가지로 나눌 때 해당되지 않는 것은?

① 사용자 부문　　② 우주 부문
③ 제어 부문　　④ 신호 부문

58 지형공간정보체계의 자료구조 중 벡터형 자료구조의 특징이 아닌 것은?

① 복잡한 지형의 묘사가 원활하다.
② 그래픽의 정확도가 높다.
③ 그래픽과 관련된 속성정보의 추출 및 일반화, 갱신 등이 용이하다.
④ 데이터베이스 구조가 단순하다.

59 다음 중 지리정보분야의 국제표준화기구는?

① ISO/IT190　　② ISO/TC211
③ ISO/TC152　　④ ISO/IT224

60 지리정보시스템(GIS)의 자료취득방법과 가장 거리가 먼 것은?

① 투영법에 의한 자료취득 방법
② 항공사진측량에 의한 방법
③ 일반측량에 의한 방법
④ 원격탐사에 의한 방법

Subject 04 측량학

61 두 점 간의 거리를 각 팀별로 수십 번 측량하여 최확값을 계산하고 각 관측값의 오차를 계산하여 도수분포그래프로 그려보았다. 가장 정밀하면서 동시에 정확하게 측량한 팀은?

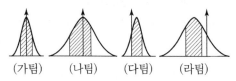

① 가팀
② 나팀
③ 다팀
④ 라팀

62 삼각점 A에 기계를 세우고 삼각점 C가 시준되지 않아 P를 관측하여 $T' = 110°$를 얻었다면 보정한 각 T는?(단, $S = 1km$, $e = 20cm$, $k = 298°45'$)

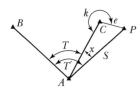

① 108°58′24″
② 108°59′24″
③ 109°58′24″
④ 109°59′24″

63 그림에서 $B.M$의 지반고가 89.81m라면 C점의 지반고는?(단, 단위는 m)

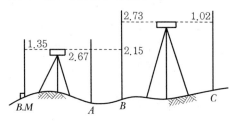

① 87.45m
② 88.90m
③ 90.20m
④ 90.72m

64 다음 중 지성선의 종류에 속하지 않는 것은?

① 계곡선
② 능선
③ 경사변환선
④ 산능대지선

65 트래버스측량에서 거리관측과 각관측의 정밀도가 균형을 이룰 때 거리관측의 허용오차를 1/5,000로 한다면 각관측의 허용오차는?

① 25″
② 30″
③ 38″
④ 41″

66 지형도의 축척 1 : 1,000, 등고선 간격 1.0m, 경사 2%일 때, 등고선 간의 도상수평거리는?

① 0.1cm
② 1.0cm
③ 0.5cm
④ 5.0cm

67 구과량(e)에 대한 설명으로 옳은 것은?

① 평면과 구면과의 경계점
② 구면삼각형의 내각의 합이 180°보다 큰 양
③ 구면삼각형에서 삼각형의 변장을 계산한 값
④ $e = F/R$로 표시되는 양(F : 구면삼각형의 면적, R : 지구의 곡선반지름)

68 광파거리측량기에 관한 설명으로 옳지 않은 것은?

① 두 점 간의 시준만 되면 관측이 가능하다.
② 안개나 구름의 영향을 거의 받지 않는다.
③ 주로 중·단거리 측정용으로 사용된다.
④ 조작인원은 1명으로도 가능하다.

69 지형도에서 80m 등고선상의 A점과 120m 등고선상의 B점 간의 도상거리가 10cm 이고, 두 점을 직선으로 잇는 도로의 경사도가 10%이었다면 이 지형도의 축척은?

① 1 : 500 　　　　 ② 1 : 2,000

③ 1 : 4,000 　　　 ④ 1 : 5,000

70 지반고 145.25m의 A지점에 토털스테이션을 기계고 1.25m 높이로 세워 B지점을 시준하여 사거리 172.30m, 타깃 높이 1.65m, 연직각 $-20°11'$을 얻었다면 B지점의 지반고는?

① 71.33m 　　　　 ② 85.40m

③ 217.97m 　　　 ④ 221.67m

71 각 측정기의 기본요소에 속하지 않는 것은?

① 연직축 　　　　 ② 삼각축

③ 수평축 　　　　 ④ 시준축

72 직접수준측량을 하여 2km를 왕복하는 데 오차가 ±16mm이었다면 이것과 같은 정밀도로 측량하여 10km를 왕복 측량하였을 때 예상되는 오차는?

① ±20mm 　　　　 ② ±25mm

③ ±36mm 　　　　 ④ ±42mm

73 삼각수준측량에서 지구가 구면이기 때문에 생기는 오차의 보정량은?(단, D : 수평거리, R : 지구반지름이다.)

① $+\dfrac{2D}{R}$ 　　　　 ② $+\dfrac{D^2}{2R}$

③ $-\dfrac{2R}{D}$ 　　　　 ④ $-\dfrac{R^2}{2D}$

74 트래버스 계산 결과에서 측점 3의 합위거는? (단, 단위는 m)

측선	조정위거	조정경거	측점	합위거	합경거
$\overline{1-2}$	− 22.076	+ 40.929	1	0	0
$\overline{2-3}$	− 36.317	− 6.548	2		
$\overline{3-4}$	− 0.396	− 35.793	3	?	
$\overline{4-5}$	+ 34.684	− 12.047	4		
$\overline{5-1}$	+ 24.105	+ 13.459	5		

① −58.393m 　　　 ② −28.624m

③ 58.393m 　　　 ④ 64.941m

75 공공측량에 관한 공공측량 작업계획서를 작성하여야 하는 자는?

① 측량협회

② 측량업자

③ 공공측량시행자

④ 국토지리정보원장

76 공공측량 작업계획서에 포함되어야 할 사항이 아닌 것은?

① 공공측량의 사업명

② 공공측량의 작업기간

③ 공공측량의 용역 수행자

④ 공공측량의 목적 및 활용 범위

77 측량기술자의 업무정지 사유에 해당되지 않는 것은?

① 근무처 등의 신고를 거짓으로 한 경우

② 다른 사람에게 측량기술경력증을 빌려준 경우

③ 경력 등의 변경신고를 거짓으로 한 경우

④ 측량기술자가 자격증을 분실한 경우

78 측량의 실시공고에 대한 사항으로 (   )에 알맞은 것은?

> 공공측량의 실시공고는 전국을 보급지역으로 하는 일간신문에 1회 이상 게재하거나, 해당 특별시·광역시·특별자치시·도 또는 특별자치도의 게시판 및 인터넷 홈페이지에 (   ) 이상 게시하는 방법으로 하여야 한다.

① 7일

② 14일

③ 15일

④ 30일

79 측량기준점에 대한 설명 중 옳지 않은 것은?

① 측량기준점은 국가기준점, 공공기준점, 지적기준점으로 구분된다.

② 국토교통부장관은 필요하다고 인정하는 경우에는 직접 측량기준점표지의 현황을 조사할 수 있다.

③ 측량기준점표지의 형상, 규격, 관리방법 등에 필요한 사항은 대통령령으로 정한다.

④ 측량기준점을 정한 자는 측량기준점표지를 설치하고 관리하여야 한다.

80 지리학적 경위도, 직각좌표, 지구중심 직교좌표, 높이 및 중력 측정의 기준으로 사용하기 위하여 위성기준점, 수준점 및 중력점을 기초로 정한 기준점은?

① 통합기준점

② 경위도원점

③ 지자기점

④ 삼각점

정답

01	02	03	04	05	06	07	08	09	10
①	①	③	④	②	④	②	①	②	③
11	**12**	**13**	**14**	**15**	**16**	**17**	**18**	**19**	**20**
②	①	④	②	①	②	③	②	④	④
21	**22**	**23**	**24**	**25**	**26**	**27**	**28**	**29**	**30**
③	①	①	④	②	②	②	③	③	①
31	**32**	**33**	**34**	**35**	**36**	**37**	**38**	**39**	**40**
①	②	②	④	②	④	④	②	③	①
41	**42**	**43**	**44**	**45**	**46**	**47**	**48**	**49**	**50**
①	④	②	②	③	③	④	③	④	②
51	**52**	**53**	**54**	**55**	**56**	**57**	**58**	**59**	**60**
②	③	②	①	①	②	④	②	②	①
61	**62**	**63**	**64**	**65**	**66**	**67**	**68**	**69**	**70**
①	④	④	④	④	④	②	②	③	②
71	**72**	**73**	**74**	**75**	**76**	**77**	**78**	**79**	**80**
②	③	②	①	③	③	④	①	③	①

해설

01

수심이 깊고 유속이 빠른 곳에서 측정한 값은 실제유속이 된다.

02

종단면도에 기입할 사항
- 측점위치
- 측점 간의 수평거리
- 각 측점의 기점에서의 추가거리
- 각 측점의 지반고 및 고저기준점(B.M)의 높이
- 측점에서의 계획고
- 지반고와 계획고의 차(성토, 절토별)
- 계획선의 경사

03

$$\frac{dA}{A} = 2\frac{dl}{l} \ \rightarrow \ \frac{0.4}{400} = 2 \times \frac{dl}{20}$$

$$\therefore \ dl = 0.01\text{m} = 1\text{cm}$$

04

시거측량은 $1/500 \sim 1/1,000$의 정확도밖에 얻을 수 없어 변위계측에는 부적합하다.

05

$$V_m = \frac{1}{2}(V_{0.2} + V_{0.8})$$

$$= \frac{1}{2}(0.76 + 0.45) = 0.605\text{m/s}$$

06

완화곡선의 성질
- 완화곡선의 반지름은 그 시작점에서 무한대이고, 종점에서는 원곡선의 반지름과 같다.
- 완화곡선의 접선은 시점에서는 직선에, 종점에서는 원호에 접한다.
- 완화곡선에 연한 곡선반경의 감소율은 캔트의 증가율과 같다.

07

- 양단면평균법(V_1) $= \dfrac{A_1 + A_2}{2} \times 2h$

$$= \frac{400 + 200}{2} \times (2 \times 20)$$

$$= 12,000\text{m}^3$$

- 각주공식(V_2) $= \dfrac{h}{3}(A_1 + 4A_m + A_2)$

$$= \frac{20}{3}(400 + (4 \times 250) + 200)$$

$$= 10,667\text{m}^3$$

- 중앙단면법(V_3) $= A_m \times 2h$

$$= 250 \times 2 \times 20 = 10,000\text{m}^3$$

∴ 양단면평균법(V_1) > 각주공식(V_2) > 중앙단면법(V_3)

08

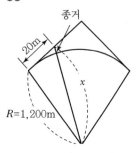

$$x = \sqrt{20^2 + 1,200^2} = 1,200.17\text{m}$$

$$\therefore \text{종거} = 1,200.17 - 1,200 = 0.17\text{m}$$

09

해안선측량방법

해수면이 약최고고조면에 이르렀을 때 육지와 해수면의 경계선은 토털스테이션, GPS 측량, 항공레이저 측량 등의 방법을 이용하여 획정할 수 있다.

10

지하시설물 탐사작업의 순서

작업계획 수립 → 자료의 수집 및 편집 → 지표면상에 노출된 지하시설물의 조사 → 관로조사 등 지하매설물에 대한 탐사 → 지하시설물 원도의 작성 → 작업조서의 작성

11

$$\frac{dV}{V} = \frac{dz}{z} + \frac{dy}{y} + \frac{dx}{x} = 3K \text{이므로,}$$

체적측량의 정확도는 $3K$가 된다.

12

$$\tan\theta = \frac{Y_B - Y_A}{X_B - X_A} \rightarrow$$

$$\theta = \tan^{-1}\frac{Y_B - Y_A}{X_B - X_A}$$

$$= \tan^{-1}\frac{76.525 - 36.525}{112.973 - 82.973}$$

$$= 53°07'48''(1상한)$$

$$\therefore \text{터널 중심선의 방위각은 } 53°07'48''\text{이다.}$$

13

$$\text{접선장}(T.L) = R \cdot \tan\frac{I}{2} \rightarrow 25 = R \cdot \tan\frac{42°20'}{2}$$

$$\therefore R = \frac{25}{\tan\frac{42°20'}{2}} = 64.6\text{m}$$

14

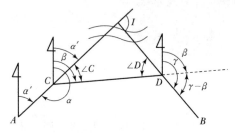

- $\overline{AC}$ 방위각$(\alpha') = \overline{CA}$ 방위각$(\alpha) - 180°$
  $$= 228°30' - 180° = 48°30'$$
- $\angle C = \overline{CD}$ 방위각$(\beta) - \overline{AC}$ 방위각(α')
  $$= 82°00' - 48°30' = 33°30'$$
- $\angle D = \overline{DB}$ 방위각$(\gamma) - \overline{CD}$ 방위각(β)
  $$= 136°30' - 82°00' = 54°30'$$

$$\therefore \text{교각}(I) = \angle C + \angle D = 33°30' + 54°30' = 88°00'$$

15

- $T.L$(접선길이)$= R \cdot \tan\frac{I}{2}$
  $$= 200 \times \tan\frac{90°}{2}$$
  $$= 200.000\text{m}$$
- $C.L$(곡선길이)$= 0.0174533 \cdot R \cdot I°$
  $$= 0.0174533 \times 200 \times 90°$$
  $$= 314.159\text{m}$$
- $B.C$(곡선시점)$= \text{총거리} - T.L$
  $$= 300.000 - 200.000$$
  $$= 100.000\text{m(No.5} + 0.000\text{m)}$$

$$\therefore E.C\text{(곡선종점)} = B.C + C.L$$
$$= 100.000 + 314.159$$
$$= 414.159\text{m(No.20} + 14.159\text{m)}$$

16

- $\triangle ABD$ 면적(삼변법 적용)
  $$A = \sqrt{S(S-a)(S-b)(S-c)}$$
  $$= \sqrt{29(29-19)(29-17)(29-22)}$$
  $$= 156.1\text{m}^2$$

  여기서, $S = \frac{1}{2}(19+17+22) = 29\text{m}$

- $\triangle BCD$ 면적(이변협각법 적용)
  $$A = \frac{1}{2} \cdot \overline{CD} \cdot \overline{BD} \cdot \sin\angle D$$
  $$= \frac{1}{2} \times 15 \times 22 \times \sin30°$$
  $$= 82.5\text{m}^2$$

$$\therefore \text{도형의 면적} = 156.1 + 82.5 = 238.6\text{m}^2$$

17

- $E(외할) = R \cdot \left(\sec\dfrac{I}{2} - 1 \right) \rightarrow$

  $5 = R \cdot \left(\sec\dfrac{30°}{2} - 1 \right) \rightarrow R = 141.739\text{m}$

- $T.L(접선길이) = R \cdot \tan\dfrac{I}{2} = 141.739 \times \tan\dfrac{30°}{2}$

  $= 37.979\text{m}$

- $B.C(곡선시점) = 총거리 - T.L$

  $= 450 - 37.979$

  $= 412.021\text{m}(\text{No.20} + 12.021\text{m})$

- $\therefore\ l(시단현길이) = 20\text{m} - B.C\ 추가거리$

  $= 20 - 12.021$

  $= 7.979\text{m}$

18

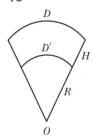

$\therefore\ 지표면거리(D) = D' + \dfrac{H}{R} \cdot D'$

$= 400 + \dfrac{500}{6,370,000} \times 400$

$= 400.03\text{m}$

19

수로측량의 수심은 기본수준면으로부터의 깊이로 표시한다.

20

유량관측은 수위의 변화에 의해 하천 횡단면 형상이 급변하지 않고, 지질이 양호하며, 하상이 안정하여 세굴·퇴적이 일어나지 않는 곳이어야 한다.

21

모델(Model)이란 다른 위치로부터 촬영되는 2매 1조의 입체사진으로부터 만들어지는 처리단위를 말한다.

22

지형도의 작성순서
촬영계획 → 촬영 → 기준점측량 → 인화 → 세부도화 → 지형도

23

$기복변위(\Delta r) = \dfrac{h}{H} \cdot r \rightarrow 5.9 = \dfrac{72}{H} \times 54$

$\therefore\ H = \dfrac{72 \times 54}{5.9} = 659\text{m}$

24

무궁화위성(KOREASAT)은 우리나라 최초의 정지궤도 방송통신위성이다.

25

독립모델법
각 입체모형을 단위로 하여 접합점과 기준점을 이용하여 여러 입체모형의 좌표들을 조정방법에 의하여 절대표정 좌표로 환산하는 방법이다.

26

$촬영기선길이(B) = ma(1-p)$

$= 5,000 \times 0.23 \times (1-0.6)$

$= 460\text{m}$

27

$\overline{mn} = f \cdot \tan i = 150 \times \tan 15° = 40.2\text{mm}$

28

항공사진 촬영용 사진기의 성능

종류	화각	초점거리(mm)
보통각 사진기	60°	210
광각 사진기	90°	150
초광각 사진기	120°	88

29

사진매수

$= \dfrac{F}{A_0}(1 + 안전율)$

$= \dfrac{F}{(ma)^2(1-p)(1-q)}(1 + 안전율)$

$= \dfrac{1,000 \times 10^6}{(20,000 \times 0.23)^2(1-0.6)(1-0.3)} \times (1+0.3)$

$= 219.417 ≒ 220매$

30

최근린 분류법(Nearest Neighbor Classifier)
가장 가까운 거리에 근접한 영상소의 값을 택하는 방법이며, 원 영상의 데이터를 변질시키지 않으나 부드럽지 못한 영상을 획득하는 단점이 있다.

31

절대표정에 필요한 최소 지상기준점
- 삼각점(X, Y) 2점
- 수준점(Z) 3점

32

종접합점은 항공삼각측량 과정에서 스트립을 형성하기 위하여 사용되는 점으로 보조기준점(Pass Point)이라고도 한다.

33

항공사진의 특수 3점
- 주점 : 사진의 중심점으로서 렌즈 중심으로부터 화면에 내린 수선의 발
- 연직점 : 렌즈 중심으로부터 지표면에 내린 수선의 발
- 등각점 : 주점과 연직선이 이루는 각을 2등분한 선

34

수치지도의 등고선 레이어 표고값을 이용하여 다양한 보간법을 통해 수치지형모델(DTM)을 생성한다.

35

적외선사진은 지질, 토양, 농업, 수자원, 산림조사 등에 주로 사용된다.

36

사진판독 요소
- 주요소 : 색조, 모양, 질감, 형상, 크기, 음영
- 보조요소 : 상호위치관계, 과고감

37

축척과 경사를 결정하는 것은 절대표정이다.

38

입체시 과정에서 높은 곳은 낮게, 낮은 곳은 높게 보이는 현상을 역입체시라고 한다. 여색입체시 과정에서 역입체시를 하기 위해서는 왼쪽은 청색, 오른쪽은 적색인 안경을 사용하며, 정입체시를 얻기 위해서는 왼쪽은 적색, 오른쪽은 청색인 안경을 사용한다.

39

비트맵
작은 점들이 그림을 이루는 이미지 파일 형식으로 GIF, JPEG, PNG, TIFF, BMP 등의 확장자로 저장된다.
※ DWG는 오토캐드 파일 형식이다.

40

절대표정을 통하여 축척과 경사조정을 끝내면 사진 모델과 지형 모델과는 상사관계가 이루어진다.(상사 : 모양이 서로 비슷함)

41

GIS 구성요소
하드웨어, 소프트웨어, 데이터베이스, 조직 및 인력

42

지리정보시스템(GIS)
지구 및 우주공간 등 인간활동공간에 관련된 제반 과학적 현상을 정보화하고 시·공간적 분석을 통하여 그 효용성을 극대화하기 위한 정보체계로, CAD 및 그래픽 기능보다 다양하게 운용할 수 있는 정보시스템이다.

43

정표고＝타원체고－지오이드고
　　　＝$123.456-23.456=100.000$m

44

GIS의 자료처리 및 구축 과정
자료수집 → 자료입력 → 자료처리 → 자료조작 및 분석 → 출력

45

- 도로의 중심선－1차원
- 소방차의 출동 경로－1차원
- 절대 표고를 표시한 점－0차원
- 분수선과 계곡선－1차원

46

슬리버(Sliver)
선 사이의 틈을 말하며, 두 다각형 사이에 작은 공간이 있어서 접촉되지 않는 다각형을 의미한다.

47

관망분석(Network Analysis : 네크워크 분석)
두 지점 간의 최단 경로를 찾는 등의 공간적인 분석으로 도로 네트워크를 통한 최적 경로 계산으로 차량 경로 탐색이나 최단 거리 탐색, 최적 경로 분석, 자원 할당 분석 등에 주로 사용된다.
※ 특정 주거지역의 면적산정, 인구밀도의 계산은 관망분석과는 거리가 멀다.

48

다중경로 오차는 건물이나 자동차 등에 의한 반사된 GNSS 신호가 수신기로 수신되어 발생하는 오차로 위치정확도가 저하된다.

49

최솟값 필터
영상에서 한 화소의 주변 화소들에 윈도우를 씌워서 이웃 화소들 중에서 최솟값을 출력 영상에 출력하는 필터링

<table>
</table>

7 3 5		3 5 7		5 7 1
7 5 5 →2		2 5 5 1 →1		5 1 7 →1
5 4 2		4 2 5		2 5 9

(격자 계산 표)

7 5 5		5 5 1		5 1 7
5 4 2 →2		4 2 5 →1		2 5 9 →1
9 2 3		2 3 8		3 8 3

5 4 2		4 2 5		2 5 9
9 2 3 →0		2 3 8 →1		3 8 3 →1
0 7 1		7 1 4		1 4 7

∴

2 1 1
2 1 1
0 1 1

50

UFID(Unique Feature IDentifier)
지형지물의 검색, 관리 및 재해방지, 물류, 부동산관리 등 지리정
보의 다양한 활용을 위하여 지도상의 핵심 지형지물에 부여하는
고유번호이다.

51

격자형 자료구조의 압축방법
Chain Code 기법, Run−Length Code 기법, Block Code 기법,
Quadtree 기법 등이 있다.

52

RINEX(Receiver Independent Exchange Format)
정지측량 시 기종이 서로 다른 GNSS 수신기를 혼합하여 관측을
하였을 경우 어떤 종류의 후처리 소프트웨어를 사용하더라도 수
집된 GNSS 데이터의 기선 해석이 용이하도록 고안된 세계표준
의 GNSS 데이터 포맷이다.

53

결과 C는 A의 F(=산림) 속성을 가진 셀과 B의 6(=600m), 7
(=700m) 속성을 가진 셀의 중첩된 결과이다.
∴ (A=산림) AND (B>500m) 또는
　(A=산림) AND NOT (B<500m)

54

SQL 명령어 예
SELECT 선택 컬럼 FROM 테이블
WHERE 컬럼에 대한 조건값
- 문제구문 : SELECT * FROM Sido WHERE
　POP>2,000,000
- 해석 : Sido 테이블에서 POP 필드 중 2,000,000을 초과하는
　모든 필드를 선택한다.

∴ 결과

Do	AREA	PERIMETER	POP
경기도	1.06E+10	8.65E+05	8,713,789
경상북도	1.90E+10	1.10E+06	2,602,203

55

선자료 공간분석 방법
네트워크 분석, 최적경로 분석, 최단경로 분석

56

RTK(Real Time Kinematic)
기준국용 GPS 수신기를 설치하고 위성을 관측하여 각 위성의 의
사거리 보정값을 구하고 이 보정값을 이용하여 이동국용 GPS 수
신기의 위치를 결정하는 것으로 GPS 반송파를 사용한 실시간 이
동 위치관측이다.

57

GPS 구성
- 우주 부문(Space Segment)
- 제어 부문(Control Segment)
- 사용자 부문(User Segment)

58

벡터구조는 격자구조에 비해 자료구조가 복잡하다.

59

ISO/TC211(국제표준화기구 지리정보전문위원회)
- 1994년 국제표준화기구(ISO)에서 구성
- 공식명칭은 Geographic Information Geomatics
- TC211은 디지털 지리정보 분야의 표준화를 위한 기술위원회

60

지리정보시스템의 자료취득방법
- 기존 지도를 이용하여 생성하는 방법
- 지상측량에 의하여 생성하는 방법
- 항공사진측량에 의하여 생성하는 방법
- 위성측량에 의하여 생성하는 방법

61

정규곡선(Normal Curve)
오차와 이에 대한 확률의 관계 곡선으로 오차곡선(Error Curve),
가우스곡선(Gauss Curve), 확률곡선이라고도 하며 종축은 확률,
횡축은 오차축으로 하는 오차함수의 표시곡선이다. 가우스의 오차
법칙은 다음과 같다.
- 절댓값이 같은 우연오차가 일어날 확률은 같다. 즉, 참값보다 (+)
　로 관측될 확률과 (−)로 관측될 확률은 같다. 따라서 오차곡선은
　y축을 경계로 대칭형이 된다.

- 절댓값이 작은 오차 발생확률은 절댓값이 큰 오차 발생확률보다 크다. 즉, 참값에 대하여 오차가 작은 관측수가 오차가 큰 관측수보다 많다.
- 절댓값이 대단히 큰 오차의 발생확률은 거의 일어나지 않는다. 즉, 극단인 극대오차가 포함된 관측값은 없다.

62

$$x'' = \frac{e \cdot \sin(360° - k)}{S} \cdot \rho''$$
$$= \frac{0.20 \times \sin(360° - 298°45')}{1,000} \times 206,265''$$
$$= 0°0'36''$$
$$\therefore T = T' - x'' = 110° - 0°0'36'' = 109°59'24''$$

63

$$H_B = H_{B.M} + B.S - F.S$$
$$= 89.81 + 1.35 - 2.15$$
$$= 89.01\text{m}$$
$$\therefore H_C = H_B + B.S - F.S$$
$$= 89.01 + 2.73 - 1.02$$
$$= 90.72\text{m}$$

64

지성선에는 능선, 합수선, 경사변환선, 최대경사선 등이 있다.

65

$$\frac{\Delta h}{D} = \frac{\theta''}{\rho''} \rightarrow \frac{1}{5,000} = \frac{\theta''}{206,265''}$$
$$\therefore \theta'' = \frac{1}{5,000} \times 206,265'' = 0°00'41''$$

66

- $i(\%) = \frac{h}{D} \times 100 \rightarrow D = \frac{100}{i} \times h = \frac{100}{2} \times 1.0 = 50\text{m}$
- $\frac{1}{m} = \frac{\text{도상거리}}{\text{실제거리}} \rightarrow \frac{1}{1,000} = \frac{\text{도상거리}}{50}$
- $\therefore$ 도상거리 $= \frac{50}{1,000} = 0.05\text{m} = 5.0\text{cm}$

67

구면삼각형의 내각의 합은 180°가 넘으며, 이 값과 180°의 차이를 구과량이라 한다.

68

광파거리측량기
안개, 비, 눈 등 기후의 영향을 많이 받으며, 목표점에 반사경을 설치하여 되돌아오는 반사파의 위상과 발사파의 위상차로부터 거리를 구하는 기계이다.

69

A, B점 간의 경사도를 이용하여 실제 수평거리를 구하면,
$$i(\%) = \frac{H}{D} \times 100 \rightarrow D = \frac{100}{i} \times H = \frac{100}{10} \times 40 = 400\text{m}$$

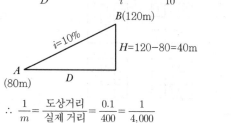

$$\therefore \frac{1}{m} = \frac{\text{도상거리}}{\text{실제 거리}} = \frac{0.1}{400} = \frac{1}{4,000}$$

70

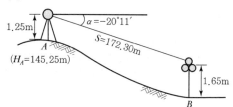

$$\therefore H_B = H_A + i_A - (S \cdot \sin\alpha) - i_B$$
$$= 145.25 + 1.25 - (172.30 \times \sin 20°11') - 1.65$$
$$= 85.40\text{m}$$

71

각 측정기의 기본요소
연직축, 시준축, 수평축

72

$M = \pm E\sqrt{S}$ 에서 $\pm E$는 1km당 오차이며, S는 왕복거리이므로
$16\text{mm} = \pm E\sqrt{4} \rightarrow E = \pm 8\text{mm}$
같은 정밀도이므로 1km당 오차는 같다.
$$\therefore M = \pm 8\text{mm}\sqrt{20} = \pm 36\text{mm}$$

73

$$구차(E_c) = +\frac{D^2}{2R}$$

74

- 측점 1 합위거 $= 0.000\text{m}$
- 측점 2 합위거 = 측점 1 합위거 + 측선 $\overline{1-2}$ 조정위거
  $$= 0.000 + (-22.076)$$
  $$= -22.076\text{m}$$
- $\therefore$ 측점 3 합위거 = 측점 2 합위거 + 측선 $\overline{2-3}$ 조정위거
  $$= -22.076 + (-36.317)$$
  $$= -58.393\text{m}$$

75

공간정보의 구축 및 관리 등에 관한 법률 제17조(공공측량의 실시 등)
공공측량의 시행을 하는 자가 공공측량을 하려면 국토교통부령으로 정하는 바에 따라 미리 공공측량 작업계획서를 국토교통부장관에게 제출하여야 한다.

76

공간정보의 구축 및 관리 등에 관한 법률 시행규칙 제21조(공공측량 작업계획서의 제출)
공공측량 작업계획서에 포함되어야 할 사항은 다음과 같다.
1. 공공측량의 사업명
2. 공공측량의 목적 및 활용 범위
3. 공공측량의 위치 및 사업량
4. 공공측량의 작업기간
5. 공공측량의 작업방법
6. 사용할 측량기기의 종류 및 성능
7. 사용할 측량성과의 명칭, 종류 및 내용
8. 그 밖에 작업에 필요한 사항

77

공간정보의 구축 및 관리 등에 관한 법률 제42조(측량기술자의 업무정지 등)
① 국토교통부장관은 측량기술자(「건설기술 진흥법」 제2조제8호에 따른 건설기술인인 측량기술자는 제외한다)가 다음 각 호의 어느 하나에 해당하는 경우에는 1년(지적기술자의 경우에는 2년) 이내의 기간을 정하여 측량업무의 수행을 정지시킬 수 있다. 이 경우 지적기술자에 대하여는 대통령령으로 정하는 바에 따라 중앙지적위원회의 심의 · 의결을 거쳐야 한다.
  1. 근무처 및 경력등의 신고 또는 변경신고를 거짓으로 한 경우
  2. 다른 사람에게 측량기술경력증을 빌려 주거나 자기의 성명을 사용하여 측량업무를 수행하게 한 경우
  3. 지적기술자가 신의와 성실로써 공정하게 지적측량을 하지 아니하거나 고의 또는 중대한 과실로 지적측량을 잘못하여 다른 사람에게 손해를 입힌 경우
  4. 지적기술자가 정당한 사유 없이 지적측량 신청을 거부한 경우
② 국토교통부장관은 지적기술자가 제1항 각 호의 어느 하나에 해당하는 경우 위반행위의 횟수, 정도, 동기 및 결과 등을 고려하여 지적기술자가 소속된 한국국토정보공사 또는 지적측량업자에게 해임 등 적절한 징계를 할 것을 요청할 수 있다.
③ 제1항에 따른 업무정지의 기준과 그 밖에 필요한 사항은 국토교통부령으로 정한다.

78

공간정보의 구축 및 관리 등에 관한 법률 시행령 제12조(측량의 실시공고)
① 법 제12조제2항에 따른 기본측량의 실시공고와 법 제17조제6항에 따른 공공측량의 실시공고는 전국을 보급지역으로 하는 일간신문에 1회 이상 게재하거나 해당 특별시 · 광역시 · 특별자치시 · 도 또는 특별자치도(이하 "시 · 도"라 한다)의 게시판 및 인터넷 홈페이지에 7일 이상 게시하는 방법으로 하여야 한다.
② 제1항에 따른 공고에는 다음 각 호의 사항이 포함되어야 한다.
  1. 측량의 종류
  2. 측량의 목적
  3. 측량의 실시기간
  4. 측량의 실시지역
  5. 그 밖에 측량의 실시에 관하여 필요한 사항

79

공간정보의 구축 및 관리 등에 관한 법률 제8조(측량기준점 표지의 설치 및 관리)
① 측량기준점을 정한 자는 측량기준점표지를 설치하고 관리하여야 한다.
② 제1항에 따라 측량기준점표지를 설치한 자는 대통령령으로 정하는 바에 따라 그 종류와 설치 장소를 국토교통부장관, 관계 시 · 도지사, 시장 · 군수 또는 구청장(자치구의 구청장을 말한다. 이하 같다) 및 측량기준점표지를 설치한 부지의 소유자 또는 점유자에게 통지하여야 한다. 설치한 측량기준점표지를 이전 · 철거하거나 폐기한 경우에도 같다.
③ 삭제〈2020.2.18.〉
④ 시 · 도지사 또는 지적소관청은 지적기준점표지를 설치 · 이전 · 복구 · 철거하거나 폐기한 경우에는 그 사실을 고시하여야 한다.
⑤ 특별자치시장, 특별자치도지사, 시장 · 군수 또는 구청장은 국토교통부령으로 정하는 바에 따라 매년 관할 구역에 있는 측량기준점표지의 현황을 조사하고 그 결과를 시 · 도지사를 거쳐(특별자치시장 및 특별자치도지사의 경우는 제외한다) 국토교통부장관에게 보고하여야 한다. 측량기준점표지가 멸실 · 파손되거나 그 밖에 이상이 있음을 발견한 경우에도 같다.
⑥ 제5항에도 불구하고 국토교통부장관은 필요하다고 인정하는 경우에는 직접 측량기준점표지의 현황을 조사할 수 있다.
⑦ 측량기준점표지의 형상, 규격, 관리방법 등에 필요한 사항은 국토교통부령으로 정한다.

80

공간정보의 구축 및 관리 등에 관한 법률 시행령 제8조(측량기준점의 구분)
통합기준점은 지리학적 경위도, 직각좌표, 지구중심 직교좌표, 높이 및 중력 측정의 기준으로 사용하기 위하여 위성기준점, 수준점 및 중력점을 기초로 정한 기준점이다.

1. 원격탐측, 유복모, 개문사, 1986

2. 측지학, 유복모, 동명사, 1992

3. 成央(地形情報處理學), 삼북출판사, 1992

4. 측량학 해설, 정영동·오창수·조기성·박성규, 예문사, 1993

5. 지형공간정보론, 유복모, 동명사, 1994

6. 측량학 원론Ⅰ, 유복모, 박영사, 1995

7. 측량학 원론Ⅱ, 유복모, 박영사, 1995

8. 측량공학, 유복모, 박영사, 1996

9. 경관공학, 유복모, 동명사, 1996

10. 표준측량학, 조규전·이석, 보성문화사, 1997

11. 측량학, 유복모, 동명사, 1998

12. 일반측량학, 안철수·최재화, 문운당, 1998

13. 사진측정학, 유복모, 문운당, 1998

14. GIS 개론, 김계현, 대영사, 1998

15. 현대수치 사진측량학, 유복모, 문운당, 1999

16. GIS 용어 해설집, 이강원·황창학, 구미서관, 1999

17. 지도학 원론, 한균형, 민음사, 2000

18. 공간정보공학, 村井俊治, 대한측량협회, 2002

19. 지리정보시스템(GIS) 용어사전, 이강원·함창학, 구미서관, 2003

20. 측량용어사전, 국토지리정보원, 2003

21. 원격탐사의 원리, 대한측량협회 번역, 2004

22. 지리정보시스템의 원리, 대한측량협회 번역, 2004

23. 데이터베이스 시스템, 이석호, 정익사, 2009

24. 포인트 측량 및 지형공간정보기술사, 박성규·임수봉·주현승·강상구, 예문사, 2011

25. 적중 지적기사/산업기사, 송용희, 성안당, 2011

26. GIS 지리정보학, 이희연, 법문사, 2011

27. 컴퓨터인터넷 IT 용어대사전, 전산용어사전편찬위원회, 일진사, 2011

28. GNSS 측량의 기초, 土屋 淳·辻 宏道, 대한측량협회, 2011

29. 측량 및 지형공간정보 용어해설, 정영동·오창수·박정남·고제웅·조규장·박성규·임수봉
    ·강상구, 예문사, 2012

30. 지형공간정보체계 용어사전, 이강원·손호웅, 구미서관, 2016

31. 브이월드(www.vworld.kr)

32. 포인트 측량및지형공간정보기술사, 박성규·임수봉·박종해·강상구·송용희·이혜진, 예문사, 2019

■ 이혜진

■ 약력
- 공학석사
- 측량 및 지형공간정보기술사
- (전) 인하공업전문대학, 송원대학교, 인덕대학교 강사
- (현) 신안산대학교 겸임교수
- (현) 대진대학교 강사

■ 저서
도서출판 예문사
「측량 및 지형공간정보기술사」
「측량 및 지형공간정보기술사 실전문제 및 해설」
「측량 및 지형공간정보기술사 기출문제 및 해설」
「측량 및 지형공간정보기사 필기」
「측량 및 지형공간정보산업기사 필기/실기」
「측량 및 지형공간정보산업기사 필기 과년도 문제해설」

■ 김민승

■ 약력
- 측량 및 지형공간정보기사
- 서초수도건축토목학원 측량 전임강사

■ 저서
도서출판 예문사
「측량 및 지형공간정보기사 필기」
「측량 및 지형공간정보산업기사 필기/실기」
「측량 및 지형공간정보산업기사 필기 과년도 문제해설」
「측량 및 지형공간정보기사 실기」
「측량기능사 필기+실기」

■ 송용희

■ 약력
- 공학석사
- 측량 및 지형공간정보기술사

■ 저서
도서출판 예문사
「측량 및 지형공간정보기술사」
「측량 및 지형공간정보기사 필기」
「측량 및 지형공간정보산업기사 필기/실기」
「측량 및 지형공간정보산업기사 필기 과년도 문제해설」
「측량 및 지형공간정보기사 실기」

■ 박동규

■ 약력
- 측량 및 지형공간정보기사
- (전) 순천제일대학교 강사
- (현) 서초수도건축토목학원 대전 원장

■ 저서
도서출판 예문사
「토목기사 실기」
「측량 및 지형공간정보기사 필기」
「측량 및 지형공간정보산업기사 필기/실기」
「측량 및 지형공간정보산업기사 필기 과년도 문제해설」
「측량 및 지형공간정보기사 실기」
「측량기능사 필기+실기」
「지적기사 · 산업기사 실기(필답형+작업형)」

PASS

측량 및 지형공간정보산업기사 필기
과년도 문제해설＋CBT 모의고사

발행일	2004. 1. 15	초판발행
	2010. 7. 30	개정 7판1쇄
	2011. 3. 1	개정 8판1쇄
	2012. 4. 20	개정 9판1쇄
	2014. 2. 20	개정 10판1쇄
	2015. 2. 20	개정 11판1쇄
	2016. 2. 20	개정 12판1쇄
	2017. 2. 20	개정 13판1쇄
	2018. 2. 20	개정 14판1쇄
	2019. 2. 20	개정 15판1쇄
	2020 2. 20	개정 16판1쇄
	2021 2. 20	개정 17판1쇄
	2022 3. 10	개정 18판1쇄
	2023 1. 20	개정 19판1쇄
	2024 1. 20	개정 20판1쇄
	2025 1. 10	개정 21판1쇄

저　자 | 이혜진 · 김민승 · 송용희 · 박동규
발행인 | 정용수
발행처 | 예문사

주　소 | 경기도 파주시 직지길 460(출판도시) 도서출판 예문사
T E L | 031) 955－0550
F A X | 031) 955－0660
등록번호 | 11－76호

정가 : 28,000원

ISBN 978-89-274-5660-5 13530